THE FUNDAMENTAL OF ELECTRICITY AND ELECTRONICS

전기전자의 기초

홍준희 · 이경민 지음

GS인터비전

차례

1장

전자 이론의 기초

물질을 잘게 나누면 분자, 원자로 이루어져 있으며 원자는 전자와 원자핵(양성자, 중성자)으로 구성되어 있다고 알려져 있다.

원자 중에 전자는 외적인 힘에 의해 원자핵의 인력에 의한 구속을 벗어나서 자유롭게 이동할 수 있는데 이러한 전자를 **자유전자**라 한다. 학술적으로 자유전자는 포텐셜(potential)에너지가 전혀 없는 전자 혹은 포텐셜에너지가 존재하지만 운동에너지가 포텐셜에너지보다 커서 전체 에너지가 0이상 되는 전자 혹은 에너지 밴드에서 전도대에 존재하면서 전류의 흐름에 기여할 수 있는 전자이다.

따라서 본 장에서는 자유전자가 전기의 원천이므로 자유전자가 원자핵의 인력에 의한 구속을 벗어나서 자유롭게 이동할 수 있게 하는 에너지에 대해 알아보고 자유전자가 전기장 내에서 어떻게 운동하며 고체 내에서는 어떻게 운동하는지에 대해 알아보기로 한다.

1.1 원자와 전자

모든 물질은 매우 작은 분자 또는 원자의 결합으로 되어 있으며, 이들 원자는 양전하를 가진 **원자핵**(atomic nucleus)과 음전하를 가진 **전자**(electron)라는 작은 입자로 구성되어 있다. 원자핵의 구조나 원자핵을 둘러싸고 있는 전자의 수에 따라 서로 다른 원자가 된다. 그리고 원자의 모형은 마치 태양 주위를 지구와 같은 행성들이 돌고 있는 것과 비슷하며, 원자핵을 중심으로 그림 1.1과 같이 몇 개의 전자가 각각 정당한 궤도 위에서 자전하면서 돌고 있다. 이 중에서 수소 원자는 가장 간단한 구조로 되어 있다.

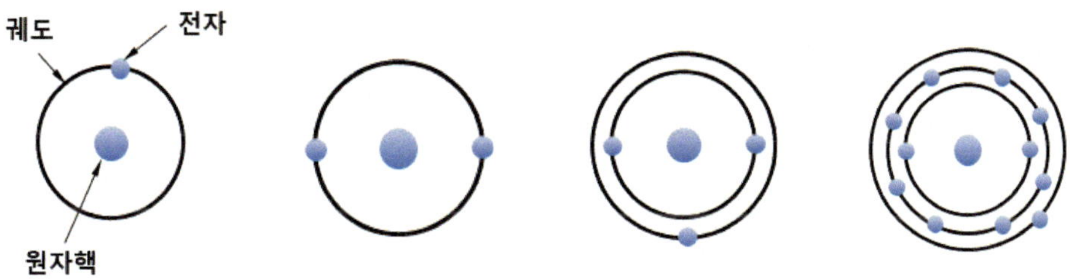

(a) 수소 (b) 헬륨 (c) 리튬 (d) 나트륨

그림 1.1 원자의 구조

1.1.1 원자핵

원자핵은 단지 양전하로만 뭉쳐 있는 것이 아니고, $+e$[C]의 양전하를 가진 **양성자**(proton)와 이것과 거의 같은 질량을 가지지만, 전하는 가지고 있지 않은 **중성자**(neutron)가 강한 핵력으로 결합된 구조로 되어 있다. 양성자나 중성자는 질량이 전자의 약 1840배나 되는 입자이며, 이들을 한데 합하여 **핵자**(nucleon)라 한다. 그러므로 원자의 질량은 전자의 질량을 무시하고 거의 핵자의 질량만이라고 생각해도 된다. 원자핵의 양성자 수 Z는 핵의 양전하 수(e를 단위로 하여)를 나타내고 동시에 **원자 번호**를 나타낸다. 원소의 종류에 따라서 양성자의 수 Z는 일정하지만 중성자의 수는 Z에 가까운 값 중에서 몇 가지의 값을 가지는 경우가 있다. 이를테면 산소(O)의 원자 번호는 $Z=8$(양성자 8개)이나 중성자 수는 8, 9, 10개 중 어느 하나를 가진 원자들이 있다. 이와 같이 같은 원소이지만 원자 1개씩 비교하면 양성자 수는 같지만 핵자의 총수로 나타내는 질량수가 다른 원소들이 있는데, 이들을 **동위 원소**(isotope)라 한다.

1.1.2 자유 전자

일반적으로 금속은 그림 1.2와 같이 다수의 원자가 규칙적인 그물 눈금(격자) 모양으로 배열된 **결정(crystal) 구조**로 되어 있다. 예를 들면, 반도체 재료에 사용되는 실리콘(Si)은 결정체의 전 영역에 걸쳐 그림 1.2의 (a)와 같이 규칙적으로 배열되어 있다. 이와 같은 구조를 **단결정**이라 한다. 그러나 도전 재료로 많이 쓰이는 구리는 이러한 단결정 조각들이 많이 모여 있는 구조로 되어 있다. 이와 같은 구조를 **다결정**이라 하며 그림 1.2의 (b)와 같은 모양이다.

구리 원자는 그림 1.3과 같이 29개의 궤도 전자가 제각기 무리를 이루고 일정한 궤도를 따라 원자핵 주위를 돌고 있다. 이러한 궤도를 **전자 각**(electron shell)이라 하고, 원자핵의 안쪽으로부터 순서대로 K각, L각, M각 및 N각이라 한다. 구리의 경우 **궤도 전자의 수**는 K각에 2개, L각에 8개, M각에 18개, N각에 1개가 있다. 이 경우 가장 바깥에 있는 N각의 궤도 전자는 원자핵으로부터의 구속력이 가장 약하여 외부로부터 에너지가 주어지면 원자의 구속으로부터 이탈하여 자유로운 운동을 할 수 있는 **자유전자**(free electron)로 된다. 자유 전자의 전하량 e와 질량 m_0은 각각 $e=-1.602189\times10^{-19}$[C], $m_0=9.109534\times10^{-31}$[㎏]이다.

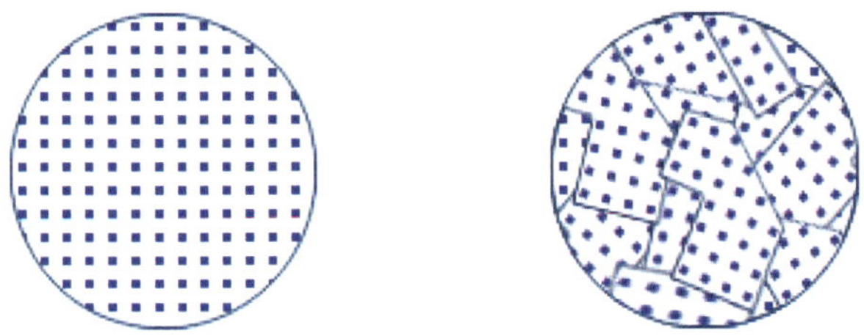

(a) 단결정 (b) 다결정

그림 1.2 결정 구조의 모형

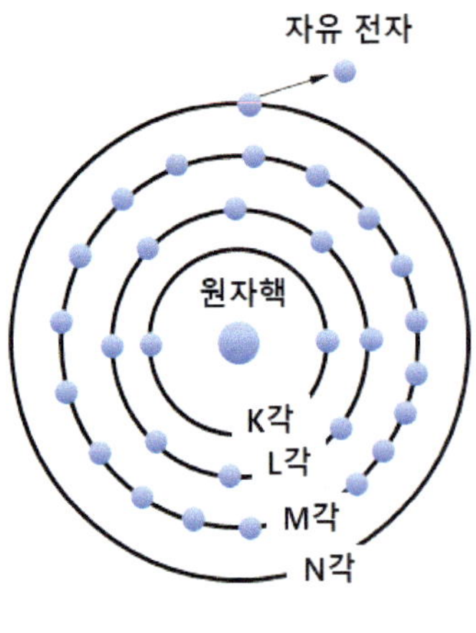

그림 1.3 구리의 원자 모형

한편 가장 바깥쪽 궤도의 전자, 이것을 **가전자(valence)**라 한다. 모든 원자는 전자가 원자핵에서 가장 먼 궤도의 정원 전자수를 모두 만족했을 때 화학적으로 안정된다. 즉, 가전자가 없는 원자는 화학적으로 안정된 원자라고 할 수 있다.

예를 들면 헬륨(He)이나 네온(Ne)은 화학적으로 안정된 원자라고 할 수 있다(그림 1.4). 전자가 원자핵에서 가장 먼 궤도의 정원 전자수를 충족하지 않은 원자, 즉 가전자가 있는 원자는 화학적으로 불안정하다(그림 1.5).

이와 같이 원자는 가전자를 다른 원자에 주거나 다른 원자로부터 받아서 어떻게든 안정한 상태가 되려고 한다. 이 때문에 가전자가 있는 원자는 화학적으로 활발해진다. 이 원자가 화학적으로 활발한 정도에 따라 전기의 전도와 크게 관계가 있다.

한편 원자로부터 전자가 튀어 나가기 위해서는 앞에서도 서술했지만 외부에서 에너지를 가해야 하며 가전자는 원자핵에서 가장 먼 거리에 있기 때문에 원자핵이 끌어당기는 인력이 다른 전자에 비해 약하고 열이나 빛 그리고 전압 등의 에너지를 외부에서 가하면 원자핵의 인력에서 궤도 밖으로 튀어 나가서 **자유전자**가 된다.

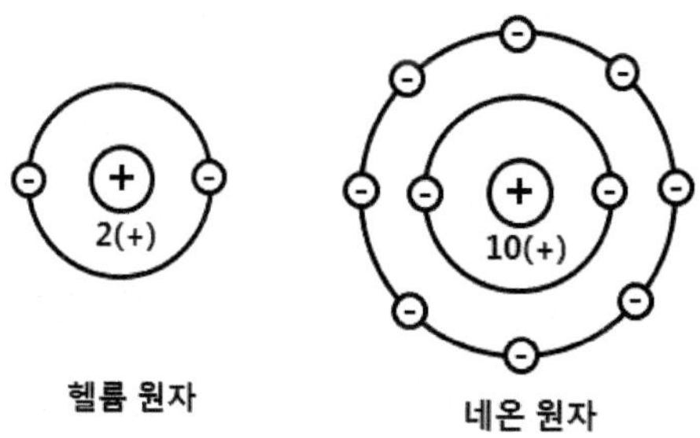

그림 1.4 가전자가 없는 원자 구조

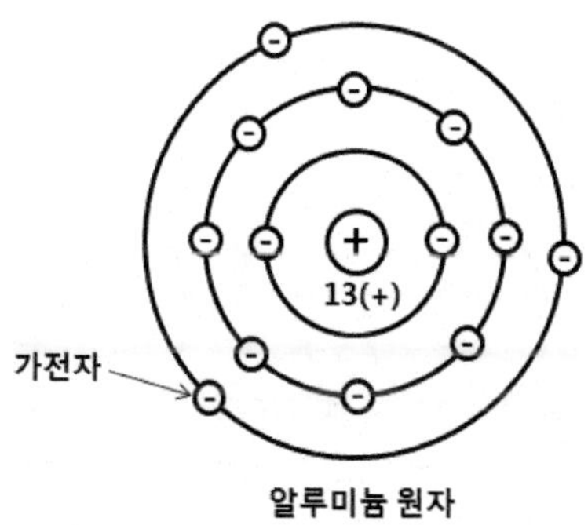

그림 1.5 가전자가 있는 원자 구조

1.1.3 원자 결합

그러면 원자끼리의 결합에서 가전자와 자유전자는 어떠한 움직임을 하는지 알아보기로 한다. 원자의 대표적인 결합에는 이온 결합, 공유 결합, 금속 결합 등이 있다.

(1) 이온 결합

자연계에서 일어나는 이온 결합의 좋은 예로서 소금(염화나트륨)을 들 수 있으며 그림 1.6과 같다. 나트륨(Na) 원자는 최외각에 가전자가 1개뿐이므로 이를 방출하여 안정된 상태가 되고자 한다. 반면에 염소(Cl) 원자는 최외각에 7개의 가전자를 갖고 있으므로 외부로부터 전자 1개를 더 보충하여 8개의 안정된 상태가 되고자 한다. 따라서 이 두 원자가 결합하면 나트륨은 전자 1개를 염소 원자에 주면서 양 이온인 Na+가 되고 염소는 전자 1개를 받아서 음 이온인 Cl-가 되어 서로 간에 **이온 결합**이 이루어진다.

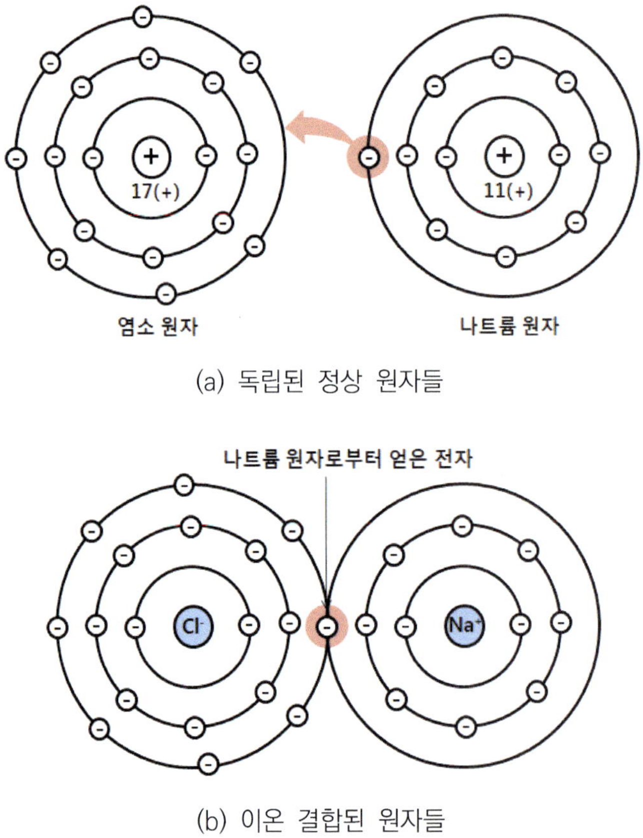

그림 1.6 염화나트륨 원자들의 이온 결합

(2) 공유 결합

원자가 안정되기 위해 최외각에 있는 가전자를 버릴 경우의 전자의 수가 모자란 전자를 채움으로써 안정을 취할 경우에 받아들여야 하는 전자의 수와 같을 경우는 두 원자가 서로간의 가전자를 공유해 버림으로써 최외각을 완전히 채우는 방식으로 결합하여 이를 **공유 결합**이라 한다. 이는 이온 결합과 같이 한 쪽 원자가 일방적으로 전자를 방출하고 다른 쪽 원자는 일방적으로 전자를 받아들이는 것과는 달리 서로의 가전자를 공유하는 형태이므로 이온이 형성되지 않는다. 대신에 가전자를 공유하는 결속력으로써 결합이 유지되며 공유된 전자들은 한 쪽 원자에서 다른 쪽 원자로 교대로 옮겨 다니며 존재한다. 공유 결합은 이온 결합보다 결합하는 힘이 강하다.

대표적인 것으로 실리콘(Si)이나 게르마늄(Ge) 등의 반도체가 공유 결합을 한다. 따라서 반도체의 대표적인 실리콘의 원자에 대한 공유 결합에 있어서 가전자와 자유전자가 어떤 움직임을 하는지 설명한다.

실리콘의 원자 구조는 그림 1.7과 같으며 원자핵 둘레에 14개의 전자가 존재한다. 그 가운데 4개의 전자가 최외각에 위치하며 이것이 가전자이다. 따라서 각각의 원자가 결합하기 위해서는 4개의 원자가 필요하다. 즉, 그림 1.8은 공유 결합의 대표적인 예로서 1개의 실리콘 원자는 인접한 4개의 원자와 가전자를 공유하여 결합하고 있다.

이 공유 결합의 세기도 또한 물질의 전류가 흐르기 쉬움과 큰 관계가 있다. 공유 결합이 약하면 열이나 전압의 에너지를 외부에서 가함으로써 결합이 무너져 자유전자가 이동하기 시작한다. 이렇게 이동하는 자유전자가 전도성을 가져온다.

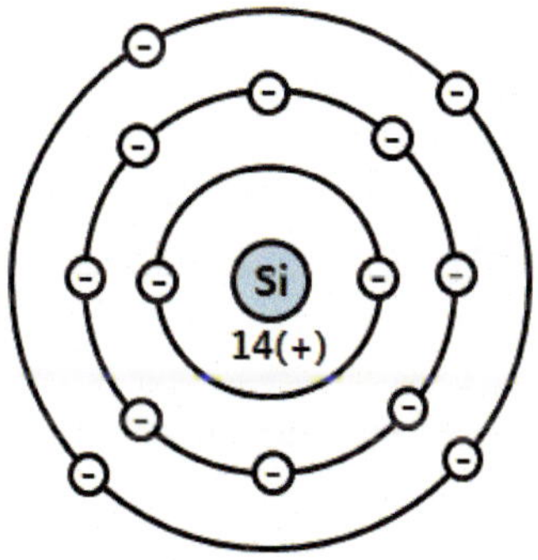

그림 1.7 실리콘의 원자 구조

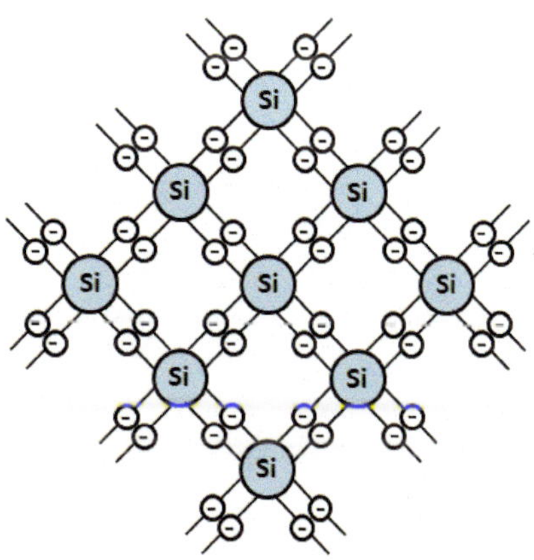

그림 1.8 실리콘의 공유 결합

게르마늄이나 실리콘과 같이 4개의 가전자를 갖고 공유 결합하고 있는 물질로는 이 밖에 납, 주석, 다이아몬드가 있다. 이 가운데 공유 결합이 가장 강한 다이아몬드는 외부에서 에너지를 가해도 결합이 무너지지 않기 때문에 자유 전자는 이동하지 못하고 절연체의 성질을 나타낸다. 또한, 납이나 주석은 공유 결합이 약하기 때문에 결합이 무너지기 쉬우므로 자유로이 이동할 수 있는 자유 전자가 많이 있어 도체의 성질을 나타낸다.

한편 게르마늄이나 실리콘과 같이 공유 결합의 강도가 절연체와 도체의 중간 성질을 갖기 때문에 반도체라 하며 어느 정도 자유 전자가 곁들어 있음으로써 다소의 도전성을 나타낸다.

(3) 금속 결합

전기 전도가 좋은 도체에서 일어나는 결합으로 금속 결합을 들 수 있다. 구리와 같은 도체에서는 최외각의 가전자의 1개가 외부로부터의 작은 에너지에도 쉽게 영향을 받아 원자들 사이를 떠돌아다니게 된다. 이와 같이 가전자가 충분한 에너지를 얻어 원자를 완전히 떠나게 되면 자유 전자가 되고 해당 원자는 양이온이 된다. 따라서 원자들이 자유 전자들을 서로 공유하는 형태가 되며 이를 **금속 결합**이라 한다.

도체 내의 자유 전자들은 어떤 의미에서는 마치 구름과 같이 무리지어 떠다니는 것과 같으며 이러한 전자구름과 양이온 간에는 불규칙하지만 끊임없는 인력이 발생하므로 원자 간에 결합하는 힘이 생기는 것이다. 그림 1.9는 구리의 금속 결합을 예로 든 것이다.

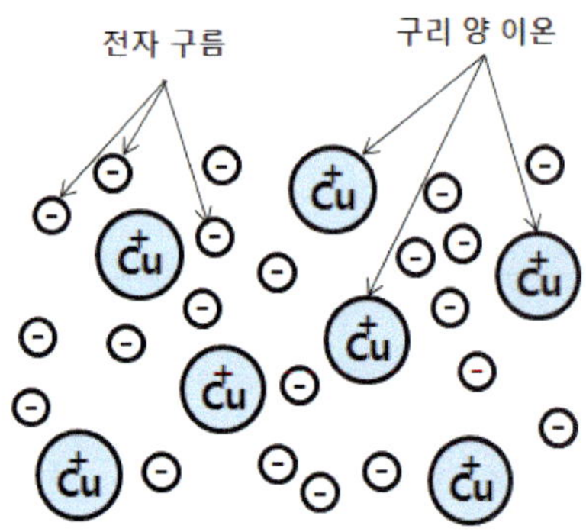

그림 1.9 구리의 금속 결합

1.2 전자의 에너지 준위

1.2.1 에너지 장벽

전기의 정체를 처음으로 발견한 사람은 영국의 물리학자 J.J 톰슨이다. 그는 여러 가지 실험을 해 본 결과 전기는 극히 작은 입자라는 것을 발견했다. 이 작은 입자가 빛을 내거나 열을 발생한다는 것을 알았을 때 톰슨은 이 작은 입자를 **전자**라 이름을 붙였다. 결국 톰슨은 전기의 정체가 전자의 흐름이라는 것을 알아내었다. 다시 말하면 전자가 전기를 운반하는 캐리어인 것이다.

그러나 전자가 계속해서 움직여야만 전기를 계속 운반할 수 있는데 여기에는 외적으로 전자를 연속적으로 움직이게 하는 힘이 필요하다. 이러한 외적인 힘에 의해 일정 방향으로 전자가 흐르는 것을 **전류**라 한다.

금속 도체에 전류가 흐르는 것은 원자핵의 구속에서 빠져 나온 전자, 즉 전도 전자가 금속 안에서 전기장과 역방향으로 가속되어 이동하기 때문이다. 따라서 금속 내부에서 원자의 표면에는 전자가 원자의 구속으로부터 탈출하는 데에 필요한 에너지에 상당하는 장벽(barrier layer)이 있는데, 이 벽을 뛰어넘어 금속 내부를 자유로이 움직일 수 있는 전도 전자라도 그 금속의 표면을 튀어나와 자유 공간으로 이동될 수는 없다. 그것은 다시 큰 제 2의 장벽이 있어 이것을 뛰어넘을 만큼의 에너지를 필요로 하기 때문이다. 즉, 전자가 금속 밖으로 나가려 해도 금속 중에 남은 원자의 양전하 사이에 **정전력(eletrostatic force)**이 작용해서 다시 끌어 당겨지기 때문이다. 이러한 전자 방출에 필요한 에너지를 띠(band) 그림으로 나타내면 그림 1.10과 같이 된다.

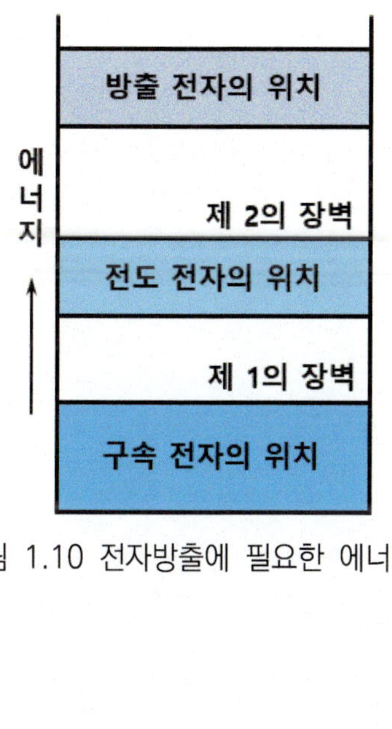

그림 1.10 전자방출에 필요한 에너지

1.2.2 에너지 준위

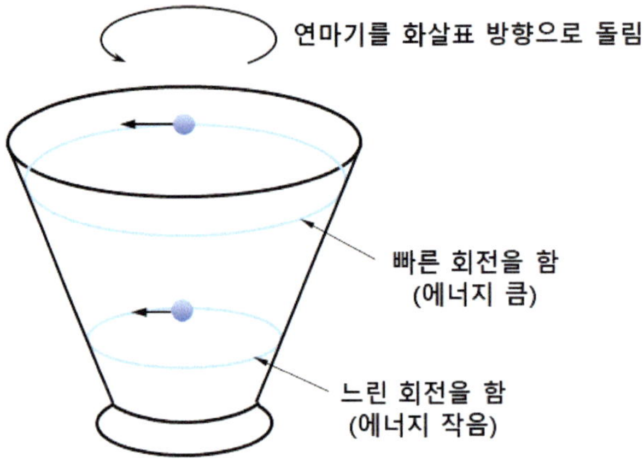

그림 1.11 에너지와 공의 위치

그림 1.11과 같이 작은 공을 연마기 모양의 그릇에 넣고 원운동을 시켜 보면, 공을 빨리 돌린 편이 높은 궤도를 돌게 된다. 이와 마찬가지로 그림 1.12와 같이 전자는 원자핵의 가장자리를 일정한 법칙에 따라 정해진 몇 개의 궤도를 돌고 있다. 이 궤도에는 앞에서 설명한 바와 같이 안쪽으로부터 붙여진 번호(**주 양자수**라고 함) 1, 2, 3, …, n에 따라 $2n^2$개의 전자가 안정된 상태로 들어가게 된다. 그리고 주 양자수 n의 궤도를 도는 전자의 에너지 W_n은 수소 원자의 경우 식 (1.1)과 같이 된다는 것이 알려져 있다.

$$W_n = -13.58 \times \frac{1}{n^2}\,[\text{eV}] \tag{1.1}$$

식 (1.1)은 전자가 가지는 에너지는 원자핵으로부터 멀어지는 정도에 따라 단계적으로 커지고, 그 중간의 에너지를 가지는 전자는 존재하지 않음을 나타내고 있다. 이와 같은 에너지의 불연속의 관계를 **에너지 준위(energy level)**라 하고, 최저의 준위를 **기저 준위**라 한다. 식 (1.1)의 '-'부호는 에너지의 기점을 탈출 준위에 놓았기 때문이다.

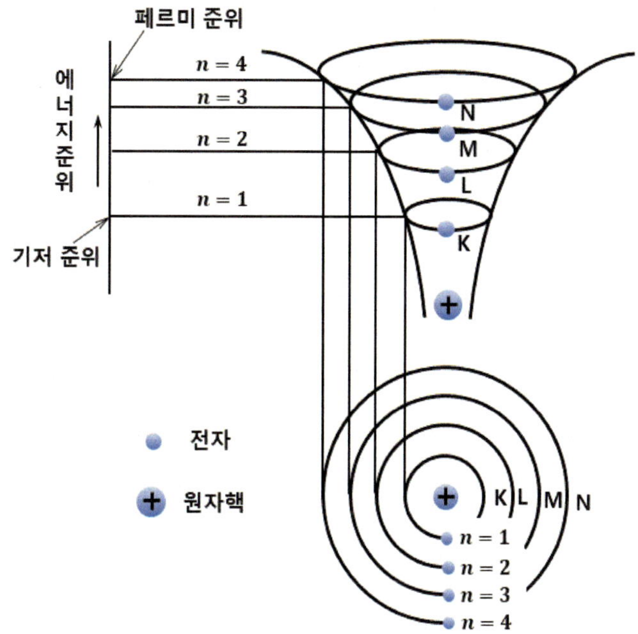

그림 1.12 전자의 에너지 준위

예제 1.1	L각 전자의 전체 에너지는 얼마가 되겠는가?
풀이	주 양자수 n개의 궤도를 도는 전자의 에너지는 다음과 같다. $$W_n = \ 13.58 \times \frac{1}{n^2} \ [\mathrm{cV}]$$ 식 (1.1)에서 L각은 n = 2이므로 전체 에너지는 다음과 같다. $$W_L = -13.58 \times \frac{1}{4} \fallingdotseq -3.4 [\mathrm{eV}]$$

1.2.3 일함수

그림 1.13의 (a)에 나타낸 바와 같이 금속에 열이나 빛 등의 에너지를 가하면 전자는 운동 에너지를 얻어 활발하게 움직이며 에너지 준위가 높은 몇 개의 전자는 공간으로 방출되고 이러한 일은 장벽을 뛰어넘을 만큼의 운동 에너지를 얻은 전자만이 자유 공간으로 방출된다고 생각하면 된다. 그림 1.13의 (b)는 이 상태를 에너지 준위로도 나타낸 것이다. 여기서 장벽의 높이는 전자가 금속면을 탈출하는 데에 필요한 에너지 준위에 상당하는데 이것을 **일함수**

(work function) W라 한다. 또한 장벽의 윗부분은 전자가 금속면을 탈출하는 데에 필요한 에너지 준위에 상당하므로 **탈출 준위** 또는 **이탈 준위**라고 한다. 따라서 일함수는 탈출 준위(W_o)와 페르미 준위(W_f)와의 차($W_o - W_f$) [eV]로 나타낼 수 있다. **페르미 준위(Fermi level)**란, 절대 온도 영도(0[°K])에서 가장 밖의 전자(가전자)가 가지는 에너지 높이이다. 일함수는 그 금속의 종류, 표면의 형태 등에 따라 다른 값을 가지고 흔히 $W = e\phi$로 나타내며, 1개의 전자를 금속체로부터 공간으로 방출하는 데 필요한 일의 양으로 나타낸다. 따라서 일함수가 작은 물질은 비교적 적은 에너지로 많은 전자를 방출시킬 수 있고, 그 단위는 1[V]의 전위에서 전자에게 주어지는 위치 에너지인 전자볼트 [eV]로 나타낸다. 그러므로 1 [eV] = 1.6×10^{-19} [J]이다.

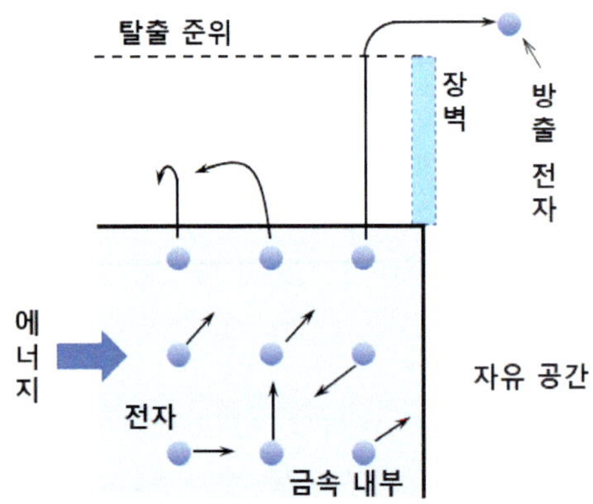

(a) 큰 에너지 준위를 얻은 전자는 장벽을 뛰어넘어 공간으로 방출됨

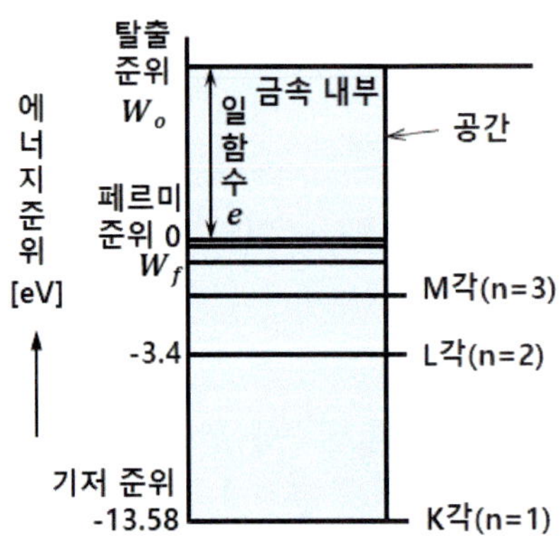

(b) 금속의 에너지 준위와 일함수

그림 1.13 에너지 준위와 장벽

금속을 고온으로 가열하면 전도 전자의 운동 에너지가 커지며 그 중에는 탈출 준위를 넘어서 금속체 밖으로 뛰어나가는 전자가 있다. 이 현상을 **열전자 방출**이라 하고, 이렇게 방출된 전자를 **열전자**라 한다. 이 때 방출된 전자들은 가열된 액면에서 증기가 올라가는 것과 같이 금속체 밖에서 **공간 전하**라는 전자의 구름을 만들고, 외부 전기장 등의 작용이 있으면 공간에서 전자류를 형성하게 된다. 열전자 방출에 필요한 열에너지 W는 볼츠만의 상수 k=1.38062×10^{-23} [J/K]와 절대 온도 T[°K]를 사용하여 다음 식과 같이 나타낸다.

$$W = kT[\mathrm{J}] \tag{1.2}$$

이 열에너지가 일함수보다 클 때에는 열전자 방출이 일어난다.

표 1.1은 몇 가지 금속의 일함수 값을 나타낸 것이다. 열전자류를 크게 하려면 온도를 높이거나, 일함수가 작은 재료를 사용하면 좋다. 그러나 온도를 너무 지나치게 높이면 녹아 버리는 일이 있으므로 열전자 방출 재료는 융점이 높은 텅스텐을 소재로 한 것이 쓰이고 있다.

표 1.1 금속의 일함수

금 속	일함수 [eV]
세슘 (Cs)	0.7 ~ 1.8
바륨 (Ba)	1.8 ~ 2.3
토륨 (Th)	3.2 ~ 3.4
몰리브덴 (Mo)	4.1 ~ 4.3
텅스텐 (W)	4.5 ~ 4.52
니켈 (Ni)	4.3 ~ 5.0
백금 (Pt)	4.5 ~ 6.4

예제 1.2 어떤 금속의 온도가 3000[℃]일 때의 방출되는 열에너지는 얼마인가? 또한 그것은 몇 [eV]에 해당하는가? 단, 1[eV] = 1.602x10^{-19}[J]이다.

풀이 열에너지는 식 (1.2)에서

$$W = kT = 1.38 \times 10^{-23} \times (3000 + 273) = 4.52 \times 10^{-20}[\mathrm{J}]$$

이것을 [eV]의 단위로 나타내면 다음과 같이 된다.

$$4.52 \times 10^{-20} / 1.602 \times 10^{-19} \fallingdotseq 0.281[\mathrm{eV}]$$

1.3 전자의 방출

1.3.1 전기장 방출

상온에서 금속 내의 전자의 운동 에너지는 낮으므로 탈출 준위를 넘는 일은 거의 없지만 금속면에 전자를 방출시키는 방향으로 10^8[V/m]정도의 아주 강한 전기장을 가하면 전자가 방출된다. 이러한 현상을 **전기장 방출**(electric field emission)이라고 한다. 이것은 그림 1.14의 (a)와 같이 전기장이 강해지면 금속 표면에 다른 공간의 전위가 기울어져 표면에 아주 가까운 부분의 에너지 준위가 탈출 준위 이하로 되기 때문이며 이 때 금속의 일함수는 Δe[eV]만큼 낮아진다. 따라서 전자는 방출되기 쉽게 된다. 또한 더욱 강한 전기장을 가하면 그림 1.14의 (b)와 같이 전위 곡선의 경사는 보다 더 급해지고 장벽의 두께가 얇아진다. 이 결과 장벽을 뛰어넘을 만큼의 충분한 에너지를 가지지 못한 자유 전자라도 장벽을 뚫고 나올 수 있게 된다. 이러한 **터널링**(tunneling)은 전자의 파동성으로 설명되어지는 현상이다. 또한 열전자를 방출하고 있는 상태의 금속에 전기장을 가하면 방출 효과가 높아지며, 이러한 현상을 **쇼트키 효과**(Schottky effect) 라고 한다.

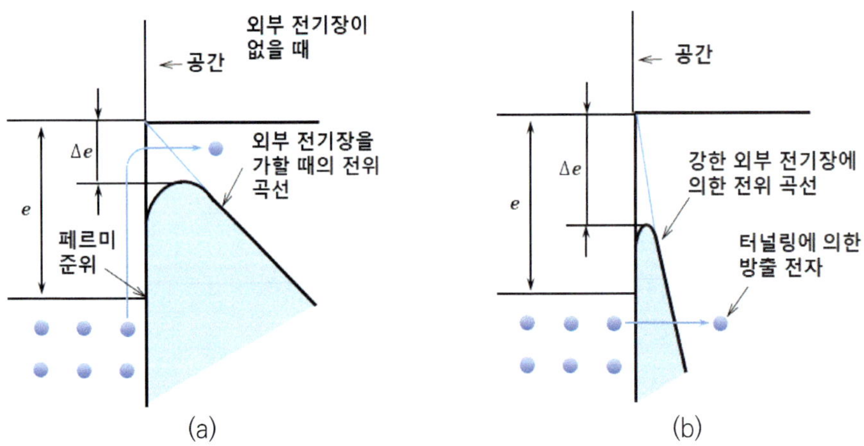

그림 1.14 전기장 방출과 터널링

1.3.2 광전자 방출

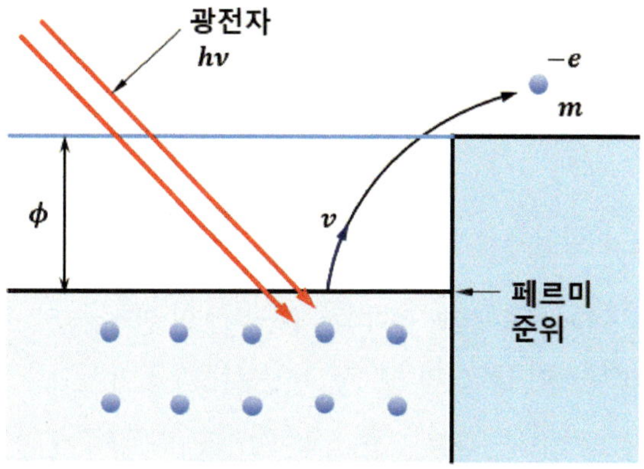

그림 1.15 광전자 방출

그림 1.15에 나타낸 바와 같이 금속에 빛을 비추면 그 부분에서 전자가 공간으로 방출된다. 이것을 **광전자 방출**(photoelectric emission)이라 하며, 이때에 방출된 전자를 **광전자**(photoelectron)라고 한다. 이 광전자 방출 현상은 전자기파인 빛이 금속면에 부딪히면 그 빛의 주파수에 의해 금속 표면의 전기장과 자기장이 진동하므로 자유 전자는 그의 힘을 받아서 크게 흔들려 에너지 장벽을 넘어 공간으로 방출되어 일어난다. 그리고 빛에는 이와 같은 파동성이 있음과 동시에 입자성이 있다는 것을 아인슈타인(Einstenin,A.)이 제창하였다. 즉, 주파수 ν[Hz]의 빛은 $h\nu$[J]의 에너지를 가지는 **광양자**(light quantum)라 하는 입자가 빛의 속도로 진행한다고 생각한 것이다. 그림 1.15는 어떤 물질에 $h\nu$[J]의 에너지를 가지는 광양자를 쬐었을 때 그 표면에서 최대 방출 속도 v[m/s]로 1개의 광전자가 그 물질의 일함수 $e\phi$[eV]의 장벽을 넘고 다시 $(mv^2)/2$[J]의 에너지를 얻는 것이 되므로 다음 식이 성립된다.

$$h\nu - e\phi = \frac{1}{2}mv^2[\text{J}] \tag{1.3}$$

따라서 $h\nu - e\phi > 0$의 범위에서는 광전자 방출이 되지만, $h\nu - e\phi < 0$에서는 광전자 방출은 없다. 또, $h\nu - e\phi = 0$, 즉 $\nu_0 = (e\phi)/h$일 때 빛의 파장 λ_0을 **광전 한계 파장**(photoelectric threshold wave length)이라 한다. 또한 광전자 방출의 재료의 일함수 $e\phi$의 값은 알칼리 금속이 가장 낮아서 2[eV]이하이며, 보통의 금속은 4~6[eV] 정도이다. 또한 백금, 텅스텐, 은 등은 표면을 알칼리 금속의 엷은 막으로 싸면 일함수 $e\phi$[eV]를 보다 작게 할 수 있다. 이상의 광전자 방출 현상에 대하여 정리하면 다음과 같다.

① 광전자 방출량은 빛의 세기가 강할수록 많아지며 빛의 총량에 비례한다.

② 방출되는 광전자의 탈출 속도는 빛의 파장에만 관계되고, 어느 파장보다 긴 빛에서는 속도가 없어지므로 빛의 세기에 관계없이 광전자의 방출은 이루어지지 않는다.

③ 실험에 의하면 광전자가 방출되는 시간은 3×10^{-9} [S] 이하로 시간 지연은 거의 없다.

예제 1.3	5000[Å]의 광전자 1개가 가지고 있는 에너지를 구하여라.
풀이	파장 $\lambda = 5000$[Å]인 빛의 주파수는 $\nu = c/\lambda$의 관계로부터 $\nu = 3\times10^{8}/5000\times10^{-10} = 6\times10^{14}$[Hz]이므로 빛의 에너지 W는 다음과 같이 된다. $$W = h\nu = 6.626\times10^{-34}\times6\times10^{14} = 3.975\times10^{-19}\,[\mathrm{J}]$$

1.4 전자 운동

1.4.1 전기장 내의 전자운동

그림 1.16과 같이 1개의 전자를 $E = V/d$ [V/m]의 평등 전기장 내에 놓았을 때 전자가 B 극판의 방향으로 받는 힘 F는 다음과 같이 된다.

$$F = eE = \frac{eV}{d}\,[\mathrm{V}] \tag{1.4}$$

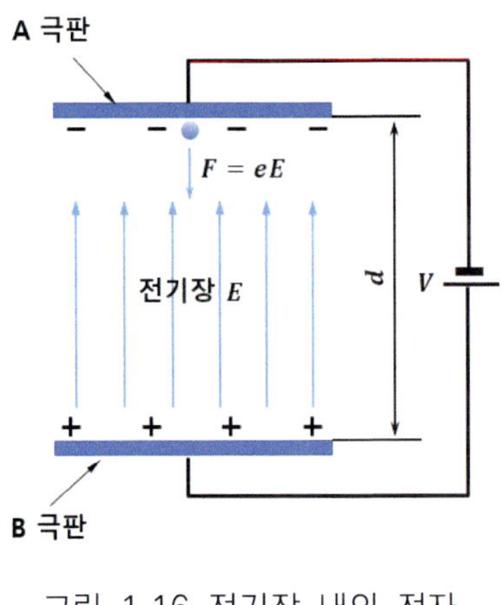

그림 1.16 전기장 내의 전자

이 때 전자의 정지 질량을 m_0[kg]. 가속도를 α[m/s2]로 하면 힘 F는 운동 법칙에 따라 다음과 같이 된다.

$$F = m_0 \alpha \text{[N]} \tag{1.5}$$

따라서 가속도 α는 식 (1.4)와 (1.5)에서 다음과 같이 된다.

$$\alpha = \frac{eE}{m_0} = \frac{e}{m_0}\frac{V}{d} \text{[m/s}^2\text{]} \tag{1.6}$$

위의 식에서 평등 전기장 내 전자의 가속도는 극판 사이의 전위차 V[V]에 비례하는 것을 알 수 있다.

(1) 초속도를 가지는 전자의 전기장 내에서의 운동

그림 1.16과 같이 E[v/m]의 평등 전기장 내에 있는 전자가 초속도 v_0[m/s], 가속도 α [m/s^2]로 운동할 경우, t초 후의 속도 v_t는 다음 식으로 주어진다.

$$v_t = v_0 + \alpha t \text{[m/s]} \tag{1.7}$$

위의 식에 가속도 α에 대한 식 (1.6)을 대입하면 다음과 같이 된다.

$$v_t = v_0 + \frac{eE}{m_0} t \text{[m/s]} \tag{1.8}$$

t초 후 전자가 이동한 거리는 $dt = \int_0^s v_t dt$에 의하여 다음과 같이 된다.

$$dt = v_0 t + \frac{eE}{2m_0} t^2 \text{[m]} \tag{1.9}$$

이 운동은 그림 1.17에 보인 물방울의 중력장 내에서 낙하 운동과 같이 볼 수 있다.

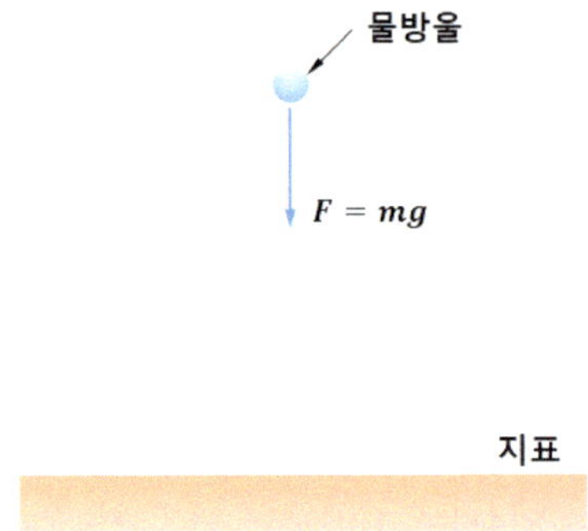

그림 1.17 중력장 내의 물방울(예)

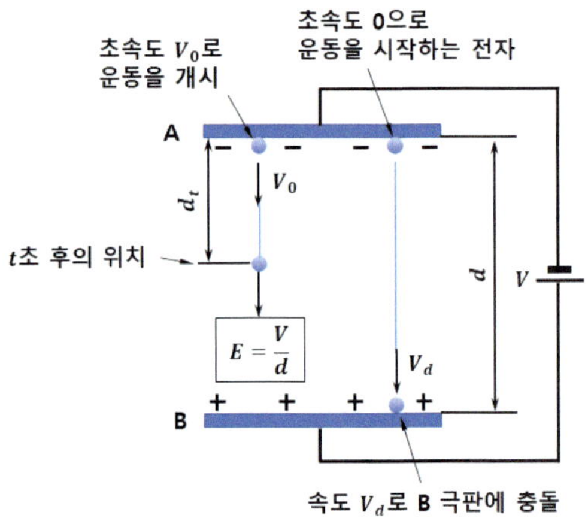

그림 1.18 전기장 방향으로 초속도를 가지는 전자의 운동

(2) 전자의 속도와 에너지

초속도 0으로 그림 1.18의 극판 A를 출발한 전자가 B극판에 도달하였을 때의 속도 v_d [m/s] 및 에너지 W[J]를 구해 보자. 전자의 운동 에너지의 변화는 전기장에서 얻은 일과 같으므로 다음과 같은 식이 성립된다.

$$\frac{1}{2}m_0{v_d}^2 - \frac{1}{2}m_0{v_0}^2 = dF[\text{J}] \tag{1.10}$$

위의 식에 $v_0 = 0$, $dF = eV$를 대입하면 $\frac{1}{2}m_0{v_d}^2 = eV$[J]이 되므로, B 극판에 도착한 순간 전자의 속도 v_d는 다음과 같이 된다.

$$v_d = \sqrt{\frac{2eV}{m_0}} = 5.93 \times 10^5 \sqrt{V}\,[\text{m/s}] \tag{1.11}$$

극판 사이의 전위차 V[V]의 제곱근에 비례한다. 여기서 V는 가속 전압이 된다. 또 운동 에너지 W는 식 (1.10)에서 다음과 같이 된다.

$$W = \frac{1}{2}m_0 {v_d}^2 = eV = 1.602 \times 10^{-19}\, V[\text{J}] \tag{1.12}$$

따라서 위의 식은 가속 전압 V[V]에 비례한다.

(3) 전자 에너지의 단위

전자 등의 소립자에 쓰이는 에너지의 단위는 1개의 전자가 1[V]의 전위차로 가속되었을 경우에 전자가 얻는 운동 에너지, 즉 1 전자볼트(1[eV])를 단위로 하여 쓰이고 있다. 즉, 다음과 같이 된다.

$$1\,[eV] = 1.602 \times 10^{-19} [\text{J}] \tag{1.13}$$

예제 1.4	진공 중에서 초속도 0[m/s]인 전자가 1000[V]의 전위차에 의해 얻어지는 최종 속도는 얼마인가?
풀이	식(1.11)에서 최종 속도 v_d는 $v_d = 5.93 \times 10^5 \sqrt{10^3} \fallingdotseq 1.87 \times 10^7\,[\text{m/s}]$가 된다.

(4) 전자의 정전 편향

그림 1.19와 같이 평등 전기장 E[V/m]중에 전기장과 직교하는 방향으로 초속도 v_0[m/s]의 전자가 진입되도록 하면 전자에는 전기장에 의한 힘이 작용하여 양극(+)판 방향으로 진로가 구부러지면서 포물선으로 전자가 진행된다. 이 모양은 그림 1.20과 같이 물체를 수평 방향으로 던졌을 때에 포물선을 그리며 낙하하는 것과 닮았다. 이것을 **정전 편향**(electrostatic deflection)이라 한다. 그리고 이와 같은 운동이 있는 평행 극판 D를 **편향판**(deflecting plate) 이라 한다. 이 경우 상대 편향판 사이에만 전기장이 있고 외부에는 전기장이 없도록 하면 편향판 사이의 밖에서는 힘을 받지 않으므로 전자는 편향판의 출구로 이어지는 접선 방향으로 직진한다.

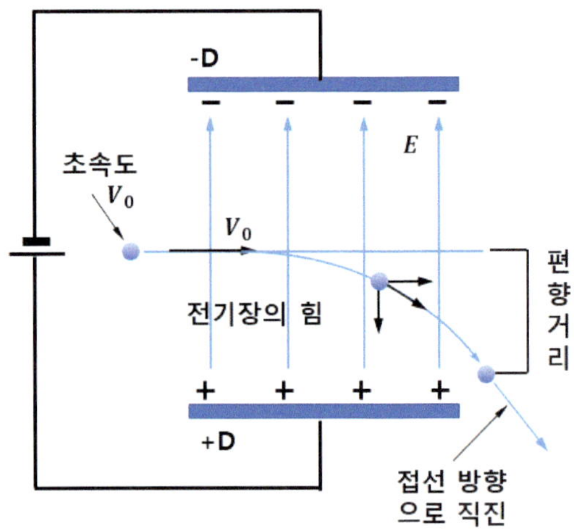

그림 1.19 수직 전기장에 직교하는 방향으로 전자가 진입할 때의 궤도

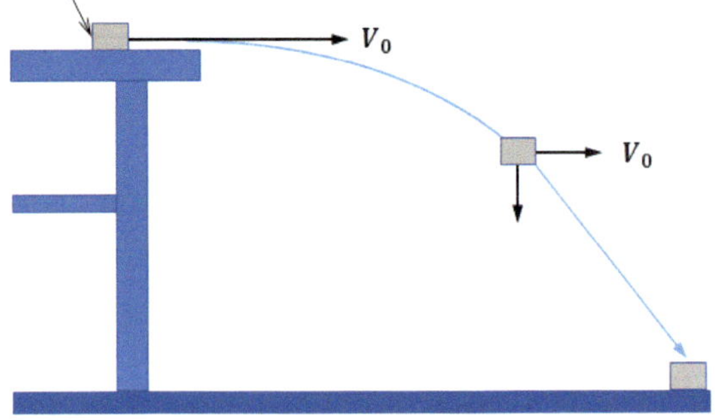

그림 1.20 물체가 수평방향으로 튕겨 나올 때의 궤도

(5) 평향 거리

그림 1.21과 같이 두 쌍의 평행판 전극이 만드는 평등 전기장 $E = V_d/d$[V/m]와 수직 방향으로 초속도 v_0[m/s]의 전자가 진입하였을 경우, 전자는 x축 방향으로는 외력을 받지 않으므로 등속 운동을 한다. y축 방향에는 전기장의 힘을 받아서 전자는 $\alpha = (eE/m_0)$[m/s2]로 가속되므로 전자는 그림의 실선 방향으로 진행하게 되며, 이 때 편향거리 D는 편향 전압 V_d에 비례하게 된다.

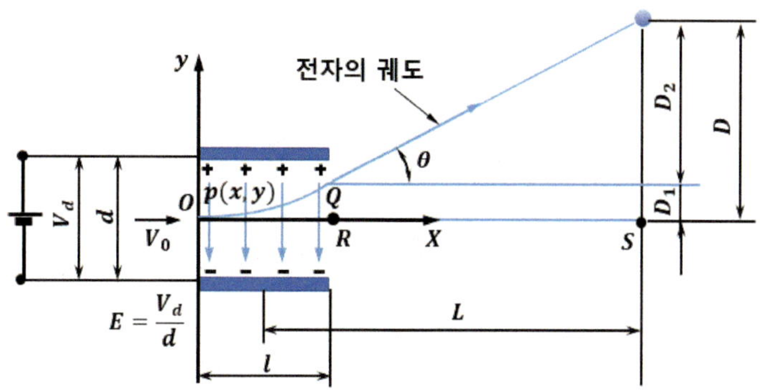

그림 1.21 전자의 정전 편향

(6) 편향 감도

편향 감도(deflecting sensitivity) S_D는 편향 전압 1[V]에 대한 편향 거리로 나타내며 다음과 같이 된다.

$$S_D = \frac{lL}{2dV}[\mathrm{m/V}] \tag{1.14}$$

결국, 편향 감도 S_D는 가속 전압 V에 반비례하고, 전자의 전하나 질량 m_0에는 무관하며 전극의 구조만으로 결정된다. 그리고 이 원리는 관측용 브라운관 등에 응용되고 있다.

1.4.2 고체 내의 전자운동

(1) 금속 내의 전자운동

금속의 내부에서는 무수히 많은 원자가 격자 모양으로 결합되어 있으며, 원자핵에 구속되지 않는 전도 전자가 금속 양이온의 사이를 자유로이 운동하고 있다. 이런 상태의 금속에 전지 등을 사용해 전기장을 가하면 양극을 향해서 전도 전자의 이동이 일어나며, 그 결과 전류가 흐른다는 것을 이미 배웠다.

그림 1.22는 그 모양을 모형에 의해 나타낸 것인데 못이 박혀 있는 판을 비스듬히 세워 놓고 위에서부터 작은 공을 굴리면 공이 가속되어 못에 부딪히면서 굴러 내려간다. 전자의 흐름도 공이 굴러 내리는 것과 같이 다수의 전자가 일률적으로 분포한 원자나 금속 양이온 등에 충돌하면서 평균 속도로 이동하고 있다. 또한 그림 1.22에서 비스듬히 놓아 둔 판의 높이는

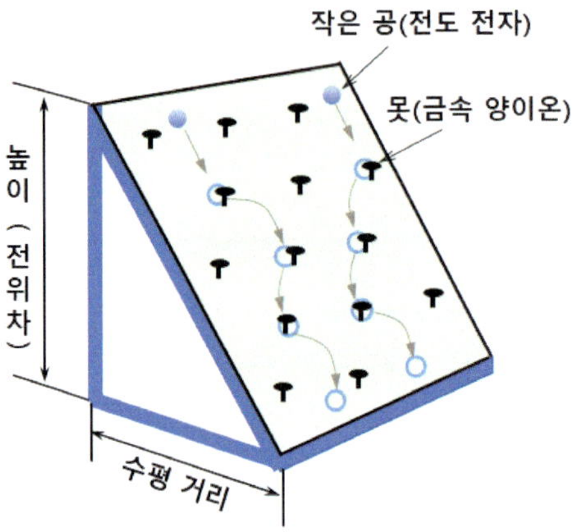

그림 1.22 기울기가 크면 공의 속도가 빨라짐

전위차에 상당하고, 전위차와 전도 전자의 평균 속도는 서로 비례 관계에 있다. 일반적으로 상온에 있는 금속도 열에너지를 받아서 금속 양이온이 진동하고 있으므로 그 사이를 통과하는 전자는 충돌 횟수가 많아지고 열을 발생하게 된다. 또한 이동 속도가 늦어지므로 전류가 감소한다. 이 모양을 나타낸 것이 그림 1.23이며, 금속의 온도가 상승하는 데에 따라 전기 저항이 증가하는 것도 이런 이유이다. 또한 전도 전자가 한 번 충돌한 다음에 다시 충돌할 때까지의 운동 거리의 평균값을 **평균 자유 행정**(mean free path)이라 하고, 전자가 이동하는 자유도를 나타내는 것이다. 이 평균 자유 행정은 보통 금속 도체 중에서는 10^{-4}[m] 정도이나, 진공관의 내부 등과 같이 진공에 가까운 곳에서는 운동을 방해 하는 것이 없으므로 10[m] 이상도 되며, 전자만의 자유로운 공간을 만들 수 있다. 다음에는 전자류와 전류의 관계를 알아보기로 한다.

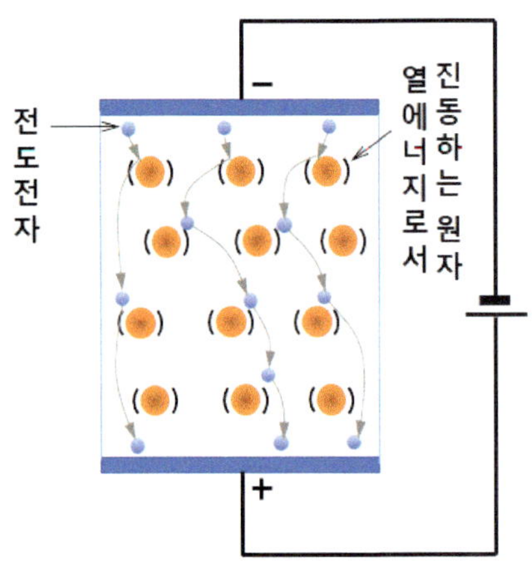

그림 1.23 금속 내의 전자의 이동

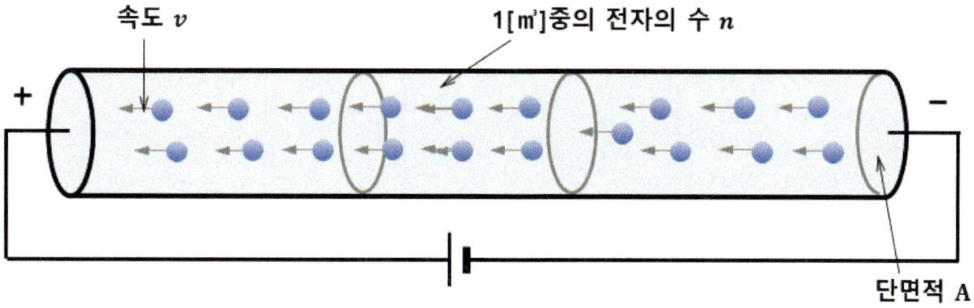

그림 1.24 금속 내의 전자의 이동

그림 1.24와 같이 도체 중의 전자 밀도를 n[개/㎥], 도체의 단면적을 A [㎡], 전자의 평균 이동 속도를 v[m/s]로 하면 1초 동안 이 도체의 단면을 통과하는 전자의 수 N은 다음과 같이 된다.

$$N = nAv \text{ [개]} \tag{1.15}$$

이 식에 전자의 전하 e[C]를 곱하면, 전류 I는 다음과 같이 된다.

$$I = eN = enAv \text{ [A]} \tag{1.16}$$

전류는 전자의 속도 v에 비례한다. 한편 평균 속도 v는 전위차, 즉 전압에 비례하므로 뒤에서 설명할 옴의 법칙이 성립한다.

(2) 에너지대 이론에서 본 도체, 반도체, 절연체

앞에서 배운 바와 같이 고립 전자가 가지는 에너지는 불연속인 값이 되므로 그림 1.25와 같은 선으로 나타낼 수 있다.

그런데 고체에서는 원자가 좁은 간격으로 일정하게 늘어 놓여 있으므로 원자의 내부만이 아니라 그 상호간에도 영향을 끼치게 된다. 그 결과 에너지의 값은 다시 작은 단계로 나뉘어져 선 모양이 되고, 전자는 그 중에서 결정된 에너지 값이 궤도에 들어가 있다. 그림 1.32는 원자 간격이 d[m]인 고체의 에너지대 구조를 나타낸 것이다. 바꿔 말하면 고체 내의 전자가 얻는 에너지 준위는 이와 같이 대(band) 모양으로 되어 있으므로 고체의 전자 현상을 생각할 때 에너지대의 구조를 기본으로 한 에너지대 이론(energy band theory)을 쓰면 좋다. 에너지대 구조 중에서 전자가 존재할 수 있는 에너지대를 **허용대**(allowable band)라 하고, 전자가 존재할 수 없는 에너지대를 **금지대**(forbidden band) 또는 **에너지 갭**(energy gap)이라 한다.

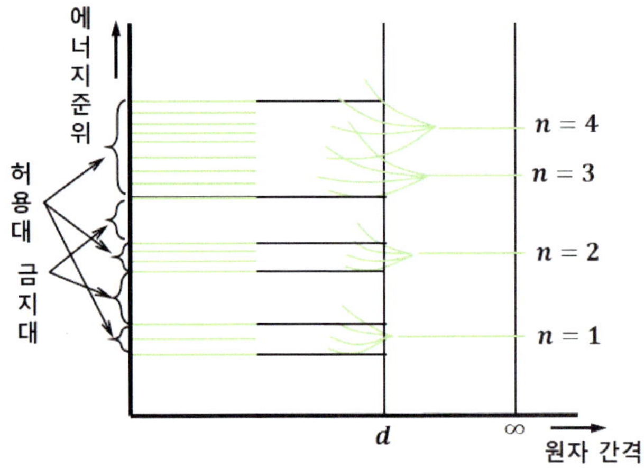

그림 1.25 고체의 에너지대 구조

예를 들어 그림 1.26의 도체의 에너지대 구조에서는 $n=3$, $n=4$의 준위는 전자가 들어갈 수 있는 허용대이고, 전기장을 가하면 전자는 그 반대의 방향으로 이동해서 전류를 흘릴 수 있다. 이와 같이 전자가 자유로이 이동되는 허용대를 **전도대**(conduction band)라고 한다. 또, 같은 허용대라 하더라도 들어갈 수 있는 전자의 수가 전부 들어가서 전자가 이동할 여지가 없는 허용대를 **충만대**(filled band)라 하며, 어떤 에너지를 가해 주면 전자가 들어갈 수 있는 허용대라 하더라도 보통의 상태에서는 전자가 존재하지 않는 허용대를 **공핍대**(exhausion band, empty band)라고 한다.

그림 1.27은 도체, 반도체, 절연체의 에너지대 구조를 나타낸 것으로 이 그림의 가로축 폭은 특별한 의미는 없다.

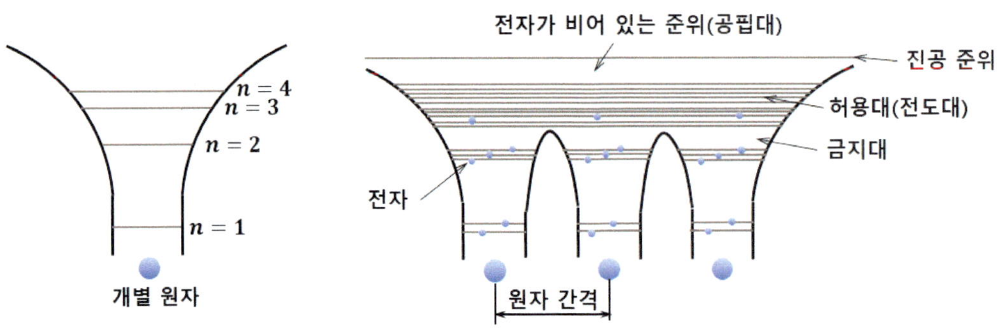

그림 1.26 도체의 에너지대 구조

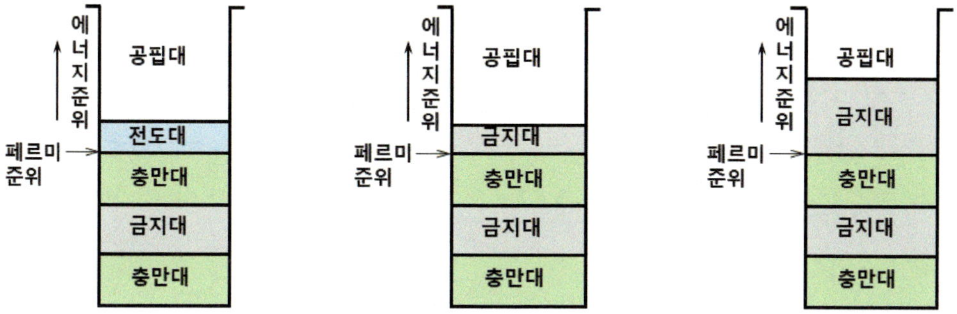

(a) 금속 도체 (b) 반도체 (c) 절연체

그림 1.27 충만대와 공핍대

그림 1.27의 (a)와 같이 금속 도체는 충만대에 공핍대가 접해 있어 공핍대에서는 충만대로부터 전도 전자가 옮겨져서 전도대를 형성하고 있기 때문에 전기 전도가 매우 좋다.

그림 1.27의 (b)와 같이 반도체는 보통 때에는 공핍대에는 전자가 없으며, 또한 상위의 충만대와 공핍대와의 사이에 금지대의 폭이 좁다. 그래서 충만대의 일부 전자는 열이나 빛 등의 적은 에너지(1[eV]정도)에서도 비교적 용이하게 금지대를 넘어서 공핍대에 올라갈 수 있다. 이 결과 너무 올라간 전자는 전도 전자가 되어서 도전성을 가질 수 있게 되지만 그 전도 전자의 수가 적으므로 매우 고저항의 것이 된다. 또한 이때에 그 충만대에는 전자가 빠진 구멍이 생긴다.

그림 1.27의 (c)와 같이 절연체는 전자의 움직임은 반도체와 같다고 보지만 충만대와 공핍대 사이의 에너지 갭이 크므로 상당히 큰 에너지(6~7[eV])를 가하지 않으면 충만대의 전자는 공핍대에 올라갈 수 없다. 따라서 절연체는 도전성을 가질 만큼 큰 전기장을 가하면 절연 파괴를 일으켜 절연체로서의 역할을 잃고 만다.

(3) 반도체 내의 전자 성질

반도체 내의 전자의 움직임은 대표적인 반도체인 규소(Si)나 게르마늄(Ge)등의 원자의 결합 구조에 대하여 조사해 보면 쉽게 알 수 있다. 그림 1.28은 규소의 단결정 모양을 나타낸 모형으로서 정전하를 띤 양이온에는 4개의 팔이 있고, 각각 하나씩의 가전자를 공유하면서 인접한 원자와 튼튼히 결합하고 있다. 이 상태를 평면적으로 그린 것이 그림 1.29이다.

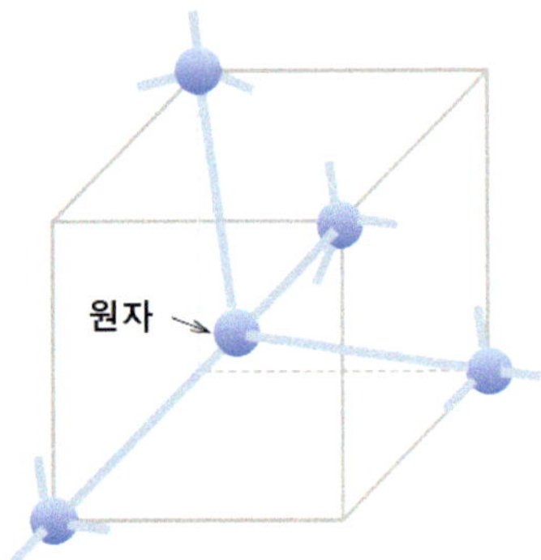

그림 1.28 Si의 결합 구조

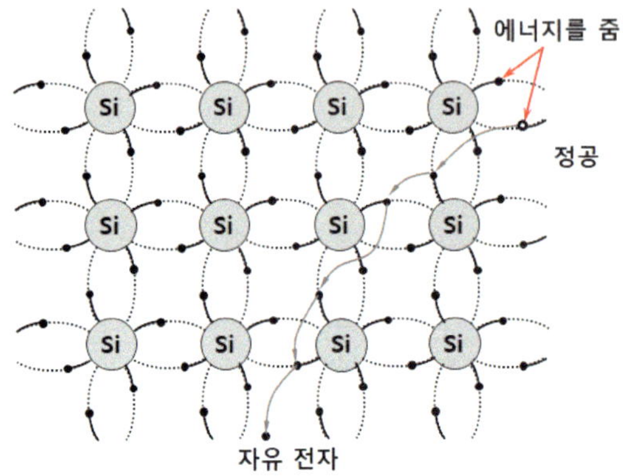

그림 1.29 Si의 결합 평면 구조

이와 같이 규소 이외의 다른 물질의 혼입이 없고 안정된 상태에 있는 반도체를 **진성 반도체**(intrinsic semiconductor)라 한다. 그림 1.30을 통하여 진성 반도체의 에너지대와 전기 전도에 대하여 생각해 보기로 하자.

즉, 충만대에 있는 전자에 열 등의 근소한 에너지를 주면 운동이 활발해져서 그 중에 몇 개는 에너지 갭을 넘어서 공핍대로 넘어가 전도 전자가 된다. 이 때 충만대에는 전도 전자와 같은 수의 전자가 없어진 구멍이 생기게 된다. 그것은 처음 중성인 상태로부터 전자를 잃어서 만들어진 구멍이며, 상대적으로 양의 전하를 가지고 있다고 생각되므로 이것을 **정공**(positive hole) 또는 **홀**(hole)이라 한다. 이와 같이 해서 생긴 정공은 충만대에서 하위 준위 전자의 전하에 의해서 즉시 중화되므로 점점 하위의 준위로 옮겨가게 된다. 즉, 그림 1.29에서 어떠한 에너지를 받아서 결합을 이탈한 자유 전자는 화살표와 같이 차례차례로 그 정공의 위치에 들

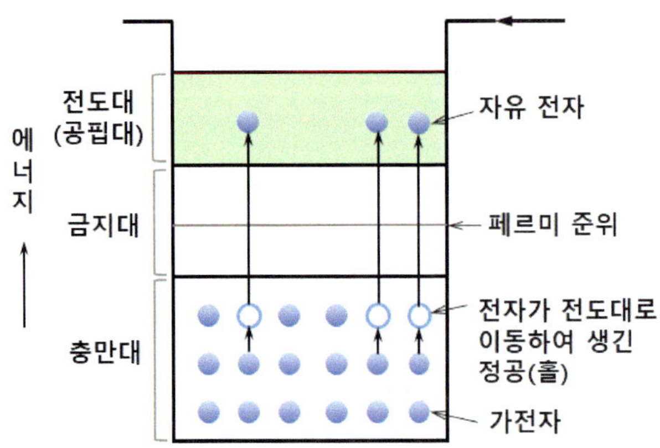

그림 1.30 진성반도체의 에너지대 구조

어가 버리고 만다. 이러한 일은 전자가 이동하여 왔다고도 생각되므로, 결국 정공이 이동했다고 보는 편이 좋다. 따라서 반도체에 전류가 흐르는 것은 전자와 같은 수의 양(+)전하를 가지는 정공과 전도 전자의 두 종류에 의하여 이루어지는 것이 된다. 따라서 이 정공과 전도 전자를 전하의 운반체라는 뜻으로 **반송자**(carrier)라 한다. 또한 진성 반도체에서는 전도대에 옮겨진 전자와 충만대에 남아 있는 정공의 수가 같으므로 페르미 준위는 대략 금지대의 중앙에 있게 된다.

(4) 반도체의 종류와 성질

반도체에서는 진성 반도체(intrinsic semiconductor)와 진성 반도체의 단결정에 미량의 불순물은 혼합한 불순물 반도체(extrinsic semiconductor)가 있다. 또한 불순물 반도체에는 그 불순물의 종류에 따라 각각 다른 성질을 나타내는 p형 반도체와 n형 반도체가 있고, 이를 모두가 진성 반도체보다 도전성이 높다.

1) n형 반도체

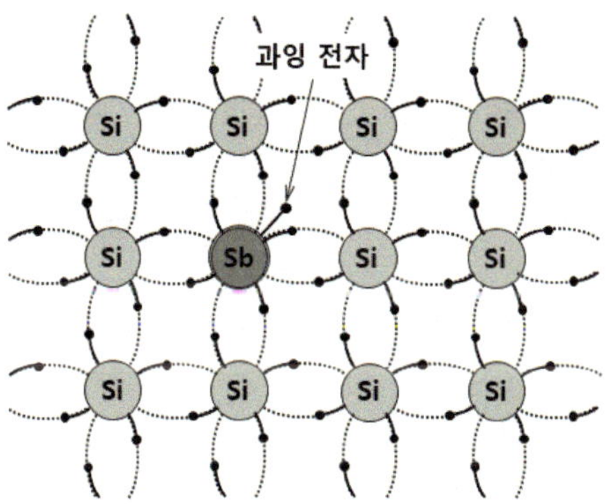

그림 1.31 n형 반도체의 결정 구조

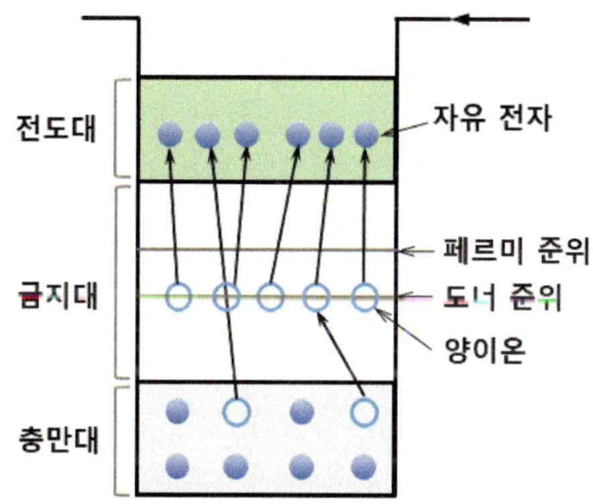

그림 1.32 n형 반도체의 에너지대 구조

그림 1.31과 같이 4가의 규소(Si) 원자에 안티몬(Sb)과 같은 5가의 원자를 미량 혼합하면 결정의 모양은 변하지 않으나 일부의 규소 원자가 있던 위치에 안티몬의 원자로 바뀌어 놓여져 5개의 가전자 중 4개는 원래의 규소와 결합할 수가 있다. 그러나 1개의 전자는 남게 되며 이것을 **과잉 전자**(excess electron)라 한다. 이 과잉 전자를 만드는 불순물을 **도너**(donor)라 하고, 그 준위를 **도너 준위**(donor level)라 한다. 그림 1.32에 나타낸 바와 같이 과잉 전자는 근소한 에너지를 받으면 전도대로 올라가서 전도 전자가 되는 한편 먼저의 도너 원자는 양이온이 된다. 이와 같이 반송자의 대부분이 전자인 반도체를 **n형 반도체**(n-type semiconductor)라 한다.

2) p형 반도체

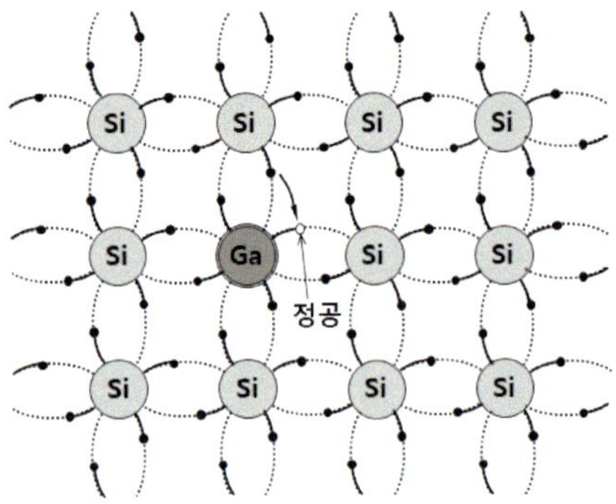

그림 1.33 p형 반도체의 결정 구조

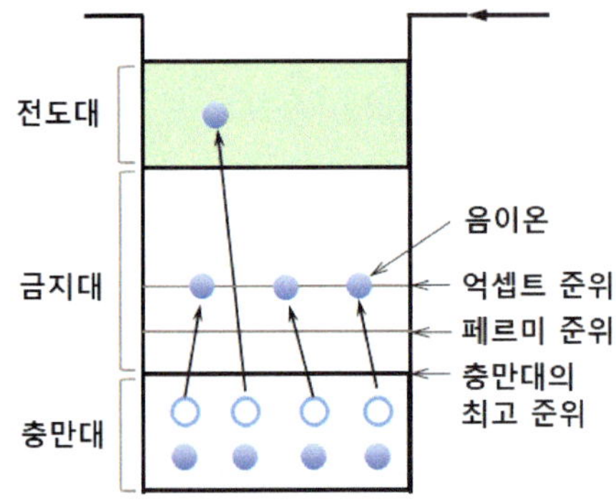

그림 1.34 p형 반도체의 에너지대 구조

그림 1.33과 같이 n형 반도체에 쓰인 5가의 불순물 원소 대신에 갈륨(Ga)과 같은 3가의 원소를 미량 혼합하면 갈륨의 가전자는 3개밖에 없으므로 규소과 결합하기에는 전자 1개가 부족하여 정공이 생기므로 불순물 반도체 대부분의 반송자는 정공이 된다. 이와 같이 정공을 만들기 위한 불순물을 억셉터(acceptor)라 하며, 대부분의 반송자가 정공인 불순물 반도체를 p형 반도체라 한다. 그림 1.34는 p형 반도체의 에너지대 구조를 나타낸 것으로 충만대보다도 조금 높은 곳에 새로운 억셉터 준위(acceptor level)가 있게 된다. 따라서 상온에서도 충만대의 전자는 억셉터 준위로 올라가며, 충만대에는 정공이 생겨 이것이 반송자가 된다. 이 때, 억셉터 원자는 음이온이 된다. 앞에서 설명한 반도체의 도전성에 대해 정리하면 다음과 같다.

① 진성 반도체의 반송자는 같은 수의 전자와 정공으로 한다.

② n형 반도체의 반송자는 대부분 전자이고 정공은 소수이다.

③ p형 반도체의 반송자는 대부분 정공이고 전자는 소수이다.

이들의 경우 전자와 정공 중에서 많은 편의 반송자를 **다수 반송자**(majority carrier)라 하고, 적은 편의 반송자를 **소수 반송자**(minority carrier)라 한다.

(5) 반도체의 전기 전도

반도체 내의 전기 전도는 전기장에 의한 드리프트 전류(drift current)와 반송자의 밀도 차이에 따른 확산 전류(diffusion current)로 나누어 볼 수 있다.

1) 전기장에 의한 전도

그림 1.35와 같이 진성 반도체의 양단에 직류 전압[V]를 가하면 정공은 음의 단자 쪽으로 이동하고, 전자는 양의 단자 쪽으로 각각 이동해 전기 전도가 이루어진다.

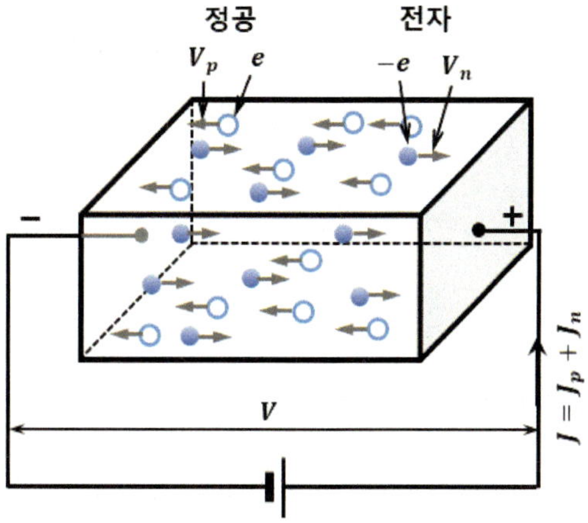

그림 1.35 진성 반도체의 전기 전도

2) 밀도 기울기에 의한 확산

반도체 내에 전기장이 없더라도 그림 1.36과 같이 반송자의 밀도가 장소에 따라 달라질 때에는 밀도가 균일하게 되도록 반송자가 확산 이동된다. 이 확산에 의한 전류를 확산 전류라 한다.

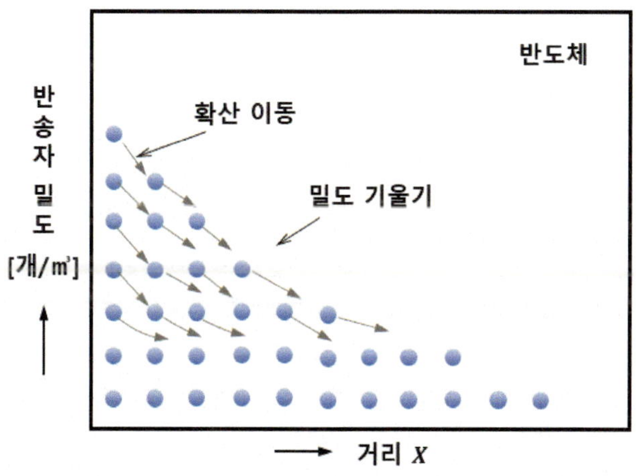

그림 1.36 밀도 기울기 확산

3) 저항률의 온도 특성

일반적으로 온도가 상승하면 물질 내의 원자나 전자는 열에너지를 받아서 그 운동이 왕성해진다. 그런데 금속에서는 온도가 상승하더라도 그다지 자유 전자가 많아지지 않고 원자의 충돌 횟수가 많아지므로 저항값이 증가한다. 그 결과 저항의 온도 계수의 양(+)이 된다. 한편 반도체에서는 온도 상승에 따라 반송자 수가 현저하게 증가하며, 이것이 원자와 충돌에 의해 생기는 저항의 증가를 능가하므로 저항값은 감소한다. 그래서 저항의 온도 계수는 음(-)이 된다. 이와 같은 현상에 대하여 금속과 반도체 저항률의 온도 특성을 비교하면 그림 1.37과 같이 된다.

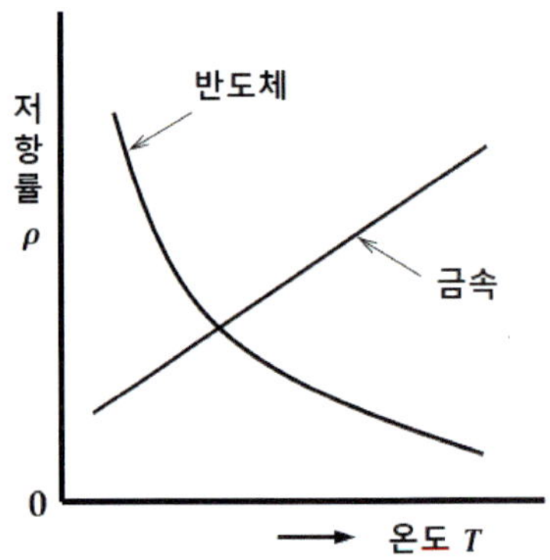

그림 1.37 저항률의 온도 특성

2장

전기 회로 소자

회로 소자를 에너지 견지에서 대별하면 수동소자(passive element)와 능동소자(active element)로 구별된다.

전기 에너지를 발생하는 능력이 없는 전기회로 소자인 저항, 콘덴서 및 인덕터 등은 **수동소자**라 한다. 한편 전기 에너지를 발생하는 능력을 가진 전원을 포함한 전자회로 소자인 다이오드, 트랜지스터, 전자관 등을 **능동소자**라 한다.

여기서는 전기회로에 반드시 사용되는 수동소자를 전기회로 소자라 명명하고 이 전기회로 소자에 대한 전반적인 종류와 특징을 다루기로 한다. 한편 능동소자, 즉 반도체 소자인 다이오드, 트랜지스터에 대해서는 뒤에서 다루기로 한다.

2.1 저항성 소자(저항기)

2.1.1 저항의 정의와 의미

(1) 정의

우리는 흔히 전기의 저항을 파이프의 저항과 비교하여 말한다. 파이프에 일정 수압으로 물이 흐를 때 파이프가 짧으면서 굵거나 파이프의 내면이 매끄러우면 물이 잘 흐른다. 그러나 파이프가 가늘면서 길거나 파이프 내면이 녹슬어 거칠면 물이 잘 흐르지 않는다. 이것은 파이프의 상태에 따라 물의 흐름을 방해하는 힘이 다르기 때문이라고 할 수 있으며 이것을 파이프의 저항이라 한다.

마찬가지로 전류가 흐르는 전선에 전기의 흐름을 방해하는 성질이 있는데 이것을 전기에서 **저항**이라 한다.

저항의 종류에는 전선의 저항도 있지만 전구나 모터와 같이 부하도 저항을 갖고 있다. 저항은 전류의 흐름을 방해하기 때문에 전선의 저항이 크면 부하에 흐르는 전류가 감소하여 부하에 충분한 전기를 공급하지 못한다. 따라서 전선의 저항은 작을수록 좋다.

저항의 기호는 보통, 영어 Resistance 또는 Resistivity의 머리 문자를 인용하여 R로 표시한다. 단위는 옴으로 Ohm이라고 쓸 때도 있고 희랍 문자의 Ω(오메가)를 사용하고 이것을 옴이라고 할 때가 대부분이다. 스위치의 접촉 저항처럼 대단히 작은 저항일 때는 밀리 옴(mΩ)을 사용한다. 1 mΩ은 1/1,000 Ω이다. 또 대단히 큰 저항일 때는 킬로 옴(kΩ) 또는 메가 옴(MΩ)을 사용한다. 1 kΩ은 1,000 Ω, 1 MΩ은 1,000,000 Ω이다.

(2) 의미

저항은 문자대로 전류의 흐름을 방해하는 것으로 회로에 저항이 있다는 것은 바람직하지 않을 경우도 있지만 경우에 따라서는 전류의 지나친 흐름을 억제하기 위하여 필요한 저항의 크기를 가지도록 만든 부품(저항기)을 의도적으로 회로 중에 넣는 경우도 있다.

그러면 전기를 잘 통과시키는, 즉 저항이 크지 않은 것을 도체라 하는데 이것들의 대표적인 것은 금속이 이에 해당한다. 그림 2.1은 도체의 대표적 몇 가지 금속에 대해 저항을 비교한 것으로 가장 저항이 낮은 것은 은이고 다음이 동, 금, 알루미늄의 순서다. 전기를 잘 통과시키고 싶은 곳에서는 물론 은과 금을 사용하면 좋지만 은과 금은 비싸서 보통의 전선이나 전기제품에서 동을 사용하고 있다. 전열기나 다리미의 히터에 사용되는 니크롬에는 동의 60배나 되는 저항을 가지고 있어서 큰 저항값을 가지는 것이 필요할 때는 이와 같이 고저항의 재료를 사용하고 있다.

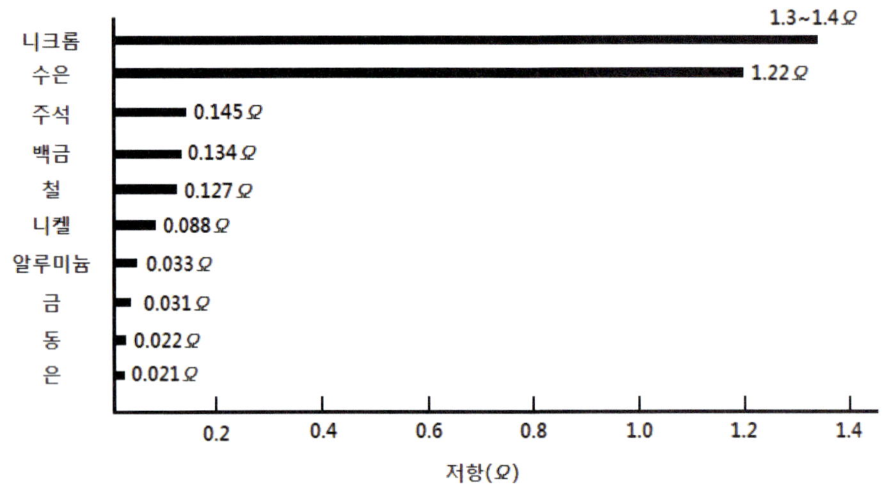

그림 2.1 금속선의 저항 비교(지름 1㎜, 길이 1m)

그런데 같은 물체라도 굵기와 길이가 바뀌면 저항의 크기는 변한다. 이것은 저항이라는 것이 전자가 흐르기 어려운 성질을 나타내기 때문이어서 강에 흐르는 물의 양이 강의 폭과 길이에 관계하듯이 물체의 저항 R은 길이 l에 비례하고 단면적 S에 반비례한다(그림 2.2). 이때 비례 상수를 **비저항**(ρ) 이라고 하면 저항은 다음과 같이 나타낸다. 즉, 저항을 작게 하려면 굵고 짧은 선을 사용해야 한다는 것을 알 수 있다.

$$\text{저항}(R) = \text{비저항}(\rho) \times \frac{\text{길이}(l)}{\text{단면적}(S)} \tag{2.1}$$

한편 물체의 저항은 같은 물질이라도 온도에 따라서 변화한다. 금속인 경우는 일반적으로 온도가 오름으로써 1℃당 0.5% 정도 증가하는 것뿐이어서 상온 부근에서는 그다지 문제되는 일은 없다. 전열기의 니크롬선이나 전구의 텅스텐 필라멘트는 대단히 높은 온도로 되기 때문에 저온에서 측정한 값과 실제로 동작하고 있을 때에 측정한 값과는 큰 차이가 있다. 물체의 온도가 1℃ 상승할 때 마다 저항이 증가하는 비율을 그 물체의 저항의 **온도 계수**라고 한다.

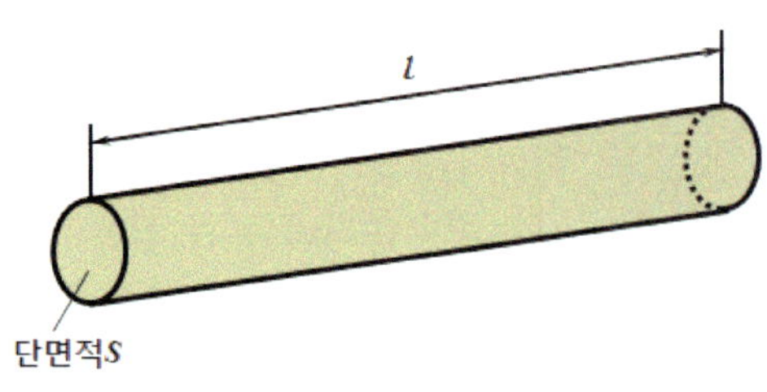

그림 2.2 물체의 길이와 단면적

2.1.2 저항의 기호와 읽는 법

이제 저항을 전기회로도에서는 어떻게 기호로 표현하며 저항기를 사용하는 경우에 중요한 포인트는 무엇인지에 대해 알아보기로 한다. 또한 저항기에 나타나 있는 저항의 크기를 나타내는 저항값은 어떻게 읽어야 하는지에 대해서도 알아보기로 한다.

회로도에 사용되는 저항의 기호는 그림 2.3처럼 톱니 모양의 꺽인 선으로 표현하며 이러한 저항 기호에는 그림 2.3과 같이 여러 가지가 있다.

저항기를 사용하는 경우에 중요한 포인트는 저항값을 비롯하여 정격전력, 저항값 오차가 있다. 정격전력이란 저항기가 견딜 수 있는 소비전력(W: 와트)으로 전력은 전류의 제곱(I^2)×저항(R)으로 구할 수 있으며 이 이하로 사용하지 않으면 저항기가 열을 발생하게 되고 결국 타버리는 경우도 흔히 있다. 전자회로에서 흔히 사용되는 정격전력으로 1/8 W, 1/4 W, 1/2 W 등이 있다. 전자회로의 신호회로(미약 전류)에서는 너무 의식할 필요 없이 1/8 W로 충분하지만 전원회로, 발광 다이오드의 전류제어용과 같은 저항기에는 생각보다 큰 전류가 흐르기 때문에 정격전력을 염두에 둘 필요가 있다.

여기서 정격전력에 대해 구체적으로 알아보기로 한다. 예를 들어 12 V의 전원전압을 사용하고 5 V에서 소비전류 100 mA로 동작하는 회로를 생각해 보자. 이 경우 저항값은 12 V에서 5 V로 낮추는 것이므로 저항기에 7 V의 전압 강하가 필요하며 옴의 법칙에 의해 계산되는 저항값은 7 V÷0.1 A=70 Ω가 된다. 또한 이 저항기에서의 소비전력은 70 Ω×0.1 A×0.1 A=0.7 W로 된다. 그런데 기본적으로는 소비전력의 2배 정도에 해당하는 정격전력의 저항기를 사용하는 편이 무난한 것으로 되어 있다.

저항값의 표시는 숫자로 인쇄하기 위해서는 부품이 작으므로 색 부호(color code)라고 하는 색깔로 표시하고 있는 경우가 많은데 1/2 W 이하의 저항기는 대부분 색 부호로 표시하기 때문에 색 부호를 읽는 법도 꼭 알아 둘 필요가 있다.

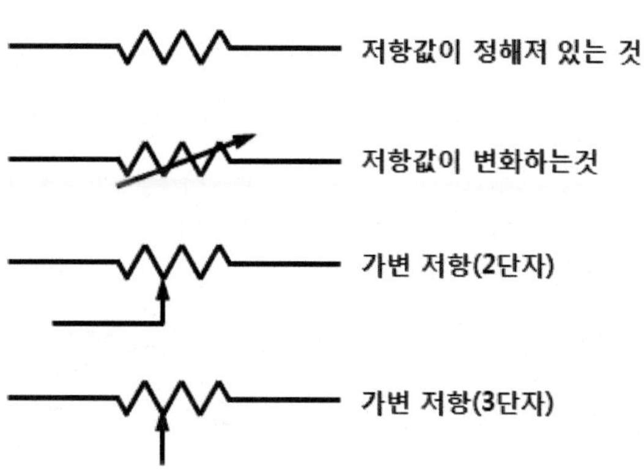

그림 2.3 저항의 기호

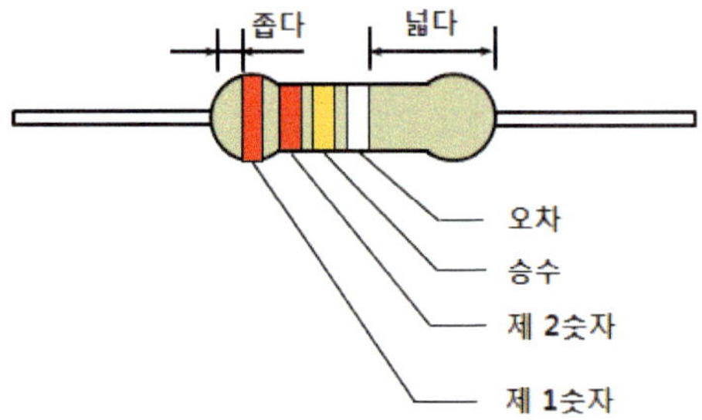

그림 2.4 저항기의 색 띠 모습

가장 흔한 종류의 예를 그림 2.4에 나타내었으며 그 형태는 둥근 판 모양으로 적어도 세 개의 색띠(color band)를 가지고 있다.

저항기의 색 부호를 표 2.1에 나타내었으며 첫 번째와 두 번째(한 쪽 끝에 가까운) 띠들은 첫째 자리와 둘째 자리 숫자를 나타낸다. 그리고 세 번째 띠는 그 두 숫자에 붙는 0의 수를 나타내며 네 번째 띠(만약 있다면)는 보통 금색 아니면 은색으로 각각 5% 또는 10%의 허용 오차를 뜻한다. 네 번째 띠가 없으면 20%의 허용 오차를 의미한다.

표 2.1 저항기 색 부호 의미

색	제 1숫자	제 2숫자	승수	오차
흑색	0	0	1	—
갈색	1	1	10	±1%
적색	2	2	100	±2%
등색	3	3	1,000	±3%
황색	4	4	10,000	±4%
녹색	5	5	100,000	—
청색	6	6	1,000,000	—
자색	7	7	10,000,000	—
회색	8	8	100,000,000	—
백색	9	9	—	—
금색	—	—	0.1	±5%
은색	—	—	0.01	±10%
무색	—	—	—	±20%

예제 2.1	다음과 같은 색 띠를 가진 저항기의 저항값(R)은 얼마인가? (a) 적색, 적색, 갈색, 은색 (b) 녹색, 청색, 등색, 금색 (c) 갈색, 흑색, 흑색 (d) 갈색, 흑색, 녹색, 금색
풀이	표 2.1로부터 (a) 적색(2), 적색(2), 갈색(10), 은색(10% 오차) ∴R=220 Ω±10% (b) 녹색(5), 청색(6), 등색(10^3), 금색(5% 오차) ∴R=56 kΩ±5% (c) 갈색(1), 흑색(0), 흑색(1) ∴R=10 Ω±20% (d) 갈색(1), 흑색(0), 녹색(10^5), 금색(5% 오차) ∴R=1 MΩ±5%

2.1.3 저항기의 종류

저항기는 크게 고정저항기와 가변저항기로 나누어진다. 그리고 사용하는 재료에 따라 탄소계와 금속계로 분류된다.

(1) 고정 저항기

고정 저항기란 명칭과 같이 저항값이 고정된 것으로 전자회로에 널리 사용된다.

탄소피막 저항기(그림 2.5)가 가장 일반적이고 저가격의 저항기이다. 저항값의 오차는 ±5%의 저항기가 가장 많다. 정격전력으로는 1/8 W, 1/4 W, 1/2 W 등이 많다. 탄소피막 저항기는 잡음이 심하다고 하는 결점이 있기 때문에 아날로그 회로에는 금속계의 저항기를 사용하는 경우도 많다.

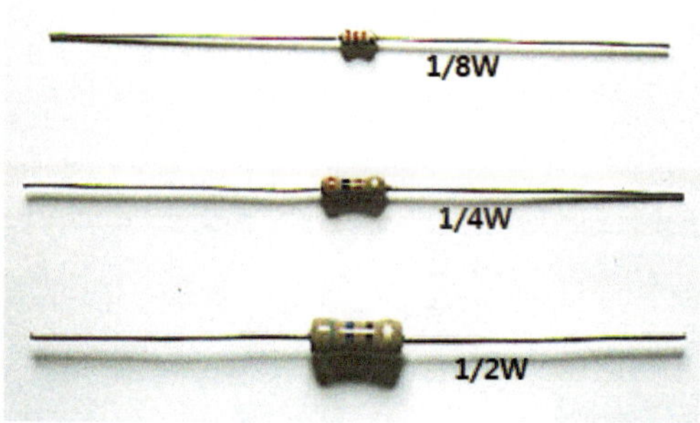

그림 2.5 탄소 저항기

(2) 금속피막 저항기

금속피막 저항기(그림 2.6)는 탄소계 저항기보다 오차가 적은 높은 정밀도의 저항값이 필요한 경우에 사용된다. 오차는 ±0.05% 정도의 것도 있지만 일반적인 전자회로에서는 그다지 고정밀도가 요구되는 저항기는 사용되지 않으며 고정밀도라고 해도 ±1% 정도의 저항기로 충분하다. 그리고 금속피막 저항기는 비싸기 때문에 꼭 필요한 경우에 부분적으로 사용하면 좋다.

금속피막 저항기의 저항체 재료는 Ni-Cr 등이 사용되고 있다. 금속피막 저항기의 용도는 브리지 회로, 필터와 같이 저항값의 오차가 회로의 성능에 크게 영향을 미치는 경우 그리고 아날로그의 잡음이 있는 회로 등에 사용한다.

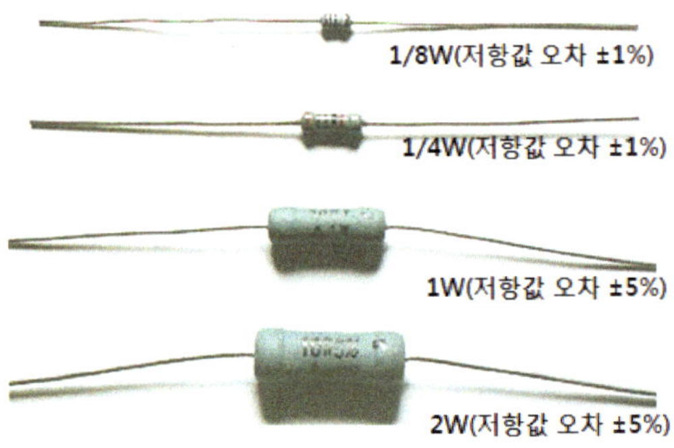

그림 2.6 금속피막 저항기

(3) 가변 저항기

가변 저항기(그림 2.7)는 일반적으로 볼륨(variable ohm)이라 부르는 경우도 많다. 라디오의 음량조정과 같이 용이하게 저항값을 바꿀 수 있는 것과 전자회로에서 부품의 오차에 의한 동작 상태를 조정해야 하는 경우 등에 사용하는 통상 저항값을 바꾸지 않는 **반고정 저항기**가 있다. 통상적인 가변저항기, 반고정 저항기는 회전할 수 있는 각도가 300도 정도이지만 저항값을 세밀하게 조정하기 위해 기어(gear)를 조합하여 다회전(10~25회 정도)시킬 수 있는 퍼텐쇼미터(potentiometer)라는 것도 있다.

그림 2.7 가변 저항기

그림 2.7의 우측에 있는 것은 음량조정과 같이 저항값을 용이하게 바꿀 수 있는 가변저항기이다. 중앙에 있는 4개는 여러 가지 형태의 것이 있는데 프린트 기판 등에 실장하는 반고정 가변저항기이다. 좌측에 있는 2개는 퍼텐쇼미터(potentiometer)라는 것으로 좌측에 있는 나사를 돌려 저항값을 변화시킨다. 퍼텐쇼미터의 형태는 이 사진과 같은 것 이외에 맨 우측의 형태에 가까운 것도 있다. 용도에 따라 형상을 선택할 수 있다.

(4) 기타 저항기

탄소피막 저항기, 금속피막 저항기 이외에 흔히 사용되는 저항기의 종류로는 권선저항기가 있다. 권선저항기는 금속의 미세한 선을 재료로 사용한 것으로 선의 길이를 조정함으로써 정밀한 저항값을 얻을 수 있다. 그리고 굵은 선재를 사용할 수 있어 대전력용의 저항기를 만들 수 있다. 실제로는 정밀한 저항값을 얻는 것보다 대전력용 저항기의 용도가 많을 것으로 생각한다. 결점으로는 선을 절연체에 코일 형태로 감아 붙이기 때문에 주파수가 높은 회로에는 사용할 수 없다. 흔히 볼 수 있는 것으로는 저항기를 에나멜로 덮은 할로우(hollow) 저항기(그림 2.8)와 세라믹 케이스에 삽입하여 특수한 시멘트로 굳힌 시멘트 저항기(그림 2.9) 등이 있다. 1~2 W부터 수십 W의 것까지 다양한 종류가 있다. 대전력용 저항기를 사용하는 경우, 다량의 열이 발생하기 때문에 방열을 충분히 고려할 필요가 있다.

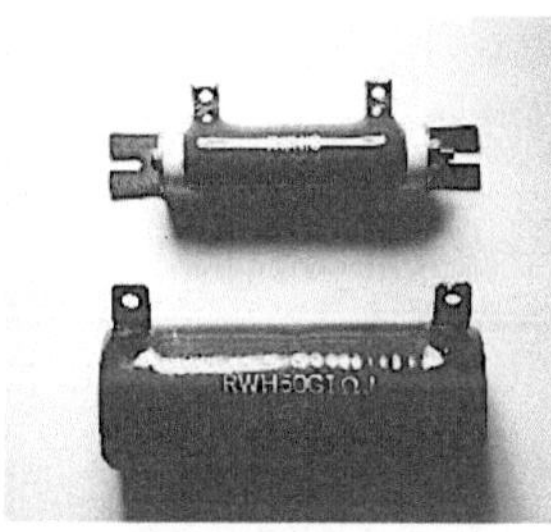

그림 2.8 할로우 저항기

그림 2.9 시멘트 저항기

2.1.4 저항기의 접속

2개 이상의 저항을 접속하는 데는 직렬 접속과 병렬 접속, 직-병렬 접속이 있다.

저항기는 식 (2.1)에서 그 저항값(R)이 저항의 길이에 비례한다고 했으므로 같은 저항을 가진 두 개의 저항기를 직렬로 연결하면 2배의 저항값이 된다는 것을 직관적으로 알 수 있다. 즉, 같은 저항값을 가진 저항기 2개를 직렬로 연결하는 것은 그림 2.10과 같이 길이 방향으로 2개의 저항기를 딱 맞게 접합한 것과 마찬가지이다. 합체된 두 개의 저항기는 유전율과 단면

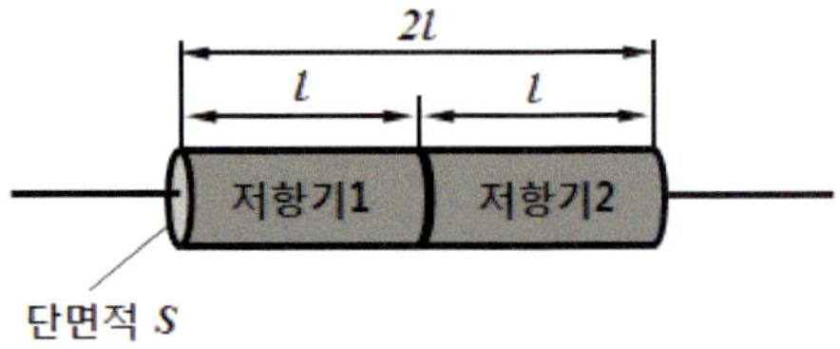

그림 2.10 2개 저항기의 직렬연결

적은 같지만 길이는 2배인 $2l$로 된다. 따라서 이것의 저항값은 $R_{2개\ 직렬} = \rho(2l/S) = 2R$이므로 원래 저항의 2배가 되는 것이다. 중요한 것은 저항값이 저항기의 길이에 비례해서 커진다는 것이다. 이와 같이 저항기를 길이 방향으로 2개 연결하면 길이가 더해져서 하나하나의 저항기의 저항값을 가산으로 총 저항값이 얻어질 수 있다는 것을 직관적으로 알 수 있다.

이 2개의 저항기를 직렬로 연결한 것을 기호로 표현하면 그림 2.11 (a)와 같으며 총 저항값은 $R_1 + R_2$이다. 이 직렬저항의 사고를 확장하여 저항을 3개 연결했을 때는 그림 2.11 (b)와 같으며 총 저항값은 $R_1 + R_2 + R_3$이고, 이 직렬저항의 사고를 확장하여 저항을 n개 연결했을 때는 그림 2.11 (c)의 총 저항값은 $R_1 + R_2 + \cdots + R_n$이다. 이와 같이 저항기의 직렬연결은 개수만큼 더한 것이 총 저항값이 된다.

한편 저항기는 식 (2.1)에서 그 저항값(R)이 단면적에 반비례한다고 했으므로 같은 저항을 가진 두 개의 저항기를 병렬로 연결하면 1/2배의 병렬접속저항이 된다는 것을 직관적으로 알 수 있다. 즉, 같은 저항값을 가진 저항기 2개를 병렬로 연결하는 것은 그림 2.12와 같이 단면적이 2배인 저항기와 마찬가지이다. 병렬 합체된 두 개의 저항기는 유전율과 길이는 같지만 단면적은 2배인 $2S$로 된다. 따라서 이것의 병렬접속저항은 $R_{2개\ 병렬} = \rho\frac{l}{2S} = \frac{1}{2}R$이므로 원래 저항의 1/2배가 되는 것이다. 중요한 것은 저항값이 저항기의 단면적에 반비례해서 작아진다는 것이다. 이와 같이 저항기를 병렬로 2개 연결하면 단면적이 더해져서 하나하나의 저항의 역수를 가산하여 병렬접속저항이 얻어질 수 있다는 것을 직관적으로 알 수 있다.

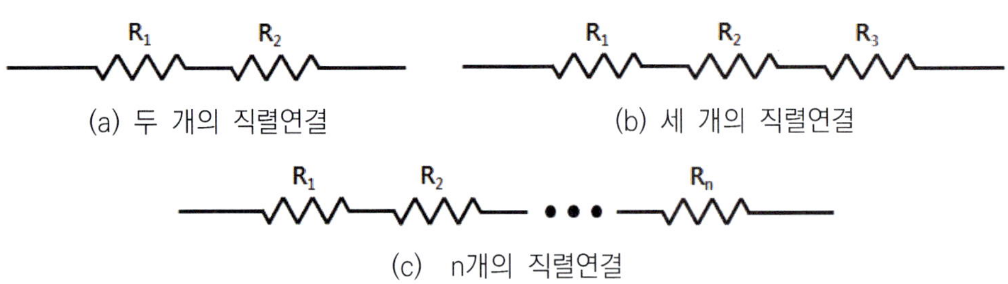

그림 2.11 기호를 사용한 직렬연결의 예

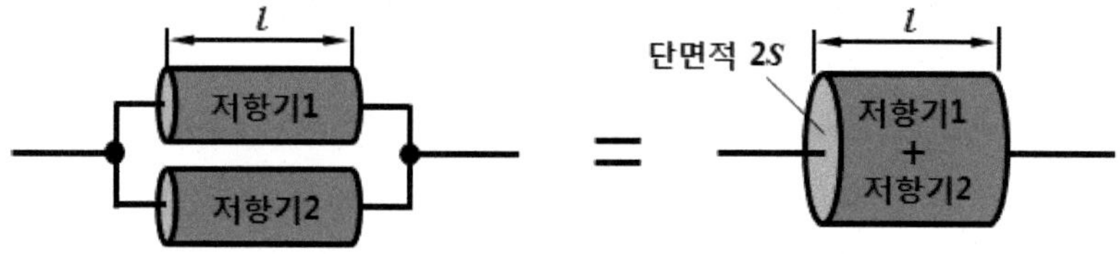

그림 2.12 2개 저항기의 병렬연결

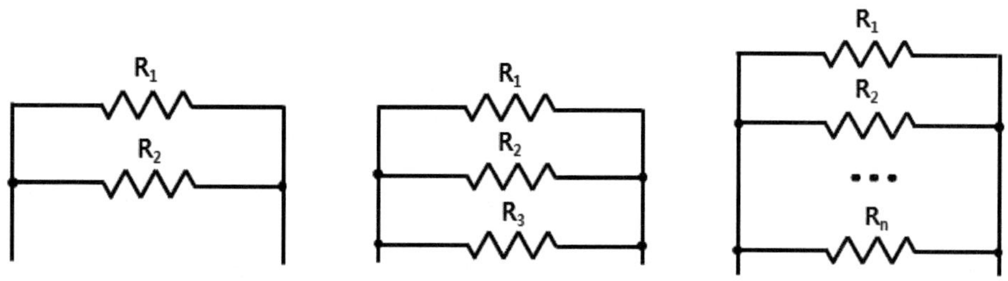

(a) (b) (c)

그림 2.13 저항 기호에 의한 병렬연결의 예

이 2개의 저항기를 병렬로 연결한 것을 기호로 표현하면 그림 2.13 (a)와 같으며 총 저항값은 $1/R_1 + 1/R_2$이다. 이 병렬접속저항의 사고를 확장하여 저항을 3개 연결했을 때는 그림 2.13 (b)와 같으며 병렬접속저항은 각 저항의 역수를 더한 즉, $1/R_1 + 1/R_2 + 1/R_3$이다. 이 병렬접속저항의 사고를 더욱 확장하여 저항을 n개 연결했을 때는 그림 2.13 (c)와 같으며 병렬접속저항은 각 저항의 역수를 더한 즉, $1/R_1 + 1/R_2 + \cdots + 1/R_n$이다. 이와 같이 저항기의 병렬연결은 각 저항의 역수를 개수만큼 더한 것이 병렬접속저항이 된다.

2.1.5 저항의 역할

(1) 전류조정

기계나 진기기구 중에서는 전류가 너무 흘러서는 곤란한 경우도 있다. 예를 들어 전기가 일을 하기 위해서는 그 일의 양에 알맞은 전류가 필요하며 불필요하게 큰 전류는 비경제적이다. 그래서 전압이 정해진 경우 전류를 원하는 크기로 하고 싶을 때는 회로 중에 일부러 저항을 넣어서 전류가 너무 흐르지 않게 한다.

이해하기 쉬운 예로서 우리 일상생활 가운데 스탠드의 전구 밝기를 희미한 불빛중간 불빛 그리고 밝은 불빛을 터치 센서를 이용하여 3가지로 나타내는 것이 있다. 여기에는 그림 2.14와 같이 가변용 저항기를 전환스위치(터치센서)로 사용한 회로를 사용하고 있다. 즉, 한번 전환 스위치를 터치할 때마다 그림 2.14의 가변 저항기가 일정 회전을 하여 저항 값이 달라지도록 만든 스위치이다. 희미한 불빛은 저항을 크게 하여 전류가 많이 흐르지 못하게 하고 있으며 밝은 불빛은 저항을 작게 하여 많은 전류가 흐르게 하여 불의 밝기를 조절하고 있다. 말하자면 전구의 필라멘트인 텅스텐은 자체 저항에 의해 전류의 크기가 커지면 불빛의 밝기가 밝아지고 전류가 작아지면 불빛의 밝기가 약해진다. 이와 같이 전류의 크기에 따라 전구의 불 밝기가 달라지며 이 전류를 조절하는 것이 **가변 저항기**이다. 또한 라디오나 텔레비전을 비롯하여 전기를 이용하는 기계, 장치 중에도 전류를 조절하기 위한 저항이 사용되고 있다.

만약 저항이 제로인 것(도체)과 저항이 무한대인 것(부도체) 2종류뿐이라면 대단히 불편할 것이다. 인간이 사용하는 전기는 전원 전압만 가지고 봐도 1.3 V인 수은전지 1개로 움직이는 전자 손목시계로부터 50만 V나 되는 초고압 전선까지 실로 광범위하며 취급하는 전류도 수 pA에서 수 만 A에 이르고 있다. 또한 전기를 에너지가 아닌 신호 정보로서 사용하는 통신이나 전자공학에서는 볼트[V]의 백만분의 1단위인 마이크로볼트[μV]로 나타내는 작은 전압을 다룬다. 그래서 필요한 저항도 낮은 저항은 쇼트에 가까운 수 mΩ에서 높은 저항은 절연물에 가까운 수 백MΩ까지 있다.

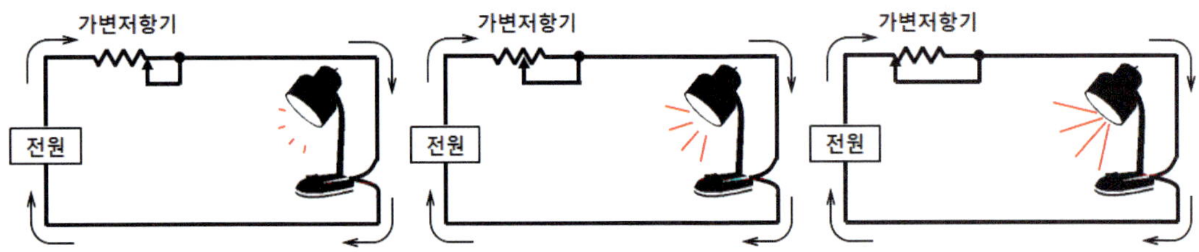

(a) 희미한 불빛 (b) 중간 불빛 (c) 밝은 불빛

그림 2.14 가변 저항에 의한 스탠드의 3단계 불 밝기

(2) 열에의 이용

저항을 가진 것에 전류가 흐르면 전류는 흐르기 어려운 곳을 무리하게 흐르기 때문에 열이 발생한다. 열이 발생했다는 것은 열도 에너지의 일종이기 때문에 전기 에너지가 열에너지로 변한 것이다. 이것은 열이 발생한 만큼 전기 에너지가 없어지므로 열을 낼 필요가 없거나 또는 열이 나서는 곤란한 경우에는 당연히 저항이 가급적 작은 재료를 사용한다.

그런데 전기 에너지를 사용해서 열을 내고 싶은 경우에는 열을 발생시키는 것이 목적이므로 저항이 큰 재료를 사용하여야 한다. 전열기나 다리미의 발열체(히터)에 니크롬선을 사용하는 것은 그 예이다.

(3) 저항의 전압 분할

저항의 또 하나의 중요한 작용은 가한 전압을 분할할 수 있다는 것이다. 회로에 저항을 직렬로 접속하여 전류가 흐르게 하면 전체 저항의 일부분인 저항의 양단에서 원래의 전압보다도 작은 전압을 꺼낼 수 있다. 원래 전압의 몇 분의 1이 되는지, 즉 전압의 분할비는 전체 저항과 분할한 전압을 꺼내야 하는 일부분의 저항과의 비가 된다. 즉, 가한 전압을 저항비로 분할할 수 있다.

그림 2.15는 전압을 저항으로 분할한 예로서 12 V인 전지의 전압을 200 Ω과 400 Ω의 2개 저항으로 분할하여 200 Ω인 저항의 양단의 전압을 꺼내는 것을 생각하자. 200 Ω인 저항의 양단의 전압은 다음과 같이 된다.

$$12(V)\times\frac{200(\Omega)}{200(\Omega)+400(\Omega)}=4(V)$$

즉, 전압 분할비 4 V/12 V는 저항 분할비 200 Ω/600 Ω과 같다고 계산할 수 있다.

이와 같이 전압 분할비가 저항 분할비와 같아진다는 것은 분할하여 얻어진 전압은 전압으로만 사용하며 2개 저항의 분기점에서 전류는 흐르지 않는다는 전제가 필요하다. 그림 2.15처럼 분할하여 얻은 전압에서 전류가 흐르는 경우 전압은 저항 분할비에서 계산한 전압보다도 작아진다. 어느 정도 작아지는지는 흐르는 전류가 클수록, 전체 저항에 흐르는 전류(이 예에서는 20 mA)가 작을수록 심해진다. 이 계산식은 여기서는 풀이 하지 않고 결과만을 가리키고 뒤의 옴의 법칙과 회로해석을 공부하면 쉽게 이해할 수 있다. 여하간 전압 분할비가 저항 분할비에 거의 같게 하기 위해서는 분할하여 얻은 전압에서 흐르는 전류에 비하여 충분히 큰 전류를 전체의 저항에 흐르게 할 필요가 있다.

저항에 의한 전압 분할비는 간단하고 편리하지만 변압기(transformer)와 달라서 원래 전압의 전압보다 높게 할 수 없다는 것과 전체의 저항에 항상 전류가 흐르고 있으므로 전력 소비가 커서 비경제적이라는 결점이 있다. 이 때문에 분할하여 얻은 전압을 무엇인가 큰 전력을 위하여 사용하는 경우에는 전혀 부적당하고 작은 전류만 꺼내는 회로에 사용되고 있다.

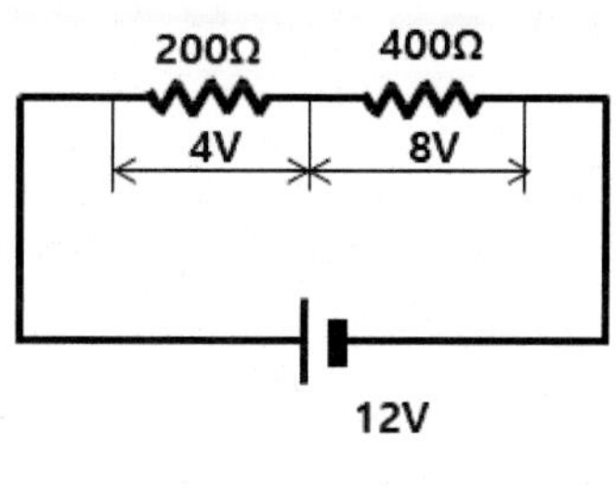

그림 2.15 전압 분할

2.1.5 옴의 법칙과 전압 강하

(1) 옴의 법칙

독일의 물리학자 옴(ohm)은 장기간의 연구로부터 도선의 길이가 길게 되면 흐르는 전류의 세기가 약해지는 것을 발견했다. 이 발견을 기초로 하여 전류가 흐르고 있는 도선간의 전압과 흐르고 있는 전류와가 비례한다는 옴의 법칙을 완성했다.

그림 2.16에서 전압이 E(V)인 전원에 저항이 R(Ω)인 부하를 연결하였을 때의 전류 I(A)의 크기에 대하여 생각한다.

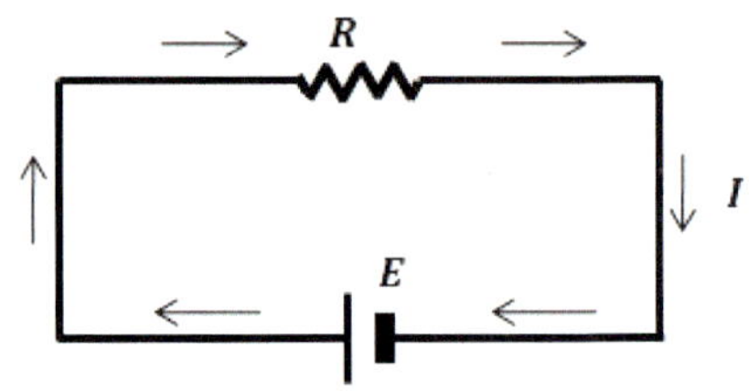

그림 2.16 $I = E/R$(옴의 법칙)

전류는 전압이 높을수록 크고 회로의 저항이 클수록 작아진다는 것은 감각적으로 이해되지만 이 관계를 수식으로 표현하여 비례 관계에 있다는 것을 확인한 것은 독일의 물리학자인 옴이라는 사람으로 1827년의 일이다. 이것을 **옴의 법칙**이라고 하여 전기회로의 계산에 가장 기본적인 것이다.

옴의 법칙은 다음과 같다.

$$\text{전류[A]} = \text{전압[V]} / \text{저항[Ω]} \quad \text{또는 전압[v]} = \text{전류[A]} \times \text{저항[Ω]} \tag{2.2}$$

예를 들어 4Ω인 저항에 12V인 전압을 가하면 전류 I는 I=12V/4Ω=3A로 된다는 것이다.

그림 2.16에서 위의 관계를 식으로 표현하면 다음과 같이 된다.

$$E = IR \tag{2.3}$$

전류 I가 감소해도 전압의 E가 변하지 않는다는 것은 저항의 R이 증가했다는 것이 된다. 즉, 전압과 전류는 비례하고 있으며 저항과 전류는 반비례하고 있다는 것으로 된다.

$E = IR$라는 옴의 법칙을 나타낸 식은 대단히 편리하며 전압, 저항, 전류의 3가지 중 어느 것인지 2개의 값을 알면 다른 하나는 계산에 의해 구할 수 있다.

옴의 법칙은 직류일 때만 헌법과 같은 절대적인 의미를 갖고 있지만 교류의 경우는 약간 사정이 다르다.

교류의 경우는 저항기에 포함된 정전 용량이나 인덕턴스의 영향에 의해 약간 복잡한 현상이 일어난다. 교류를 흘릴 때만 연결한 저항을 **임피던스**라 하지만 이것에 대해서는 뒤에서 다시 상세히 서술한다. 다만 임피던스의 단위도 "Ω"을 사용한다.

예제 2.2 저항이 6 Ω인 램프에 12 V의 전압을 가한 경우 흐르는 전류는 얼마인가?

풀이 오옴의 법칙에서 $I = \frac{E}{R}$이므로

$$E = 12[V], \quad R = 6[\Omega]\text{로부터}$$

$$\therefore\ I = \frac{12}{6} = 2[A]$$

예제 2.3 24 V의 전압에 어느 저항을 접속했을 때 8A의 전류가 흘렀다. 저항은 얼마인가?

풀이 오옴의 법칙에 의해

$$R = \frac{E}{I}\text{이므로}$$

$$E = 24[V], \quad I = 8[A]\text{로부터}$$

$$\therefore\ R = \frac{24}{8} = 3[\Omega]$$

예제 2.4 50 Ω의 저항에 2 A의 전류가 흐르려면 몇 볼트의 전압이 필요한가?

풀이 오옴의 법칙에 의해

$$E = I \cdot R\text{이므로}$$

$$I = 2[A], \quad R = 50[\Omega]\text{로부터}$$

$$\therefore\ E = 2 \times 50 - 100[V]$$

(2) 전압 강하

도체인 금속에서도 작지만 저항이 있다고 하면 회로에는 전원 저항과 부하 저항 외에도 이것들을 연결하는 **도선 저항**이 있다. 그렇다면 전류가 흐르는 회로 상에 저항이 있으면 어떠한 일이 일어나는지를 조사해 보기로 한다.

전류는 전위차 또는 전압이라는 원동력에 의해서 흐른다. 저항은 이 전류를 방해하는 것이므로 전류가 흐르는 회로 상에 저항이 있으면 전위차 또는 전압의 작용은 당연히 약해진다. 이 때문에 원래의 전압 작용을 약하게 하는 힘이 이 저항의 양단에 생긴다. 여기서 옴의 법칙을 적용하면 저항 R에 전류 I가 흐름으로써 저항 양단의 전압 E는 $R\times I$, 즉 저항의 양단에서 $E=R\times I$만큼의 전압이 생겨 이 전압만큼 원래의 전원 전압의 힘을 약하게 하려고 작용한다. 그래서 저항 양단에 생긴 전압을 **전압 강하**라고 한다(그림 2.17). 회로 속에 저항이 있으면 그 전압 강하에 의하여 전원 전압이 유효하게 부하에 전달되지 않는다.

여기서 하나의 예를 들어 그림 2.18과 같이 전구의 부하 저항이 4 Ω인 회로에 2 Ω의 저항을 추가하면 회로에 흐르는 전류가 2 A(12/(2+4)=2)이고 추가된 저항 양단의 전압은 4 V(저항 양단의 전압=2 Ω×2 A=4[V])이므로 전구에 가해지는 전압은 12 V에서 8 V로 저하된다. 이것이 전압 강하이다.

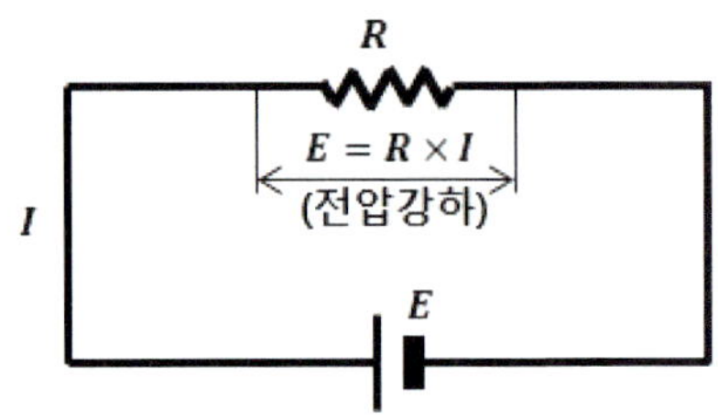

그림 2.17 전압 강하

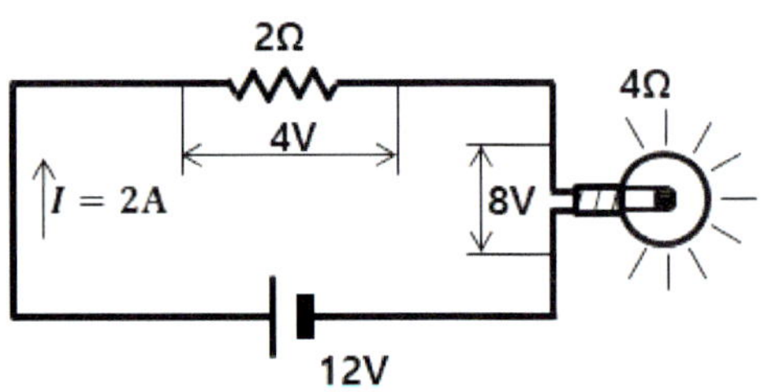

그림 2.18 전압 강하 예

2.2 용량성 소자(콘덴서)

2.2.1 개요

전기회로에서 기호 C로 표현되는 전하를 축적하는 소자를 흔히 **콘덴서**(condenser) 또는 **커패시터**(capacitor)라고 한다. 그러면 콘덴서와 커패시터는 같은 말인가? 결론부터 말하면 이는 서로 약간의 차이는 있지만 엄격하게 구별할 필요는 없다고 생각한다. 학술적으로는 순수하게 정전 용량(capacitance)만을 가지는 이상적인 소자를 커패시터라 부르는 경향이 있다. 대부분의 회로에서는 이를 이상적인 소자로 가정하고 해석하므로 회로이론이나 전자 공학에 관한 서적들은 거의 모두 커패시터라는 용어를 사용한다.

일반적으로 실제의 콘덴서에는 그림 2.19와 같이 C성분 이외에 직렬로 등가 인덕턴스 및 등가 저항이 존재하며 C와 병렬로 등가 저항이 존재하게 된다. 여기서 R_S는 리드선과 전극에서의 저항값에 기인하며 R_P는 전극 사이에 완전한 절연이 이루어지지 않으므로 누설되는 전류가 있는데 이에 따른 절연 저항을 나타낸다. 또한 L_S는 리드선 및 전극의 구조에 따른 등가 인덕턴스로서 리드선이 길면 이 값이 커진다. 처음 접하는 사람은 이것이 무엇이야 하고 생각하겠지만 여기서는 콘덴서와 커패시터의 차이를 나타내기 위한 것이니까 이런 것이 차이구나 하는 정도로 알아 두기 바란다.

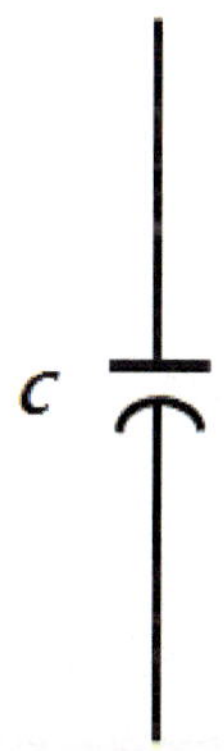

(a) 이상적인 커패시터

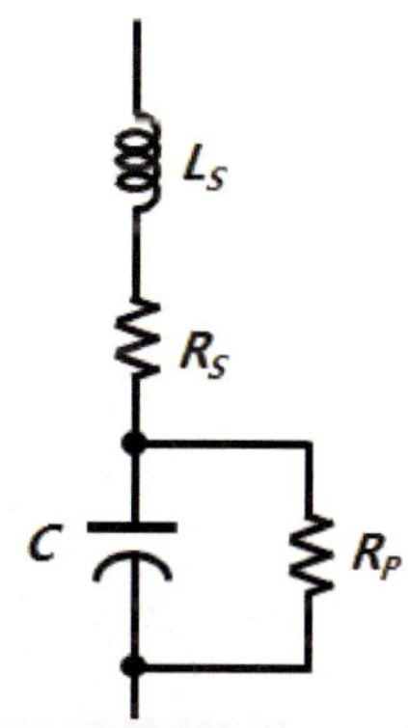

(b) 실제의 콘덴서 회로

그림 2.19 콘덴서의 일반적인 등가 회로

콘덴서라는 이름은 전기를 압축(condense)한다는 의미에서 붙은 이름이지만 영문에서 condenser에는 축전기라는 의미도 있으며 실제로는 냉매를 압축하는 응축기라는 뜻으로 더 많이 사용한다. 그런데 우리나라에서 콘덴서라는 단어를 일반적으로 사용하는 이유는 일본에서 콘덴서라는 명칭을 사용하기 때문이다. 그리고 우리나라에서는 콘덴서라는 말이 더 많이 사용하고 있으므로 이를 굳이 구분하려 하지 않는 것이 좋을 것 같다. 이 책에서도 우리에게 더욱 익숙한 콘덴서라는 용어를 사용하기로 한다.

2.2.2 콘덴서의 규격과 기호

콘덴서란 그림 2.20과 같이 두개의 도체판을 절연물질(insulator)을 중간에 두고 맞대어 놓은 구조물이다. 절연물은 유리, 세라믹, 산화 탄탈륨, 또는 폴리스티렌 타입의 플라스틱이나 폴리카보네이트 등이다. 초기에는 공기만 가지고도 절연물로 사용되었다. 이렇게 중간에 절연물로서 들어가는 물질을 유전물질(dielectric material)이라고 한다.

앞에서 언급했듯이 콘덴서가 전하를 저장하는 것이다. 콘덴서는 전하를 정해진 용량만큼 저장하고 다시 이 전하를 방출하는 기능을 함으로써 직류 차단과 교류 통과, 축전지, 필터 등의 기능을 한다. 콘덴서의 용량 단위는 F(패럿 또는 파라드: Farad)이며 이것은 영국의 물리학자인 마이클 패러데이(Faraday, Michael [1791~1867])의 이름을 딴 단위이다.

이론적인 콘덴서의 동작은 그림 2.21과 같다. 그림 2.21 (a)와 같이 양쪽 전극에 전압이 가해지면 두개의 전극 사이에 전하가 충전되기 시작하며 순간적으로 전류가 흐른다. 그러나 전극 사이에 있는 물질에 전하가 더 이상 충전될 수 없을 때는 전류가 흐르지 않으며 다시 두개의 전극 사이를 연결하면 충전되어 있던 전하가 그림 2.21 (b)와 같이 회로를 따라 흐르게 된다.

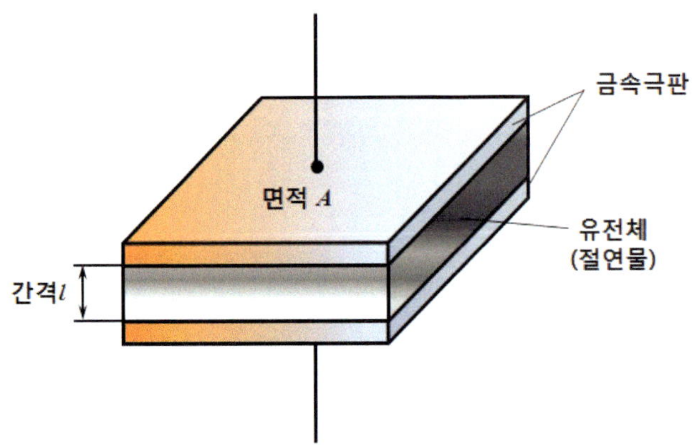

그림 2.20 콘덴서의 구조

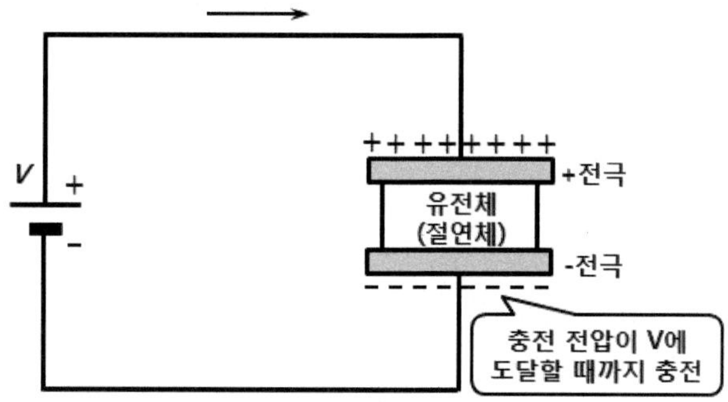

(a) 콘덴서의 충전

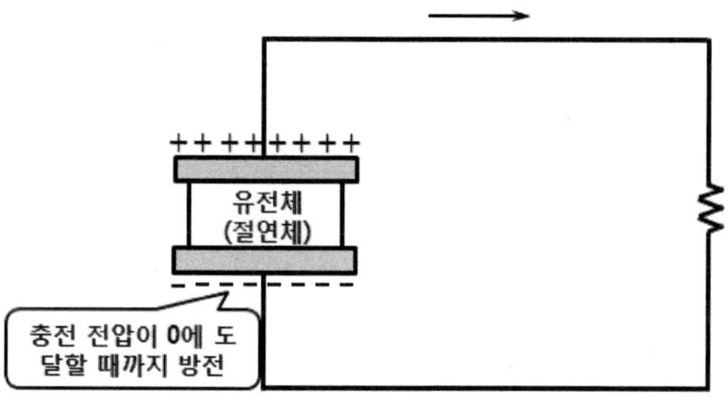

(b) 콘덴서의 방전

그림 2.21 콘덴서의 이론적 동작

이 과정을 콘덴서의 충전과 방전이라고 하며 콘덴서를 응용하는 모든 회로는 기본적으로 이 동작을 응용한 것이다. 이때 콘덴서가 충전할 수 있는 전하의 양을 정전용량(F: 패럿)이라고 하며 콘덴서의 정전용량(C)은 그림 2.20에서 콘덴서에 사용된 유전체의 종류, 전극의 면적(A), 전극 사이의 간격(l)에 의해 다음과 같이 결정된다.

$$C = \varepsilon \frac{A}{l} \text{(F)} \tag{2.4}$$

여기서 ε은 자유공간의 유전율(8.85×10^{-12}F/m) ε_0와 콘덴서 내부 유전체의 비유전율 ε_r의 곱인 유전율이다. 즉, 콘덴서의 용량은 유전체의 유전율과 전극의 면적에 비례하고 전극 사이의 간격에 반비례한다. 따라서 극판의 면적을 두 배로 하면 콘덴서의 정전 용량은 두 배가 되고 두 극판사이의 간격을 두 배로 하면 콘덴서의 정전 용량은 그 절반이 된다. 콘덴서의 유전체로 흔히 사용되는 몇 가지 재료의 비유전율을 표 2.2에 나타내었다.

표 2.2 비유전율

유전체	비유전율	유전체	비유전율
진공	1.0	운모	5.0
공기	1.0006	자기	6.0
테플론	2.0	베이클라이트	7.0
파라핀 종이	2.5	유리	7.5
고무	3.0	물	80.0
변압기유	4.0		

예제 2.5 운모를 유전체로 하는 콘덴서의 유효 극판 면적이 1×10^{-3}㎡, 극판 간격이 0.1×10^{-6}m이라고 하자. 이것의 정전 용량을 계산하여라.

풀이 표 2.2에서 운모의 비유전율은 5이므로 식 (2.4)에 의해 다음과 같다.

$$C=\varepsilon_0\varepsilon_r\frac{A}{l}=8.85\times10^{-12}\times5\frac{1\times10^{-3}}{0.1\times10^{-6}}$$
$$=44.25\times10^{-9}\text{F}=44.25\,\text{nF}$$

이러한 콘덴서에 저장되는(충전) 전하량은 식 (2.4)와 같이 콘덴서 양단의 전압에 정비례하며 이 때 비례상수가 정전용량(콘덴서)이다.

$$Q=CV \tag{2.5}$$

여기서 Q는 저장된 전하량, C는 정전용량 그리고 V는 콘덴서 양단에 인가한 전압이다. 전하량의 단위는 C이며 정전용량의 단위는 앞에서 언급한 F이다.

콘덴서의 기호는 여러 가지가 있지만 가장 많이 사용하는 기호는 그림 2.22와 같이 세 가지 기호이다.

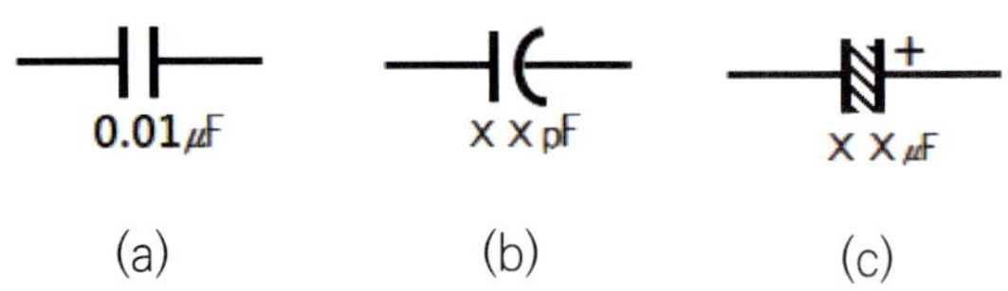

그림 2.22 콘덴서의 기호

2.2.3 콘덴서의 종류와 특성

콘덴서에는 매우 많은 종류가 있고 이것들은 서로 상당히 다른 특성을 가지고 있지만 여기서는 몇 가지 중요한 콘덴서에 대해서만 간단히 그 특성을 알아보기로 한다. 콘덴서를 선정하는데 중요한 것은 주파수 특성과 허용 정격 전압이다. 또한 전해 콘덴서와 같이 극성을 가지거나 온도에 민감한 영향을 받는 소자의 경우는 이것들도 중요한 요소가 된다.

콘덴서의 정전용량은 그냥 3 pF이나 47 μF처럼 직접 정전용량값을 표시하는 경우도 있고 저항 소자의 3색띠 표시처럼 104와 같이 3자리 숫자로 나타내기도 한다. 이 때 앞의 2자리는 정전용량의 유효숫자를 나타내고 3번째 자리는 10의 누승을 나타내며 단위는 항상 pF이므로 예를 들어 $104=10\times10^4$ pF=0.1 μF이 된다. 그러나 전해 콘덴서의 경우는 대부분 직접 정전용량을 값으로 나타내며 이것이 3자리 숫자로 표시될 경우 단위가 μF임에 유의해야 한다. 한편 이러한 정전용량의 허용오차는 주로 표 2.3과 같이 기호로 나타낸다. 여기서 주목할 것은 10 pF 이상의 콘덴서에서는 정전용량의 허용오차를 %로, 10 pF 이하에서는 pF으로 표시하는 것이다.

또한 콘덴서의 정격전압도 직접 16 V 또는 1 kV처럼 직접 전압값으로 나타내기도 하지만 표 2.4에 나타낸 것처럼 약어로 나타내기도 한다. 즉, 이것은 뒤쪽의 알파벳 문자가 정격전압의 유효 숫자를 나타내며 그 앞의 숫자는 10의 누승을 나타낸다고 생각할 수 있다.

표 2.3 콘덴서의 정전용량 허용오차를 나타내는 약어

기호	B	C	D	F	G	J	K	M	N	V	X	Z	P
허용 오차[%]	±0.1	±0.25	±0.5	±1	±2	±5	±10	±20	±30	+20 −10	+40 −20	+80 −20	+100 0
허용 오차[pF]	±0.1	±0.25	0.5	±1	±2	±5							

표 2.4 콘덴서의 정격전압을 나타내는 약어

기호	정격전압 [V]	기호	정격전압 [V]	기호	정격전압 [V]
0A	1	1A	10	2Λ	100
0B	1.25	1B	12.5	2B	125
0C	1.6	1C	16	2C	160
0P	1.8	1P	18	2P	180
0D	2	1D	20	2D	200
0E	2.5	1E	25	2E	250
0F	3.15	1F	31.5	2F	315
0V	3.5	1V	35	2V	350
0G	4	1G	40	2G	400

0W	4.5	1W	45	2W	450
0H	5	1H	50	2H	500
0J	6.3	1J	63	2J	630
0K	8	1K	80	2K	800

그러면 이제부터 대표적인 콘덴서의 종류와 특성을 소개하기로 한다.

(1) 전해 콘덴서

전해 콘덴서는 유전체로 얇은 산화막을 사용하고 전극으로는 알루미늄을 사용하고 있다. 정전용량 대 부피의 비율이 커서 정류회로에서의 전압 평활용과 같이 매우 큰 정전용량이 필요한 응용에 널리 사용되는 콘덴서이다. 그러나 이는 주파수 특성이 매우 낮고 극성이 있으며 수명이 비교적 짧고 동작 온도에 매우 민감한 단점을 가지므로 사용에 많은 주의를 필요로 한다. 일반적인 모델인 85℃ 콘덴서는 수명이 약 1000시간 정도이고 온도가 10℃ 상승하면 수명은 1/2로 감소한다. 전해 콘덴서는 주파수 특성이 낮고 내부 구조가 복잡하여 복잡한 등가회로를 가지며 등가 직렬 저항값이 매우 커서 소비 전력이 크다. 따라서 이 콘덴서는 주로 전원의 평활회로, 저주파 바이패스(저주파 성분을 어스 등에 패스시켜 회로 동작에 악영향을 주지 않는다) 등에 사용된다. 단, 코일 성분이 많아 고주파에는 적합하지 않다(이것을 주파수 특성이 나쁘다고 말한다).

한편 극성(플러스 전극과 마이너스 전극이 정해져 있다)이 있으며 일반적으로 콘덴서 자체에 마이너스측 리드를 표시하는 마크가 붙어 있다. 또한 가할 수 있는 전압, 용량(전기를 축적할 수 있는 양)도 표시되어 있다. 극성을 잘못 접속하거나 전압이 너무 높으면 콘덴서가 파열(펑하는 소리가 나며, 매우 위험)되고 만다. 절대로 실수해서는 안 된다(통상 회로도에도 + 극성을 표시한다).

그림 2.23은 용량, 전압이 다른 전해 콘덴서의 예이며 전해콘덴서에는 마이너스 측 전극을 표시하는 마크가 있다. 단, 크기에 대해서는 정해져 있는 것이 아니며 메이커에 따라서도 다르므로 회사의 카타로그 등을 참고 하기 바란다.

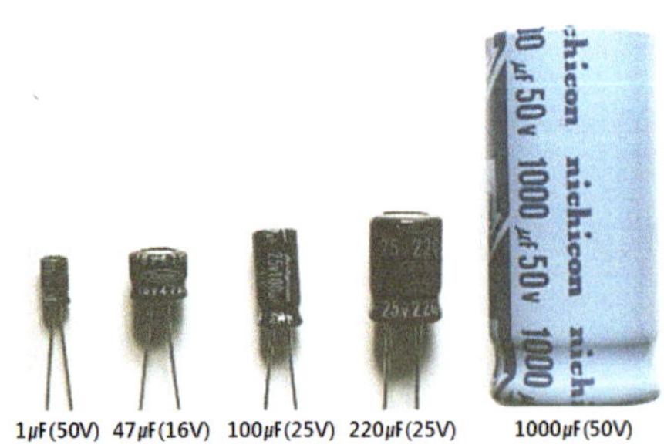

그림 2.23 전해 콘덴서의 예

(2) 탄탈 콘덴서

그림 2.24와 같은 탄탈 콘덴서(tantalum condenser)는 전극에 탄탈륨이라는 재료를 사용하고 있으며 탄탈 전해 콘덴서라고도 부른다. 알루미늄 전해 콘덴서와 마찬가지로 비교적 큰 용량을 얻을 수 있으며 온도 특성(온도의 변화에 따라 용량이 변화한다. 용량이 변화하지 않을수록 특성이 좋다고 말한다), 주파수 특성 모두 전해 콘덴서에 비해 우수하다.

탄탈 콘덴서도 극성이 있으며 통상 콘덴서 자체에 +의 기호로 전극을 표시하고 있다. 이 콘덴서도 절대로 극성을 잘못 접속해서는 안 된다.

가격은 전해 콘덴서 보다 비싸기 때문에 온도에 의한 용량변화가 엄격한 회로, 어느 정도 주파수가 높은 회로 등에 사용한다.

또한 알루미늄 전해 콘덴서에서 발생하는 스파이크 형상의 전류가 나오지 않으므로 신호 파형을 중요시하는 아날로그 신호계에는 탄탈 콘덴서를 사용하는 것이 일반적이다. 탄탈 콘덴서도 전해 콘덴서와 마찬가지로 플러스와 마이너스 극성을 가지고 있다.

그림 2.24 탄탈 콘덴서의 용량에 따른 외관과 예

(3) 세라믹 콘덴서

세라믹 콘덴서는 전극간의 유전체로 티탄산 바륨(Titanium-Barium)과 같은 유전율이 큰 재료가 사용되고 있다. 이 콘덴서는 인덕턴스가 적어 고주파 특성이 양호하다는 특징을 가지고 있어 고주파의 바이패스에 흔히 사용된다. 여기에는 몇 가지의 종류가 있는데 고유전율 세라믹 콘덴서는 정전 용량 대 부피의 비율이 큰 것이 장점이나 주파수 특성이나 전압에 대한 안정성이 떨어진다. 또한 일반적으로 세라믹 콘덴서는 정전 용량이 비교적 작으므로 이를 크게 한 것으로 적층형 세라믹 콘덴서가 사용된다. 세라믹 콘덴서의 모양은 원반형으로 되어 있으며 용량은 비교적 작다. 한편 전해 콘덴서나 탄탈 콘덴서와 같이 전극의 극성은 없다.

그림 2.25는 세라믹 콘덴서의 외관을 나타낸 예이며 이보다 더 큰 외형의 세라믹 콘덴서도 있다. 세라믹은 강유전체의 물질로 아날로그 신호계 회로에 사용하면 신호에 일그러짐이 나오므로 이와 같은 회로에는 사용할 수 없다. 그림 2.26은 적층 세라믹 콘덴서의 외관을 나타낸 예이다.

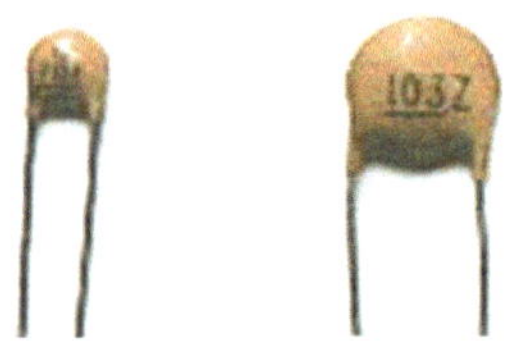

그림 2.25 일반 세라믹 콘덴서의 외관 예

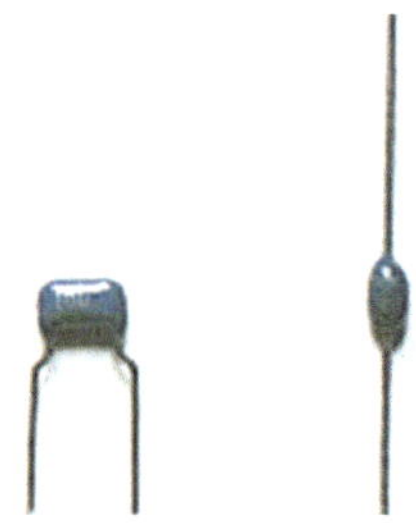

그림 2.26 적층 세라믹 콘덴서

적층 세라믹 콘덴서는 전극간의 유전체로 고유전율계 세라믹을 다층 구조로 사용하고 있으며 온도 특성 및 주파수 특성이 양호하면서 소형이라는 큰 특징이 있다. 디지털 회로에서 취급하는 구형파(펄스파) 신호는 비교적 높은 주파수 성분이 함유되어 있다. 이 콘덴서는 주파수 특성이 양호하고 소형이라는 점 때문에 바이패스용으로 흔히 사용된다. 또한 온도 특성도 양호하므로 온도변화에 신경 쓰지 않아도 되는 회로에도 사용되며 전극의 극성은 없다.

(4) 필름 콘덴서

필름 콘덴서(film condenser)는 원통형으로 감는 필름의 종류에 따라서 폴리에스테르(mylar), 폴리프로필렌, 폴리스티렌, 폴리카보네이트 등으로 나누어진다.

폴리스티렌 콘덴서는 전극간의 유전체로 폴리스티렌(polystyrene) 필름이 사용되고 있다. 이 콘덴서는 폴리스티렌 필름을 감은 구조이므로 인덕턴스(코일) 성분이 크다. 따라서 고주파에는 사용할 수 없으며 수백 ㎑ 이하의 필터 회로나 타이밍 회로 등에 흔히 사용된다. 전극의 극성은 없다.

그림 2.27에 나타낸 폴리스티렌 콘덴서는 전극에 동박을 사용하고 있어 적색을 띠고 있지만 전극으로 알루미늄박을 사용하는 것도 있으므로 은색을 띠고 있는 것도 있다.

그림 2.27 폴리스티렌 콘덴서의 외관

그림 2.28 마일러 콘덴서의 외관1

그림 2.29 마일러 콘덴서의 외관2

그림 2.28은 마일러 콘덴서의 외관을 나타낸 것이다. 마일러(mylar) 콘덴서는 얇은 폴리에스테르(polyester) 필름을 양측에서 금속으로 삽입하여 원통형으로 감은 것이다. 저가격으로 사용하기 쉽지만 높은 정밀도는 기대할 수 없다. 오차는 대략 ±5%에서 ±10% 정도이다. 메이커에 따라 용량을 표시하는 방법이 다르므로 주의할 필요가 있다. 전극의 극성은 없다. 그림 2.29도 마일러 콘덴서(폴리에스테르 콘덴서)이다.

(5) 가변용량 콘덴서

용량을 변화시킬 수 있는 콘덴서이며 주로 주파수 조정 등에 사용한다. 그림 2.30은 **트리머**(trimmer)라 부르는 가변용량 콘덴서이며 유전체로 세라믹(자기)를 사용하고 있다. 그 외에도 폴리에스테르 필름 등을 유전체로 사용한 것도 있다. 프린트 기판에 실장 할 수 있도록 만들어져 있다. 부착할 때의 주의 사항으로 전극 극성은 없지만 용량을 조절하는 나사 부분이 어느 한 쪽의 리드선에 연결되어 있기 때문에 리드선의 한 쪽이 어스에 접속되는 경우에는 조절나사가 연결되어 있는 리드선을 어스측으로 해야 하는 것만 주의를 하면 된다. 그렇게 하지 않으면 조절할 때의 드라이버의 용량이 영향을 주므로 잘 조절되지 않는다.

그림 2.31은 **배리콘**이라 부르는 가변용량 콘덴서로 라디오의 튜너 등에 사용된다. 그림에서 좌측의 배리콘은 공기를 유전체로 하고 있으며 3개의 독립된 콘덴서를 조합하고 있다(3련 배리콘이라고 부른다). 그림에서 우측의 배리콘은 폴리에스테르 필름을 유전체로 한 것으로 2개의 독립된 콘덴서를 조합하고 있다(2련 폴리배리콘이라고 한다).

그림 2.30 트리머의 외관

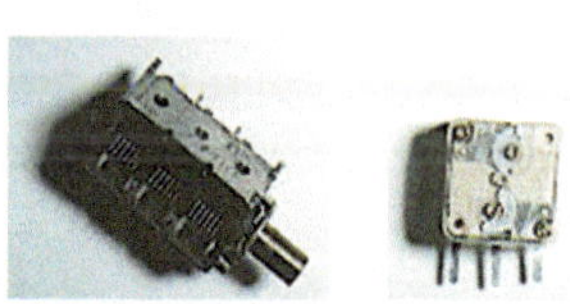

그림 2.31 배리콘의 외관

각종 콘덴서의 정전용량 범위를 상대적으로 비교하여 나타내면 그림 2.32와 같으며 각 콘덴서들의 주파수 특성을 비교하면 그림 2.33과 같다.

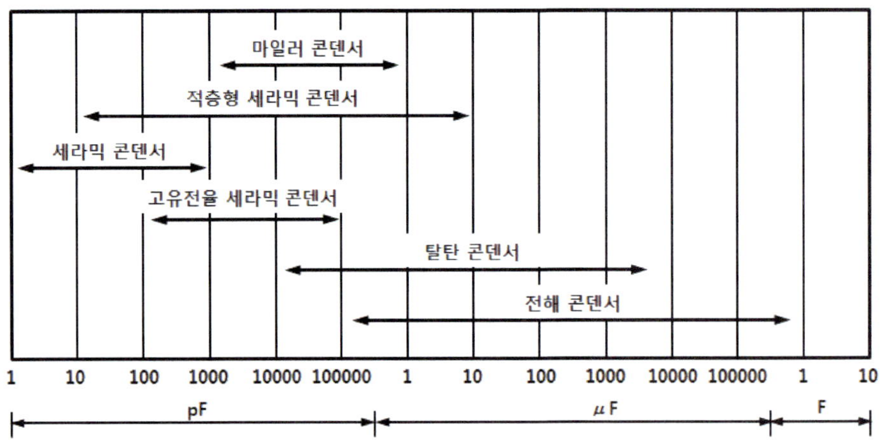

그림 2.32 각종 콘덴서의 정전용량 범위

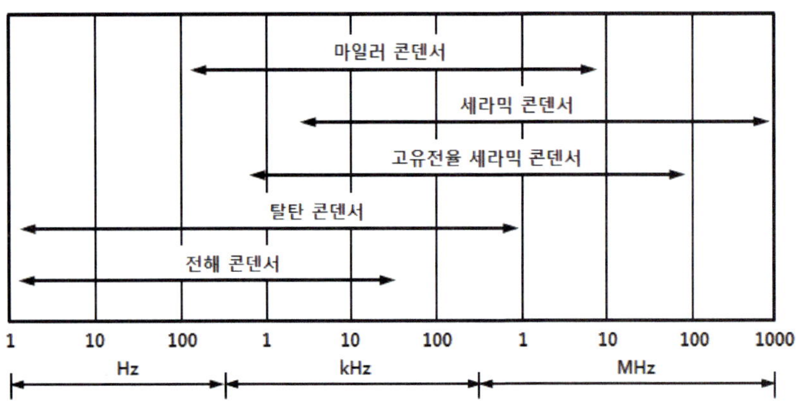

그림 2.33 각종 콘덴서의 동작 주파수 특성 범위

2.2.4 콘덴서의 직렬연결과 병렬연결

콘덴서는 식 (2.4)에서 그 정전용량(C)이 거리에 반비례한다고 했으므로 같은 정전용량을 가진 두 개의 콘덴서를 직렬로 연결하면 1/2배의 정전용량이 된다는 것을 직관적으로 알 수 있다. 즉, 같은 정전용량을 가진 콘덴서 2개를 직렬로 연결하는 것은 그림 2.34와 같이 길이 방향의 수직으로 2개의 콘덴서를 딱 맞게 접합한 것과 마찬가지이다. 직렬로 합체된 두 개의 콘덴서는 유전율과 단면적은 같지만 간격은 2배인 $2l$로 된다. 따라서 이것의 직렬합성용량은 $C_{2개\ 직렬} = \epsilon(A/2l) = (1/2)C$이므로 원래 정전용량의 1/2배가 되는 것이다. 중요한 것은 정전용량이 콘덴서의 간격에 반비례해서 작아진다는 것이다. 이와 같이 콘덴서를 길이방향의 수직으로 2개 연결하면 간격이 2배 커지며 하나하나의 콘덴서 정전용량의 역수를 가산으로 직렬합성용량이 얻어질 수 있다는 것을 직관적으로 알 수 있다.

이 2개의 콘덴서를 직렬로 연결한 것을 기호로 표현하면 그림 2.35 (a)와 같으며 직렬합성용량은 $1/C_1 + 1/C_2$이다. 이 직렬연결 콘덴서의 사고를 확장하여 콘덴서를 3개 연결했을 때는 그림 2.35 (b)와 같으며 직렬합성 용량은 $1/C_1 + 1/C_2 + 1/C_3$이고, 이 직렬합성용량의 사고를 확장하여 콘덴서를 n개 연결했을 때는 그림 2.35 (c)의 직렬합성용량은 $1/C_1 + 1/C_2 + \cdots + 1/C_n$이다. 이와 같이 콘덴서의 직렬연결은 각 콘덴서 정전용량의 역수를 개수만큼 더한 것이 직렬합성용량이 된다.

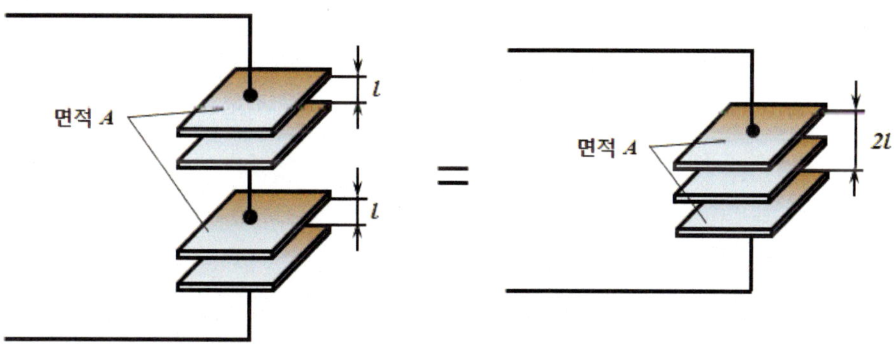

그림 2.34 2개 콘덴서의 직렬연결

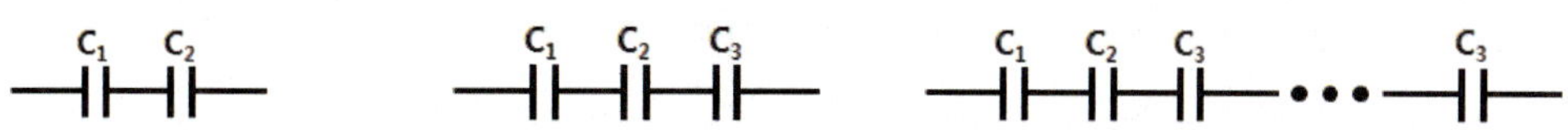

(a) 2개의 직렬연결 (b) 3개의 직렬연결 (c) n개의 직렬연결

그림 2.35 콘덴서의 직렬연결 예

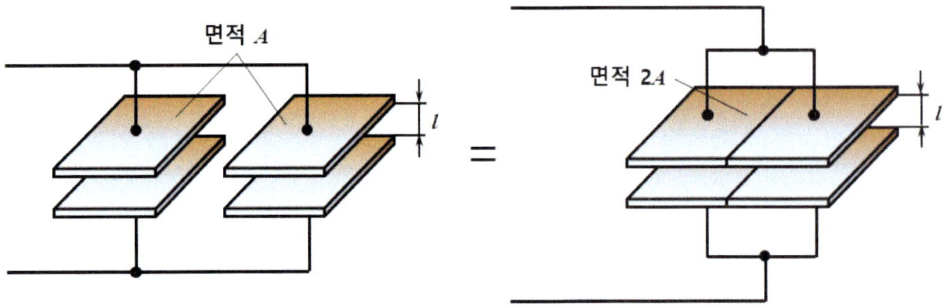

그림 2.36 2개 콘덴서의 병렬연결

콘덴서는 식 (2.4)에서 그 정전용량(C)이 콘덴서의 면적에 비례한다고 했으므로 같은 정전용량을 가진 두 개의 콘덴서를 병렬로 연결하면 2배의 정전용량이 된다는 것을 직관적으로 알 수 있다. 즉, 같은 정전용량을 가진 콘덴서 2개를 병렬로 연결하는 것은 그림 2.36과 같이 길이 방향으로 2개의 콘덴서를 딱 맞게 접합한 것과 마찬가지이다. 병렬 합체된 두 개의 콘덴서는 유전율과 간격은 같지만 면적은 2배인 $2A$로 된다. 따라서 이것의 병렬접속용량은 $C_{2개\ 병렬} = \epsilon(2A/l) = 2C$이므로 원래 정전용량의 2배가 되는 것이다. 중요한 것은 정전용량이 콘덴서의 면적에 비례해서 커진다는 것이다. 이와 같이 콘덴서를 길이방향으로 2개 연결하면 면적이 더해져서 하나하나의 콘덴서 정전용량을 가산으로 병렬접속용량이 얻어질 수 있다는 것을 직관적으로 알 수 있다.

이 2개의 콘덴서를 병렬로 연결한 것을 기호로 표현하면 그림 2.37 (a)와 같으며 병렬접속용량은 $C_1 + C_2$이다. 이 병렬접속용량의 사고를 확장하여 콘덴서를 3개 연결했을 때는 그림 2.37 (b)와 같으며 병렬접속용량은 $C_1 + C_2 + C_3$이고, 이 병렬접속용량의 사고를 확장하여 컨덴서를 n개 연결했을 때는 그림 2.37 (c)의 병렬접속용량은 $C_1 + C_2 + \cdots + C_n$이다. 이와 같이 콘덴서의 병렬연결은 개수만큼 더한 것이 병렬접속용량이 된다.

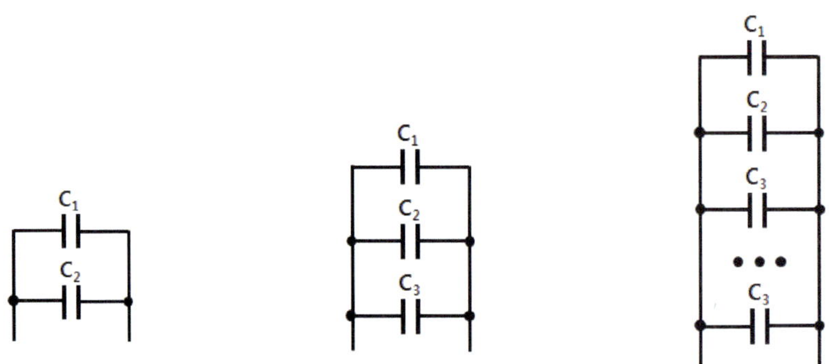

(a) 2개의 병렬연결 (b) 3개의 병렬연결 (c) n개의 병렬연결

그림 2.37 콘덴서 기호를 사용한 병렬연결

2.2.5 콘덴서의 동작

콘덴서의 기본 동작은 전하의 충전과 방전이므로 이를 이용하여 여러 가지 전기적인 동작을 한다. 가장 기본적인 동작은 직류는 통과시키지 않고 교류만 통과시키는 동작이다.

콘덴서는 직류가 가해지면 전하가 충전되고 다시 충전된 전압과 반대되는 방향의 회로가 연결되면 방전이 일어난다. 만일 이 과정을 빠른 속도로 반복하면 어떻게 될까? 콘덴서의 양쪽 끝에는 충전과 방전으로 인한 교류 전류가 흐르게 될 것이다. 콘덴서가 직류는 통과시키지 않고 교류만 통과 시킨다는 것은 바로 이런 동작을 가리키는 말이다.

콘덴서는 이와 같은 기본 동작을 이용하여 다음과 같은 다양한 회로를 구성하는데 사용된다.

(1) 정류회로

다이오드와 함께 그림 2.38과 같은 정류회로를 구성하여 교류를 직류로 만든다.

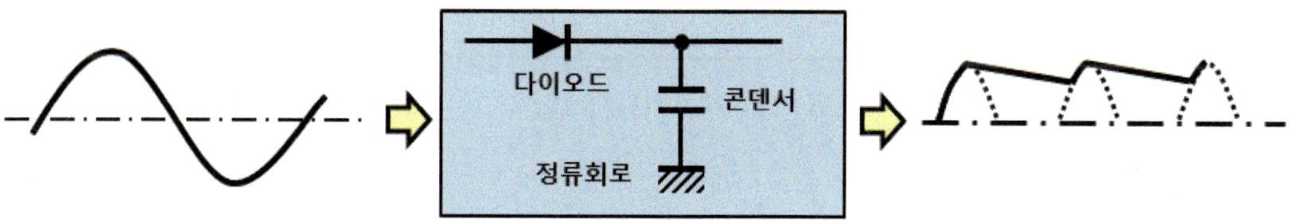

그림 2.38 정류회로에서의 동작

(2) 지연회로

콘덴서의 충전 시간 동안 신호를 전달하는 시간을 늦추는 그림 2.39와 같은 지연회로에 사용한다.

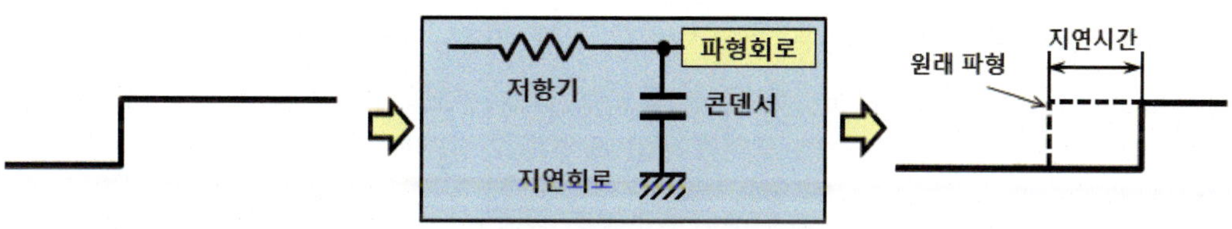

그림 2.39 지연회로

(3) 저역통과 필터

저항과 함께 일정한 주파수보다 낮은 주파수의 신호만을 통과시키는 그림 2.40과 같은 저역통과 필터(low-pass filter) 역할을 한다.

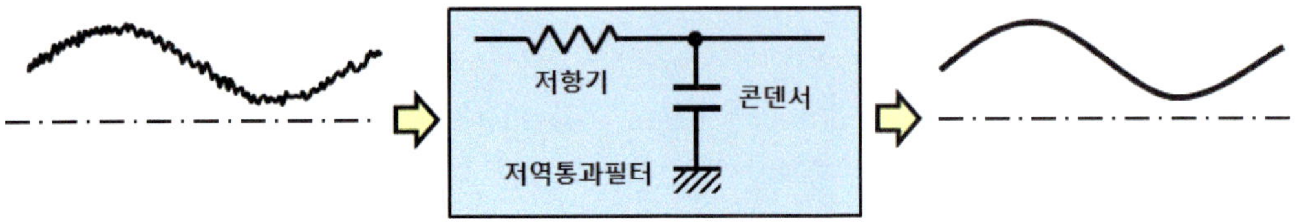

그림 2.40 저역통과 필터

(4) 고역통과 필터

저역통과 필터와 반대로 일정한 주파수 보다 높은 신호만을 통과시키는 필터가 그림 2.41과 같은 고역통과 필터이다.

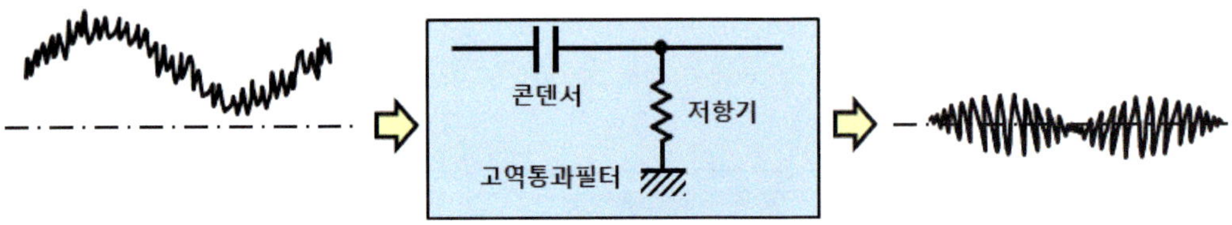

그림 2.41 고역통과 필터

2.3 유도성 소자(인덕터)

2.3.1 개요

인덕터는 에너지를 자기장 형태로 저장하는 소자로서 저항, 콘덴서, 전자관, 트랜지스터, 전원 등과 함께 전기회로를 이루는 가장 중요한 부품 가운데 하나이다. 구리나 알루미늄 등을 절연성 재료로 써서 나사 모양으로 여러 번 감은 권선(코일) 가운데 전류의 변화량에 비례해 나타나는 권선이 **인덕터**이다. 즉, 도선을 감은 코일로 가장 기본적인 회로 부품이자 회로 소자이다.

도선에 전류가 흐르면 3장에서 상세히 설명하겠지만 도선 주변에 자기장이 생긴다. 그런데 도선 주변 자기장은 일종의 관성과 유사하게 한 번 형성된 자기장은 계속 같은 형태를 유지하려고 한다. 따라서 항상 일정한 크기를 유지하는 DC의 경우는 도선을 흐르는 전류가 자기 스스로 만든 자기장의 영향을 받지 않지만 AC의 경우는 다르다. AC는 계속해서 도선의 전류 크기가 바뀌니까 주변 자기장도 모양을 바꿔야 한다. 그런데 자기장은 일종의 관성이 있어 모양 바꾸기를 싫어한다. 그러니까 자기장은 안 바뀌려고 하고 전류는 자꾸만 자기장을 바꾸려고 하므로 AC의 경우는 일종의 잡음(noise)가 생기게 된다. 그런데 이런 영향이 오히려 득이 될 때도 있다. 도선을 꼬아 인덕터로 만들면 이런 자기장의 영향이 커지게 된다. 도선에 AC전류가 흐를 때 이 인덕터를 달면 AC외부의 잡음 영향을 오히려 줄일 수 있다. 왜냐하면 앞에서도 서술했지만 자기장의 모양이 바뀌지 않으려 하므로 도선 외부 영향에 의해 생기는 작은 잡음에 의한 리플(ripple)들이 모습을 바꾸지 않으려는 자기장이 유도하는 전류에 의해 사라진다. 실제 회로 설계하는데 인덕터는 이렇게 전류 잡음를 제거하는데 쓰인다.

인덕터에 전류가 흐르고 있을 때 인덕터의 한 쪽을 갑자기 끊어 버리면 전류는 순식간에 0이 되면서 매우 높은 전압이 발생하고, 이로 인해 끊어진 회로 부위에는 스파크가 일어난다. 이런 원리를 이용해 인덕터는 각종 전자제품, 발진회로, 전원회로의 전류저장소자 등에서 전류의 급격한 변화를 막고 전기 잡음을 걸러내는 필터 등으로 사용된다.

인덕터는 그림 2.42와 같이 코어에 코일을 감은 구조로 되어 있다. 코어에는 공기(air), 페라이트(ferrite) 및 철(iron) 등을 사용한다.

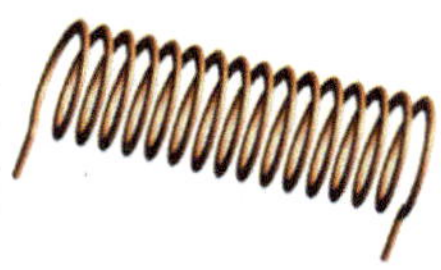

그림 2.42 인덕터의 구조

2.3.2 인덕터의 성질

앞에서 도선을 감은 코일이 인덕터라고 하였다. 이와 같이 도선을 나선 모양으로 감으면 원래의 도선이 지닌 특성과는 전혀 다른 여러 가지 특성이 나온다. 여러 특성 가운데서 몇 가지 주요 특성에 대해 그 개요를 쉽게 설명하기로 한다.

(1) 전류의 변화를 안정시키려고 하는 성질

전류가 흐르려고 하면 인덕터는 전류를 흘리지 않으려고 하며 전류가 감소하면 계속 흘리려고 하는 성질이다. 이것을 **렌츠의 법칙**이라 부르는데 뒤의 자기 부분에서 설명하겠지만 전자유도작용에 의해 회로에 발생하는 유도전류는 항상 유도 작용을 일으키는 자속의 변화를 방해하는 방향으로 흐른다는 것이다.

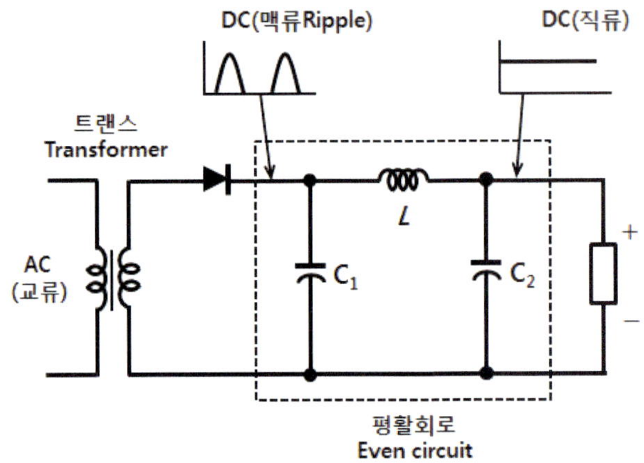

그림 2.43 평활 회로에의 응용

이 성질을 이용하여 뒤의 전자회로 부분에서 다시 설명하겠지만 교류로부터 직류로 변환하는 전원의 평활회로(그림 2.43)에 사용된다. 교류를 정류기에 의해 직류로 변환한 경우 그대로는 **맥류**(ripple)라고 하여 교류성분이 많은 직류이며 완전한 직류가 아니다. 플러스의 직류로 정류한 경우 마이너스 전압성분은 없어지지만 0 V와 플러스 전압을 왕래하고 있다.

평활회로는 콘덴서와 인덕터를 조합한 회로를 사용하면 인덕터가 전류의 변화를 저지하려는 작용을 하고 콘덴서가 입력전압이 0 V로 되어도 축적한 전기를 그때 방출하기 때문에 안정한 직류를 얻을 수 있다.

(2) 상호 유도 작용

이것은 앞에서도 언급했지만 두 코일을 가까이 하면 한쪽 코일의 전력을 다른 쪽 코일에 전달할 수 있다는 것이다.

이 성질을 이용한 것이 변압기이다. 전력을 공급하는 쪽의 코일(입력)을 1차 측, 전력을 꺼내는 쪽(출력)을 2차 측이라고 한다. 1차 측 권수와 2차 측 권수의 비율에 따라 2차 측의 전압이 변화한다.

전원 트랜스(변압기) 등은 2차 측에서 권선의 도중에 선을 내어(tap이라고 한다) 그림 2.44와 같이 복수의 전압을 얻을 수 있도록 한 것이 많다.

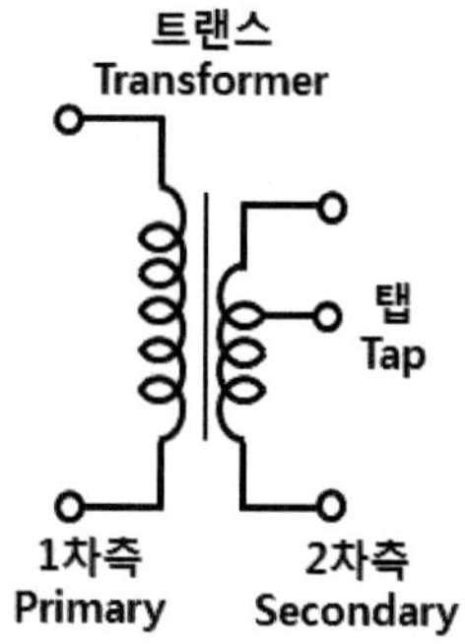

그림 2.44 전원 변압기에의 응용

(3) 전자석의 성질

여러분이 잘 알고 있듯이 전류가 흐르면 철이나 니켈은 흡착하는 성질이 있다. 이 성질을 이용한 것으로 그림 2.45와 같은 계전기(릴레이)가 있다. 전류가 흐를 때에 철판을 끌어당겨 철판에 부착된 스위치를 닫도록 하는 것이다. 그리고 차임벨도 전자석의 성질을 이용한 것이다.

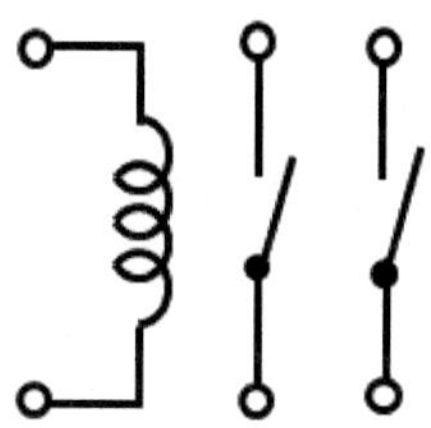

그림 2.45 전자 릴레이(계전기)에의 응용

(4) 공진하는 성질

코일과 콘덴서를 조합하면 어떤 주파수의 교류전류가 흐르지 않거나 쉽게 흐르기도 한다. 라디오의 방송국을 선택하는 튜너는 이 성질을 이용하여 특정한 주파수만을 선택하고 있는 것이다. 이러한 성질을 이용한 것이 **공진회로**이며 그림 2.46과 같이 병렬공진회로와 직렬 병진 회로에 응용되고 있다.

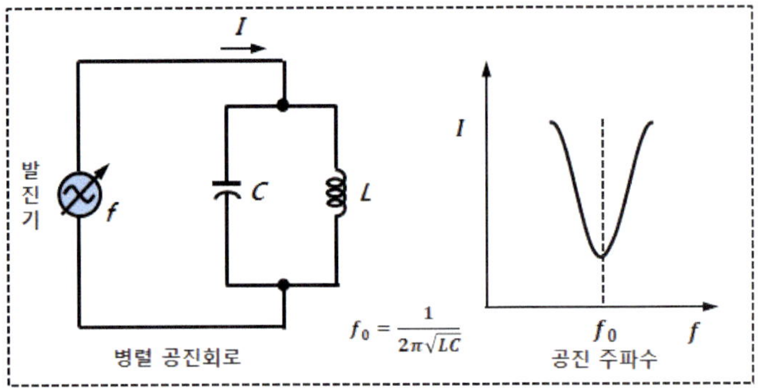

(a) 병렬 공진회로

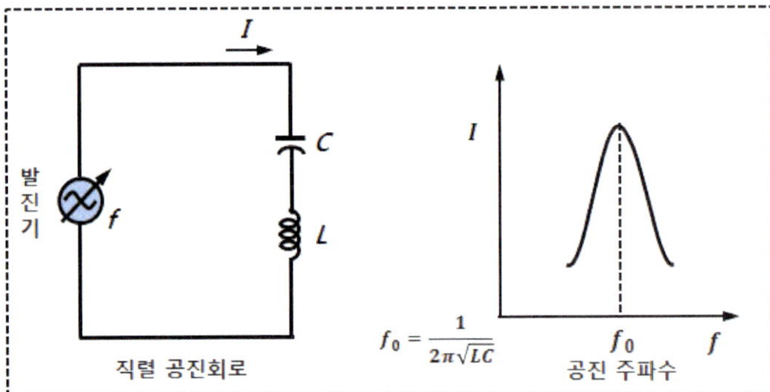

(b) 직렬 공진회로

그림 2.46 공진회로에의 응용

2.3.3 인덕터의 종류

인덕터는 사용된 심(core)에 따라 공심형, 페라이트 코어형, 철 코어형 등으로 분류한다. 공심형은 그림 2.47과 같으며 특징은 인덕턴스값이 낮고 라디오 회로에 널리 사용된다.

그림 2.47 공심형 인덕터

그림 2.48 페라이트 코어형 인덕터

페라이트 코어형은 그림 2.48과 같은 모양이다. 이것은 높은 인덕턴스 값을 제공하며 RF공진회로에 사용된다. 분말 형태의 페라이트 물질에 공극이 많이 포함되게 한 파우더 코어형태로 많이 이용되며 이 경우 코어의 손실이 감소하며 포화전류가 증가하게 된다. Ni-Fe-Mo 합금, Ni-Fe 합금, Fe-Si-Al 합금 등이 재료로 사용된다. 반면 철 코어형은 저주파 오디오 회로, 전원회로 등에 사용된다.

그림 2.49는 여러 종류의 인덕터를 나타낸 것이다. 이러한 인덕터 가운데 고주파에 의해 다른 회로로부터 자기에 의한 영향을 받지 않도록 하거나 또는 주변 부품에 영향을 주지 않도록 하기 위해 금속 케이스(차폐상자 또는 실드케이스라고 한다)에 수납되어 있는 것도 있다. 이 케이스는 반드시 어스에 연결하여야 한다.

그림 2.49 각종 인덕터 모습

그림 2.50 가변 인덕터의 모습

인덕터 가운데 코일의 권수를 조정하기 위해 가변적으로 나사를 이용하여 인덕턴스값을 조정하는 그림 2.50과 같은 가변 인덕터가 있다. 코일 중심의 코어부는 나사 모양으로 되어 있어 드라이버 등으로 돌리면 코어가 코일에 들어가거나 나오기도 한다. 따라서 코어의 상하 움직임에 따라 코일의 인덕턴스값이 변화한다.

코일의 권수를 바꾸어도 되지만 일일이 그렇게는 할 수 없는 일이다. FM 라디오의 튜너부 등은 87.5 MHz~108 MHz 부근의 고주파를 취급하기 때문에 코어에 감으면 인덕턴스값이 너무 커지므로 공심 코일이 사용된다. 이 경우의 조정은 코일의 권선 간격을 변화시켜 조절한다. FM 라디오 등을 분해하여 보면 코일이 모두 똑같이 일률적으로 되어 있지 않고 코일의 간격이나 리드의 형태가 제각기 멋대로 되어 있는 것을 볼 수 있을 것이다.

이것을 깨끗하고 보기 좋게 하려고 해서는 안 된다. 이것은 일부러 구부리거나 코일 간격을 바꾸어 인덕턴스값을 조절하고 있기 때문이다.

2.3.4 인덕터의 표시 텍스트와 색상코드

(1) 표시 텍스트

인덕터에는 인덕턴스 값을 그림 2.51과 같이 숫자로 표시 하든지 숫자와 알파벳을 섞어 표기하고 있다. 이 때 인덕턴스 값은 마이크로 헨리(μH)이며 숫자로만 표현한 인덕터의 인덕턴스 값은 첫 두 자릿수는 인덕턴스 값을 나타내내며 세 번째 숫자는 누승을 나타낸다. 숫자와 알파벳을 섞어 표현한 인덕터의 경우에 R은 소수점으로 누승이 없는 표현이다. 예를 들어 101은 10×10^1을 나타내며 이것은 100 μH임을 뜻한다. 그리고 4R7은 4.7 μH를 나타내다.

그리고 그림 2.51의 마지막 그림을 보면 접미사 K가 붙어 있는데 이것은 인덕터의 정밀도를 나타내는 것으로 이것 이외에 G, J, M 또는 F를 사용하여 표시된다. 각각의 의미는 F는 ±1%, G는 ±2%, J는 ±5%, K는 ±10% 그리고 M은 ±20%이다.

그림 2.51 각종 인덕터의 표시 텍스트

(2) 색 부호

인덕터는 색 밴드, 색 점으로도 표시 할 수 있다. 각 색상은 표 2.6과 같은 값을 나타낸다.

표 2.6 인덕터의 색 부호 의미

색	첫째 밴드	둘째 밴드	셋째 밴드	넷째 밴드
	제1 숫자	제2 숫자	승수	허용 오차
흑색	0	0	10^0 (1μH)	20%
갈색	1	1	10^1 (10μH)	—
적색	2	2	10^2 (100μH)	—
등색	3	3	10^3 (1000μH)	—
황색	4	4	10^4 (10000μH)	—
녹색	5	5	—	—
청색	6	6	—	—
자색	7	7	—	—
회색	8	8	—	—
백색	9	9	—	—
금색	—	—	10^{-1} (0.1μH)	5%
은색	—	—	10^{-2} (0.01μH)	10%

예제 2.6 밴드 색상이 다음과 같을 경우 인덕턴스 값은 얼마인가?

- 첫째 밴드 : 황색 = 4
- 둘째 밴드 : 자색 = 7
- 셋째 밴드 : 흑색 = 10^0 = 1

풀이 인덕터 값은 47×10^0μH = 47μH

예제 2.7	밴드 색상이 다음과 같을 경우 인덕턴스 값은 얼마인가? • 첫째 밴드 : 황색 = 4 • 둘째 밴드 : 자색 = 7 • 셋째 밴드 : 은색 = 10%의 허용 오차
풀이	인덕턴스 값은 47μH ±10%

3장

전기와 전자기의 기초

전기의 정체는 **전자의 흐름**이며 이러한 전자를 계속해서 움직여야만 하는데 여기에는 외적으로 전자를 연속적으로 움직이게 하는 힘이 필요하며 이것이 전기이다. 전기로 도체내의 전자 흐름을 적절히 제어함으로써 우리가 원하는 다양한 형태의 전기적 에너지를 제어할 수 있다.

또한 보통은 기전 장치에 모터를 설치하고 모터를 구동함으로써 동력을 주는데 여기에 필요한 것이 전기이다. 모터 구동의 기본이 되는 것이 전기 회로이며 모터 제어를 위해 필요한 것은 모터의 구동 원리인 전자기에 대한 내용을 알아야 한다.

따라서 이 장에서는 전기의 기본적인 성질 및 전기 회로의 기초와 전자기의 기초에 대해 다루기로 한다.

3.1 전기의 기초

3.1.1 전기의 정체

물체를 문질러서 만드는 마찰전기나 정전 유도로 나타나는 전기는 물체 표면에 고여 있기만 하고 가정이나 공장에서 사용하는 것처럼 여러 가지 전기제품이나 기계를 움직일 수는 없다. 이와 같이 1개소에 고인 상태에서 이동하지 않는 전기를 **정전기**라고 한다. 이에 대하여 전류라는 호칭으로 표현되는 것처럼 움직이는 전기를 **동전기**라고 하고 우리들이 이용하고 있는 대부분은 이 동전기다. 정전기는 전기가 지나가는 길을 만든 순간에 동전기인 전류로 되지만 전류로 되어 흘러버린 분량만큼 고였던 전기가 계속 소비되기 때문에 전류도 감소하여 같은 전류 값을 유지할 수가 없다. 같은 전류 값을 장시간에 걸쳐 유지하기 위해서는 전류가 흘러도 전기가 감소한 분량만큼 발전기나 전지에서 보충시켜 주어야 한다. 이렇게 함으로써 비로소 우리들이 일상에 전기를 이용하고 있는 것처럼 연속하여 전류를 흘릴 수 있다. 바꾸어 말하면 연속하여 일을 할 수 있는 것이다. 그러면 이와 같은 동전기의 정체는 무엇인지 알아보기로 하자.

(1) 전기공학 측면에서의 전자 흐름

물질은 모두 분자로, 그리고 그 분자는 다시 원자로 되어 있고 더구나 그 원자는 다시 양전기를 가진 원자핵과 음전기를 가진 전자가 기본으로 되어 있다고 하였다. 따라서 전기라는 것은 무엇으로 만들어진 것이 아니라 양과 음이 1쌍이 되어 모든 물질 속에 언제나 들어있다고 할 수 있다. 이 모습을 나타낸 것이 그림 3.1 (a)다. 원자핵이 가진 양전기와 전자가 가진 음전기가 같은 양이어서 보통은 양과 음의 전기가 서로 그 전기적 작용을 상쇄하고 있기 때문에 중성 상태로 되어 있다.

그런데 외부에서의 어떤 영향으로 그림 3.1 (b)처럼 몇 개의 원자 속으로부터 자유전자가 물질 바깥으로 뛰어나가면 그 원자는 그만큼 음전기를 잃었기 때문에 양전기의 성질을 나타낸다.

따라서 물질은 양으로 **대전**한다. 또한 그림 3.1 (c)처럼 외부에서 몇 개인가의 자유전자가 그 물질의 표면에 붙으면 그 물질을 형상 짓는 원자는 그만큼 전자의 음전기를 받아서 음전기의 성질을 나타낸다. 즉, 음으로 대전한다. 이와 같이 원래 중성 상태였던 것에서 전자를 상실하거나 또는 받거나 하였을 때 물질이 대전하게 된다.

전기는 모든 물질 속에 있는데도 불구하고 보통은 전기로서의 작용을 나타내지 않는다. 이것은 보통의 상태에서는 양전기와 음전기가 양이 같고 언제나 한 쌍이 되어 있기 때문이다.

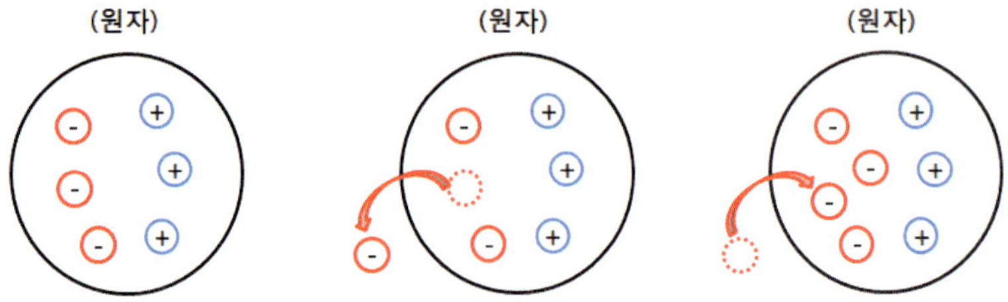

(a) 중성 상태 (b) 양전기 상태 (c) 음전기 상태

그림 3.1 물질의 대전 상태

원자에서 멀리 떨어져 있는 우리들은 양전기의 작용과 음전기의 작용을 같은 크기만큼 평등하게 받고 있기 때문에 양전기와 음전기의 작용이 서로 상쇄되어서 아무 일도 일어나지 않는 것처럼 보인다. 이것이 중성 상태에 해당한다. 만약 우리들이 원자에 아주 근접하거나 또는 원자 속에 들어갔다고 하면 당연히 장소에 따라서 다른 양이나 음의 전기의 어느 한쪽 영향을 강하게 받아서 주위에 있는 모든 것이 대전될 것이다.

원래 전기라는 것은 양과 음이 한 쌍이 되어 있는 것이 가장 안정한 상태여서 양과 음의 전기가 어떠한 원인으로 분리되었을 때 그것이 원래로 복귀하려는 힘이 전기 에너지다. 마찰에 의해 양과 음의 전기를 분리시켜 대전시킨 것이 대전체 끼리를 접촉시키거나 또는 인체를 통하여 대지로 달아나 버려 전기가 없어진다. 즉, 방전한다는 것은 일시적으로 분리된 양과 음의 전기가 재차 안정한 원래의 상태로 복귀했다는 것이다.

그래서 대전하지 않은 상태, 즉 중성 상태라는 것은 결코 전기가 없어진 것은 아니고 전기의 작용이 나타나지 않는다는 의미로 해석하여야 한다.

이러한 중성 상태의 물질에 대해 전자를 움직이게 하는 힘은 전기 공학에서는 전기적 압력(전압)이지만, 전자 공학에서는 열, 빛, 전기 등 다양하다.

이러한 전자들이 물질에 따라 가전자 수는 정해져 있지만 외적 힘을 받으면 자유전자가 되어 움직이게 되는 정도는 다르다. 이것을 **저항률**이라 하며 똑같은 외적 힘을 주어도 물질마다 전자의 흐름 정도는 다르다. 이 저항의 정도에 따라 전기 공학에서는 도체와 절연체로 나누며, 전자 공학에서는 도체, 반도체, 부도체로 나눈다. 그림 3.2는 여러 물질의 저항 범위를 나타낸 것이다.

도체인 구리를 우리는 전선으로 많이 사용하고 있다. 이것은 은 보다 저항이 크지만 은은 너무 비싸기 때문에 비교적 저항률이 작은 구리를 사용하고 있다. 이러한 구리 전선은 금속결합을 하고 있으며 원자에는 강하게 구속되지 않는 자유전자가 있기 때문에 전선 안에는 자유롭게 움직일 수 있는 자유전자가 많이 있다. 이 자유전자가 전기를 전도하는 중요한 역할을 한다.

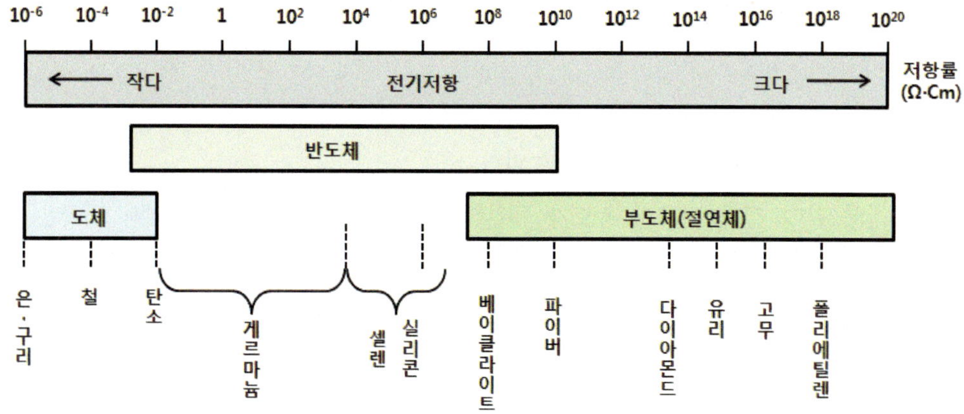

그림 3.2 여러 가지 물질의 저항 범위

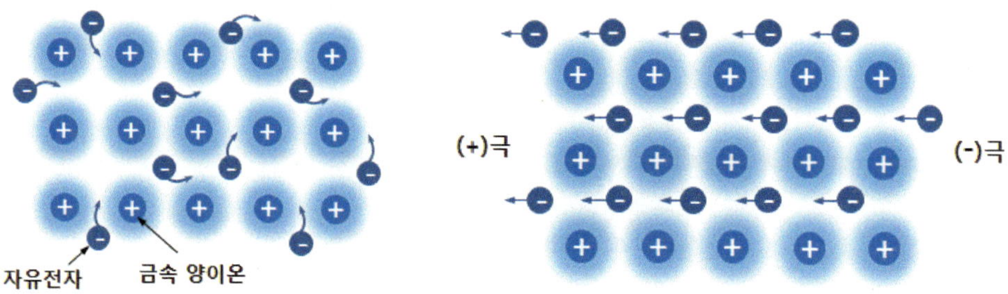

(a) 전류가 흐르기 전

(b) 전류가 흐를 때

그림 3.3 자유 전자의 이동 방향

그림 3.3 (a)와 같이 구리 전선 자체만으로는 자유 전자를 움직일 수 없다. 그러나 그림 3.3 (b)와 같이 양전하와 음전하를 그림과 같이 연결하면 구리 전선 속의 자유 전자가 양전하에 끌리어 이동하게 된다.

이와 같이 구리 전선 속의 자유 전자 이동은 양전하 쪽으로 계속 이동하게 되는 데 이 전자 이동, 즉 전자의 흐름을 전기 공학적 측면에서의 **전류**라 한다.

말하자면 전기 공학적 측면에서의 반송자는 자유 전자가 되며 이 반송자의 흐름이 전류인 셈이다.

(2) 전자공학 측면에서의 전자 흐름

다이오드나 트랜지스터는 실리콘이나 게르마늄 등의 4가 원소로 만들고 있으며 이것은 1장에서 설명한 반도체이다. 이러한 실리콘이나 게르마늄은 외부에서 전극을 가하면 전류가 흐르는데 이것을 바탕으로 전류를 설명하기로 한다.

그림 3.4와 같이 홀과 전자의 농도가 동일한 진성 반도체 양단에 외부에서 전극을 가하게 되면 진성 반도체의 음전하인 전자는 양전극으로 끌려가는 반면 양전하인 홀은 음전극 쪽으로 끌려간다.

이와 같이 반도체 속의 전자 이동은 양전극 쪽으로 홀은 음전극 쪽으로 계속 이동하게 되는데 이 전자 이동 및 홀의 이동을 전자 공학적 측면에서의 **전류**라 한다. 말하자면 전자 공학적 측면에서의 반송자는 전자와 홀이 되며 이 반송자의 흐름이 전류인 셈이다.

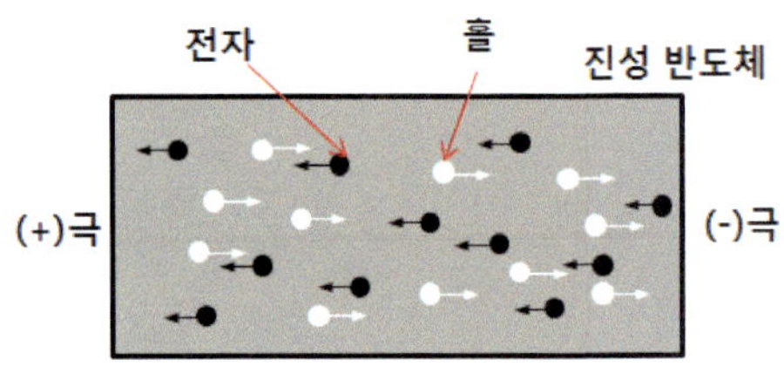

그림 3.4 전자와 홀의 이동 방향

3.1.2 전류

(1) 전자의 동작

그림 3.5 (a)와 같이 구리 전선 자체만으로는 자유 전자를 움직일 수 없다. 그러나 그림 3.5 (b)와 같이 양전하를 가진 A와 음전하를 가진 B를 전선으로 연결하면 전선 속의 자유 전자가 A의 양전하에 끌리어 A쪽으로 이동하여 양전하와 결합하고 중성이 된다. 이 때문에 전선 속의 자유 전자가 일제히 A쪽으로 움직여 그림 3.5 (c)와 같이 B에는 자유 전자가 부족하게 된다.

이와 같이 전선 속의 자유 전자 이동은 A의 양전하가 모두 중성이 될 때까지 계속된다. 이 전선 속의 전자 이동, 즉 전자의 흐름을 전류라 한다.

다시 말하면 전기는 음전기로 대전한 물질과 양전기로 대전한 물질이 전선으로 연결되면 가만히 있지 못하고 음전하의 전자가 양전하 쪽으로 흐르게 된다. 즉, 양전하 대전체의 부족한 전자를 보충시켜 주기 위해 음전하 대전체의 과잉 전자가 이동하게 되는데 이를 전기가 흐른다고 하는 것이다.

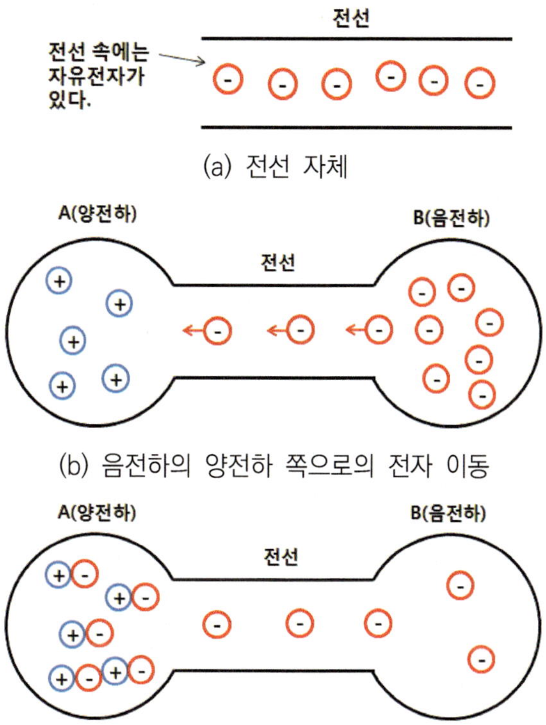

(a) 전선 자체

(b) 음전하의 양전하 쪽으로의 전자 이동

(c) B의 음전하 부족

그림 3.5 전류

전자는 분명히 ⊖쪽에서 ⊕쪽으로 흐르고 있으나 우리는 전류의 흐름을 ⊕에서 ⊖로 흐른다고 하고 있다. 옛날은 전류의 본질이 음전기를 가진 입자인 전자라는 것을 알지 못하였기 때문에 전류는 양에서 음으로 향하여 흐른다고 하였다. 지금도 전류의 방향과 전자의 방향은 반대지만 전기 현상, 즉 전등이 켜지거나 모터가 돈다는 것을 일일이 전자의 흐름에 결부하여 생각하지 않아도 좋은 경우에는 전류는 양에서 음의 방향으로 흐른다고 기억하여도 된다. 그것은 옛날부터 있었던 전기에 관한 법칙이나 현상이 전기는 양에서 음으로 향하여 흐른다고 설명되어 있어서 그 쪽이 여러 가지로 편리하였기 때문이다.

이러한 전자의 흐름(전류)을 계속 유지시키기 위해서는 계속해서 전기적 압력이 가해져야 한다. 이것을 우리는 **전압**이라 하며 전기공학에서 전류를 일으키는 원인이 전압인 것이다. 이 전압을 만들어 내는 힘을 **기전력**이라 하고 기전력을 발생시키는 것을 **전압원**(또는 간단히 전원)이라 한다. 특히 시간에 관계없이 크기가 일정한 전압원을 **직류 전압원**이라 하고 시간에 따라 양의 전기와 음의 전기를 발생시키는 전압원을 **교류 전압원**이라 한다. 우리가 흔히 사용하는 전지(배터리)가 직류 전압원의 대표적인 것이고 일반 가정에서 사용하는 냉장고, 에어컨, TV 등의 전압원은 모두 교류 전압원이다.

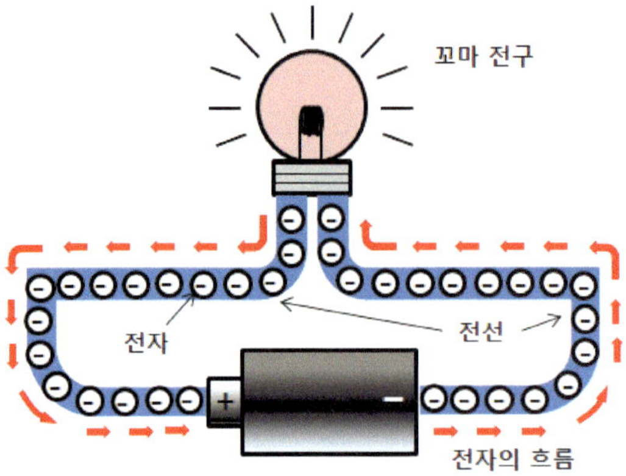

그림 3.6 건전지에 의한 전선 속의 전자의 흐름

직류 전압원(건전지)과 꼬마전구의 접속을 통한 전류의 흐름을 살펴보기로 한다.

그림 3.6은 전선 속에는 직류 전압원인 건전지에 의해 건전지의 -극으로부터 나온 전자가 연속해서 +극으로 흐르고 있는 모습을 보이고 있다. 이러한 전자의 흐름을 전기공학에서 말하는 **전기**(전류)라 한다.

(2) 전류의 크기

전류는 전자라는 극히 작은 입자의 흐름이라고 하였다. 그런데 이러한 전자의 질량은 어느 정도일까 매우 궁금한데 질량은 9.1×10^{-31}[kg]이라 한다. 감을 잡을 수 없는 매우 작은 무게이다. 그러면 전자 1g을 만들려면 도대체 몇 개가 모여야 1g이 될까? 답은 1.0989×10^{27}개이다. 상상이 가지 않는 개수이다. 이와 같이 작은 입자이므로 원자의 틈새를 자유롭게 빠져나갈 수 있는 것이다.

일반적으로 전류는 일정 시간 동안 흐른 전하량의 비율로 정의하고 있으므로 I를 전류, q를 전하, t를 시간이라 하면 다음과 같이 나타낼 수 있다.

$$I = \frac{q}{t} \tag{3.1}$$

우리는 전류의 단위로 A를 사용한다. 1A의 전류라는 것은 1초에 약 6.25×10^{18}개의 전자가 이동했을 때를 말한다. 그리고 부(-)의 성질을 가진 전자가 약 6.25의 10억(10^9)의 10억 배의 수가 모였을 때의 전기량을 1쿨롱(Coulomb, 약해서 C라고도 쓴다)이라 하며 전하의 단위로 사용한다. 그렇다면 1A는 매초 1C의 전하가 이동하는 전류의 크기라고 할 수 있다. 예를 들어 5초간에 10C의 전하가 흐를 때의 전류 크기는 2A가 된다.

(3) 전류의 3가지 작용

1) 발열 작용

우리 생활 속에 전등, 전열기, 다리미, 전기히터 등이 발열 작용을 응용한 가전제품이다. 금속에는 전류의 흐름을 방해하는 전기 저항이 있다. 이 전기 저항에 전류가 흐르면 열이 발생한다. 일정한 시간 내에 발생하는 열량은 저항값이 크고 전류가 많을수록 많아진다. 발열 부분의 온도가 높아지게 되면 적열에서 백열로 바뀌어 빛이 많이 발생한다. 빛을 이용한 것에는 여러 종류의 전구가 있다.

전류의 **발열작용**은 말 그대로 전류가 흐름으로써 열이 발생하는 작용이다. 전열기나 다리미 등 열을 이용하는 전기기구는 이 실례다. 전기는 2개의 전선과 스위치 하나로 제어할 수 있어서 극히 편리하지만 그 반면, 난방용 등에서 대량으로 사용하는 경우에는 가스나 석유 등의 연료보다는 비용은 높다. 열 그 자체를 이용하지 않는 경우에도 다른 작용, 즉 작용이 가열하여 온도를 높이는 것이 좋은 경우에는 역시 전류에 의한 발열작용을 이용하는 일이 많아진다. 또한 열의 발생이 작은 부분에 집중하여 일어나면 대단히 높은 온도가 되어 발생한 열의 일부는 빛이 된다. 이것은 전구, 정확히 말하면 백열전구의 예인 데 이 경우에는 전류의 발열작용에 의해서 빛을 얻고 있다.

2) 자기 작용

우리 일상생활에서 모터를 상당히 많이 사용하고 있다. 냉장고, 전자레인지, 오븐, 믹서, 세탁기, 헤어드라이어, 환기 팬, 컴퓨터, 자동차 등에 모터가 이용되고 있다. 사용되는 모터의 종류는 디르지만 이러한 모터는 자기 작용을 응용한 것이다. 우리가 어렸을 때 한 번쯤은 대못에 코일을 감아 건전지를 연결하면 자석이 되는 것을 경험한 적이 있을 것이다. 이것을 우리는 **전자석**이라 하며 전자석의 세기는 코일의 권수가 많을수록 그리고 전류가 클수록 강하다고 알려져 있다. 이 원리는 모터에도 응용되고 있다. 이 모터는 전기적 에너지를 기계적 에너지로 바꾸는 것이지만 역으로 발전기는 기계적 에너지를 전기적 에너지로 바꾸는 것이다.

또한 2개 이상의 독립된 코일을 감은 다음 하나의 코일에 전류가 흐르면 자기가 발생한다. 이 전류의 흐름을 주기적으로 변화시키면 그에 따라 자기의 세기도 주기적으로 변화하고 다른 코일에 전기를 발생시킨다. 이것이 변압기의 원리이며 승압기 또는 감압기 등에 응용되고 있다.

전류의 자기작용은 전류가 흐름으로써 그 주위가 자석으로서의 성질을 가지게 된다. 예를 들어 직선의 전선에 전류를 흘리면 그 가까이에 있는 자석이 흔들리는 것을 볼 수 있다. 사실 옴이 옴의 법칙을 발견하였을 때의 전류는 이와 같은 방법으로 측정한 것이다. 전선을 빙빙 감아서 코일 구조로 하면 전류의 자기작용이 강화되며 이 코일 속에 철의 막대기(철심이라고 한다)를 넣으면 이것은 강력한 자석이 된다. 그리고 전류를 멈추면 자석의 성질은 없어진다. 전류가 흐르고 있을 때만 자석의 성질을 나타내므로 **전자석**이라고 한다. 모터나 버저나 스피커와 같이 움직이는 기계, 따라서 운동 에너지를 이용한 것의 대부분은 이 전류의 자기작용을 이용한 것이다. 또한 움직이지 않는 것이라도 라디오의 동조 또는 튜너용 코일이나 트랜스는 역시 전류의 자기작용을 이용하고 있다.

3) 화학 작용

전류의 화학작용을 이용한 것의 대표적인 예는 전기분해다. 물질이 주로 액체일 때 분자가 전자를 놓치거나 거두어 넣거나 한 상태로 되어 있을 때가 있다. 분자가 전자를 놓치거나 거두어 넣거나 하면 분자는 양전기 또는 음전기의 성질을 나타낸다. 이와 같이 양 또는 음의 전기를 가진 분자를 **이온**이라고 하며 이온이 된 액체를 **전해액**이라고 하다. 전류의 화학작용이라는 것은 이 전해액에 전류를 흘림으로써 분자를 원자로 분해하거나 전자를 꺼내거나 할 수 있는 작용이다. 전기분해, 전기 도금, 전해 에칭, 전지 등이 이 예이다. TV나 라디오 속에서 사용되고 있는 것에는 전지와 전해 콘덴서가 대표적이다.

3.1.3 전압과 기전력

(1) 전압

그림 3.7 (a)와 같이 A, B 수조가 있고 두 수조를 파이프롤 연결하여 물의 흐름을 보기로 한다. 일상생활에서 이러한 물의 흐름을 우리는 경험으로 알고 있듯이 A의 수면은 B의 수면보다 높아야 한다. 이것을 수위라 하며 이 A, B의 수면 높이 차를 수위차라 한다. 수위차가 있으면 물을 흘리기 위한 압력이 걸리므로 수위차를 수압이라 한다. 수압이 높을수록 물은 힘차게 파이프를 통과하게 된다. 즉, 물은 물의 압력(수압)에 의해 높은 쪽(A)에서 낮은 쪽(B)으로 수압의 차에 의해 물의 세기가 결정된다. 이와 마찬가지로 그림 3.7 (b)와 같이 양전기가 있는 물체 A와 음전기가 있는 물체 B를 전선으로 연결하여 전기의 흐름을 살펴보기로 한다. 전기의 경우도 마찬가지로 전류를 흐르게 하는 힘의 원천이 **전위**라 할 수 있다. 전기는 물처럼 눈으로 볼 수 없으므로 전위는 양전하의 차라 생각해도 좋다. 즉, 양전하가 많은 쪽(+)에서 적은 쪽(-)으로 전류가 흐른다. 그림 3.7 (b)에서 보면 A쪽이 양전하가 많고 B쪽이 양전하가 적으며 이것에 의해 전기적 압력이 발생한다. 이 전기적 압력을 **전압** 또는 **전위차**라 한다. 즉, 전압(전위차)에 의해 (+) 쪽에서 (-) 쪽으로 전기가 흐르며(전자의 흐름 방향은 반대) 전압의 차에 의해 전기의 크기가 결정된다. 이 전압의 크기를 볼트(V)라는 단위로 나타낸다.

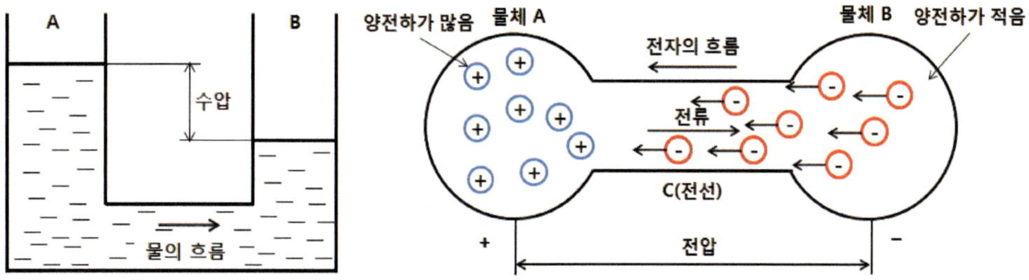

(a) 물의 흐름(수류) (b) 전기의 흐름(전류)

그림 3.7 수압과 전압의 비교

(2) 전압의 수학적 정의

전압의 단위는 V(voltage)로 1C(coulomb)의 전하가 1J(joule)의 에너지를 얻거나 잃을 때의 전압(전위차)을 1V로 정의한다. 즉, 다음과 같이 나타내고 있다.

$$V \equiv \frac{U}{q} \tag{3.2}$$

여기서 U는 점전하에 주거나 받은 일의 양 또는 에너지, q는 점전하의 전하량이다.

그리고 전기장의 세기를 E, 외력에 의해 점전하가 전기장에서 움직여진 거리 d라 하면 전압과의 관계를 다음과 같이 정의할 수 있다.

$$V = Ed \tag{3.3}$$

또한 점전하 q에 작용하는 전기력을 F라 하면 전기장의 세기 E와의 관계를 다음과 같이 정의할 수 있다.

$$E = \frac{F}{q} \tag{3.4}$$

(3) 기전력

그림 3.8 (a)와 같이 A, B 수조를 파이프로 연결하면 물이 흘렀지만 시간이 흐름에 따라 A 수조의 물은 줄고 B 수조의 물은 늘어나므로 수위차는 점점 줄어든다. 그리고 결국은 A 수조와 B 수조의 물의 높이가 같게 되며 물의 흐름은 멈추게 된다. 즉, 수위차(수압)가 없어지면 물의 흐름은 멈추게 된다.

전기의 경우도 마찬가지로 그림 3.8 (b)에서 물체 A로부터 물체 B로 전류가 흐름에 따라 A의 양전하가 적어지고 B의 양전하는 많아져서 결국 물체 A와 B는 중성으로 되며 전위차(전압)가 없어지게 된다. 그리고 마침내 전류가 멈추게 된다. 이와 같이 수압과 전압이 없으면 물이 흐르지 않으며 전류도 흐르지 않는다.

따라서 지속적으로 물을 흐르게 하려면 그림 3.9와 같이 펌프로 물을 퍼 올려 수위차를 만들어 주면 된다. 마찬가지로 지속적으로 전류를 흐르게 하려면 전압을 만들어 내야 하는데 이것을 **기전력**이라 한다. 기전력을 발생시키는 것을 **전원**이라 하며 단위는 전압과 같이 볼트(V)를 사용한다. 전원에는 **전지**나 **발전기** 등이 있다.

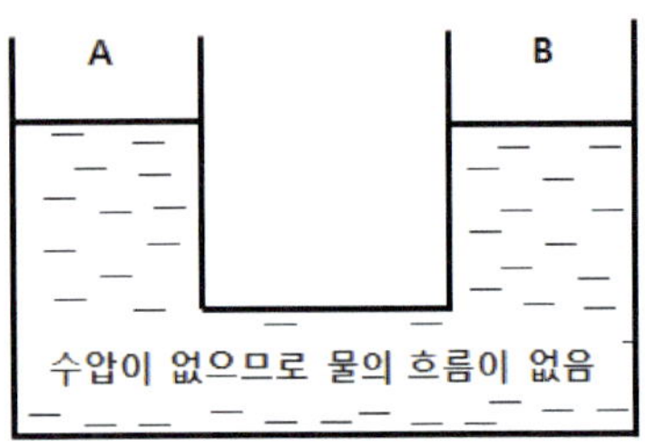

(a) 수압이 없는 경우

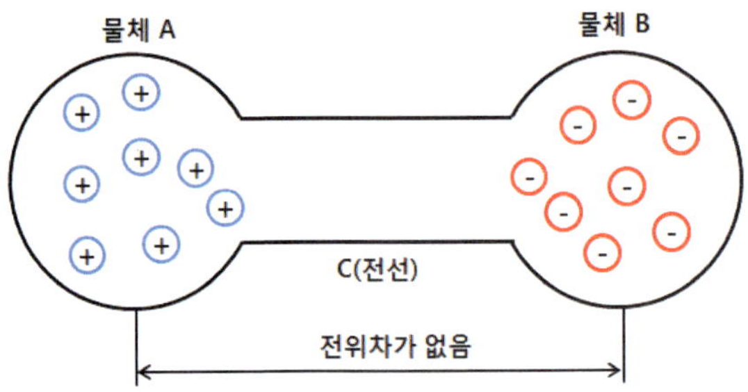

(b) 전압이 없는 경우

그림 3.8 수압과 전압이 없는 경우

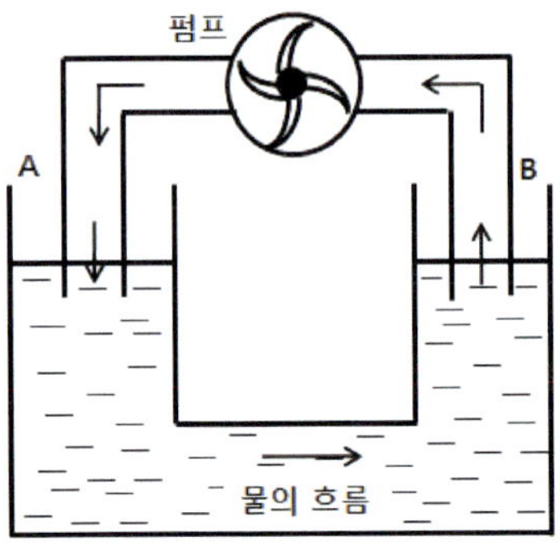

(a) 펌프에 의한 물의 흐름

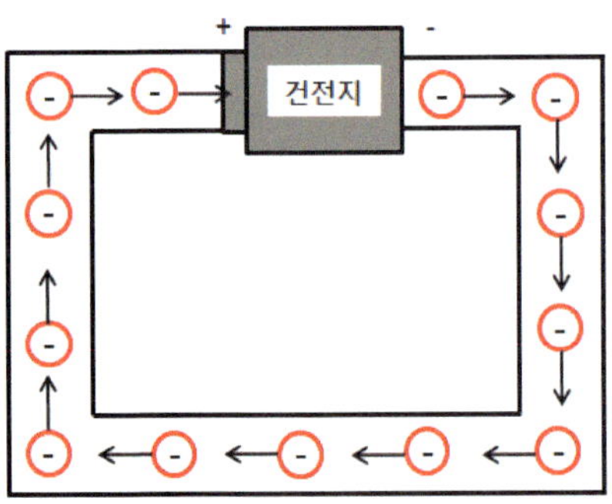

(b) 건전지에 의한 전자의 흐름

그림 3.9 펌프와 건전지가 수압과 전압을 만듦

3.2 전기 회로의 기초

3.2.1 키르히호프의 법칙

(1) 제1법칙(전류법칙) : 키르히호프의 전류법칙

회로망 중 임의의 접합점(노드)에 유입되는 전류와 노드로부터 유출되는 전류의 대수적 총합은 0이다(그림 3.10). 이 원리는 독일 과학자 G. R. Kirchhoff에 의해 발견되었으며 지금은 키르히호프의 전류 법칙(Kirchhoff's current law, KCL)으로 알려져 있다. 키르히호프의 전류 법칙은 전하는 생성되지 않고 단지 보존되기 때문에 한 개의 노드에서의 전류의 합은 0임을 나타낸다(전기 회로에서 노드는 두 개 또는 그 이상의 도선이 연결된 곳을 말한다). 공식으로 표현하면 다음과 같다.

$$i_1 + (-i_2) + i_3 + (-i_4) + (-i_5) = 0 \tag{3.5}$$

키르히호프의 전류 법칙의 중요성은 그림 3.11의 간단한 회로에 두 개의 전구를 첨가한 그림 3.12에서 설명된다. KCL을 적용할 때 노드로 들어가는 전류를 음(-)로 정의하고 노드에서 나오는 전류를 양(+)로 정의한다. 그러면 그림 3.12의 회로 결과는 다음과 같다.

$$-i + i_1 + i_2 + i_3 = 0 \tag{3.6}$$

키르히호프의 전류 법칙은 회로 해석의 기본 법칙 중의 하나로 회로에서 전류를 서로 다른 전류의 항으로 표현할 수 있게 한다. 예를 들어 노드에서 나머지 모든 전류의 항으로 그 노드에서 나가는 전류를 표현할 수 있다. 이것은 복잡한 전기 회로의 체계적인 해를 구하는데 크게 도움이 될 것이다.

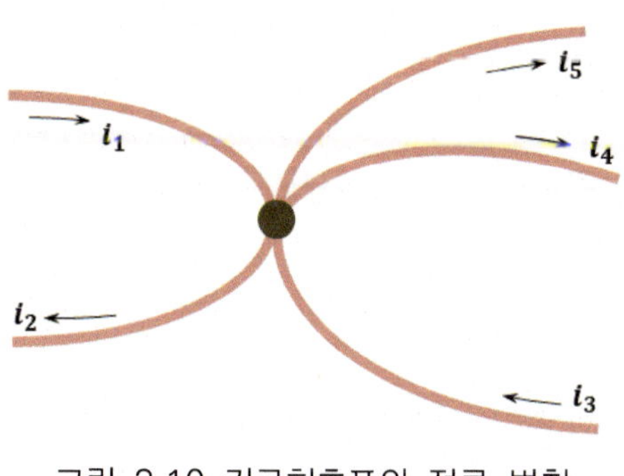

그림 3.10 키르히호프의 전류 법칙

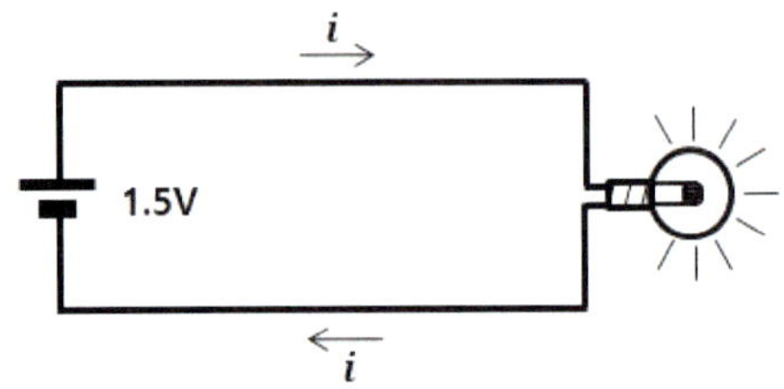

그림 3.11 간단한 전기

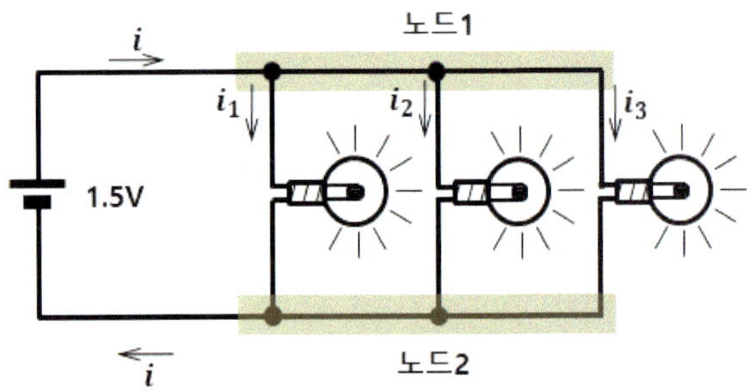

그림 3.12 키르히호프의 전류 법칙의 예시

(2) 제2법칙(전압법칙) : 키르히호프의 전압법칙

임의의 폐회로(closed circuit)를 따라서 일주하면서 계산한 전압상승의 총합은 그 폐회로에서의 전압강하의 총합과 같다. 즉, 다음과 같이 나타낼 수 있다.

$$\sum_{n=1}^{N} v_n = 0 \tag{3.7}$$

식 (3.7)을 **키르히호프의 전압 법칙**(Kirchhoff's voltage law, KVL)이라 한다.

그림 3.13에서 네모 부분은 소자의 수동 부호 규정(passive sign convention)으로 3.2.4의 전력에서 정의하고 있다. 그림의 폐회로에서 시계방향으로 일주할 때 전압 상승을 (+), 전압 강하를 (-)로 하여 합을 취하면 다음과 같다.

$$v_a + v_b - v_c + v_d = 0 \tag{3.8}$$

여기서 유념할 것은 회로의 한 점에서 시작하여 다시 그 점으로 돌아올 때만 식 (3.7)이 성립하므로 전압의 대수합이 0이 되는 것은 닫힌회로 즉, 폐회로에서만 성립한다는 점이다. 폐회로는 보통 **루프**(loop)라 하며 여기서는 루프로 통일한다. 그러면 여기서 그림 3.14의 예를 들어 KVL을 이용하여 전류 I에 대한 식을 유도해 보자.

그림에서 KVL을 이용하면 $v_s - v_1 - v_2 - v_3 = 0$과 같이 되며 각 저항에는 하나의 루프 전류 I가 동일하게 흐르고 있으므로 $v_1 = R_1 I$, $v_2 = R_2 I$, $v_3 = R_3 I$과 같다. 따라서 KVL식에 적용하면 다음과 같이 된다.

$$v_s - I(R_1 + R_2 + R_3) = 0 \tag{3.9}$$

$$\therefore I = \frac{v_s}{R_1 + R_2 + R_3} \tag{3.10}$$

이와 같이 KVL은 루프 전류를 이용하는 것이 맞으며 루프 전류의 방향은 시계방향으로 정하는 것이 보통이다. 만일 회로에 2개 이상의 루프가 있는 경우는 각 루프 전류 간에 간섭이 생긴다. 예를 들어 그림 3.15 (a)와 같은 경우에 두 루프에 공통되는 저항 R_2에 흐르는 실제 전류는 두 루프 전류의 차와 같다. 즉, R_2를 통해 루프 전류 I_1의 방향으로 흐르는 전류는 $I_1 - I_2$이며(그림 (b) 루프 전류 I_2의 방향으로 흐르는 전류는 $I_2 - I_1$이 된다(그림 (c)). 물론 두 루프에 공통되지 않는 저항들의 전류는 해당 루프 전류와 동일하다.

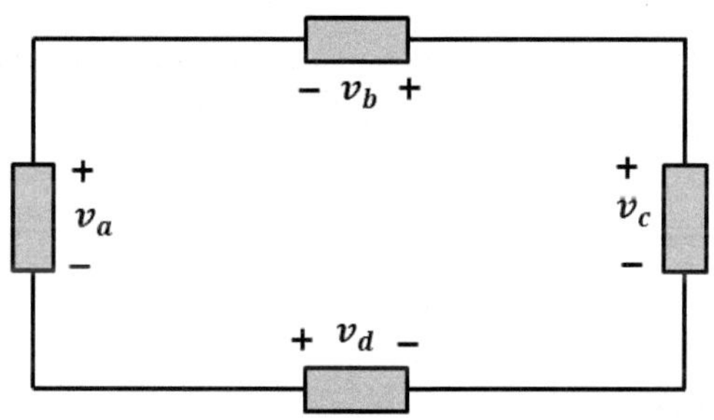

그림 3.13 키르히호프의 전압 법칙의 회로 예

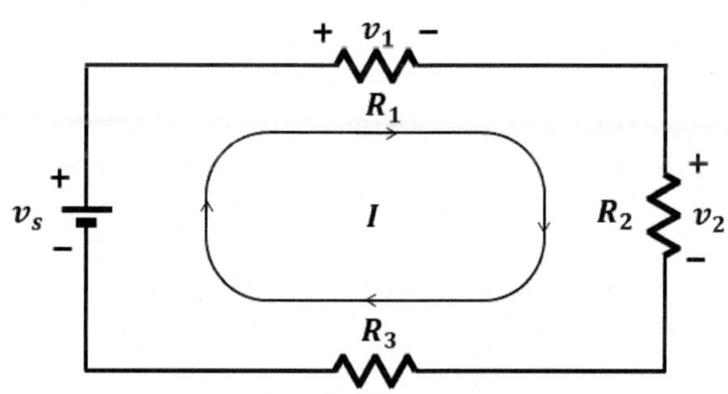

그림 3.14 루프 전류 회로의 예

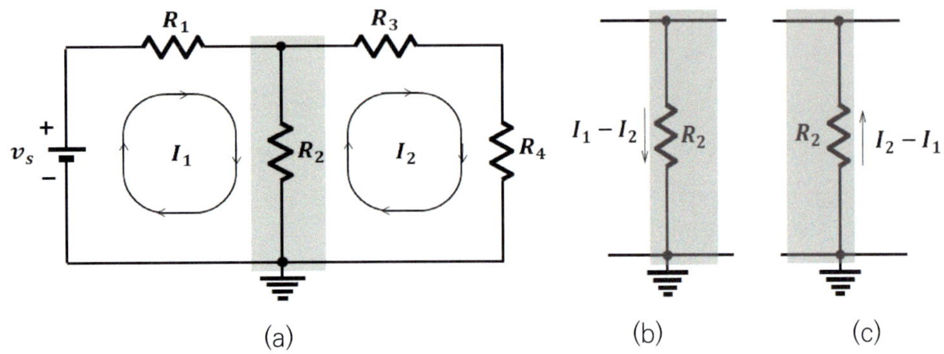

그림 3.15 루프가 2개인 경우의 루프 전류

3.2.2 옴의 법칙

(1) 저항의 직렬접속 회로

2.1.5항에서 저항 소자에서 옴의 법칙에 대한 개념을 언급했지만 여기서는 저항 접속 방법에 따라 옴의 법칙을 적용할 수 있는 한계에 대해 알아보기로 한다.

먼저 저항 접속 방법과 그에 따른 전류가 한 길로 흐르도록 그림 3.16과 같이 접속된 각 저항에 흐르는 전류는 그 크기가 일정하다고 가정하면 저항 R_1, R_2, R_3의 양단에 걸리는 전압을 **전압 강하**(voltage drop)라 하며, 옴의 법칙에 의해 다음과 같이 나타낼 수 있다.

$$v_1 = R_1 i \ [V], \quad v_2 = R_2 i \ [V], \quad v_3 = R_3 i \ [V] \tag{3.11}$$

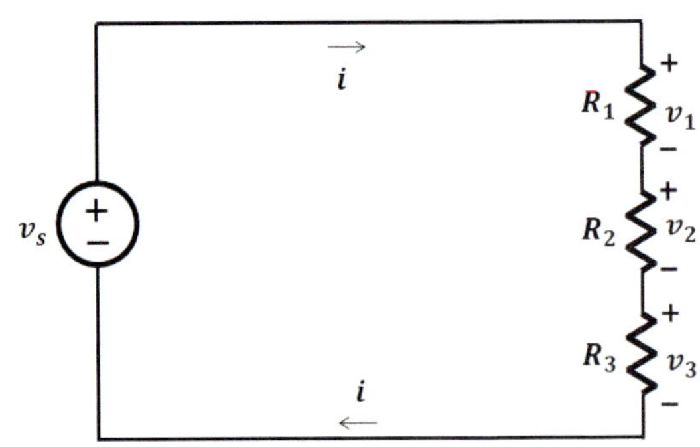

그림 3.16 직렬 저항 접속 회로

전체 전압 강하의 합은 전원 전압과 같으므로 다음과 같이 된다.

$$v_s = v_1 + v_2 + v_3 = R_1 i + R_2 i + R_3 i = (R_1 + R_2 + R_3)i = Ri \ [V]$$

즉, 합성 저항은 각 저항의 합과 같다.

$$R = R_1 + R_2 + R_3, \qquad i = \frac{v_s}{R} = \frac{v_s}{R_1 + R_2 + R_3} \ [A] \tag{3.12}$$

전압 강하는 저항에 비례하여 분배되므로 다음과 같다.

$$\begin{aligned} v_1 &= \frac{R_1}{R_1 + R_2 + R_3} \times v_s \ [V] \\ v_2 &= \frac{R_2}{R_1 + R_2 + R_3} \times v_s \ [V] \\ v_3 &= \frac{R_3}{R_1 + R_2 + R_3} \times v_s \ [V] \end{aligned} \tag{3.13}$$

예제 3.1	그림 3.17의 합성 저항은 얼마인가?
	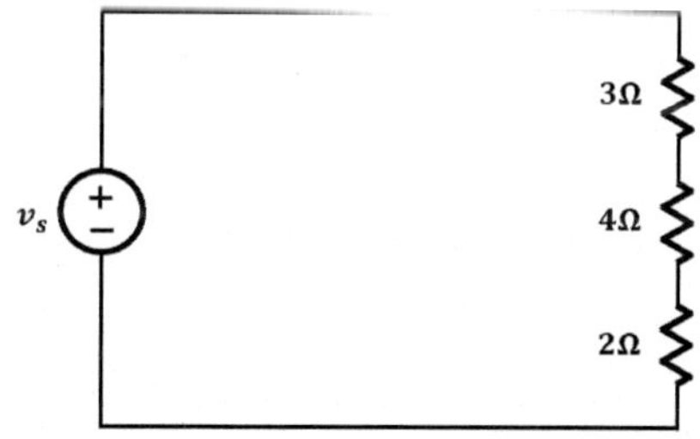 그림 3.17 예제 3.1의 회로
풀이	$\therefore \ R = 3 + 4 + 2 = 9 \ [\Omega]$

예제 3.2 그림 3.18의 회로에 흐르는 전류는 얼마인가?

그림 3.18 예제 3.2의 회로

풀이 전체 저항은 $R = 1 + 0.5 + 0.5 = 2\ [\Omega]$이며,
옴의 법칙에 의해

$$i = \frac{v_s}{R} \text{이므로}$$

$$v_s = 12[V], \quad R = 2[\Omega] \text{로부터}$$

$$\therefore\ i = \frac{12}{2} = 6\ [A]$$

예제 3.3 그림 3.19의 R_1은 몇 Ω인가?

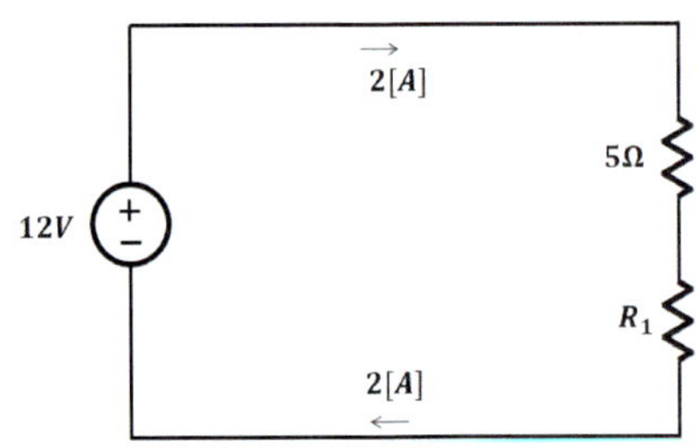

그림 3.19 예제 3.3의 회로

풀이 옴의 법칙에 의해

$R = \frac{v_s}{i}$이므로 전체 저항은 $R = \frac{12}{2} = 6\ [\Omega]$이고

따라서 $R = 5 + R_1 = 6[\Omega]$에서

$\therefore\ R_1 = 6 - 5 = 1\ [\Omega]$

예제 3.4	그림 3.20의 v_1, v_2는 각각 몇 V가 흐르는가? 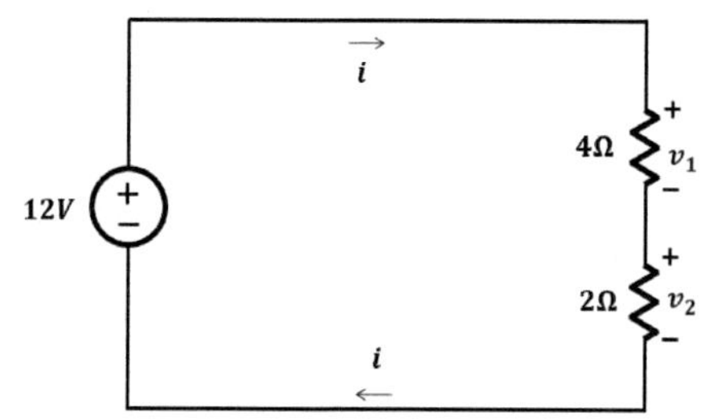 그림 3.20 예제 3.4의 회로
풀이	전체 저항은 $R = 4 + 2 = 6\ [\Omega]$이며, 옴의 법칙에 의해 $i = \frac{v_s}{R}$이므로 $i = \frac{12}{6} = 2\ [A]$이다. 따라서 $v_1 = i \times R_1 = 2 \times 4 = 8\ [V]$, $v_2 = i \times R_2 = 2 \times 2 = 4\ [V]$이다.

(2) 저항의 병렬접속 회로

전류가 2개 이상의 통로로 나뉘어 흐르도록 그림 3.21과 같이 접속한 방법을 말하며, 전압 v_s를 가하면 각 저항의 양단에는 같은 전압 v_s가 작용한다.

각 저항 R_1, R_2, R_3에 흐르는 전류 i_1, i_2, i_3는 다음과 같다.

$$i_1 = \frac{v_s}{R_1},\ i_2 = \frac{v_s}{R_2},\ i_3 = \frac{v_s}{R_3} \tag{3.14}$$

전 전류 i는 각 저항에 흐르는 전류의 합과 같다.

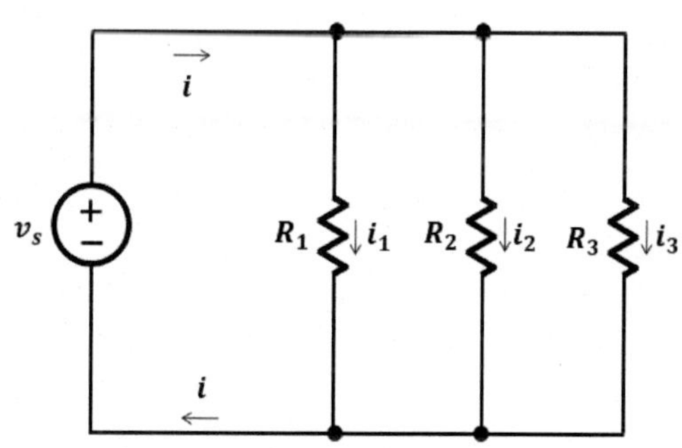

그림 3.21 병렬 저항 접속 회로

$$i = i_1 + i_2 + i_3 = \frac{v_s}{R_1} + \frac{v_s}{R_2} + \frac{v_s}{R_3} = \left(\frac{1}{R_1} + \frac{1}{R_2} + \frac{1}{R_3}\right) v_s = \frac{v_s}{R} \ [A] \tag{3.15}$$

여기서 R은 합성 저항이며 다음과 같다.

$$R = \frac{1}{\frac{1}{R_1} + \frac{1}{R_2} + \frac{1}{R_3}} \ [\Omega] \tag{3.16}$$

각 저항에 대한 전류의 비는 $i_1 : i_2 : i_3 = \frac{v_s}{R_1} : \frac{v_s}{R_2} : \frac{v_s}{R_3}$가 된다.

따라서 전류의 분배는 $R = R_1 + R_2 + R_3$일 때 각각 다음과 같다.

$$i_1 = \frac{R}{R_1} \cdot i, \quad i_2 = \frac{R}{R_2} \cdot i, \quad i_3 = \frac{R}{R_3} \cdot i \tag{3.17}$$

(3) 저항의 직-병렬접속

앞의 항에서는 단순한 직렬과 병렬만으로 이루어진 전기회로이므로 저항에 걸리는 전류와 전압에 대해 옴의 법칙만으로 해결할 수 있었다. 그러나 직렬과 병렬 결선을 조합한 것으로 실제로 대부분의 전기회로는 이와 같은 직-병렬접속이다. 예를 들어 그림 3.22 (a)에서 저항기 R_2과 R_3는 서로 병렬이며 이것($R_2 \parallel R_3$)은 R_1과 직렬로 되어 있다. 그림 3.22 (a)의 $x-y$단자에서 본 등가 저항은 다음과 같이 구할 수 있다.

$$\begin{aligned} R_{xy} &= (R_2 \parallel R_3) + R_1 \\ &= (2\text{k}\Omega \parallel 2\text{k}\Omega) + 1\text{k}\Omega \\ &= 1\text{k}\Omega + 1\text{k}\Omega \\ &= 2\text{k}\Omega \end{aligned}$$

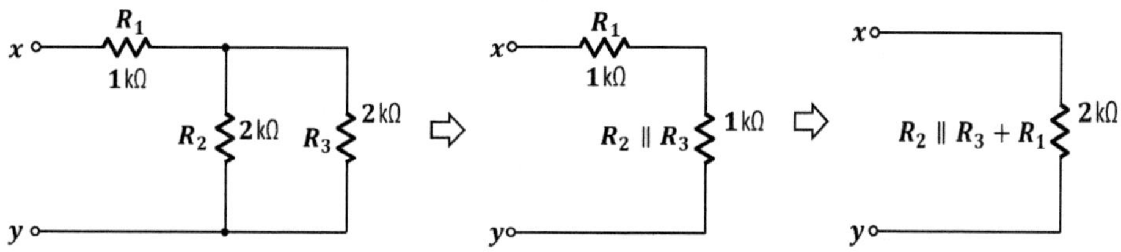

(a) (b) (c)

그림 3.22 회로의 단순화 과정

그림 3.22 (b)와 (c)에 회로를 단순화시키는 과정을 보였다. $x-y$단자에서 볼 때, (a), (b) 및 (c)의 회로들은 모두 등가이다. 일반적으로 직-병렬회로를 단순화시키는 과정은 회로의 반대편 끝에서 시작하여 개방 단자 쪽으로 거슬러 올라온다.

예제 3.5	그림 3.23의 $x-y$단자에서 본 등가 저항을 구하라. 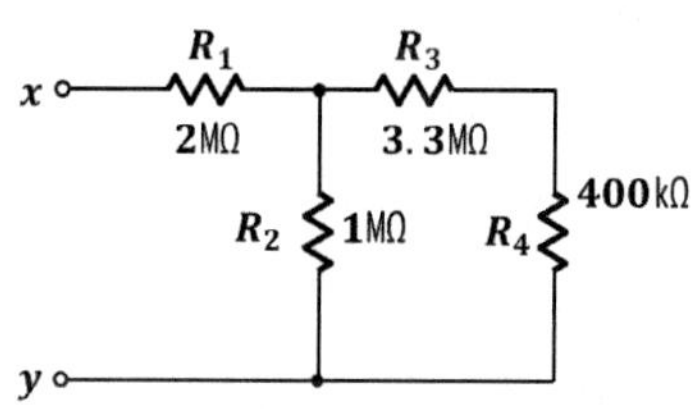 그림 3.23 예제 3.5의 회로
풀이	$x-y$단자에서 볼 때 회로의 반대편에서 단순화 작업을 시작하여 거슬러 올라온다. 우선, R_3와 R_4는 직렬임을 알 수 있고 이것은 R_2와 병렬이다. 이들의 조합이 R_1과 직렬로 되어 있다. 식을 쓰면 $$\begin{aligned} R_{xy} &= (R_3+R_4) \parallel R_2 + R_1 \\ &= (3.3\text{M}\Omega + 400\text{M}\Omega) \parallel 1\text{M}\Omega + 2\text{M}\Omega \\ &= (3.7\text{M}\Omega \parallel 1\text{M}\Omega) + 2\text{M}\Omega \\ &= 0.79\text{M}\Omega + 2\text{M}\Omega \\ &= 2.79\text{M}\Omega \end{aligned}$$

예제 3.6 그림 3.24에 보인 회로에서 전지의 전류를 계산하라.

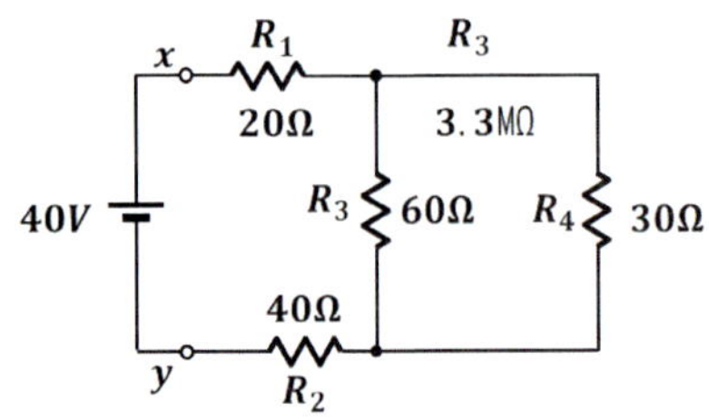

그림 3.24 예제 3.6의 그림

풀이 전지 전류는 전지에서 본 저항에 의해 결정될 것이다. 그림 3.24의 전지에서 본 저항 R_{xy}는

$$
\begin{aligned}
R_{xy} &= (R_3 \parallel R_4) + R_2 + R_1 \\
&= (30\Omega \parallel 60\Omega) + 40\Omega + 20\Omega \\
&= 20\Omega + 40\Omega + 20\Omega \\
&= 80\Omega
\end{aligned}
$$

따라서 오옴의 법칙을 이용하여 회로의 전류를 구할 수 있다. 즉,

$$
\begin{aligned}
i &= \frac{v_s}{R} \\
&= \frac{40}{80} = 0.5\ [A]
\end{aligned}
$$

예제 3.7 그림 3.24에서 각 저항기의 전압과 전류를 구하라.

풀이 예제 3.6에서 전원(전지) 전류는 0.5A임을 알았다. 따라서 R_1과 R_2에 흐르는 전류 i_1과 i_2는 건전지와 직렬이므로 역시 0.5A가 된다. 이제 옴의 법칙을 이용하여 R_1과 R_2에 걸리는 전압을 구할 수 있다.

$$
\begin{aligned}
v_1 &= i_1 \times R_1 \\
&= 0.5A \times 20\Omega \\
&= 10V
\end{aligned}
$$

$$v_2 = i_2 \times R_2$$
$$= 0.5A \times 40\Omega$$
$$= 20V$$

R_3와 R_4에 걸리는 전압과 전류는 옴의 법칙만으로 구할 수 없다. 이에 대해서는 4장의 회로망 해석에서 여러 해석법을 통해 구할 수 있으므로 4장에서 다루기로 한다.

3.2.3 이상적인 전원과 종속 전원

(1) 이상적인 전압 전원

이상적인 전압 전원인 경우는 그 내부 저항이 0이 되어야 한다.

그림 3.25 (a)의 실제 전압 전원에서 $A-B$단에 걸리는 전압(V_L)은 다음과 같이 된다.

$$V_L = \frac{R_L}{R + R_L} E \tag{3.18}$$

만약 그림 3.25 (a)의 실제 전압 전원에서 $R \ll R_L$이면 그림 3.25 (b)와 같이 나타낼 수 있으며 이때 $A-B$단에 걸리는 전압(V_L)은 다음과 같이 된다.

$$V_L = E \tag{3.19}$$

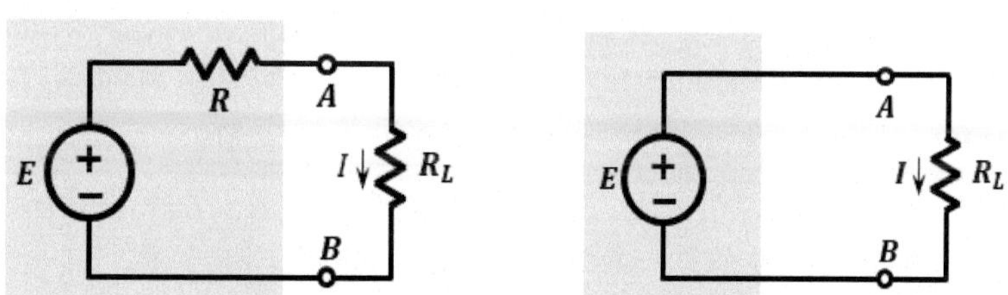

(a) 실제 전압 전원 (b) 이상 전압 전원

그림 3.25 실제 전압 전원과 이상 전압 전원

(2) 이상적인 전류 전원

이상적인 전류 전원인 경우는 그 내부 저항이 ∞가 되어야 한다.

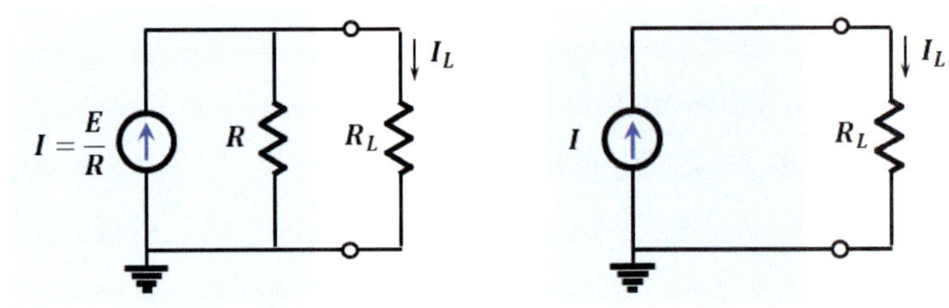

(a) 실제 전류 전원 (b) 이상 전류 전원

그림 3.26 실제 전류 전원과 이상 전류 전원

그림 3.26 (a)의 실제 전류 전원에서 R_L에 걸리는 전류(I_L)은 다음과 같이 된다.

$$I_L = \frac{R_L}{R + R_L} I \tag{3.20}$$

만약 그림 3.26 (a)의 실제 전류 전원에서 $R \ll R_L$이면 그림 3.26 (b)와 같이 나타낼 수 있으며 이때 R_L에 걸리는 전류(I_L)은 다음과 같이 된다.

$$I_L = I \tag{3.21}$$

(3) 종속 전원

회로 한 부분의 전압이나 전류가 회로 내의 다른 부분의 전압이나 전류에 의해 제어를 받아 결정되는 경우가 있다. 이 때 제어 받는 쪽의 전압이나 전류를 **제어 전원**(controlled source) 또는 **종속 전원**(dependent source)라 하는데 여기서는 종속 전원으로 통일하기로 한다. 그림 3.27은 종속 전원의 기호로서 그림 (a)는 종속 전압원, (b)는 종속 전류원이다. 물론 그림 상에는 없지만 종속 전압원 $v_c(t)$나 종속 전류원 $i_c(t)$를 제어하는 전압 또는 전류는 회로의 다른 부분에 반드시 있다는 것을 염두해 두어야 한다. 실제적인 종속 전원 역시 그림 3.28과 같이 내부 저항을 포함하게 된다.

반도체 소자로 구성된 증폭기 등의 전자 회로 해석에 있어서 종속 전원의 개념은 매우 중요하며 그림 3.29는 4가지 종속 전원 회로이다. 특히 대표적인 반도체 소자인 쌍극성 트랜지스터(bopolar transistor; BJT)에 대한 등가 회로는 그림 (a) 형태이며 그림 (b)는 전계효과 트랜지스터(field deffect transister; FET), 그림 (c)는 연산 증폭기(operational amplifier)에 대한 등가 회로들이다. 그리고 파라미터 A_i, G_m, A_v, R_m은 모두 비례 상수로서 순서대로 **전류 이득**, **전달-컨덕턴스**, **전압 이득**, **전달-저항**이라 한다.

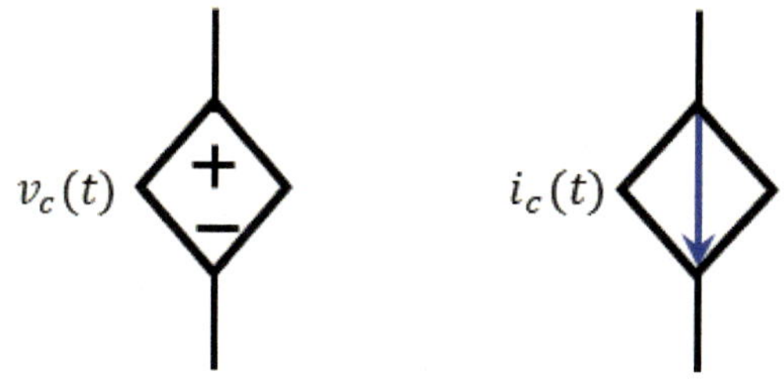

(a) 종속 전압원 (b) 종속 전류원

그림 3.27 종속 전원의 기호

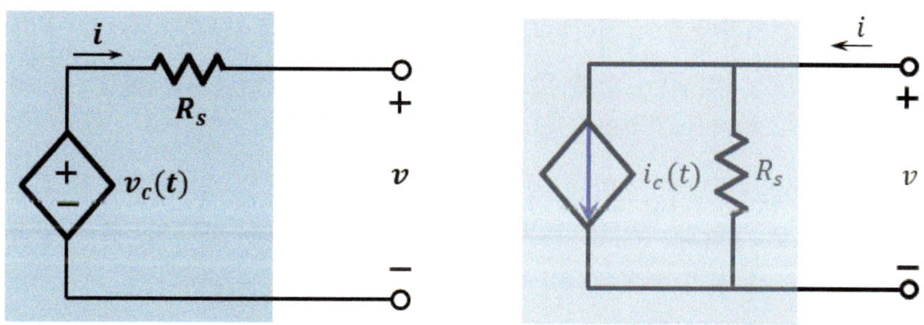

(a) 실제적인 종속 전압원 (b) 실제적인 종속 전류원

그림 3.28 실제적인 종속 전원

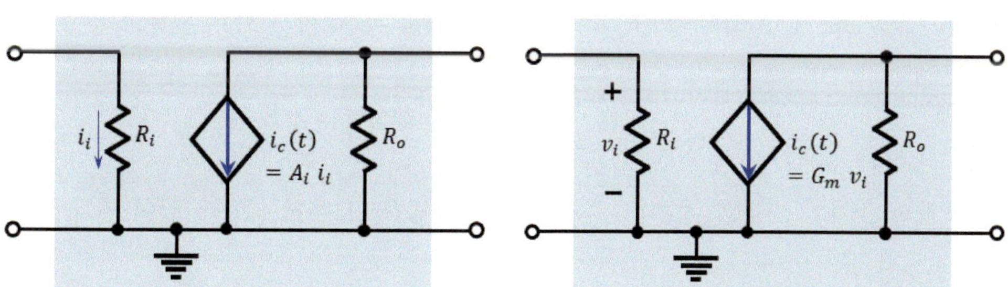

(a) 전류종속-전류원 (b) 전압종속-전류원

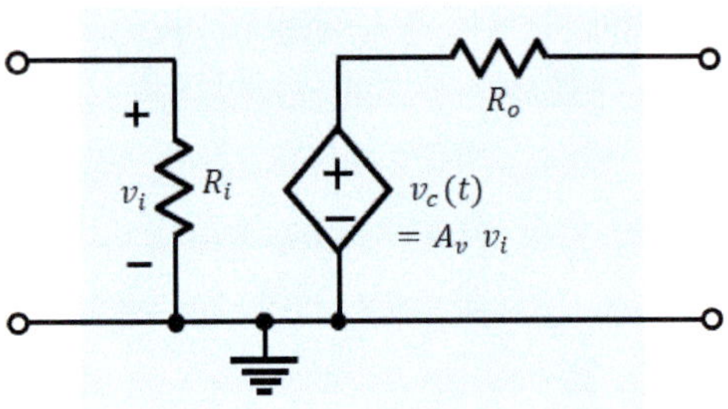

(c) 전압종속-전압원

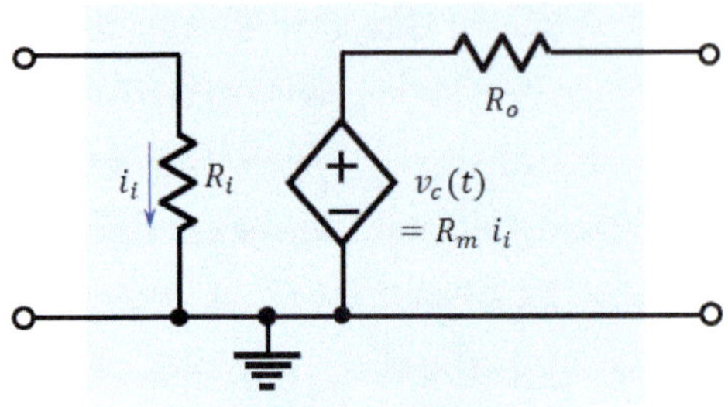

(d) 전류종속-전압원

그림 3.29 4가지 유형의 종속 전원 회로

모든 회로의 왼쪽 두 단자에는 신호를 입력하는 곳이므로 **입력단**이라 하고 오른쪽 두 단자는 부하를 접속하여 원하는 전압과 전류를 끌어다 쓰는 곳으로 **출력단**이라 한다.

3.2.4 전력

에너지(E)는 일을 할 수 있는 능력으로 단위는 줄(J, Joule)을 사용한다. 전기 회로에서 1개의 전자가 1V의 전위차만큼 움직이는데 필요한 운동에너지는 단위를 eV를 사용하며 1eV $= 1.602\times 10^{-19}$[J]로 나타낸다. 한편 일률(P)은 단위 시간당 에너지의 변환, 즉 에너지를 시간으로 나눈 값($P = E/t$)이며 단위는 와트(W, Watt)이다.

전기 회로에서 전압은 단위 전하당 에너지의 차이를 나타내고, 전류는 단위 시간당 흐르는 전하량을 나타내므로 전압과 전류의 곱은 단위 시간당 전달되는 에너지, 즉 일률을 나타내며 **전력**이라 한다. 따라서 전기 회로에서의 일률은 다음 공식으로 표현한다.

$$P = V \times I(P\text{: 일률, } V\text{: 전압, } I\text{: 전류}) \tag{3.22}$$

만일, 전하 q에 작용하는 전기력을 F, 전기장에서 움직인 거리를 d라 하면 식 (3.22)는 식 (3.1), 식 (3.3) 및 식 (3.4)로부터 다음과 같이 유도되기도 한다.

$$P = \frac{\text{일}}{\text{시간}} = \frac{F \cdot d}{t} = \frac{qV \cdot d}{d \cdot t} = V\frac{q}{t} = VI \tag{3.23}$$

또한, 해당 소자가 저항일 경우 식 (3.23)은 옴의 법칙으로부터 다음과 같이 된다.

$$P = VI = I^2R = \frac{V^2}{R} \tag{3.24}$$

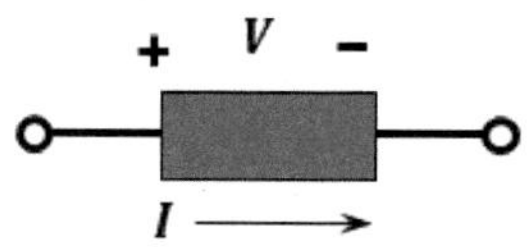

그림 3.30 소자의 수동 부호 규정

여기서 중요한 것은 전력의 부호이다. 만일 그림 3.30에서 전압의 극성이 반대가 되거나 또는 전류의 방향이 반대가 되면 식 (3.23)의 전력은 음(-)이 되며 이 해당 소자가 전력을 소비하는 것이 아니라 전력을 생산하는 차원이 된다. 즉, 스스로 에너지를 생산해야 하는 경우이다. 그런데 일반적으로 저항과 같이 에너지를 소비만 하는 소자를 수동 소자라 하므로 따라서 **수동 부호 규정**이라 하는 것이다.

3.2.5 전압 분배의 법칙

(1) 직렬 저항과 전압 분배 법칙

전기 회로가 복잡한 형태일지라도 거의 대부분의 회로는 직렬과 병렬의 조합으로 나타낼 수 있다. 따라서 4장의 회로망 해석을 구체적으로 설명하기 전에 먼저 직렬 회로와 병렬 회로에 익숙해지는 것은 중요하다. 직렬과 병렬 회로는 키르히호프의 법칙과 직접적으로 관계한다.

직렬 저항 회로의 예로서 전지가 저항 R_1, R_2, R_3에 연결된 그림 3.31의 회로에 대해 설명하기로 한다.

KVL을 적용하면 3개의 저항에 걸리는 전압의 합이 전지에 의해서 외부적으로 공급된 전압과 같다는 것이다. 즉, 다음과 같다.

$$1.5 = v_1 + v_2 + v_3 \tag{3.25}$$

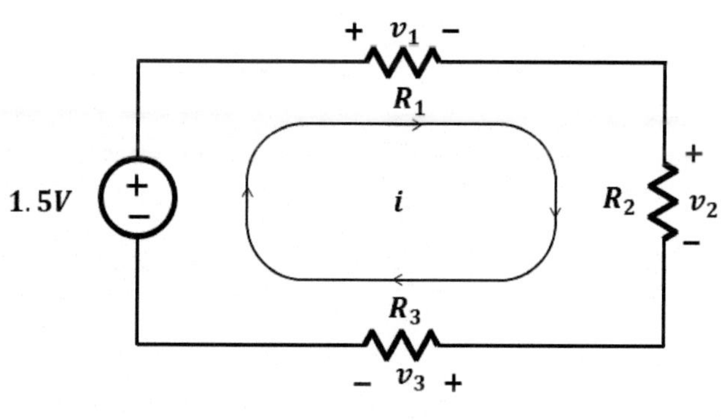

그림 3.31 직렬 저항 회로의 예

그리고 옴의 법칙에 의해 각각의 전압은 다음과 같이 나타낼 수 있다.

$$v_1 = iR_1,\ v_2 = iR_2,\ v_3 = iR_3 \tag{3.26}$$

따라서 식 (3.25)는 다음과 같이 된다.

$$1.5 = i(R_1 + R_2 + R_3) \tag{3.27}$$

윗 식에 대해 3개의 직렬 저항을 단일 등가 저항 R_{EQ}로 나타내면 다음과 같다.

$$R_{EQ} = R_1 + R_2 + R_3 \tag{3.28}$$

이 결과로부터 n개의 직렬 저항의 경우 등가 저항으로 나타내면 다음과 같은 일반적인 관계식으로 나타낼 수 있다.

$$R_{EQ} = \sum_{i=1}^{n} R_i \tag{3.29}$$

이것은 전압 분배기(voltage divider) 또는 분압기의 개념으로 직렬 저항에는 이와 같은 개념이 있다. 그림 3.31에서 전원 전압이 KVL에 따라 3개의 저항에 분배된다는 것으로부터 이 개념이 생긴 것이다. 만약 그림 3.31의 직렬연결 회로의 전류가 i라면 옴의 법칙에 의해 다음과 같이 된다.

$$i = \frac{1.5}{R_{EQ}} = \frac{1.5}{R_1 + R_2 + R_3} \tag{3.30}$$

각각의 저항에 걸리는 전압을 다음과 같이 나타낼 수 있다.

$$v_1 = iR_1 = 1.5\frac{R_1}{R_{EQ}} \tag{3.31-1}$$

$$v_2 = iR_2 = 1.5\frac{R_2}{R_{EQ}} \tag{3.31-2}$$

$$v_3 = iR_3 = 1.5\frac{R_3}{R_{EQ}} \tag{3.31-3}$$

즉, 직렬 회로에서 각각의 저항에 걸리는 전압은 총 직렬 저항에 대한 각 저항의 비에 비례한다. 이것을 **전압 분배의 법칙**이라 한다.

예제 3.8 그림 3.32의 회로에서 전압 v_x는 얼마인가?

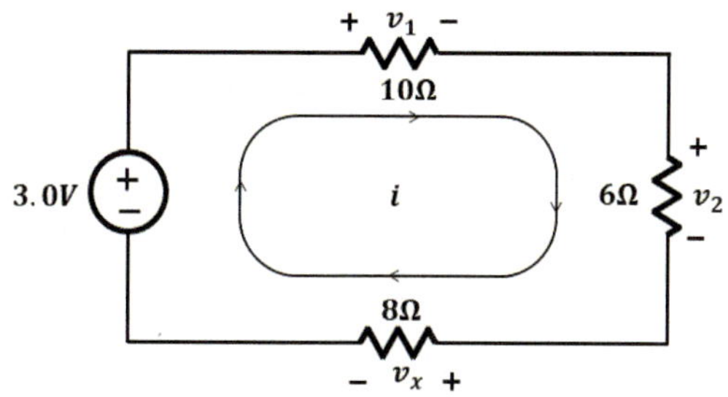

그림 3.32 예제 3.8의 직렬 저항 회로

풀이 KVL을 적용하면 다음과 같다.

$$3.0 = v_1 + v_2 + v_x$$

전압 분배의 법칙에 의해 다음과 같다.

$$\therefore\ v_x = 3.0 \times \frac{8}{8+6+10} = 1\,[\text{V}]$$

(2) 병렬 저항과 전압 분배 법칙

그림 3.33은 이상 전류원에 연결된 병렬 저항 회로로서 키르히호프의 전류 법칙에 따라 전류의 총합은 0이므로 다음과 같이 나타낼 수 있다.

$$i_s = i_1 + i_2 + i_3 \tag{3.32}$$

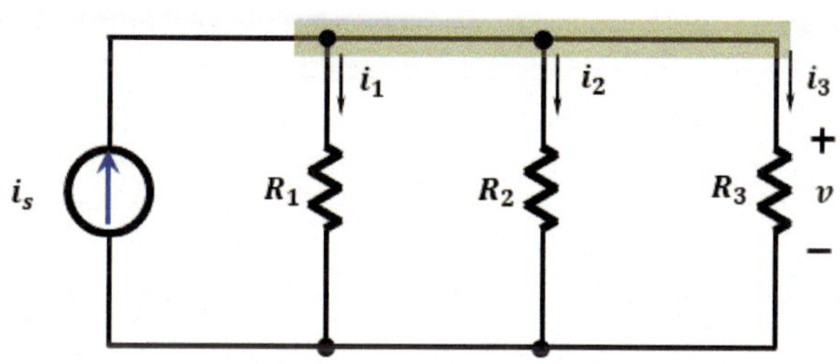

그림 3.33 병렬 저항 회로의 예

옴의 법칙에 의해 각각의 전류는 다음과 같이 나타낼 수 있다.

$$i_1 = \frac{v}{R_1},\ i_2 = \frac{v}{R_2},\ i_3 = \frac{v}{R_3} \tag{3.33}$$

KCL에 의해 다음과 같이 나타낼 수 있다.

$$i_s = v\left(\frac{1}{R_1} + \frac{1}{R_2} + \frac{1}{R_3}\right) \tag{3.34}$$

이것은 단일 등가 저항으로 나타내면 다음과 같다.

$$i_s = v\,\frac{1}{R_{EQ}} \tag{3.35}$$

여기서

$$\frac{1}{R_{EQ}} = \frac{1}{R_1} + \frac{1}{R_2} + \frac{1}{R_3} \tag{3.36}$$

식 (3.36)을 일반화 하면 다음과 같다.

$$\frac{1}{R_{EQ}} = \frac{1}{R_1} + \frac{1}{R_2} + \frac{1}{R_3} + \cdots + \frac{1}{R_n} \tag{3.37}$$

$$R_{EQ} = \frac{1}{1/R_1 + 1/R_2 + 1/R_3 + \cdots + 1/R_n} \tag{3.38}$$

식 (3.35)와 식 (3.38)에 의해 $v = i_s R_{EQ}$이므로 다음과 같이 된다.

$$i_1 = \frac{R_{EQ}}{R_1} i_s = \frac{1/R_1}{1/R_{EQ}} i_s = \frac{1/R_1}{1/R_1 + 1/R_2 + 1/R_3} i_s \tag{3.39-1}$$

$$i_2 = \frac{1/R_2}{1/R_1 + 1/R_2 + 1/R_3} i_s \tag{3.39-2}$$

$$i_3 = \frac{1/R_3}{1/R_1 + 1/R_2 + 1/R_3} i_s \tag{3.39-3}$$

위의 식을 **전류 분배의 법칙**이라 한다.

예제 3.9	그림 3.34의 회로에서 전류 i_x는 얼마인가? 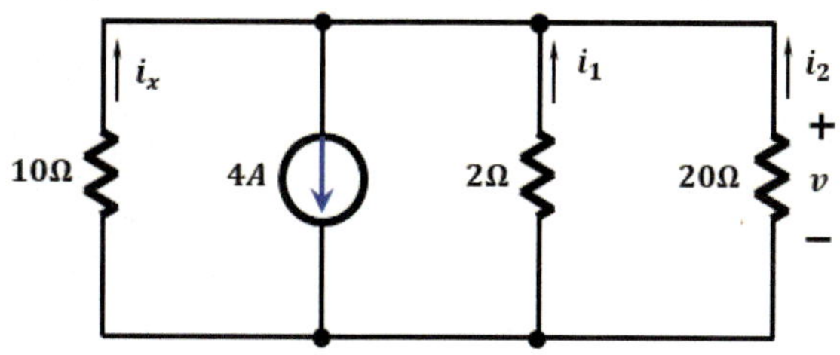 그림 3.34 예제 3.9의 회로
풀이	전류 분배의 법칙에 의해 다음과 같다. $i_x = 4 \times \frac{1/10}{1/10 + 1/2 + 1/20} = 0.6154$[A]

3.2.6 회로 시험기

회로 시험기(circuit tester)는 전기, 전자, 통신 기기 등의 회로를 측정, 점검하는데 필수적인 기본 측정기로서 **테스터**라고도 한다. 여기서는 회로 시험기의 원리와 사용 방법에 대해 알아보기로 한다.

(1) 회로 시험기의 종류와 원리

1) 종류

회로 시험기는 측정된 전기량을 나타내는 방법에 따라 아날로그형과 디지털형이 있다. 아날로그형은 그 구조에 따라서 전환 스위치식(rotary switch)과 단자 선택식(jack)으로 나누고 있다.

아날로그식 회로 시험기의 겉모양은 그림 3.35와 같으며 가장 널리 사용되고 있는 것이다. 이에 대한 각각의 명칭은 다음과 같다.

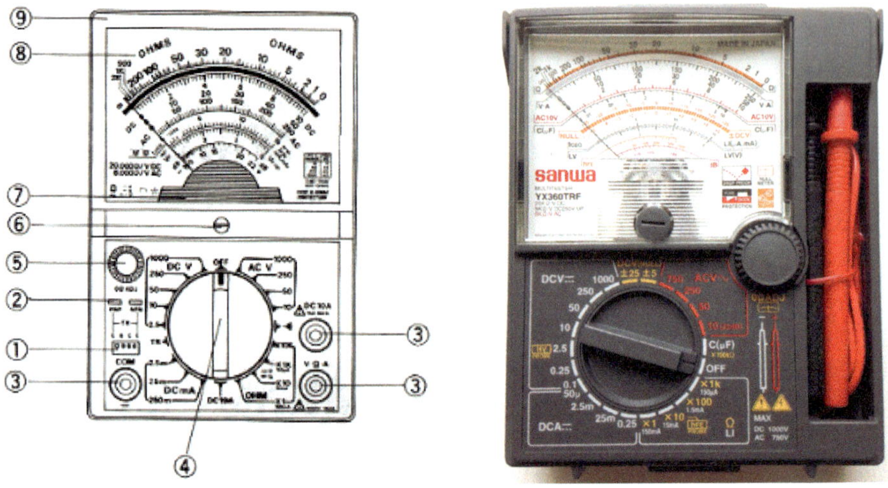

그림 3.35 멀티테스터의 명칭

① 트랜지스터 검사소켓 : 트랜지스터 검사시 각 극성을 맞추어 끼우고 다이얼 스위치를 TR에 위치시킨다.

② 트랜지스터 판정 지시장치 : 적색 LED가 켜지면 PNP, 녹색 LED가 켜지면 NPN 트랜지스터임을 나타낸다. 두개의 램프가 점멸되면 측정하는 트랜지스터의 극간 단선상태, 둘 다 점멸되지 않으면 컬렉터-이미터 간의 단락고장 상태를 뜻한다.

③ 리드선 입력소켓 : DC10A 측정시는 오른쪽 위 전용의 소켓을 사용한다.

④ 레인지 선택스위치 : 다이얼 방식의 20레인지 선택가능.

⑤ "0"옴 조정기 : 저항 측정시 지침이 레인지별로 "0"점에 정확히 오도록 조정한다.

⑥ 지침 영점 조정기 : 측정 전, 반드시 지침이 왼쪽 "0" 점에 있는지 확인하고 필요시 드라이버 등으로 돌려 조정한다.

⑦ 가동 코일형 미터 : 고감도, 고 직진성 및 1% 미만의 정밀계기 내장

⑧ 눈금판: 약 90 ㎜(3.5인치), 90°원호

그림 3.36은 디지털형 회로 시험기의 겉모양을 나타낸 것이다.

회로시험기는 전기 회로의 전압, 전류, 저항 등을 한 대의 계측기로서 손쉽게 측정할 수 있는 계기이다.

그 용도는 매우 광범위하여 직류 전류, 직류 전압, 교류 전압 및 저항 등을 측정할 수 있고 측정 범위는 표 3.1과 같다.

(a) 테스터

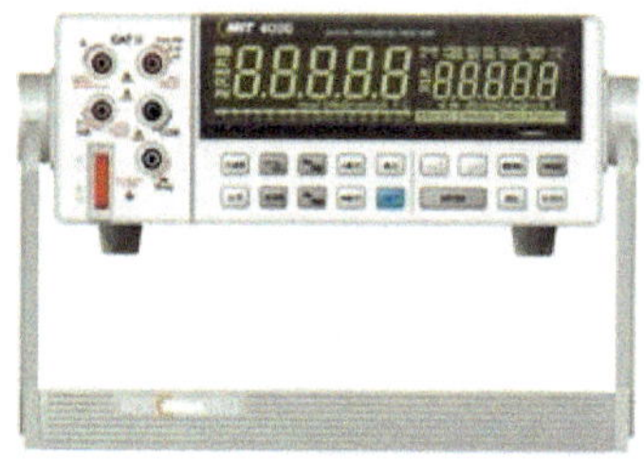

(b) 멀티미터

그림 3.36 디지털형 회로 시험기

표 3.1 회로 시험기의 측정 범위

종류	기호	측정 범위
직류 전압	DCV	0.5-2.5-10-50-250-500-1,000[V] (내부 저항: 2.5[V] 이하 → 10[kΩ/V], 10[V] 이상 → 4[kΩ/V])
교류 전압	ACV	10-50-250-1000[V] (내부 저항: 4[kΩ/V])
직류 전류	DCmA	0.1-2.5-25-250[mA]
저항	OHMS	R, $100R$, $1000R$, $10,000R$
C, L	μF 또는 H	0.001~0.3[μF], 20~1,000[H] (ACV 10[V] 범위
기타	dB	-10~+22[dBm]

2) 저항 측정의 원리

여기서는 아날로그형 회로 시험기를 대상으로 설명하기로 한다. 회로 시험기로 저항을 측정할 때는 회로 시험기의 내부에 있는 건전지에서 전류를 흘려주어 회로 시험기의 지침이 작동하는 것이 특징이다.

회로 시험기의 내부는 그림 3.37과 같이 기전력 E의 건전지, 0[Ω] 조정기의 저항 R_v, 회로 시험기 내부 저항 r_0가 직렬 연결된 회로로 구성된다.

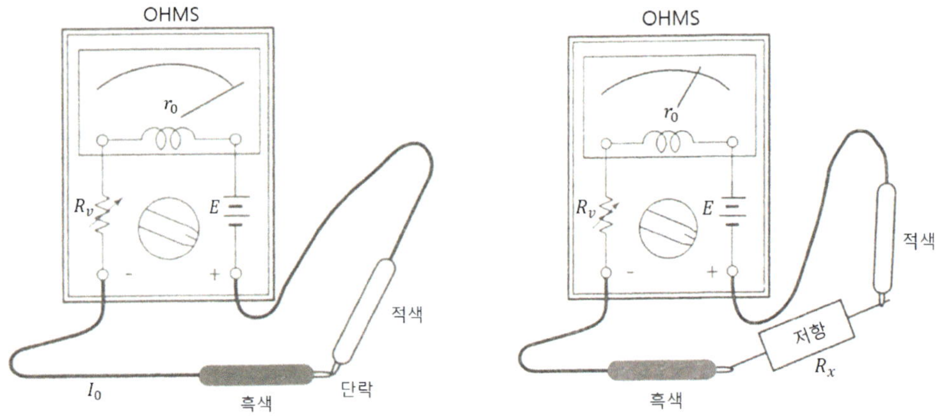

(a) 측정 전 (b) 측정 후

그림 3.37 저항의 측정 원리

우선 그림 3.37 (a)와 같이 저항 값 측정 전에는 적색봉과 흑색봉을 단락시켜서 지침이 눈금판 우측의 0[Ω]을 가리키도록 R_v인 0[Ω] 조정기를 조정한다. 여기서 **단락**(short circuit)이란 부하를 거치지 않고 도선과 도선끼리 직접 접촉하여 전류가 흐르도록 하는 것을 말한다. 이때 계기에 흐르는 전류를 I_0라 하면 옴의 법칙에 의해 다음과 같이 된다.

$$E = I_0(R_v + r_0) \tag{3.40}$$

다음에 그림 3.37 (b)와 같이 측정하고자 하는 미지의 저항 R_x를 두 단자에 접촉시킬 때 계기에 흐르는 전류를 I_x라 하면 옴의 법칙에 의해 다음과 같이 된다.

$$E = I_x(R_v + r_0 + R_x) \tag{3.41}$$

위의 두 식을 풀면 미지 저항 R_x는 다음과 같이 된다.

$$R_x = (R_v + r_0)\left(\frac{I_0}{I_x} - 1\right) \tag{3.42}$$

그러므로 이에 따라 계기의 눈금을 표시해서 회로 시험기를 저항계로 사용할 수 있는 것이다.

(2) 회로 시험기의 사용 방법

여기서는 저항, 전압, 전류 등을 측정하는 방법에 대해 알아본다.

1) 저항 측정

① 측정 전에 그림 3.38 (a)와 같이 지침의 위치를 0위치로 조정한다.

② 측정할 저항값을 예상하여 그 보다 큰 범위의 OHMS 영역에 전환 스위치를 맞춘다.

③ 그림 3.38 (b)와 같이 빨간 리드선과 검정 리드선에 연결된 시험 막대의 끝을 접촉시켜서 계기의 지침이 0[Ω]를 지시하는지 확인한다. 만일 0[Ω]를 지시하지 않을 때에는 0[Ω] 조정기를 돌려서 0[Ω]에 일치하도록 한다.

④ 0[Ω] 조정기를 돌려도 지침이 0[Ω]을 지시하지 않을 경우에는 회로 시험기 내부의 건전지 전압이 부족하기 때문이므로 새로운 건전지로 교체한다.

⑤ 0[Ω] 조정은 전환 스위치를 변환할 때마다 반드시 한다.

⑥ 두 시험 막대의 끝을 측정하고자 하는 저항의 양 단자에 대고 지침이 가리키는 측정값을 읽는다. 이때 계기의 지침이 계기판의 중앙에 오도록 전환 스위치를 조정하여야 오차가 작게 된다.

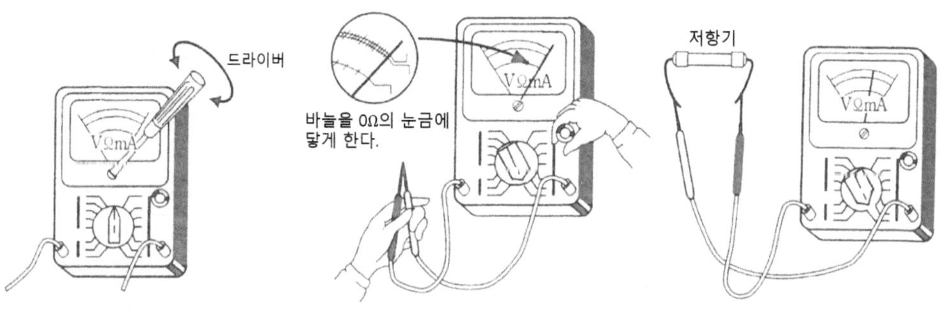

(a) 0 위치 조정　　(b) 0[Ω] 조정　　(c) 저항 측정

그림 3.38 저항 측정 방법

2) 직류 전압 측정

① 측정할 직류 전압값을 예상하여 그보다 큰 범위의 DCV 영역에 전환 스위치를 맞춘다(그림 3.39).

② 측정값이 미지의 경우에는 전환 스위치의 최고 범위까지 측정을 한다.

③ 직류 전압은 극성이 있으므로 빨간 리드선의 시험 막대를 (+)쪽에 대고 검정 리드선의 시험 막대를 (-)쪽에 대어 직류 전압을 측정한다.

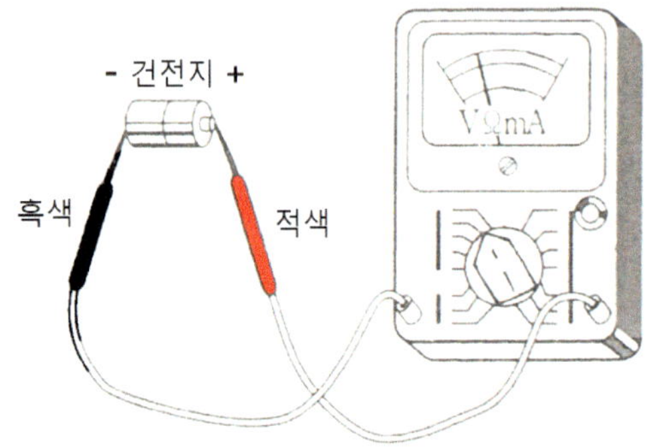

그림 3.39 직류 전압의 측정

④ 계기의 지침이 아주 조금 움직이거나 너무 많이 움직이면 눈금 읽기 곤란하므로 전환 스위치를 조정하여 지침이 계기판의 중앙에 오도록 측정한다. 계기판에는 0.5, 2.5, 10, 50, 250, 500, 1,000의 눈금이 있으므로 전환 스위치를 확인하고 계기판의 DC 눈금을 읽는다.

3) 직류 전류 측정

① 측정할 직류 전류값을 예상하여 그보다 큰 범위의 DCmA 영역에 전환 스위치를 맞춘다(그림 3.40).

② 직류 전류은 극성이 있으므로 빨간 리드선의 시험 막대를 (+)쪽에 대고 검정 리드선의 시험 막대를 (-)쪽에 대어 직류 전류를 측정한다.

③ 회로 시험기와 부하는 그림 3.40과 같이 직렬 회로가 되므로 접속하여야 회로 시험기의 파손을 방지할 수 있다

④ 눈금 읽는 방법은 전환 스위치가 0.1, 2.5, 25, 250 중에서 어느 위치에 있는지를 확인하고 계기판의 DC 눈금을 읽는다.

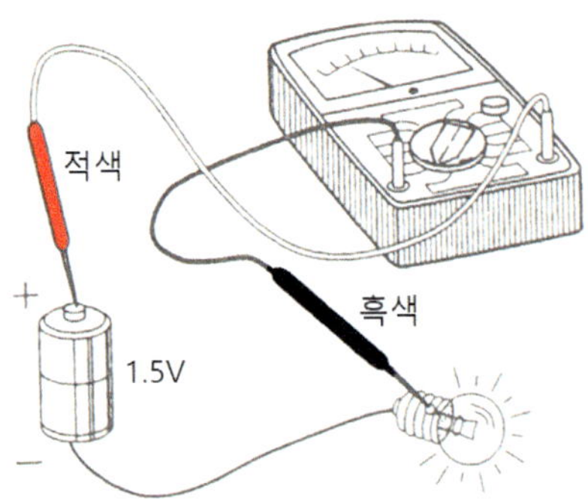

그림 3.40 직류 전류의 측정

4) 교류 전압 측정

① 측정할 교류 전압값을 예상하여 그보다 큰 범위의 ACV 영역에 전환 스위치를 맞춘다.

② 교류 전압은 110[V] 이상이므로 전환 스위치를 조정할 때에는 유의하여야 한다.

③ 교류 전압은 극성에 관계없이 두 시험 막대를 콘센트의 아무 곳이나 대고 교류 전압을 측정한다(그림 3.41).

④ 220[V] 이상의 높은 전압 측정 시에는 감전 사고에 주의해야 한다.

⑤ 눈금판에는 10, 50, 250, 500, 1,000의 눈금이 있으므로 전환 스위치를 확인하고 계기판의 AC 눈금을 읽는다.

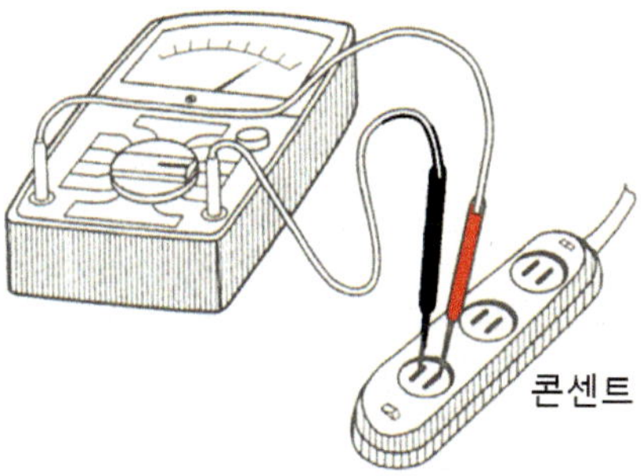

그림 3.41 교류 전압의 측정

5) 다이오드의 극성 검사

회로 시험기를 사용하면 다이오드, 트랜지스터, 콘덴서 등 전자 부품의 극성 및 불량 여부를 검사할 수 있는데 그 방법에 대해 알아보기로 한다.

그림 3.41에서 보았듯이 회로 시험기에 내장된 건전지의 극성이 (+)는 흑색 단자에 (-)는 적색 단자에 접속되어 있다.

따라서 전환 스위치를 ×1k에 놓은 후 그림 3.42와 같이 접속하였을 때 회로 시험기의 시침이 0[Ω] 부근을 가리키면 흑색봉 쪽이 다이오드의 p형 단자가 되는 것이다. 다음 회로 시험기 봉을 반대로 했을 때 지침이 ∞[Ω]을 가리키면 다이오드는 양호하다. 단 디지털 회로 시험기는 내장 건전지의 극성이 아날로그 회로 시험기와 반대인 점에 주의해야 한다.

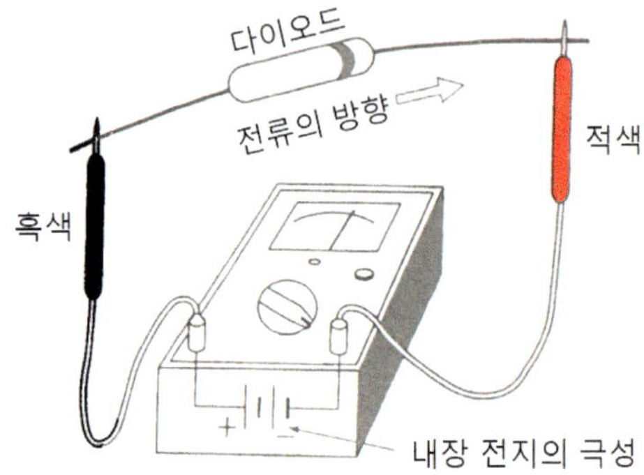

그림 3.42 다이오드의 극성 검사

6) 트랜지스터의 극성 검사

전자 회로에 사용되는 트랜지스터는 대부분이 실리콘으로 만든 NPN형이다. 그림 3.43 (a)에서와 같이 NPN형 트랜지스터는 B(베이스) 단자가 P형이다.

따라서 전환 스위치를 ×1k에 놓은 후 그림 3.43 (b)와 같이 트랜지스터의 B 단자에 흑색봉을 접촉시키고 트랜지스터의 C 단자나 E 단자에 적색봉을 접촉시켰을 때 회로 시험기의 지침이 매우 낮은 저항값을 나타낸다.

또한 다이오드의 경우와 마찬가지로 회로 시험기 봉을 반대로 했을 때 지침이 ∞[Ω]을 가리키면 트랜지스터는 양호하다.

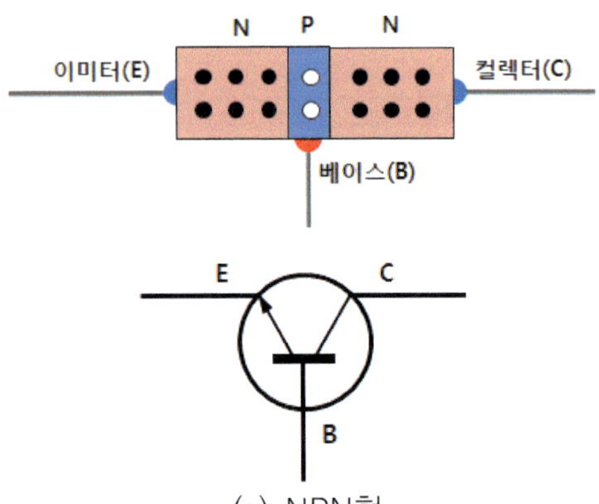

(a) NPN형

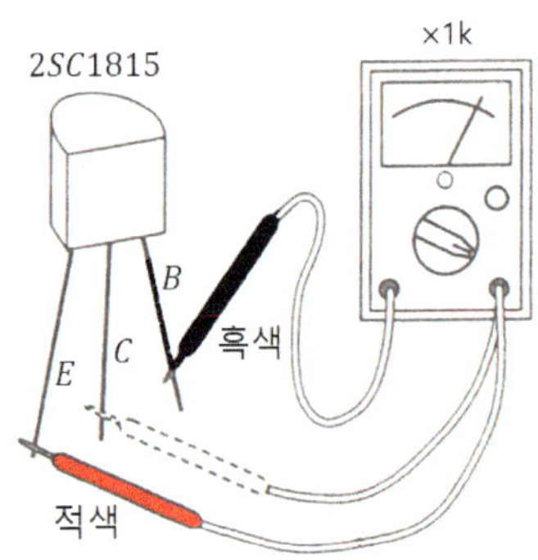

(b) 극성 검사 방법

그림 3.43 트랜지스터의 극성 검사

7) 콘덴서의 검사

콘덴서의 검사는 전환 스위치를 ×1k에 놓은 후 그림 3.44 (a)와 같이 회로 시험 봉을 접촉했을 때 회로 시험기의 지침이 0[Ω] 쪽으로 움직인 다음 곧바로 ∞[Ω]으로 돌아오면 양호한 콘덴서이며 이를 그림 3.44 (b)에 나타낸다. 지침이 ∞[Ω]으로 잘 돌아오지 않는 것은 누설 전류가 크기 때문이므로 불량 콘덴서이며 0[Ω] 만을 가리키는 것도 내부에서 단락된 상태이므로 불량 콘덴서이고 100[kΩ] 정도에서 더 이상 돌아오지 않는 것도 누설 전류가 내부에서 흐르는 상태이므로 불량 콘덴서이다.

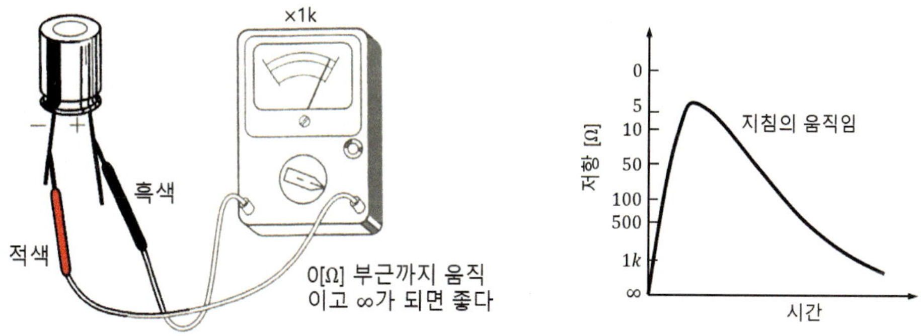

(a) 콘덴서의 검사 방법 (b) 지침의 동작 상태

그림 3.44 콘덴서의 검사

3.2.7 오실로스코프

오실로스코프(oscilloscope)는 일반 계측기로는 측정할 수 없는 높은 주파수, 펄스 전압, 충격성 전압, 주기, 파형 등을 관측할 수 있는 계측기이다. 매우 빠르게 진행되는 전기 현상이나 과도현상을 관측할 수 있고 각종 파형을 분석할 수 있는 장치로서 전기 및 전자 계측 분야에 매우 널리 사용되고 있다. 여기서는 오실로스코프의 구성과 원리 등을 설명하기로 한다.

(1) 오실로스코프의 구성

오실로스코프는 브라운관(brawn tube)이라는 전자관을 가지고 있다. 브라운관은 일명 음극선관(cathode ray tube, CRT)이라고도 한다.

음극선은 전자빔을 의미하는 것으로 음극선관 내에는 전자 빔, 즉 가느다란 전자의 흐름이 발생한다. 전자는 음전하를 가지며 질량이 매우 작으므로 전기장에 의하여 그 운동을 자유로이 제어할 수 있어서 수백[MHz]의 고주파까지 사용할 수 있다.

오실로스코프의 구성은 그림 3.45 (a)와 같이 파형을 나타내는 브라운관을 중심으로 하여 측정 전압을 수직 증폭기에서 브라운관의 수직 편향에 가해 수직 방향으로 휘점을 움직이게 하고 동시에 톱니파(시간축) 전압을 수평 증폭기에서 증폭하여 수평 편향판에 가해 수평 방향으로 휘점을 움직인다. 이것은 오실로스코프 내부에서 발생한 시간축 발생 회로이다. 따라서 수평 증폭기는 외부에서 전압을 가하여 증폭할 수 있다. 전원은 고압과 저압이 있으며 고압은 브라운관의 애노드(플레이트)에 가하고 저압은 증폭기에 가하기 위한 것이다.

오실로스코프의 디자인과 기능은 모델마다 약간의 차이가 있지만 대부분의 오실로스코프에는 다음과 같은 주요 버튼과 기능들이 있다.

① 전원 버튼(power) : 오실로스코프를 켜거나 끈다.

② 자동 설정 기능(auto set) : 신호의 기본 특성을 자동으로 인식하고 해당 신호를 화면에 최적으로 표시하기 위한 적절한 수직(볼트/디비스), 수평(시간/디비스) 및 트리거 설정을 자동으로 조정해 주는 기능이다.

③ 수직 제어(vertical control)

④ 볼트/디비스(volts/Div) : 화면에 표시되는 신호의 수직 스케일(즉, 진폭)을 조절한다.

⑤ 위치(position) : 수직 위치를 조정하여 신호를 위나 아래로 이동 시킨다.

⑥ 수평 제어(horizontal controls)

⑦ 시간/디비스(time/div) : 화면에 표시되는 신호의 수평 스케일(즉, 시간)을 조절한다.

⑧ 위치(position) : 수평 위치를 조정하여 신호를 왼쪽이나 오른쪽으로 이동 시킨다.

⑨ 트리거 제어(trigger controls)

⑩ 레벨(level) : 신호가 어느 레벨에서 화면에 표시될 것인지를 설정한다.

⑪ 모드(mode) : 트리거가 언제 발생할지를 설정하는 옵션이다(예 : 상승 에지, 하강 에지).

⑫ 소스(source) : 트리거의 원천을 선택한다.

⑬ 채널 선택(channel selection) : 여러 채널 중에서 특정 채널을 선택하여 활성화 하거나 비활성화 한다.

⑭ 메뉴 버튼(menu buttons) : 추가 기능이나 설정을 위한 메뉴를 호출한다.

⑮ 측정 버튼(measure button) : 자동으로 주요 측정값을 화면에 표시한다(예 : 주파수, 진폭).

⑯ 저장/불러오기(save/load) : 신호의 데이터를 저장하거나 저장된 데이터를 불러온다.

그림 3.45 (b)는 오실로스코프의 하나의 예로 겉모양(모델명: DSO-X 2012A)을 나타낸 것이다.

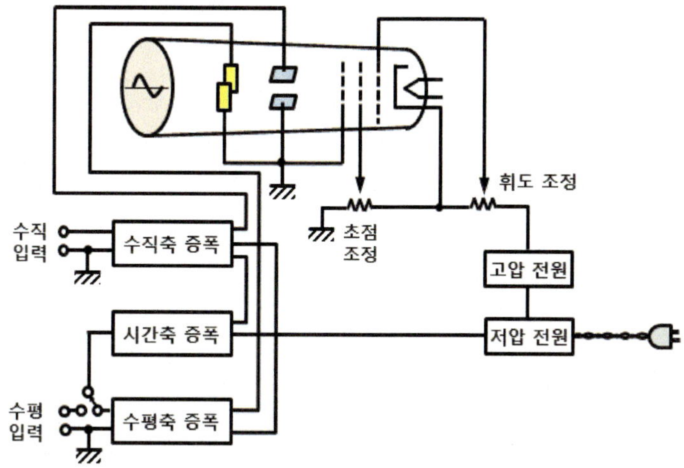

(a) 구성

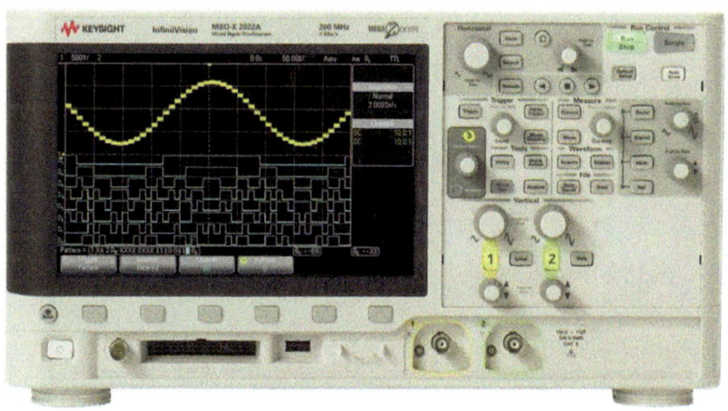

(b) 겉모양(모델명: DSO-X 2012A)

그림 3.45 오실로스코프의 구성

(2) 오실로스코프의 원리

오실로스코프는 시간, 전압, 휘도의 3요소를 조합시켜 파형을 나타내는데 만일 그림 3.46과 같은 사인파를 표시할 때 이 3요소가 각각 어떠한 동작을 하고 있는가를 알아보면 우선 브라운관에 수평 방향의 편향판에는 직선적으로 변하는 전압을 가해서 전자 빔을 왼쪽에서 오른쪽으로 이동하도록 편향한다. 이것을 **스위프**(sweep)라 한다.

그러나 브라운관의 형광면은 한정되어 있기 때문에 왼쪽에서 오른쪽으로 스위프를 계속 할 수 없으므로 그림 3.47과 같이 적당한 구간을 정해서 브라운관의 오른쪽 끝까지 스위프했으면 다시 왼쪽 끝에서 오른쪽 끝을 향해 스위프하도록 한다. 이렇게 변화하는 전압을 브라운관의 면에 몇 회라도 계속해서 나타나게 할 수 있다.

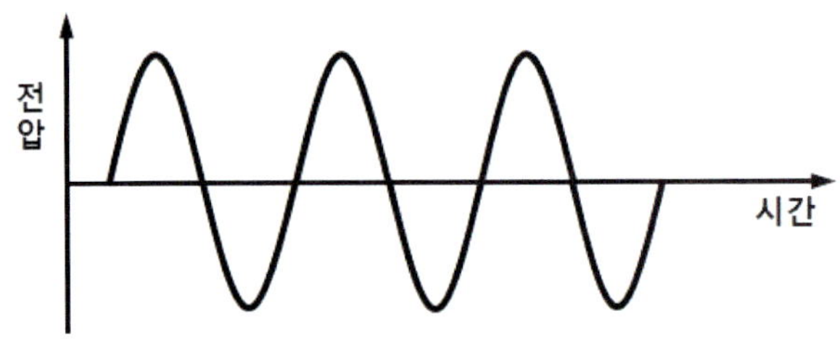

그림 3.46 사인파의 전압과 시간 관계

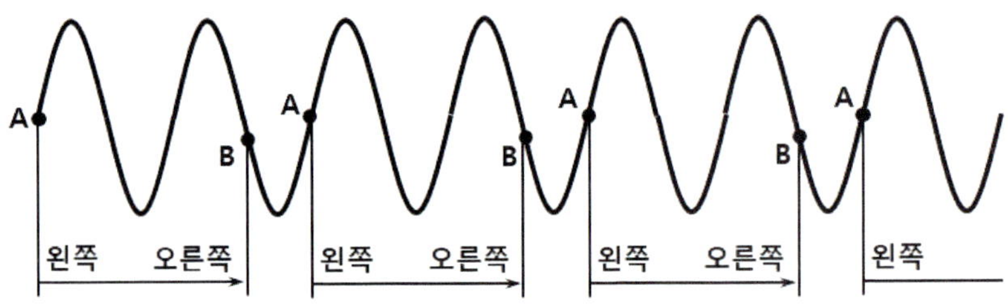

그림 3.47 유한장 브라운관 면에 표시하기 위한 스위프 구간의 설정

그러나 불편한 점도 있는데 그것은 스위프가 오른쪽 끝에서 왼쪽 끝으로 돌아올 때 그림 3.48 (a)와 같이 귀선이 나타나게 되므로 이를 방지하기 위해서는 파형이 오른쪽 끝에 도착함과 동시에 전자빔을 차단하면 그림 (b)와 같은 파형을 얻을 수 있다.

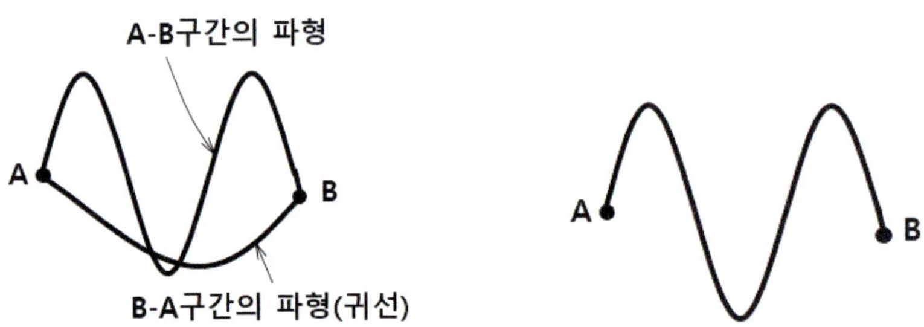

(a) 스위프 귀선의 관계

(b) 귀선을 소거한 파형

그림 3.48 스위프의 귀선

이상 3요소의 시간적인 관계를 나타내면 그림 3.46과 같이 된다. 그림에서 시간(X)처럼 변화하는 전압을 톱니파라 하는데 이것을 브라운관의 수평 편향판에 가하고 수직 편향판에는 표시하고자 하는 전압(Y)를 가한다. 그리고 휘도를 조정하는 전극(grid)에 휘도(Z)와 같이 변화하는 전압을 가하면 형광면에는 그림 3.46 (e)와 같은 실선 파형이 나타난다.

그런데 오실로스코프에서는 시간, 전압, 휘도의 3요소의 결합이 일치해서 시간이 잘 맞는 것이 중요하다. 만일 3요소가 따로따로 작용한다면 파형이 벗어나 그림 (f)와 같이 된다. 따라서 스위프를 어느 순간에 가동하는가 하는 것이 가장 중요하다.

(a) 전압(Y) 수직축

(b) 트리거 펄스

(c) 시간(X) 수평축

(d) 휘도(Z)

(e)

(f)

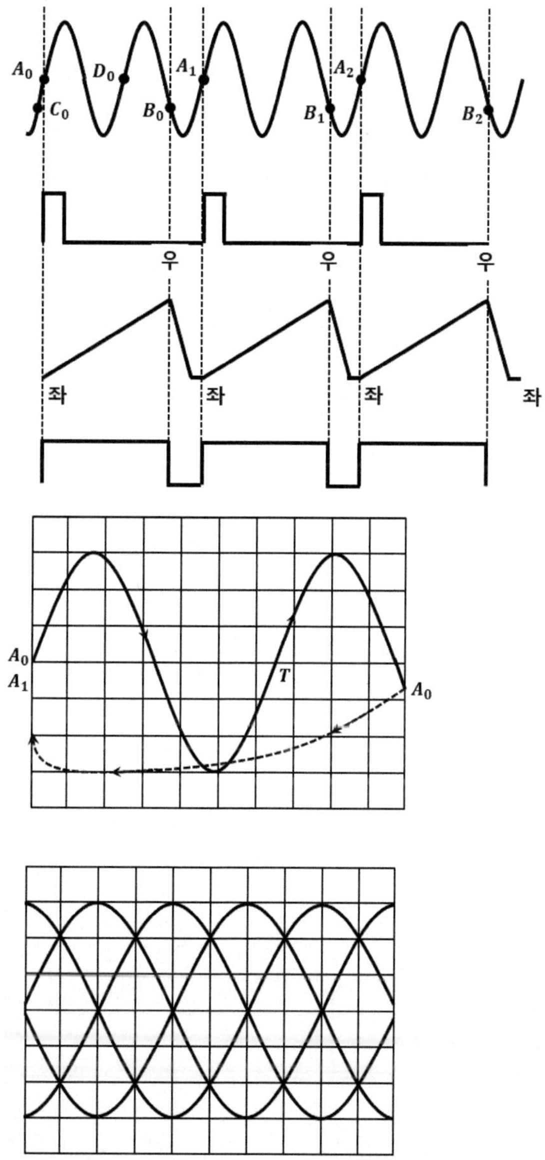

그림 3.49 시간, 전압, 휘도의 관계

적당한 구간을 정해 스위프를 반복시키고 있지만 그 스위프는 지금부터 관측하려고 하는 신호의 주기와 일치시켜 반복하지 않으면 정지한 하나의 파형으로써 신호를 포착할 수 없다.

이와 같이 스위프를 반복하는 구간을 시간의 주기에 일치시키는 것을 동기(synchronizing)시킨다고 하고 동기한 스위프를 가동하는 것을 **트리거**(trigger)라 한다.

3.2.8 저항 측정

전기 저항 측정의 대상에는 일반적인 저항기만이 아니라 도체, 반도체, 부도체 등의 저항과 그밖에 여러 종류의 것들이 있으며 또한 이들의 저항은 크기가 아주 작은 것부터 매우 큰 것까지 대단히 넓은 범위에 걸쳐 있다. 그러므로 이 저항을 측정할 때에는 각각 알맞은 측정법을 써야 한다.

전기 저항은 관습적으로 그 크기에 따라 저저항(1Ω 이하), 중저항(1Ω~1MΩ), 고저항(1MΩ 이상) 그리고 특수 저항으로 나눈다.

(1) 저저항 측정

저저항은 보통 1Ω 이하의 크기를 말하며 측정 시에는 도선 저항이나 접촉 저항의 영향을 받지 않도록 주의해야 한다.

1) 전압 강하법

단면적이 균일한 도체의 어떤 길이의 저저항을 구할 경우에는 그림 3.50과 같이 전압계와 전류계를 사용하여 측정할 수 있다.

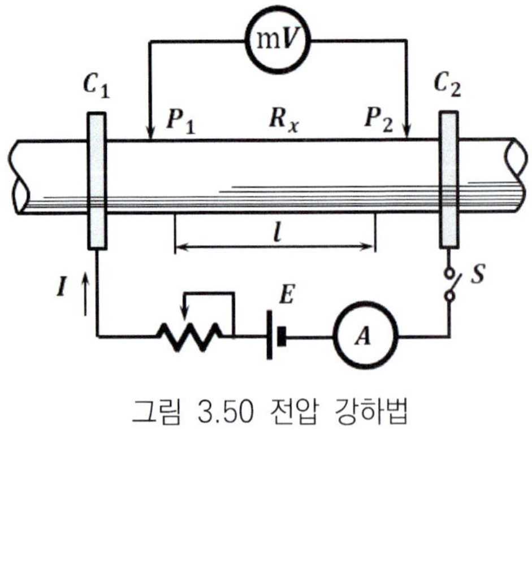

그림 3.50 전압 강하법

측정할 도체의 전류 단자 C_1, C_2로부터 전류 I를 흘리고 전압 단자 P_1, P_2 사이의 전압 강하를 내부 저항이 큰 밀리볼트계로 측정한다.

이때 밀리볼트계의 지시 전압을 V, 전류계의 지시를 I라 하면 도체의 미지 저항 R_x는 다음과 같이 된다.

$$R_x = \frac{V}{I}[\Omega] \tag{3.43}$$

이것을 **전압 강하법**이라고 하며 전압계와 전류계를 사용하여 측정하였으므로 전압 전류계법 이라고도 한다.

2) 캘빈 더블 브리지법

캘빈 더블 브리지(kelvin double bridge)는 휘스톤 브리지에 보조 저항을 첨가한 것으로 접촉 저항이나 도선 저항의 영향이 매우 작아 $10^{-5}[\Omega]$~$1[\Omega]$ 정도의 저저항 정밀 측정에 사용된다.

그림 3.51은 하나의 예로 Newtronix사의 캘빈 더블 브리지이다.

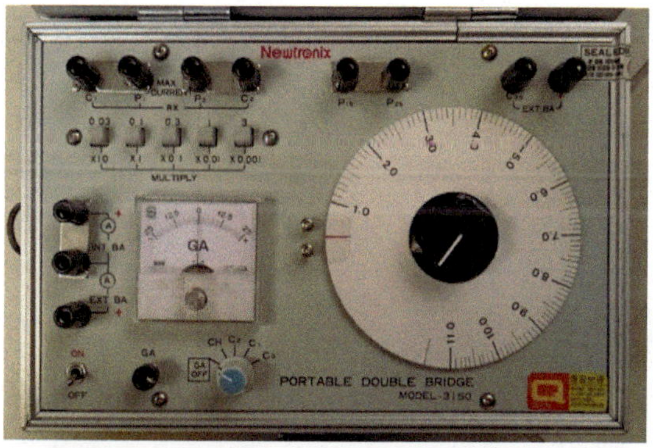

그림 3.51 캘빈 더블 브리지(Newtronix사)

(2) 중저항 측정

저항 1Ω~1MΩ 정도를 **중저항**이라 하며 측정 방법으로는 전압 강하법, 저항계 사용법, 휘스톤 브리지법 등이 있다.

1) 전압 강하법

이 방법은 그림 3.52와 같이 전압계와 전류계를 사용하여 회로를 구성하는 방법이다.

이 방법은 측정이 간단하지만 전류계의 내부 저항 r_a에 의한 전압 강하나 전압계의 내부 저항 r_v에도 전류가 흐르기 때문에 오차가 생긴다.

그림과 같이 접속했을 때 미지 저항 R_x의 값은 다음에 의해 구할 수 있다.

$$\text{그림 (a)의 경우} \quad R_x = \frac{V}{I - \dfrac{V}{r_v}} [\Omega] \tag{3.44}$$

$$\text{그림 (b)의 경우} \quad R_x = \frac{V}{I} - r_a [\Omega] \tag{3.45}$$

일반적으로 r_v보다 R_x가 매우 작을 경우에는 그림 (a)의 접속, r_a보다 R_x가 매우 클 경우에는 그림 (b)의 접속으로 하여야 한다.

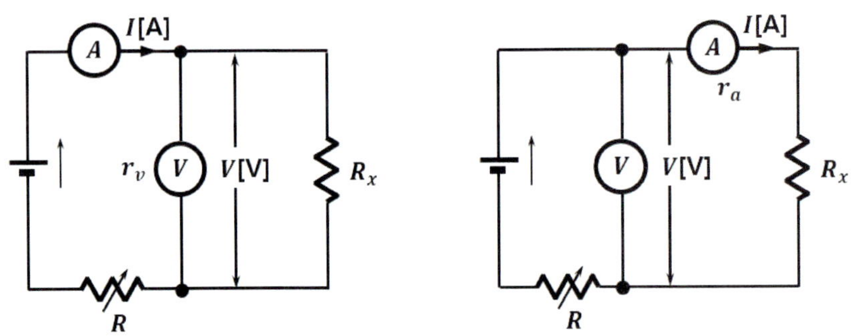

(a) R_x가 r_v에 비해 상당히 작을 때　　(b) R_x가 r_a에 비해 상당히 클 때

그림 3.52 전압 강하법에 의한 저항의 측정

2) 회로 시험기법

회로 시험기는 감도가 높은 가동 코일형 전류계와 각종 분류기, 배율기, 정류기와 전지 등을 하나의 용기 속에 넣어 단자를 전환하면 여러 가지 범위의 직류 전압, 교류 전압, 직류 전류를 측정할 수 있는 이외에 저항도 지시값에서 바로 읽을 수 있도록 되어 있다. 또한 인덕턴스나 정전 용량 같은 것도 측정할 수 있는 것이다.

회로 시험기로 저항을 측정하는 원리는 저항에 일정한 크기의 전압을 가하였을 때에 흐르는 전류가 저항의 크기에 반비례하는 것을 이용한 것이다.

3) 휘스톤 브리지법

전기 저항의 값은 아주 작은 것부터 매우 큰 것에 이르기까지 대단히 넓은 범위에 걸쳐 제조되고 있으며 휘스톤 브리지(wheatstone bridge)는 대략 1Ω에서 1MΩ까지의 저항을 잴 수 있다.

3.2.9 인덕턴스 및 정전 용량 측정

전기, 전자 및 통신 기기의 회로 소자 중 저항 외에 콘덴서의 정전 용량이나 유도기의 인덕턴스를 측정해야 될 경우가 많다.

인덕턴스와 정전 용량을 측정할 수 있는 계측기로는 교류 LCR 브리지, LCR 미터, 임피던스 미터, Q 미터 등이 있는데 그림 3.53에 일부를 나타내었다.

Q 미터는 고주파수 대에서 코일 또는 콘덴서의 Q를 측정할 수 있을 뿐만 아니라 이것과 관련하여 코일의 인덕턴스와 분포 용량, 콘덴서의 정전 용량과 손실, 고주파 저항, 절연물의 유전율과 역률, 그 밖의 고주파 케이블의 전송 손실 등 회로 소자의 여러 가지 정수를 측정할 수 있다.

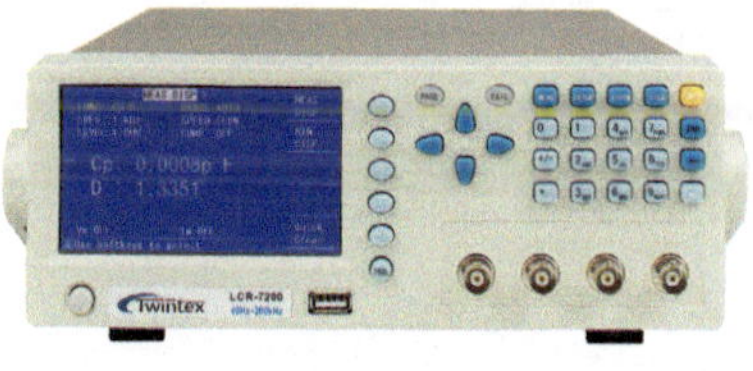

(a) LCR 미터(Twintex사)

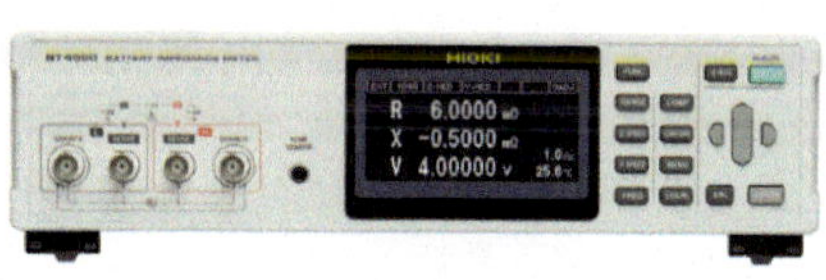

(b) 임피던스 미터(HIOKI사)

그림 3.53 인덕턴스 및 정전 용량 측정 계기

3.3 전자기의 기초

3.3.1 전류와 자계와의 관계

(1) 코일에서 나오는 자기력선

코일에서 나오는 자기력선의 N극과 S극은 어떻게 알 수 있을까? 이것은 그림 3.54와 같이 N극과 S극을 알고 있는 자침을 접근시키면 간단히 구별할 수 있다. 이 때 코일에 흐르는 전류의 방향을 바꾸어 주면 코일의 전류방향이 반대가 되고 N극과 S극도 뒤바뀌어질 것이다.

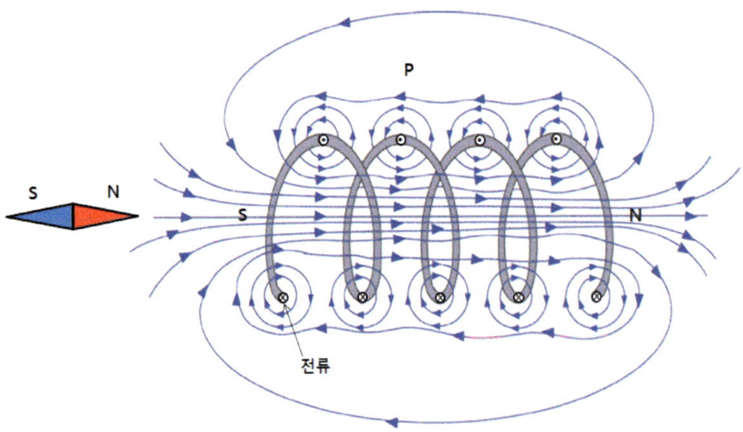

(a) 시계방향

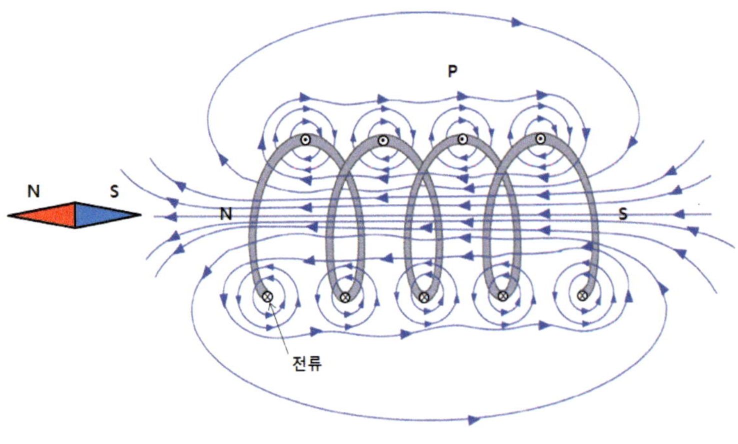

(b) 반시계 방향

그림 3.54 전류의 방향과 자기력선

그림 3.54 (a)와 같이 코일이 코일의 끝 쪽에서 보아 시계방향으로 감겨 있다고 하자. 그 끝에서부터 전류를 흘려서 조사하면 거기가 S극으로 되고 코일의 반대쪽을 조사하면 N극으로 된다. 전류를 흘려보내는 방법을 반대로 하면 코일의 N와 S는 당연히 S와 N으로 바뀐다. 그림 3.54 (b)과 같이 전류의 방향은 같고 코일이 감기는 방법을 반시계 방향으로 하면 N와 S극 방향이 반대로 측정된다.

자기력선이 N극에서 나와 S극으로 들어간다고 하였으므로 결국 코일에 발생하는 자기력선의 양극은 자석의 방향과 일치한다는 것을 알 수 있다.

(2) 곧은 도선과 자기력선

코일이 만드는 자기력선으로부터 출발하여 곧은 한 가닥의 도선은 어떤 자기력선을 만드는지 생각해 보자.

그림 3.54의 코일은 축 방향으로 도선이 몇 번이나 감겨져 있었다. 이 감은 수가 점점 적어지면 자기력선은 어떻게 되어 갈까? 감은 수가 확 줄어들어 단 한 번이 되면 자기력선이 어떻게 되리라고 생각하는가?

이 경우 감은 수가 한 번뿐이라도 코일임에는 틀림없기 때문에 전류를 흘려보내면 자석이 될 것이다. 종이 면에 원을 그려 이것이 한 번만 감긴 코일이라고 하자. 이 코일에 시계방향으로 전류를 흘려보냈다고 하면 그림 3.55와 같이 코일의 위쪽(종이의 표면)은 S극, 코일의 아래쪽(종이 뒷면)은 N극이 된다. 자기력선은 N극에서 나와 코일의 바깥쪽을 빙 둘러서 S극으로 들어가기 때문이다.

이것은 도선을 따라 전류가 흐르는 방향이 그림 3.56과 같이 오른나사를 비틀면서 진행시키고 있는 것과 같은 방향이다(앙페르의 오른손 법칙). 자기력선은 오른 나사를 전류방향으로 향해 비틀어 돌리고 있는 형상으로 발생한다고 생각하면 알기 쉽다.

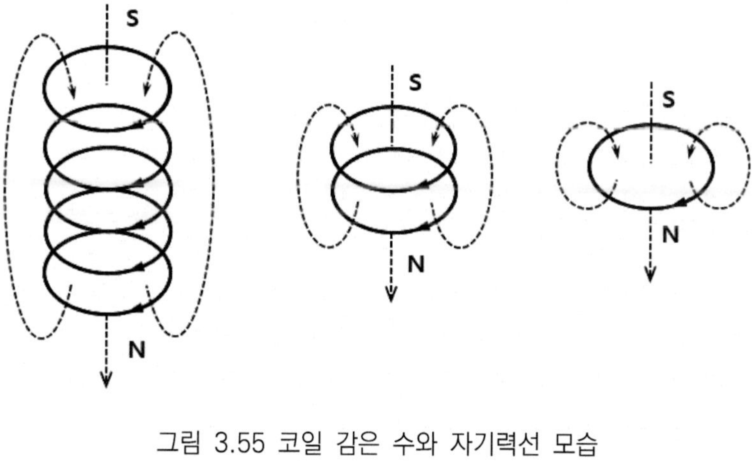

그림 3.55 코일 감은 수와 자기력선 모습

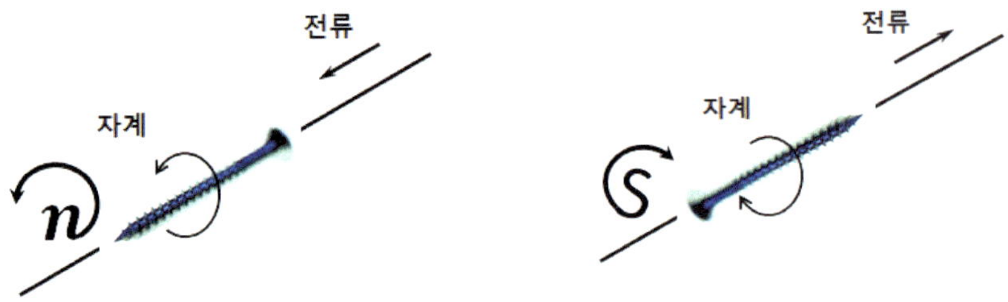

그림 3.56 곧은 도선의 자기력선

그러면 곧은 도선에 전류를 흘려보냈을 경우 자기력선은 어떻게 될까? 이것은 한 번 감은 코일에 대한 것을 잘 이해하고 있다면 알 수 있을 것이다. 곧은 도선이란 한 번 감긴 코일을 똑바로 늘여놓은 것이라고 생각해도 되고, 한 번 감은 매우 큰 코일의 일부라고 생각해도 될 것이다. 이 도선을 흐르는 전류에 오른 나사의 사고방식을 적용시키면 금방 알 수 있다.

3.3.2 전자기유도에 의한 전류의 발생

(1) 패러데이의 전자기유도

코일에 자석을 끼워 넣었다 뺐다 하면 그 때마다 코일에 전류가 흐른다. 이것을 전류가 유도되었다고 하며 이 현상을 **전자기유도**(electromagnetic induction)라고 한다. 이것은 1831년에 영국의 패러데이(M. Faraday)가 발견한 현상으로 전기 발전의 기본이 되는 대발견이었다.

자석을 움직이면 전류가 발생하는 것이다. 자기력선이 없었던 곳에 자기력선을 통과시키거나 또는 그 반대로 전부터 있던 자기력선을 없애 버리는 변화에 의해 전류가 발생하는 것이다. 자석을 코일에 넣었다 뺐다 하는 것은 이와 같은 변화를 준 것이다. 좀 더 이 내용을 직선적으로 표현하여 「코일을 통과하는 자기력선의 수를 변화시키면 그 코일에 전류가 유도된다.」고 한다. 문제는 자기력선이기 때문에 자기력선을 내는 근원으로는 영구자석 대신 전자석이라도 상관없다.

이렇게 하여 전류를 발생시킨다는 것은 알았으며 이 전류가 어느 방향으로 유도되느냐에 대해 설명한다. 코일을 관통하는 자기력선의 수가 변화할 경우에 이 변화를 방해하듯이 전류가 코일에 유도된다. 좀 다른 표현으로 말한다면 코일을 관통하고 있는 자기력선은 그 수를 바꾸고 싶어 하지 않는 것이다. 자기력선의 이 소망을 들어줄 만한 방향으로 전류가 유도되는 것이다. 이와 비슷한 일은 일상생활에서도 자주 일어나며 운동량은 변화하고 싶어 하고 싶지 않은 현상을 말할 수 있다. 운동량이란 움직이고 있는 물체의 질량과 속도를 곱한 값이다. 전차가 갑자기 움직이기 시작하면 타고 있던 사람은 정지 상태를 바꾸고 싶어 하지 않기 때문에 발은 어쩔 수 없이 바닥과 함께 진행하려 하지만 상체는 그대로 남아 뒤로 쓰러지게 된다. 달려가고 있던 전차가 급정거를 하면 이와 반대 현상이 일어난다.

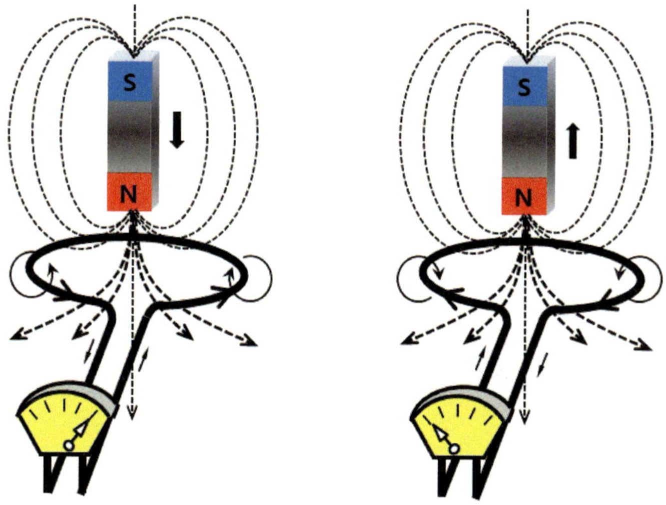

(a) 자석을 넣었을 때 (b) 자석을 뺐을 때

그림 3.57 전자기 유도의 원리

자기력선이 증가하려 하면 반대 방향의 자기력선이 새로 생겨 증가하려는 자기력선을 억제시켜주면 된다. 그러기 위해서는 어떻게 하면 될까? 그것은 자기력선을 새로 생기게 하기 위해 코일에 전류를 흘려주면 된다. 코일을 흐르는 전류의 방향에 따라 코일의 안쪽에서는 자기력선이 다른 방향을 향해 발생한다. 즉, 코일 속의 자기력선을 증가시키고 싶은지 또는 줄이고 싶은지의 요구에 따른 방향으로 유도전류를 코일에 흘려주는 것이다. 이상의 내용을 정리한 것이 그림 3.57이다.

(2) 패러데이의 법칙

1831년경 영국의 패러데이(Faraday)와 미국의 헨리(Henry)는 자기유도에 대해 각각 다음과 같은 관계를 알아내었다.

코일과 자석의 상대적 움직임에 따라 코일회로에 전류가 발생한다는 것이다. 이것을 전자유도(electromagnetic induction)라 하고 유도된 전류를 **유기전류**라 하며 기전력이 유도되었다고 한다.

그림 3.58에서 A코일에 대한 자속 ϕ의 변화가 A코일에 유도 기전력을 일으킨다. 이 자속 ϕ는 막대자석에서 발생하거나 B 또는 B코일의 전류변화에 의해 B코일에서 발생한 것이다.

A 코일 회로 내에 발생하는 유도 기전력 e는 그 회로 내를 관통하는 자속의 변화를 반대하는 방향으로(즉, 자속의 변화를 억제하는 쪽으로) 발생한다.

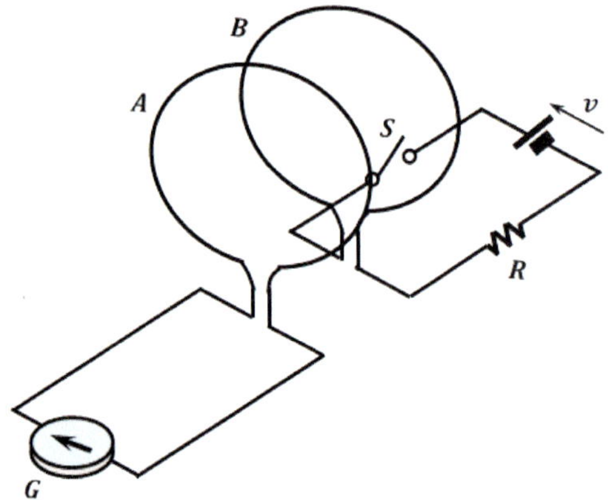

그림 3.58 코일전류에 의한 전자유도

만약 시간당 자속의 변화가 Weber/sec라면 발생하는 유기기전력 v는 volt가 될 것이다.

$$v = -\frac{d\phi}{dt} \quad (3.46)$$

식 (3.46)에서 −는 방향이 반대임을 나타낸다.

만약 A코일의 턴수가 N횟수만큼 감겼다면 유기기전력은 각 코일에 생긴 것을 모두 합한 값과 같을 것이므로 다음과 같이 된다.

$$v = -N\frac{d\phi}{dt} = -\frac{d(N \cdot \phi)}{dt} [\mathrm{V}] \quad (3.47)$$

즉, 패러데이 법칙에 의하면 도선에 전류가 흘러서 생기는 자속을 도선이 쇄교(link)하면 도선에는 유기기전력(induced voltage)이 생기는데 자속을 Φ[Wb], 코일(coil)의 권수를 n[turn]이라면 자속 쇄교수(number of flux linkage)는 다음과 같다.

$$\Phi = n\phi [\mathrm{Wb \cdot turn}] \quad (3.48)$$

유기기전력 v는 자속쇄교수의 시간에 대한 비율로 나타나며 식은 다음과 같다.

$$v = \frac{d\Phi}{dt} [\mathrm{V}] \quad (3.49)$$

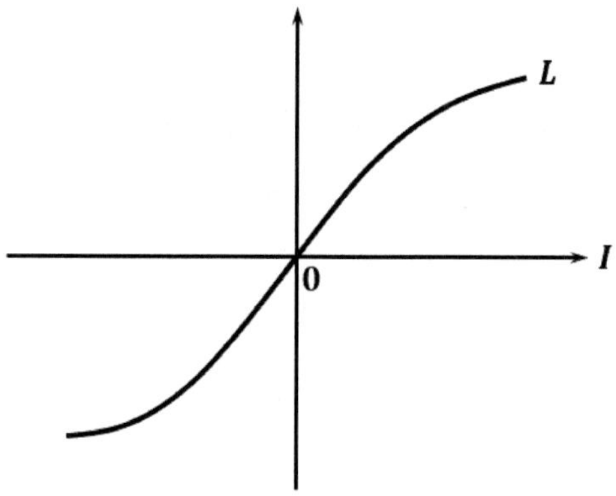

그림 3.59 전류변화에 대한 자속 쇄교수

여기서 $\Phi = n\phi$는 유도 작용에 있어 중요한 특성치로서 이 값은 전류의 크기에 비례한다. 즉 전류가 많이 흐르면 자속이 많이 발생한다.

한 회로의 전류와 이로 인하여 생기는 자속의 쇄교가 그림 3.59와 같은 관계를 가지고 변할 때 직선적으로 변하는 범위에 속하는 부분은 다음과 같이 된다.

$$\Phi = Li\,[\text{Wb}\cdot\text{turn}] \tag{3.50}$$

여기서 L은 직선 부분의 기울기이고, 회로의 자기 인덕턴스 또는 단순히 **인덕턴스**(self-inductance, inductance)라고 불린다. 단위는 헨리[H]이다.

식 (3.50)으로부터 L은 다음과 같이 나타낼 수 있다.

$$L = \frac{\Phi}{i} = \frac{n\phi}{i}\,[\text{H}] \tag{3.51}$$

식 (3.48)와 (3.50)에서

$$v = L\frac{di}{dt}\,[\text{V}] \tag{3.52}$$

식 (3.52)를 보면 전류 i가 일정할 때 전압 v는 0이 된다는 것을 알 수 있다. 즉, 코일은 직류 전류에 대해 단락회로와 같이 동작한다.

그림 3.60은 인덕턴스 회로에서의 전류, 전압의 기준 방향을 나타낸 것이다.

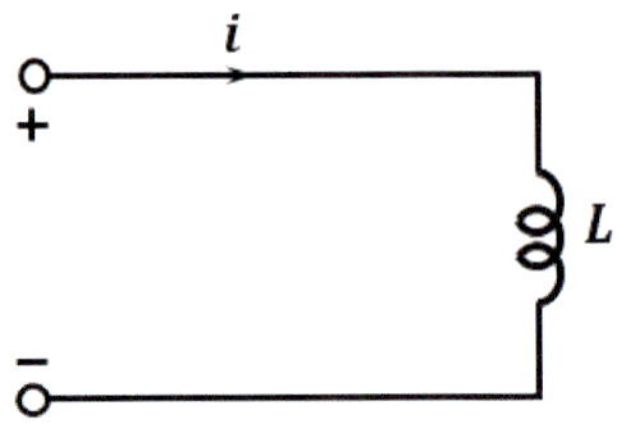

그림 3.60 인덕턴스 회로

(3) 렌츠의 법칙(Lenz's law)

이 전자기유도라는 현상은 매우 중요한 것이기 때문에 다른 표현으로 거듭 설명하겠다.

유도 기전력의 방향은 코일 속의 자속의 변화를 방해하는 방향으로 발생한다. 그림 3.61은 여러 경우를 생각할 때 유도 기전력의 방향을 나타낸 것이다. 이것을 렌츠가 체계적으로 정립하였다고 하여 **렌츠의 법칙**이라 한다.

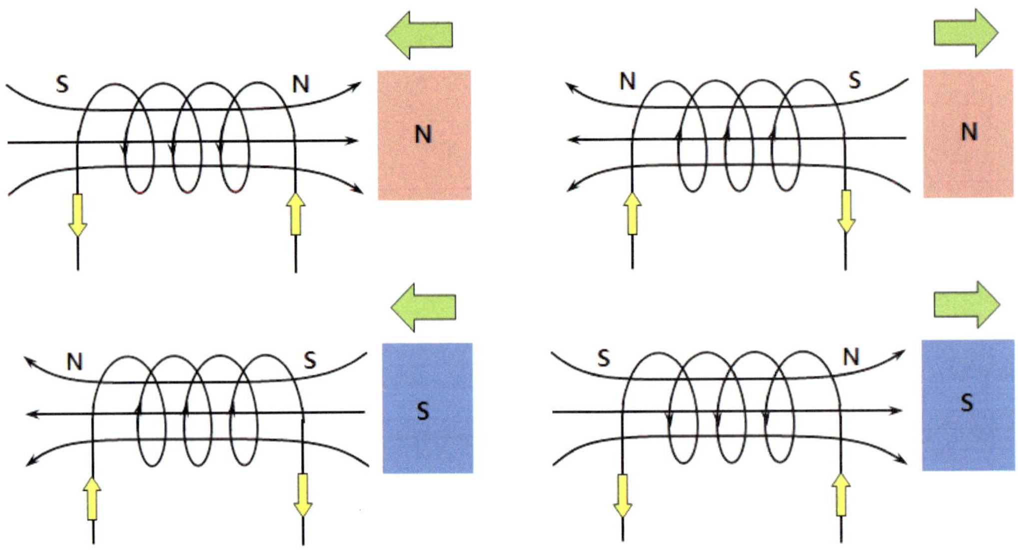

그림 3.61 렌츠의 법칙

(4) 플레밍의 오른손의 법칙

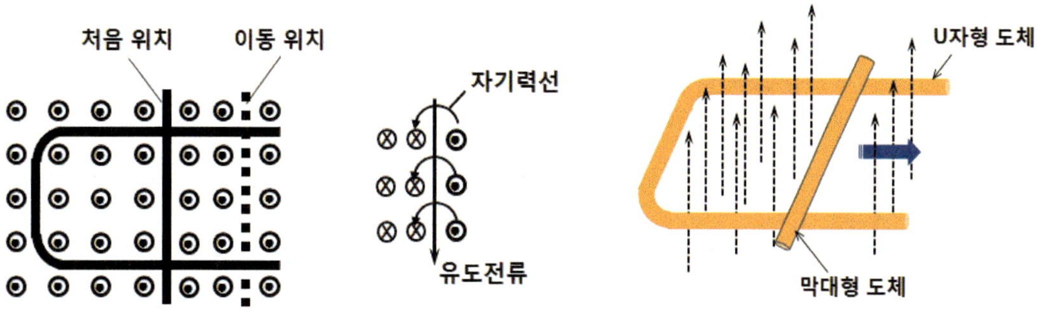

그림 3.62 U자형 도체 위를 구르는 도체

그림 3.62와 같이 자기력선이 균일하게 분포해 있는 곳에 U자형의 도체가 놓여 있고, 그 도체 위에 다른 가느다란 둥근 막대모양의 도체가 놓여 있다. 둥근 막대 도체와 U자형 도체는 「ㅁ」자 모양의 한 번 감은 코일을 형성하고 있다고 할 수 있다.

그러면 둥근 막대 도체가 오른쪽으로 굴러 가면 어떻게 될까? 「ㅁ」자의 코일 속을 관통하고 있던 자기력선의 수가 증가하게 된다. 이와는 반대로 증가하지 않게 하려면 앞에서도 설명했듯이 이 코일을 위에서 보아 시계방향으로 전류가 유도되도록 하면 되지 않겠는가. 도체가 좌로 굴러 가면 전류가 반시계방향으로 유도되는 것은 말할 나위도 없다.

원리를 고려하지 않고 자기력선의 방향과 전류의 방향 및 힘의 방향만을 안다면 좋은 방법이 있다. 오른손의 엄지, 인지와 중지를 그림 3.63과 같이 각각 직각이 되게 뻗는다. 먼저 그 인지를 자기력선의 방향으로 돌리고, 엄지를 도체가 움직이는 방향에 맞춘다. 그렇게 하면 중지가 전류의 방향을 바로 가리켜준다. 아주 간단하다. 이것을 고안한 사람의 이름을 따서 **플레밍(J.A Fleming)의 오른손의 법칙**이라고 부른다.

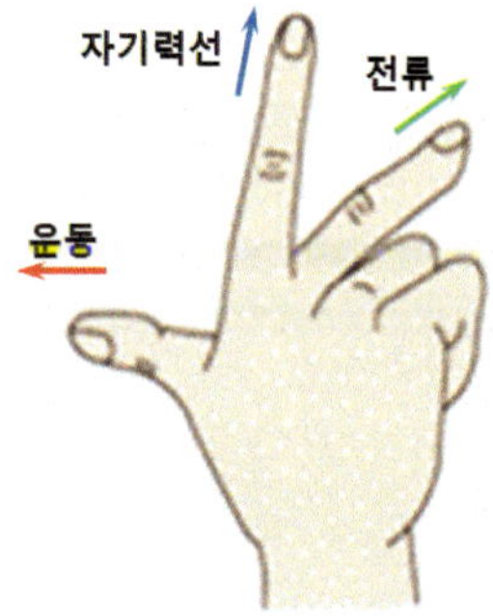

그림 3.63 플레밍의 오른손 법칙

여기서 특히 주의해 둘 일은 법칙이 있기 때문에 그것에 따라 현상이 일어나는 것이 아니라는 점이다. 거기서 일어나고 있는 현상을 잘 정리해 보고 간단한 「문장」으로 표현할 수 있었다는 것이다. 그것을 「법칙」이라 말하고 있다. 표현을 달리하면 어떤 현상을 생각하기 위한 「사고방식」을 「법칙」이라는 형태로써 가리키고 있다고 해도 될 것이다. 「처음에 현상이 있었다.」고 말할 수 있다.

(5) 아라고의 원리

그림 3.64와 같이 원판과 자석이 접촉하고 있지 않은 상태에서 자석을 A 방향으로 이동하면 원판도 동일 방향으로 회전한다. 이것은 자석의 이동과 동시에 원판 내부에 기전력이 유도되고 소용돌이 전류(유도전류) i가 흐르기 때문이다. 원판에 유도된 소용돌이 전류와 자석에 의한 자속 사이의 관계(플레밍의 왼손법칙)에 의해 전자력이 생겨 화살표 f의 방향으로 원판이 돈다. 이를 프랑스의 물리학자 아라고(D.F. Arago, 1786~1853)에 의해 최초로 실험되었다고 하여 **아라고의 회전**이다.

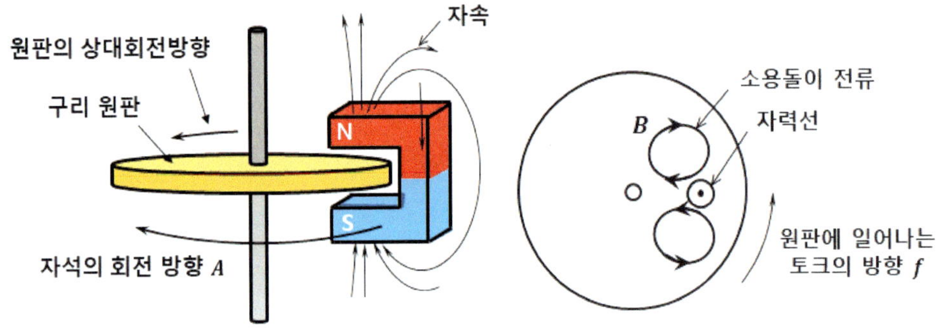

그림 3.64 아라고의 회전

3.3.3 전자기력의 발생

(1) 자기력선의 성질

자기력선은 자석과 함께 자주 등장하지만, 쇳가루를 써서 실험한 것과 같은 선을 왜 생길까? N극에서부터 S극으로 향하는(것이라고 약속했다) 활처럼 휜 곡선이 어째서 생기느냐는 것이다. 이것은 알갱이 하나하나의 쇳가루가 자화되어 작은 자석이 됨으로써 서로 연결되어 있기 때문이다. 마치 바늘이나 못이 차례로 이어져서 자석에 부착되는 것과 같다. 바늘이나 못은 형상이 크기 때문에 N극과 S극 사이에서 연결되어도 깨끗한 곡선 모양으로는 되지 않는다. 쇳가루와 같은 작은 입자라면 그림 3.65처럼 활 모양으로 휘어져 연결된다.

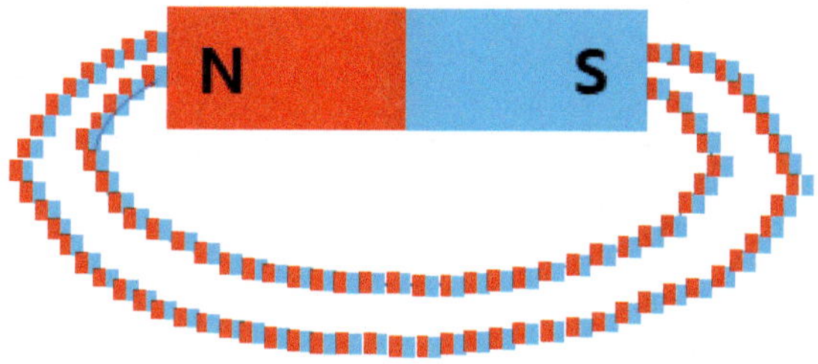

그림 3.65 자화된 쇳가루의 연결 모양

각 입자의 N극과 S극이 연달아 이어져서 선 모양이 되기 때문에 그 선의 양단에서 자석에 달라붙어 있는 곳은 N와 S로 되어 있다. 한 가닥의 선으로 보이는 것은 한 가닥의 길쭉한 자석이라 생각하면 된다.

이렇게 한 줄로 연결되어 있는 수많은 작은 자석은 서로 끌어당기고 있다. 그러므로 이들은 늘여 놓은 고무줄처럼 스스로 수축하려 한다.

이웃에 있는 길쭉한 자석의 행렬은 어느 쪽도 같은 방향을 향하고 있는 자석이므로 서로 반발할 것이다.

정리해서 결론을 말하면 자기력선은 스스로 수축하려는 경향을 가지며 자기력선끼리는 서로 반발하는 성질이 있다.

- 자기력선은 N극에서 나와서 S극으로 들어가며, 자석 내부에서도 계속되는 폐곡선이다.
- 자기력선은 도중에 서로 교차되거나 분리되지 않는다.
- 자기력선 위의 한 점에서 그은 접선의 방향은 그 점에서 자기장의 방향을 나타낸다.
- 자기력선이 밀집된 곳(자기력선 간격이 좁은 곳)일수록 자기장의 세기가 크다.

(2) 플레밍의 왼손의 법칙

지금 자기력선이 이 종이면 위의 앞쪽에서부터 저편을 향해 균일한 밀도로 평행하게 배열해 있다고 하자. 종이 면에 수직으로 도선을 관통시키고 여기에 종이 밑에서부터 표면 위쪽을 향하는 방향으로 전류를 흘려보낸다. 어떤 일이 일어날까?

도선의 주위에는 물론 자계가 형성된다. 자기력선으로 말하면 도선을 둘러싸고 종이면 위에서 반시계방향으로 도는 원형의 자기력선이 몇 개나 생긴다. 도선의 오른쪽과 왼쪽에서는 자기력선의 방향이 반대로 되어 있다. 도선의 오른쪽에서는 처음부터 있었던 자기력선에 새로 자기력선이 더해져서 증가하고, 도선의 왼쪽에서는 반대로 전부터 있던 자기력선이 줄어들게 된다.

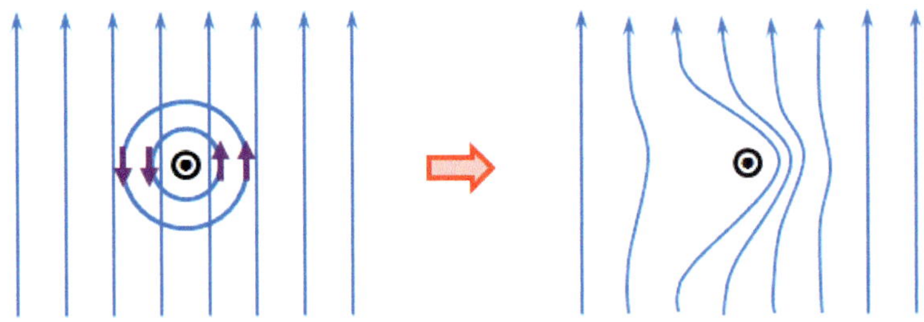

그림 3.66 균일한 자계 속의 도선에 전류를 흘렸을 때 모습

즉, 도선의 오른쪽에서는 자기력선의 밀도가 증대하고 왼쪽에서는 밀도가 줄어들게 된다. 그림으로 나타내면 도선의 오른쪽에서는 자기력선이 몰리게 되고 도선의 왼쪽에서는 그만큼 성글게 된다(그림 3.66).

그러면 여기서 처음에 든 자기력선의 두 가지 성질을 적용시켜 보자.

자기력선이 빽빽하게 밀집해 있는 곳에서는 이웃끼리의 반발력이 강하게 작용될 것이다. 또 자기 자신이 수축하려는 힘은 자기력선이 뻗어있는 곳에서 강해질 것이다. 이 두 힘은 어느 쪽도 다 전류의 흐름을 왼쪽으로 밀어내려 한다.

이와 같은 현상을 「자계와 전류가 서로 작용하여 전자기력이 발생했다」고 말한다.

이 경우에도 앞의 전자기유도에 의한 전류의 발생과 마찬가지로 플레밍의 법칙을 응용할 수 있다. 다만 이번에는 오른손이 아니라 「왼손의 법칙」이 되는 것에 주의해야 한다.

그림 3.67과 같이 왼손의 세 손가락을 앞처럼 서로 직각으로 벌리고, 인지를 자기력선, 중지를 전류의 방향으로 돌리면 엄지가 운동의 방향을 가리켜 준다.

전류를 흘리면 운동이 일어나기 때문에 이것은 전기에너지를 회전이라고 하는 운동에너지로 바꾸는 모터의 원리에 해당한다. 이에 대한 것은 11장의 모터에서 설명하도록 한다.

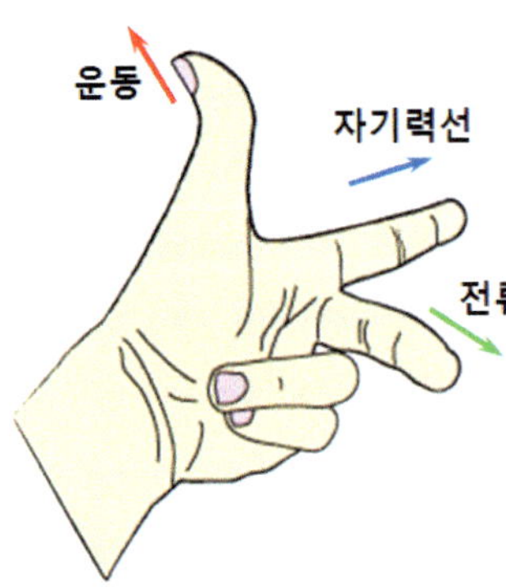

그림 3.67 플레밍의 왼손 법칙

3.3.4 자기와 전기

(1) 자기와 전기의 차이

그런데 자기란 무엇이냐? 전기란 무엇이냐 하는 질문을 받게 되면 쉽게 대답할 수가 없다. 그러나 우리 주변에 있는 자석은 「자기를 띠고 있기 때문에 쇠를 부착한다. 자기란 그런 것이다」라고 하면 무엇인지 알 듯한 느낌이 든다. 그리고 자석의 양단에는 N극과 S극이 있다는 것, 같은 극끼리는 반발하고 다른 극끼리는 당긴다는 것 등이 잘 알려져 있다.

전기, 정확하게는 정전기(static electricity)인 경우에도 플러스와 마이너스 두 종류가 있고, 그들 사이의 인력과 반발은 자기의 경우와 마찬가지로 생각하면 된다는 것이 알려져 있다.

이 정도만 살펴보아도 전기와 자기는 아주 흡사하다. 그러나 무척 다른 점이 있다. 전기는 플러스와 마이너스 전기가 쌍으로 존재하거나 또는 따로 각각 존재한다. 그런데 자기의 경우 N극과 S극은 우리가 알고 있는 한은 언제나 쌍을 이루고 있고 결코 단독으로는 존재하지 않는다.

N극과 S극이 단독으로도 존재하는 것이 아닐까 하는 것은 특히 물리학자의 흥미를 끌어온 문제이다. 이 단독의 자극을 **자기 단극자**(monopol)라고 부르는데, 실제로는 아직 발견되지 않았다.

(2) 기자력과 자속

그럼 전기와 자기를 비교하며 살펴보기로 하자.

우선 전기라고 하면 전류라든가 전압이라든가 하는 말이 머리에 떠오를 것이다. 이 전류를 흐르게 하는 원동력이 되는 것이 전압이다. 전기적인 압력으로 전기를 밀어내는 힘이다. 건전지로부터 흘러 나간 전류가 파일럿램프에 불을 켠다. 이것이 전혀 빛을 내지 않거나 어두워지거나 하면, 「전지가 없어졌다」니 「전압이 떨어졌다」느니 하고 말한다. 이 전류를 흘려보내는 원동력이 되는 것을 **기전력**(electromotive force:전압)이라 부른다.

전압과 전류는 그림 3.68과 같이 직선관계로 되어 있다. 전압이 2배가 되면 전류도 2배가 된다. 익히 아는 옴의 법칙이다.

자석의 경우는 기자력이라는 것을 생각한다. 기전력보다는 약간 알기 힘들지 모르겠으나 되도록 쉽게 설명해 보겠다.

자석의 성질을 나타내는 데에 그림 3.69와 같은 감자곡선이 사용된다. 영구자석에서는 외부로부터 자계가 가해지는 일이 없다. 자기 자신이 만드는 자계로써 여러 가지 일을 해야 한다. 이 자계가 앞으로 말한 감자력(self-demagnetizing force)의 근원이며 기자력에 해당한다. 이것이 원동력이 되어 자기력선을 밀어내는 것이다. 다만 그것을 **자류**라고는 부르지 않는다.

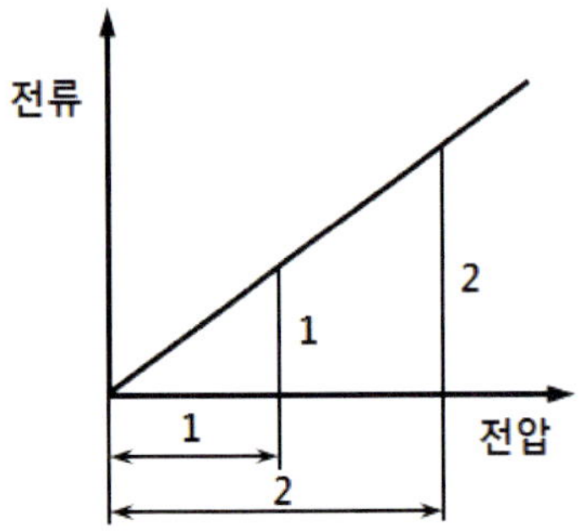

그림 3.68 전압과 전류의 관계

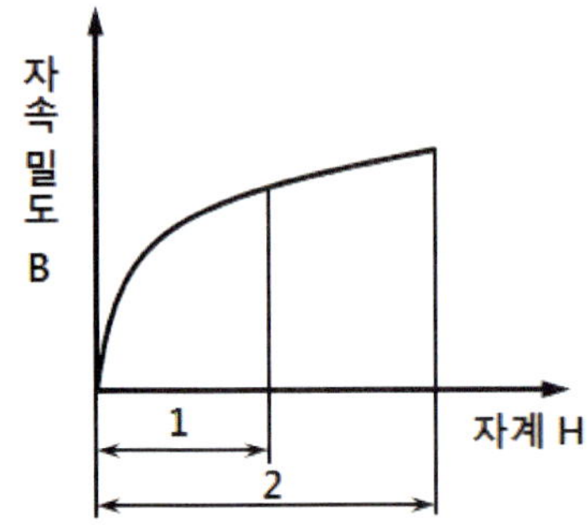

그림 3.69 감자 곡선

전류에 해당하는 것은 앞에서 말한 자기력선이고, 자기력선의 다발을 **자속**이라 한다. 그것이 자극의 단위면적($1cm^2$)에서부터 얼마만큼 나오고 있느냐를 가리키는 것이 자속밀도(B)이다. 자석으로부터 나오는 자속의 총량은 자속밀도(B)의 값에 자극면적(A)을 곱한 값(B×A)이 된다. 이것이 전기의 경우에는 도선 내를 흐르는 전류에 해당하는 셈이다. 전기의 전압-전류의 관계는 직선으로 나타내고 있지만 자기의 경우 자속-자속밀도(H-B)의 관계는 직선이 아니고 곡선이다. 기자력(자계 H)이 어느 값일 때 자속밀도가 얼마만큼으로 되느냐 하는 것은 이 곡선으로부터 찾아야 한다. 이것이 자기가 전기보다 까다롭다고 하는 점이다. 그러나 그것은 그렇다고 치고 자계(H)와 자속밀도(B)의 관계를 전압(V)와 전류(I)의 관계에 견주어서 알아두었으면 한다.

(3) 자로란?

전기라는 말을 들으면 전선이나 전기코드를 생각하는 사람도 있을 것이다. 확실히 이런 것들이 없으면 필요한 장소까지 전기를 전할 수가 없다. 전기는 가느다란 선일지라도 멀리까지 전달할 수 있기 때문에 매우 편리하게 사용되고 있다.

자기의 경우 어떨까? 전기에서는 동선 등을 도전선이라 하고, 구리 등은 전기의 도체라고 불린다. 자기에서도 이 도체에 해당하는 것이 있다. 쇠처럼 자석에 부착되는 금속(자성체)이 그것이다. 자극으로부터 나간 자속을 자기의 도체에 해당하는 철을 통해서 필요한 곳까지 이끌어 준다. 이것을 **자로**(electric road)라고 한다. 전기회로라는 말에 대응하여 자기회로라는 말도 있다.

이와 같이 도체를 사용하여 전기도 자기도 다른 곳으로 전도되는데 양자 사이에는 큰 차이가 있다. 그것은 저항이다. 전기저항은 잘 알고 있을 것이다. 저항을 R이라 하면 전압 V와 전류 I와의 관계가 $V=I \cdot R$로써 나타내진다고 하는 바로 그 저항이다. 동선의 저항에 비해 공기의 저항은 무한대라고 해도 된다. 그래서 공기는 전기의 절연체라고 일컬어진다. 그 때문에 구리줄을 써서 전기를 유도해도 전기는 동선 만을 통하고 공기 속으로는 새어 나가지 않는다. 즉, 전기의 +단자와 -단자가 드러나 있어도 그 사이에는 전기가 흐르지 않는 것이다.

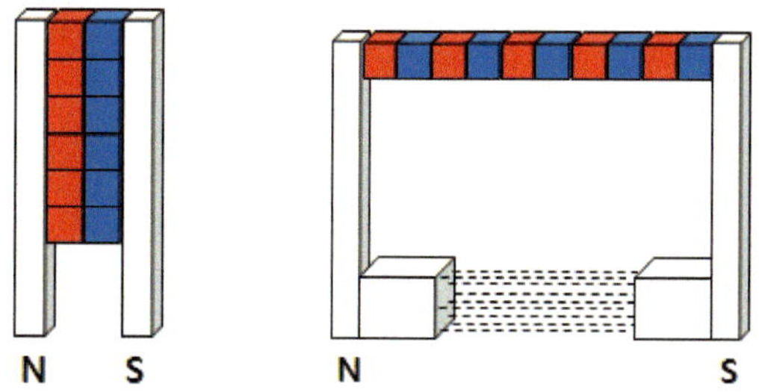

(a) 자석의 경우

(b) 전지의 경우

그림 3.70 직렬접속과 병렬접속

자기에서는 그렇게는 안 된다. 자기에 대한 저항이라 할 만한 것은 공기와 자로의 재료로는 보통 1000:1 정도의 차이 밖에 없다. 이 때문에 자속은 자로 속뿐만 아니라 반드시 얼마쯤은 공기 속으로 번져 나간다. 공기도 일종의 자로라고 할 수 있다.

이와 같이 다루기 힘든 점이 있기는 해도 자기의 경우에도 그림 3.70과 같이 전기회로와 비슷한 회로를 만들 수가 있다. 전지에 해당하는 자석으로부터 그 자기적인 압력으로 자속이 자로에 흐르는 것이다. 조금씩 자로 밖으로 새어 나가면서 말이다.

(4) 자석과 전지의 비교

고저항 부분에 전류를 흘려보내는 데는 고전압이 필요하다. 전지를 사용하여 고전압을 내는 데는 적층건전지 등의 편리한 방법이 있다. 이것은 1.5V의 전지를 몇 개나 세로, 즉 직렬로 접속한 구조로 되어 있다.

자석의 경우에는 어떻게 생각하면 될까? 자기저항이 높다는 것은 자로 앞 끝에 있는 극과 극의 관계가 넓다는 것이다. 거기에 자속을 통과시키는 데는 자석을 역시 직렬로 접속한다. 바꿔 말하면 긴 자석을 사용한다는 것이다.

큰 전류를 흘려보내는 데는 전지를 몇 개나 가로로 배열하여 직렬로 접속하면 된다. 반면에 자속을 많이 통과시키는 데는 자석을 병렬로, 바꿔 말해서 자극 면적이 넓은 자석을 사용하면 될 것이다.

자극의 면적을 크게 하여 거기서부터 나가는 많은 자속을, 단면적은 작더라도 자기저항이 적은 재료로 만든 자로를 통해 필요한 장소로 유도하면 된다.

(5) 자기 회로

저항과 전원을 도체로 접속한 전기 회로에서는 옴의 법칙에 의한 전류가 흐르게 된다. 자기 회로는 자성체와 전원을 접속한 회로로서 그림 3.71과 같은 자기 회로를 예로 들어 설명한다.

이와 같이 철심에 코일을 갖고 전류를 흘리면 철심 내에 자속이 발생된다. 이 때 자속 ϕ는 코일의 권수 N이 많을수록 또한 흐르는 전류 I가 클수록 커진다. 이처럼 자속을 만들 수 있는 원동력이 되는 것을 앞에서 언급했지만 **기자력**(magnetomotive force)이라 하며 기호는 F이고 단위는 암페어 턴(ampere turn)으로 [AT]를 사용한다.

$$F = NI\,[\mathrm{AT}] \tag{3.53}$$

이 기자력에 의하여 생기는 자속의 양은 ϕ[Wb]이며 기자력이 클수록 가속이 많이 생기는데 이 경우 자속이 통과하는 철심의 통로를 **자기 회로**(magnetic circuit)라고 한다. 지금 코일의 감은 수를 N회, 자기 회로의 평균 길이를 l[m]로 하여 전류를 I[A] 만큼 흘리면 코일 내부의 자계는 다음과 같이 된다.

$$H = \frac{NI}{l}\ [\mathrm{AT/m}] \tag{3.54}$$

이 자계에 의해 철심이 자화되어 철심 내부에 발생되는 자속 밀도를 B[Wb/㎡], 철심의 투자율을 μ라고 하면 자속 밀도는 다음과 같이 된다.

$$B = \mu H\,[\mathrm{Wb/㎡}] \tag{3.55}$$

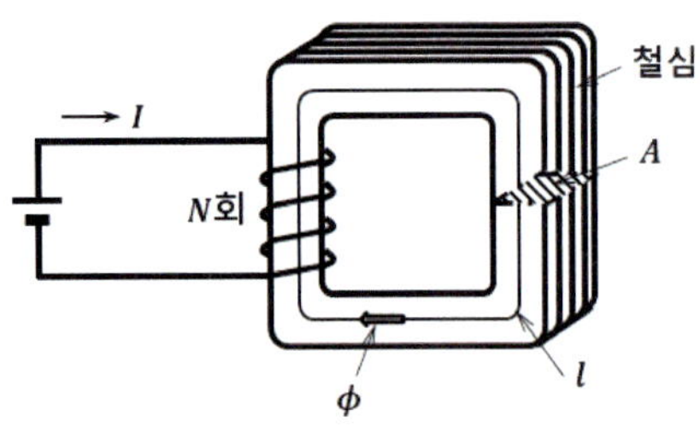

그림 3.71 자기 회로

따라서 철심 내부를 통과하는 전 자속 ϕ는 철심의 단면적이 A[㎡]이므로 다음과 같이 된다.

$$\phi = BA = \mu HA = \mu \frac{NI}{l} A = \frac{NI}{\left(\frac{l}{\mu A}\right)} = \frac{NI}{R} \text{[Wb]} \tag{3.56}$$

여기서 분모항의 R값은 다음과 같이 나타낼 수 있다.

$$R = \frac{l}{\mu A} = \frac{NI}{\phi} \text{[AT/Wb]} \tag{3.57}$$

이를 **자기 저항**(reluctance)이라고 한다. 따라서 자기 회로를 통과하는 자속 ϕ는 기자력 NI에 비례하고 자기 저항 R에 반비례한다. 이러한 관계를 자기 회로에 관한 **옴의 법칙**이라고 한다. 전기 회로와 자기 화로를 비교하면 매우 흡사한 특성이 있는데 이를 표 3.2에 나타낸다.

표 3.2 전기 회로와 자기 회로

전기 회로	전압[V]	전류[A]	전기 저항[Ω]	전계의 세기[V/m]	전속 밀도[C/㎡]
	$V = IR$	$I = \frac{V}{R}$	$R = \rho \frac{l}{A}$	$E = \frac{V}{l}$	$D = \frac{\phi}{A}$
자기 회로	기자력[AT]	자속[Wb]	자기 저항[AT/Wb]	지계의 세기[AT/m]	자속 밀도[Wb/㎡]
	$F = NI$	$\phi = \frac{F}{R}$	$R = \frac{l}{\mu A}$	$H = \frac{F}{l}$	$B = \frac{\phi}{A}$

(6) 비오-사바르의 법칙

전선에 흐르는 전류에 의해 발생되는 자계의 크기는 전류의 크기와 거리에 따라 다르게 된다. 그림 3.72 (a)와 같이 전류 I[A]가 흐르는 도체의 미소 부분 dl[m]에 의해 r[m] 떨어진 P점의 자계의 세기 dH[A/m]는 dl과 P를 연결하는 방향이 dl의 방향과 이루는 각을 θ[rad]라고 할 때 다음과 같이 표시된다.

$$dH = \frac{Idl\, sin\theta}{4\pi r^2} \text{[A/m]} \tag{3.58}$$

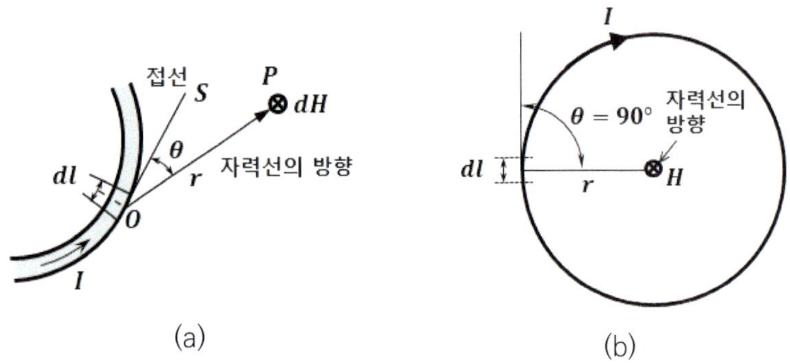

그림 3.72 비오-사바르의 법칙

이것을 **비오-사바르의 법칙**(Bio-Savart's law)이라고 한다. 예를 들면 그림 3.72 (b)에서와 같이 반지름이 r[m]인 원형 코일에 전류가 흐를 때 원형 코일의 중심에서의 자계의 세기 H_o는 다음과 같이 된다.

$$H_o = \int_0^{2\pi r} \frac{Idl\,sin 90°}{4\pi r^2} = \frac{I}{2r}\,[\text{A/m}] \tag{3.59}$$

만일 원형 코일의 감은 수가 N의 경우에는 자계의 세기가 다음과 같이 된다.

$$H = \frac{NI}{2r}\,[\text{A/m}] \tag{3.60}$$

4장

회로망 해석 및 정리

전기 회로에는 주로 전압소스, 전류소스, 스위치 및 2장에서 소개한 전기 회로 소자인 저항, 콘덴서, 인덕터 등이 있다. 이 요소들이 이루고 있는 회로를 분석하고 해석하는 학문이 회로 이론이다.

또한 전기회로망을 그래프 이론을 이용하여 해석하는 학문을 회로망 기하학 또는 위상 기하학(topology)이라 한다. 일반적으로 회로 해석의 근본을 이루는 것은 각 소자의 단자전압-전류관계식 또는 옴의 법칙과 키르히호프의 두 법칙이지만 이 장에서는 보다 일반적이고 조직적인 회로해석법에 대해 다루기로 한다.

4.1 회로망의 일반 해석

4.1.1 회로망 용어의 정의

지금까지 다루어 온 회로는 비교적 간단한 것이지만 복잡한 회로의 경우에는 옴의 법칙만으로는 회로 해석이 불가능하다. 이처럼 여러 개의 전원과 회로 소자 등이 그림 4.1과 같이 복잡하게 접속된 회로를 **회로망**(net work)이라고 부른다.

그림 4.1과 같은 회로망에서 도체가 접속되어 있는 1, 2, …, 5 등의 접속점(junction)을 **마디** 또는 **절점**(node), 접속점 사이를 연결하는 1-2, 2-3, 1-5 등과 같은 회로의 일부를 **지로**(branch)라 하고 각 가지를 통하여 일주하는 1-2-3-1, 1-5-3-1, 1-5-4-3-1과 같은 회로를 **폐회로**(closed circuit) 또는 **폐로**(loop)라 하며 다른 폐회로를 포함하지 않는 독립된 폐회로를 구분하여 **메시**(mesh)라고도 한다.

회로망 해석에서는 어떤 회로 변수(전압, 전류 등)를 미지수로 택할 것이며, 그 수는 몇 개이어야 하며, 택한 변수들로서 어떤 회로방정식을 세울 것이며, 과연 독립적인 방정식의 수가 변수의 수와 같은지(같아야만 방정식을 연립해서 풀 수 있음) 하는 문제가 먼저 규명되어야 한다. 이러한 문제들은 회로망을 지로의 상호 연결로 간주하고 그 기하학적 성질을 살피게 되며 이런 분야를 회로망 토폴로지, 특히 전기회로망을 그래프(graph) 이론을 이용하여 해석하는 학문을 **회로망 기하학**(network topology)이라 한다. 그래프 이론은 점과 선에 관한 기하학이다. 주어진 회로의 연결 관계를 나타내는 위상 그래프를 그리려고 하면 회로를 이루는 모든 소자를 선으로 바꾸면 된다. 예를 들면 그림 4.2 (a)의 원회도 회로망의 그래프는 그림 4.2 (b)와 같이 그릴 수 있다.

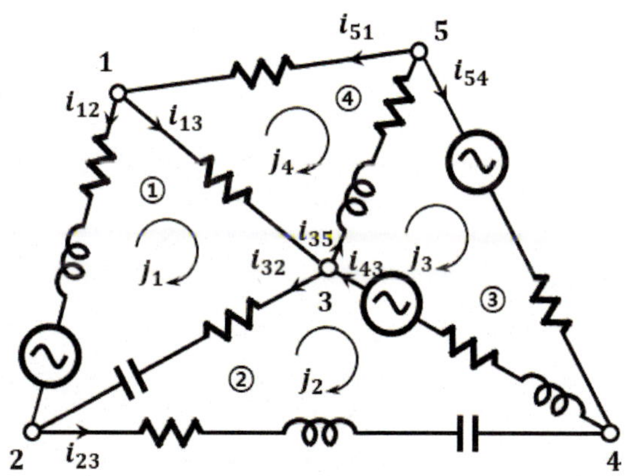

그림 4.1 회로망

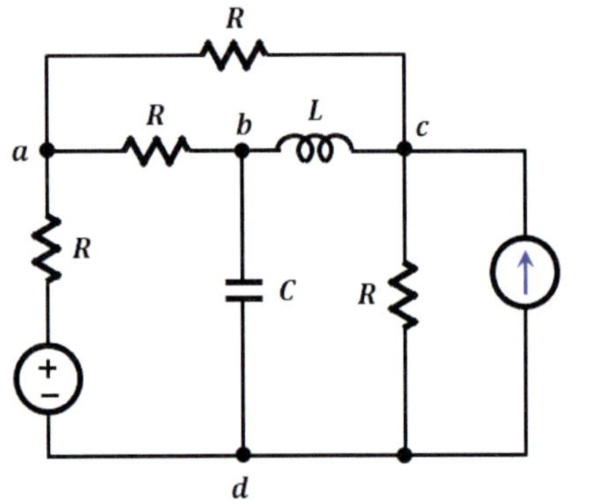

(a) 회로망

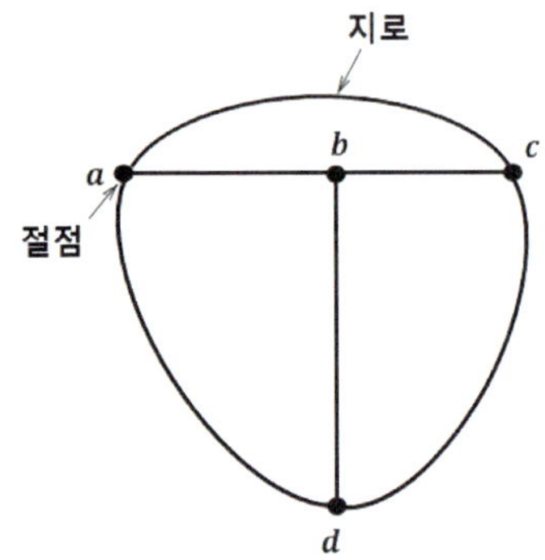

(b) 회로망 그래프

그림 4.2 회로망과 회로망 그래프

어떤 그래프에서 모든 절점을 연결하고 폐로를 만들지 않는 지로의 최소화의 집합을 **트리**(tree)라고 한다. 또한 트리를 제외한 지로를 **링크**(link)라고 한다. 또한 어떤 그래프를 하나의 지로만 남겨놓고 두 부분으로 가르는 지로의 최소의 집합을 **컷셋**(cut-set)라 한다.

그림 4.3에서 a, b, c, d (절점 갯수 n=4개)는 절점이고, 지로는 B_1, B_2, B_3, B_4, B_5, B_6(지로 갯수 b=6개)이고, 트리는 그림 4.4와 같이 3개이다.

트리를 (B_2, B_3, B_5)으로 할 때 링크는 B_1, B_4, B_6의 3개 이고 (B_1, B_2, B_3), (B_2, B_5, B_4), (B_3, B_6, B_5) 등이 폐로가 된다.

기본 컷셋은 그림 4.3에서 C_1, C_2, C_3가 있으며 각각의 컷셋은 다음과 같다.

$$C_1 = (B_1, B_2, B_4),\ \ C_2 = (B_1, B_3, B_6),\ \ C_3 = (B_4, B_5, B_6)$$

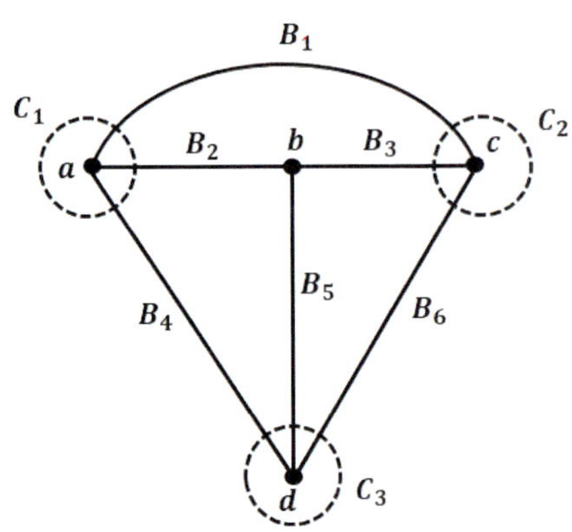

그림 4.3 회로망 그래프의 예

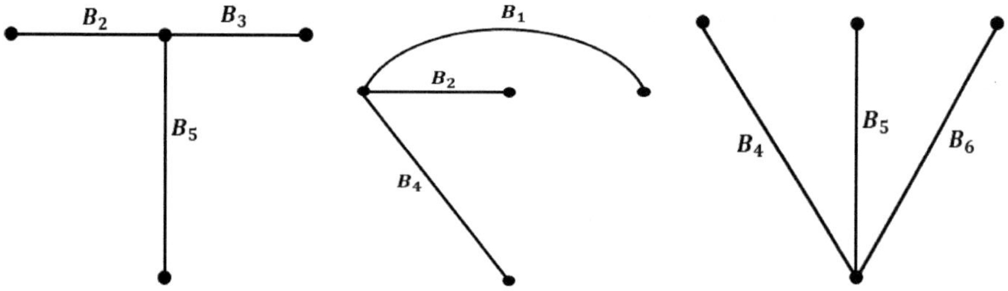

(a) B_2, B_3, B_5 트리 (b) B_2, B_2, B_4 트리 (c) B_4, B_5, B_6 트리

그림 4.4 그림 4.3의 트리

한편 지로의 수를 b, 절점의 수를 n이라 하면 트리의 수 b_t는 다음과 같이 일반화 할 수 있다.

$$b_t = n - 1 \tag{4.1}$$

링크의 수 b_l는 다음과 같이 일반화 할 수 있다.

$$b_l = b - (n-1) = b - n + 1 \tag{4.2}$$

4.1.2 지로 해석법

지로 해석법(branch analysis)은 회루망의 각 지루전류를 미지수로 하여 각 접속점에 대하여 세운 키르히호프의 전류방정식과 각 폐로에 대하여 세운 키르히호프의 전압방정식을 연립 방정식으로 푸는 것을 말한다.

그림 4.5의 회로에 대하여 지로법을 써서 각 지로전류를 구하기로 한다.

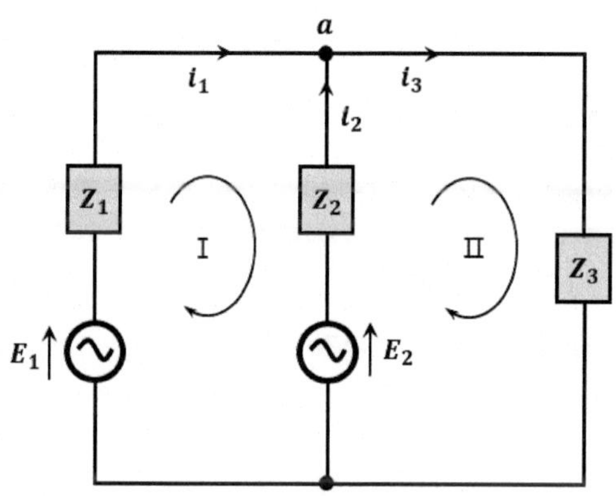

그림 4.5 지로 해석의 예

먼저 지로전류 i_1, i_2, i_3를 정하고 각 지로전류의 방향을 임의로 그림과 같이 가정한다. 키르히호프의 전류법칙(KCL)을 접속점 a에 적용시키면 다음과 같은 전류방정식이 얻어진다.

$$i_3 = i_1 + i_2 \tag{4.3}$$

다음은 키르히호프의 전압법칙(KVL)을 독립된 폐회로 I 과 II에 적용하면 다음과 같은 전압 방정식이 구해진다.

$$\text{폐회로 I에 대해} \quad Z_1 i_1 - Z_2 i_2 = E_1 - E_2 \tag{4.4}$$

$$\text{폐회로 II에 대해} \quad Z_2 i_2 + Z_3 i_3 = E_2 \tag{4.5}$$

전압방정식을 세우는 데 있어서 주의할 것은 폐회로를 일주하는 방향과 기전력의 전압상승의 방향이 일치할 때에는 (+), 반대일 때는 (-)를 붙여야 한다.

위의 세 식으로부터 i_1, i_2, i_3를 구하기 위하여 행렬로 나타내면 다음과 같이 되어 지로 전류 i_1, i_2, i_3를 구할 수 있다.

$$\begin{bmatrix} 1 & 1 & -1 \\ Z_1 & -Z_1 & 0 \\ 0 & Z_2 & Z_3 \end{bmatrix} \begin{bmatrix} i_1 \\ i_2 \\ i_3 \end{bmatrix} = \begin{bmatrix} 0 \\ E_1 - E_2 \\ E_2 \end{bmatrix}$$

$$\begin{bmatrix} i_1 \\ i_2 \\ i_3 \end{bmatrix} = \begin{bmatrix} 1 & 1 & -1 \\ Z_1 & -Z_1 & 0 \\ 0 & Z_2 & Z_3 \end{bmatrix}^{-1} \begin{bmatrix} 0 \\ E_1 - E_2 \\ E_2 \end{bmatrix}$$

또한 다른 방법을 이용하여 계산하면 다음과 같다.

식 (4.1)에서 $i_3 = i_1 + i_2$이므로 이것을 식(4.5)에 대입하면 다음과 같이 된다.

$$\begin{aligned} Z_1 i_1 - Z_2 i_2 &= E_1 - E_2 \\ Z_2 i_2 + Z_3 (i_1 + i_2) &= E_2 \end{aligned} \tag{4.6}$$

위의 두 식으로부터 i_1과 i_2의 값이 정해지고 식 (4.3)으로부터 i_3를 구할 수 있다.

예제 4.1 그림 4.6의 회로에 대하여 지로해석법을 이용하여 각각의 지로 전류를 구하여라. 단, $R_1 = 2[\Omega]$, $R_2 = 3[\Omega]$, $R_3 = 3[\Omega]$, $V_1 = 10$[V], $V_2 = 5$[V]이다.

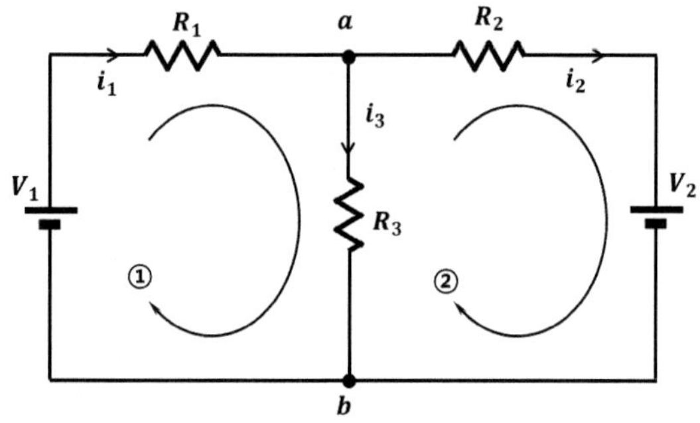

그림 4.6 예제 4.1의 회로 예

풀이 키르히호프의 전류법칙(KCL)을 접속점 a에 적용시키면 다음과 같은 전류방정식이 얻어진다.

$$i_1 = i_2 + i_3$$

다음은 키르히호프의 전압법칙(KVL)을 독립된 폐회로 ①과 ②에 적용하면 다음과 같은 전압방정식이 구해진다.

폐회로 ①에 대해 $R_1 i_1 + R_2 i_2 = V_1 \rightarrow 2i_1 + 3i_2 = 10$

폐회로 ②에 대해 $R_2 i_2 - R_3 i_3 = -V_2 \rightarrow 3i_2 - 3i_3 = -5$

위의 두 식에 $i_1 = i_2 + i_3$을 대입하여 정리하면 다음과 같이 된다.

$$21i_2 = 5,\ \text{즉},\ i_2 = \frac{5}{21} \fallingdotseq 0.24[\text{A}]$$

$$21i_3 = 40,\ \text{즉},\ i_3 = \frac{40}{21} \fallingdotseq 1.9[\text{A}]$$

$i_1 = i_2 + i_3$으로부터 $i_1 \fallingdotseq 2.14$[A]는 다음과 같이 된다.

예제 4.2 그림 4.7과 같은 회로에 대하여 지로해석법을 이용하여 각각의 지로 전류를 구하여라.

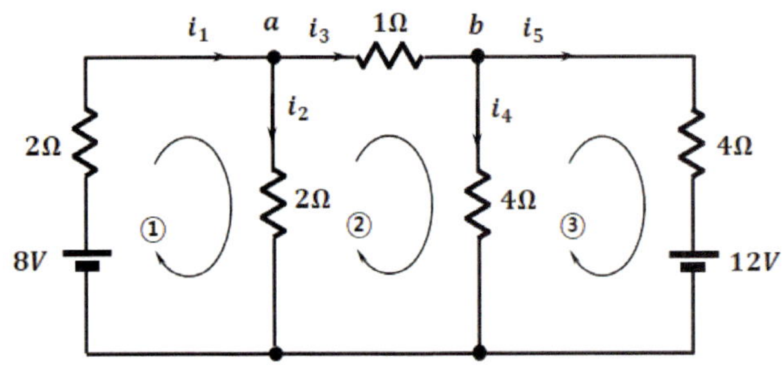

그림 4.7 예제 4.2의 회로 예

풀이 키르히호프의 전류법칙(KCL)을 접속점 a, b에 각각 적용시키면 다음과 같은 전류 방정식이 얻어진다.

$$a\text{에 대해 } i_1 = i_2 + i_3,\ b\text{에 대해 } i_3 = i_4 + i_5$$

다음은 키르히호프의 전압법칙(KVL)을 독립된 폐회로 ①, ② 및 ③에 적용하면 다음과 같은 전압방정식이 구해진다.
폐회로 ①, ② 및 ③에 대해 각각 키르히호프의 전압법칙(KVL)은 다음과 같이 된다.

$$\text{폐회로 ①에 대해 } -8 + 2i_1 + 2i_2 = 0$$
$$\text{폐회로 ②에 대해 } -2i_2 + i_3 + 4i_4 = 0$$
$$\text{폐회로 ③에 대해 } -4i_4 + 4i_5 + 12 = 0$$

폐회로 ①, ② 및 ③에 대한 KVL을 앞에서 구한 KCL에 대입하면 다음과 같이 정리된다.

$$4i_3 + 8i_4 = 8 \rightarrow 12i_4 + 4i_5 = 8$$
$$-4i_4 + 4i_5 + 12 = 0$$

위의 두 식으로부터 $16i_4 - 8 - 12 = 0 \rightarrow 16i_4 = 20 \rightarrow \boldsymbol{i_4 = 1.25}$
또한

$$-4 \times 1.25 + 4i_5 + 12 = 0 \rightarrow 4i_5 = -7 \rightarrow \boldsymbol{i_5 = -1.75}$$
$$i_3 = i_4 + i_5 \rightarrow \boldsymbol{i_3} = 1.25 - 1.75 = \boldsymbol{-0.5}$$
$$-8 + 4i_2 + 2i_3 = 0 \rightarrow -8 + 4i_2 + 2 \times (-0.5) = 0 \rightarrow \boldsymbol{i_2 = 2.25}$$
$$i_1 = i_2 + i_3 \rightarrow \boldsymbol{i_1} = 2.25 - 0.5 = \boldsymbol{1.75}$$

4.1.3 폐로 해석법

폐로 해석법(loop analysis)은 회로의 폐로를 설정하고 각 폐로에 대해 KVL을 적용하여 폐로방정식을 수립하고 연립방정식을 풀어 폐로 전류값을 구하는 과정이다. 폐로 해석은 회로의 모든 폐로 수를 세고 각 폐로에 하나의 통일된 전류가 흐른다고 가정하고 이를 i_1, i_2, i_3, … 와 같은 이름을 붙여서 진행한다.

회로망 토폴로지를 이용하면 일반적으로 어느 회로의 선형 독립인 KVL 식의 수는 정확히 $B-N+1$개이다(B : 회로의 가지 수, N : 마디의 수).

여기서 그림 4.6의 회로를 예를 들어 지로해석법과 비교해 보기로 한다.

그림 4.6의 회로는 가지 수가 3개, 마디의 수가 2개이므로 $3-2+1=2$가 된다. 따라서 폐로 해석법에서 선형 독립인 KVL 식의 수는 2개가 되는 것이다.

폐로 해석법으로 하기에 앞서 그림 4.6의 회로를 각각의 루프 전류로 나타내면 그림 4.8과 같이 나타낼 수 있다.

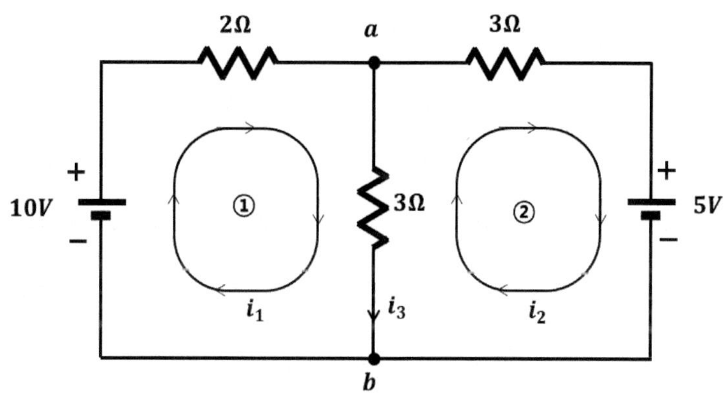

그림 4.8 폐로 해석법을 위한 루프 전류

루프 ①과 ②에 대해 KVL을 적용하면

$$\begin{aligned} -10+2i_1+3(i_1-i_2) \\ 3(i_2-i_1)+3i_2+5=0 \end{aligned} \tag{4.7}$$

식 (4.7)을 정리하면

$$5i_1 - 3i_2 = 10$$
$$-3i_1 + 6i_2 = -5 \quad (4.8)$$

식 (4.8)을 연립방정식으로 풀면

$$i_1 = \frac{15}{7}\,[\mathrm{A}],\ \ i_2 = \frac{5}{21}\,[\mathrm{A}]$$

따라서 $i_3 = i_1 - i_2$이므로

$$i_3 = \frac{40}{21}\,[\mathrm{A}]$$

이 결과는 지로 해석법에서 구한 결과와 같다는 것을 알 수 있다. 또한, 지로 해석법은 3개의 방정식으로 구할 수 있는 것에 비해 폐로 해석법은 2개의 방정식으로 구할 수 있다는 것을 알 수 있다.

예제 4.3 예제 4.2의 그림 4.7에 대하여 폐로 해석법을 이용하여 각각의 지로 전류를 구하여라.

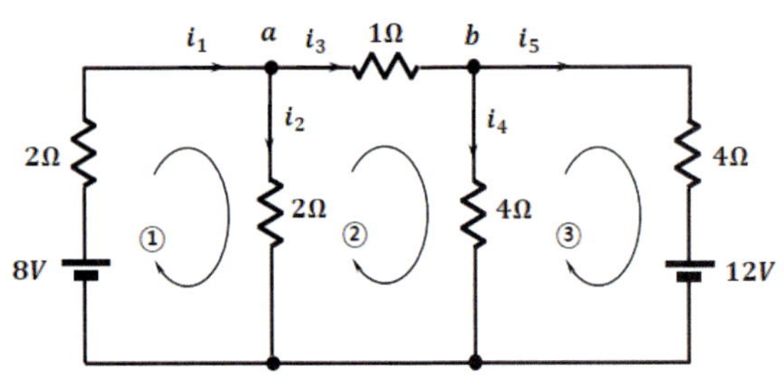

그림 4.7 예제 4.2의 회로 예

풀이 루프 ①, ② 및 ③에 대해 각각 루프 전류를 i_1, i_2, i_3라 할 때 KVL을 적용하면 다음과 같은 3개의 방정식을 구할 수 있다.

$$2i_1 + 2(i_1 - i_2) = 8 \ \rightarrow\ 2i_1 - i_2 = 4$$
$$2(i_2 - i_1) + i_2 + 4(i_2 - i_3) = 0 \ \rightarrow\ -2i_1 + 7i_2 - 3i_3 = 0$$
$$4(i_3 - i_2) + 4i_3 = -12 \ \rightarrow\ -4i_2 + 8i_3 = -12$$

위의 식을 연립방정식으로 풀면 루프 전류는 각각 다음과 같다.

$$8i_2 = -4 \rightarrow i_2 = -0.5[\mathrm{A}]$$
$$4i_1 = 7 \rightarrow i_1 = 7/4 = 1.75[\mathrm{A}]$$
$$8i_3 = -14 \rightarrow i_3 = -7/4 = -1.75[\mathrm{A}]$$

노드 a에서 저항 2Ω을 흐르는 전류를 i_4, 노드 b에서 저항 4Ω을 흐르는 전류를 i_5라 하면

$$i_4 = i_1 - i_2 = 1.75 - (-0.5) = 2.25[\mathrm{A}]$$
$$i_5 = i_2 - i_3 = -0.5 - (-1.75) = 1.25[\mathrm{A}]$$

이것 역시 지로 해석법으로 구한 것과 동일한 결과인 것을 알 수 있다.

4.1.4 절점 해석법

절점 해석 방법은 전기회로 해석의 가장 일반적인 방법이다. 이것은 회로가 전류 전원과 컨덕턴스만으로 구성된 경우 전압 방정식을 기계적으로 세울 수 있는 대표적인 방법이다.

만약 절점들이 적절히 결정되고 KCL이 일관성 있게 적용된다면 다음의 절점 해석 방법에 따라 진행함으로써 주어진 회로의 정확한 해를 구할 수 있다.

① 기준 절점(보통 접지)를 선택한다. 다른 모든 절점 전압들은 이 절점을 기준으로 한다.

② 남은 $(n-1)$개의 절점 전압을 독립 변수로 정의한다.

③ $(n-1)$개의 각 절점에 KCL을 적용하여 인접한 절점 전압으로 각각의 전류를 표현한다.

④ $(n-1)$개의 미지수를 가진 $(n-1)$개의 방정식으로 구성된 선형 시스템을 수립하고 해를 구한다.

(1) 전류원만을 가진 절점 해석

이 방법의 예로서 그림 4.9 (a)의 회로를 생각하기로 한다.

그림 4.9 (a)에서 왼쪽 저항의 합은 직렬이므로 $R_1 + R_2$이며 오른쪽 저항의 합은 직렬이므로 $R_4 + R_5 + R_6$이다. 이것을 컨덕턴스로 나타내면 다음과 같이 된다.

$$G_1 = \frac{1}{R_1 + R_2},\ \ G_2 = \frac{1}{R_3},\ \ G_3 = \frac{1}{R_4 + R_5 + R_6} \tag{4.8}$$

따라서 그림 4.9 (a)의 회로를 전원과 컨덕턴스만으로 회로를 다시 구성하면 그림 4.9 (b)와 같이 된다.

절점 방정식을 수립하기 위해 단계 ①의 기준 절점을 아래 절점을 선택하기로 한다. 그림 4.9 (b)는 기준 절점 선택 후에 절점 2개가 남아 있는 것을 보여준다. 각각 절점 a와 절점 b로 표시하고 단계 ②로 이 절점에 걸리는 전압을 각각 v_a와 v_b로 정의 한다.

절점 a은 $i_a = i_1 + i_2$이고 절점 b는 $i_2 = i_3 + i_b$이다. 따라서 다음은 단계 ③으로 각 절점 a와 b에 KCL을 적용하면 다음과 같다.

$$\begin{aligned} i_a &= G_1 v_a + G_2(v_a - v_b) \\ G_2(v_a - v_b) &= G_3 v_b + i_b \end{aligned} \tag{4.9}$$

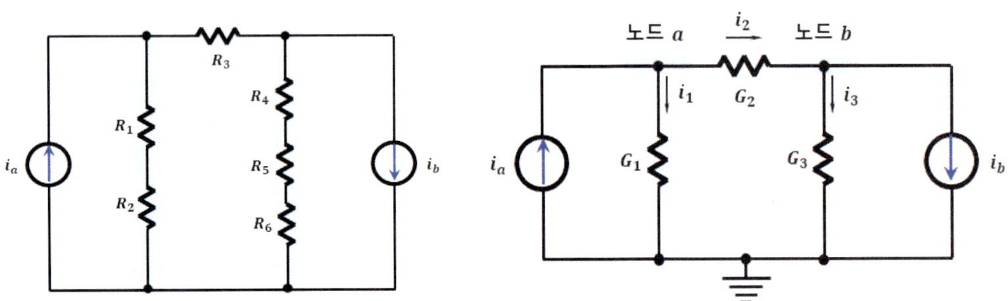

(a) 예제 회로 (b) 전원과 컨덕턴스만의 회로

그림 4.9 저항 회로 예

식 (4.9)을 i에 대해 정리하면 다음과 같다.

$$\begin{aligned}(G_1+G_2)v_a \quad\quad - G_2 v_b &= i_a \\ -G_2 v_a + (G_2+G_3)v_b &= -i_b\end{aligned} \tag{4.10}$$

이것은 식 (4.10)을 다음과 같이 정리할 수 있다.

$$\begin{aligned}G_{11}v_a + G_{12}v_b &= \sum i_a \\ G_{21}v_a + G_{22}v_b &= \sum i_b\end{aligned} \tag{4.11}$$

여기서 G_{11}는 절점 a에 연결된 가지에 있는 컨덕턴스의 합이고, G_{22}는 절점 b에 연결된 가지에 있는 컨덕턴스의 합이다. $G_{12}=G_{21}$은 절점 a와 절점 b를 다른 절점을 거치지 않고 직접 연결해 주는 가지에 있는 컨덕턴스의 합으로 그 결과에 항상 (-) 부호를 붙인다. 그리고 $\sum i_a$는 절점 a에 연결된 전류 전원 중 절점 a로 들어오는 방향으로 연결된 전류 전원은 (+), 나가는 방향으로 연결된 전류 전원은 (-)로 해서 더한 값이다. 또한 $\sum i_b$는 절점 b에 연결된 전류 전원 중 절점 b로 들어오는 방향으로 연결된 전류 전원은 (+), 나가는 방향으로 연결된 전류 전원은 (-)로 해서 더한 값이다.

예제 4.4 그림 4.9 (a)에서 $i_a=1[\text{A}]$, $R_1=3[\Omega]$, $R_2=7[\Omega]$, $R_3=4[\Omega]$, $R_4=2[\Omega]$, $R_5=2[\Omega]$, $R_6=2[\Omega]$이라 하면 절점의 전압 방정식을 구하라. 그리고 절점 a와 절점 b에 걸리는 전압을 구하라.

풀이 그림 4.9 (b)와 같이 표현하면 그림 4.10과 같이 된다.

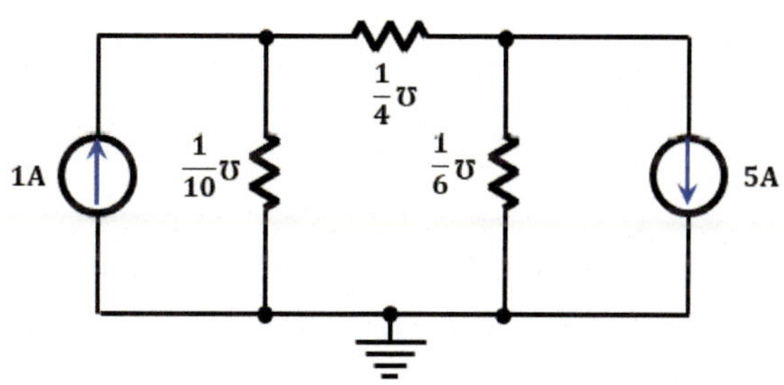

그림 4.10 전원과 컨덕턴스만의 회로

그림 4.10에서 절점 a와 b에 KCL을 적용하면 다음과 같다.

$$1 = \frac{1}{10}v_a + \frac{1}{4}(v_a - v_b)$$
$$\frac{1}{4}(v_a - v_b) = \frac{1}{6}v_b + 5$$

따라서 절점의 전압 방정식은 다음과 같이 된다.

$$1 = \frac{7}{20}v_a - \frac{1}{4}v_b$$
$$5 = \frac{1}{4}v_a - \frac{1}{12}v_b$$

그리고 절점 a와 절점 b에 걸리는 전압 v_a와 v_b는 위의 식을 크래머의 공식(Cramer's formula)을 이용하면 간단히 해를 구할 수 있다.

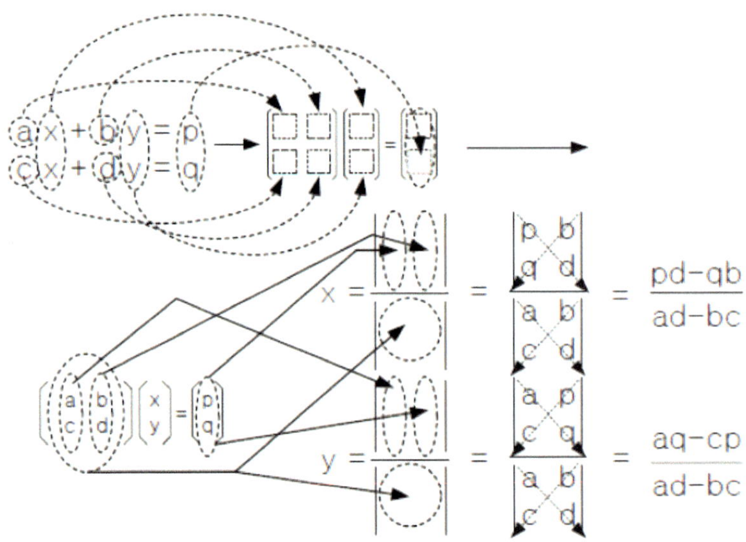

그림 4.11 크래머의 공식

크래머의 공식에 의해 다음과 같이 된다.

$$v_a = \frac{1\times\left(-\frac{1}{12}\right) - 5\times\left(-\frac{1}{4}\right)}{\frac{7}{20}\times\left(-\frac{1}{12}\right) - \left(-\frac{1}{4}\right)\times\frac{1}{4}} = \frac{-\frac{1}{12}+\frac{5}{4}}{-\frac{7}{240}+\frac{1}{16}} = \frac{280}{8} = 35$$

$$v_b = \frac{\frac{7}{20}\times 5 - \frac{1}{4}\times 1}{\frac{7}{20}\times\left(-\frac{1}{12}\right) - \left(-\frac{1}{4}\right)\times\frac{1}{4}} = \frac{\frac{7}{4} - \frac{1}{4}}{-\frac{7}{240} + \frac{1}{16}} = \frac{180}{4} = 45$$

$$\therefore\ v_a = 35[\mathrm{V}],\ v_b = 45[\mathrm{V}]$$

예제 4.5 그림 4.12에 대해 절점의 전압 방정식을 구하라.

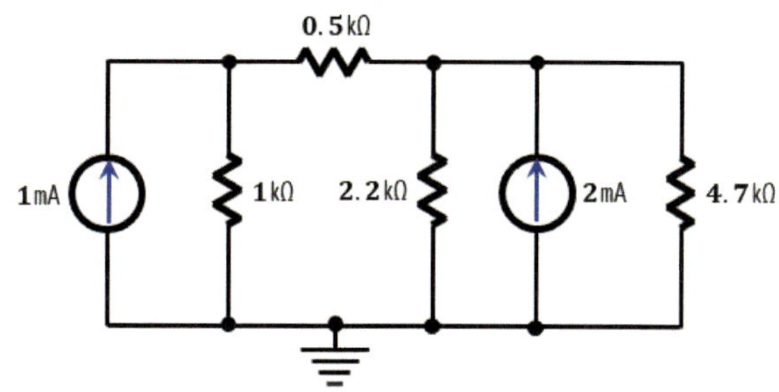

그림 4.12 예제 4.4 그림

풀이 그림 4.9 (b)와 같이 표현하면 그림 4.13과 같이 된다.

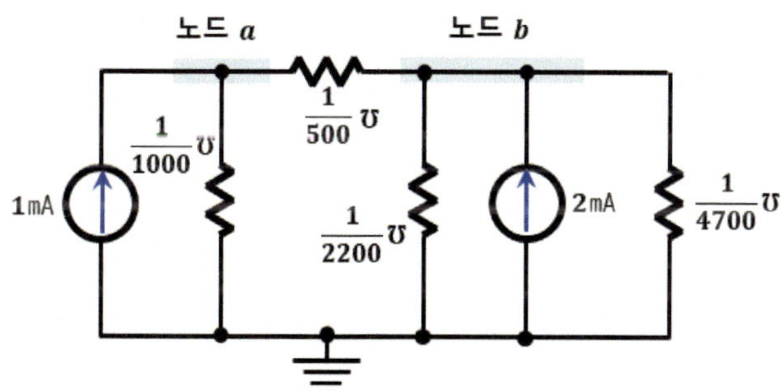

그림 4.13 전원과 컨덕턴스만의 회로

그림 4.13에서 절점 a와 b에 KCL을 적용하면 다음과 같다.

$$0.001 = \frac{1}{1000}v_a + \frac{1}{500}(v_a - v_b)$$
$$\frac{1}{500}(v_a - v_b) + 0.002 = \frac{1}{2200}v_b + \frac{1}{4700}v_b$$

따라서 절점의 전압 방정식은 다음과 같이 된다.

$$1 = 3v_a - 2v_b$$
$$2 = -2v_a + \frac{2802}{1034}v_b$$

그리고 그림 4.13에서 절점 a와 절점 b에 걸리는 전압 v_a와 v_b는 위의 식을 크래머의 공식으로 풀면 다음과 같이 된다.

$$v_a = \frac{1\times\left(\frac{2802}{1034}\right) - 2\times(-2)}{3\times\left(\frac{2802}{1034}\right) - (-2)\times(-2)} = \frac{\frac{2802}{1034}+4}{\frac{8406}{1034}-4} = \frac{6938}{4270} = 1.62$$
$$v_b = \frac{3\times 2 - (-2)\times 1}{3\times\left(\frac{2802}{1034}\right) - (-2)\times(-2)} = \frac{8}{\frac{8406}{1034}-4} = \frac{8}{\frac{4270}{1034}} = 1.94$$
$$\therefore\ v_a = 1.62[\text{V}],\ v_b = 1.94[\text{V}]$$

(2) 전압원도 가진 절점 해석

이번에는 전압원을 가진 그림 4.14의 절점 해석법에 대해 알아보기로 한다.

절점 전압 중의 하나가 이미 알려진 상태이므로 절점 a의 전압은 전압원과 같게 된다($v_a = v_s$). 따라서 단지 2개의 절점 방정식만이 절점 b와 c에서 필요하게 되므로 다음을 얻게 된다.

$$\frac{v_s - v_b}{R_1} = \frac{v_b}{R_2} + \frac{v_b - v_c}{R_3} \quad (\text{노드}\ b) \tag{4.12}$$
$$\frac{v_b - v_c}{R_3} + i_s = \frac{v_c}{R_4} \quad (\text{노드}\ c)$$

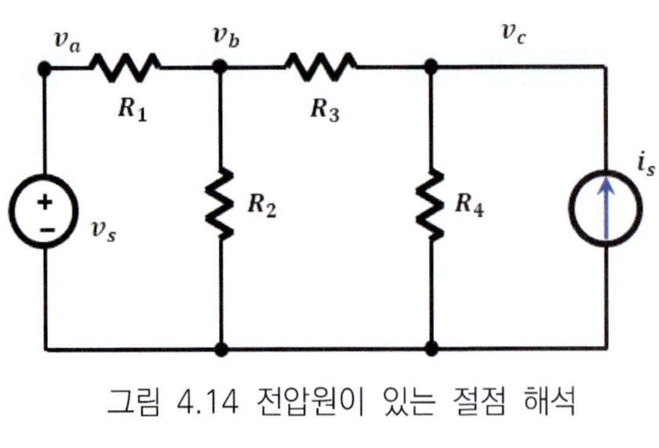

그림 4.14 전압원이 있는 절점 해석

이 식을 정리하면 다음과 같이 된다.

$$\left(\frac{1}{R_1}+\frac{1}{R_2}+\frac{1}{R_3}\right)v_b+\left(-\frac{1}{R_3}\right)v_c=\frac{v_s}{R_1} \tag{4.13}$$
$$\left(-\frac{1}{R_3}\right)v_b+\left(\frac{1}{R_3}+\frac{1}{R_4}\right)v_c=i_s$$

절점 방정식의 항이 같은 차원이 되어야 하므로 첫 번째 식의 우변 항 v_s/R_1이 실제로 전류에 해당하는 점을 알아두기 바란다.

예제 4.6 그림 4.15의 회로에 대해 절점 a와 절점 b에 걸리는 전압을 구하라.

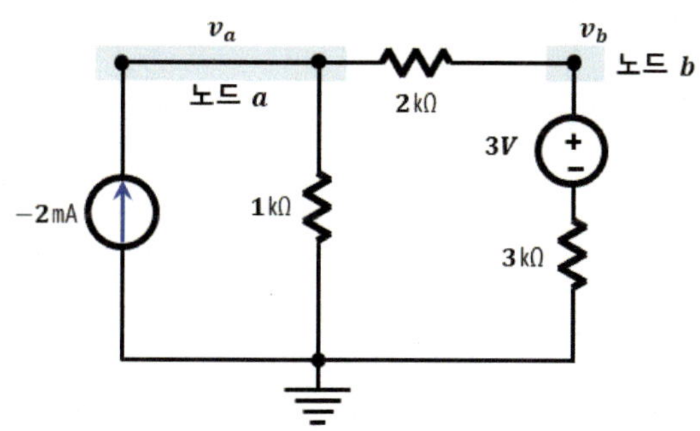

그림 4.15 예제 4.5의 회로

풀이 절점 a에서 KCL을 적용하면 다음과 같이 된다.

$$-0.002=\frac{v_a-0}{1000}+\frac{v_a-v_b}{2000}$$

절점 b에서는 다음과 같이 된다.

$$\frac{v_a \quad v_b}{2000}=\frac{v_b-3}{3000}$$

위의 두 식을 재정리하면 다음과 같은 선형 방정식들을 얻을 수 있다.

$$\frac{3}{2}v_a-\frac{1}{2}v_b=-2$$
$$\frac{1}{2}v_a-\frac{5}{6}v_b=-1$$

위의 식을 크래머의 공식으로 풀면 다음과 같이 된다.

$$v_a = \frac{(-2)\times\left(-\frac{5}{6}\right)-(-1)\times\left(-\frac{1}{2}\right)}{\frac{3}{2}\times\left(-\frac{5}{6}\right)-\left(-\frac{1}{2}\right)\times\left(\frac{1}{2}\right)} = \frac{\frac{5}{3}-\frac{1}{2}}{-\frac{5}{4}+\frac{1}{4}} = \frac{\frac{7}{6}}{-1} = 1.17$$

$$v_b = \frac{\frac{3}{2}\times(-1)-\frac{1}{2}\times(-2)}{\frac{3}{2}\times\left(-\frac{5}{6}\right)-\left(-\frac{1}{2}\right)\times\left(\frac{1}{2}\right)} = \frac{-\frac{3}{2}+1}{-\frac{5}{4}+\frac{1}{4}} = \frac{-\frac{1}{2}}{-1} = 0.5$$

$$\therefore\ v_a = -1.17[\mathrm{v}],\ v_b = 0.5[\mathrm{v}]$$

4.1.5 메시 해석법

회로망이 복잡해지면서 메시가 2개 이상 되는 경우, 각 메시마다 전압전원이 있다면 합성저항을 구할 수 없기 때문에 회로해석이 복잡해진다.

이 때 사용하는 두 번째 해석 방법은 독립변수로 메시 전류(mesh current)를 사용하는 것이다. 이 방법은 절점 전압 방법과 많은 점에서 유사하다. 즉, 독립 변수로 메시 전류를 사용하여 적당한 수의 독립된 방정식을 구하는 점에서 유사하다. 단지 이 방법은 절점 해석만큼 광범위하지 못하다는 점이 다른 점이다. 메시 전류에 의한 해석에서는 독립변수로서 개개의 메시 주위의 전류를 정의한다. 그 다음에 각 메시에 키르히호프의 전압 법칙을 계속 적용하여 구하고자 하는 식들을 구할 수 있다.

메시 전류 방법(mesh current method)에서는 지정된 방향으로 저항을 통하여 흐르는 전류가 저항에 걸리는 전압의 극성을 정의하며 KVL에 의해 폐회로를 따라서 전압의 합이 0이어야 한다는 것을 알 수 있다.

메시 해석법은 다음과 같은 방법으로 진행한다.

① 각 메시 전류를 일관성 있게 정의한다. 여기서는 편의상 시계 방향으로 메시 전류를 정의할 것이다.

② 하나 또는 그 이상의 메시 전류로 각 전압을 표시하고 KVL을 각 메시의 주위에 적용한다.

③ 독립 변수로서 메시 전류를 가지는 선형 방정식을 수립하고 해를 구한다.

(1) 전압원만을 가진 메시 해석

그림 4.16과 같이 2개의 메시를 가진 회로를 예로 들어 설명하기로 한다.

먼저 그림 4.16 (a)와 같이 메시 전류 i_1과 i_2를 정의한다.

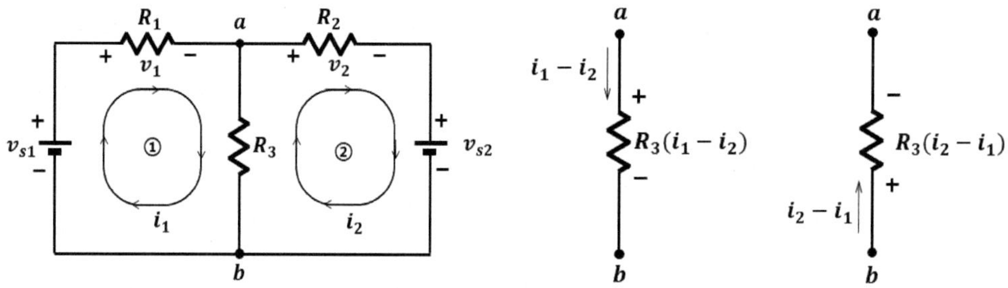

(a) (b) (c)

그림 4.16 두 개의 메시를 가진 회로

두 번째로 메시가 겹쳐지는 부분에 대해 그림 4.16 (b), (c)와 같이 고려하여 메시마다 KVL을 적용한다.

$$v_{s1} = v_1 + (i_1\text{이 기준일 때 } R_3\text{에서의 전압 강하}) = R_1 i_1 + R_3(i_1 - i_2)$$
$$(i_2\text{가 기준일 때 } R_3\text{에서의 전압 강하}) + v_3 + v_{s2} = R_3(i_2 - i_1) + R_2 i_2 + v_{s2} = 0$$

즉,

$$(R_1 + R_3)i_1 - R_3 i_2 = v_{s1} \tag{4.14}$$
$$-R_3 i_1 + (R_2 + R_3)i_2 = -v_{s2} \tag{4.15}$$

메시 해석법은 회로망이 전압 전원과 저항만으로 구성된 경우 전류 방정식을 기계적으로 세워서 필요한 전류나 전압을 구할 수 있는 대표적인 방법이다.

세 번째는 메시 전류를 가지는 선형 방정식을 수립하는 것인데 메시가 2개인 회로의 선형 방정식을 정리하면 언제나 다음과 같은 형태가 된다.

$$R_{11}i_1 + R_{12}i_2 = \sum v_{s1} \tag{4.16}$$
$$R_{21}i_1 + R_{22}i_2 = \sum v_{s2} \tag{4.17}$$

여기서 R_{11}은 메시 전류 i_1이 흐르는 메시의 저항을 모두 더한 값이다. R_{22}는 메시 전류 i_2이 흐르는 메시의 저항을 모두 더한 값이다. R_{12}는 메시 전류 i_1과 i_2가 동시에 흐르는 가지에 있는 저항을 모두 더한 값으로 그 결과에 항상 (-) 부호를 붙인다. $\sum v_{s1}$은 메시 전류 i_1이 흐르는 메시에 있는 전압 전원을 시계방향으로 일주하면서 전압 상승인 전원은 (+), 전압 강하인 전원은 (-)로 해서 더한 값이다. $\sum v_{s2}$은 메시 전류 i_2이 흐르는 메시에 있는 전압 전원을 시계방향으로 일주하면서 전압 상승인 전원은 (+), 전압 강하인 전원은 (-)로 해서 더한 값이다.

식 (4.16)와 식 (4.17)의 선형 방정식을 풀면 간단히 해를 구할 수 있다.

예제 4.7 그림 4.17에서 메시 해석법을 이용하여 전류 i를 구하시오.

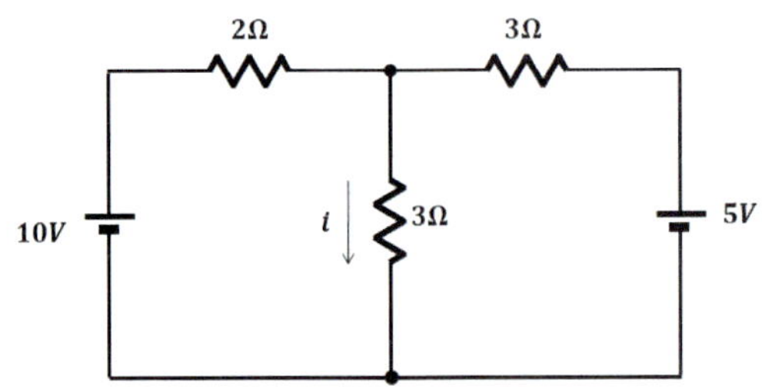

그림 4.17 예제 4.6의 회로

풀이 먼저 그림 4.18과 같이 메시 전류 i_1과 i_2를 정의한다.

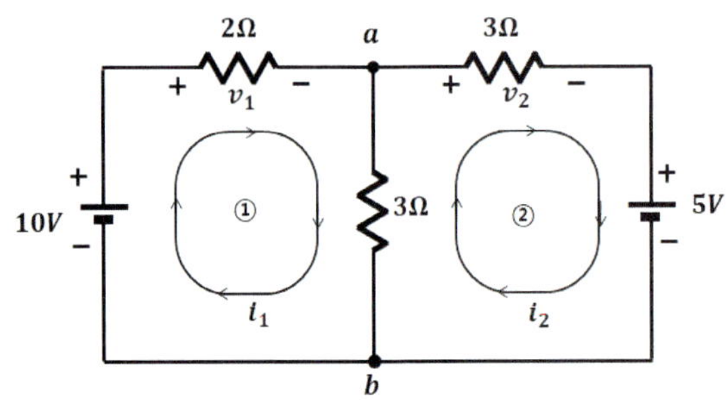

그림 4.18 두 개의 메시를 가진 회로

두 번째로 메시가 겹쳐지는 부분에 대해 메시마다 KVL을 적용한다.

$$(2+3)i_1 - 3i_2 = 10$$
$$-3i_1 + (3+3)i_2 = -5$$

위의 식을 정리하면 다음과 같은 선형 방정식이 된다.

$$5i_1 - 3i_2 = 10$$
$$-3i_1 + 6i_2 = -5$$

이것을 풀면 i_1과 i_2는 다음과 같다.

$$i_1 = 2.14[\text{A}],\ i_2 = 0.24[\text{A}]$$

따라서

$$i = i_2 - i_1 = 2.14 - 0.24 = 1.9[\text{A}]$$

(2) 세 개의 메시를 가진 회로망 해석

그림 4.19와 같이 메시가 3개인 경우는 어떻게 하면 좋을까?

먼저 그림 4.20과 같이 메시 전류 i_1, i_2 및 i_3을 정의한다.

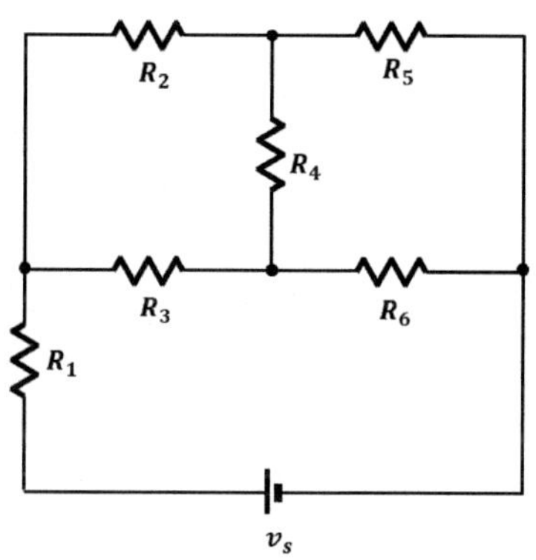

그림 4.19 메시가 3개인 회로의 예

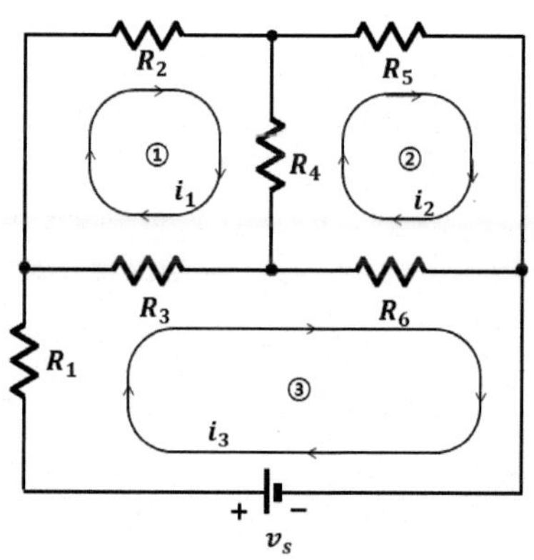

그림 4.20 메시 정의한 3개 회로망

두 번째로 메시가 겹쳐지는 부분에 대해 메시마다 KVL을 적용한다. 메시 ①은 다음과 같이 된다.

$$R_2 i_1 + R_3(i_1 - i_3) + R_4(i_1 - i_2) = 0 \tag{4.18}$$

메시 ②는 다음과 같이 된다.

$$R_5 i_2 + R_6(i_2 - i_3) + R_4(i_1 - i_2) = 0 \tag{4.19}$$

메시 ③은 다음과 같이 된다.

$$v_s = R_1 i_3 + R_3(i_3 - i_1) + R_6(i_3 - i_1) \tag{4.20}$$

세 번째는 메시 전류를 가지는 선형 방정식을 수립하는 것인데 메시가 3개인 그림 4.8 회로의 선형 방정식을 정리하면 다음과 같은 형태가 된다.

$$\begin{aligned} (R_2 + R_3 + R_4)i_1 - \quad & R_4 i_2 - \quad & R_3 i_3 = 0 \\ - R_4 i_1 + \quad & (R_3 + R_4 + R_5)i_2 - \quad & R_6 i_3 = 0 \\ - R_3 i_1 - \quad & R_6 i_2 + \quad & (R_1 + R_3 + R_4)i_3 = v_s \end{aligned} \tag{4.21}$$

따라서 메시가 3개인 회로 선형 방정식의 요소를 정리하면 언제나 다음과 같은 형태가 된다.

$$R_{11}i_1 + R_{12}i_2 + R_{13}i_3 = \sum v_1 \tag{4.22}$$

$$R_{21}i_1 + R_{22}i_2 + R_{23}i_3 = \sum v_2 \tag{4.23}$$

$$R_{31}i_1 + R_{32}i_2 + R_{33}i_3 = \sum v_3 \tag{4.24}$$

여기서 R_{ii}는 i번째 전류가 흐르는 메시의 저항을 모두 더한 값이고, $R_{ij}(i \neq j)$는 i번째 메시와 j번째 메시가 겹치는 가지에 있는 저항의 합으로 그 결과에 항상 (-) 부호를 붙인다. 그리고 $\sum v_i$는 i번째 메시를 시계방향으로 일주하면서 전압 상승인 전원은 (+), 전압 강하인 전원은 (-)로 더한 값이다.

예제 4.8 그림 4.21 (a), (b) 회로에 표시된 전류 가운데 i_1과 i_2를 각각 구하고 비교하시오.

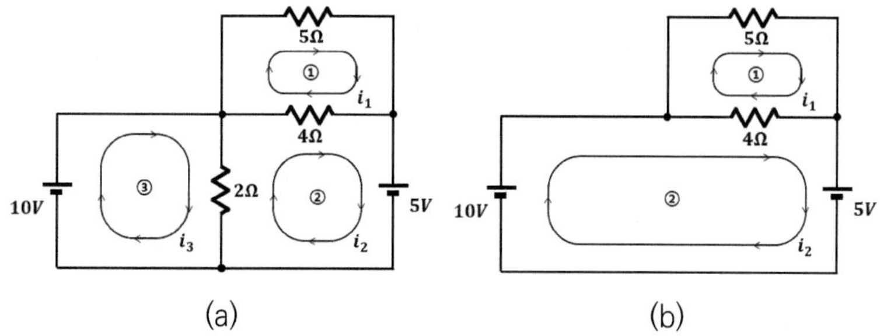

그림 4.21 예제 4.7의 회로

풀이 그림 4.21 (a) 회로는 KVL에 의해 다음과 같이 된다.

$$9i_1 - 4i_2 = 0$$
$$-4i_1 + 6i_2 - 2i_3 = -5$$
$$-2i_2 + 2i_3 = 10$$
$$\therefore i_1 = 1,\ i_2 = 2.25$$

그림 4.21 (b) 회로는 KVL에 의해 다음과 같이 된다.

$$9i_1 - 4i_2 = 0$$
$$-4i_1 + 4i_2 = 10 - 5$$
$$\therefore i_1 = 1,\ i_2 = 2.25$$

두 회로를 비교하면 결국 i_1과 i_2는 같다는 것을 알 수 있다.

예제 4.9 그림 4.22에서 메시 해석법에 의해 전류 i를 구하시오.

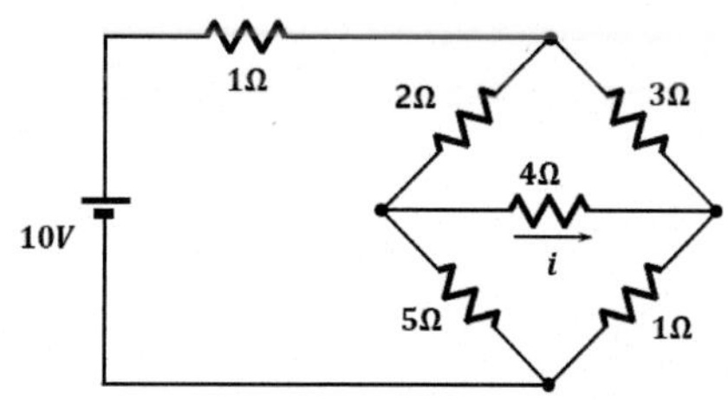

그림 4.22 예제 4.8의 회로

풀이 그림 4.22는 그림 4.23과 같이 나타낼 수 있다.
먼저 그림 4.23과 같이 메시 전류 i_1, i_2 및 i_3을 정의한다.

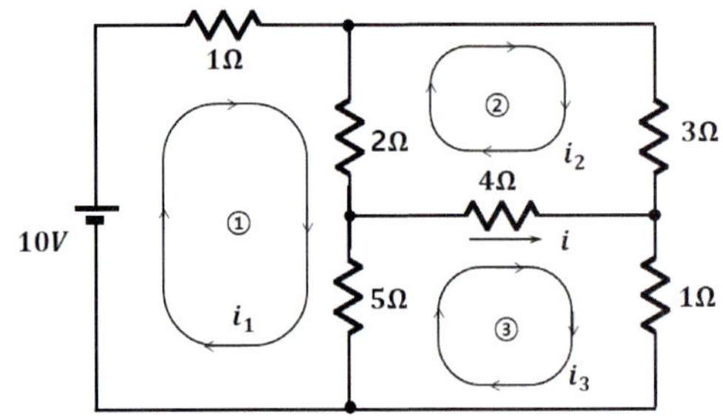

그림 4.23 메시 해석을 위한 회로망 정의

두 번째로 메시가 겹쳐지는 부분에 대해 메시마다 KVL을 적용한다. 메시 ①은 다음과 같이 된다.

$$10 = 1 \times i_1 + 2(i_1 - i_2) + 5(i_1 - i_3)$$

메시 ②는 다음과 같이 된다.

$$2(i_2 - i_1) + 3 \times i_2 + 4(i_2 - i_3) = 0$$

메시 ③은 다음과 같이 된다.

$$5(i_3 - i_1) + 4(i_3 - i_2) + 1 \times i_3 = 0$$

세 번째는 메시 전류를 가지는 선형 방정식을 위의 식을 정리해도 식 (4.22)~식 (4.24)에 적용해도 같으므로 다음과 같이 수립된다.

$$\begin{aligned} 8i_1 - 2i_2 - 5i_3 &= 10 \\ -2i_1 + 9i_2 - 4i_3 &= 0 \\ -5i_1 - 4i_2 + 10i_3 &= 0 \end{aligned}$$

위의 식을 풀면 $i_1 = 0.006$[A], $i_2 = -1.24$[A], $i_3 = -2.787$[A]이다.
따라서 $i = i_3 - i_2$이므로 $i = 1.547$[A]이다.

(3) 전류원도 가진 메시 해석

매시 해석은 단지 전압원만을 포함한 회로에 적용할 때 효과적이다. 그러나 각 메시에서의 전류를 정확히 결정할 수 있다면 전압원과 전류원을 모두 포함한 혼합 회로에도 적용할 수 있다. 그림 4.24를 대상으로 해석해 보기로 한다.

회로 해석을 하는데 먼저 해야 할 것은 전류원에서 다음 관계가 성립하는지 관찰하는 것이다.

$$i_2 - i_1 = -2[\mathrm{A}] \tag{4.25}$$

그림에서 걸린 전압 v_x는 메시1 주위에 KVL을 적용하면 다음과 같이 되며

$$10 = 5i_1 + v_x \tag{4.26}$$

메시2 주위에 KVL을 적용하면 다음과 같이 된다.

$$v_x = 2i_2 + 4i_2 \tag{4.27}$$

식 (4.26)에 식 (4.27)을 대입하고 식 (4.25)을 사용하면 다음 식을 얻을 수 있다.

$$\begin{aligned} 5i_1 + 6i_2 &= 10 \\ -i_1 + i_2 &= -2 \end{aligned} \tag{4.28}$$

위의 식을 풀면 다음과 같이 된다.

$$\begin{aligned} i_1 &= 2[\mathrm{A}] \\ i_2 &= 0[\mathrm{A}] \end{aligned} \tag{4.29}$$

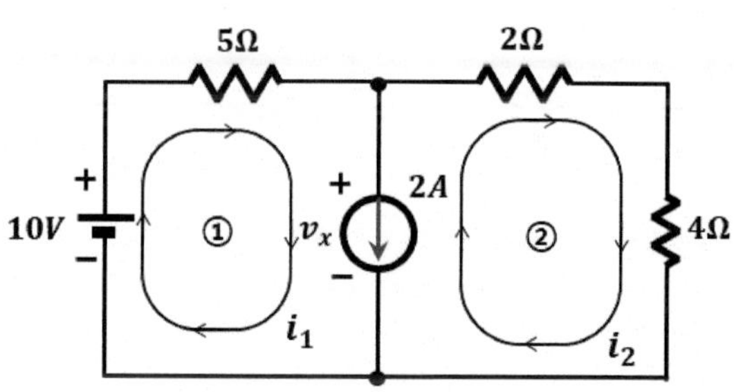

그림 4.24 전류원이 있는 회로

식 (4.26) 또는 식 (4.27)을 사용하여 전류원에 걸리는 전압 v_x를 구할 수 있다.

$$v_x = 6i_2 = 0[\text{V}] \tag{4.30}$$

예제 4.10 그림 4.25에서 메시 해석법에 의해 전류 i를 구하시오.

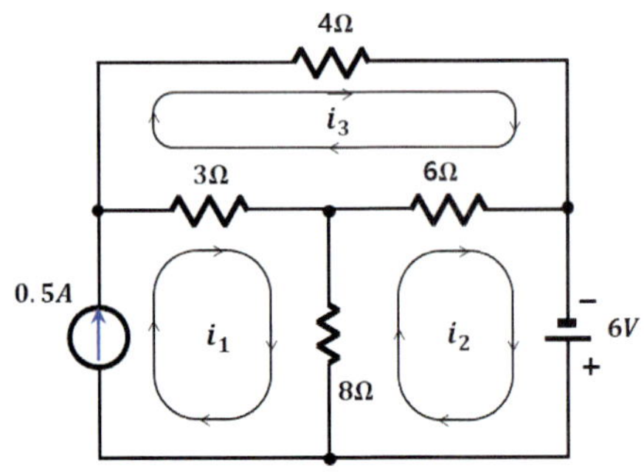

그림 4.25 예제 4.9의 회로

풀이 먼저 그림 4.25에서 메시 1부터 시작하면 전류원이 주어졌기 때문에 i_1은 즉시 알 수 있다.

$$i_1 = 0.5$$

메시 2에 KVL을 적용하면 다음과 같이 된다.

$$6(i_2 - i_3) + 8(i_2 - i_1) = 6$$

메시 3에 KVL을 적용하면 다음과 같이 된다.

$$3(i_3 - i_1) + 6(i_3 - i_2) + 4i_3 = 0$$

i_1을 대입하면 다음과 같이 정리할 수 있다.

$$14i_2 - 6i_3 = 10$$
$$-6i_2 + 13i_3 = 1.5$$

위의 연립방정식의 해는 다음과 같다.

$$i_2 = 0.95[\text{A}],\ i_3 = 0.55[\text{A}]$$

4.2 전원 변환 이론

전원 변환 이론은 전압원과 직렬로 연결된 저항 소자 회로를 필요에 따라 전류원과 병렬로 연결된 저항 소자 회로로 변환할 수 있는 이론으로 전원 소자간의 관계를 규정한다.

그림 4.26에서 (a)는 전압원과 저항 소자가 직렬로 연결된 회로이고 (b)는 전류원과 저항 소자가 병렬로 연결된 회로이다. 이때 회로의 단자 a와 b사이는 개방되어 있으므로 저항 R에 흐르는 전류 i는 0이 되고 전압 강하가 없으므로 전압 v는 v_s와 같게 된다. 즉, $v = v_s$이다. 반면 (b)의 병렬 회로를 보면 역시 회로의 단자 a와 b사이가 개방되어 있으므로 전류원 i_s는 모두 저항 R에 흐른다. 그러므로 이 회로에서 $v = i_s R$의 관계를 얻을 수 있다. 따라서 이 두 회로를 같은 회로라고 하면 $v = v_s = i_s R$이 되어 다음과 같은 식을 유도할 수 있다.

$$R = \frac{v_s}{i_s} \tag{4.31}$$

그러므로 주어진 회로에서 전원이 변환된 회로를 얻을 수 있다.

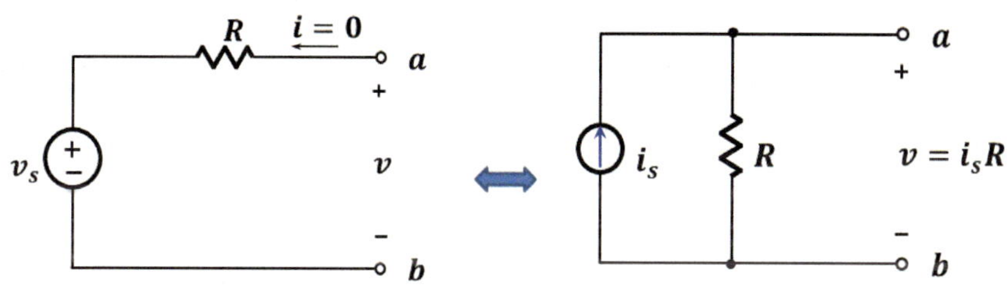

(a) 전압원과 저항 직렬연결 (b) 전류원과 저항 병렬연결

그림 4.26 전원 변환 회로

예제 4.11 그림 4.27 회로를 전류원과 전압원으로 변환하시오.

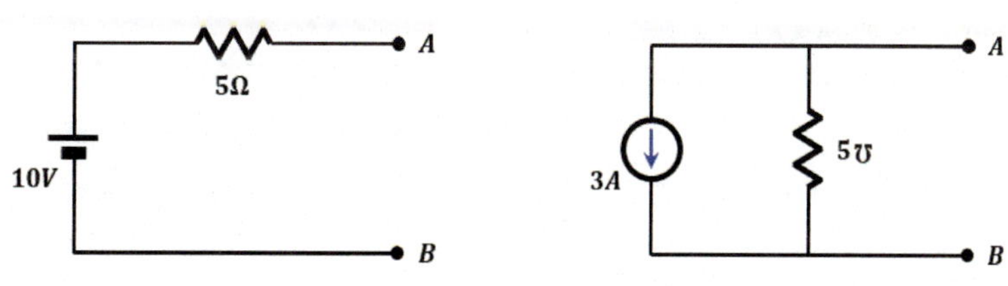

(a) (b)

그림 4.27 예제 4.10의 회로

풀이 그림 4.28과 같이 각각 전원을 변환할 수 있다.

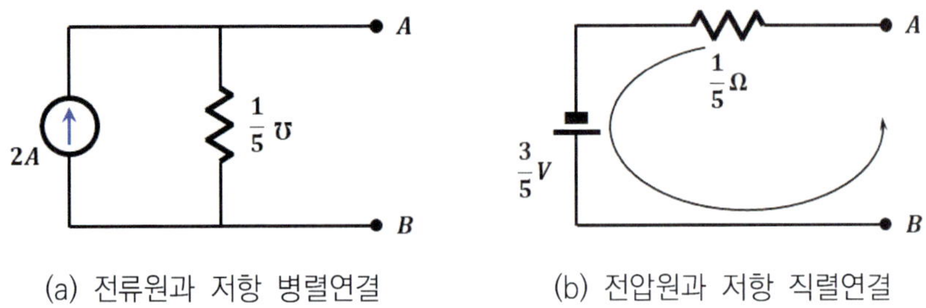

그림 4.28 예제 4.10의 전원 변환 회로

4.3 중첩의 원리

물리적인 가능성과는 관계없이 전류 전원과 직렬로 연결된 가지 또는 전압 전원과 병렬로 연결된 회로가 나타나서 전원의 등가 변환을 곤란하게 만드는 경우가 있다.

그림 4.29 (b)와 (d)의 경우 전류원에 직렬 연결된 저항회로나 전압원에 병렬 연결된 저항 회로는 그림 4.29 (c)와 (e)와 같이 등가 전압 전원이나 전류 전원으로 변환할 수 없다. 그 이유는 이상적인 전압 전원과 전류 전원의 내부 저항이 각각 0 및 ∞ 임을 기억하면 알 수 있을 것이다.

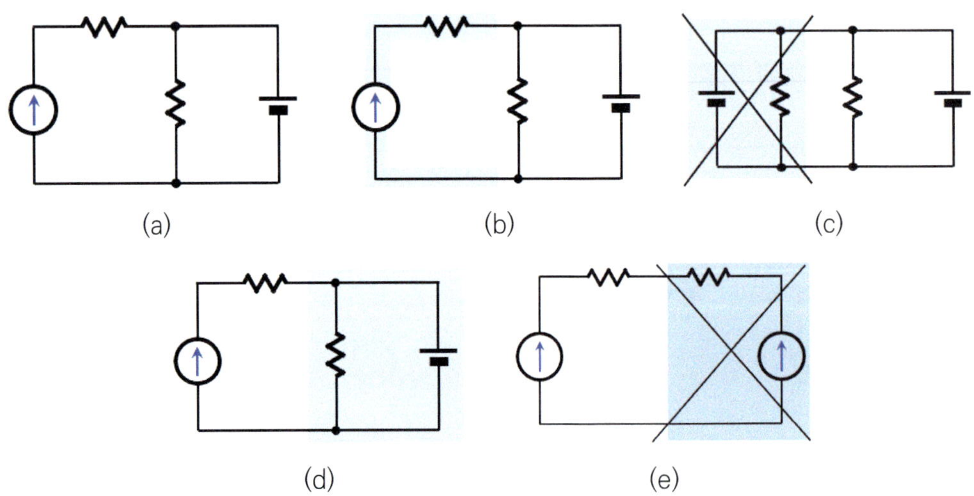

그림 4.29 등가 변환

중첩의 원리(principle of superposition)는 "2개 이상의 전원을 포함한 회로에서 어떤 점의 전위 또는 전류는, 각 전원이 단독으로 존재 한다고 했을 경우 그 점의 전위 또는 전류의 합과 같다."는 것이다.

- 중첩의 원리는 선형 소자로만 이루어진 회로에 적용된다.
- 선형소자는 전압과 전류 특성이 직선적으로 비례하는 소자이다.

중첩의 원리가 적용되는 회로를 **선형 회로**(linear circuit)라 한다. 이 원리를 이용하면 2개 이상의 전원을 포함한 회로에서 각 가지의 전류 또는 전압은 전원들을 순차적으로 하나씩 작동시켜 얻은 응답들을 전부 합산하여 구한다. 이 때 전원이 작동하지 않도록 할 때 전압원은 단락회로로 전류원은 개방회로로 대치한 후 구한다. 따라서 일반 회로에서 중첩의 원리를 적용하는 과정은 다음과 같다.

① 하나의 전원만 남기고 나머지 전원은 제거시킨다. 이때 제거시키고자 하는 전원이 전압원이면 단락(short)시키고 전류원이면 개방(open)시킨다.

② 위 ①의 상태에서 임의의 한 절점을 중심으로 키르히호프 법칙을 적용하여 전류 또는 두 점간의 전압을 구한다.

③ 나머지 모든 전위에 대해 ①과 ②의 과정을 반복한다.

④ ①에서 ③까지 얻은 전류 혹은 전압의 대수합을 구한다.

그림 4.30의 (a)의 회로에 에 중첩의 원리를 적용하여 저항 R_3에 흐르는 전류 I_3를 구해보자. 그림 (b)와 같이 E_1만 작용할 때에 R_3에 흐르는 전류를 I_{31}이라고 하면

$$I_{31} = \frac{E_1}{R_1 + \dfrac{R_2 R_3}{R_2 + R_3}} \times \frac{R_2}{R_2 + R_3} \tag{4.32}$$

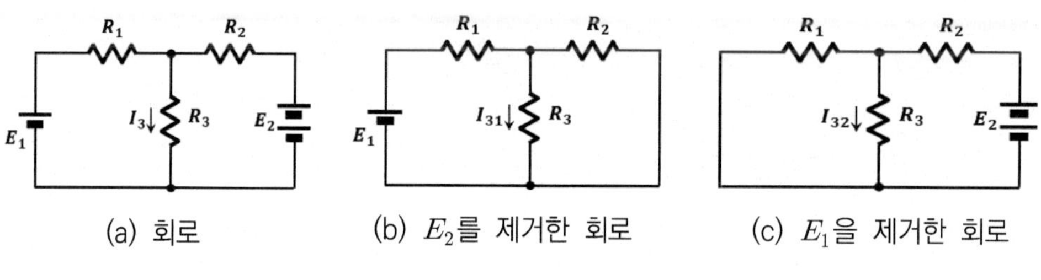

(a) 회로　(b) E_2를 제거한 회로　(c) E_1을 제거한 회로

그림 4.30 중첩의 정리

또한 그림 (c)와 같이 E_2만 작용할 때에 R_3에 흐르는 전류를 I_{32}이라고 하면 다음과 같다.

$$I_{31} = \frac{E_2}{R_2 + \dfrac{R_1 R_3}{R_1 + R_3}} \times \frac{R_1}{R_1 + R_3} \tag{4.33}$$

E_1과 E_2가 모두 작용할 때 R_3에 흐르는 전류 I_3는 중첩의 원리에 의하여 I_{31}과 I_{32}의 합이 I_3이다. 즉, 다음과 같이 된다.

$$I_3 = I_{31} + I_{32} = \frac{R_2 E_1 + R_1 E_2}{R_1 R_2 + R_2 R_3 + R_3 R_1} \text{ [A]} \tag{4.34}$$

예제 4.12 그림 4.31 회로에 중첩 원리를 이용하여 R_3에 흐르는 전류 I_3를 구하라.

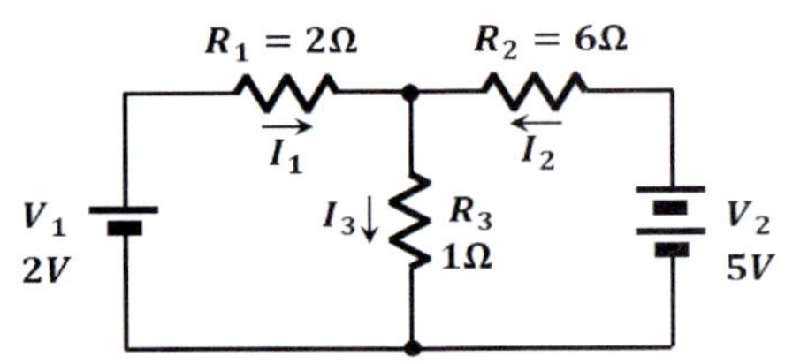

그림 4.31 예제 4.11의 회로

풀이 그림 4.31 회로에 중첩의 원리를 적용한다.

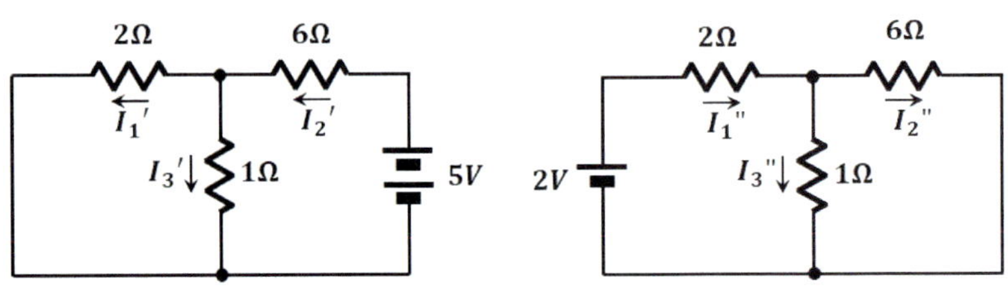

(a) V_1을 제거한 회로 (b) V_2를 제거한 회로

그림 4.32 중첩의 원리 적용한 회로

먼저 그림 4.32 (a)에서 R_3에 흐르는 전류 I_3'를 구하면

$$I_3' = \frac{2}{2+1} I_2' = \frac{2}{2+1}\left(\frac{5}{6+\dfrac{2\times 1}{2+1}}\right) = \left(\frac{2}{3}\right)\left(\frac{3}{4}\right) = \frac{1}{2} = 0.5[A]$$

또 그림 (b)에서 R_3에 흐르는 전류 I_3''를 구하면

$$I_3'' = \frac{6}{1+6} I_1'' = \frac{6}{1+6}\left(\frac{2}{2+\dfrac{6\times 1}{6+1}}\right) = \left(\frac{6}{7}\right)\left(\frac{7}{10}\right) = \frac{3}{5} = 0.6[A]$$

따라서 V_1과 V_2가 모두 작용할 때 R_3에 흐르는 전류 I_3는 중첩의 원리에 의해 I_3'와 I_3''의 합으로 구한다.

$$I_3 = I_3' + I_3'' = 0.5 + 0.6 = 1.1\,[A]$$

이 결과는 키르히호프 법칙으로 구한 경우와 일치한다.

4.4 테브난과 노턴의 정리

회로를 간략화 하는 이론 중에 테브난(Thevenin)과 노턴(Norton)의 정리는 매우 효율적이다. 이 정리는 그림 4.33과 같이 많은 소자로 만들어진 복잡한 회로를 블랙박스로 본다. 그리고 그 블랙박스를 단순한 전압 전원 하나와 직렬로 연결된 저항소자로 표현하거나(테브난 등가회로), 단순한 전류 전원 하나와 병렬로 연결된 저항소자로 표현한다(노턴 등가회로). 이러한 전원과 저항 값의 계산이 단자 간 전류 및 전압 값의 측정으로 이루어질 수 있으므로 매우 실용적인 정리라 할 수 있다.

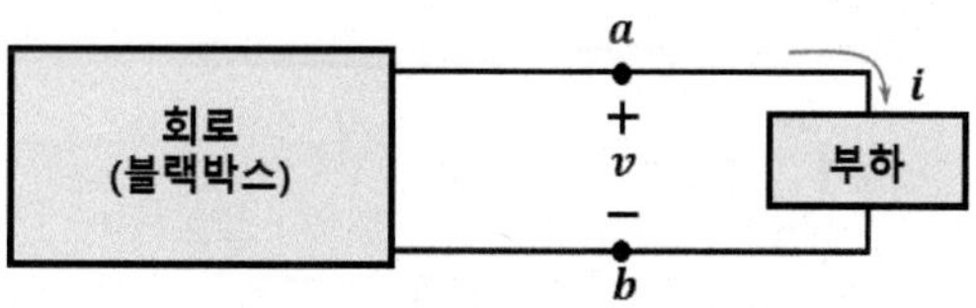

그림 4.33 블랙박스 등가회로

4.4.1 테브난의 정리

테브난(Thevenin) 정리는 "임의의 선형 2단자 회로망은 테브난 등가 저항 R_{TH}와 등가 전압 V_{TH}가 직렬로 연결된 등가 회로로 바꿀 수 있다."는 정리이다. 여기서 R_{TH}는 전압원을 단락 시킨 상태에서 a-b 양단 우측에서 좌측을 본 저항이고, V_{TH}는 전압원이 첨가된 상태에서 부하 저항을 제거 시킨 후 a-b 양단간의 전압이다.

그림 4.33에서 블랙박스 내부를 그림 4.34와 같이 하나의 전압전원과 그와 직렬로 연결된 저항 소자로 표현하는 것을 **테브난 등가회로**라 한다.

이때 $a-b$단자를 통해 부하로 흐르는 전류를 i, 단자 간의 전압을 v라 하면 다음과 같은 관계를 얻을 수 있다.

$$v_{oc} = R_{th} i + v \tag{4.35}$$

이때 복잡한 블랙박스 내의 회로를 간단하게 테브난 등가회로로 고치려면 v_{oc}값과 R_{th}의 값을 어떻게 계산해야 할까? 주어진 회로에서 테브난 등가회로를 찾아내는 기법이 **테브난의 정리**라 한다.

먼저 v_{oc}의 계산을 생각해 보자.

그림 4.35 회로와 같이 단자 $a-b$가 개방되어 있다면 R_{th}에 흐르는 전류 i는 0이 되고 단자 $a-b$ 사이의 전압 v_{ab}의 값은 v_{oc}와 같다.

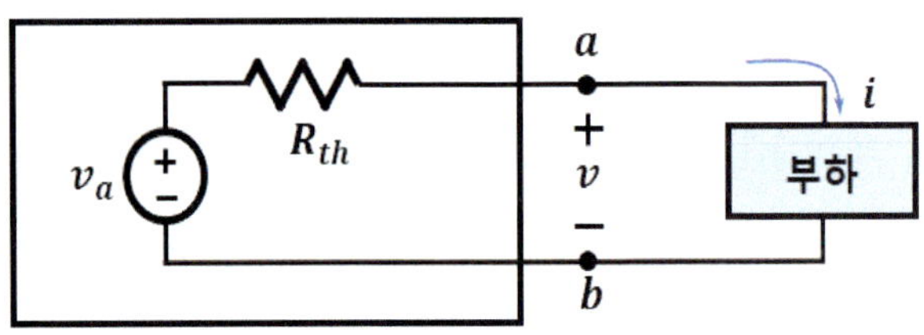

그림 4.34 테브난 등가회로

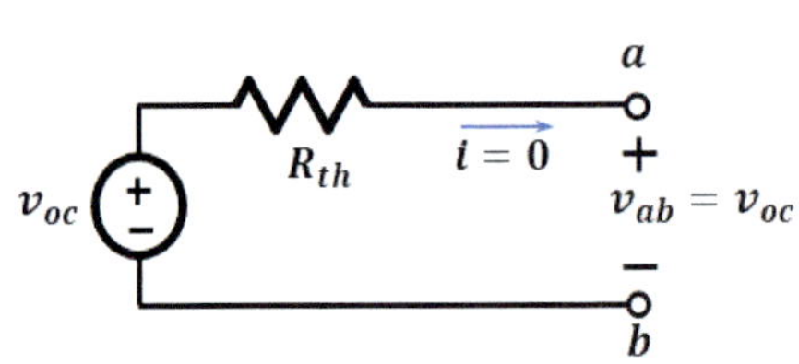

그림 4.35 v_{oc}계산

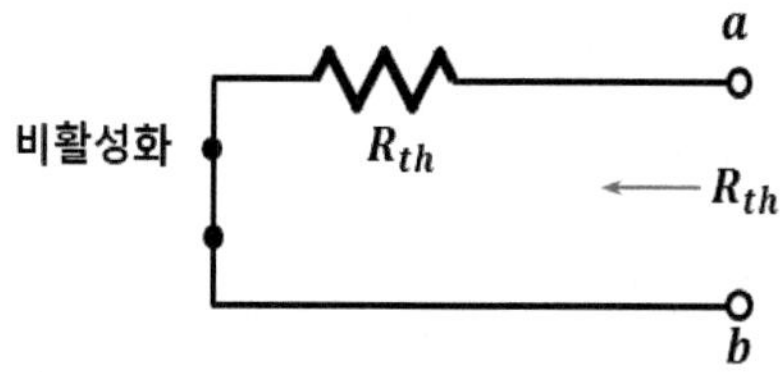

그림 4.36 R_{th}의 계산

그러므로 아무리 블랙박스 내에 복잡한 회로가 있다 해도 이 테브난 등가회로의 v_{oc}는 회로에서 단자 $a-b$를 개방하고(즉, 부하를 떼어내고) 이 단자 간 전압 v_{ab}를 측정하여 얻을 수 있다. 이와 같이 단자의 개방회로에서 전원전압 v_{oc}를 구할 수 있으므로 v_{oc}를 **개방회로 전압**이라고 한다.

다음은 R_{th}의 계산을 생각해 보자.

R_{th}는 그림 4.36 회로와 같이 등가회로에서 전원전압 v_{oc}의 값을 0으로 두고 단자 $a-b$에서 블랙박스 쪽으로 들여다 본 저항 값으로 계산할 수 있다. 전원전압을 0으로 둔다는 말은 회로를 단락시킨다는 말이고 다른 말로는 독립 전원을 비활성화 시킨다는 뜻이 된다.

예제 4.13 그림 4.37 회로에서 단자 $a-b$의 테브난 등가회로를 구하라.

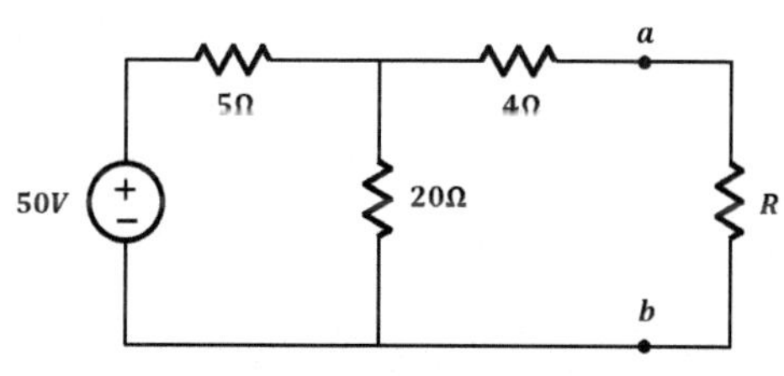

그림 4.37 예제 4.12의 회로

풀이 테브난 등가회로를 구하기 위해 그림 4.37 회로에서 단자 $a-b$ 개방하면 그림 4.38과 같이 된다.

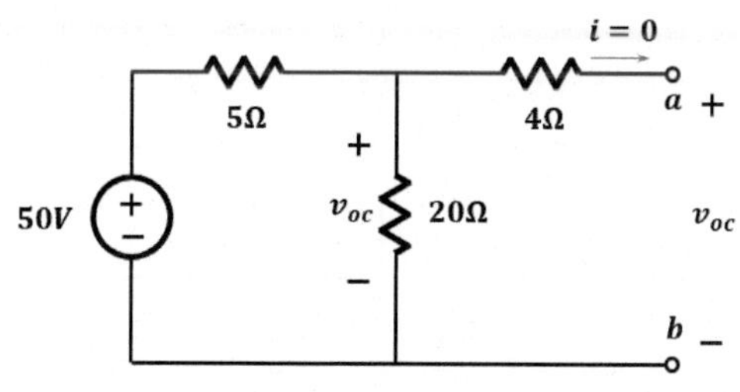

그림 4.38 단자 $a-b$를 개방한 회로

이때 v_{oc}는 개방된 단자 $a-b$ 간의 전압을 측정하여 얻을 수 있다. 위의 회로는 단자 $a-b$가 개방되어 있어 4 Ω에 흐르는 전류가 없으므로 v_{oc}의 값은 20 Ω에 걸리는 전압으로 구할 수 있다. 즉, v_{oc}의 값은 원래 회로의 전압 50 V를 전압 분배기 회로에 의해 나누어 쓰는 전압이 된다.

$$v_{oc} = 50 \times \frac{20}{5+20} = 40[\mathrm{V}]$$

R_{th}를 구하기 위해 모든 독립 전원을 비활성 시켜 회로를 만들면 그림 4.39와 같다.

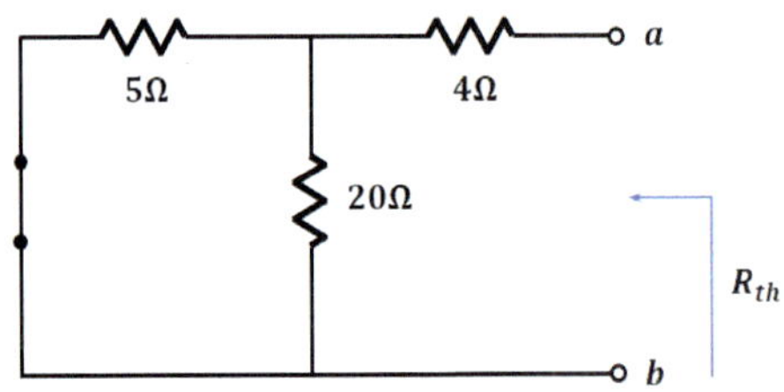

그림 4.39 모든 독립 전원을 비활성화 시켜 만든 회로

이 회로 단자 $a-b$의 저항 값은 4 Ω 저항 소자와 5 Ω // 20 Ω (병렬연결)의 직렬 연결에서 얻은 총 저항 값이므로 다음과 같다.

$$R_{th} = 4 + \frac{5 \times 20}{5+20} = 8$$

따라서 회로의 테브난 등가회로는 그림 4.40과 같이 40 V 전압 전원과 8 Ω 저항의 직렬회로로 표현할 수 있다.

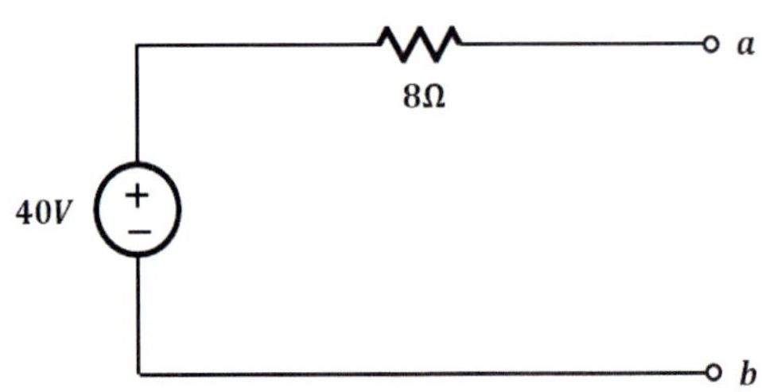

그림 4.40 독립 전원과 저항 소자로 표현된 테브난 등가회로

예제 4.14 그림 4.41 회로에 테브난 정리를 이용하여 부하 저항 $R_L = 7[\Omega]$에 흐르는 전류 I를 구하라.

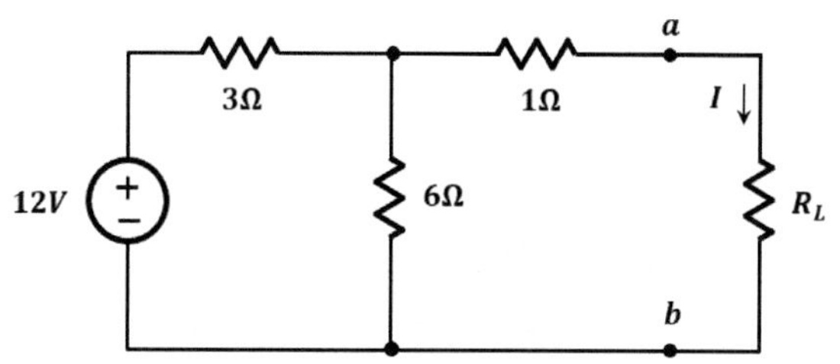

그림 4.41 예제 회로

풀이 테브난 등가회로를 구하기 위해 그림 4.41 회로에서 단자 $a-b$ 개방(부하를 제거한 상태)하면 그림 4.42와 같이 된다.

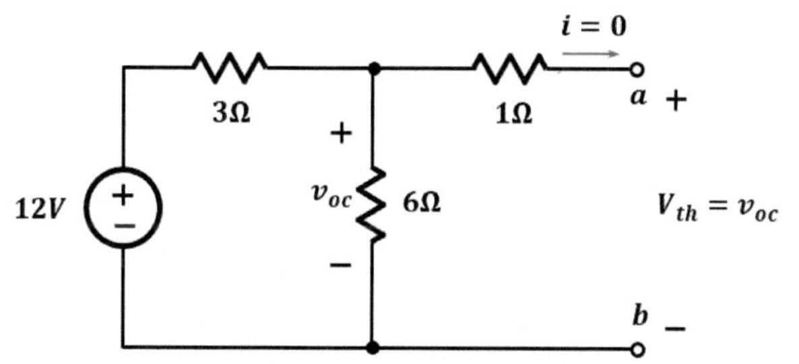

그림 4.42 단자 $a-b$를 개방한 회로

이때 전압원 12[V]를 첨가시킨 상태에서 $a-b$ 양단간에 걸린 전압을 구하면 다음과 같다.

$$V_{th} = \frac{6}{3+6} \times 12 = 8[V]$$

R_{th}를 구하기 위해 모든 독립 전원을 비활성 시켜 회로를 만들면 그림 4.43과 같다.

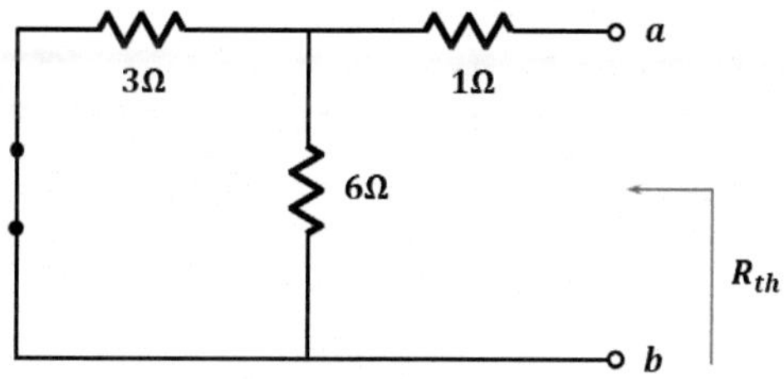

그림 4.43 모든 독립 전원을 비활성화 시켜 만든 회로

이 회로 단자 $a-b$의 저항 값은 1Ω 저항 소자와 6Ω∥3Ω(병렬연결)의 직렬연결에서 얻은 총 저항 값이므로 다음과 같다.

$$R_{th} = 1 + \frac{6 \times 3}{6+3} = 3[\Omega]$$

그러므로 테브난 등가 회로는 그림 4.44와 같이 되고 부하 저항 R_L에 흐르는 전류 I를 구하면 다음과 같다.

$$I = \frac{V_{TH}}{R_{TH}+R_L} = \frac{8}{3+7} = 0.8[A]$$

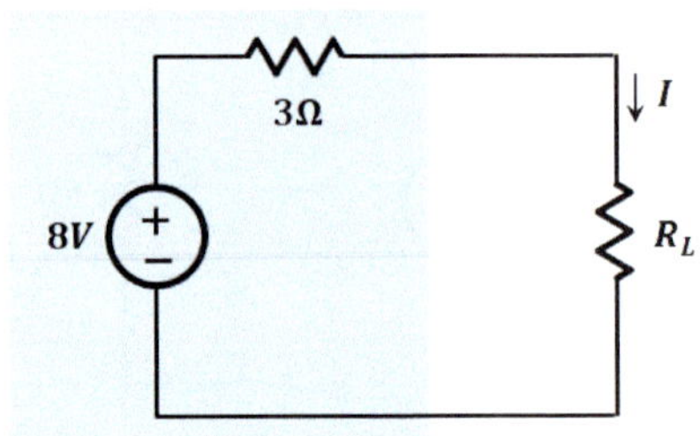

그림 4.44 예제 4.13의 테브난 등가 회로

예제 4.15 그림 4.45 회로에서 테브난 정리를 이용하여 부하 저항 $R_L = 2[\Omega]$에 흐르는 전류 I를 구하라.

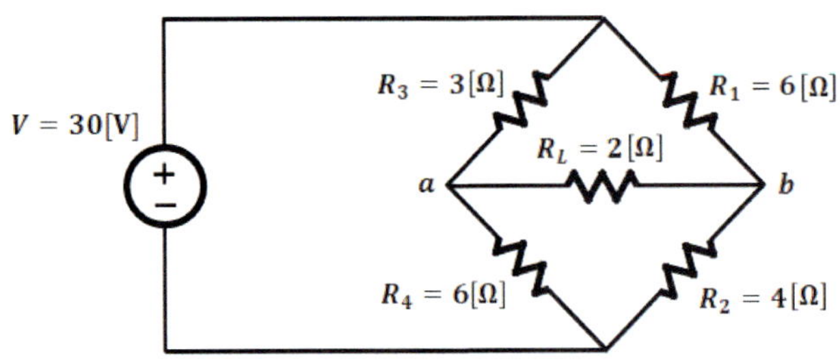

그림 4.45 예제 4.14의 회로

풀이 테브난 등가회로를 구하기 위해 그림 4.45 회로에서 단자 $a-b$ 개방(부하를 제거한 상태)하면 그림 4.46과 같이 된다.

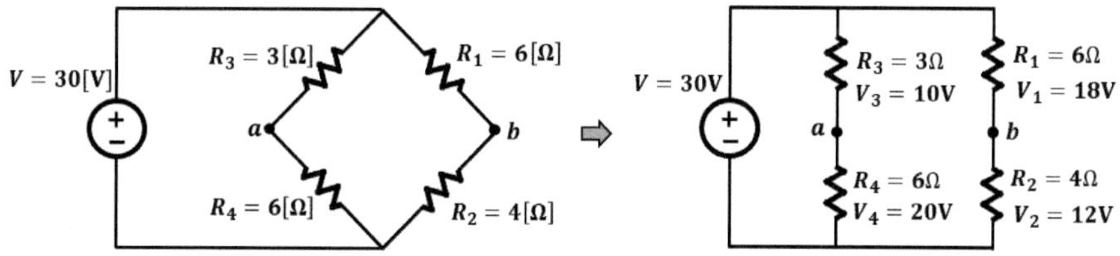

그림 4.46 단자 $a-b$를 개방한 회로

이때 전압원 30[V]를 첨가시킨 상태에서 $a-b$ 양단간에 걸린 전압을 구하면 다음과 같다.

$$V_{ab} = V_{th} = V_a - V_b = 20 - 12 = 8[\text{V}]$$

R_{th}를 구하기 위해 모든 독립 전원을 비활성 시켜 회로를 만들면 그림 4.47과 같다.

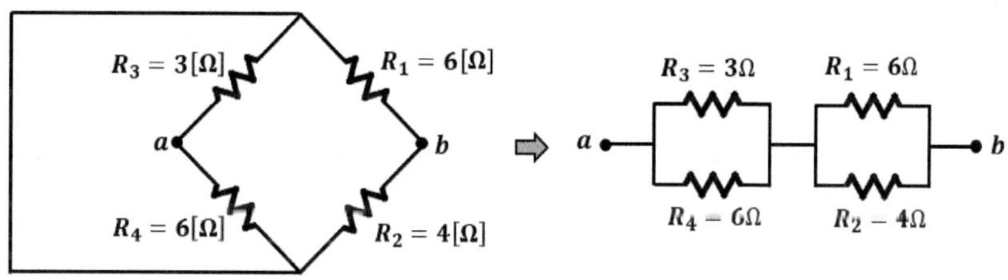

그림 4.47 모든 독립 전원을 비활성화 시켜 만든 회로

그림 4.47 회로 단자 $a-b$의 저항 값은 다음과 같다.

$$R_{ab} = R_{th} = R_3 \parallel R_4 + R_1 \parallel R_2 = \frac{3\times 6}{3+6} + \frac{6\times 4}{6+4} = 4.4[\Omega]$$

그러므로 테브난 등가 회로는 그림 4.48과 같이 되고 부하 저항 R_L에 흐르는 전류 I를 구하면 다음과 같다.

$$I = \frac{V_{th}}{R_{th}+R_L} = \frac{8}{6.4} = 1.25[\text{A}]$$

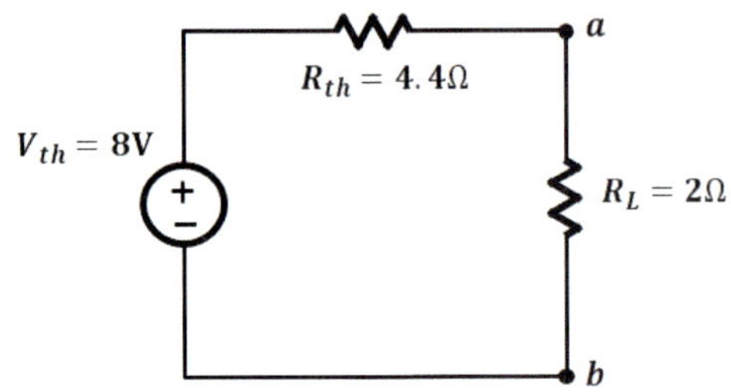

그림 4.48 예제 4.14의 테브난 등가 회로

4.4.2 노턴의 정리

그림 4.33에서 블랙박스 내부를 그림 4.49와 같이 하나의 독립 전류전원과 병렬로 연결된 저항 소자로 표현하는 회로를 **노턴의 등가회로**라 한다.

그렇다면 노턴의 정리를 이용하여 I_{sc}값과 R_N의 값을 구해보자. 먼저 I_N의 계산을 생각하기로 한다. 그림 4.50 회로와 같이 단자 $a-b$가 단락되어 있다면 모든 전류는 단락된 단자로 흘러가고 R_N에 흐르는 전류 i는 0이 된다. 따라서 단자 $a-b$로 흐르는 전류 값은 곧 I_N와 같아진다.

그러므로 아무리 블랙박스 내에 복잡한 회로가 있다 해도 이 노턴 등가회로의 I_N는 회로에서 단자 $a-b$를 단락하고 이들 단자에 흐르는 전류 I_{ab}를 측정하여 얻을 수 있다. 이와 같이 단자의 단락회로에서 전류전원 I_N를 구할 수 있으므로 I_N을 **단락회로 전류**라고 한다.

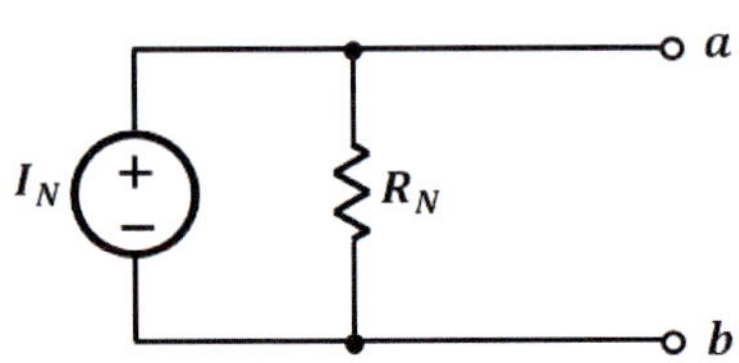

그림 4.49 노턴의 등가회로

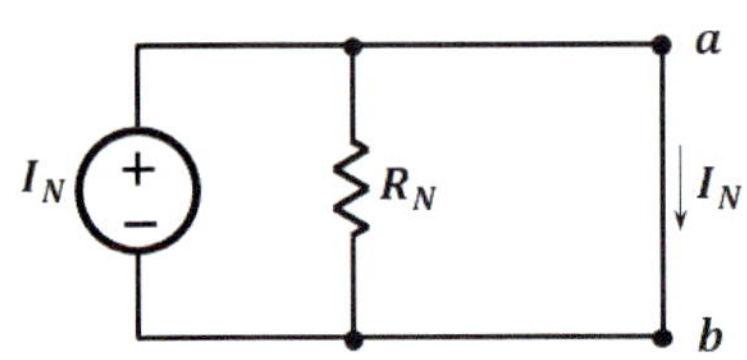

그림 4.50 I_N의 계산

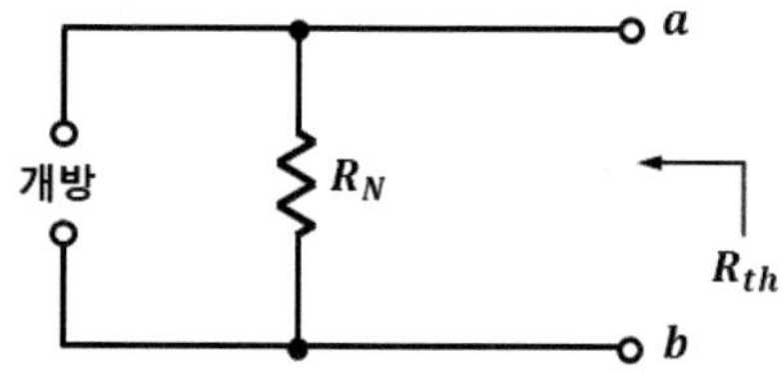

그림 4.51 R_N의 계산

다음은 R_N의 계산을 생각해 보기로 한다. R_N은 그림 4.51 회로와 같이 등가회로에서 전원전압 I_N의 값을 0으로 두고 단자 $a-b$에서 블랙박스 쪽으로 들여다 본 저항 값으로 계산할 수 있다. 전류전원을 0으로 둔다는 말은 회로를 개방시킨다는 말이고 다른 말로는 독립 전원을 비활성화 시킨다는 뜻이 된다. 따라서 전원을 비활성화 시킨 후의 R_N은 테브난의 정리에서 정의한 R_{th}의 값과 같다는 것을 알 수 있다.

예제 4.16 그림 4.52 회로에서 노턴의 정리를 이용하여 I_{RL}을 구하시오.

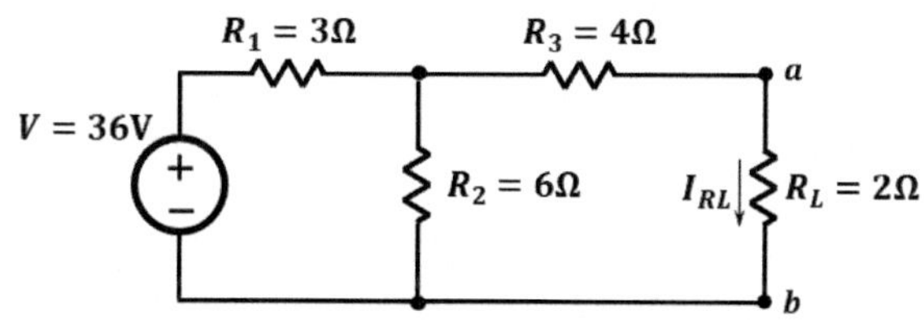

그림 4.52 예제 4.20의 회로

풀이 그림 4.53 회로와 같이 단자 $a-b$가 단락되어 있다고 가성한다.

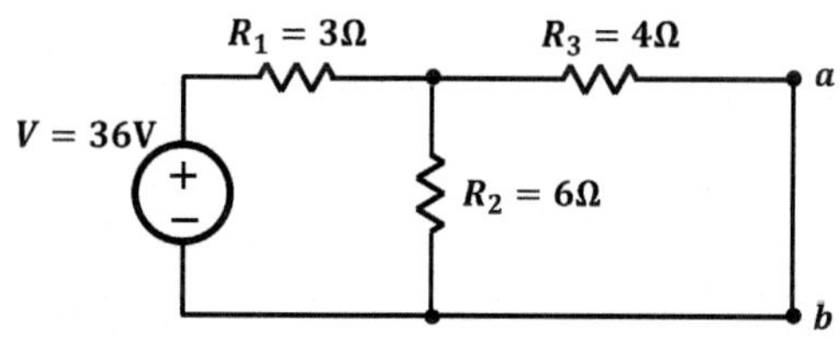

그림 4.53 그림 4.52 회로에서 단자 $a-b$가 단락된 회로

그림 4.53 회로에서 총 저항은 다음과 같다.

$$I_t = \frac{V}{R_t} = \frac{V}{R_1 + R_2 \parallel R_3} = \frac{36}{3+(4\times6)/(4+6)} = \frac{36}{5.4}\text{[A]}$$

따라서 단자 $a-b$로 흐르는 전류 값은 곧 I_{sc}는 다음과 같다.

$$I_{ab}=I_{sc}=I_t\times\frac{R_2}{R_2+R_3}=\frac{36}{5.4}\times\frac{6}{6+4}=4[\text{A}]$$

R_N을 구하기 위해 모든 독립 전원을 비활성 시켜 회로를 만들면 그림 4.54와 같다.

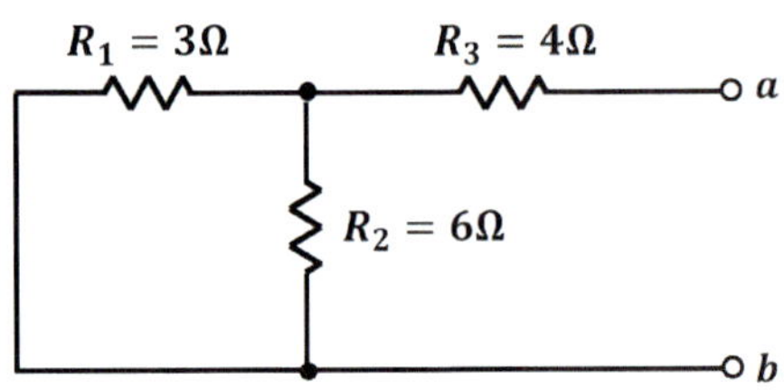

그림 4.54 모든 독립 전원을 비활성화 시켜 만든 회로

그림 4.54 회로 단자 $a-b$의 저항 값은 다음과 같다.

$$R_{ab}=R_N=R_3+R_1\parallel R_2=4+\frac{3\times6}{3+6}=6[\Omega]$$

노턴 등가 회로는 그림 4.55와 같으며 따라서 저항 R_L에 흐르는 전류 I_{RL}은 다음과 같이 된다.

$$I_{RL}=I_N\times\frac{R_N}{R_N+R_L}=4\times\frac{6}{6+2}=3[\text{A}]$$

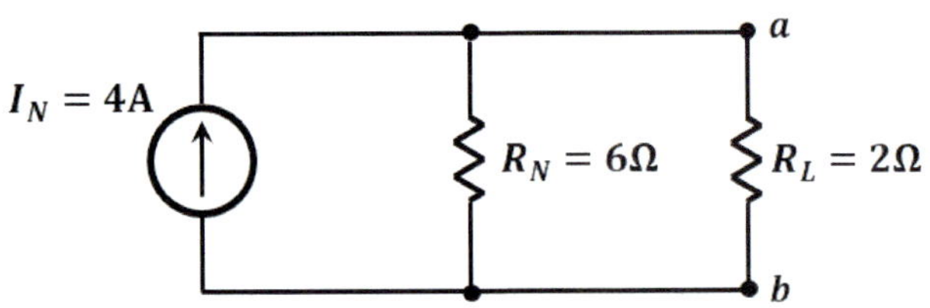

그림 4.55 노턴 등가회로

4.5 밀만의 정리

회로 내에 주파수가 같은 여러 개의 전압전원이 병렬로 접속되어 있는 경우에 하나의 등가 전압전원으로 전환시키기 위하여 밀만(Millman)의 정리를 사용한다.

내부 임피던스 Z_1, Z_2, $\cdots Z_n$에 각각 직렬로 연결된 전압전원 E_1, E_2, $\cdots$, E_n이 병렬로 연결된 능동회로는 단일 등가 임피던스 Z_e가 다음과 같이 된다.

$$Z_e = \frac{1}{Y_e} = \frac{1}{\sum_{i=1}^{n} Y_i} \tag{4.36}$$

Z_e와 직렬로 접속된 등가 전압전원 E_e는 다음과 같이 변환시킬 수 있다.

$$E_e = \frac{\sum_{i=1}^{n} I_i}{Y_e} = \frac{\sum_{i=1}^{n} (e_i Y_i)}{\sum_{i=1}^{n} Y_i} \tag{4.37}$$

여기서 전압전원 E_e가 역극성으로 접속되었을 때에는 (-)가 된다.

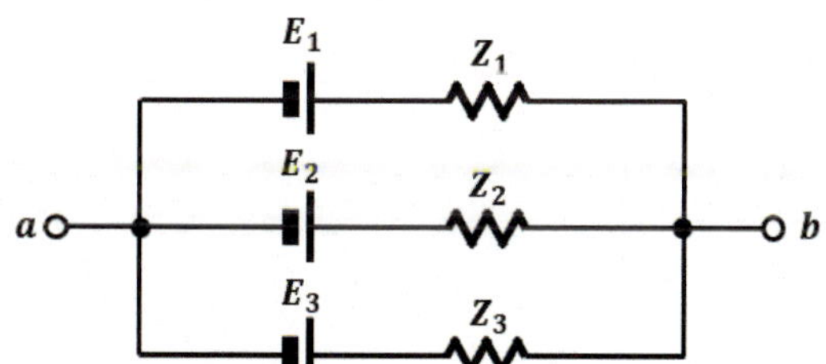

(a)

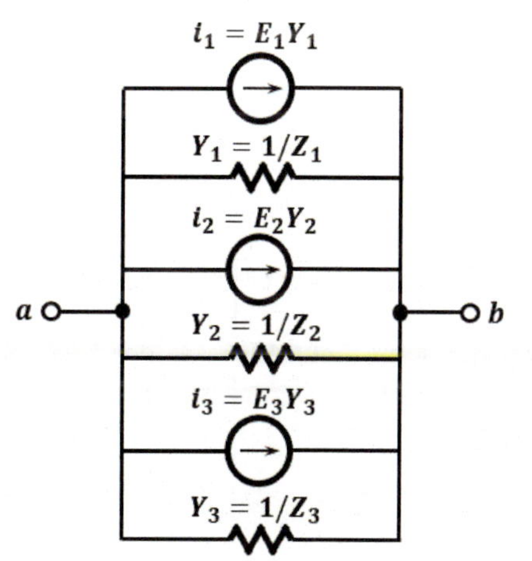

(b)

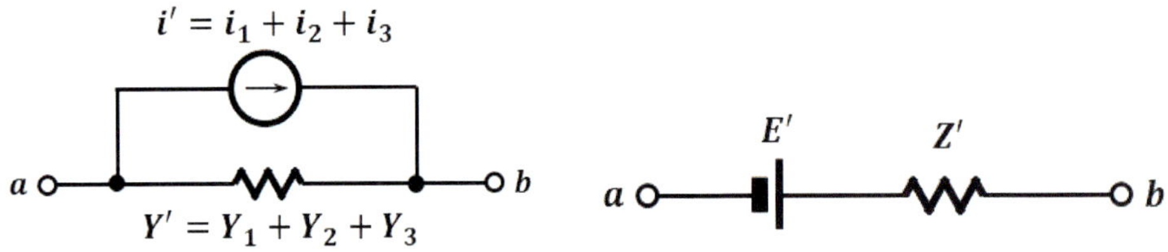

(c) (d)

그림 4.56 밀만의 정리에 의한 등가 변환 회로 과정

그림 4.56 (a)의 E_1을 전류 전원으로 바꾸면 $i_1 = E_1 Y_1$의 전원에 $Y_1 = 1/Z_1$을 병렬로 접속한 회로가 되므로 등가회로는 그림 4.56 (b)와 같다. 그림 4.56 (b)는 전류 전원이 병렬로 연결되었기 때문에 그림 4.56 (c)와 같이 된다. 따라서 전류 전원을 전압 전원으로 바꾸면 그림 4.56 (d)와 같이 되며 등가 임피던스는 식 (4.36)에 의해 다음과 같이 된다.

$$Z' = \frac{1}{Y_1 + Y_2 + Y_3} \tag{4.38}$$

Z'와 직렬로 연결된 전압전원 E'는 식 (4.37)에 의해 다음과 같이 변환시킬 수 있다.

$$E' = \frac{E_1 Y_1 + E_2 Y_2 + E_3 Y_3}{Y_1 + Y_2 + Y_3} \tag{4.39}$$

이 관계를 **밀만(Millman)의 정리**라 한다.

예제 4.17 그림 4.57 (a)의 회로에서 100 [Ω]에 흐르는 전류 i를 밀만의 정리에 의해 구하여라.

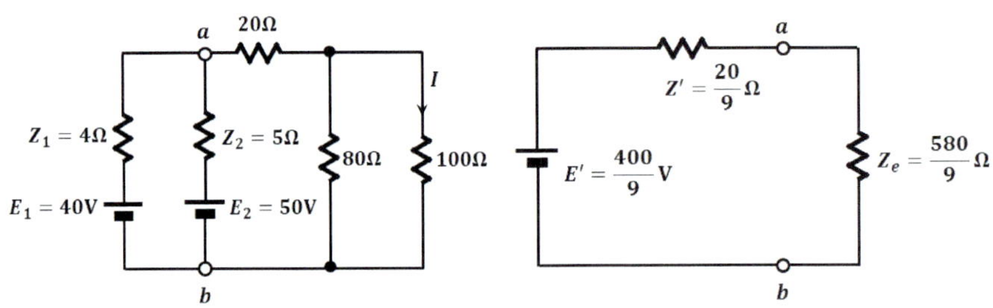

(a) 원회로 (b) 변환 회로

그림 4.57 밀만의 정리에 의한 등가 변환 회로

풀이 그림 4.57 (b)는 밀만의 정리에 의한 등가 변환 회로이다. 이 회로에서

$$Z' = \frac{1}{\frac{1}{4}+\frac{1}{5}} = \frac{20}{9}[\Omega]$$

$$E' = \frac{40\times\frac{1}{4}+50\times\frac{1}{5}}{\frac{1}{4}+\frac{1}{5}} = \frac{20}{\frac{9}{20}} = \frac{400}{9}[\text{V}]$$

$$Z_e = 20+\frac{400}{9} = \frac{580}{9}[\Omega]$$

이 된다. 그러므로 단자 $a-b$에 걸리는 전압은 다음과 같다.

$$V_{ab} = \frac{\frac{400}{9}\times\frac{20}{9}+0\times\frac{580}{9}}{\frac{20}{9}+\frac{580}{9}} = \frac{\frac{8000}{81}}{\frac{600}{9}} = \frac{80}{9}[\text{V}]$$

따라서 그림 4.57 (a)의 회로에서 100 [Ω]에 흐르는 전류 I는 다음과 같이 된다.

$$\therefore I = \frac{V_{ab}}{Z_e} = \frac{\frac{80}{9}}{\frac{580}{9}} = \frac{8}{58} = 0.14[\text{A}]$$

4.6 Y-Δ 변환

직렬회로에서는 수개의 직렬 임피던스를 하나의 등가 임피던스로 대치하고 병렬 어드미턴스를 하나의 어드미턴스로 대치함으로써 회로를 간단히 해석할 수 있으나 어떠한 회로도 이와 같은 방법만으로는 해결되지 않는다.

이런 경우 **Y-△변환**(T-π 변환)에 의해 쉽게 해석할 수 있다.

Y-△ 변환은 Y형으로 결합된 3개의 임피던스를 △형으로, △형으로 결합된 3개의 임피던스를 Y형으로 변환시킨다.

그림 4.58 (a), (b)는 각각 Y형, △형 회로이다. 그림 4.58 (c)와 (d)의 회로를 각각 T형, *Π*형이라고 부르나 T형은 Y형과, *Π*형은 △형과 같음을 알 수 있다.

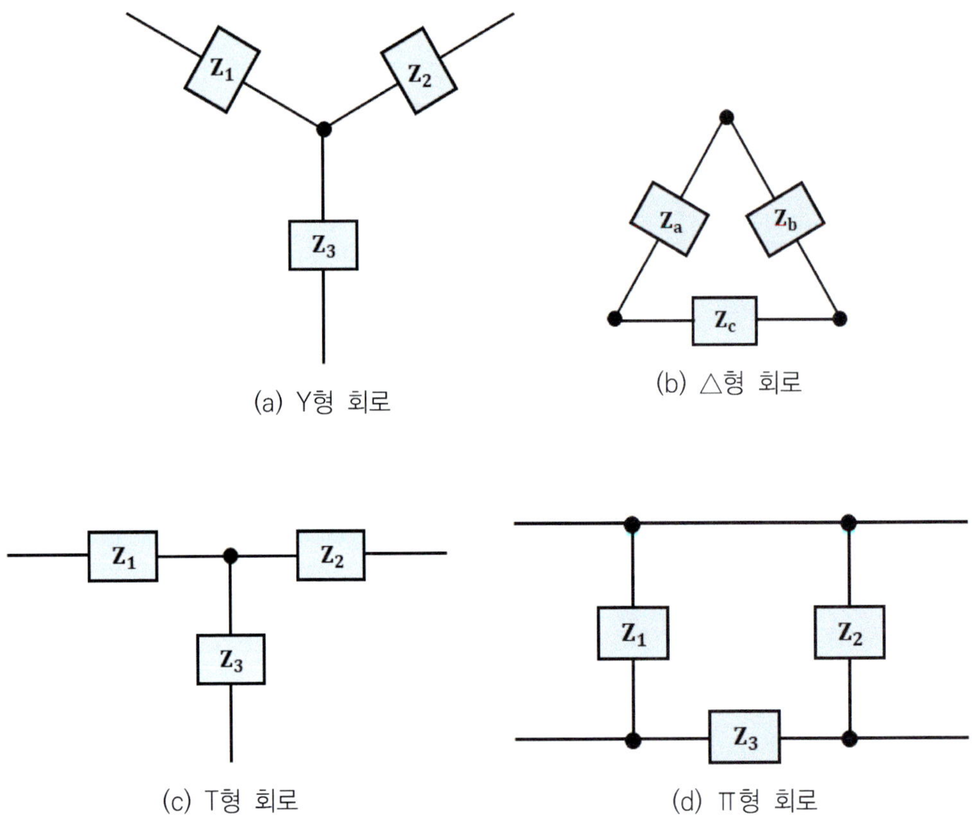

그림 4.58 Y, △, T 및 π형 회로

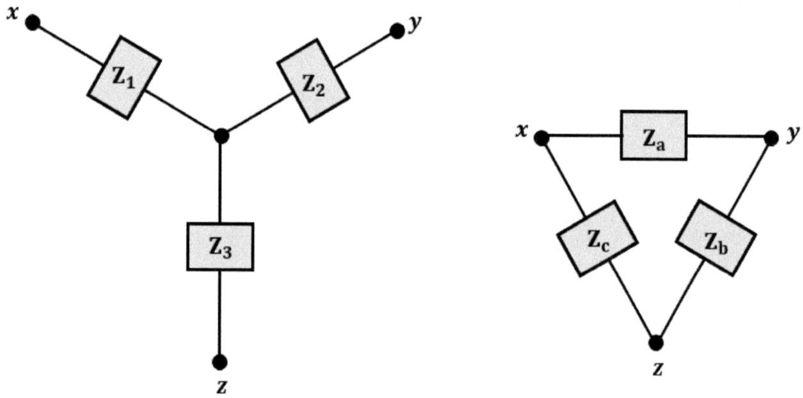

(a) Y 회로 (b) △ 회로

그림 4.59 Y 및 △ 회로

이들 회로의 상호 등가 되는 조건에 대하여 고찰하여 보자.

그림 4.59의 Y 및 △ 회로가 상호 등가라면 대응하는 각각의 단자인 임피던스의 크기는 같아야 할 것이다.

지금 단자 x, y간의 임피던스의 크기를 Z_{xy}라고 하면 Y형 회로에서는 Z_1과 Z_2가 직렬로 연결되어 있고, △형 회로에서는 Z_a와 (Z_b+Z_c)가 병렬로 연결되어 있는 셈이 된다.

Y형에서는 다음과 같이 된다.

$$Z_{xy}=Z_1+Z_2 \tag{4.40}$$

Δ형에서는 다음과 같이 된다.

$$Z_{xy}=\frac{Z_c(Z_a+Z_b)}{(Z_a+Z_b)+Z_c} \tag{4.41}$$

따라서 단자 x, y간의 임피던스의 크기를 Z_{xy}는 다음과 같이 된다.

$$Z_{xy}=Z_1+Z_2=\frac{Z_c(Z_a+Z_b)}{(Z_a+Z_b)+Z_c} \tag{4.42}$$

마찬가지 방법으로 단자 x, z간의 임피던스의 크기를 Z_{xz}와 단자 y, z간의 임피던스의 크기를 Z_{yz}는 다음과 같이 된다.

$$Z_{xz} = Z_1 + Z_3 = \frac{Z_b(Z_a + Z_c)}{(Z_a + Z_c) + Z_b} \tag{4.43}$$

$$Z_{yz} = Z_2 + Z_3 = \frac{Z_a(Z_b + Z_c)}{(Z_b + Z_c) + Z_a} \tag{4.44}$$

식 (4.42)~(4.44)에서 {식 (4.42)+(4.43)+(4.44)}/2 등으로 하여 Z_a, Z_b및 Z_c를 구하면 다음과 같다.

$$Z_1 = \frac{Z_a Z_c}{Z_a + Z_b + Z_c} \tag{4.45}$$

$$Z_2 = \frac{Z_a Z_b}{Z_a + Z_b + Z_c} \tag{4.46}$$

$$Z_3 = \frac{Z_b Z_c}{Z_a + Z_b + Z_c} \tag{4.47}$$

식 (4.45)~(4.47)을 각각 Z_a, Z_b및 Z_c에 대해 풀면 그 결과는 다음과 같다.

$$Z_a = \frac{Z_1 Z_2 + Z_2 Z_3 + Z_3 Z_1}{Z_3} \tag{4.48}$$

$$Z_b = \frac{Z_1 Z_2 + Z_2 Z_3 + Z_3 Z_1}{Z_1} \tag{4.49}$$

$$Z_c = \frac{Z_1 Z_2 + Z_2 Z_3 + Z_3 Z_1}{Z_2} \tag{4.50}$$

따라서 그림 4.60은 $\Delta \rightarrow Y$변환 및 $Y \rightarrow \Delta$ 변환 관계를 기억하기 위한 그림으로 정리하면 다음과 같다.

$\Delta \rightarrow Y$변환에서 변환 관계를 기억하기 위한 방법은 다음과 같다.

$$Z_1 = \frac{\text{인접 } Z\text{의 곱}}{\sum Z} \tag{4.51}$$

$Y \rightarrow \Delta$변환에서 변환 관계를 기억하기 위한 방법은 다음과 같다.

$$Z_a = \frac{\sum ZZ}{\text{건너편 } Z} \tag{4.52}$$

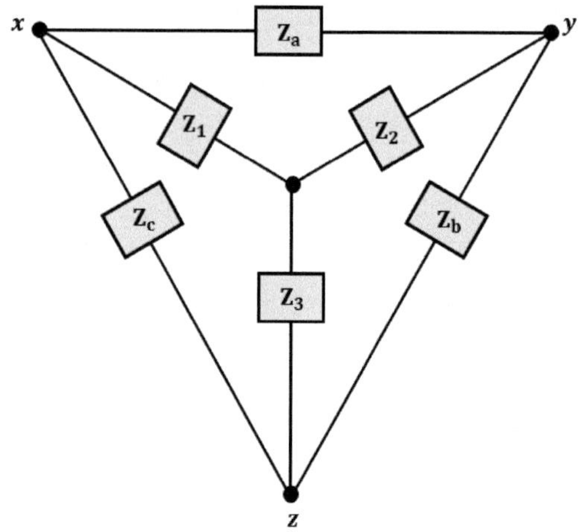

그림 4.60 변환 관계를 기억하기 위한 그림

예제 4.18 그림 4.61에서 $P_3 - P_4$에 흐르는 전류를 $\Delta \rightarrow Y$변환에 의해 구하여라.

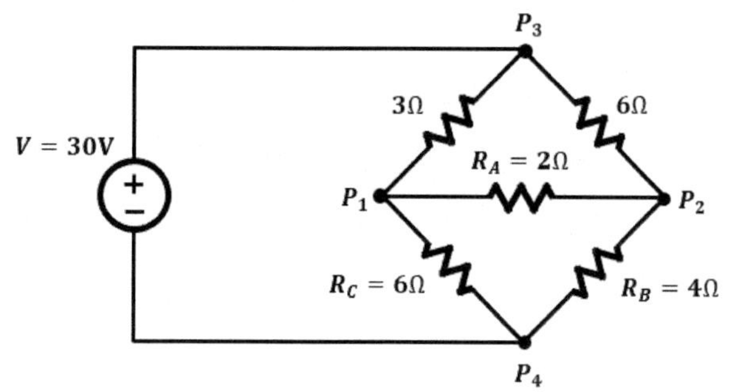

그림 4.61 예제 4.22의 회로

풀이

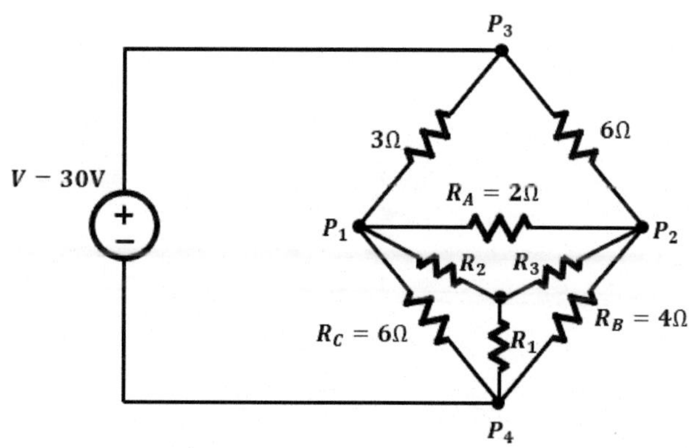

그림 4.62 $\Delta \rightarrow Y$ 변환 회로

그림 4.62의 $\Delta \rightarrow Y$변환 회로에서 각각의 R_1, R_2, R_3는 다음과 같다.

$$R_1 = \frac{R_B R_C}{R_A + R_B + R_C} = \frac{24}{12} = 2[\Omega]$$
$$R_2 = \frac{R_C R_A}{R_A + R_B + R_C} = \frac{12}{12} = 1[\Omega]$$
$$R_3 = \frac{R_A R_B}{R_A + R_B + R_C} = \frac{8}{12} = \frac{2}{3}[\Omega]$$

그림 4.62의 $\Delta \rightarrow Y$변환 회로를 등가회로로 나타내면 그림 4.63과 같이 된다.
그림 4.63에서 $P_3 - P_4$ 사이의 총 저항 R는 다음과 같이 된다.

$$R = \frac{1}{\frac{1}{4} + \frac{3}{20}} = \frac{1}{\frac{8}{20}} = \frac{20}{8} = 2.5$$

따라서 총 저항 $R_t = R + R_1 = 2.5 + 2 = 4.5[\Omega]$, $V = 30[\text{V}]$이므로 $P_3 - P_4$ 사이에 흐르는 전류 I_{34}는 다음과 같이 된다.

$$I_{34} = \frac{V}{R_t} = \frac{30}{4.5} = 6.67[\text{A}]$$

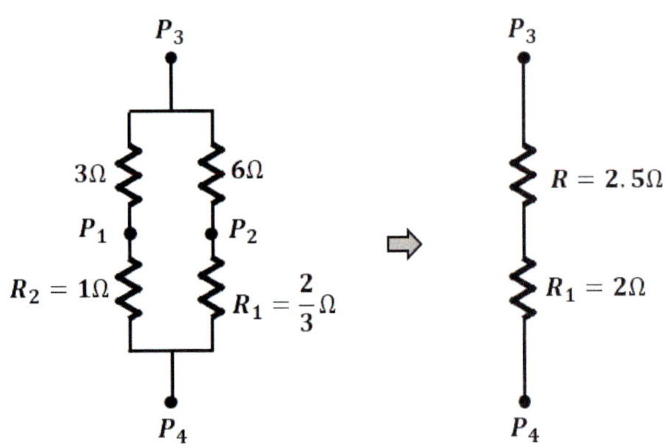

그림 4.63 등가 회로

4.7 최대 전력 전달

최대 전력 전달은 회로에 발생한 전력이 연결된 다른 회로에 전달될 때 최대 전력이 전달되는 조건을 말해주는 정리이다. 예를 들어 그림 4.64와 같은 블랙박스 회로에 부하 R_L이 연결되었을 때 블랙박스 회로에서 발생되는 전력이 어떤 조건 하에서 부하 R_L에 전달되어 최대로 소비될 수 있는지를 말해주는 정리이다.

이 정리를 설명하기 위해 블랙박스의 내용을 테브난 등가회로로 고치면 그림 4.65와 같다.

이때 단자 a, b에 연결된 부하에서 소비되는 전력을 P_L이라 하면 전력을 구하는 공식에 의해 다음과 같이 표현될 수 있다.

$$P_L = i_L^2(t)R_L = \left[\frac{v_s(t)}{R_{th}+R_L}\right]^2 \times R_L \tag{4.53}$$

즉, $P_L(t)$를 최대로 만드는 R_L값을 구하려면 최적화 기법으로 위의 식을 변수 R_L에 대해 편미분하고 그 값을 0으로 만드는 변수 R_L값을 찾으면 된다.

$$\frac{\partial P_L}{\partial R_L} = \frac{v_s^2}{(R_{th}+R_L)^2} - 2\frac{v_s^2 R_L}{(R_{th}+R_L)^3} = v_s^2 \frac{R_{th}-R_L}{(R_{th}+R_L)^3} = 0 \tag{4.54}$$

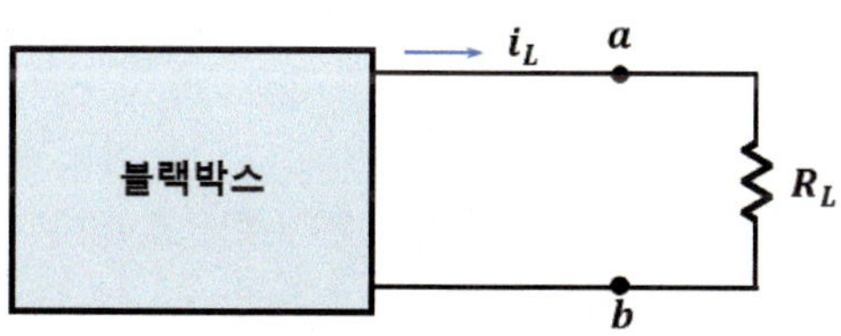

그림 4.64 블랙박스

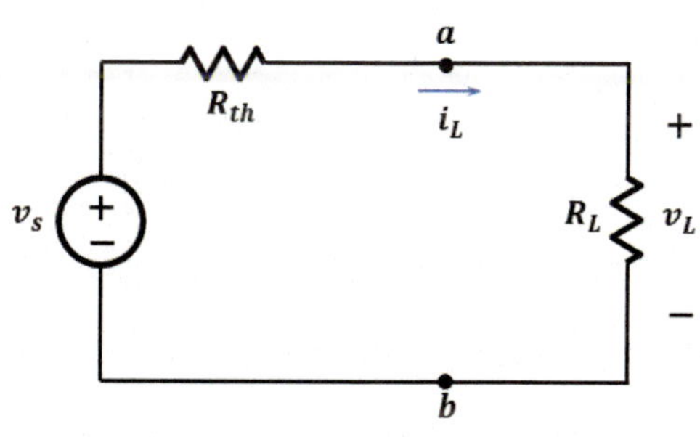

그림 4.65 테브난 등가 회로

따라서 식 (4.54)를 만족시키려면 분자가 0이 되어야 하므로 $R_{th} - R_L = 0$이고 다음과 같은 조건이 성립한다.

$$R_{th} = R_L \tag{4.55}$$

그리고 이때 얻을 수 있는 최대 전력은 다음과 같다.

$$P_{\max} = v_L i_L = \left(\frac{v_s}{R_{th} + R_L}\right)^2 R_L = \left(\frac{v_s}{2R_L}\right)^2 R_L = \frac{v_s^2}{4R_L} \tag{4.56}$$

즉, 최대 전력 전달 정리는 임의의 회로에서 발생된 전력을 이 회로에서 연결된 부하 회로에 최대로 전달하려면 부하 저항값 R_L이 테브난 등가 회로의 R_{th}값과 같아야 한다.

예제 4.19 그림 4.66 회로에 부하 저항 R_L이 얼마일 때 최대의 전력이 부하에 전달되는가? 또 이때 부하에 전달되는 최대 전력 $P_{\max}$는 얼마인가?

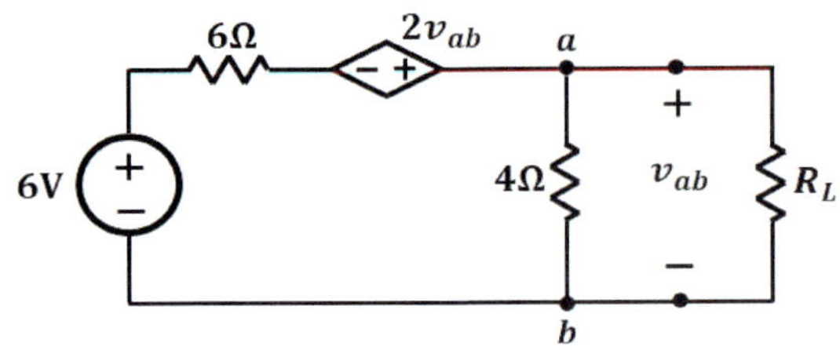

그림 4.66 최대 전력전달 적용 회로

풀이 먼저 단자 a, b 왼쪽 회로를 테브난 등가 회로로 바꾸기 위해 단자 a, b를 개방하면 그림 4.67과 같이 된다. 여기서 이 회로의 v_s와 R_{th}를 구한다.

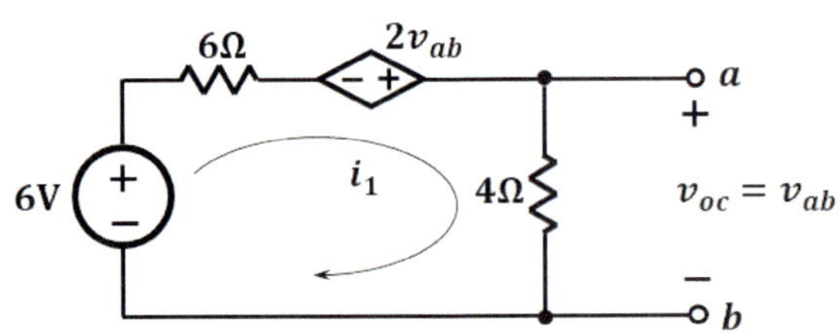

그림 4.67 테브난 등가 회로의 계산

이 회로는 독립 전원과 종속 전원 그리고 저항으로 이루어진 회로이다. 따라서 v_{oc}의 값은 회로 해석으로 단자 $a-b$ 사이의 전압 v_{ab}를 구하여 얻고 R_{th}의 값은 $R_{th}=v_{oc}/i_{sc}$의 공식으로 얻는다. 먼저 v_{oc}는 KVL을 기반으로 구할 수 있는데 메시 한 개에 흐르는 전류 i_1은 다음 방정식으로 구한다.

$$6=6i_1-2v_{ab}+4i_1=10i_1-2v_{ab}$$

또한 수식에 포함된 종속 변수 v_{ab}의 계산에 필요한 제약식은 회로로부터 다음과 같이 구해진다.

$$v_{ab}=4i_1$$

위의 두 식으로부터 $i_1=3\text{A}$이므로 v_{oc}는 다음과 같이 된다.

$$v_{oc}=12[\text{V}]$$

다음으로 R_{th}값을 구하는데 필요한 값 i_{sc}를 얻기 위해 단자 a, b를 단락하여 회로를 만들면 v_{ab}는 0이 되고 종속 전압 전원의 값도 0이 되므로 그림 4.68과 같은 회로로 바뀐다.

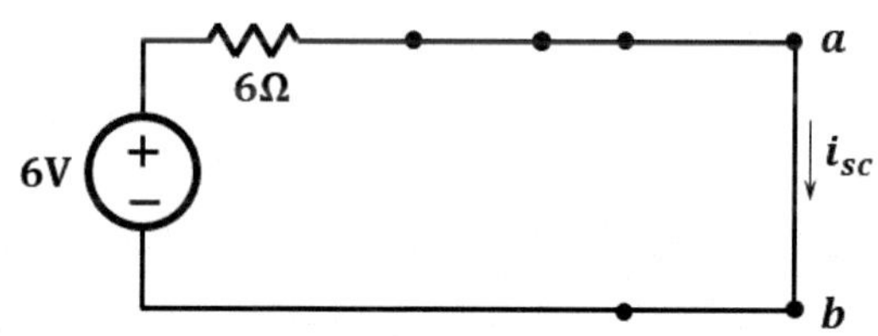

그림 4.68 i_{sc}의 계산

이 회로에서 i_{sc}의 값은 옴의 법칙에 의해 $i_{sc}=6/6=1\text{A}$이다. 그러므로 $R_{th}=v_{oc}/i_{sc}=12\,\Omega$이고 테브난 등가 회로는 그림 4.69와 같다.

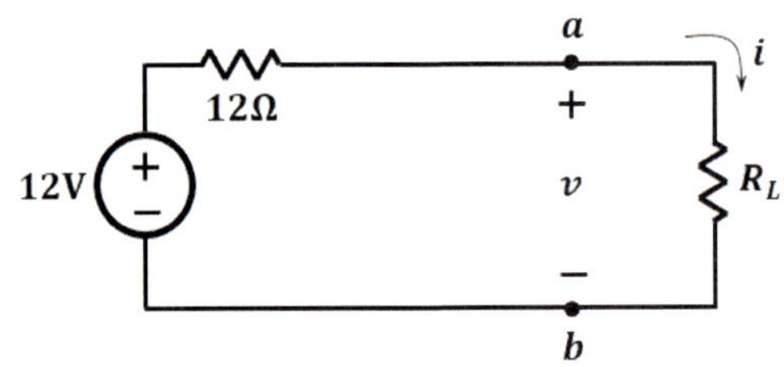

그림 4.69 테브난 등가회로

결국 부하저항 R_L의 값은 최대 전력전달 정리에 의해 R_{th}의 값과 같은 값인 12 Ω이 되어야 하고 이때의 최대 전력전달 전력 $P_{\max} = (v_{oc})^2/4R_L = 3$ W이다.

5장

교류 회로

4장에서는 주로 직류에 대한 회로망의 해석에 대해 알아보았다. 그러나 실제 회로에서는 직류 전원의 주 역할은 기본적인 에너지를 공급하는 것이 대부분이며 직류는 시간에 따라 변하지 않으므로 정보를 간직한 신호로 취급하지 않는다.

그렇지만 실제 신호원은 시간에 따라 변하는 경우가 대부분이며 우리는 이를 총칭해서 교류라 하고 있다.

이 장에서는 교류 가운데 정현파에 대한 개념과 전기회로 소자가 교류 회로에 사용되었을 때 그의 특성과 교류 전력 및 공진 회로에 대해 다루기로 한다.

5.1 교류

5.1.1 교류의 개요

(1) 자기유도작용과 자기 인덕턴스

코일이 하나뿐인 경우에도 코일에 전류를 흘림으로써 자속이 생기지만 그 자속은 역시 그 코일 자신을 통과하고 있다. 그래서 전류에 변화가 있으면 자속도 변화하고 그것에 의해 그 코일 자신에도 유도 기전력이 생긴다(그림 5.1). 따라서 코일 1개인 경우에도 전류의 변화에 대한 유도 기전력의 크기를 가리키도록 유도 작용의 크기를 나타낼 수 있다. 이 경우에는 자기 유도 작용이라고 하고 그 크기를 자기 인덕턴스 또는 단지 인덕턴스(기호 L)라고 한다. 단위는 헨리[H]이다. 자기 인덕턴스는 2개의 코일을 밀착하여 같은 권수, 같은 조건으로 나열하여 감은 경우에 상당하는 이상적 상태의 상호 인덕턴스이다.

자기 인덕턴스의 경우의 1헨리란 코일의 전류가 매초 1A의 비율로 변화하였을 때 이 코일 자신에 생기는 유도 기전력이 1 V인 코일의 자기 유도의 크기이다. 일반적으로 코일에 흐르는 전류 변화의 비율이 Δt[s] 동안에 ΔI[A]일 때 그 코일 자신에 생기는 유도 기전력이 E[V]라면 다음과 같은 관계가 있다.

$$E = -L \times \frac{\Delta I}{\Delta t} \text{[V]} \tag{5.1}$$

식에서 -의 의미는 유도 기전력의 방향이 전류의 변화에 역행하는 방향이라는 의미이다. 이 때문에 스위치를 넣은 순간에는 외부 전원과 반대 극성인 기전력이 생겨서 스위치를 넣는 즉시는 전류가 증가하지 않는 작용을 한다.

자기 인덕턴스가 큰 코일은 또 자속이 많이 생기는 코일이라고 생각할 수 있다. 따라서 공심 코일에 철심을 넣으면 인덕턴스는 각별히 커진다.

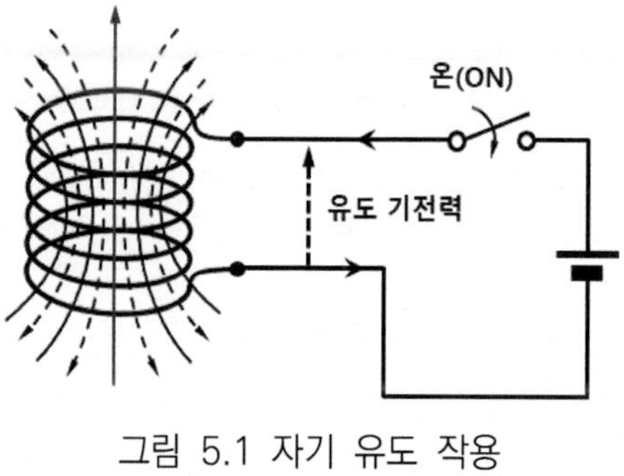

그림 5.1 자기 유도 작용

(2) 교류의 원리

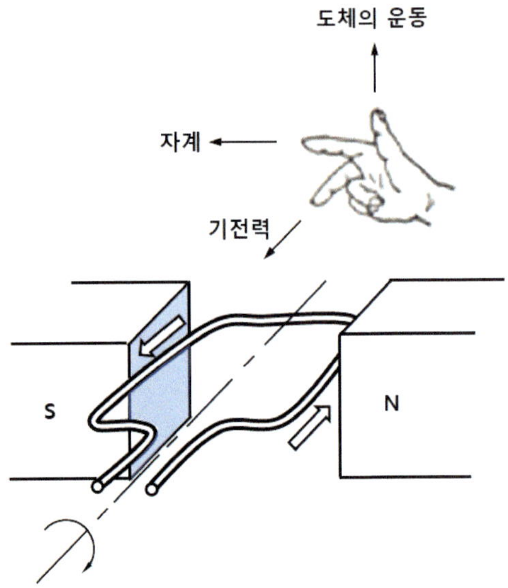

그림 5.2 자계 중에서 코일을 회전시키는 발전기

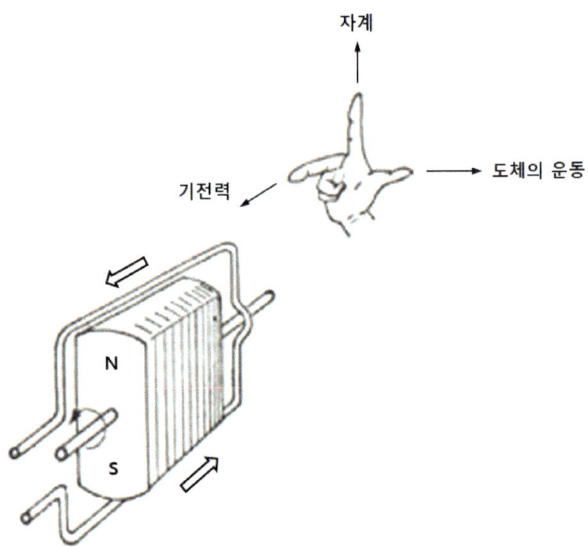

그림 5.3 코일을 고정하여서 자석을 회전 시키는 발전기

그림 5.2는 자계 중에 방형 코일을 시계방향으로 회전시키면 오른손 법칙을 적용하여 그림의 S극에 가까운 도체는 위 방향으로 움직이고 N극에 가까운 도체는 아래 방향으로 움직여 자속을 끊고 화살표 방향의 기전력이 생긴다.

그림 5.3은 반대로 코일 쪽을 고정하고 자석을 회전시킴으로 이 경우도 오른손 법칙을 적용하지만 도체의 운동 방향은 상대적으로 보아 자석의 운동방향과 반대로 되므로 자석을 반시계 방향으로 회전하였을 때 그림의 화살표 방향의 기전력이 된다.

그림 5.4는 자석을 회전시켜 그 자속을 고정한 방형 코일의 도체가 끊기게 한 발전기로 자석이 회전하는데 따라 도체에 생기는 기전력의 크기와 방향을 가리킨 것이다. 자석의 자극과 도체를 서로 마주 본 위치 a 및 c일 때의 기전력의 크기는 가장 크고 그 방향은 자극이 N극인지 S극인지에 따라 반대가 된다.

또한 자극의 중간 위치에 도체가 있을 때 b 및 d에서는 기전력은 0이 된다. N과 S의 2극의 자석을 회전 시키면 1회전, 즉 360°회전 하는 동안의 기전력의 크기와 방향은 그림과 같은 파형이 되며 이것은 수학의 삼각 함수인 사인으로 표현할 수 있어 사인 파형이라 한다. 또한 이와 같은 기전력의 변화의 1회전, 즉 각도 360°분을 1사이클이라 한다.

따라서 이 자석을 1초간에 60회의 속도로 회전시키면 도체에 생기는 기전력은 1초간에 60회, 이와 같은 변화를 반복하게 된다. 이와 같이 기전력의 크기와 방향이 시시각각으로 변화하는 것을 **교류**라고 하고 그 반복 변화의 속도를 **주파수**라 한다.

매초의 사이클 수를 헤르츠[㎐]라는 단위로 부르기 때문에 이 예와 같이 1초간에 60회의 속도로 변화하는 교류의 주파수는 60헤르츠가 된다.

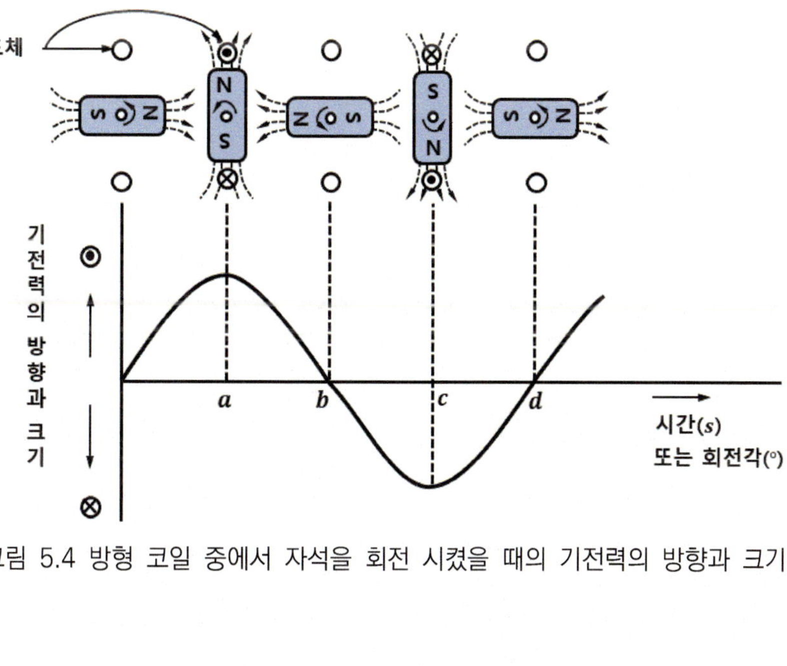

그림 5.4 방형 코일 중에서 자석을 회전 시켰을 때의 기전력의 방향과 크기

(3) 주파수와 주기

그러면 기전력의 크기는 어떻게 나타내는지 알아보기로 한다.

그림 5.2에서 자장의 세기를 B라 하고, 코일의 회전 속도를 v라 하며, 코일의 길이를 l이라 하면 기전력 V의 크기는 다음과 같이 나타낸다.

$$V = 2Blvsin\theta = V_m \sin\theta \text{[V]} \tag{5.2}$$

식에서 V_m은 기전력의 최대값이다. 그리고 1초 동안에 회전한 각도(θ)를 각속도(ω)라 하고 그림으로 나타내면 그림 5.5와 같으며 이러한 각속도를 식으로 나타내면 다음과 같다.

$$\omega = \frac{\theta}{t} \text{[rad/s]},\ \ \theta = \omega t \text{[rad]} \tag{5.3}$$

식 (5.3)을 식 (5.2)에 대입하면

$$V = V_m \sin\omega t \tag{5.4}$$

그림 5.5에서 1회전(사이클)에 필요한 각도는 2π이므로, 주기 T[sec]와 각속도 ω[rad/s] 사이의 관계는 아래와 같다.

$$T = \frac{2\pi}{\omega} \text{[sec]} \tag{5.5}$$

$$f = \frac{1}{T} \text{[Hz]} \text{ 또는 } T = \frac{1}{f} \text{[sec]} \tag{5.6}$$

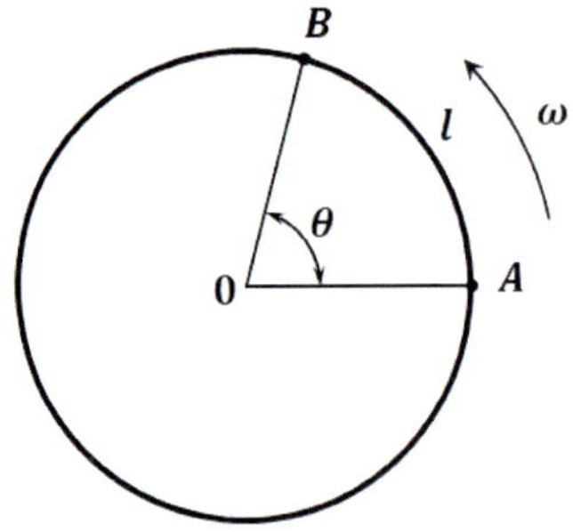

그림 5.5 각속도

식 (5.5)를 식 (5.6)에 대입하면 각속도 ω는 다음과 같이 된다.

$$\omega = 2\pi f\,[\mathrm{rad/s}] \tag{5.7}$$

따라서 식 (5.4)는 다음과 같이 나타낼 수 있다.

$$V = V_m \sin 2\pi f t\,[\mathrm{V}] \tag{5.8}$$

(4) 위상각과 위상차

그림 5.6과 같이 위상각을 갖는 정현파는 다음과 같이 나타낸다.

$$\mathrm{v} = \mathrm{V_m} \sin(\omega \mathrm{t} + \theta) \tag{5.9}$$

식에서 θ를 **위상**(phase) 또는 **위상각**(phase angle)이라고 한다.

그리고 동일 주파수라 해도 그림 5.7 (a)와 같이 θ만큼 어긋난 경우 이 θ를 **위상차**라 한다.

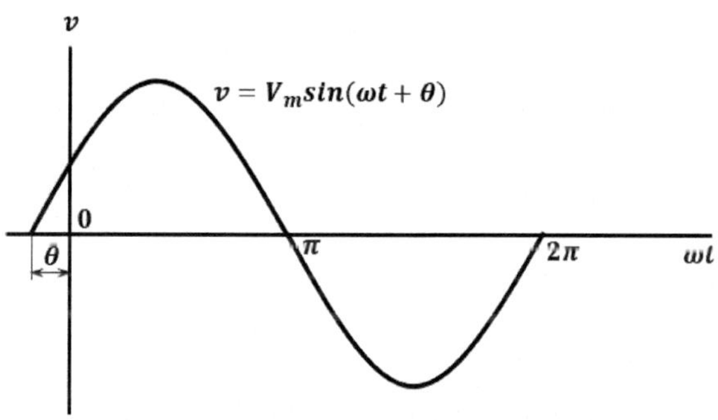

그림 5.6 위상각을 갖는 정현파

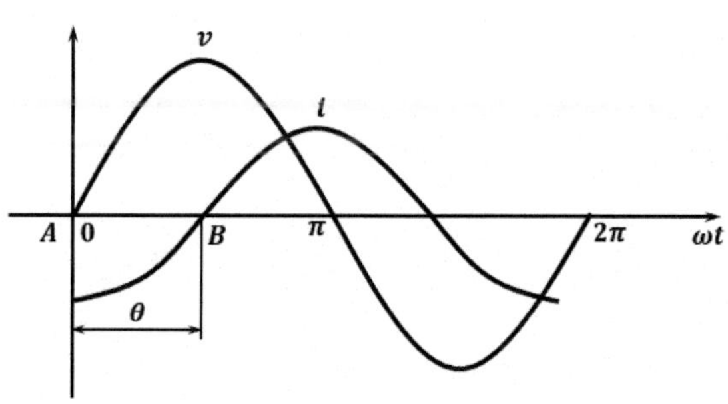

(a)

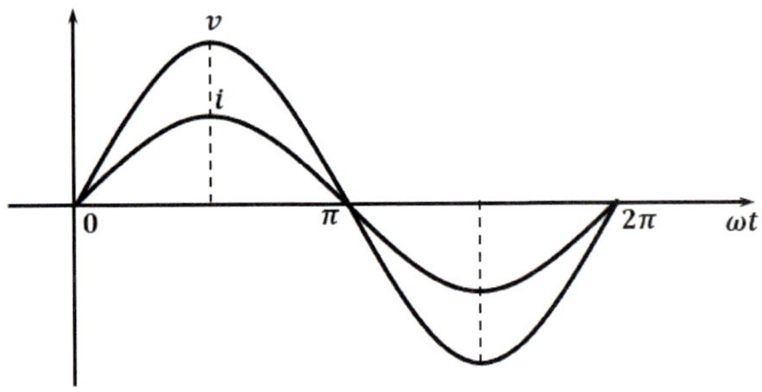

(b)

그림 5.7 동일 주파수의 두 정현파의 위상차

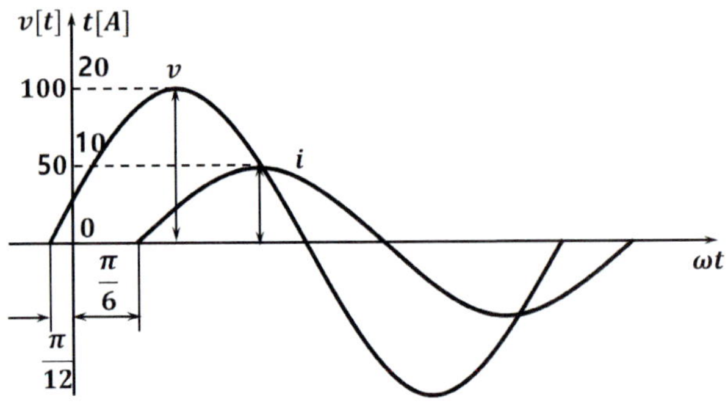

그림 5.8 동일 주파수의 v와 i 그래프

예를 들어 $i = 10\sin(\omega t - \pi/6)$[A]로 표시되는 전류파보다 위상이 $45°$만큼 앞서고 진폭이 100[V]인 v의 그래프와 i의 그래프를 그리면 그림 5.8과 같다. 이 때 v, i의 주파수는 동일한 것으로 간주한다.

5.1.2 교류의 표시

(1) 순시값

시간에 따라 변하는 파형은 그 가지 수가 무한대이며 이들은 직류에 대비해서 보통 교류라 부른다. 교류 가운데에서도 가장 대표적인 파형이 우리가 발전소로부터 늘 공급받고 있는 정현파이다. 이러한 교류 전압은 다음과 같이 나타내며 파형을 그림 5.9와 같이 나타낸다.

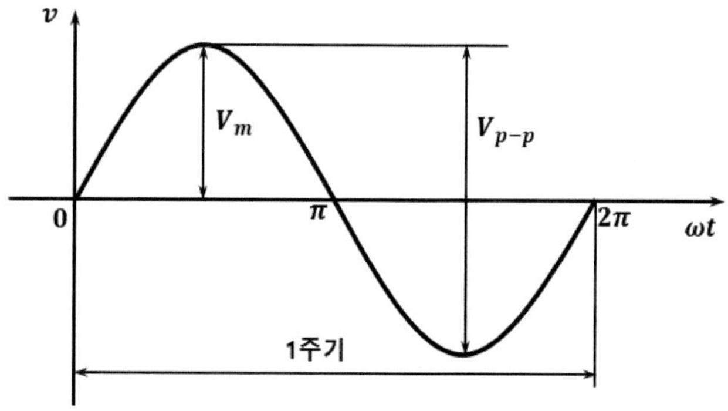

그림 5.9 순시값과 최대값

$$v = V_m \sin\omega t[\mathrm{V}] \tag{5.10}$$

식 (5.10)에서 교류 전압 v의 값은 시간이 경과함에 따라 매순간 변하게 되므로 이것을 교류 전압의 순시값(instantaneous value)이라 하고 **교류 순시값**은 전압에 대해v의 기호를 사용한다. 전류에 대해서도 마찬가지로 i를 사용한다.

이러한 교류의 전원 기호와 일반적인 교류 파형은 그림 5.10과 같이 나타내며 이 교류에 대한 일반적인 식은 진폭 A, 각주파수 ω, 위상 θ일 때 다음과 같이 나타낸다.

$$v_s(t) = Asin(\omega t + \theta) \tag{5.11}$$

이들은 진폭과 각주파수 및 위상을 알면 모든 시간에 대한 정현파의 값을 알 수 있게 된다. 각주파수(각속도)와 주파수와의 관계는 다음과 같이 정의한다.

$$f = \frac{\omega}{2\pi} \ [\mathrm{Hz}] \tag{5.12}$$

교류의 가장 큰 특징은 주기함수라는 것이며 그림 5.10 (b)에서 $\omega t = 2\pi$마다 같은 크기가 반복해서 나타나므로 주기 T는 주파수의 역수로 다음과 같이 나타낸다.

$$T = \frac{2\pi}{\omega} = \frac{1}{f} \tag{5.13}$$

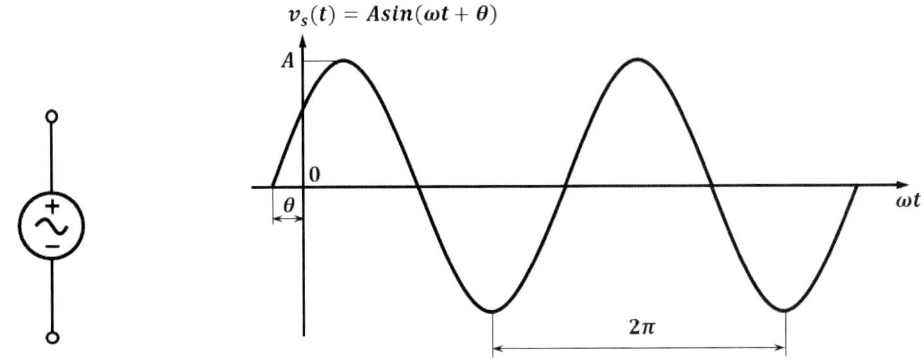

(a) 기호 (b) 파형

그림 5.10 교류 전원의 기호와 파형

(2) 최대값

최대값이란 식 (5.9)에서 순시값 중에서 시간에 따라 가장 큰 값을 말하며 **진폭**(amplitude)이라고도 하며 기호는 전압의 경우는 V_m, 전류의 경우는 I_m으로 나타낸다. 또한 이 그림에서 파형이 양(+)의 최대값과 음(-)의 최대값 사이의 값을 **피크-피크값**(pick-topick value)이라고 하며 V_{p-p}로 나타낸다.

(3) 실효값

실효값이란 교류 전압이나 크기를 직류로 환산한 값으로 교류 전류가 흐를 때 하는 일의 크기에 따라 정해진다. 즉, 파형이 다른 여러 가지 주파수의 크기를 비교할 때 그 최대값만으로는 불충분하므로 다음에 정의하는 실효값(effective value)으로서 비교한다.

직류나 교류가 저항을 통과하면 열이 발생한다. 지금 순시값이 i[A]인 교류 전류(정현파가 아니라도 무방하다)가 저항 R을 통과할 때 각 순간에 i^2R의 전력이 소비되며 이것은 시간의 함수이다. 따라서 1주기 T초 동안에 발생하는 열량은 이것으로 적분하여 구해진다. 또한 같은 시간 T초 동안에 같은 저항 R을 통하여 동일한 열량을 발생할 직류 전류(주기 전류와 동일한 열 효과를 나타낼 직류)를 I[A]라 하면 다음과 같이 된다.

$$\int_0^T I^2 R dt = \int_0^T i^2 R dt \tag{5.14}$$

전류 I는 다음과 같이 된다.

$$I = \sqrt{\frac{1}{T}\int_0^T i^2 R dt}\ [\mathrm{A}] \tag{5.15}$$

즉, 이것은 다음을 의미한다.

$$I = \sqrt{i^2\text{의 1주기간의 평균}} \tag{5.16}$$

이 때 일정한 값 I를 교류 전류 i의 실효값이라고 하며 식 (5.16)에서 보는 것과 같이 실효값을 root mean square value 또는 r.m.s 값이라고도 한다.

식 (5.10)의 전압에 대한 실효값 V를 유도하여 구하면 다음과 같이 되며 전류에 대한 실효값 I 역시 같은 방법으로 구하게 된다.

$$V = \frac{V_m}{\sqrt{2}} = 0.707\, V_m \tag{5.17}$$

(4) 평균값

교류의 순시값을 평균을 취하여 나타내는 경우가 있는데 주기파의 평균값은 원래 다음과 같이 정의한다.

$$I_{av} = \frac{1}{T}\int_0^T i dt\,[\mathrm{A}] \tag{5.18}$$

그러나 (+), (-)의 파형이 같은 모양을 하고 있는 대칭파나 정현파에서는 1주기 간의 평균값은 0이다. 이때에는 다음의 반주기 평균값을 사용한다.

$$I_{ha} = \frac{2}{T}\int_0^{T/2} i dt\,[\mathrm{A}] \tag{5.19}$$

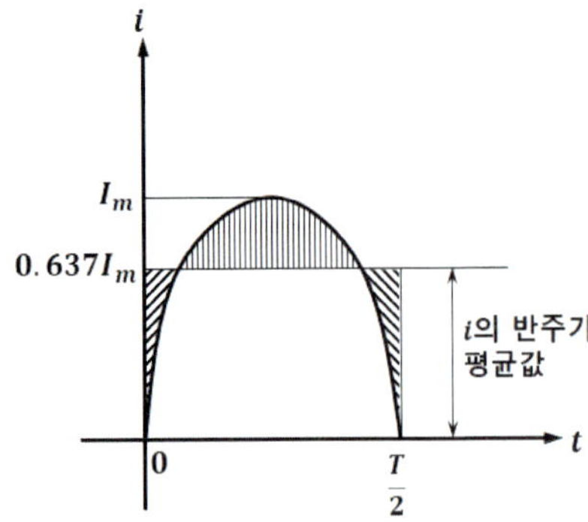

그림 5.11 대칭파의 평균값

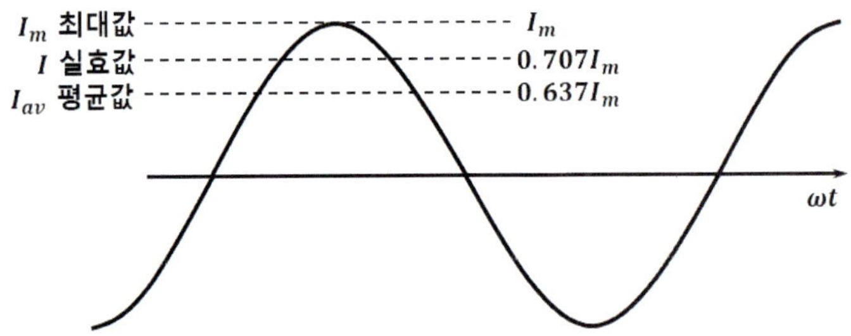

그림 5.12 교류 전류의 표시

즉, 정현파의 반주기 평균값(그림 5.11)은 다음 식과 같다.

$$I_{ha} = \frac{2}{T}\int_0^{T/2} I_m \sin\omega t dt = \frac{2}{T}\frac{I_m}{\omega}[-\cos\omega t]_0^{T/2} = \frac{I_m}{\pi}[-\cos\pi + \cos 0] = \frac{2}{\pi}I_m = 0.637I_m \tag{5.20}$$

(5) 파형율과 파고율

$$\text{파형률} = \frac{\text{실효값}}{\text{평균값}},\ \text{파고율} = \frac{\text{최대값}}{\text{실효값}} \tag{5.21}$$

정현파 전압에 대해서는 다음과 같이 된다.

$$\text{파형률} = \frac{(V_m/\sqrt{2})}{(2V_m/\pi)} = \frac{\pi}{2\sqrt{2}} = 1.111,\ \text{파고율} = \frac{V_m}{(V_m/\sqrt{2})} = \sqrt{2} = 1.414 \tag{5.22}$$

대표적인 파형에 대해 파형률과 파고율을 정리한 것이 표 5.1이다.

표 5.1 대표적인 파형에 대해 파형률과 파고율

명칭	구형파	정현파	삼각파
파형	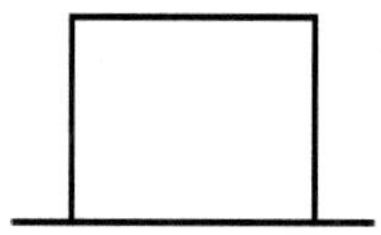	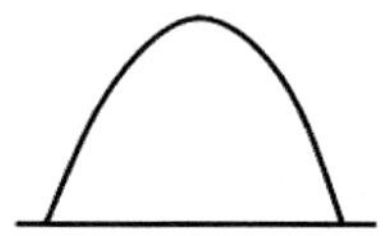	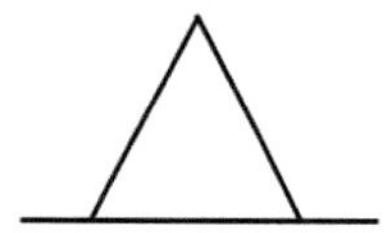
파형률	1.00	1.11	1.15
파고율	1.00	1.41	1.73

예제 5.1

$v=50\cos(1000t+\frac{\pi}{3})$[V]로 표시되는 전압이 있다. 이 전압의 ① 진폭, ② 실효값, ③ 각주파수, ④ 주파수, ⑤ 주기, ⑥ 위상각을 구하여라.

풀이

① 진폭; 50

② 실효값; 0.707×진폭=0.707×50=35.35

③ 각주파수; 1000

④ 주파수; $\omega/2\pi=1000/2\pi=159$[Hz]

⑤ 주기; $1/T=2\pi/\omega=2\pi/1000=6.28\times 10^{-3}$

⑥ 위상각; $\pi/3$

5.2 정현파 교류의 복소수 표시

5.2.1 교류의 벡터 표시법

(1) 벡터의 기초

스칼라양(scalar quantity)은 크기만을 표시(길이, 질량, 온도)한다. 벡터량(vector quantity)은 크기와 방향을 표시(힘, 속도, 자장)한다.

벡터도(vector diagram)는 그림 5.13과 같이 크기는 선분의 길이로 나타내며 방향은 각도로 나타낸다.

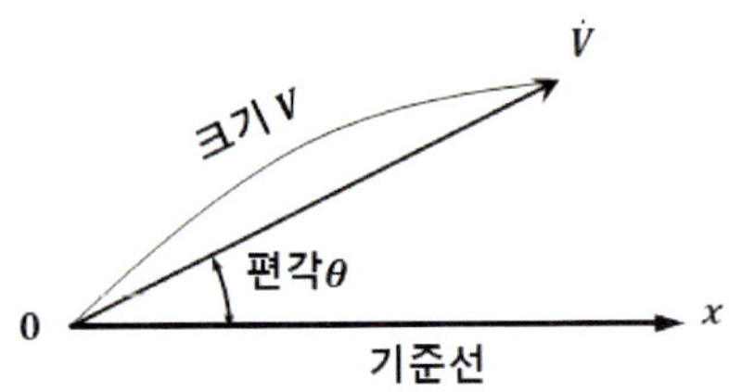

그림 5.13 벡터의 표시

(2) 교류의 벡터 표시법

벡터는 회전벡터와 정지벡터로 나뉘는데 일반적인 벡터는 그림 5.14와 같이 정지벡터로 나타낸다.

교류의 표시는 일반적으로 다음 식과 같이 나타낸다.

$$i = I_m \sin(\omega t + \theta) = \sqrt{2}\, I \sin(\omega t + \theta) \tag{5.23}$$

여기서 I는 실효값이고, θ는 위상이다.

벡터의 크기는 실효값으로 나타내며 벡터의 표시는 다음과 같이 나타낸다.

$$\dot{I} = I \angle \theta \tag{5.24}$$

여기서 I는 전류의 크기이고, θ는 위상이다.

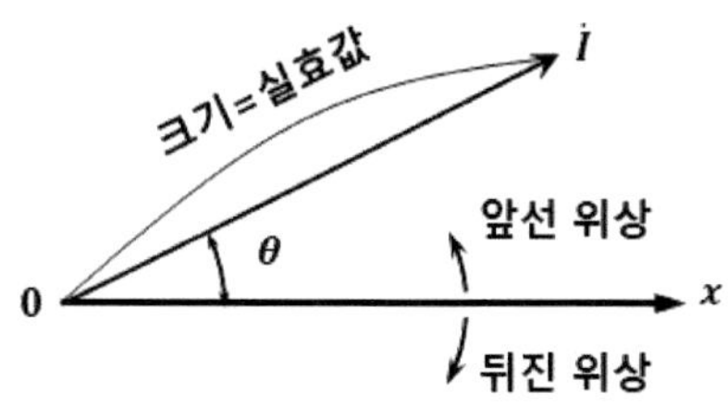

그림 5.14 정지벡터

5.2.2 복소수

실수와 허수의 합을 복소수라 한다. 어떤 실수도 제곱하여 (-)가 될 수 없다.

어떤 수를 제곱하여 -1이 되는 가상적인 수를 생각하여 허수단위라 부르기로 하며 j로 표시한다. 즉, 다음과 같이 표시한다.

$$j^2 = -1, \quad j = \sqrt{-1} \tag{5.25}$$

복소수를 하나의 문자로써 표시하려면 $\dot{A} = a + jb$로 한다. 여기서 a와 b는 실수이며 jb는 허수이다. 즉, a는 $\dot{A}$의 실수부(real part), b는 $\dot{A}$의 허수부(imaginary part)이다.

복소수는 일직선상에 한 점으로 표시할 수 없으므로 평면상에 직교하는 X, Y축을 생각하여 X축은 실수축, Y축은 허수축으로 하는 복소평면 상에 나타낸다(그림 5.15).

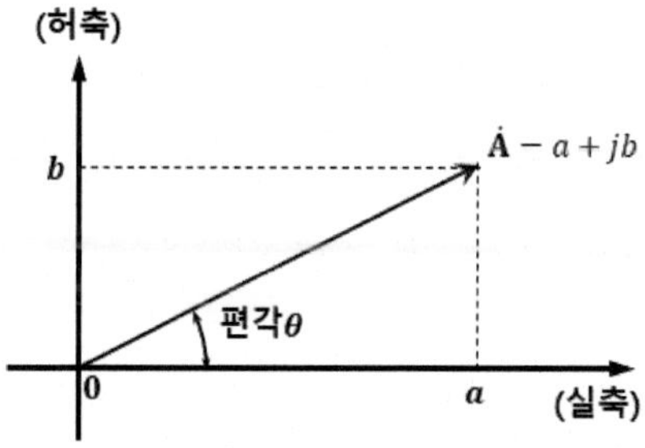

그림 5.15 복소평면

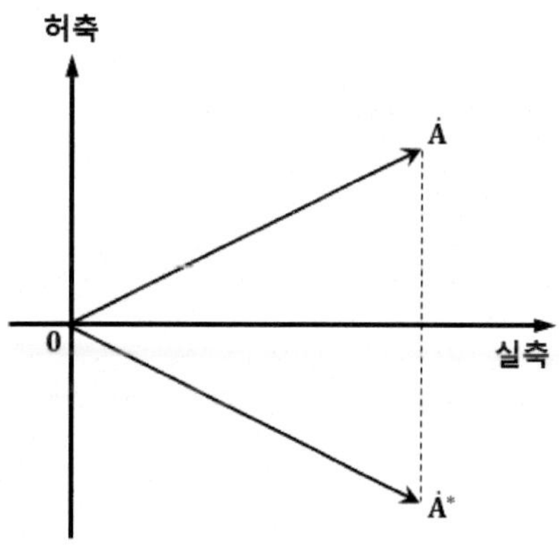

그림 5.16 공액 복소수

두 개의 복소수 $a-jb$와 $a+jb$는 서로 공액(conjugate)이라 한다(그림 5.16). 흔히 켤레복소수라 부르기도 한다. 복소수 $\dot{A}$의 공액 복소수를 $\dot{A}^*$로 표시하기로 약속한다.

$\dot{A}=a+jb$이면 $\dot{A}^*=a-jb$이며 $\dot{A}+\dot{A}^*=2a$, $A-A^*=j2b$이다.

그리고 $AA^*=(a+jb)(a-jb)=a^2+b^2$이다. 즉, 어떤 복소수와 그 공액 복소수와의 곱은 항상 실수가 된다.

5.2.3 연산자 j

복소수 $\dot{A}=a+jb$와 허수단위 j와의 적을 생각하면 다음과 같다.

$$j\dot{A}=j(a+jb)=-b+ja \tag{5.26}$$

그림 5.17의 (a)를 보면 $j\dot{A}$는 $\dot{A}$를 반시계방향으로 90도 회전시킨 것임을 알 수 있다. 이런 의미에서 j를 **회전연산자**(rotational operator)라고 부르기도 한다.

그림 5.17 (b)는 복소수 $\dot{A}$에 연산자 j를 연속해서 곱한 것을 시각적으로 표현한 것이며 그림 5.17 (c)는 실수 4에 연산자 j를 연속해서 곱한 것을 시각적으로 표현한 것이다.

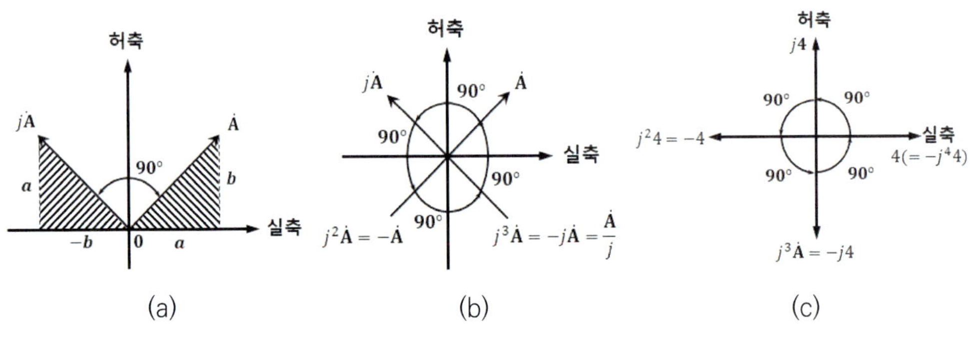

그림 5.17 j와 복소수의 적

5.2.4 복소수 표시

복소수는 직각좌표뿐만 아니라 극좌표로써 표시할 수도 있다.

그림 5.18에서 원점에서 점 P까지의 거리를 A, OP와 수평축이 이루는 각을 θ 라 하면 $\dot{A} = A\angle\theta$와 같이 복소수를 크기와 각으로 표시할 수 있다.

$$A = \sqrt{a^2 + b^2}, \quad \theta = \tan^{-1}\frac{b}{a} \tag{5.27}$$

여기서 $a = A cos\theta$, $b = A sin\theta$이다.

또한 오일러 정의에 의해 지수함수 $\epsilon^{j\theta}$는 다음과 같이 나타낼 수 있다.

$$\epsilon^{j\theta} = \cos\theta + j sin\theta \tag{5.28}$$

이상으로 복소수를 표시하는 방법들이다. 즉,

$$\dot{A} = a + jb = A(\cos\theta + j sin\theta) = A\angle\theta = A\epsilon^{j\theta} \tag{5.29}$$

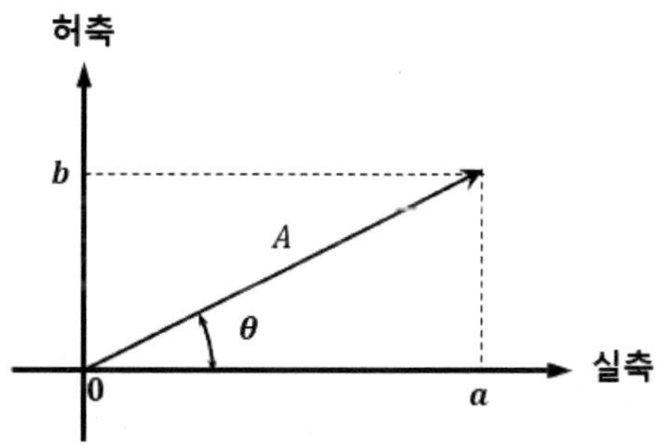

그림 5.18 직각좌표 형식과 극좌표 형식

5.3 소자 회로의 특성

5.3.1 기본 소자 회로의 특성

(1) 저항 회로

그림 5.19 (a)과 같이 저항 R에 $v = V_m \sin\omega t$[V]인 정현파를 인가했을 때 전류 i는 다음과 같다.

$$i = \frac{v}{R} = \frac{V_m \sin\omega t}{R} = I_m \sin\omega t = \sqrt{2}\, I \sin\omega t \text{[A]} \qquad (5.30)$$

최대값 및 실효값은 다음과 같다.

$$V_m = RI_m \text{[V]},\ \ V - RI \text{[V]},\ \ I = \frac{V}{R} \text{[A]} \qquad (5.31)$$

전류와 전압은 그림 5.19 (b)와 같이 동상이다.

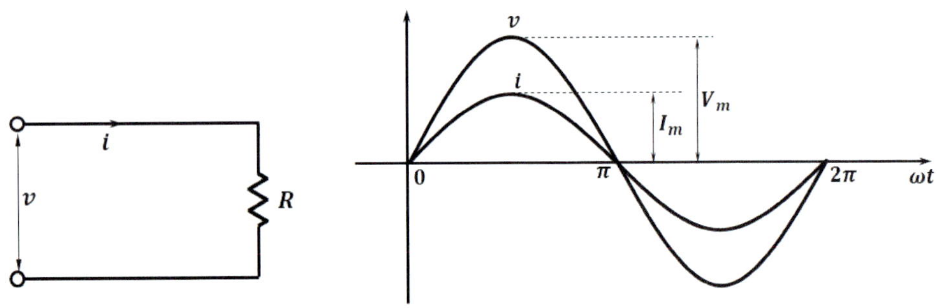

그림 5.19 저항 회로의 전압과 전류의 관계

(2) 인덕턴스 회로

그림 5.20 (a)와 같이 인덕턴스 L[H]인 코일로 된 유도회로(인덕턴스 회로)에 정현파 전류 $i = I_m \sin\omega t$[A]가 흐를 때 인덕턴스에 의해서 생기는 전압강하 v는 다음과 같이 된다.

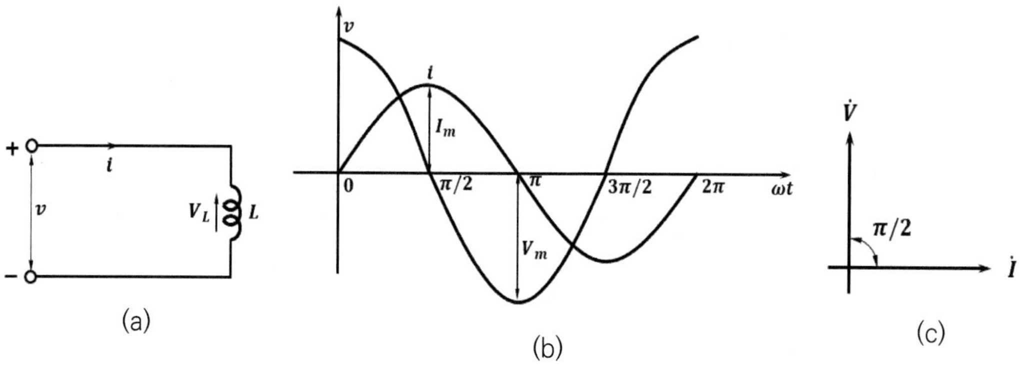

그림 5.20 인덕턴스 회로의 전압과 전류

$$v = L\frac{di}{dt} = L\frac{d}{dt}(I_m \sin\omega t) = \omega L I_m \cos\omega t = \omega L I_m \sin(\omega t + 90°) \tag{5.32}$$

전압의 위상은 전류의 위상보다 90 앞선다. 최대값과 실효값은 다음과 같다.

$$V_m = \omega L I_m,\ \ V = \omega L I,\ \ I = \frac{V}{\omega L} \tag{5.33}$$

식 (5.33)을 식 (5.32)와 비교해 보면 ωL은 인덕턴스 회로의 전류를 제한하는 일종의 교류 저항임을 알 수 있다. 그러나 저항과는 달리 전압과 전류 사이에 90°의 위상차를 생기게 하므로, ωL을 **유도성 리액턴스**(inductive reactance)라 부르며 X_L로 표시하고 단위는 Ohm[Ω]을 쓴다.

(3) 커패시턴스 회로

그림 5.21 (a)와 같이 커패시턴스 C[F]만으로 된 용량성회로(커패시턴스 회로)에 정현파 전류 $i = I_m \sin\omega t$[A]가 흐를 때 전류 방향으로의 전압강하 v는 다음과 같이 된다.

$$v = \frac{1}{C}\int i dt = \frac{1}{C}\int I_m \sin\omega t dt = -\frac{I_m}{\omega C}cos\omega t = \frac{I_m}{\omega C}sin(\omega t - 90°) \tag{5.34}$$

전압의 위상은 그림 5.26 (b)와 같이 전류보다 90° 뒤진다. 최대값과 실효값은 각각 다음과 같다.

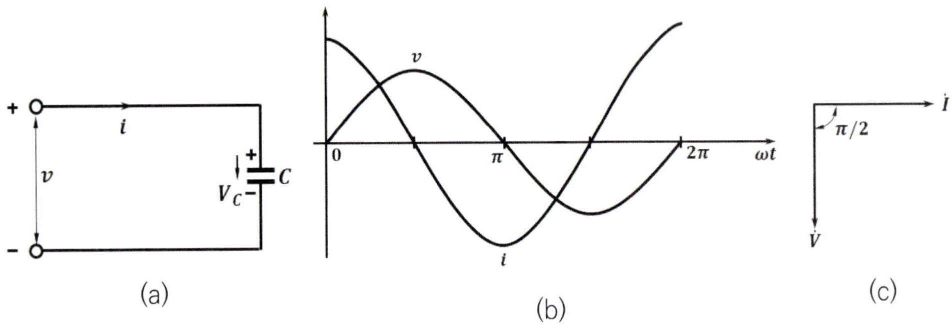

그림 5.21 커패시턴스 회로의 전압과 전류

$$V_m = \frac{1}{\omega C} I_m, \quad V = \frac{I}{\omega C}, \quad I = \omega C V = \frac{V}{1/\omega C} \tag{5.35}$$

식 (5.35)를 식 (5.34)와 비교하면 $1/\omega C$은 커패시턴스 회로의 전류를 제한하는 일종의 교류저항임을 알 수 있다. 유도성 리액턴스와 구별하기 위하여 **용량성 리액턴스**(capacitive reactance)라고 부르며, X_C로서 표시하고 단위는 $[\Omega]$을 쓴다.

전압이 전류보다 90° 앞서는 경우 90° 늦는 경우를 구별하기 위해 유도성 리액턴스(+), 용량성 리액턴스(-)로 정한다.

$$X_C = -\frac{1}{\omega C} = -\frac{1}{2\pi f C} \tag{5.36}$$

따라서 식 (5.35)는 $V = |X_C| I, \ I = \frac{V}{|X_C|}$

5.3.2 복합 소자 회로의 특성

가. 직렬회로

(1) R-L 직렬회로 특성

2개 이상의 소자가 회로를 구성하고 있는 경우, 이 회로의 전압과 전류의 관계를 결정지어 주는 요소로써 **임피던스**(impedance)가 있다. 직렬회로의 경우는 전류의 흐름을 방해하는 성분인 임피던스와 전압으로 해석한다.

그림 5.22 (a)의 R-L 직렬 회로에 전류 $i = I_m \sin\omega t$[A]가 흐를 때 R 및 L에 의한 전압강하는 다음과 같다.

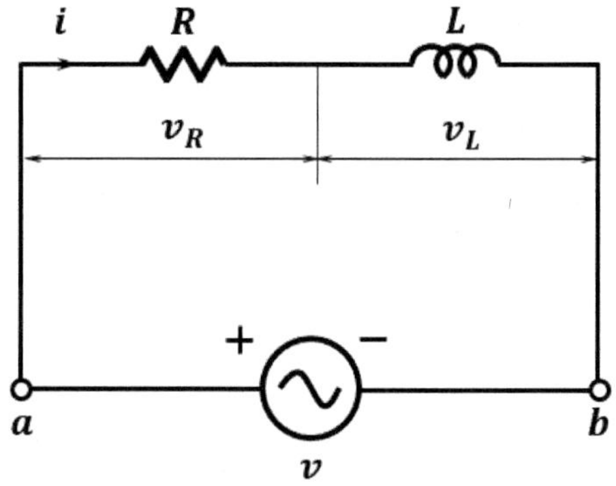

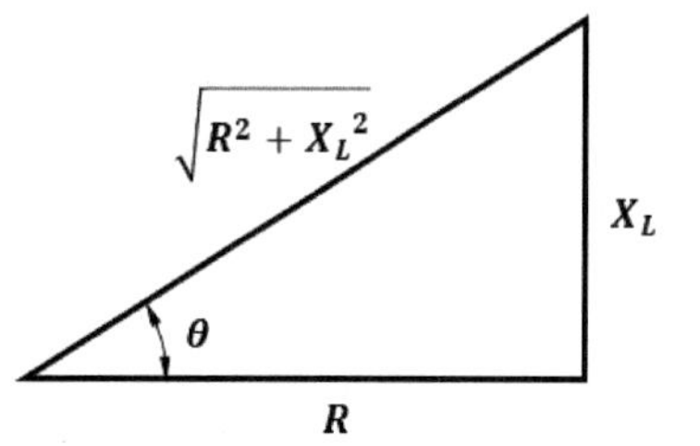

그림 5.22 R-L 직렬회로와 임피던스도

$$v_R = RI_m \sin\omega t \tag{5.37}$$

$$v_L = \omega LI_m \cos\omega t = X_L I_m \cos\omega t \tag{5.38}$$

따라서 $v = v_R + v_L$이므로

$$v = I_m(Rsin\omega t + X_L \cos\omega t) = I_m\sqrt{R^2 + X_L^2}\, sin(\omega t + \theta) \tag{5.39}$$

여기서 $\theta = \tan^{-1}\dfrac{X_L}{R}$

그림 5.22 (b)와 같이 나타낸 것을 **임피던스도**(impedance diagram)라 하고 θ는 전압과 전류의 위상차에 해당되는 것으로 **임피던스각**(angle of impedance)이라고 한다(식 (5.41)).

이 회로의 합성 임피던스 Z와 위상차는 다음과 같다.

$$Z = \frac{V_m}{I_m} = \frac{V}{I} = \sqrt{R^2 + X_L^2} \tag{5.40}$$

$$\theta = (\text{전압의 위상}) - (\text{전류의 위상}) \tag{5.41}$$

(2) R-C 직렬회로 특성

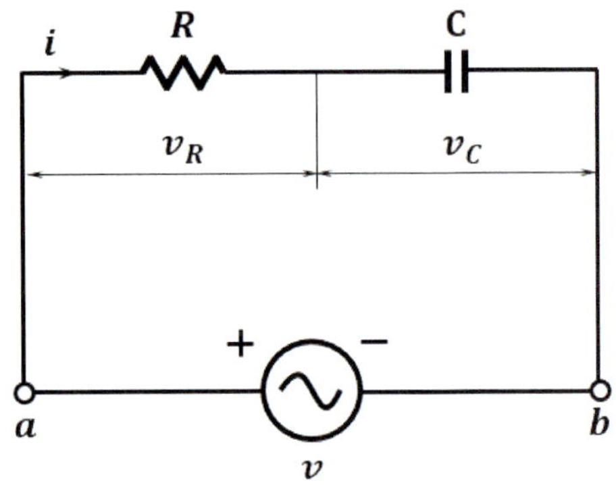

그림 5.23 R-C 직렬회로

그림 5.23의 R-C 직렬 회로에 전류 $i = I_m \sin\omega t$[A]가 흐를 때 R 및 C에 의한 전압강하는 다음과 같다.

$$v_R = RI_m \sin\omega t \tag{5.42}$$

$$v_C = -\frac{1}{\omega C} I_m \cos\omega t = X_C I_m \cos\omega t \tag{5.43}$$

따라서 $v = v_R + v_C$이므로

$$v = I_m \sqrt{R^2 + X_C^2}\, sin(\omega t + \theta) \tag{5.44}$$

여기서 $\theta = \tan^{-1}\frac{X_C}{R}$이다.

용량성 리액턴스(X_C)는 -의 리액턴스로서 $X_C = -1/\omega C$이므로 θ는 -값을 가진다. 따라서 전압은 전류보다 θ만큼 늦어진다.

이 회로의 합성 임피던스 Z는 다음과 같다.

$$Z = \sqrt{R^2 + X_C^2} \tag{5.45}$$

(3) L-C 직렬회로 특성

용량이 C인 커패시터(콘덴서)는 리액턴스가 $X_C = 1/\omega C$이다. 따라서 직류인 $\omega = 0$에서는 개방($X_C = \infty$)과 같고 무한대의 주파수 $\omega = \infty$에서는 단락($X_C = 0$)과 같다. 이와 반대로 인덕턴스가 L인 리액턴스가 $X_L = \omega L$이므로 $\omega = 0$에서는 단락($X_L = 0$)과 같고 $\omega = \infty$에서는 개방($X_L = \infty$)과 같다. 즉, C와 L은 0의 주파수와 ∞의 주파수에서는 임피던스가 0(어드미턴스는 ∞)이거나 임피던스가 무한대(어드미턴스는 0)라는 극한적인 특성을 보인다.

여기서 그림 5.24의 L-C 직렬 회로의 임피던스 특성을 살펴보기로 한다. 이 회로의 합성 임피던스 Z는 다음과 같다.

$$Z = jX_L - jX_C = j\left(\omega L - \frac{1}{\omega C}\right) \tag{5.46}$$

따라서 임피던스가 0이 되는 각주파수를 ω_0라 하면 다음을 만족해야 한다.

$$\omega_0 L = \frac{1}{\omega_0 C} \tag{5.47}$$

그러므로 ω_0는 다음과 같이 주어진다.

$$\omega_0 = \frac{1}{\sqrt{LC}} \quad \text{또는} \quad f_0 = \frac{1}{2\pi\sqrt{LC}} \tag{5.48}$$

이를 공진 주파수라 한다. 그리고 식 (5.46) Z의 리액턴스 크기는 $\omega = 0$ 및 $\omega = \infty$에서 무한대임을 알 수 있다.

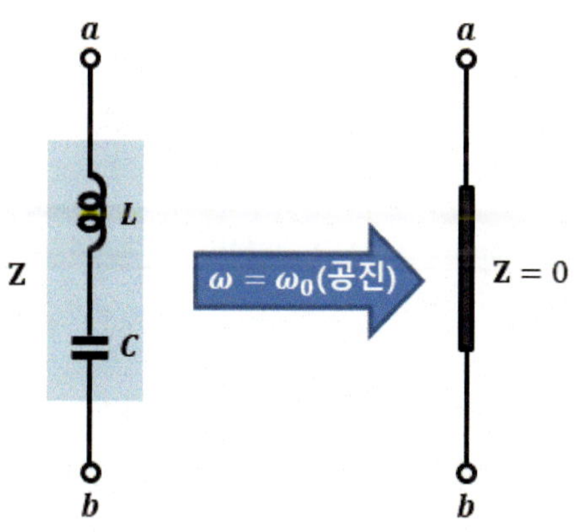

그림 5.24 L-C 직렬 회로와 공진 주파수에서의 등가 회로

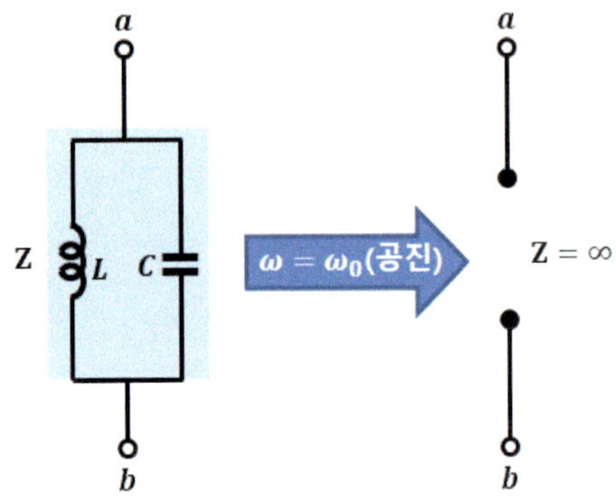

그림 5.25 L-C 병렬 회로와 공진 주파수에서의 등가 회로

이제 그림 5.25의 L-C 병렬 회로에 대해서도 위와 같은 특성을 살펴보기로 한다. 이 회로의 합성 어드미턴스 Y (=1/Z)는 다음과 같다.

$$Y = \frac{1}{-jX_C} + \frac{1}{jX_L} = j\left(\omega C - \frac{1}{\omega L}\right) \tag{5.49}$$

그러므로 $Y = 0$인 주파수는 식 (5.46)으로 주어지는 공진 주파수와 같다. 따라서 L-C 병렬 회로의 리액턴스 $X_{병렬}$은 $\omega = \omega_0$에서는 개방($X_{병렬} = \infty$)이며 $\omega = 0$ 및 $\omega = \infty$에서는 단락($X_{병렬} = 0$)이 된다. 따라서 L-C 병렬 회로 역시 0이 아닌 특정 주파수 $\omega = \omega_0$에서 리액턴스가 ∞의 특성을 보인다. 이상의 L-C 직렬 회로와 L-C 병렬 회로의 특성을 정리한 것이 표 5.2이다.

표 5.2 $L-C$ 직렬과 병렬 회로의 극단적인 주파수 특성

$X_L = \begin{cases} 0, & \omega = 0 \Rightarrow \text{단락} \\ \infty, & \omega = \infty \Rightarrow \text{개방} \end{cases}$
$X_C = \begin{cases} \infty, & \omega = 0 \Rightarrow \text{개방} \\ 0, & \omega = \infty \Rightarrow \text{단락} \end{cases}$
$X_{직렬} = \begin{cases} \infty, & \omega = 0 \Rightarrow \text{개방} \\ 0, & \omega = \omega_0 \Rightarrow \text{단락} \\ \infty, & \omega = \infty \Rightarrow \text{개방} \end{cases}$
$X_{병렬} = \begin{cases} 0, & \omega = 0 \Rightarrow \text{단락} \\ \infty, & \omega = \omega_0 \Rightarrow \text{개방} \\ 0, & \omega = \infty \Rightarrow \text{단락} \end{cases}$

(4) R-L-C 직렬회로 특성

그림 5.26의 R-L-C 직렬 회로에 전류 $i = I_m \sin\omega t$[A]가 흐를 때 R, L 및 C에 의한 전압 강하는 다음과 같다.

$$v_R = RI_m \sin\omega t \tag{5.50}$$

$$v_L = \omega LI_m \cos\omega t \tag{5.51}$$

$$v_C = -\frac{1}{\omega C} I_m \cos\omega t \tag{5.52}$$

따라서 $v = v_R + v_L + v_C$이므로

$$v = I_m \left[Rsin\omega t + \left(\omega L - \frac{1}{\omega C} \right) \cos\omega t \right] \tag{5.53}$$

여기서 $\omega L - (1/\omega C) = X_L - X_C = X$로 놓으면 식 (5.53)은 다음과 같이 된다.

$$v = I_m [Rsin\omega t + Xcos\omega t] = I_m \sqrt{R^2 + X^2}\, sin(\omega t + \theta) \tag{5.54}$$

따라서 이 인피던스의 크기는 다음과 같다.

$$Z = \frac{V_m}{I_m} = \sqrt{R^2 + X^2} = \sqrt{R^2 + (X_L - X_C)^2} \tag{5.55}$$

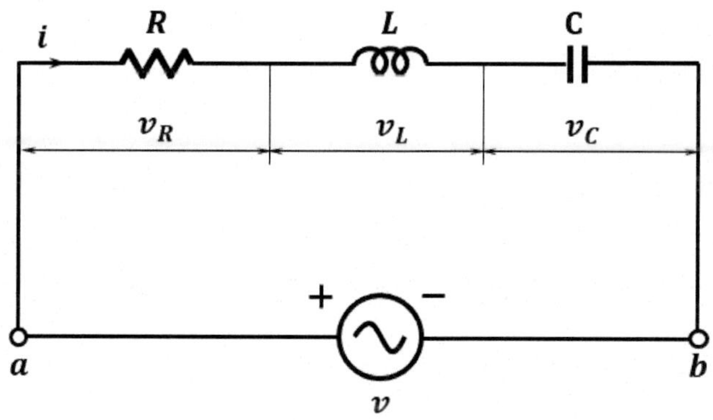

그림 5.26 R-L-C 직렬회로

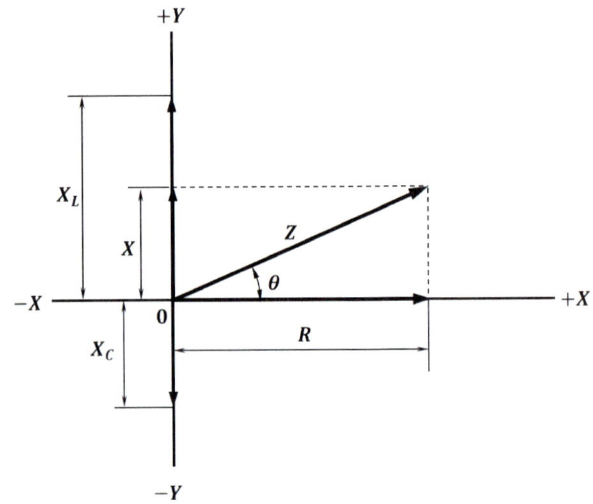

그림 5.27 R-L-C 직렬회로의 임피던스 삼각도

여기서 $X_L = j\omega L$, $X_C = 1/(j\omega C)$으로 $X = X_L - X_C$가 되고 X는 일반적으로 리액턴스라 한다. 이때 합성 임피던스에 대한 위상차(θ)는 다음과 같다.

$$\theta = \tan^{-1}\frac{X}{R} = \tan^{-1}\frac{X_L - X_C}{R} = \tan^{-1}\frac{\omega L - (1/\omega C)}{R} \tag{5.56}$$

그림 5.27은 R-L-C 직렬회로의 $X_L > X_C$일 경우의 임피던스 삼각도를 나타내며, $X_L < X_C$이면 임피던스 삼각도는 제 4상한에 있게 될 것이다.

$\omega L > (1/\omega C)$이면 $X > 0$, $\theta > 0$이 되며 유도성 회로 전압은 전류보다 θ만큼 위상이 앞선다.

$\omega L < (1/\omega C)$이면 $X < 0$, $\theta < 0$이 되며 용량성 회로 전압은 전류보다 θ만큼 위상이 늦는다.

$\omega L = (1/\omega C)$이면 $X = 0$, $\theta = 0$이 되며 전류와 전압은 동상이고, $Z = R$로써 전류는 최대가 된다. 이런 상태를 **직렬공진**(serial resonance)라 한다.

나. 병렬회로

병렬회로의 경우는 전류를 얼마나 잘 흐르게 하는지를 나타내는 어드미턴스와 전류로 해석한다.

(1) R-L 병렬회로 특성

저항 R과 인덕턴스 L이 그림 5.28 (a)와 같이 병렬로 접속된 R-L 병렬 회로에 전압 V[V]의 교류 전압이 가해질 때 이 회로에 I의 전체 전류가 흐른다고 하면 I_1과 I_2는 각각 다음과 같다.

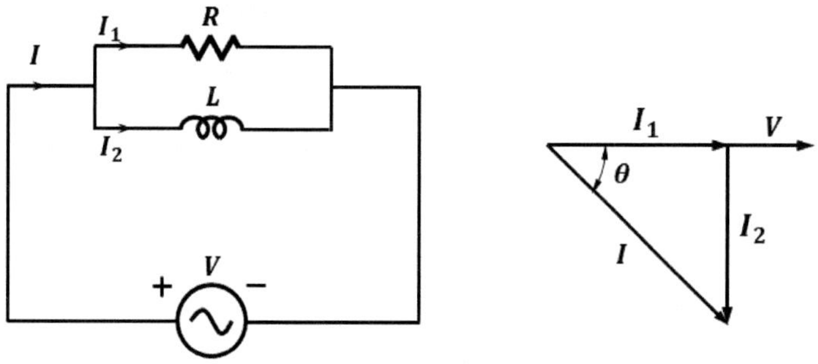

(a) 회로도 (b) 벡터도

그림 5.28 저항과 인덕턴스의 병렬 회로

$$I_1 = \frac{V}{R} \tag{5.57}$$

$$I_2 = \frac{V}{X_L} \tag{5.58}$$

병렬회로에서 각자에 걸리는 전압이 같으므로, 전압을 기준으로 하여 벡터를 그리면 그림 5.28 (b)와 같이 된다.

전 전류는 $I = I_1 + I_2$이므로 전류의 크기 I는 다음과 같이 된다.

$$I = \sqrt{I_1^2 + I_2^2} = \sqrt{\left(\frac{V}{R}\right)^2 + \left(\frac{V}{X_L}\right)^2} = V\sqrt{\left(\frac{1}{R}\right)^2 + \left(\frac{1}{X_L}\right)^2} \tag{5.59}$$

따라서 임피던스 Z는 다음과 같이 된다.

$$Z = \frac{V}{I} = \frac{1}{\sqrt{(1/R)^2 + (1/X_L)^2}} \tag{5.60}$$

그런데 위의 식을 $Y=(1/Z)$로 표현하며 이것(Y)을 어드미턴스(admittance)라 하며 임피던스의 역수를 나타내며 병렬회로에서는 어드미턴스를 사용하면 편리할 때가 많다.

그림 5.28 (b)의 벡터도에서 전압 V와 전류 I의 위상차는 다음과 같이 구할 수 있다.

$$\tan\theta = \frac{I_1}{I_2} = \frac{(V/X_L)}{(V/R)} = \frac{R}{X_L} \tag{5.61}$$

$$\therefore \theta = \tan^{-1}\frac{R}{X_L} \tag{5.62}$$

I_2가 음이므로 θ는 음의 값을 갖는다.

따라서 R과 L의 병렬회로에서는 전류 I가 전압 V보다 θ만큼 뒤지게 되는 유도성 회로이다.

(2) R-C 병렬회로 특성

저항 R과 콘덴서 C가 그림 5.29 (a)와 같이 병렬로 접속된 R-C 병렬 회로에 전압 V[V]의 교류 전압이 가해질 때 이 회로에 I 의 전체 전류가 흐른다고 하면 전류 I_1과 I_2는 각각 다음과 같이 된다.

$$I_1 = \frac{V}{R} \tag{5.63}$$

$$I_2 = \frac{V}{X_C} \tag{5.64}$$

병렬회로에서 각자에 걸리는 전압이 같으므로, 전압을 기준으로 하여 벡터를 그리면 그림 5.29 (b)와 같이 된다.

전 전류는 $I = I_1 + I_2$이므로 전류의 크기 I는 다음과 같이 된다.

$$I = \sqrt{I_1^2 + I_2^{\,2}} = \sqrt{\left(\frac{V}{R}\right)^2 + \left(\frac{V}{X_C}\right)^2} = V\sqrt{\left(\frac{1}{R}\right)^2 + \left(\frac{1}{X_C}\right)^2} = VY \tag{5.65}$$

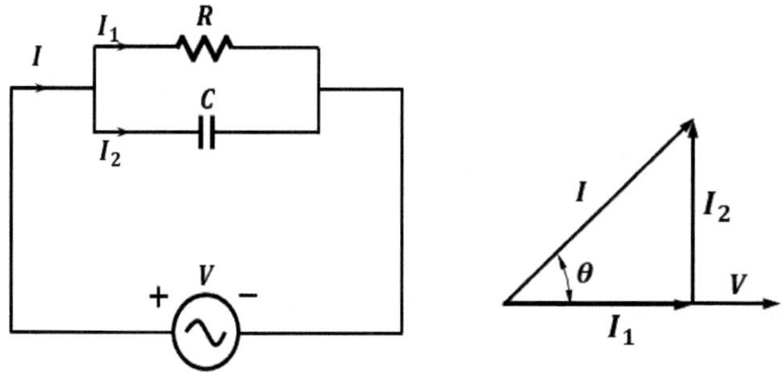

(a) 회로도 (b) 벡터도

그림 5.29 R-C 직렬회로

따라서 임피던스 Z는 다음과 같이 된다.

$$Z = \frac{V}{I} = \frac{1}{\sqrt{(1/R)^2 + (1/X_C)^2}} \tag{5.66}$$

다음에 그림 5.29 (b)의 벡터도에서 전압 V와 전류 I의 위상차는 다음과 같이 구할 수 있다.

$$\tan\theta = \frac{I_1}{I_2} = \frac{(V/X_C)}{(V/R)} = \frac{R}{X_C} \tag{5.67}$$

$$\therefore \theta = \tan^{-1}\frac{R}{X_C} \tag{5.68}$$

즉, R과 C의 병렬회로에서는 전류 I가 전압 V보다 θ만큼 앞서게 되는 용량성 회로이다.

(3) R-L-C 병렬회로 특성

그림 5.30 (a)와 같은 R-L-C 병렬 회로에서의 전압, 전류관계는 R-L, R-C 병렬 회로를 종합하면 된다.

전 전류는 이므로 전류의 크기 I는 다음과 같이 된다.

$$I = \sqrt{I_R^2 + I_X^2} = \sqrt{I_R^2 + (I_C - I_L)^2} = \sqrt{\left(\frac{V}{R}\right)^2 + \left(\frac{V}{X_C} - \frac{V}{X_L}\right)^2}$$
$$= V\sqrt{\left(\frac{1}{R}\right)^2 + \left(\frac{1}{X_C} - \frac{1}{X_L}\right)^2} = VY \qquad (5.69)$$

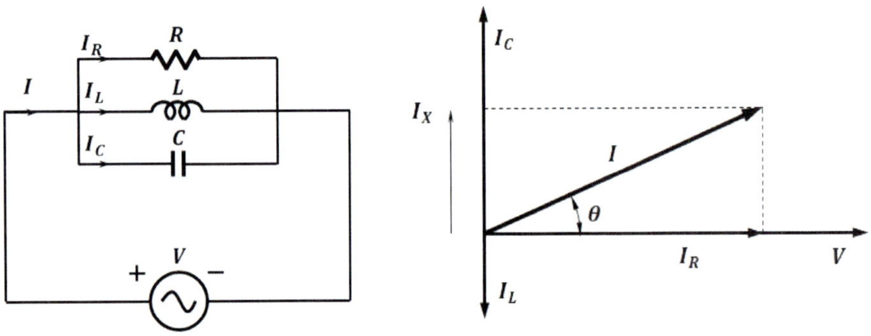

(a) 회로도 (b) 벡터도

그림 5.30 R-L-C 병렬회로

따라서 임피던스 Z는 다음과 같이 된다.

$$Z = \frac{V}{I} = \frac{1}{\sqrt{(1/R)^2 + (1/X_C - 1/X_L)^2}} \qquad (5.70)$$

다음에 그림 5.30 (b)의 벡터도에서 전압 V와 전류 I의 위상차 θ는 다음과 같이 구할 수 있다.

$$\tan\theta = \frac{I_X}{I_R} = \frac{(V/X_C - V/X_L)}{(V/R)} = R\left(\frac{1}{X_C} - \frac{1}{X_L}\right) \qquad (5.71)$$

$$\therefore \theta = \tan^{-1} R\left(\frac{1}{X_C} - \frac{1}{X_L}\right) = \tan^{-1} R\left(\omega C - \frac{1}{\omega L}\right) \qquad (5.72)$$

여기서 이 회로의 위상차 특성에 대해 다음과 같이 정리할 수 있다.

① $\omega C > (1/\omega L)$일 때 $\theta > 0$이므로 I가 V보다 θ만큼 위상이 앞선다(용량성).
② $\omega C < (1/\omega L)$일 때 $\theta < 0$이므로 I가 V보다 θ만큼 위상이 뒤진다(유도성).
③ $\omega C = (1/\omega L)$일 때 $\theta = 0$이므로 I가 V는 동상이다(저항성).

위의 특성을 정리하면 표 5.3과 같이 나타낼 수 있다.

표 5.3 병렬 회로의 어드미턴스

회로	어드미턴스 Y	전류의 위상각 θ
R-L 병렬회로 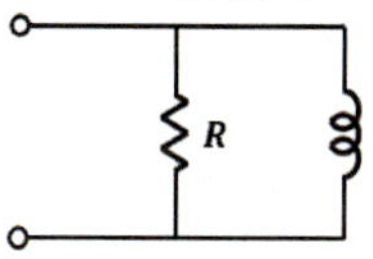	$\sqrt{\left(\frac{1}{R}\right)^2 + \left(-\frac{1}{\omega L}\right)^2}$	$-\tan^{-1}\frac{R}{\omega L}$ 전류는 전압보다 뒤진다.
R-C 병렬회로 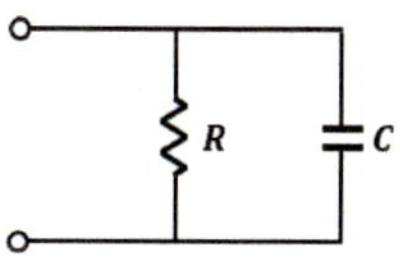	$\sqrt{\left(\frac{1}{R}\right)^2 + (\omega C)^2}$	$\tan^{-1}\omega CR$ 전류는 전압보다 앞선다.
R-L-C 병렬회로 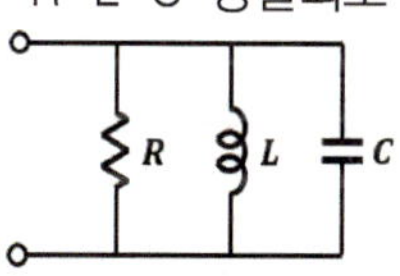	$\sqrt{\left(\frac{1}{R}\right)^2 + \left(\omega C - \frac{1}{\omega L}\right)^2}$	$\tan^{-1}R\left(\omega C - \frac{1}{\omega L}\right)$ $\omega C > (1/\omega L)$일 때 진상(lead) $\omega C < (1/\omega L)$일 때 지상(lag) $\omega C = (1/\omega L)$일 때 동상

5.4 페이저

그림 5.31은 초기각 θ_2와 θ_1으로부터 반시계방향으로 동일한 각속도 ω로 원운동하는 화살표 선분 $\overrightarrow{OP}$와 $\overrightarrow{OQ}$의 Y축 상의 정투영 $\overrightarrow{OP'}$와 $\overrightarrow{OQ'}$가 회전각의 변화에 따라 각각 그림 5.31 (b)에 두 사인파를 그려 가고 있는 모습을 보여주고 있다. 이러한 사인파의 순시값 표시식을 통해서 최대값, 주파수(또는 각주파수) 및 초기 위상을 알 수 있지만 R, L, C 수동 소자 등으로 구성되는 일반 교류 회로의 경우 전압과 전류는 항상 동일한 주파수를 가지므로 이러한 회로 해석에 있어서는 일반적으로 전압과 전류의 크기와 상대적인 위상만이 문제가 된다.

따라서 사인파 $V_m \sin(\omega t + \theta)$는 길이가 V_m이고 $t=0$에서 정방향의 수평축과 이루는 각이 θ와 같고 일정한 각속도 ω로서 반시계방향으로 회전하는 하나의 선분으로 대표시킬 수 있다.

이러한 회전 선분은 길이와 각의 두 요소를 가지고 있으므로 다음과 같이 나타낼 수 있다.

$$V_m \angle \theta = V_m e^{j\theta} \tag{5.73}$$

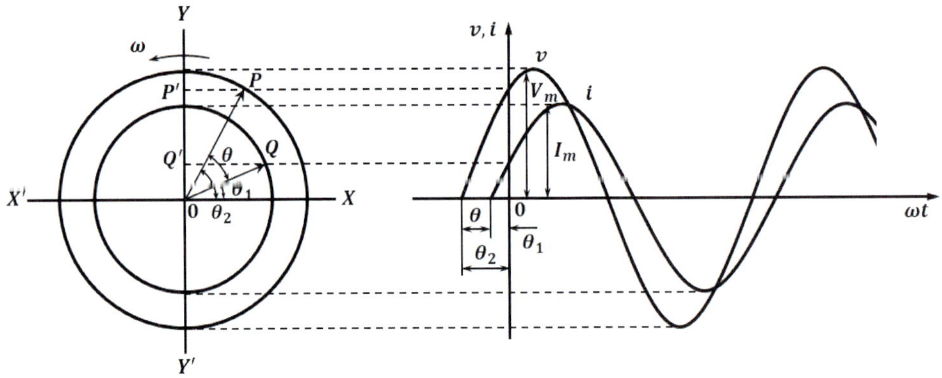

(a) 회전벡터 (b) 사인파

그림 5.31 정현파 교류의 회전벡터와 사인파

5.4.1 페이저의 표현

교류는 그림 5.31의 각속도 ω로서 원형 경로를 회전하는 선을 이용하여 도식적으로 나타낸 것이 편하며 사인파의 최대값과 위상을 나타낸 선분 또는 복소수를 **페이저**(phasor)라 한다.

페이저를 그림 5.32 (a)와 같이 수직선에 투영한 크기가 $Asin\omega t$가 되며 이 때 페이저의 길이가 $Asin\omega t$의 진폭이 되며 $t=0$일 때 수평선에 대해 페이저가 이루는 각 θ를 **편각**이라 하며 교류의 초기 위상이 된다.

그림 5.32 (a)는 위상이 0인 경우이고 그림 5.32 (b)와 (c)는 각각 위상이 $+\theta$, $-\theta$인 경우이며 (b)는 **위상 선행**, (c)는 **위상지연**이라 한다.

페이저는 일반적으로 그림 5.33과 같이 극좌표상에서 표현하며 선분의 끝에 화살표를 붙인다. 크기와 편각이 각각 A, θ인 페이저는 볼드체 활자로써 다음과 같은 기호로 표기한다.

$$\dot{V} = A\angle\theta \tag{5.74}$$

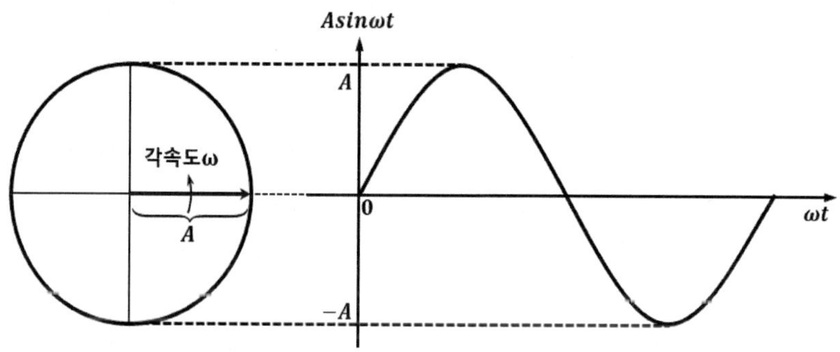

(a) 위상=0

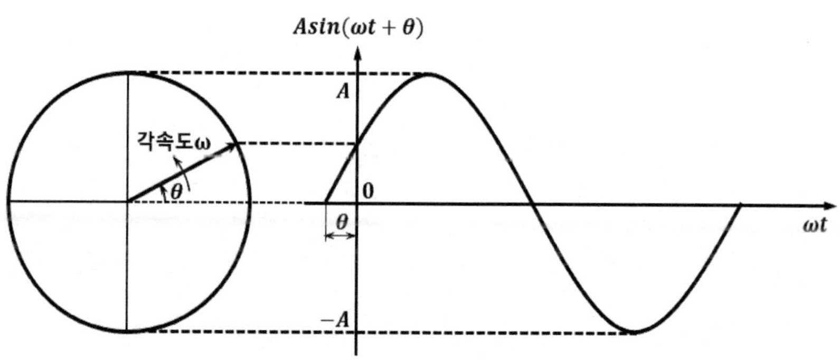

(b) 위상=θ(위상 선행)

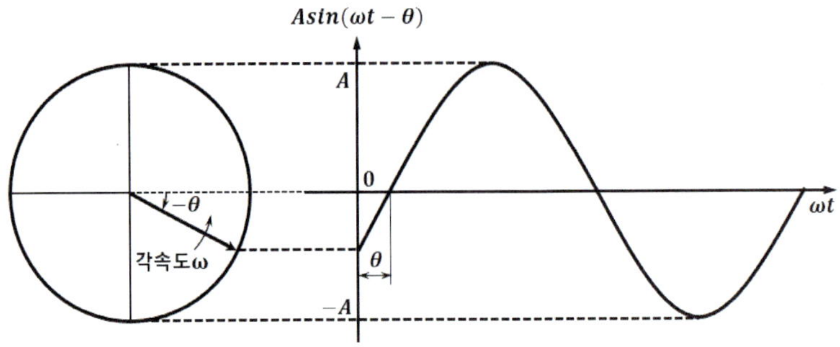

(c) 위상=-θ(위상 지연)

그림 5.32 페이저를 이용한 교류의 표현

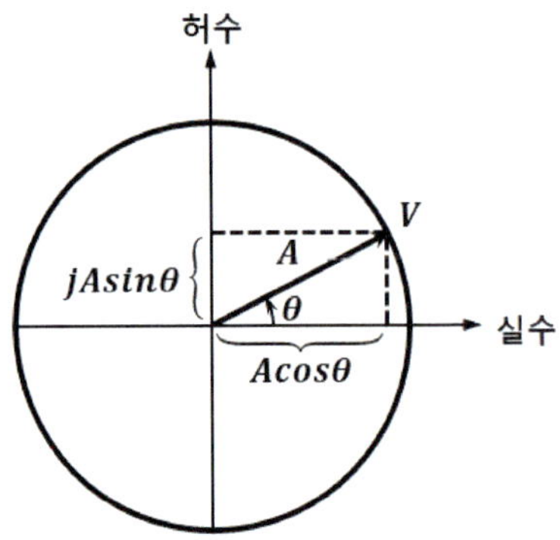

그림 5.33 페이저의 표현법

그리고 페이저의 진폭은 다음과 같이 나타낸다.

$$A = |\dot{\mathrm{V}}| \tag{5.75}$$

식 (5.73)은 페이저를 표현하는 단순한 기호 차원의 약속이므로 이를 실제 수식과 연계시킬 필요가 있다. 그림 5.33에서 페이저 $\dot{\mathrm{V}}$를 하나의 복소수로 보면 다음과 같이 된다.

$$\dot{\mathrm{V}} = Acos\theta + jAsin\theta \tag{5.76}$$

따라서 수식적으로는 다음과 같이 정의 된다.

$$A\angle\theta = Acos\theta + jAsin\theta \tag{5.77}$$

그러나 식 (5.77)의 우변은 실수부와 허수부 두 함수로 되어 있으므로 실제 사용하기에 번거롭다. 따라서 한 걸음 더 나아가 식 (5.77)의 우변을 다음의 관계식으로 나타내면 더 간단히 표현할 수 있다.

$$e^{j\theta} = \cos\theta + j\sin\theta \tag{5.78}$$

식 (5.78)을 **오일러**(Euler) 공식이라 한다. 이상의 식 (5.77)과 식 (5.78)로부터 페이저는 수학적으로 다음과 같다.

$$\dot{\mathrm{V}} \;=\; A\angle\theta \;=\; Ae^{j\theta} \tag{5.79}$$

한 마디로 요약하면 교류의 페이저 표현은 교류를 하나의 복소수로 표현하는 것이며 복소수의 크기와 편각은 교류의 진폭 및 초기 위상에 해당한다. 그리고 페이저에는 주파수에 관한 내용이 포함되지 않는다.

페이저라는 용어는 위상과 벡터에서 유래한 말이지만 사인파의 경우에만 사용되므로 벡터와는 구분해야 한다. 또한 사인파의 크기는 회로에서 전압과 전류의 경우 일반적으로 실효값으로 나타내는 것이 보통이다. 즉, 전압의 경우에 다음과 같이 나타낸다.

$$\dot{\mathrm{V}} = \frac{V_m}{\sqrt{2}}e^{j\theta} = Ve^{j\theta} = V\angle\theta \tag{5.80}$$

예제 5.2	다음의 교류에 대한 페이저를 구하고 또한 같은 복소평면 상에 페이저를 그려라. (1) $10\sin 100t$ (2) $10\sin 200t$ (3) $10\sin(200t+20°)$ (4) $20\sin(300t+90°)$
풀이	페이저에는 교류의 주파수에 관한 내용이 포함되지 않으므로 다음과 같이 된다. (1) $10\angle 0°$ (2) $10\angle 0°$ (3) $10\angle 20°$ (4) $20\angle 90°$

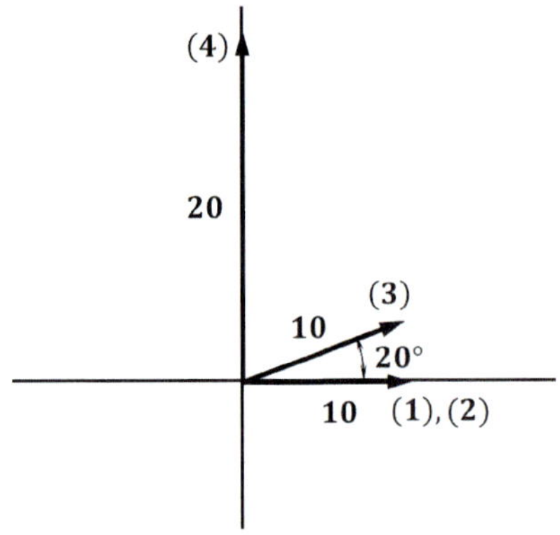

5.4.2 페이저의 연산

페이저는 복소수의 곱하기와 나누기에 특히 편리하다. 먼저 두 페이저를 곱한 결과를 보면 다음과 같다.

$$\begin{aligned} V_1 \times V_2 &= A_1 \angle \theta_1 \times A_2 \angle \theta_2 = A_1 e^{j\theta_1} \times A_2 e^{j\theta_2} \\ &= A_1 A_2 e^{j\theta_1} e^{j\theta_2} = A_1 A_2 e^{j(\theta_1+\theta_2)} = A_1 A_2 \angle (\theta_1+\theta_2) \end{aligned} \tag{5.81}$$

따라서 두 페이저의 곱은 각각의 페이저의 진폭은 곱해지고 편각은 더해진다. 이번에는 페이저의 나누기를 보면 다음과 같다.

$$\frac{V_1}{V_2} = \frac{A_1 \angle \theta_1}{A_2 \angle \theta_2} = \frac{A_1 e^{j\theta_1}}{A_2 e^{j\theta_2}} = \left(\frac{A_1}{A_2}\right) e^{j(\theta_1-\theta_2)} = \left(\frac{A_1}{A_2}\right) \angle (\theta_1 - \theta_2) \tag{5.82}$$

따라서 두 페이저의 나누기는 각각의 페이저의 진폭은 나눠지고 편각은 빼진다.

예제 5.3 다음의 복소수들을 페이저로 표현하라.

(1) $\frac{1}{\sqrt{2}} + j\frac{1}{\sqrt{2}}$

(2) $\frac{1}{\sqrt{2}} - j\frac{1}{\sqrt{2}}$

(3) -1

	(4) $-j$
	(5) j^2
풀이	페이저에는 교류의 주파수에 관한 내용이 포함되지 않으므로 다음과 같이 된다. (1) $A=\sqrt{(1/\sqrt{2})^2+(1/\sqrt{2})^2}=1$ $\theta=\tan^{-1}\dfrac{1/\sqrt{2}}{1/\sqrt{2}}=\tan^{-1}(1)=45°$ $\therefore A\angle\theta=1\angle 45°$ (2) $A=\sqrt{(1/\sqrt{2})^2+(1/\sqrt{2})^2}=1$ $\theta=\tan^{-1}\dfrac{-1/\sqrt{2}}{1/\sqrt{2}}=\tan^{-1}(-1)=-45°$ $\therefore A\angle\theta=1\angle-45°$ (3) $-1=1\angle 180°$ (4) $-j=-1\times j=1\angle 180°\times 1\angle 90°=1\angle 270°=1\angle-90°$ (5) $j^2=j\times j=1\angle 90°\times 1\angle 90°=1\angle 180°=-1$

5.4.3 복소 임피던스

교류 회로에서 C와 L의 전압과 전류 관계를 페이저로 이용하면 미분 방정식이 단순히 대수 방정식으로 전환되는 좋은 장점을 갖고 있다.

교류에서 커패시터 C의 전압을 $v_C(t)=V_m\sin\omega t$라 하고 그 페이저를 $\dot{\mathrm{V}}_\mathrm{C}$라 하며 이에 대한 전류를 $i_C(t)$라 하고 그 페이저를 $\dot{\mathrm{I}}_\mathrm{C}$라 하자. 그러면 다음과 같이 표현할 수 있다.

$$v_C(t)=V_m\sin\omega t\rightarrow\dot{\mathrm{V}}_\mathrm{C}=V_m\angle 0° \tag{5.83}$$

이에 대한 전류 $i_C(t)$는 다음과 같다.

$$i_C(t)=C\frac{d(V_m\sin\omega t)}{dt}=\omega CV_m\cos\omega t=\omega CV_m\sin(\omega t+90°) \tag{5.84}$$

따라서 전류 페이저 $\dot{\mathrm{I}}_\mathrm{C}$는 다음과 같다.

$$\dot{\mathrm{I}}_\mathrm{C}=\omega CV_m\angle 90° \tag{5.85}$$

이로부터 식 (5.83)의 전압 페이저 $\dot{\mathrm{V}}_{\mathrm{C}}$ 와 식 (5.85)의 전류 페이저 $\dot{\mathrm{I}}_{\mathrm{C}}$ 의 관계는 다음과 같다.

$$\dot{\mathrm{I}}_{\mathrm{C}} = \omega C V_m \angle 90^\circ = \omega C \angle 90^\circ \times V_m \angle 0^\circ = j\omega C \dot{\mathrm{V}}_{\mathrm{C}} \tag{5.86}$$

따라서 교류 회로에서 커패시터의 전압 페이저와 전류 페이저는 다음과 같이 나타낼 수 있다.

$$\frac{\dot{\mathrm{V}}_{\mathrm{C}}}{\dot{\mathrm{I}}_{\mathrm{C}}} = \frac{1}{j\omega C} \tag{5.87}$$

즉, 저항의 단순비와 같이 표현된다.

다음으로 교류에서 인덕터 L의 전류를 $i_L(t) = I_m \sin\omega t$라 하고 그 페이저를 $\dot{\mathrm{I}}_{\mathrm{L}}$ 이라 하며 이에 대한 전압을 $v_L(t)$라 하고 그 페이저를 $\dot{\mathrm{V}}_{\mathrm{L}}$ 라 하자. 그러면 다음과 같이 표현할 수 있다.

$$i_L(t) = I_m \sin\omega t \rightarrow \dot{\mathrm{I}}_{\mathrm{L}} - I_m \angle 0^\circ \tag{5.88}$$

이에 대한 전압 $v_L(t)$는 다음과 같다.

$$v_L(t) = L\frac{d(I_m \sin\omega t)}{dt} = \omega L I_m \cos\omega t = \omega L I_m \sin(\omega t + 90^\circ) \tag{5.89}$$

따라서 전압 페이저 $\dot{\mathrm{V}}_{\mathrm{L}}$ 는 다음과 같다.

$$\dot{\mathrm{V}}_{\mathrm{L}} = \omega L I_m \angle 90^\circ \tag{5.90}$$

이로부터 식 (5.88)의 전류 페이저 $\dot{\mathrm{I}}_{\mathrm{L}}$ 와 식 (5.90)의 전압 페이저 $\dot{\mathrm{V}}_{\mathrm{L}}$ 의 관계는 다음과 같다.

$$\dot{\mathrm{V}}_{\mathrm{L}} = \omega L I_m \angle 90^\circ = \omega L \angle 90^\circ \times I_m \angle 0^\circ = j\omega L \dot{\mathrm{I}}_{\mathrm{L}} \tag{5.91}$$

따라서 교류 회로에서 인덕터의 전압 페이저와 전류 페이저는 다음과 같이 나타낼 수 있다.

$$\frac{\dot{\mathrm{V}}_{\mathrm{L}}}{\dot{\mathrm{I}}_{\mathrm{L}}} = j\omega L \tag{5.92}$$

즉, 저항의 단순비와 같이 표현된다.

이상과 같이 교류 회로에서 커패시터와 인덕터의 전압 페이저와 전류 페이저는 마치 저항과 같이 비례관계로 나타내진다. 따라서 교류 회로 해석이 저항뿐인 회로를 해석하는 것과 같은 차원이 된다. 물론 저항의 경우는 페이저 관계가 다음과 같음은 말할 필요가 없다.

$$\frac{\dot{\mathrm{V}}_{\mathrm{R}}}{\dot{\mathrm{I}}_{\mathrm{R}}} = R \tag{5.93}$$

식 (5.87)의 $1/j\omega C$와 식 (5.92)의 $j\omega L$은 **복소 임피던스**(complex impedance)라 하며 저항의 경우는 실수 임피던스라 한다. 간단히 **임피던스**라고도 한다. 그리고 각 복소 임피던스의 크기는 다음과 같이 표현한다.

$$X_C = \frac{1}{\omega C}, \quad X_L = \omega L \tag{5.94}$$

식 (5.94)의 표현을 **리액턴스**(reactance)라 한다. 따로는 이 둘을 구분하기 위해 X_C를 용량성 리액턴스, X_L을 유도성 리액턴스라 부르기도 한다. C 및 L의 임피던스와 리액턴스의 관계는 다음과 같다.

$$\mathrm{Z}_{\mathrm{C}} = -jX_C, \ \mathrm{Z}_{\mathrm{L}} = jX_L \tag{5.95}$$

실제 교류회로에서는 서로 다른 여러 회로 소자들의 복잡한 연결로 구성되기 때문에 가장 일반적인 형태로서 회로 소자의 임피던스는 실수부와 허수부의 합으로 정의된다. 즉, 다음과 같이 정의된다.

$$Z(j\omega) = R(j\omega) + jX(j\omega) \tag{5.96}$$

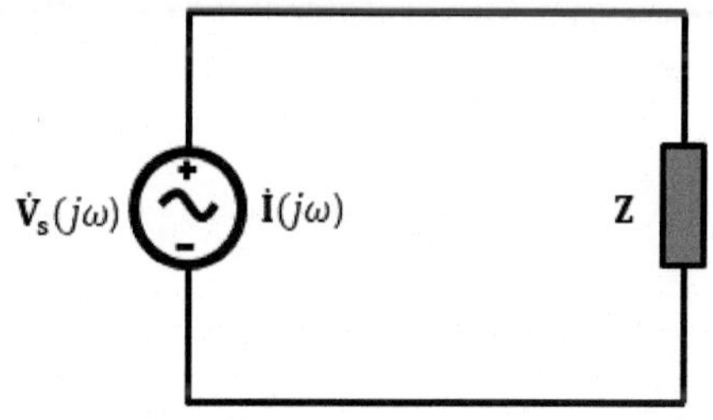

그림 5.34 페이저-임피던스 형태의 교류회로

여기서 R은 교류 저항, X는 리액턴스이며 R과 X의 주파수 의존성을 명시적으로 식에 포함시키고 있다. 이러한 회로 소자를 페이저-임피던스 형태로 나타낼 수 있으며 그림 5.34는 식 (5.96)을 페이저-임피던스 형태로 나타낸 교류회로이다.

식 (5.87)에서 커패시터의 임피던스는 주파수에 의존하는 복소수이며 주파수의 역의 함수이다. 그러므로 커패시터는 높은 주파수에서 단락회로처럼 거동하는 반면에 낮은 주파수에서는 개방회로처럼 거동한다. 또 다른 중요한 점은 C와 ω가 둘 다 양수이므로 커패시터의 임피던스는 항상 음이다. 반면에 인덕터의 임피던스는 낮은 주파수에서 단락회로와 같이 거동하며 높은 주파수에서는 개방회로처럼 거동한다. 물론 L과 ω가 둘 다 양수이므로 인덕터의 임피던스는 항상 양이다.

예제 5.4 입력이 교류인 그림 5.35에서 보여진 분기의 등가 임피던스를 주파수 $\omega = 377$ rad/s에서 구하여라.

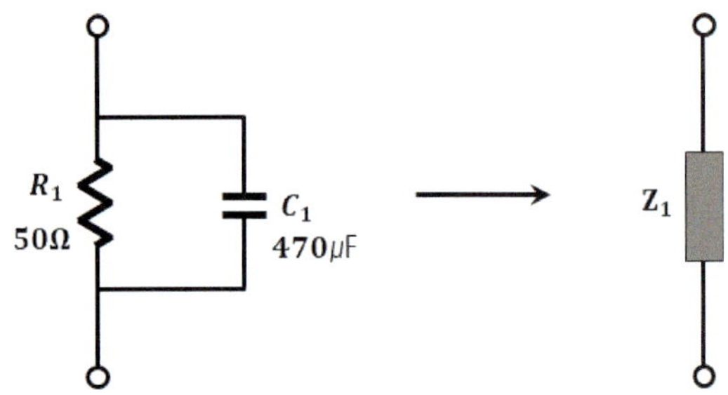

그림 5.35 예제 5.3의 회로

풀이 등가 임피던스를 얻기 위해 병렬 연결된 두 소자의 각각의 임피던스를 결합한다.

$$Z_1 = R_1 \parallel \frac{1}{j\omega C_1} = \frac{R_1 \dfrac{1}{j\omega C_1}}{R_1 + \dfrac{1}{j\omega C_1}} = \frac{R_1}{1 + j\omega C_1 R_1}$$

그러면 주파수 $\omega = 377$rad/s에 대해 임피던스는 다음과 같이 된다.

$$Z_1(\omega = 377) = \frac{50}{1 + j8.86} = \frac{50(1 - j8.86)}{(1 + j8.86)(1 - j8.86)}$$
$$= \frac{50 - j443}{1 + 78.5} = 0.629 - j5.57$$

5.4.4 복소 전달함수

임의 회로의 입력 $x(t)$와 출력 $y(t)$ 사이의 관계는 다음과 같이 전달함수로 나타낼 수 있다.

$$\frac{y(t)}{x(t)} = H(p) \tag{5.97}$$

따라서 교류 회로의 경우 입력 $x(t)$의 페이저 $\dot{X}$와 출력 $y(t)$의 페이저 $\dot{Y}$의 관계는 식 (5.97)에 의해 p대신에 $j\omega$를 대입함으로써 다음과 같이 표현된다.

$$\frac{\dot{Y}}{\dot{X}} = H(j\omega) \tag{5.98}$$

여기서 $H(j\omega)$ 역시 복소수 형태이므로 앞으로는 볼드체인 $\mathrm{H}(j\omega)$로 표현하기로 한다. 이를 복소 전달함수라 한다. 즉, 다음과 같이

$$H(p) \xrightarrow{p=j\omega} \mathrm{H}(j\omega) \tag{5.99}$$

$\mathrm{H}(j\omega)$는 복소수이므로 계산과정이 번거로운 경우가 많지만 $H(p)$는 다항식이므로 $\mathrm{H}(j\omega)$에 비해 계산하기가 편하다. 따라서 $\mathrm{H}(j\omega)$를 직접 계산하는 대신에 먼저 $H(p)$를 구한 다음 p 대신에 $j\omega$를 대입하여 계산하면 편리하다.

5.5 교류 전력과 에너지

5.5.1 저항 부하의 전력

그림 5.36 (a)와 같이 부하가 저항만으로 이루어진 경우의 전력을 구해보자.

저항 R에 전압 $v = V_m \sin\omega t = \sqrt{2}\, V sin\omega t$[V]이 인가되면 흐르는 전류 i는 전압과 동상이므로 다음과 같이 된다.

$$i = \sqrt{2}\, I sin\omega t\,[\mathrm{A}] \tag{5.100}$$

전압과 전류의 식을 그림 5.36 (b)에 나타내다. 따라서 저항에 소비되는 순시 전력 p는 다음과 같이 된다.

$$
\begin{aligned}
p &= vi = \sqrt{2}\,V sin\omega t \cdot \sqrt{2}\,I sin\omega t \\
&= 2\,VI sin^2\omega t = VI(1 - cos2\omega t)
\end{aligned}
\qquad (5.101)
$$

그러므로 순시 전력 p의 한주기 동안의 평균 전력 P를 그림 5.36 (c)에서 구해 보면 다음과 같이 된다.

$$
P = \frac{1}{T}\int_0^T p dt = \frac{1}{T}\int_0^T VI(1 - cos2\omega t)dt = VI[\mathrm{W}] \qquad (5.102)
$$

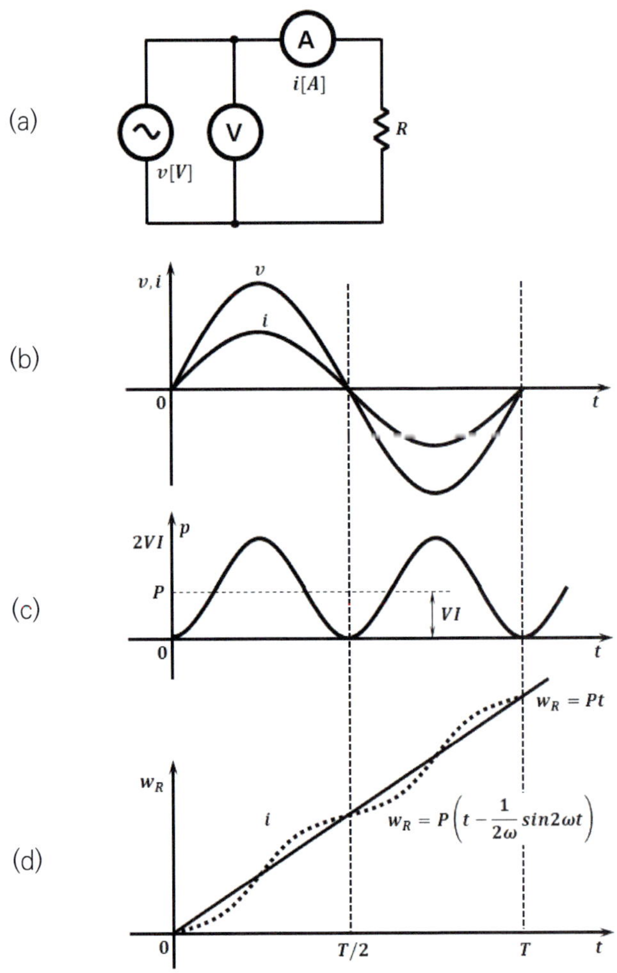

그림 5.36 저항 부하의 전력 및 에너지

일반적으로 전력이라 하면 이 평균 전력을 말하며 순시 전력과 구별하기 위하여 P를 사용한다.

그림 5.36 (c)을 보면 순시 전력 p와 평균 전력 P는 항상 $p \geq 0$, $P > 0$이다. 이는 저항 부하에는 전원으로부터 항상 전력이 공급되고 있으며 또한 항상 에너지 소비가 이루어짐을 의미한다. 저항에 공급되는 전기적 에너지는 모두 열에너지로 소비 되는데 이 때 소비되는 전력 w_R을 구하면 다음과 같이 된다.

$$w_R = \int_0^t pdt = VI\int_0^t (1 - cos2\omega t)dt = P\left(t - \frac{1}{2\omega}sin2\omega t)\right) \tag{5.103}$$

위의 식에서 보통 $t \gg (1/2\omega)sin2\omega t$이므로 식 (5.103)은 다음과 같이 나타낼 수 있다.

$$w_R = Pt[\text{Wh}] \tag{5.104}$$

이것을 그림 5.36 (d)에 나타내었다.

5.5.2 인덕턴스 부하의 전력

그림 5.37 (a)와 같이 부하가 코일만으로 이루어진 경우에 전류 i는 다음과 같이 된다.

$$i = \sqrt{2}\,Isin\omega t[\text{A}] \tag{5.105}$$

또한 전압은 그림 5.37 (b)와 같이 나타낼 수 있으며 이때의 전압은 다음과 같이 된다.

$$v = V_m \sin\omega t = \sqrt{2}\,Vsin\omega t[\text{V}] \tag{5.106}$$

따라서 코일에 공급되는 순시 전력 p는 다음과 같이 된다.

$$\begin{aligned} p &= vi = \sqrt{2}\,Isin\omega t \cdot \sqrt{2}\,Vcos\omega t \\ &= 2\,VIsin\omega t\,cos\omega t = VIsin2\omega t \end{aligned} \tag{5.107}$$

이를 그림 5.37 (c)에 나타냈으며 이 때 순시 전력 p의 한주기 동안의 평균 전력 P를 구해 보면 다음과 같이 된다.

(a)
(b)
(c)
(d)

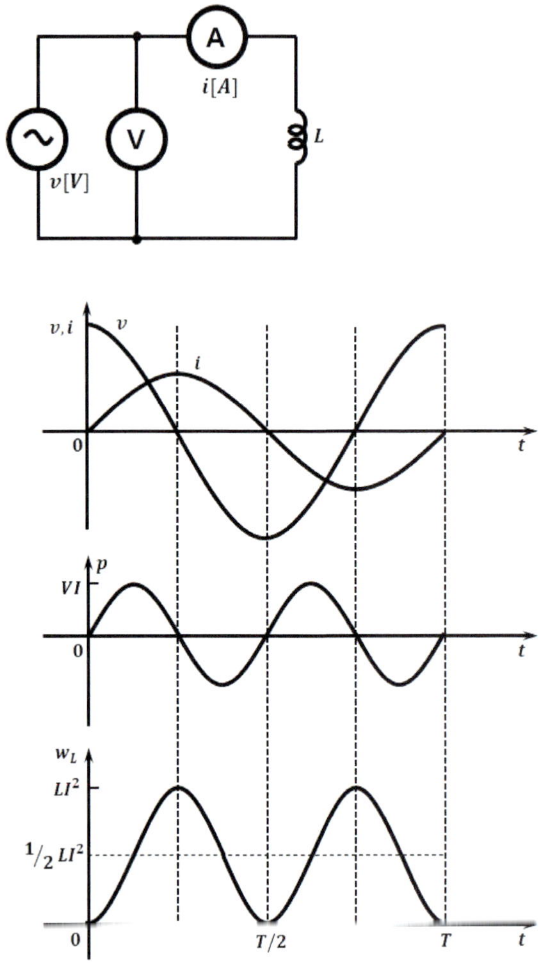

그림 5.37 인덕턴스 부하의 전력 및 에너지

$$P = \frac{1}{T}\int_{0}^{T} pdt = \frac{1}{T}\int_{0}^{T} VIsin2\omega tdt = 0[\mathrm{W}] \qquad (5.108)$$

식 (5.107)에서 순시 전력 p는 그림 5.37 (c)에서 보는 것과 같이 주파수가 전압 또는 전류의 2배가 되는 2ω의 사인파로서 주기적으로 그 부호가 변하고 있음을 알 수 있다. 이는 $p>0$일 때는 전원으로부터 코일에 전력이 공급되고 $p<0$인 경우는 코일로부터 전원 측으로 전력을 반환하고 있어서 코일 자체에서는 전력 소모가 없음을 의미한다. 그리고 이와 같은 사실은 식 (5.108)에서 평균 전력이 $P=0$가 된다는 사실로부터도 뒷받침된다.

이러한 현상으로부터 인덕턴스 L은 저항 R처럼 전원으로부터 공급받은 전력을 공급받음과 동시에 소비해 버리는 것이 아니고 전력을 공급받는 동안 및 공급 받은 전력을 다시 전원부로 모두 반환하기까지는 공급 받은 전력은 에너지의 형태로 코일 자체에 축적되어 있음을 알 수 있다.

이와 같은 내용을 확인해 보기 위해 L에서의 에너지를 구해 보자.

그림 5.37 (a)와 같이 L에서 전류 i의 방향으로의 전압 강하를 v라 하면 $v = L di/dt$이므로 순시 전력 p는 $p = vi = Li\, di/dt$로 나타낼 수 있다.

주어진 시각 t_1과 t_2 사이에 코일에 유입되는 에너지 w_L'를 구해 보면 다음과 같이 된다.

$$w_L' = \int_{t_1}^{t_2} pdt = \int_{t_1}^{t_2} Li\frac{di}{dt}dt = \int_{t_1}^{t_2} Lidi = \frac{1}{2}L({i_2}^2 - {i_1}^2) \tag{5.109}$$

여기서 i_1, i_2는 각각 시각 t_1, t_2인 순간의 회로 전류를 의미한다.

식 (5.109)는 어느 시간 동안 L에 유입되는 에너지는 전류의 최초의 값과 최종 값에만 관계되고 전류 도중의 변화 상태와는 아무런 관계가 없음을 의미한다.

식 (5.109)로부터 알 수 있는 또 한 가지 사실은 i_1, i_2의 크기에 따라 w_L'는 정(+)의 값 또는 부(-)의 값을 갖게 된다는 것이며 이는 전기적 에너지가 어느 시간 동안 인덕터에 유입될 수도 있고 이로부터 유출될 수도 있음을 의미하는 것으로 식 (5.107)과 식 (5.108)에서 언급한 것과 일치한다.

특히 코일 L에는 처음($t = 0$)부터 급격히 큰 전류가 흐를 수 없기 때문에 식 (5.109)에서 초기 전류를 $i_1 = 0$으로 보면 전류값이 $i(= i_2)$인 순간에 코일에 축적되는 에너지는 다음과 같이 된다.

$$w_L = \frac{1}{2}Li^2[\text{J}] \tag{5.110}$$

실제의 경우에 코일 L에 축적되는 에너지는 자기 에너지(magnetic energy)로서 전류가 흐름으로써 코일 주위에 형성되는 자계(magnetic field)에 축적되고 있음이 확인되고 있다.

결국 코일에 축적되는 에너지의 크기는 다음과 같이 된다.

$$w_L = \frac{1}{2}Li^2 = \frac{1}{2}L(\sqrt{2}\,Isin\omega t)^2 = \frac{1}{2}LI^2(1 - cos2\omega t)[\text{J}] \tag{5.111}$$

그러므로 한 주기 동안의 평균 축적 에너지 W_L은 다음과 같이 된다(그림 5.37 (d)).

$$W_L = \frac{1}{T}\int_0^T w_L dt = \frac{1}{2}LI^2[\text{J}] \tag{5.112}$$

5.5.3 커패시턴스 부하의 전력

그림 5.38 (a)와 같이 부하가 콘덴서만으로 이루어진 교류 회로에 인가하는 전압은 다음과 같다.

$$v = \sqrt{2}\,Vsin\omega t[\text{V}] \tag{5.113}$$

이 때 흐르는 전류 i는 그림 5.38 (b)와 같으며 이 때의 전류는 다음과 같이 된다.

$$i = \sqrt{2}\,Isin\left(\omega t + \frac{\pi}{2}\right) = \sqrt{2}\,Icos\omega t[\text{A}] \tag{5.114}$$

그러므로 콘덴서에 공급되는 순시 전력 p는 다음과 같이 된다.

$$\begin{aligned} p = vi &= \sqrt{2}\,Vsin\omega t \cdot \sqrt{2}\,Icos\omega t \\ &= 2\,VIsin\omega t \cdot \cos\omega t = VIsin2\omega t \end{aligned} \tag{5.115}$$

이를 그림 5.38 (c)에 나타냈으며 이 때 평균 전력 P를 구해 보면 다음과 같이 된다.

$$P = \frac{1}{T}\int_0^T pdt = \frac{1}{T}\int_0^T VIsin2\omega tdt = 0[\text{W}] \tag{5.116}$$

따라서 콘덴서에서도 코일과 마찬가지의 해석이 가능하다. 즉, 그림 5.38 (c)에서 보는 것과 같이 $p > 0$일 때는 전원으로부터 콘덴서에 전력이 공급되고 $p < 0$인 경우는 콘덴서로부터 전원 측으로 전력이 반환되고 있어서 콘덴서 자체에서는 전력 소모가 없다고 할 수 있으며 이는 식 (5.116)이 뒷받침하고 있다.

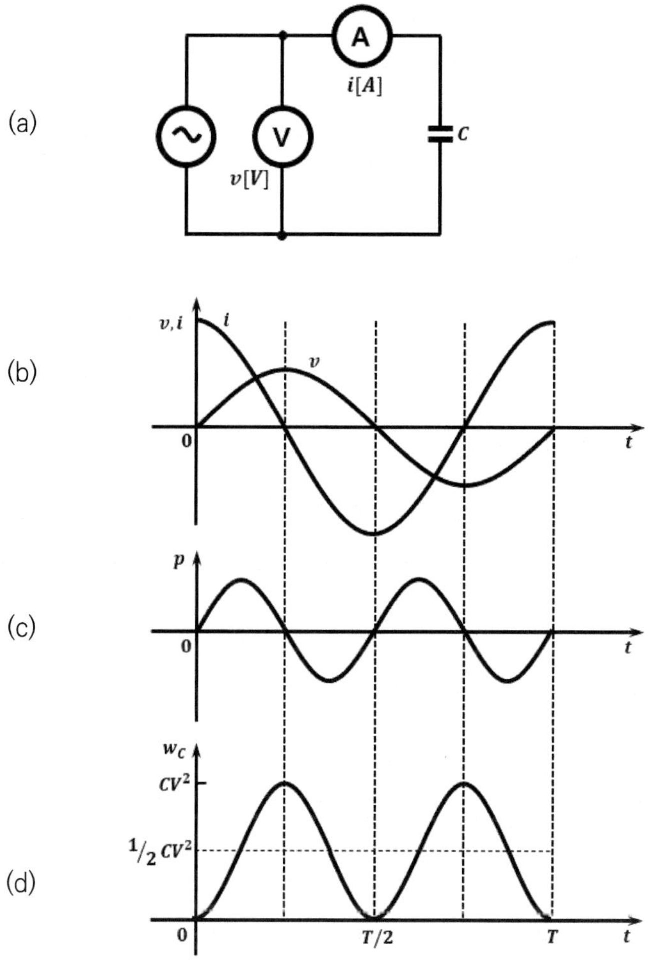

그림 5.38 커패시턴스 부하의 전력과 에너지

또한 코일에서와 마찬가지로 콘데서에서도 일단 전원으로부터 공급받은 전력은 이것이 다시 전원부로 모두 반환하기까지는 어떤 에너지의 형태로 콘덴서 자체에 축적되어 있어야만 한다.

커패시터 C에서의 에너지 관계를 생각해 보면 그림 5.38 (a)와 같이 커패시터에서 전류 i 방향으로의 전압 강하 v를 할 때 전압강하는 다음과 같이 된다.

$$i = C\frac{dv}{dt} \tag{5.117}$$

그러므로 C에서의 순시 전력은 다음과 같이 표현된다.

$$p = vi = Cv\frac{dv}{dt} \qquad (5.118)$$

주어진 시각 t_1과 t_2 사이에 커패시터에 유입되는 에너지 $w_C{}'$를 구해 보면 다음과 같이 된다.

$$w_C{}' = \int_{t_1}^{t_2} pdt = \int_{t_1}^{t_2} Cv\frac{dv}{dt}dt = C\int_{t_1}^{t_2} v\,dv = \frac{1}{2}C({v_2}^2 - {v_1}^2) \qquad (5.119)$$

여기서 v_1, v_2는 각각 시각 t_1, t_2인 순간의 회로 전압을 의미한다. 식 (5.119)는 어느 시간 동안 C에 유입되는 에너지는 전압의 최초의 값과 최종 값에만 관계되고 도중의 변화 상태와는 아무런 관계가 없음을 보여주고 있다.

또한 여기서 $w_C{}'$의 값은 v_1, v_2의 크기에 따라서 부호가 달라질 수 있는데 이는 에너지가 커패시터에 유입(충전)할 수 있고 이로부터 유출(방전)될 수도 있음을 암시해 준다.

커패시터 양단의 전압은 연속적으로 변할 수 있기 때문에 단자 전압의 초기값을 $v_1 = 0$으로 보면 전압이 $v(=v_2)$인 순간에 커패시터에 축적되는 에너지는 다음과 같이 된다.

$$w_C = \frac{1}{2}Cv^2[\mathrm{J}] \qquad (5.120)$$

실제의 경우에 커패시터 C에 축적되는 에너지는 커패시터 양극 간의 전위차(V)에 형성되는 전계(electric field)에 따라 정전 에너지(electrostatic energy)로서 축적된다. 결국 한 주기 동안의 평균 축적 에너지 W_C은 다음과 같이 된다(그림 5.38 (d)).

$$W_C = \frac{1}{2}CV^2[\mathrm{J}] \qquad (5.121)$$

5.5.4 일반적인 부하의 교류 전력

일반적으로 부하는 그림 5.39 (a)와 같이 R, L, C 소자가 포함된 경우가 대부분이다.

이와 같은 2단자망의 등가 임피던스를 $Z\angle\theta$라 하면 두 단자에 인가되는 교류 전압은 다음과 같다.

$$v = \sqrt{2}\,V sin\omega t \qquad (5.122)$$

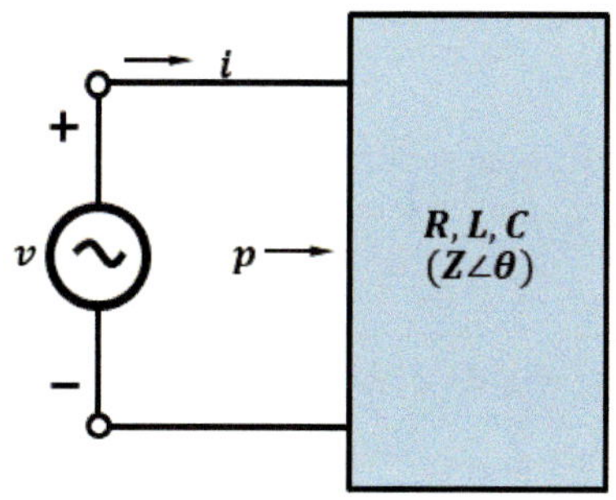

(a)

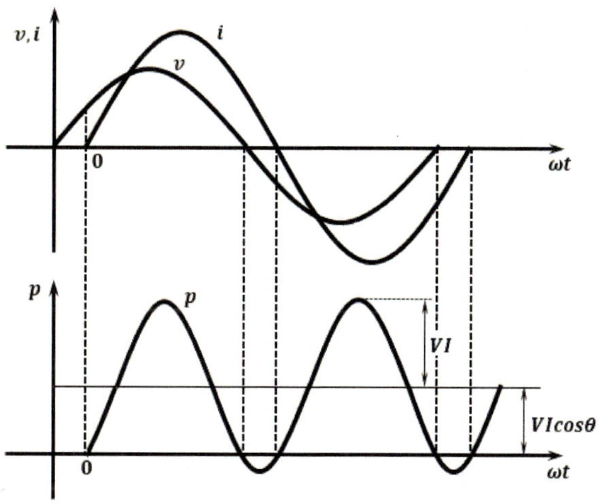

(b)

그림 5.39 일빈직인 부하의 교류 전력

이 때 흐르는 전류는 다음과 같이 된다.

$$i = \sqrt{2}\, I sin(\omega t - \theta) \tag{5.123}$$

이 때 회로에 공급되는 전력의 순시값 p는 다음과 같다.

$$\begin{aligned} p = vi &= \sqrt{2}\, V sin\omega t \cdot \sqrt{2}\, I sin(\omega t - \theta) \\ &= 2VI sin\omega t \cdot sin(\omega t - \theta) = VI cos\theta - VI cos(2\omega t - \theta) \end{aligned} \tag{5.124}$$

이를 그림 5.39 (b)에 나타내며 이 식의 첫째 항은 일정값을 나타낸다. 그리고 둘째 항은 각주파수 2ω, 진폭 VI인 정현파를 나타낸다.

따라서 식 (5.124)의 순시 전력으로부터 평균 전력 P를 구해 보면 다음과 같이 된다.

$$P = \frac{1}{T}\int_0^T pdt = \frac{1}{T}\int_0^T [VIcos\theta - VIcos(2\omega t - \theta)]dt = VIcos\theta[\text{W}] \tag{5.125}$$

여기서 V, I는 각각 인가된 전압과 전류의 실효값이며 θ는 전압과 전류의 위상차이다.

위의 식은 중요한 의미를 갖는다. 즉, 직류 회로의 전력 계산에서는 전압과 전류를 곱하기만 하면 되지만 교류 회로에서는 전압과 전류 실효값의 곱에 회로 역률 또는 **역률**(power favtor ; p.f)이라고 정의되는 $cos\theta$가 곱해지게 되는데 이는 일반적인 용어로 효율과 같은 의미를 가지며 때로는 백분율[%]로도 표시된다.

$$p.f = cos\theta = \frac{P}{VI}(\times 100[\%]) \tag{5.126}$$

여기서 전압과 전류의 곱인 VI는 뒤에서 언급하지만 **공급 전력** 또는 **피상 전력**이라고 한다. 한편 그림 5.40과 같이 임피던스 삼각도에서 역률은 다음과 같이 나타낼 수 있다.

$$p.f = cos\theta = \frac{R}{Z} \tag{5.127}$$

그러므로 평균 전력 P는 다음과 같이 나타낼 수 있다.

$$P = VIcos\theta = RI^2[\text{W}] \tag{5.128}$$

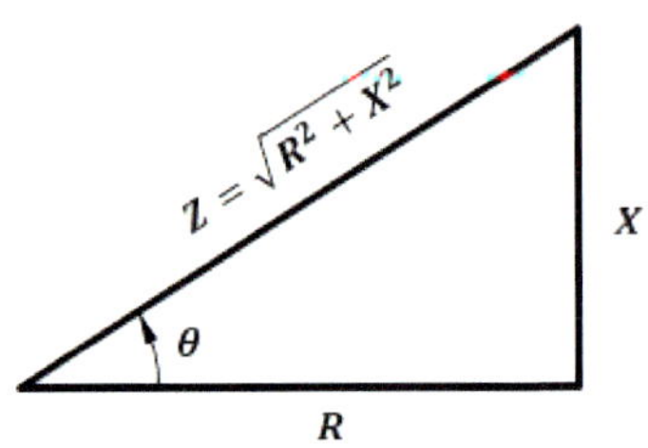

그림 5.40 임피던스 삼각도

5.5.5 유효 전력과 무효 전력

교류 회로의 2단자 망에서 단자 전압과 전류가 θ의 위상차를 가지고 있을 때 그림 5.41 (a)와 같이 전류를 전압과 동상인 성분 $Icos\theta$와 90° 위상차를 갖는 성분 $Isin\theta$로 나누어 생각하면 전자는 전력 $V(Icos\theta)$를 전적으로 담당하는 반면 후자는 평균 전력에 전혀 기여하지 못한다. 이러한 의미에서 $Icos\theta$를 **유효 전류**(active current), $Isin\theta$를 **무효 전류**(reactive current)라고 한다. 그리고 $VIcos\theta$를 유효 전력(active power), $VIsin\theta$를 **무효 전력**(reactive power)라고 하며 각각 P와 P_r로 표시한다. 유효 전력의 단위는 물론 와트(watt)이고 무효 전력의 단위는 바(var, volt-amperes reactive)이다.

$$P = VIcos\theta[\text{W}]$$
$$P_r = VIsin\theta[\text{Var}] \tag{5.129}$$

위의 뮤효 전력을 나타내는 식에서 $sin\theta$를 **무효율**(reactive factor ; r.f)이라고 하며 다음과 같이 나타낸다.

$$r.f = sin\theta = \frac{P_r}{VI} \tag{5.130}$$

이 또한 그림 5.40의 임피던스 삼각형에서 살펴보면 무효율은 다음과 같이 된다.

$$r.f = \sin\theta = \frac{X}{Z} \tag{5.131}$$

그러므로 무효 전력은 다음과 같이도 나타낼 수 있다.

$$P_r = VIsin\theta = XI^2[\text{Var}] \tag{5.132}$$

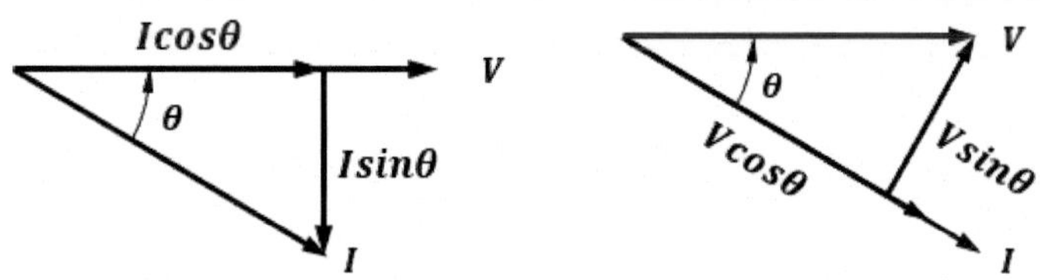

그림 5.41 유효 성분과 무효 성분

5.5.6 피상 전력

교류 회로의 2단자 망에 있어서 단자 전압과 전류의 실효값의 곱을 **피상 전력**(apparent power)이라 하며 기호는 P_a, 단위는 [VA]가 된다. 이는 인가전압과 회로 유입 전류 사이의 위상 관계는 고려하지 않고 단지 회로에 인가된 전압과 유입되는 전류의 크기만을 생각하기 때문에 **겉보기 전력**이라고도 한다. 이것은 전압과 전류의 곱으로 표시된다는 점에서는 직류 전력과 같다.

$$P_a = VI = ZI^2 = YV^2 \text{[VA]} \tag{5.133}$$

또한 P, P_r, P_a 사이에는 다음과 같은 관계가 성립한다.

$$P^2 + P_r^2 = (VI\cos\theta)^2 + (VI\sin\theta)^2 = (VI)^2 = P_a^2 \tag{5.134}$$

식 (5.134)으로부터 그림 5.42와 같은 직각 삼각형을 그릴 수가 있는데 이를 **전력 삼각도**(power triangle)라고 한다.

이 피상 전력의 물리적 의미는 식 (5.134)와 그림 5.39에서 알 수 있듯이 2단자 회로망에 공급되는 순시 전력이 진동하는 진폭을 나타내며 주로 변압기, 발전기, 콘덴서, 케이블 등의 정격 및 용량을 나타내는데 [VA]로서 표시한다.

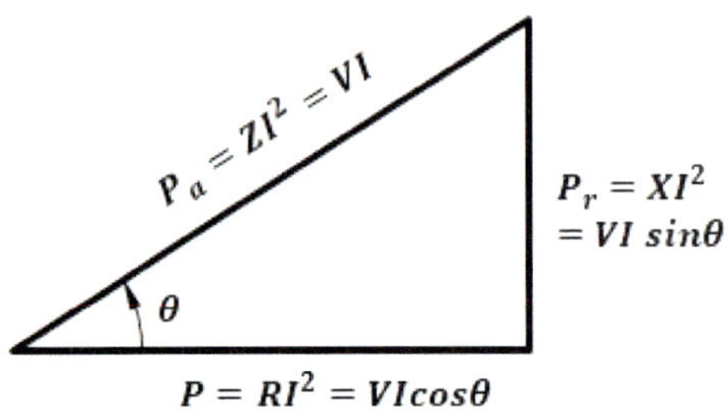

그림 5.42 전력 삼각도

5.6 공진 회로

공진 현상은 전기회로에 인가되는 전원의 주파수가 회로 자체의 고유 주파수(natural frequency)와 일치 했을 때 발생한다.

전기적 진동이 일어나려면 유도기에 축적되는 자기 에너지와 용량기에 축적되는 정전 에너지 사이에 에너지 교환이 있어야 한다.

전기적 공진회로에는 인덕턴스와 커패시터가 함께 있어야 하며 이것들이 연결되는 방식에 따라서 직렬공진, 병렬공진, 직·병렬 공진회로 등으로 나누어진다.

5.6.1 직렬 공진회로

그림 5.43의 R-L-C직렬회로에서 전압전원의 크기를 일정유지하고 주파수만 변화시켰을 때 회로에 흐르는 전류, 전압, 전류의 위상차를 고찰해보자.

회로의 등가 임피던스는 다음과 같다.

$$Z = R + j\omega L + \frac{1}{j\omega C} = R + j\left(\omega L - \frac{1}{\omega C}\right) = R + jX \tag{5.135}$$

$$X = \omega L - \frac{1}{\omega C} = X_L - X_C \tag{5.136}$$

그림 5.44는 주파수에 대한 각각의 리액턴스의 변화모양을 나타낸 곡선이다.

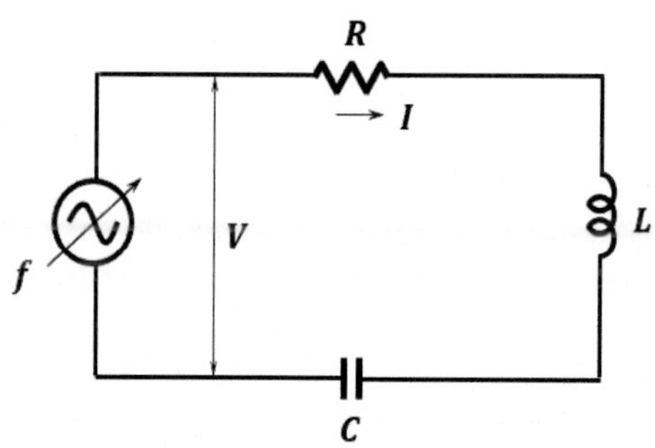

그림 5.43 R-L-C 직렬 공진회로

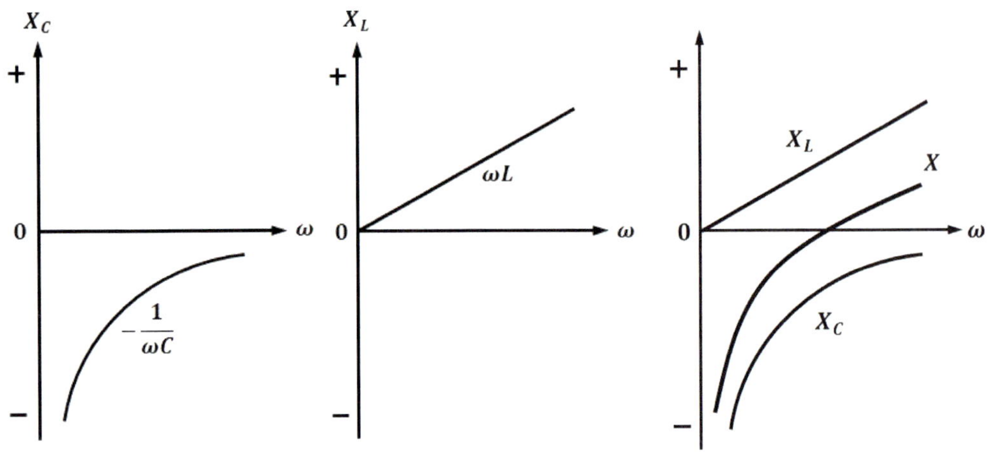

그림 5.44 직렬공진회로의 리액턴스 곡선

$$X_C = \frac{1}{\omega C},\ X_L = \omega L,\ X = X_L - X_C \tag{5.137}$$

전체 리액턴스에서

낮은 주파수 = 용량성 리액턴스($\omega \to \infty$에서 $X \to -j\infty[\Omega]$)
높은 주파수 = 유도성 리액턴스($\omega \to \infty$에서 $X \to +j\infty\ [\Omega]$)

또한 $X_L = X_C$가 되어 $X = 0$이 되는 주파수가 있다. 이 주파수에서 임피던스는 저항만이 남게 되고 전압, 전류 사이의 위상차는 0이 되며, 역률은 1이 된다. 이때 회로는 공진되었다고 하고, 이 주파수를 **공진주파수**(resonant frequency)라 한다.

따라서 R-L-C 직렬회로의 공진 각 주파수를 ω_r라 하면

$$\omega_r L - \frac{1}{\omega_r C} = 0 \tag{5.138}$$

$$\omega_r = \frac{1}{\sqrt{LC}},\ f_r = \frac{1}{2\pi\sqrt{LC}} \tag{5.139}$$

위의 식을 보면 직렬회로에서는 인덕턴스, 커패시턴스, 주파수 중의 하나를 변화시켜서 직렬공진을 일으킬 수 있다.

표 5.4 주파수 변화에 따른 임피던스 및 위상각

주파수 범위	임피던스의 크기	위상각	전압과 전류의 관계
$f > f_r$	$Z = \sqrt{R^2 + \left(\omega L - \dfrac{1}{\omega C}\right)^2}$	$\theta = \tan^{-1}\dfrac{\omega L - (1/\omega C)}{R} > 0$	전압은 전류보다 진상
$f = f_r$	$Z = 0$	$\theta = 0$	전압과 전류는 동상
$f < f_r$	$Z = \sqrt{R^2 + \left(\dfrac{1}{\omega C} - \omega L\right)^2}$	$\theta = \tan^{-1}\dfrac{(1/\omega C) - \omega L}{R} < 0$	전압은 전류보다 지상

표 5.4는 주파수 변화에 따른 임피던스 및 위상각을 나타낸 그림이다.

즉 $f = f_r$일 때 임피던스는 순저항이 되고, 크기는 최소, 전류는 최대가 된다. 이러한 상태를 **직렬공진**(series resonance)또는 **전압공진**이라고 하며 공진시의 전류를 I_r라 하면

$$I_r = \frac{V}{Z} = \frac{V}{R + j\left(\omega L - \dfrac{1}{\omega C}\right)} = \frac{V}{R} \tag{5.140}$$

그림 5.45는 R, X 및 Z의 ω에 따른 변화를 나타내었다.

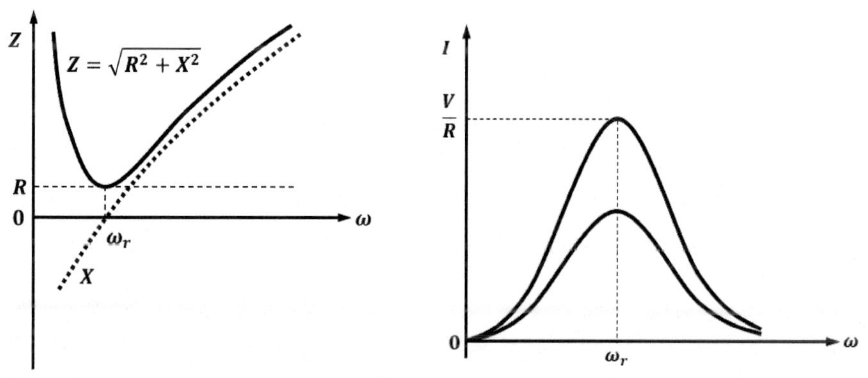

(a) $Z-\omega$ (b) $I-\omega$

그림 5.45 직렬공진의 응답

(1) 전압 확대율

그림 5.46의 R-L-C 직렬회로에서 직렬공진 때 V_L 및 V_C가 공급전압 V에 대한 비율을 **전압확대율**이라 하고, 일반적으로 기호 Q_r로 표시한다.

$$Q_L = \frac{V_L}{V} = \frac{\omega_r L I_r}{R I_r} = \frac{\omega_r L}{R} \tag{5.141}$$

$$Q_C = \frac{V_C}{V} = \frac{I_r/\omega_r C}{R I_r} = \frac{1}{R\omega_r C} \tag{5.142}$$

공진시 $\omega_r L = 1/\omega_r C \rightarrow Q_L = Q_C = Q_r$이 되므로

$$Q_r = \frac{\omega_r L}{R} = \frac{1}{R\omega_r C} = \frac{1}{R}\sqrt{\frac{L}{C}} \tag{5.143}$$

따라서 전압확대율 Q_r의 값은 R에 비해서 $\omega_r L$ 또한 $1/\omega_r C$이 클수록 커진다.

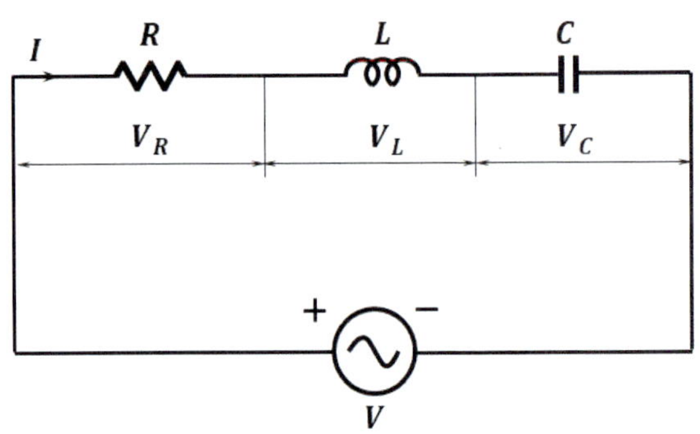

그림 5.46 R -L - C 직렬회로

(2) 선택도

어떤 회로에 있어서 주파수 **선택성**이 좋다는 것은 특정한 주파수 부근에서 **전류** 또는 **어드미턴스** 양이 큰 것을 말한다. 즉, **응답성**이 큰 것을 말한다.

공진 회로에서 공진 주파수와 동일한 주파수에 대하여 임피던스는 최소가 되므로 다른 주파수에 비해 전류를 흘리기 쉽다. $I = YV$에서 전압 V가 일정한 경우는 I의 크기와 Y의 크기 비교가 같으므로 공진 주파수 ω_r일 때의 Y_r와 공진 주파수를 벗어난 임의의 주파수 ω일 때의 어드미턴스 Y를 비교한다.

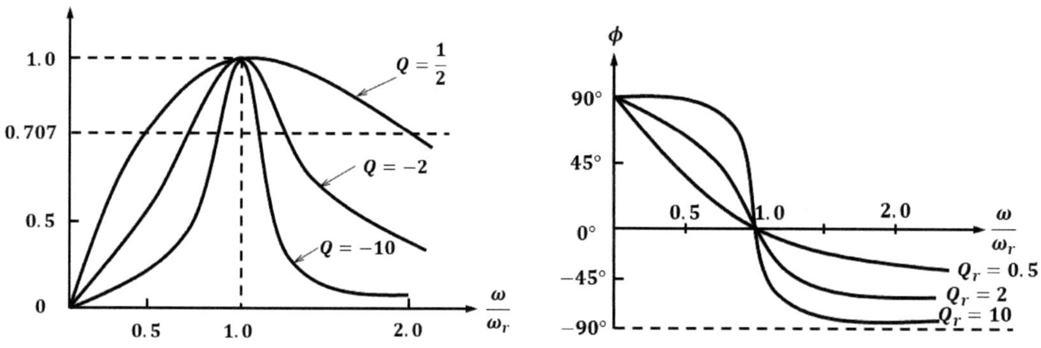

(a) 진폭 응답곡선 (b) 위상 응답곡선

그림 5.47 R-L-C 직렬공진회로의 주파수 응답곡선

직렬 공진회로에서 I_r에 대한 I의 크기는 그 크기나 각 모두가 Q에 의해서 결정된다. 즉, Q를 비교하면 그 회로의 주파수 응답특성을 알 수 있다(그림 5.47 (a)).

Q_r이 크다는 것은 공진 주파수를 벗어나 ω에서의 전류 I가 작다는 것으로 곡선의 기울기가 가파르다는 것을 의미한다(대역폭이 좁아진다).

Q_r이 커짐에 따라 공진 곡선은 더욱 날카로워지며, 주파수 **선택성**이 좋아진다(그림 5.47 (b)).

$$\frac{Y}{Y_r} = \frac{I}{I_r} = \frac{1}{1 + jQ_r\left(\frac{\omega}{\omega_r} - \frac{\omega_r}{\omega}\right)} \tag{5.144}$$

$$Q_r\left(\frac{\omega}{\omega_r} - \frac{\omega_r}{\omega}\right) = \pm 1, \quad \left(\frac{\omega}{\omega_r} - \frac{\omega_r}{\omega}\right) = \pm \frac{1}{Q_r} \tag{5.145}$$

$$\left(\frac{\omega_2}{\omega_r} - \frac{\omega_r}{\omega_2}\right) - \frac{1}{Q_r}, \quad \left(\frac{\omega_1}{\omega_r} - \frac{\omega_r}{\omega_1}\right) = -\frac{1}{Q_r} \tag{5.146}$$

$$\therefore \ \omega_1\omega_2 = \omega^2, \ \Delta\omega = \omega_2 - \omega_1 = \frac{\omega_r}{Q} \tag{5.147}$$

$$\frac{\omega_r}{\omega_2 - \omega_1} = Q_r = \frac{f_r}{f_2 - f_1} \tag{5.148}$$

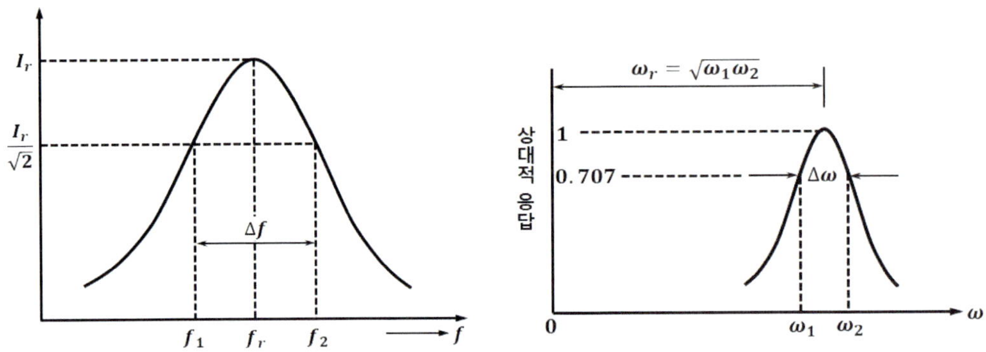

그림 5.48 공진 곡선

공진회로는 주파수에 대하여 선택성을 가지며, Q_r이 클수록 $\omega_2 - \omega_1$은 적어져서 대역폭(bandwidth)은 좁아지고, 공진곡선(resonance curve)은 첨예해지며, 주파수 특성이 좋아진다.

그림 5.48에서 공진곡선의 최대값, 즉 공진전류 I_r에 대한 주파수를 f_r, I_1의 주파수를 f_1 및 f_2라 하고 Q_r을 f 주파수에 의해 정의하면 다음과 같다.

$$Q = \frac{\omega_r}{\omega_2 - \omega_1} = \frac{f_r}{f_2 - f_1} = \frac{f_r}{\Delta f} \tag{5.149}$$

위의 식에서 Q_r이 클수록 공진곡선이 날카로움을 알 수 있다. 그래서 이 Q_r를 **첨예도** 또는 **선택도(selectivity)**라 부르기도 한다.

또한 $f = f_1$, f_2에서는 $f = f_r$일 때 전류의 $1/\sqrt{2}$배의 전류가 흐르므로 회로 전체에 공급되는 전력은 공진시의 반이 된다. 이런 의미에서 f_1, f_2를 **반전력 주파수**(half-power frequency)라 하고 통과 대역폭 $\Delta f = f_2 - f_1$을 **반전력 대역폭**(half-power bandwidth)라 한다.

(3) 직렬 공진회로의 전압응답

공진시, 즉 $\omega_r L = \dfrac{1}{\omega_r C}$일 때

$$V_L = j\omega_r L I_r \tag{5.150}$$

$$V_C = \frac{1}{j\omega_r C} I_r = -j\frac{1}{\omega_r C} I_r \tag{5.151}$$

이고

$$I_r = \frac{V}{R},\ Q_r = \frac{\omega_r L}{R} = \frac{1}{R\omega_r C} \tag{5.152}$$

이므로

$$V_L = j\omega_r L I_r = j\omega_r L\frac{V}{R} = j\frac{\omega_r L}{R}V = jQ_r V \tag{5.153}$$

$$V_C = -j\frac{1}{\omega_r C}I_r = -j\frac{1}{\omega_r C}\frac{V}{R} = -j\frac{1}{\omega_r CR}V = -jQ_r V \tag{5.154}$$

$$V_L = -V_C = jQ_r V \tag{5.155}$$

즉, $|V_L| = |V_C| = Q_r|V|$가 되어 R-L-C 직렬회로가 공진상태에 있으면 L 또는 C의 양단에 Q_r배의 전압이 나타난다. 그러므로 Q_r이 큰 직렬공진회로는 공진주파수 때에 일종의 전압 증폭기 역할을 한다. 따라서 Q_r를 **전압확대비(율)**이라고 한다.

(4) 직렬 공진회로의 에너지

R-L-C 직렬회로에 공진주파수 $\omega_r = (1/\sqrt{LC})$과 일치하는 주파수 정현파 전원을 인가한 경우 정상 상태 하에서 전압, 전류는 다음 식으로 나타낼 수 있다.

$$i = \sqrt{2}I\sin\omega t \tag{5.156}$$

$$v_c = \frac{1}{C}\int i dt = -\sqrt{2}\frac{I}{\omega_r C}\cos\omega_r t \tag{5.157}$$

이때 L에 축적되는 에너지는 다음과 같다.

$$W_L = \frac{1}{2}Li^2 = \frac{1}{2}L(\sqrt{2}I\sin\omega_r t)^2 = LI^2\sin^2\omega_r t \tag{5.158}$$

한편 C에 축적되는 에너지는 다음과 같다.

$$W_C = \frac{1}{2}Cv^2 = \frac{1}{2}C(\sqrt{2}\frac{I}{\omega_r C}\sin\omega_r t)^2 = \frac{I^2}{\omega_r^2 C}cos^2\omega_r t = LI^2\cos^2\omega_r t \tag{5.159}$$

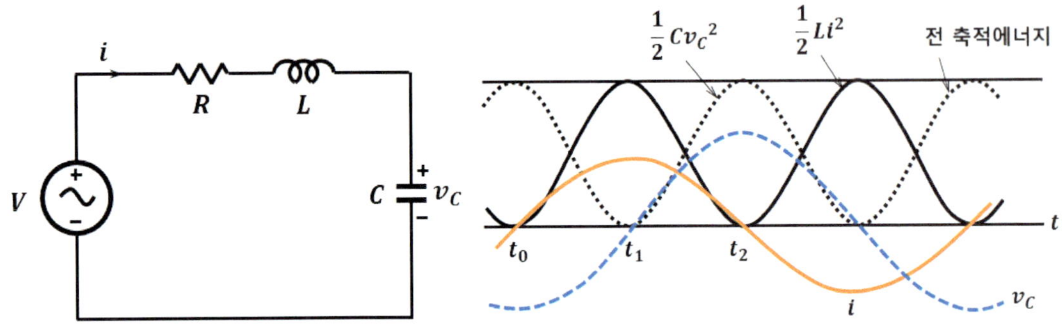

그림 5.49 공진시 회로에 축적된 에너지

따라서 회로 내에 축적되는 전 에너지는 다음과 같다.

$$W_L + W_C = LI^2(\sin^2\omega_r t + \cos^2\omega_r t) = LI^2 = \frac{I^2}{{\omega_r}^2 C} \tag{5.160}$$

즉, 공진 시에 회로의 전 축적 에너지는 시간에 관계없는 일정치로서 W_L 또는 W_C의 최대값과 같다. 여기에서 보면 그림 5.49와 같이 공진 시 회로에 축적된 에너지가 두 리액턴스 소자 사이에 왔다 갔다 함을 알 수 있다.

5.6.2 병렬 공진회로

그림 5.50과 같이 R-L-C 병렬회로에 정현파 전류전원이 연결되어 있는 것을 **병렬공진회로**라고 한다. 이때 전류의 크기를 일정하게 하고, 주파수(f)를 변화시킬 때 전압의 크기와 어드미턴스 Y에 대해 알아보자. 단, 커패시턴스 C의 누설사항은 고려하지 않는다. 어드미턴스 Y는 다음과 같이 된다.

$$Y = \frac{1}{R} + j\omega C + \frac{1}{j\omega L} = G + j\left(\omega C - \frac{1}{\omega L}\right) \tag{5.161}$$

$\left(\omega C - \frac{1}{\omega L}\right)$을 주파수에 대해 그리면 그림 5.51과 같다.

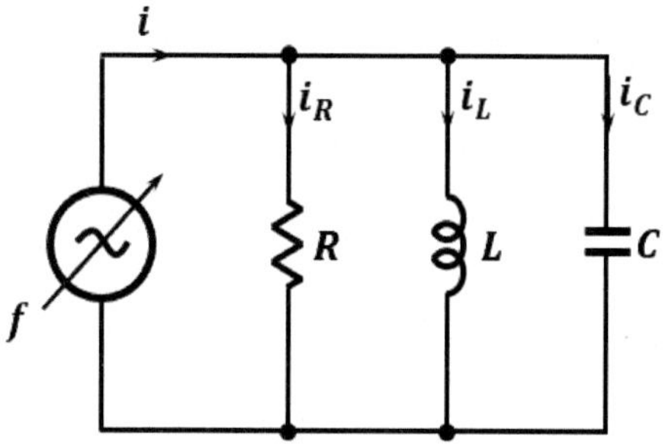

그림 5.50 R - L - C병렬회로

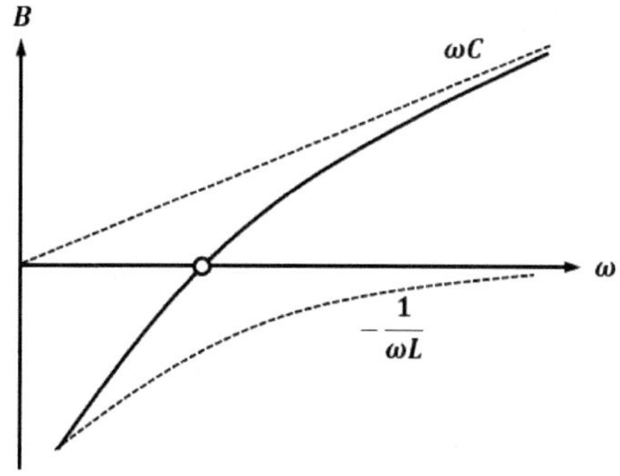

그림 5.51 병렬회로 서셉턴스 곡선

식 (5.161)에서 서셉턴스가 0이 되는 각주파수를 구하면 다음과 같이 된다.

$$\omega_r C - \frac{1}{\omega_r L} = 0 \tag{5.162}$$

$$\omega_r = \frac{1}{\sqrt{LC}} \tag{5.163}$$

이 각주파수를 **병렬공진 각주파수**(anti-resonant angular frequency)라 하면, 이때 어드미턴스는 컨덕턴스 성분만 남고 최소값이 된다.

R-L-C 병렬회로에서 $\omega_r = (1/\sqrt{LC})$이 될 때를 **병렬공진**(parallel resonance)이라 하고 특히 저항으로서 공진시 임피던스의 값이 무한대가 되고 전전류가 0이 되는 현상을 이상적인 병렬이라 하여 이 경우 합성 임피던스의 크기가 최대가 되는 것을 **반공진**(antiresonance)이라 부른다.

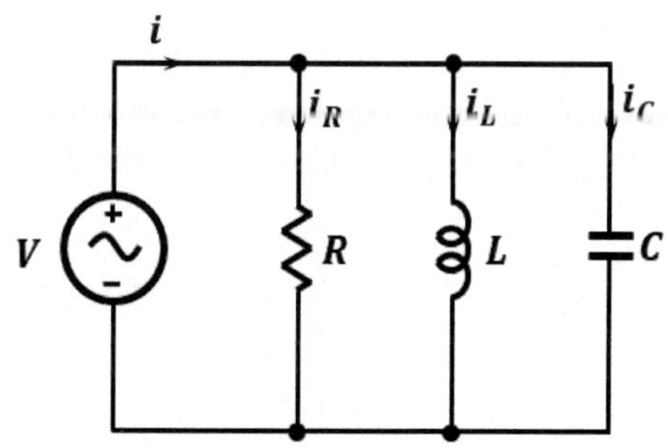

그림 5.52 R- L- C 병렬회로

그림 5.52의 R-L-C 병렬회로에서 병렬공진 때 I_L과 I_C의 공급전류에 대한 비율을 **전류 확대율**이라 부른다.

$$Q_L = \frac{I_L}{I} = \frac{(V/\omega_r L)}{(V/R)} = \frac{R}{\omega_r L}, \quad Q_C = \frac{I_C}{I} = \frac{(\omega_r CV)}{(V/R)} = \omega_r CR \tag{5.164}$$

공지 시 $Q_L = Q_C = Q_r$이므로 다음과 같이 된다.

$$Q_r = \frac{R}{\omega_r L} = \omega_r CR = R\sqrt{\frac{C}{L}} \tag{5.165}$$

이것은 직렬공진일 때의 역수가 된다.

5.6.3 직 • 병렬 공진회로

그림 5.53에서 I_1과 I_2는 다음과 같다.

$$I_1 = \frac{V}{R + j\omega_r L}, \quad I_2 = j\omega_r CV \tag{5.166}$$

따라서 전 전류 i는 다음과 같다.

$$I = I_1 + I_2 = V\left(\frac{1}{R + j\omega_r L} + j\omega_r C\right) = YV \tag{5.167}$$

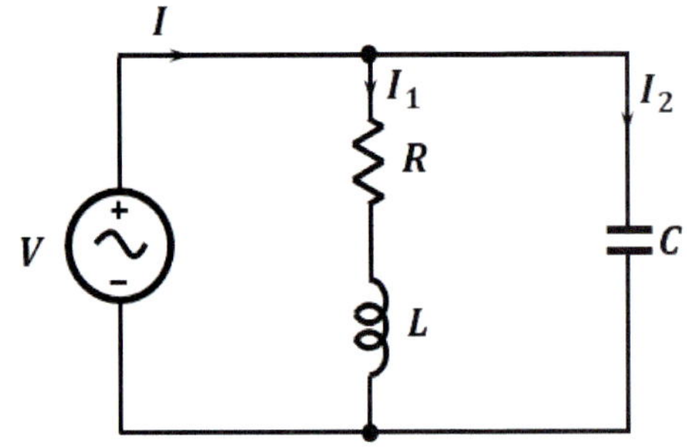

그림 5.53 직•병렬 회로

그러므로 어드미턴스 Y는 다음과 같다.

$$Y = \frac{1}{R + j\omega_r L} + j\omega_r C = \frac{1}{R^2 + \omega_r^2 L^2} + j\left(\omega_r C - \frac{\omega_r L}{R^2 + \omega_r^2 L^2}\right) \tag{5.168}$$

공진 조건은 허수부가 0이어야 하므로 다음과 같이 된다.

$$\omega_r C - \frac{\omega_r L}{R^2 + \omega_r^2 L^2} = 0 \tag{5.169}$$

$$R^2 + \omega_r^2 L^2 = \frac{L}{C} \tag{5.170}$$

따라서 공진 어드미턴스 Y_r, 공진 임피던스 Z_r, 공진 전류 I_r은 다음과 같다.

$$Y_r = \frac{R}{R^2 + \omega_r^2 L^2} = \frac{CR}{L} \tag{5.171}$$

$$Z_r = \frac{1}{Y_r} = \frac{L}{CR} \tag{5.172}$$

$$I_r = \frac{CR}{L} V \tag{5.173}$$

이때의 공진 주파수를 구하면 다음과 같이 된다.

$$\omega_r = \sqrt{\frac{1}{LC} - \frac{R^2}{L^2}}, \ f_r = \frac{1}{2\pi}\sqrt{\frac{1}{LC} - \frac{R^2}{L^2}} \tag{5.174}$$

$\frac{1}{LC} \gg \frac{R^2}{L^2}$인 조건이 만족되면 공진 주파수는 다음과 같이 되어 직렬 공진회로의 공진 주파수와 같게 된다.

$$f_r \fallingdotseq \frac{1}{2\pi\sqrt{LC}} \tag{5.175}$$

6장

주파수 응답과 과도현상

4장에서는 주로 직류에 대한 회로망의 해석에 대해 다루었고 5장에서는 교류의 기초적인 내용과 교류에서 전기 회로 소자가 전기 회로에 어떠한 영향을 미치는지에 대해 알아보았다.

넓은 주파수 대역에서 사용하기 위해 설계된 시스템의 동작을 해석할 때에는 신호 속에 무수히 많은 주파수 성분이 포함되어 있으므로 주어진 범위 내에서 주파수 응답을 해석할 필요가 있다.

그런데 지금까지 취급한 전기 회로에서 회로 각 부분의 전압과 전류가 시간에 대해 변하지 않는 직류이거나 크기나 위상이 일정한 교류였으므로 정상적인 상태이지만 저항, 콘덴서 및 인덕터를 회로에 결합하면 전류 혹은 전압의 갑작스러운 적용에 대해 회로의 응답은 정상적이지 못하고 과도하게 흐르는데 이를 **과도현상**이라고 한다.

본 장에서는 이러한 주파수 응답과 과도현상에 대한 기초적인 내용을 다루기로 한다.

6.1 정현파 주파수 응답

회로의 정현파 주파수 응답(sinusoidal frequency response) 간단히 주파수 응답은 임의의 주파수를 가진 정현파 입력에 대해 회로가 어떻게 응답하는지에 대한 척도를 제공한다. 다시 말하면 입력 신호의 진폭, 위상 및 주파수가 주어진다면 회로의 주파수 응답에 관한 출력 신호의 계산이 가능하게 해준다.

예를 들어 그림 6.1 (a)에서 서로 다른 신호 주파수에 대해 부하 또는 전류가 어떻게 변하는가를 결정한다고 가정하자. 이는 스피커(부하)와 CD플레이어(소스) 사이에 증폭기가 설치되었을 때 소스에 의해 발생되는 음성 신호에 대해 부하가 어떻게 응답하는지의 문제와 연관될 수 있다. 그림 6.1 (b)에서 신호 소스 회로는 테브난 등가에 의해 표시된다. 소스가 회로의 나머지 부분에 대해 제공하는 임피던스 Z_S는 소스 신호의 주파수 함수이다. 증폭 회로는 두 임피던스 Z_1과 Z_2의 이상화된 연결에 의해 또한 부하는 임피던스 Z_L에 의해 표시된다고 할 때 매우 일반적인 정의에 따르면 이 회로의 주파수 응답은 부하와 관련된 전압 또는 전류의 변동을 여진(excitation)의 신호의 진폭, 위상 및 주파수 함수로 표시한 것이다.

예를 들어 부하 전압이 소스 전압의 함수로 어떻게 변하는가에 중점을 둔다면 그림 6.1 (b)의 회로의 해석은 다음의 식을 사용한다.

$$\mathrm{H_V}(j\omega) = \frac{\mathrm{V_L}(j\omega)}{\mathrm{V_S}(j\omega)} \tag{6.1}$$

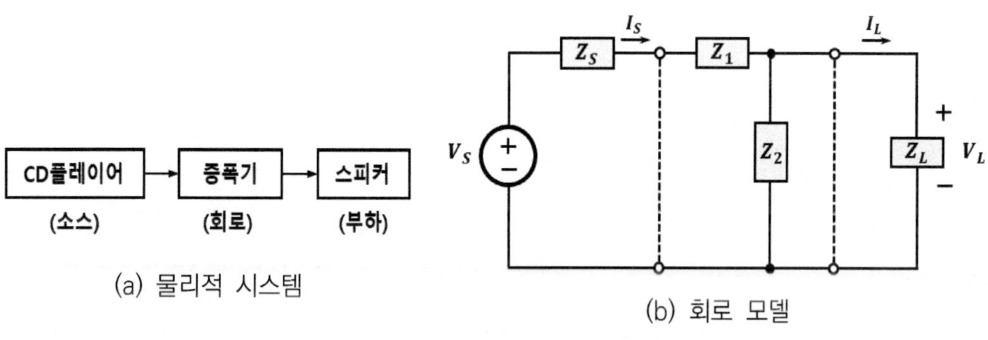

그림 6.1 물리적 시스템과 그의 회로 모델

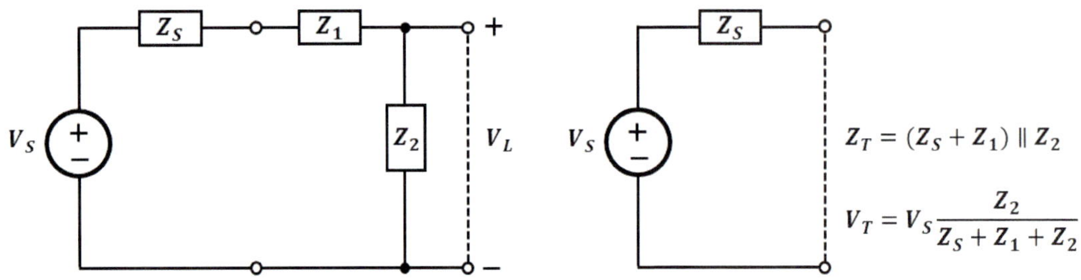

그림 6.2 테브난 등가 소스 회로

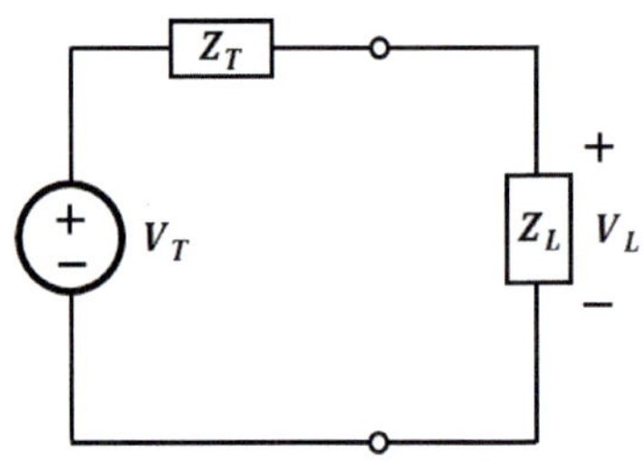

그림 6.3 완전한 등가 회로

부하 전압을 소스 전압의 함수로 표시하는 한 가지 방법은 소스 및 이와 연결된 회로를 테브난 등가 회로로 나타내는 것이다. 이는 유용하게 사용되는 유일한 방법은 아니고 회로에 대한 노드 전압 또는 메시 전류 방정식을 사용할 수도 있다. 그림 6.2는 테브난 등가 회로를 구하기 위한 준비단계로 그림 6.1 (b)의 원래 회로에 부하를 제거한 회로이다.

다음으로 부하를 테브난 등가 소스 회로에 연결하고 그림 6.3에 도시된 바와 같이 간단한 전압 분배 법칙을 사용하여 부하 전압 V_L에 대한 다음의 표현식을 얻을 수 있다.

$$V_L = \frac{Z_L}{Z_L + Z_T} V_T = \frac{Z_L}{Z_L + \frac{(Z_S + Z_1) Z_2}{Z_S + Z_1 + Z_2}} \cdot \frac{Z_2}{Z_S + Z_1 + Z_2} V_S$$

$$= \frac{Z_1 Z_2}{Z_L (Z_S + Z_1 + Z_2) + (Z_S + Z_1) Z_2} V_S \tag{6.2}$$

즉, 회로의 주파수 응답은 식 (6.1)에 정의한 것처럼 다음 식으로 주어진다.

$$\frac{V_L(j\omega)}{V_S(j\omega)} = H_V(j\omega) = \frac{Z_1 Z_2}{Z_L (Z_S + Z_1 + Z_2) + (Z_S + Z_1) Z_2} \tag{6.3}$$

주어진 소스 신호 $V_S(j\omega)$에 대해서도 부하 전압을 결정하기 위해 $H_V(j\omega)$에 대한 위의 식을 사용할 수 있다. $H_V(j\omega)$은 두 전압의 비이므로 무차원의 복소수이며 따라서 다음과 같이 표현할 수 있다.

$$V_L(j\omega) = H_V(j\omega) \cdot V_S(j\omega) \tag{6.4}$$

$$V_L e^{j\phi L} = H_V e^{j\phi H} \cdot V_S e^{j\phi S} \tag{6.5}$$

또는

$$V_L e^{j\phi L} = |H_V| V_S e^{j(\phi H + \phi S)} \tag{6.6}$$

여기서

$$V_L = |H_V| \cdot V_S \text{ 및 } \phi_L = \phi_H + \phi_S \tag{6.7}$$

즉, 소스와 부하 사이에 선형회로를 삽입하는 것은 부하 전압이 소스 전압과 동일한 주파수 ω를 가지며 부하의 진폭 및 위상이 각각 $V_L = |H_V| \cdot V_S$ 및 $\phi_L = \phi_H + \phi_S$과 같이 주어지게 되는 효과를 나타낸다. 여기서 $|H_V|$는 주파수 응답의 진폭, ϕ_H는 위상각이며 $|H_V|$와 ϕ_H는 주파수 함수이다.

주파수 응답 개념의 중요성 및 유효성은 회로의 응답을 주파수의 단일 함수 $H(j\omega)$로 요약할 수 있다는 것이다. 이 때 $H(j\omega)$는 주어진 입력에 대해 어떤 주파수에서의 부하 전압 또는 전류를 예측할 수 있게 해준다. 회로의 주파수 응답은 다음의 4가지 방식으로 정의할 수 있다.

$$H_V(j\omega) = \frac{V_L(j\omega)}{V_S(j\omega)} \qquad H_I(j\omega) = \frac{I_L(j\omega)}{I_S(j\omega)}$$

$$H_Z(j\omega) = \frac{V_L(j\omega)}{I_S(j\omega)} \qquad H_Y(j\omega) = \frac{I_L(j\omega)}{V_S(j\omega)} \tag{6.8}$$

만약 $H_V(j\omega)$, $H_I(j\omega)$를 안다면 다른 두 개의 식을 다음과 같이 직접 유도할 수 있다.

$$H_Z(j\omega)=\frac{V_L(j\omega)}{I_S(j\omega)}=Z_L(j\omega)\frac{I_L(j\omega)}{I_S(j\omega)}=Z_L(j\omega)H_I(j\omega) \tag{6.9}$$

$$H_Y(j\omega)=\frac{I_L(j\omega)}{V_S(j\omega)}=\frac{1}{Z_L(j\omega)}\frac{V_L(j\omega)}{V_S(j\omega)}=\frac{1}{Z_L(j\omega)}H_V(j\omega) \tag{6.10}$$

이러한 간편한 정의로부터 전기 회로 해석의 중심적인 개념의 한 가지인 필터(filter)를 설명하는 것이 가능하다.

6.2 필터

6.2.1 저역 통과 필터

그림 6.4는 입력 및 출력 전압이 V_i와 V_o인 간단한 RC 필터를 나타내고 있다. 이 필터에 대한 주파수 응답은 다음 함수로 얻을 수 있다.

$$H(j\omega)=\frac{V_o(j\omega)}{V_i(j\omega)} \tag{6.11}$$

출력 전압은 전압 분배법칙을 사용하여 다음과 같이 입력 전압의 함수로 나타낼 수 있다.

$$V_o(j\omega)=V_i(j\omega)\frac{1/j\omega C}{R+1/j\omega C}=V_i(j\omega)\frac{1}{1+j\omega RC} \tag{6.12}$$

즉, RC 필터의 주파수 응답은 다음과 같이 된다.

$$H(j\omega)=\frac{V_o}{V_i}(j\omega)=\frac{1}{1+j\omega RC} \tag{6.13}$$

RC 필터의 주파수 응답의 크기는 다음과 같이 나타낼 수 있다.

$$|H(j\omega)|=\left|\frac{1}{1+j\omega RC}\right|=\frac{1}{\sqrt{1+(\omega RC)^2}} \tag{6.14}$$

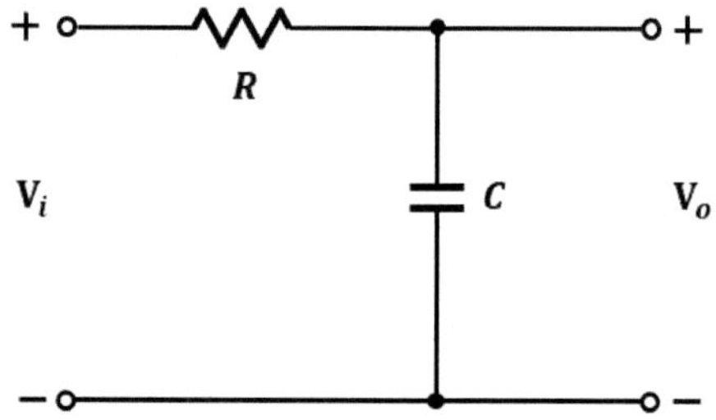

그림 6.4 단순한 RC 필터

식 (6.14)로부터 신호 주파수 ω가 0일 때 필터의 응답 크기는 1이 됨을 알 수 있다. 즉, 필터는 모든 입력을 통과시키며 직류가 이에 해당된다. 반대로 신호 주파수 ω가 ∞일 때 필터의 응답 크기는 0이 됨을 알 수 있다. 즉, 필터는 모든 입력을 통과시키지 못한다. 그러나 실제 신호 주파수 ω가 ∞가 될 수 없으며 이상적인 경우일 뿐이다.

그렇다면 실제 필터의 경우는 어느 정도일 때 통과(통과 대역)하고 통과하지 못하는지(차단 대역)의 기준이 있으며 이 주파수를 차단 각주파수(ω_c)라 한다. 이때의 이득이 $1/\sqrt{2}=0.707$이 되는 지점이다. 즉, $\omega=\omega_c$에서는 식 (6.14)의 우변의 분모가 $\sqrt{2}$가 되어야 하므로 다음과 같이 결정됨을 알 수 있다.

$$\omega_c = \frac{1}{RC} \left(f_c = \frac{1}{2\pi RC} \right) \tag{6.15}$$

그림 6.5와 같은 주파수 특성을 나타내며 즉, 저역 통과 특성을 보이며 이것을 저역 통과 필터(law-pass filter; LPF)라 한다. 여기서 그림 6.4의 RC 회로는 시정수가 $\tau=RC$이므로 식 (6.15)의 차단 주파수는 다음의 관계가 있음을 알 수 있다.

$$\omega_c = \frac{1}{\tau} \left(f_c = \frac{1}{2\pi \tau} \right) \tag{6.16}$$

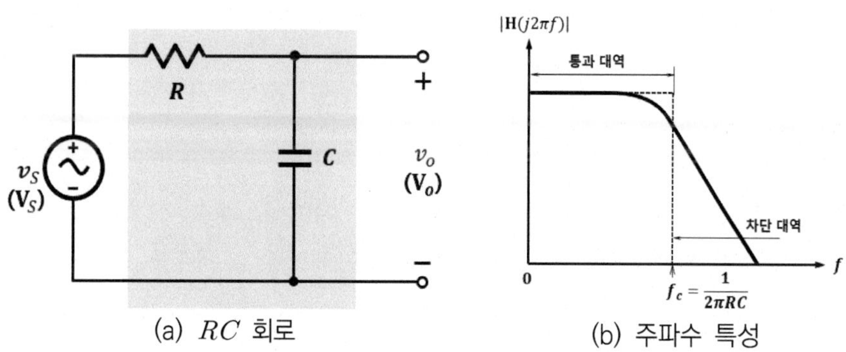

(a) RC 회로 (b) 주파수 특성

그림 6.5 저역 통과 필터의 RC 회로와 주파수 특성

따라서 일차 RC LPF의 차단 주파수는 그 회로의 시정수로부터 쉽게 구할 수 있음을 알 수 있다.

그림 6.5 (a) 회로의 특성은 시정수를 구하는 방법과 표 5.2의 주파수 특성을 이용하면 수식을 통하지 않고도 회로 상에서 간단히 해석할 수 있다. 그림 6.6은 이를 보여주고 있다.

먼저 그림 6.6 (a), (b)로부터 회로가 LPF인지 HPF인지 가릴 수 있다. 즉, 그림 6.6 (a)와 (b)는 각각 $\omega = 0$일 때와 $\omega = \infty$일 때의 그림 6.6 (a)에 대한 등가회로이다. 이 두 회로로부터 $|H(j0)| = 1$, $|H(j\infty)| = 0$이므로 저주파 성분은 그대로 통과하고 고주파 성분은 차단되는 LPF임을 알 수 있다. 다음으로 차단 주파수는 그림 6.6 (c)와 같은 방법으로 RC회로의 시정수를 구함으로써 간단히 계산할 수 있다.

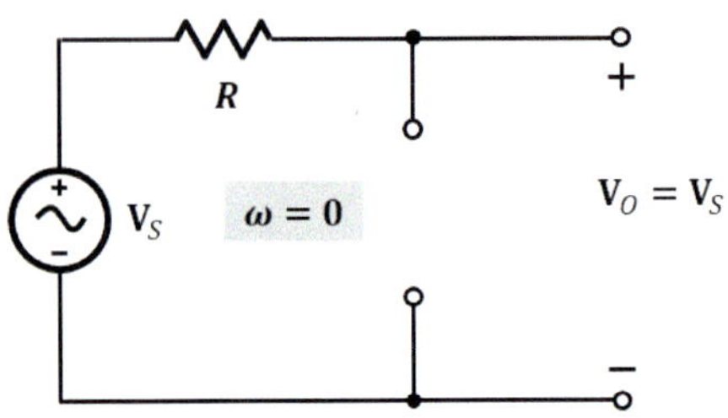

(a) $\omega = 0$일 때 등가회로

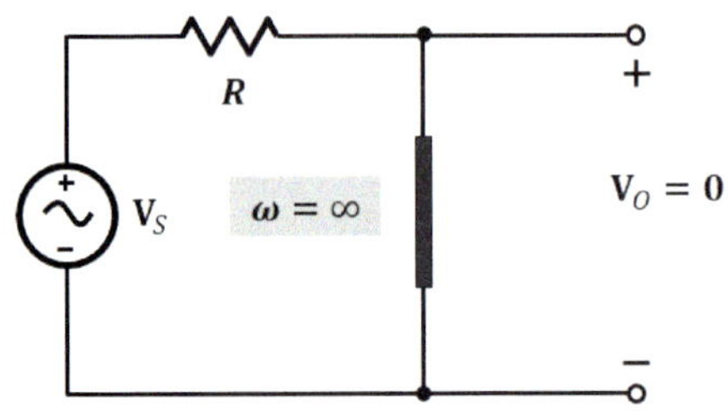

(b) $\omega = \infty$일 때 등가회로

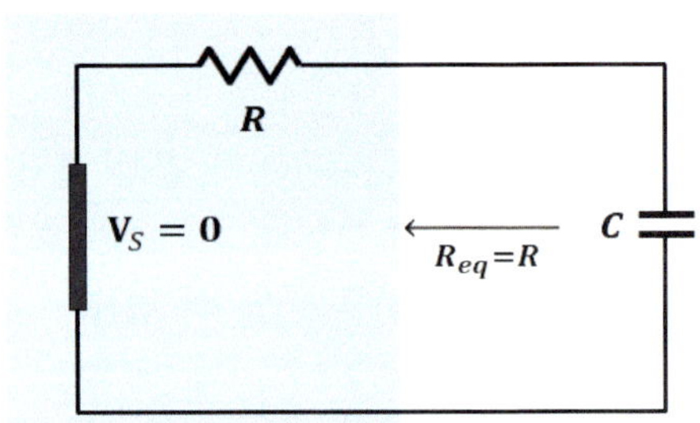

(c) 시정수를 구하는 등가회로

그림 6.6 일차 LPF를 간단히 회로 상에서 해석하는 방법

예제 6.1	그림 6.7은 그림 6.5 (a) 필터에서 전원 저항 R_S와 부하 저항 R_L을 고려한 회로이다. 통과대역의 이득(직류에서의 이득)과 차단 주파수를 구하라.

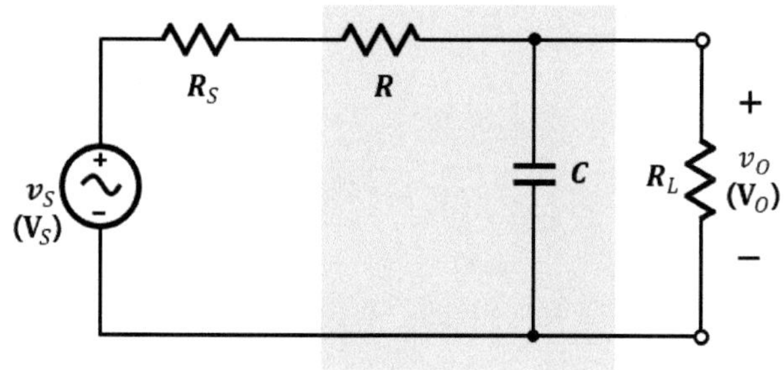

그림 6.7 예제 6.1의 그림

풀이 그림 6.7로부터 그림 6.8 (a) 및 (b)와 같이 $\omega = 0$일 때의 등가회로, $\omega = \infty$일 때의 등가회로 그리고 그림 6.8 (c)와 같이 시정수를 구하는 등가회로를 그린다.

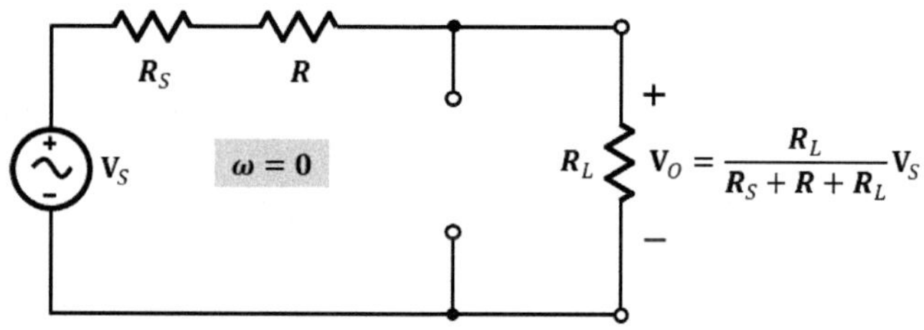

(a) $\omega = 0$일 때의 등가회로

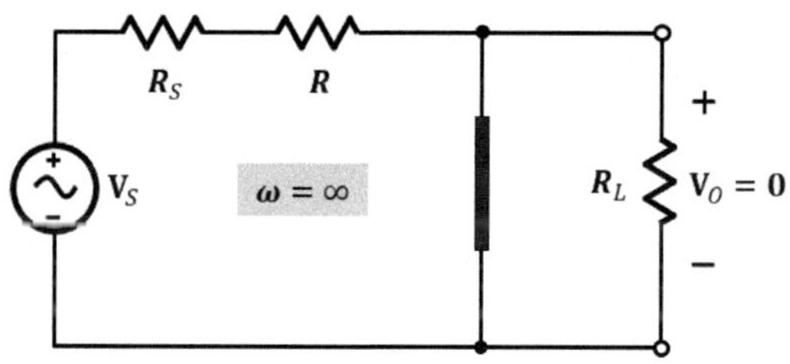

(b) $\omega = \infty$일 때의 등가회로

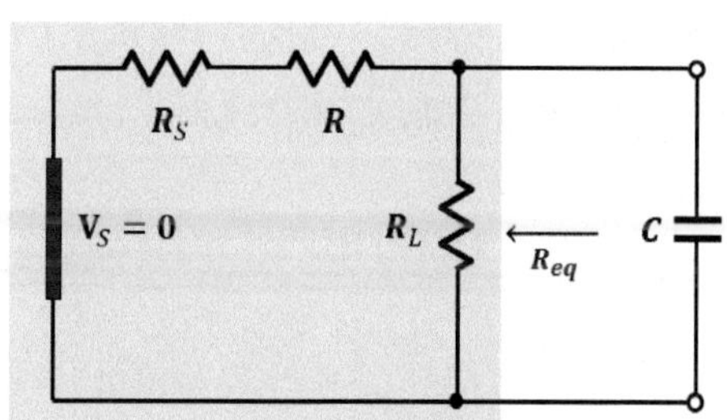

(c) 시정수를 구하는 등가회로

그림 6.8 그림 6.7에 대한 등가 회로

그림 6.8 (a)에서 콘덴서가 개방이므로 부하저항 R_L에 걸리는 출력전압은 다음과 같다.

$$\mathrm{V}_0 = \frac{R_L}{R_S + R + R_L}\mathrm{V}_S \tag{6.17}$$

따라서 통과대역의 이득은 다음과 같다.

$$|\mathrm{H}(j0)| = \frac{R_L}{R_S + R + R_L} \tag{6.18}$$

그림 6.8 (b)에서 콘덴서가 단락이므로 주파수 이득은 다음과 같다.

$$\mathrm{V}_0 = 0 \quad \therefore |\mathrm{H}(j\infty)| = 0 \tag{6.19}$$

그림 6.8 (c)에서 등가저항을 구하여 차단주파수를 구하면 다음과 같다.

$$R_{eq} = (R_S + R_L) \parallel R_L$$
$$\tau = R_{eq}C = \{(R_S + R) \parallel R_L\}C$$
$$\therefore f_c = \frac{1}{2\pi\tau} = \frac{1}{2\pi\{(R_S + R) \parallel R_L\}C} \tag{6.20}$$

LPF는 그림 6.9 (a)와 같이 일차 RL 회로로도 구할 수 있다. 이 회로의 주파수 특성은 전달함수를 구하여 수식 상으로 구할 수 있지만 표 5.2의 원리를 이용하여 회로 상에서 간단히 해석할 수 있다. 먼저 그림 (a)의 $\omega = 0$일 때의 등가회로는 그림 (b)와 같으며(L은 직류에 대해 단락) $\omega = \infty$일 때의 등가회로는 그림 (c)와 같다(L은 개방). 따라서 이 두 회로로부터 다음과 같은 LPF의 특성이 나타난다.

$$|\mathrm{H}(j0)| = 1, \qquad |\mathrm{H}(j\infty)| = 0 \tag{6.21}$$

다음으로 그림 (d)의 등가회로에서 시정수를 구하면 $\tau = L/R$이므로 차단 주파수는 다음과 같이 주어진다.

$$f_c = \frac{1}{2\pi\tau} = \frac{R}{2\pi L} \tag{6.22}$$

그림 6.9 (a)의 전달함수는 다음과 같이 주어진다.

$$\mathrm{H}(j\omega)=\frac{\mathrm{V_o}(j\omega)}{\mathrm{V_i}(j\omega)}=\frac{R}{R+j\omega L}=\frac{1}{1+j\omega L/R} \tag{6.23}$$

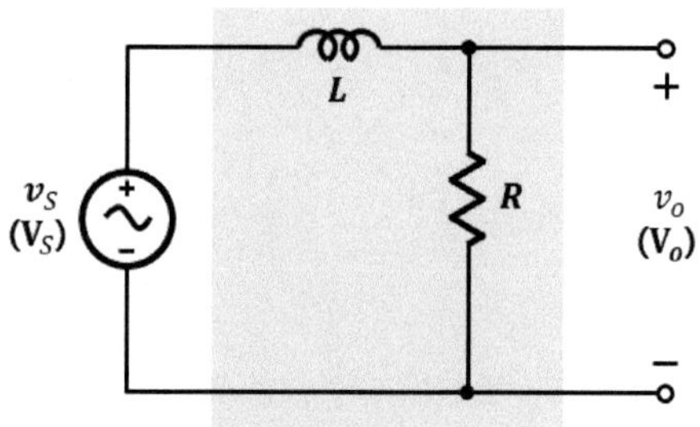

(a) 일차 RL 회로

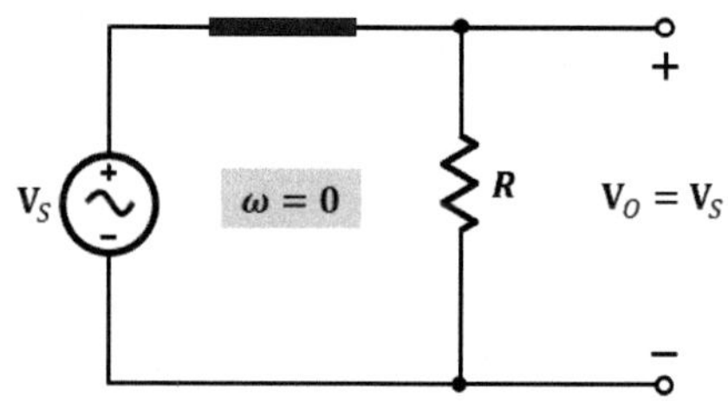

(b) $\omega=0$일 때의 등가회로

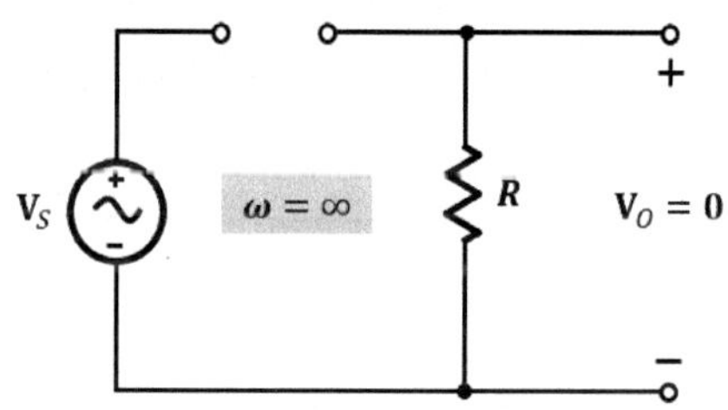

(c) $\omega=\infty$일 때의 등가회로

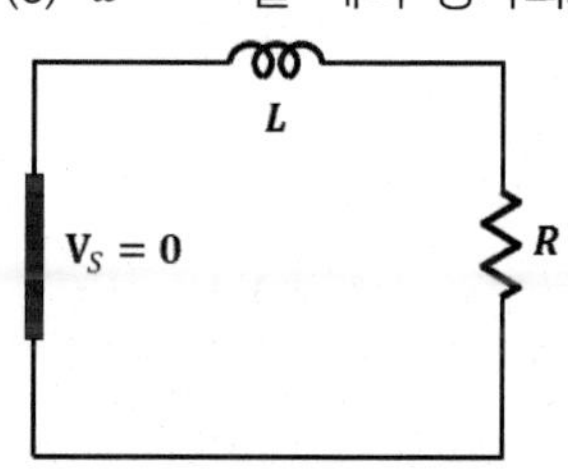

(d) 시정수를 구하는 등가회로

그림 6.9 일차 LPF의 RL 회로 및 등가회로

따라서 주파수 특성은 다음과 같다.

$$|\mathrm{H}(j\omega)| = \left|\frac{1}{1 + j\omega L/R}\right| = \frac{1}{\sqrt{1 + (\omega L/R)^2}} \tag{6.24}$$

식 (6.24)으로부터 알 수 있듯이 차단주파수는 식 (6.22)과 같다.

6.2.2 고역 통과 필터

그림 6.10과 같은 RC 고역 통과 필터(high-pass filter; HPF)는 그림 6.5 (a)의 RC LPF에서 C 대신에 R 양단의 전압을 출력으로 한 것과 같다. 필터의 전달함수는 다음과 같다.

$$\mathrm{H}(j\omega) = \frac{\mathrm{V}_{\mathrm{o}}(j\omega)}{\mathrm{V}_{\mathrm{i}}(j\omega)} = \frac{R}{R + 1/j\omega C} = \frac{j\omega RC}{1 + j\omega RC} \tag{6.25}$$

따라서 이득은 다음과 같이 주어진다.

$$|\mathrm{H}(j\omega)| = \left|\frac{j\omega RC}{1 + j\omega RC}\right| = \frac{\omega RC}{\sqrt{1 + (\omega RC)^2}} \tag{6.26}$$

식 (6.26)로부터 신호 주파수 ω가 0일 때 다음과 같이 된다.

$$|\mathrm{H}(j0)| = 0 \tag{6.27}$$

그리고 신호 주파수 ω가 ∞가 될 때에는 다음과 같이 된다.

$$|\mathrm{H}(j\infty)| = \lim_{\omega \to \infty} \frac{\omega RC}{\sqrt{1 + (\omega RC)^2}} = 1 \tag{6.28}$$

따라서 식 (6.27)과 식 (6.28)을 보면 고역통과 특성임을 알 수 있다. 그리고 차단 주파수 $\omega = \omega_c$에서는 다음을 만족한다.

$$\frac{\omega_c RC}{\sqrt{1 + (\omega_c RC)^2}} = \frac{1}{\sqrt{2}} \tag{6.29}$$

그러므로 차단주파수는 다음과 같이 결정됨을 알 수 있다.

$$\omega_c = \frac{1}{RC} = \frac{1}{\tau} \quad \left(f_c = \frac{1}{2\pi RC} = \frac{1}{2\pi\tau} \right) \tag{6.30}$$

식 (6.30)에서도 차단주파수는 역시 시정수에 의해 결정됨을 알 수 있다.

그림 6.10 (a) 필터의 특성은 그림 6.11과 같이 회로상에서도 간단히 검증할 수 있다. 즉, 그림 6.11 (a)와 (b)로부터 식 (6.27)과 식 (6.28)을 입증할 수 있으며 그림 6.11 (c)로부터 시정수를 구할 수 있다.

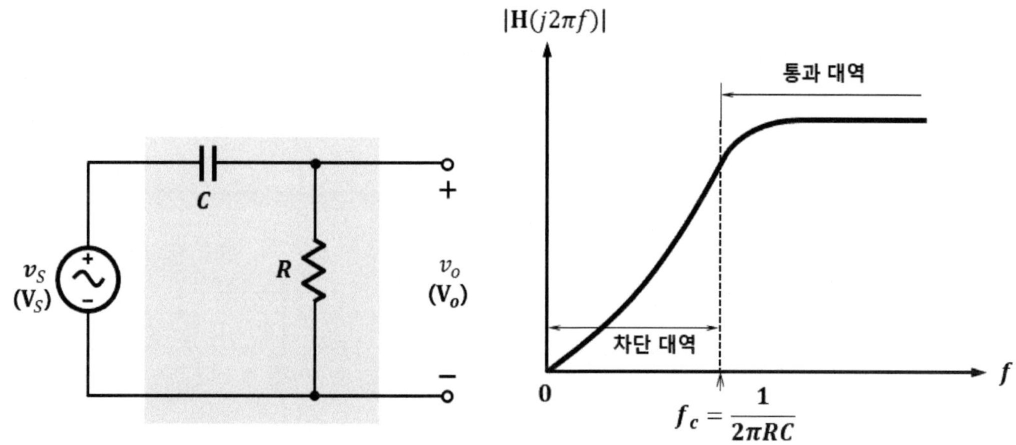

(a) RC 회로

(b) 주파수 특성

그림 6.10 고역 통과 필터의 회로와 주파수 특성

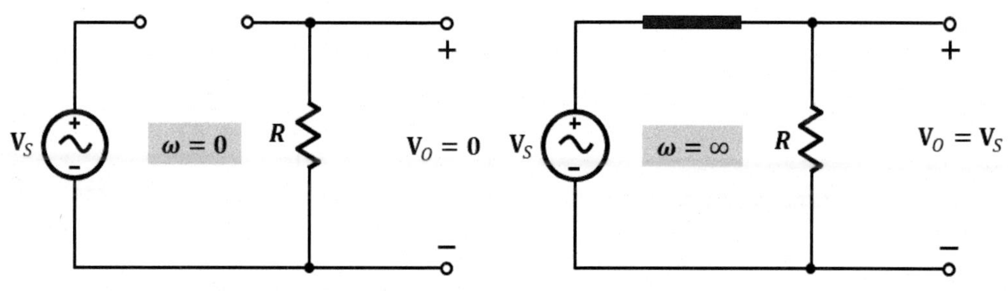

(a) $\omega = 0$일 때의 등가회로

(b) $\omega = \infty$일 때의 등가회로

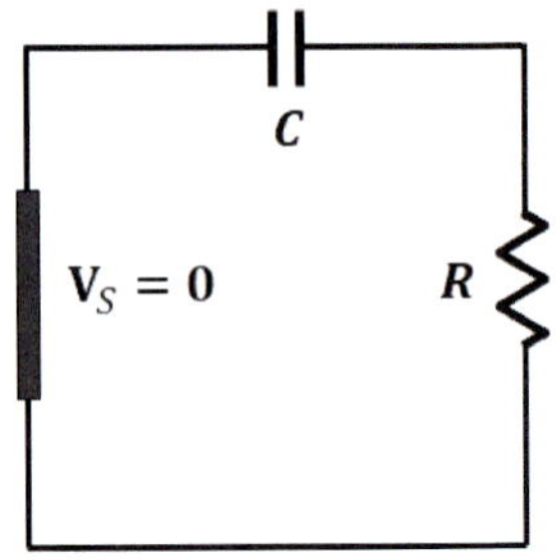

(c) 시정수를 구하는 등가회로

그림 6.11 일차 HPF의 회로 및 등가회로

HPF는 그림 6.12 (a)와 같이 일차 RL회로로도 구성할 수 있다. 그림 (b)와 (c)의 등가회로로부터 다음과 같은 고역통과 특성임을 알 수 있다.

$$|H(j\omega)| = \begin{cases} 0, & \omega = 0 \\ 1, & \omega = \infty \end{cases} \tag{6.31}$$

(a) 일차 RL HPF

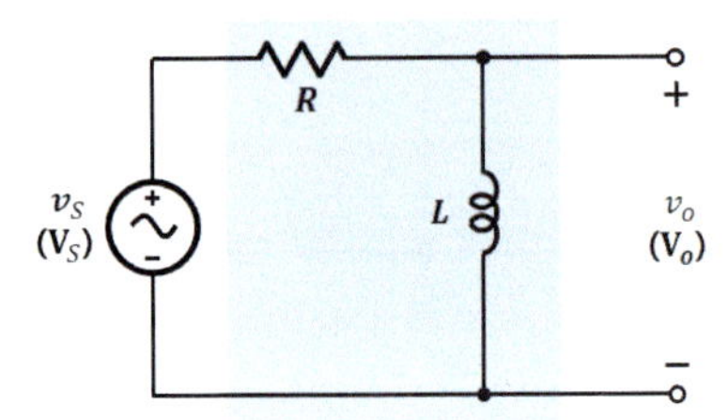

(b) $\omega = 0$일 때의 등가회로

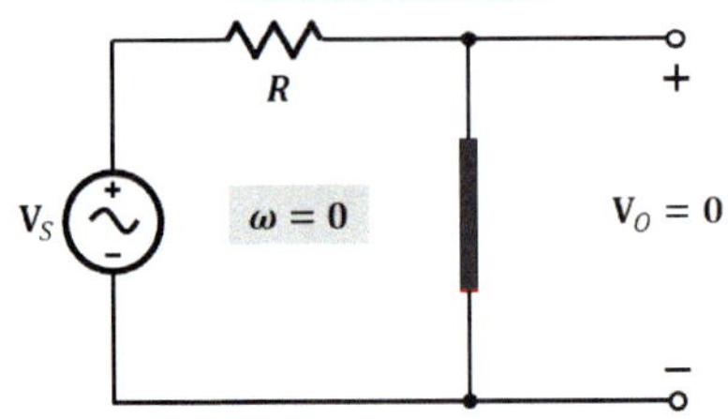

(c) $\omega = \infty$일 때의 등가회로

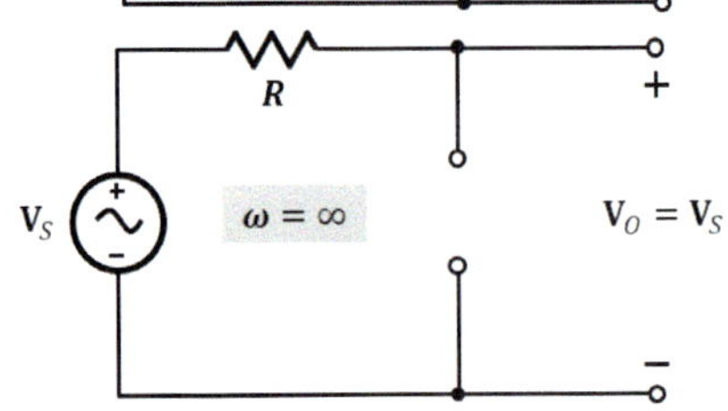

(d) 시정수를 구하는 등가회로

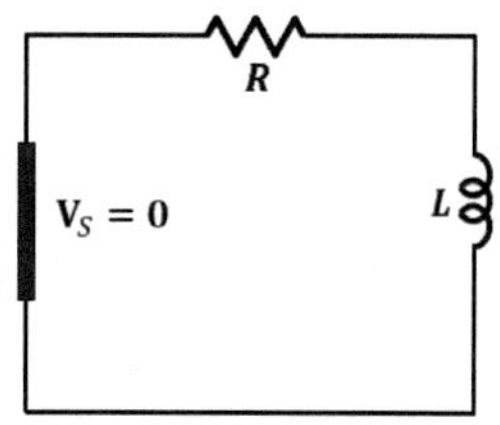

그림 6.12 RL회로의 고역통과 필터

그리고 시정수는 그림 6.12 (d)로부터 $\tau = L/R$이므로 차단주파수는 다음과 같이 주어진다.

$$\omega_c = \frac{1}{\tau} = \frac{R}{L} \quad \left(f_c = \frac{R}{2\pi L}\right) \tag{6.32}$$

식 (6.32)은 그림 6.12 (a)의 전달함수를 직접 구해도 알 수 있다. 즉, 다음과 같다.

$$\mathrm{H}(j\omega) = \frac{\mathrm{V_o}(j\omega)}{\mathrm{V_i}(j\omega)} = \frac{j\omega L}{R + 1/j\omega L} = \frac{j\omega L/R}{1 + j\omega L/R} \tag{6.33}$$

따라서 이득은 다음과 같이 주어진다.

$$|\mathrm{H}(j\omega)| = \left|\frac{j\omega L/R}{1 + j\omega L/R}\right| = \frac{\omega L/R}{\sqrt{1 + (\omega L/R)^2}} \tag{6.34}$$

식 (6.34)으로부터 다음과 같은 고역통과 특성을 알 수 있다.

$$|\mathrm{H}(j\omega)| = \begin{cases} 0, & \omega = 0 \\ 1, & \omega = \infty \end{cases} \tag{6.35}$$

그리고 차단주파수는 다음과 같이 된다.

$$\frac{\omega_c L/R}{\sqrt{1 + (\omega_c L/R)^2}} = \frac{1}{\sqrt{2}} \tag{6.36}$$

예제 6.2 그림 6.10 (a) 필터에서 $R = 200[\Omega]$와 $C = 0.199[\mu F]$로 할 경우 차단주파수를 구하고 $f = 100[Hz]$와 $f = 10[kHz]$에서의 이득을 구하라.

풀이 식 (6.26)으로부터 다음과 같이 된다.

$$f_c = \frac{1}{2\pi RC} = \frac{1}{2\pi \times 200 \times (1.99 \times 10^{-6})} = 4000[Hz]$$

식 (6.22)로부터 다음과 같이 된다.

$$|H(j\omega)| = \frac{\omega RC}{\sqrt{1 + (\omega RC)^2}} = \frac{f/f_c}{\sqrt{1 + (f/f_c)^2}}$$

따라서 다음과 같이 된다.

$$|H(j2\pi \times 100)| = \frac{f/f_c}{\sqrt{1 + (f/f_c)^2}} = \frac{100/4000}{\sqrt{1 + (100/4000)^2}} = 0.025$$

$$|H(j2\pi \times 10000)| = \frac{f/f_c}{\sqrt{1 + (f/f_c)^2}} = \frac{10000/4000}{\sqrt{1 + (10000/4000)^2}} = 0.928$$

6.2.3 대역 통과 필터

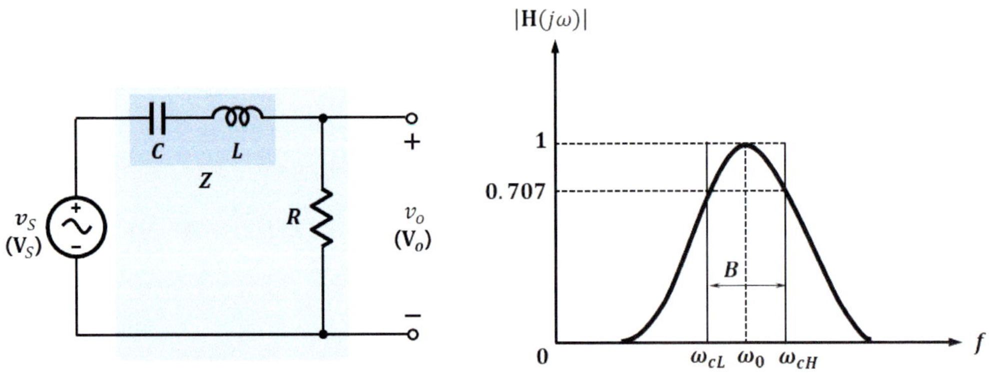

(a) 직렬 RLC 회로

(b) 주파수 특성

그림 6.13 대역통과 필터

그림 6.13과 같은 직렬 RLC 회로로 구성된 대역 통과 필터(band-pass filter; BPF) 및 그 주파수 특성을 보여준다. 대역 통과 필터는 차단 주파수가 2개이므로 1차회로로는 구현할 수 없기 때문에 L과 C의 개수가 2개 이상이어야 한다. 그림 6.13 (a)의 LC회로의 임피던스 Z가 다음과 같다.

$$Z = j\omega L - j\frac{1}{\omega C} = j\left(\omega L - \frac{1}{\omega C}\right) \tag{6.37}$$

따라서 필터의 전달함수는 전압 분배의 법칙에 의해 다음과 같이 주어진다.

$$|H(j\omega)| = \frac{V_o}{V_s} = \frac{R}{Z + R} = \frac{R}{R + j(\omega L - 1/\omega C)} \tag{6.38}$$

그림 6.13 (b)에서 공진주파수 ω_0와 대역폭 B에 대한 선택도 $Q_{직렬}$은 다음과 같다.

$$\omega_0 = \frac{1}{\sqrt{LC}} \tag{6.39}$$

$$Q_{직렬} \equiv \frac{\omega_0}{B} = \frac{\omega_0 L}{R} \tag{6.40}$$

위의 두 식은 5장에서도 언급했지만 직렬 RLC회로의 특성을 결정하는 중요한 변수이다.

그림 6.13 (a)의 회로는 표 5.2를 이용하여 회로 상에서 그림 6.14와 같이 구할 수 있다. 먼저 LC 직렬 회로의 임피던스 Z는 표 5.2에 의해 각주파수에 따라 그림 6.14와 같이 동기화 할 수 있다. 따라서 그림 (a), (b), (c)로부터 전달함수는 다음과 같이 된다.

$$|H(j\omega)| = \begin{cases} 0, & \omega = 0 \\ 1, & \omega = \omega_0 \\ 0, & \omega = \infty \end{cases} \tag{6.41}$$

그러므로 중심 주파수가 ω_0인 대역 통과 특성임을 확인할 수 있다. 그리고 그림 6.14 (c)에서 회로의 $Q_{직렬}$은 식 (6.35)로부터 대역폭은 $B = \omega_0 / Q_{직렬}$ [rad/sec]로 구할 수 있는 것이다.

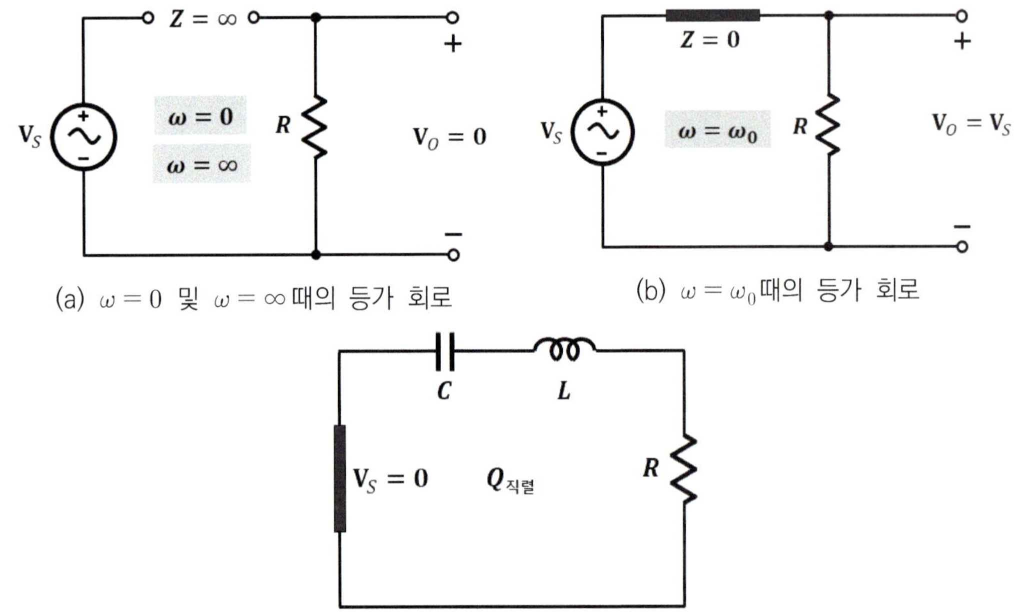

(a) $\omega = 0$ 및 $\omega = \infty$ 때의 등가 회로

(b) $\omega = \omega_0$ 때의 등가 회로

(c) 선택도를 구하는 등가 회로

그림 6.14 그림 6.13 (a) 회로의 등가 회로

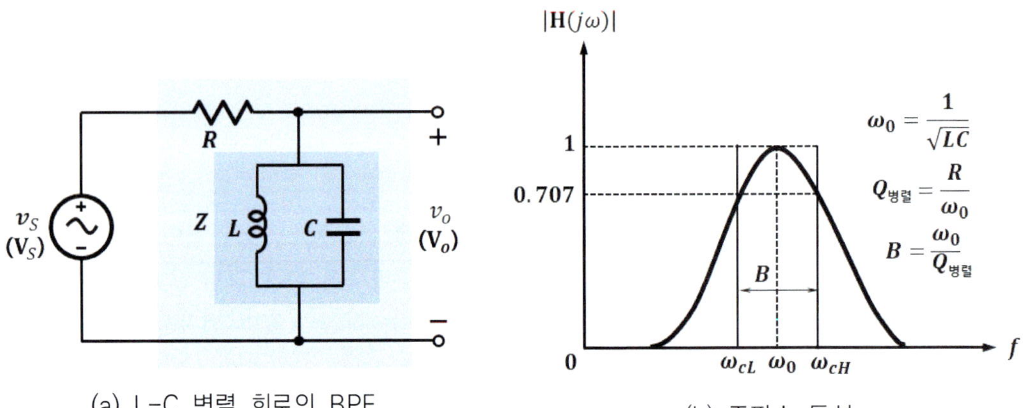

(a) L-C 병렬 회로의 BPF

(b) 주파수 특성

그림 6.15 LC 병렬 회로의 BPF와 주파수 특성

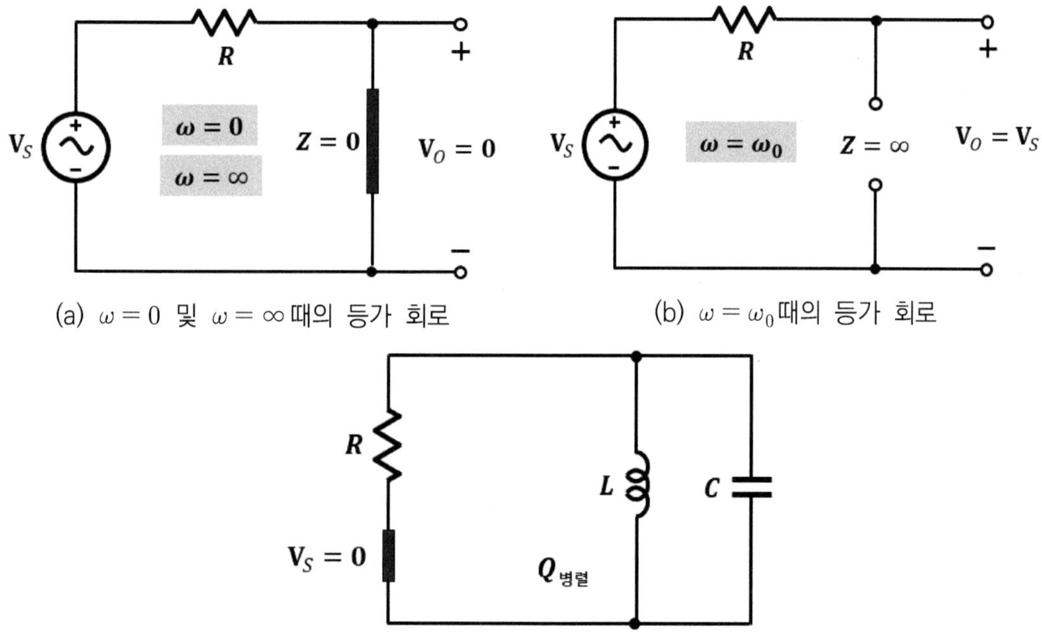

(a) $\omega = 0$ 및 $\omega = \infty$ 때의 등가 회로 (b) $\omega = \omega_0$ 때의 등가 회로

(c) 선택도를 구하는 등가 회로

그림 6.16 그림 6.14 (a) 회로의 등가 회로

BPF는 그림 6.15와 같이 LC 병렬 회로로도 구현할 수 있으며 그 전달 함수를 구해보면 다음과 같다.

$$H(j\omega) = \frac{V_o}{V_s} = \frac{\dfrac{1}{j(\omega C - 1/\omega L)}}{R + \dfrac{1}{j(\omega C - 1/\omega L)}} = \frac{1/R}{1/R + j(\omega C - 1/\omega L)} \tag{6.42}$$

그림 6.15 회로의 특성은 그림 6.16의 과정으로 회로 상에서 간단히 구할 수 있다. 즉, 다음과 같은 특성을 나타낸다.

$$|H(j\omega)| = \begin{cases} 0, & \omega = 0 \\ 1, & \omega = \omega_0 \\ 0, & \omega = \infty \end{cases} \tag{6.43}$$

식 (6.43)은 대역 통과 특성을 나타내며 그림 6.16 (c)에서 $Q_{병렬} = R/\omega_0 L$이므로 대역 폭은 $B = \omega_0 / Q_{병렬}$로 구해진다.

6.2.4 대역 차단 필터

그림 6.17과 같은 RC 대역 차단 필터(band-stop filter; BSF)는 그림 6.13 (a)의 BPF 회로에서 출력을 R 대신에 LC 회로 양단의 전압으로 한 경우이며 이 회로의 특징은 그림 6.18과 같이 등가 회로로 나타낼 수 있다. 즉, 그림 6.18 (a)와 (b)로부터 다음과 같은 대역 차단 특성임을 알 수 있다.

$$|\mathrm{H}(j\omega)| = \begin{cases} 1, & \omega = 0 \\ 0, & \omega = \omega_0 \\ 1, & \omega = \infty \end{cases} \tag{6.44}$$

그리고 그림 6.18 (c)에서 회로의 $Q_{직렬}$은 $Q_{직렬} = \omega_0 L/R$이므로 대역폭은 $B = \omega_0/Q_{직렬}$로 구해진다. 이상으로 그림 6.17 (a)의 BSF는 주파수 특성이 그림 6.17 (b)와 같음을 알 수 있다.

그림 6.18 (a)에서 LC 회로의 임피던스를 Z라 하면 전달 함수는 다음과 같다.

$$\mathrm{H}(j\omega) = \frac{\mathrm{Z}}{R+\mathrm{Z}} = \frac{j(\omega L - 1/\omega C)}{R + j(\omega L - 1/\omega C)} \tag{6.45}$$

그러므로 주파수 특성은 다음과 같다.

$$|\mathrm{H}(j\omega)| = \frac{\omega L - 1/\omega C}{\sqrt{R^2 + (\omega L - 1/\omega C)^2}} \tag{6.46}$$

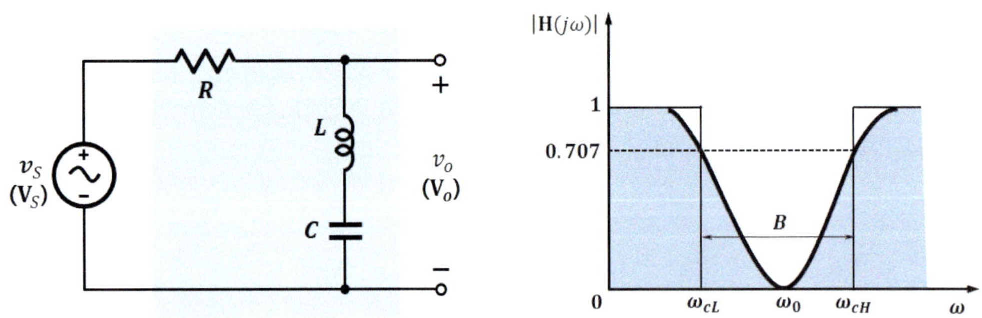

(a) 직렬 LC 회로 (b) 주파수 특성

그림 6.17 직렬 LC 회로로 구현한 BSF와 주파수 특성

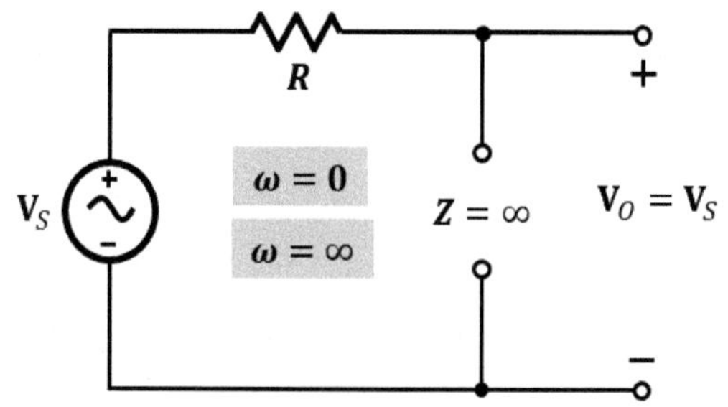

(a) $\omega = 0$ 및 $\omega = \infty$ 때의 등가 회로

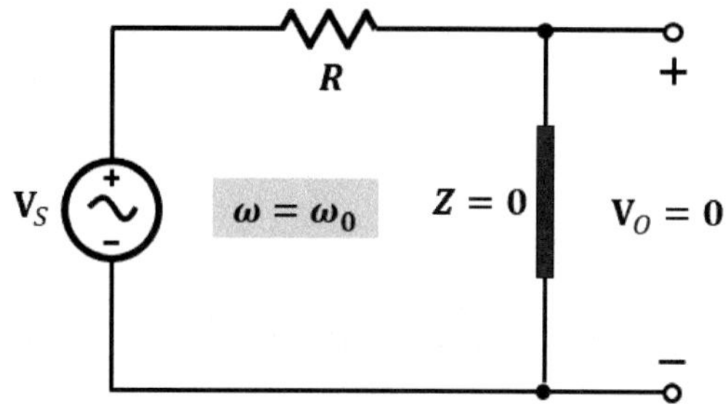

(b) $\omega = \omega_0$ 때의 등가 회로

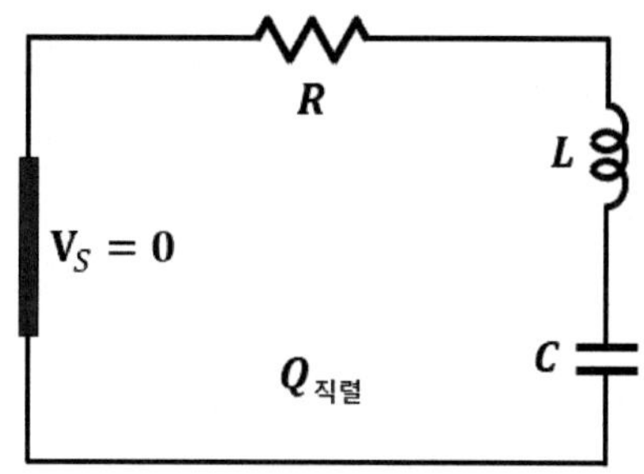

(c) 선택도를 구하는 등가 회로

그림 6.18 그림 6.17 (a) 회로의 등가 회로

식 (6.46)에서 차단 주파수를 구하기 위해 다음과 같이 놓는다.

$$\omega L - \frac{1}{\omega C} = R \tag{6.47}$$

그러면 차단 주파수는 다음과 같이 주어짐을 알 수 있다.

$$\begin{cases} \omega_{cL} = -\dfrac{R}{2L} + \sqrt{\left(\dfrac{R}{2L}\right)^2 + \omega_0^{\,2}} \\ \omega_{cH} = \dfrac{R}{2L} + \sqrt{\left(\dfrac{R}{2L}\right)^2 + \omega_0^{\,2}} \end{cases} \tag{6.48}$$

따라서 식 (6.48)으로부터 대역폭 B는 다음과 같이 된다.

$$B = \omega_{cH} - \omega_{cL} = \frac{R}{L}\,[\text{rad/sec}] \text{ 또는 } B = \frac{R}{2\pi L}\,[\text{Hz}] \tag{6.49}$$

그러므로 $B = \omega_0 / Q_{직렬}$임을 알 수 있다. 대역 차단 필터는 중심 주파수 f_0 부근의 특정 대역만 제거되므로 **노치**(notch) **필터** 또는 **트랩**(trap)이라 한다. 트랩은 TV에서 특정 주파수 성분만 제거하는데 많이 사용한다.

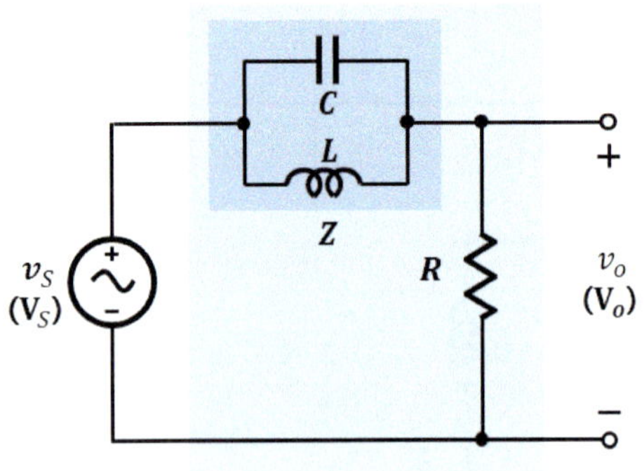

(a) L-C 병렬 회로의 BSF

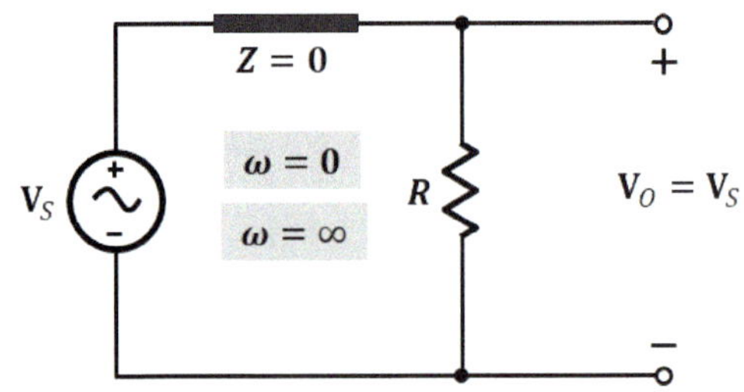

(b) $\omega = 0$ 및 $\omega = \infty$때의 등가 회로

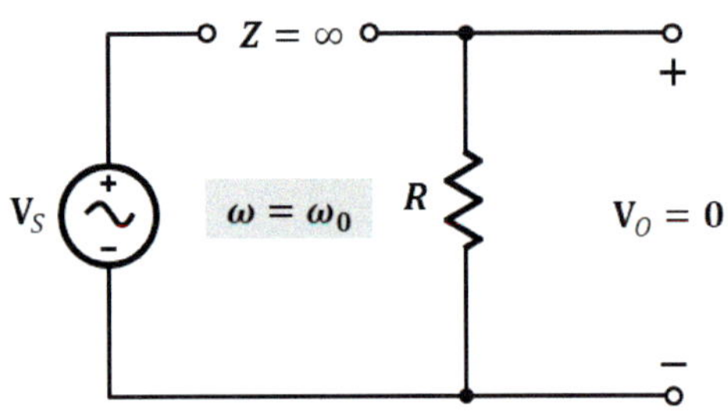

(c) $\omega = \omega_0$때의 등가 회로

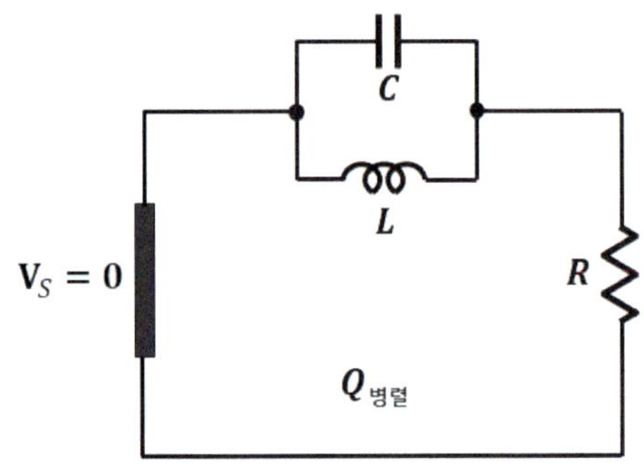

(d) 선택도를 구하는 등가 회로

그림 6.19 병렬 LC로 구성한 BSF와 등가 회로

대역 차단 필터는 그림 6.19 (a)와 같이 병렬 LC 회로로도 구현할 수 있다. 그리고 이것은 그림 6.15 (a)에서 LC 회로와 R의 위치를 바꾼 것과 같다. 그림 6.19 (a)에 대한 등가 회로 (b), (c)로부터 대역 차단 특성을 알 수 있다. 그리고 대역폭은 그림 (c)의 병렬 RLC 회로로부터 구한 $Q_{병렬} = R/\omega_0 L$로부터 간단히 구할 수 있다.

6.3 과도현상

지금까지 취급한 전기 회로에서는 회로 각 부분의 전압과 전류가 시간에 대해 변하지 않는 직류이거나 크기, 위상이 일정한 교류였는데 회로의 이러한 상태를 **정상상태**(steady state)라고 한다. 그러나 R, L, C 소자들이 결합된 회로에 스위치를 닫는 순간에는 전류의 흐름이 정상적이지 못하고 과도하게 흐르게 되는데 이를 **과도상태**(transient state)라고 한다.

과도현상의 해석은 키르히호프 법칙에 의하여 회로의 전압전류가 만족하는 미분방정식을 회로가 변화한 후의 상태의 회로에 대해서 세우고, 이 미분방정식을 푼 다음 그 풀이 안에 포함되어 있는 적분상수를 초기조건에 의해 구하면 된다.

그러나 이 방법은 고차의 미분방정식을 사용할 경우 적분상수를 구하는 등의 어려움이 있어서 근래에는 라플라스 변환이 많이 이용되고 있다.

6.3.1 회로망의 미분 방정식

(1) 미분 방정식의 구성과 해

R, L, C만으로 구성된 수동회로망의 방정식에 대하여 고찰해 보기로 하자. R의 경우는 다음과 같이 된다.

$$v(t) = Ri(t)\text{[V]} \tag{6.50}$$

$$i(t) = \frac{v(t)}{R}\text{[A]}$$

L의 경우는 다음과 같이 된다.

$$v(t) = L\frac{di(t)}{dt}\text{[V]} \tag{6.51}$$

$$i(t) = \frac{1}{L}\int v(t)dt + i(0)\text{[A]} \text{ (단, } i(0)\text{은 초기 전류)}$$

C의 경우는 다음과 같이 된다.

$$v(t) = \frac{1}{C}\int i(t)dt + v(0)\text{[V](단, } v(0)\text{은 초기 전압)} \tag{6.52}$$

$$i(t) = C\frac{dv(t)}{dt}\text{[A]}$$

키르히호프의 전압, 전류 방식을 식(6.50)~(6.52)로 세울 경우는 미분과 적분이 혼합된 방정식이 되어 해를 구하기가 난해하게 된다. 따라서 이는 미분방정식으로 통일할 필요가 있으며 미분방정식으로 세워지지 않는 경우는 전류 $i(t)=dq(t)/dt$에 의해 다음과 같이 나타낼 수 있다.

$$Ri(t)=R\frac{dq(t)}{dt} \tag{6.53}$$

$$L\frac{di(t)}{dt}=L\frac{d^2i(t)}{dt^2}$$

$$\frac{1}{C}\int i(t)dt=\frac{q(t)}{C}$$

그러므로 미분 방정식을 세우는 것이 가능하게 된다. 즉, 수동 회로망의 방정식은 미분 방정식의 형태로 표시할 수 있고 그 일반형은 다음과 같이 놓기로 한다.

$$a_n\frac{d^ni(t)}{dt^n}+a_{n-1}\frac{d^{n-1}i(t)}{dt^{n-1}}+\cdots+a_1\frac{di(t)}{dt}+a_0i(t)=v(t) \tag{6.54}$$

그러면 식 (6.54)의 해는 다음과 같이 놓을 수 있다.

$$i(t)=i_t(t)+i_s(t) \tag{6.55}$$

여기서 $i_t(t)$는 과도상태의 응답이고 $i_s(t)$는 정상상태의 응답이다. $i_t(t)$는 식 (6.54)의 우변을 0으로 놓았을 때의 해이다. 즉, 다음과 같다.

$$a_n\frac{d^ni_t(t)}{dt^n}+a_{n-1}\frac{d^{n-1}i_t(t)}{dt^{n-1}}+\cdots+a_1\frac{di_t(t)}{dt}+a_0i_t(t)=0 \tag{6.56}$$

그러므로 다음과 같이 된다.

$$i_t(t)=K_1e^{P_1t}+K_2e^{P_2t}+\cdots+K_ne^{P_nt} \tag{6.57}$$

여기서 P_1, P_2, ⋯, P_n은 특성방정식, 즉 다음의 근이다.

$$a_nP^n+a_{n-1}P^{n-1}+\cdots+a_1P+a_0=0 \tag{6.58}$$

식 (6.57)의 K_1, K_2, $\cdots$, K_n은 초기조건에 의하여 결정되는 적분상수이다. 따라서 수동회로망의 과도현상의 해를 구하는 방법은 다음과 같이 요약할 수 있다.

① 키르히호프 법칙으로 미분방정식을 세운다.

② 식 (6.55)과 같이 ①의 우변을 0으로 한 방정식으로부터 식 (6.58)과 같은 특성방정식을 만든다.

③ 특성방정식의 근을 구하여 식 (6.57)과 같은 과도응답의 해를 구한다.

④ L은 단락, C는 개방된 것으로 보고 정상상태에서의 응답을 구한다.

⑤ 초기조건을 ③, ④에 대입하여 적분상수를 구하여 식 (6.55)과 같은 일반해를 완성시킨다.

(2) 초기값과 최종값

회로망에서 초기값과 최종값(표 6.1)을 파악하는 것은 대단히 중요한 일이다. 그 이유로는 다음과 같다.

① 이를 알고 있어야만 미분방정식의 일반해에 들어 있는 적분상수 값을 구할 수 있다.

② 스위칭 순간에서의 회로 소자의 동작특성이 파악되며 자기가 얻은 최종결과의 옳고 그름을 판별할 수 있다.

③ 스위칭 순간에 각 회로 소자들이 회로망 내에서 각각 독립적으로 또는 연결된 상태에서 어떻게 동작하는가를 이해함으로써 복잡한 회로망 해석을 다룰 때에 도움이 되는 지식들을 얻게 되는 이점을 들 수 있다.

표 6.1 기본소자의 초기조건과 최종조건의 등가회로

전기 소자	$t=0_+$ 에서의 등가회로	$t=\infty$ 에서의 등가회로

	 개방 회로	 단락 회로
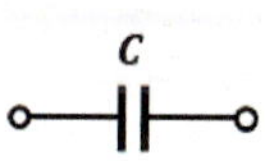	 단락 회로	 개방 회로
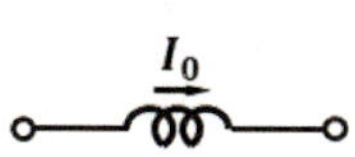	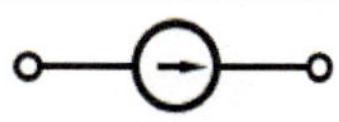 정전류원	 단락 회로
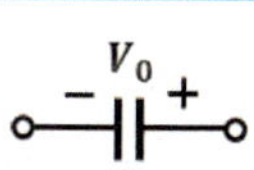	 정전압	 개방 회로

6.3.2 R-C 직렬의 직류 전압에 대한 과도현상

(1) 충전 특성

1) 충전 전류 특성

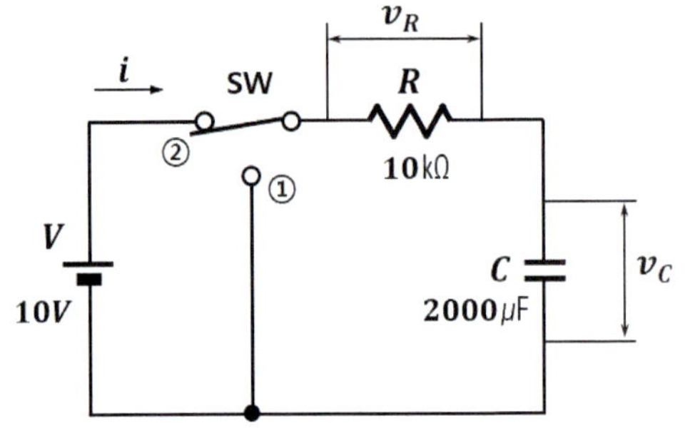

그림 6.20 RC 회로

그림 6.20과 같은 RC 직렬 회로에서 스위치 SW를 ②쪽으로 접속하여 직류 전압 V를 가하는 경우를 생각해 보자. 이 때 저항 R에 흐르는 전류 i의 크기는 다음과 같다.

$$i = \frac{V}{R} = \frac{10}{10 \times 10^3} = 1\,[\text{mA}] \tag{6.59}$$

그런데 스위치를 닫는 순간에는 1[mA]가 흐르지만 시간이 경과함에 따라 감소하게 되어 결국 0[mA]가 된다. 이와 같은 전류의 최초값 1[mA]를 초기값(initial value)이라 하고 전류의 최종의 값 0[mA]를 최종값(final value)이라고 한다. 이때 1[mA]에서 0[mA]로 변하는 것을 과도현상이라고 하며 이때 시간의 경과에 따른 충전 전류의 변화는 다음과 같이 구할 수 있다. 즉, 시간 $t=0$인 순간에 직류 전압 V를 가할 때 회로에는 키르히호프의 전압방정식은 다음과 같이 된다.

$$Ri(t) + \frac{1}{C}\int i(t)dt = V \tag{6.60}$$

이 식을 미분방정식으로 고치기 위해 $i(t) = dq(t)/dt$를 대입하면 다음의 미분방정식이 얻어진다.

$$R\frac{dq(t)}{dt}+\frac{q(t)}{C}=V \tag{6.61}$$

식 (6.61)에서 $q(t)$의 일반해는 과도해 $q_t(t)$와 정상해 $q_s(t)$의 합이 된다.

$$q(t)=q_t(t)+q_s(t) \tag{6.62}$$

과도해 $q_t(t)$를 구하기 위해 식 (6.62)의 우변을 0으로 놓으면 다음과 같다.

$$R\frac{dq_t(t)}{dt}+\frac{q_t(t)}{C}=0 \tag{6.63}$$

그러므로 특성방정식은 다음과 같이 된다.

$$RP+\frac{1}{C}=0 \tag{6.64}$$

그리고 특성방정식의 근은 다음과 같이 된다.

$$P=-\frac{1}{RC} \tag{6.65}$$

따라서 과도해는 다음과 같이 된다.

$$q_t(t)=Ke^{Pt}=Ke^{-\frac{t}{RC}} \tag{6.66}$$

또한 정상상태에서는 C가 전압 V로 충전되므로 정상해는 다음과 같이 된다.

$$q_s(t)=CV \tag{6.67}$$

따라서 $q(t)$의 일반해는 다음과 같이 된다.

$$q(t)=Ke^{-\frac{t}{RC}}+CV \tag{6.68}$$

$t_{=0}$에서 C에 충전된 전하가 없다면 적분 상수 K는 다음과 같이 된다.

$$q(t)|_{t=0} = 0 = K + CV \qquad (6.69)$$
$$\therefore K = -CV$$

그러므로 식 (6.68)은 다음과 같이 된다.

$$q(t) = CV\left(1 - e^{-\frac{t}{RC}}\right) \qquad (6.70)$$

그리고 전류 $i(t)$는 $dq(t)/dt$이므로 다음과 같이 된다.

$$i(t) = \frac{V}{R}e^{-\frac{t}{RC}} \text{[A]} \qquad (6.71)$$

이 관계를 그래프로 나타내면 그림 6.21과 같이 된다.

그림 6.21에서 기울기 θ는 다음의 관계를 갖는다.

$$\tan\theta = \frac{di(t)}{dt}\Big|_{t=0} = -\frac{I}{RC} = -\frac{I}{\tau} \qquad (6.72)$$

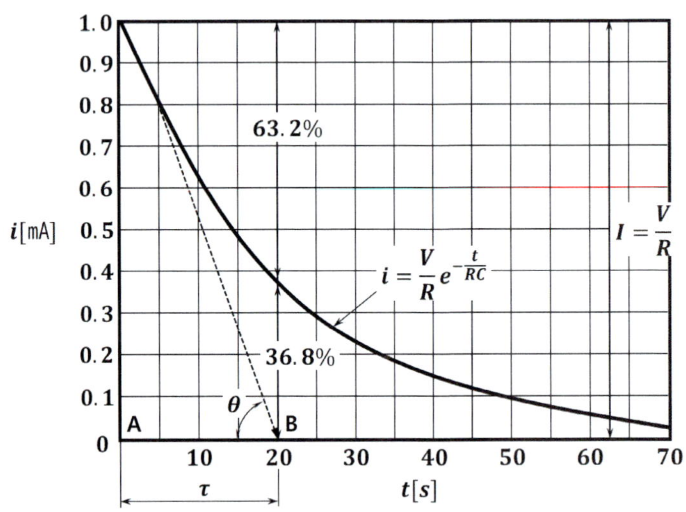

그림 6.21 충전 전류 i의 특성

여기서 분모인 τ는 과도상태에 대한 전류값의 변화의 속도를 나타내는 척도가 되므로 이를 **시상수**(time constant)라고 하며 다음과 같이 나타낸다.

$$\tau = RC[\mathrm{s}] \tag{6.73}$$

즉, $t=\tau$에서 $i=0.368(V/R)$, $q=0.632CV$가 되므로 시상수란 초기값의 36.8%가 될 때의 시간을 의미한다.

2) 충전 전압 특성

그림 6.20의 회로에서 스위치 SW를 ②쪽으로 접속하여 직류 전압 V를 인가하는 경우의 충전 전압 특성을 알아본다.

앞에서 충전 전류 $i=\frac{V}{R}e^{-t/RC}$[A]가 흐른다고 하였으므로 이때 저항과 콘덴서 양단에 걸리는 전압은 다음과 같다.

$$v_R = Ri = R \cdot \frac{V}{R}e^{-\frac{t}{RC}} = Ve^{-\frac{t}{RC}}[\mathrm{V}] \tag{6.74}$$

$$v_C = V - v_R = V - Ve^{-\frac{t}{RC}}[\mathrm{V}]$$

$$V = v_R + v_C$$

위의 식을 그래프로 나타내면 그림 6.22와 같다.

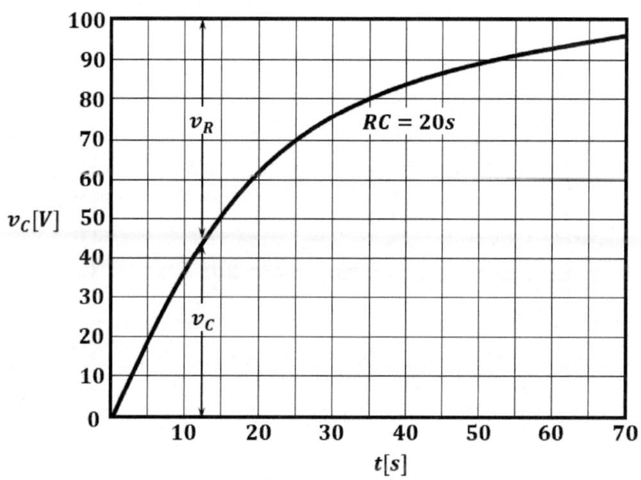

그림 6.22 충전 전압의 특성

식 (6.74)의 v_C에서 첫째 항 V는 정상상태일 때의 전압값이고 둘째 항 $Ve^{-t/RC}$는 과도상태일 때의 전압값을 나타내므로 첫째 항을 정상항, 둘째 항을 과도항이라고 한다.

(2) 방전 특성

그림 6.20의 회로에서 스위치 SW를 ②쪽으로 접속하여 컨덴서 C를 V와 같게 충전시킨 다음 스위치 SW를 ①쪽으로 접속하면 어떻게 되는지 알아본다.

전압 V로 충전되어 있는 콘덴서의 전하는 저항 R을 통해서 방전되므로 충전 전류와 반대 방향의 전류가 흐르게 되어 방전 전류 i의 크기는 다음과 같이 된다.

$$i = -\frac{V}{R}e^{-\frac{t}{RC}}\,[\mathrm{A}] \tag{6.75}$$

콘덴서의 전압 v_C는 다음 식과 같이 시간이 경과함에 따라 감소하게 된다.

$$v_C = Ve^{-\frac{t}{RC}}\,[\mathrm{V}] \tag{6.76}$$

위의 식을 그래프로 나타낸 것이 그림 6.23이다.

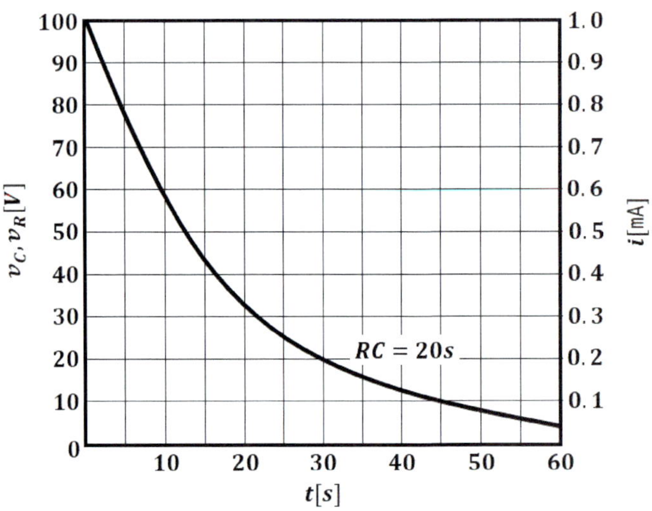

그림 6.23 방전 전압의 특성

6.3.3 R-L 직렬의 직류 전압에 대한 과도현상

그림 6.24 (a)와 같은 직렬 R-L 회로에 있어서 직류 전압 V를 인가하는 경우의 과도현상을 알아본다.

결과값을 비교하기 위해 $L_1 = 10[\text{mH}]$, $L_2 = 20[\text{mH}]$, $L_3 = 40[\text{mH}]$의 코일을 각각 사용하기로 한다.

우선 그림 6.24 (a)에서 스위치 SW2를 ①쪽에 닫고 스위치 SW1을 닫고 5[ms] 이상의 시간이 흐르면 직렬 회로의 옴의 법칙에 따라 전류 $I = (V/R) = (10/10) = 1$ [A]에 가까운 전류가 흐른다.

그러나 그 사이의 과도 기간에는 전류가 증가하고 있어서 인덕턴스 L_1에는 렌츠의 법칙에 따라 그 전류의 증가를 방해하려는 전압이 발생한다. 그러므로 그림 6.24 (b)에서 보는 것과 같이 인덕턴스가 커짐에 따라 전류의 증가를 방해하는 전압은 크게 되고 정상상태에 이르는데 시간은 더 걸린다.

회로 해석을 위해 그림 6.24 (a)에서 키르히호프의 전압방정식에 의해 회로 방정식을 세우면 다음과 같은 미분 방정식을 얻을 수 있다.

$$V = v_R + v_C = Ri(t) + L\frac{di(t)}{dt} \tag{6.77}$$

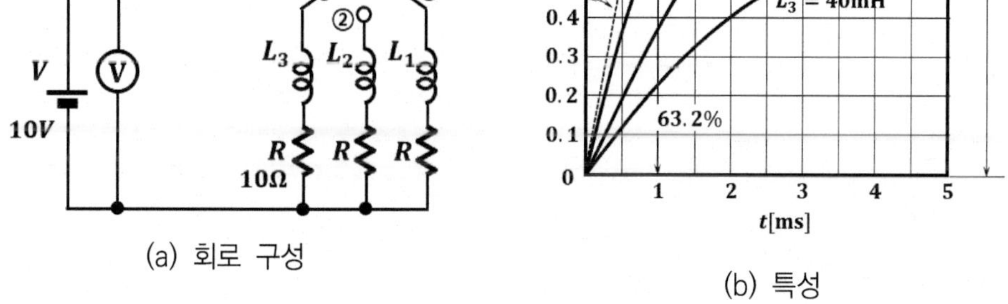

그림 6.24 R-L 직렬 회로의 구성과 특성

이 식에서 과도응답은 우변을 0으로 놓는다. 따라서 다음과 같다.

$$Ri(t)+L\frac{di(t)}{dt}=0 \tag{6.78}$$

식 (6.78)의 해를 구하면 되므로 식 (6.78)로부터 특성방정식은 다음과 같이 된다.

$$R+LP=0 \tag{6.79}$$

특성방정식의 근은 다음과 같이 된다.

$$P=-\frac{R}{L} \tag{6.80}$$

그러므로 과도응답 $i_t(t)$는 다음과 같이 된다.

$$i_t(t)=Ke^{-\frac{R}{L}t} \tag{6.81}$$

또한 정상상태에서 L은 단락된 것과 같으므로 정상상태에서의 전류는 다음과 같이 된다.

$$i_s(t)=\frac{V}{R} \tag{6.82}$$

따라서 전류 $i(t)$는 다음과 같이 된다.

$$i(t)=i_s(t)+i_t(t)=Ke^{-\frac{R}{L}t}+\frac{V}{R} \tag{6.83}$$

그런데 스위치 S를 닫기 전의 전류($I(0_-)$)를 0이라 하면 스위치를 닫은 직후의 전류 ($I(0_+)$)도 0이 되어야 하므로 식 (6.83)에 $t=0$을 대입하면 다음과 같이 된다.

$$0=K+\frac{V}{R} \tag{6.84}$$

그러므로 적분상수 K는 다음과 같이 된다.

$$K = -\frac{V}{R} \tag{6.85}$$

따라서 스위치를 넣은 다음부터의 전류 $i(t)$는 다음과 같이 된다.

$$i(t) = \frac{V}{R}(1 - e^{-\frac{R}{L}t}) = \frac{V}{R} - \frac{V}{R}e^{-\frac{R}{L}t} \tag{6.86}$$

여기서 제 1항 (V/R)은 정상전류이고 $-(V/R)e^{(-R/L)t}$는 과도전류를 나타내는데 이것을 그림 6.24 (b)에 나타낸 것이다. 즉, 전류 i는 0으로부터 점점 증가하여 정상상태의 전류값에 이르게 됨을 알 수 있다.

그림 6.24 (b)에서 $L_1 = 10$[mH]의 경우 전류 i의 곡선에 시간 $t = 0$에서 접선을 그어 그것이 $i = I$와 만나는 점 A까지의 시간을 T라 하면 다음을 얻을 수 있다.

$$\frac{di(t)}{dt}\Big|_{t=0} = \frac{V}{R} = \frac{I}{T} = \frac{V}{TR} = \tan\theta \tag{6.87}$$

그러므로 T는 다음과 같이 된다.

$$T = \frac{L}{R}[\mathrm{s}] \tag{6.88}$$

이 T를 R-L 회로의 시상수라고 한다. 또한 T의 역수를 α라 하면 α는 감쇠정수(attenuation constant)라 하며 다음과 같이 된다.

$$\alpha = \frac{1}{T} = \frac{R}{L} \tag{6.89}$$

그림 6.24 (a)에서 스위치 SW1을 닫은 다음에 시상수 $T = (L/R)$에 해당하는 시간만큼 시간이 경과하면 전류 i는 다음과 같이 된다.

$$i = \frac{V}{R}(1 - e^{-1}) = \frac{V}{R} \times 0.632[\mathrm{A}] \tag{6.90}$$

이것은 전류의 최종값이 최초 전류$(I = V/R)$의 63.2%가 된 것이다.

6.3.4 R-L-C 직렬의 직류 전압에 대한 과도현상

그림 6.25와 같은 직렬회로에서 직류전압 E를 가하는 경우 다음 식이 성립된다.

$$Ri(t)+L\frac{di(t)}{dt}+\frac{1}{C}\int i(t)dt=E \tag{6.91}$$

식 (6.91)을 미분방정식으로 고치기 위해 $i(t)=dq(t)/dt$를 대입하면 다음의 미분방정식이 얻어진다.

$$L\frac{d^2q(t)}{dt^2}R\frac{dq(t)}{dt}+\frac{q(t)}{C}=E \tag{6.92}$$

이 식의 해 $q(t)$는 정상해 $q_s(t)$와 과도해 $q_t(t)$의 합이 되는 것은 이미 설명했었다. 정상해 $q_s(t)$는 $t=\infty$에서 양단의 전압은 E[V]로 충전되므로 다음과 같이 된다.

$$q_s(t)=CE \tag{6.93}$$

또한 과도해 $q_t(t)$를 구하기 위해 식 (6.92)의 우변을 0으로 한 특성방정식은 다음과 같이 된다.

$$LP^2+RP+\frac{1}{C}=0 \tag{6.94}$$

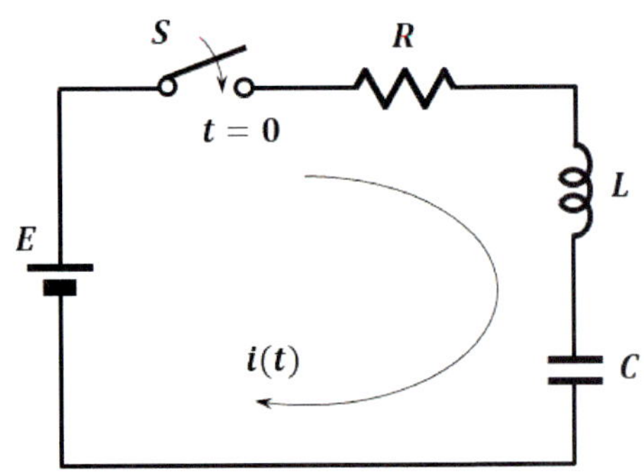

그림 6.25 직류 전압의 R-L-C 직렬 회로

그러므로 P의 근은 다음과 같이 된다.

$$P_1 = \frac{-R + \sqrt{R^2 - 4L/C}}{2L} \tag{6.95}$$
$$P_2 = \frac{-R - \sqrt{R^2 - 4L/C}}{2L}$$

$q_t(t)$를 다음과 같이 표시할 수 있다.

$$q_t(t) = K_1 e^{P_1 t} + K_2 e^{P_2 t} \tag{6.96}$$

따라서 일반해는 다음과 같다.

$$q(t) = q_t(t) + q_s(t) = K_1 e^{P_1 t} + K_2 e^{P_2 t} + CE \tag{6.97}$$

결과적으로 $i(t)$는 다음과 같이 된다.

$$i(t) = \frac{dq(t)}{dt} = K_1 P_1 e^{P_1 t} + K_2 P_2 e^{P_2 t} \tag{6.98}$$

그런데 식 (6.98)에서 보는 바와 같이 P_1, P_2는 $\sqrt{R^2 - 4L/C}$값이 실수인가, 0인가 또는 허수인가에 따라 이 경우는 세 가지 형태의 과도현상을 고려할 수 있게 된다.

(1) $R > 2\sqrt{L/C}$인 경우

식 (6.98)에서 $\sqrt{R^2 - 4L/C}$값은 실수가 되므로 $(1/2L)\sqrt{R^2 - 4L/C} = \delta$라 하면 P_1, P_2는 다음과 같이 놓을 수 있다.

$$P_1 = -\alpha + \delta \tag{6.99}$$
$$P_2 = -\alpha - \delta \quad (\text{단, } \alpha = R/2L)$$

다음 적분상수 K_1, K_2를 구하기 위하여 초기조건을 보면 스위치 S를 닫은 직후, 즉 $t=(0_+)$에서의 전류 $i(t_{+0})$는 스위치 S를 닫은 직후 L은 개방된 것과 마찬가지이므로 0이 된다. 따라서 식 (6.98)에 $t=0$을 대입하면 다음과 같이 된다.

$$i(t_{+0}) = 0 = K_1P_1 + K_2P_2 \tag{6.100}$$

또한 식 (6.100)을 한 번 더 미분하면 다음과 같이 된다.

$$\frac{di(t)}{dt} = K_1{P_1}^2e^{P_1t} + K_2{P_2}^2e^{P_2t} \tag{6.101}$$

그리고 $t=(0_+)$에서 $di(t_{0+})/dt$는 식 (6.92)에 의하여 E/L이 되므로 식 (6.101)에 $t=0$을 대입하면 다음과 같이 된다.

$$\frac{di(t_{+0})}{dt} = \frac{E}{L} = K_1{P_1}^2 + K_2{P_2}^2 \tag{6.102}$$

따라서 식 (6.100), (6.102)에 의하여 적분상수 K_1, K_2를 구하면 다음과 같이 된다.

$$K_1 = \frac{E}{L(P_1-P_2)P_1} \tag{6.103}$$

$$K_2 = \frac{-E}{L(P_1-P_2)P_2}$$

따라서 식 (6.98)을 식 (6.103)에 대입하면 $i(t)$는 다음과 같이 된다.

$$i(t) = \frac{E}{L(P_1-P_2)P_1}\left(e^{P_1t} - e^{P_2t}\right) \tag{6.104}$$

$$i(t) = \frac{E}{2\delta L}e^{-\alpha t}\left(e^{\delta t} - e^{-\delta t}\right) = \frac{E}{\delta L}e^{-\alpha t}\sinh\delta t \tag{6.105}$$

한편 식 (6.97)은 다음과 같이 나타낼 수 있다.

$$q(t) = CE - \frac{CE}{2\gamma}\{(\alpha+\gamma)e^{(-\alpha+\gamma)t} - (\alpha-\gamma)e^{-(\alpha+\gamma)t}\} \tag{6.106}$$

식 (6.105)와 식 (6.106)의 관계를 시간에 따라 표시하면 그림 6.26과 같이 된다. 즉, $i(t)$는 처음에는 시간의 증가에 따라 급격히 상승한다. 최대점 i_m에 이른 후 단조로이 쌍곡선 함수로 감소한다. 이와 같은 것을 $i(t)$는 진동하지 않으므로 **비진동** 또는 **과제동**(over-damping)이라고도 한다.

그림 6.26에서 전류의 최대값를 i_m이라 하면 이를 구하기 위하여 식 (6.105)을 t로 미분하여 0으로 놓으면 다음과 같이 된다.

$$\delta cosh\delta\alpha - \alpha\sinh\delta\alpha = 0 \tag{6.107}$$

$$\therefore \tan\delta\alpha = \frac{\delta}{\alpha}$$

$$즉,\ \alpha = \frac{1}{\delta}tanh^{-1}\frac{\delta}{\alpha} = \frac{\phi}{\delta}\ (단,\ \phi = tan^{-1}\frac{\delta}{\alpha})$$

그러므로 이를 식 (6.105)에 대입하면 최대전류 i_m은 다음과 같다.

$$i_m = CV\frac{\alpha^2-\delta^2}{\delta}e^{-\frac{\alpha\phi}{\delta}} \bullet sinh\phi = CV\frac{\alpha^2-\delta^2}{\delta} \bullet \frac{\delta}{\sqrt{\alpha^2-\delta^2}}e^{-\frac{\alpha\phi}{\delta}} \tag{6.108}$$

$$= CV\sqrt{\alpha^2-\delta^2}\,e^{-\frac{\alpha\phi}{\delta}} = \frac{V}{\sqrt{L/C}}e^{-\frac{\alpha\phi}{\delta}}$$

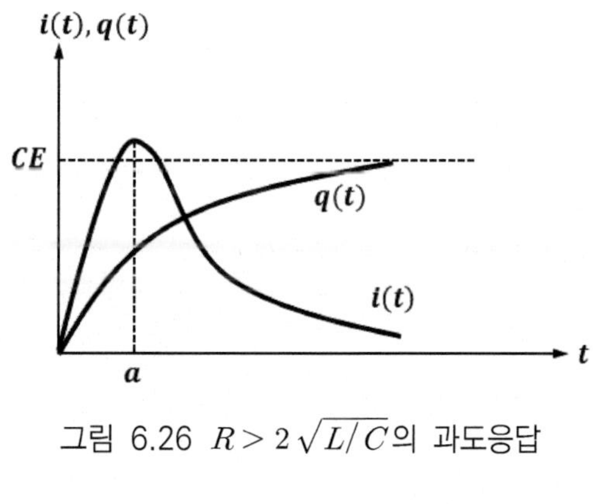

그림 6.26 $R > 2\sqrt{L/C}$의 과도응답

(2) $R=2\sqrt{L/C}$ 인 경우

이때는 다음과 같은 단근이 된다.

$$P_1 = P_2 = -\frac{R}{2L} = -\alpha \tag{6.109}$$

그리고 $t=\infty$ 에서 C는 개방된 것과 마찬가지이므로 $i(t)=0$이 되므로 $q(t)$로부터 $i(t)$를 유도할 필요 없이 직접 다음과 같이 놓을 수 있다.

$$i(t) = (K_1 + K_2)e^{-\alpha t} \tag{6.110}$$

물론 $R>2\sqrt{L/C}$의 경우도 식 (6.98)를 직접 $i(t)=K_1e^{p_1t}+K_2e^{p_2t}$로 놓고 적분상수 K_1, K_2를 구해도 그 결과는 식 (6.103)과 같이 된다. 여기서는 생략하기로 한다.

그런데 $t=(0_+)$에서 $i(t_{t=0+})=0)$이므로 $K_1=0$이 되어야 하고 식 (6.110)을 미분하면 다음과 같이 된다.

$$\frac{di(t)}{dt} = \{K_2 - \alpha(K_1 + K_2 t)\}e^{-\alpha t} \tag{6.111}$$

식 (6.91)로부터 $di(_{t=0+})/dt = E/L$이므로 식 (6.110)에 $t=0$을 대입하면 다음과 같이 된다.

$$\frac{di(_{t=0+})}{dt} = \frac{E}{L} = K_2 \tag{6.112}$$

따라서 K_1, K_2를 식(6.110)에 대입하면 전류 $i(t)$는 다음과 같이 된다.

$$i(t) = \frac{E}{L}e^{-\alpha t} \tag{6.113}$$

한편 전하 $q(t)$는 다음과 같이 된다.

$$q(t) = CE\{1-(1-\alpha)e^{-\alpha t}\} \tag{6.114}$$

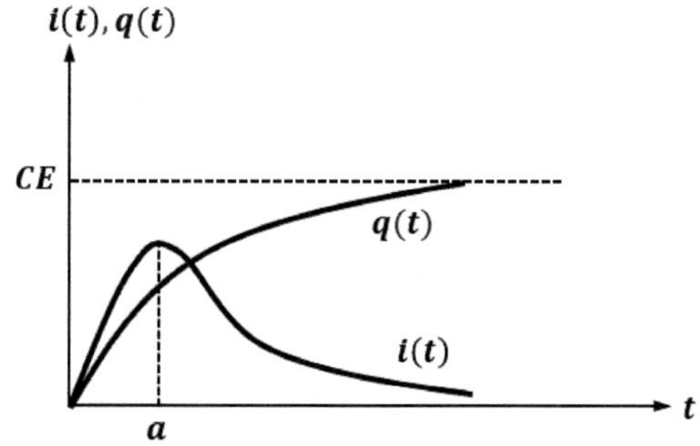

그림 6.27 $R=2\sqrt{L/C}$의 과도현상

식 (6.113)과 식 (6.114)의 관계를 시간에 따라 표시하면 그림 6.27과 같이 되어 그림 6.26과 거의 유사한 상태가 된다.

이와 같이 $R=2\sqrt{L/C}$의 상태를 **임계진동** 또는 **임계제동**(critically damping)이라 한다.

그림 6.27에서 전류의 최대값이 되는 시간 a를 구하면 $di(t)/dt=0$인 조건으로부터 다음과 같이 된다.

$$a=\frac{1}{\alpha}=\frac{2L}{R} \tag{6.115}$$

그러므로 최대 전류값 i_m은 식 (6.113)로 부터 다음과 같이 된다.

$$i_m=\frac{2E}{R}e^{-1} \tag{6.116}$$

(3) $R<2\sqrt{L/C}$인 경우

이 경우 $\sqrt{R^2-4L/C}$은 허수가 되므로 $(1/2L)\sqrt{4L/C-R^2}=\beta$라 하면 P_1, P_2는 다음과 같이 놓을 수 있다.

$$P_1=\frac{R}{2L}+j\frac{1}{2L}\sqrt{\frac{4L}{C}-R^2}=-\alpha+j\beta \tag{6.117}$$
$$P_2=\frac{R}{2L}-j\frac{1}{2L}\sqrt{\frac{4L}{C}-R^2}=-\alpha-j\beta$$

특성방정식의 근 P_1, P_2는 공액복소수 관계를 가지게 된다. 또한 $t=\infty$에서 $i(t)=0$이 되므로 식 (6.98)를 직접 다음과 같이 놓고 적분상수 K_1, K_2를 구하여도 무방하다.

$$i(t) = K_1 e^{P_1 t} + K_2 e^{P_2 t} = e^{-at}\left(K_1 e^{j\beta t} + K_2 e^{-j\beta t}\right) \tag{6.118}$$

오일러(Euler) 공식에 의하여

$$e^{\pm j\beta t} = \cos\beta t \pm jsin\beta t \tag{6.119}$$

이므로 식(6.119)은 다음과 같이 쓸 수 있다.

$$\begin{aligned} i(t) &= e^{-at}\{(K_1+K_2)\cos\beta t + j(K_1-K_2)\sin\beta t\} \\ &= e^{-at}(Acos\beta t + jBsin\beta t) \\ &(\text{단, } A = K_1+K_2,\ B = K_1-K_2) \end{aligned} \tag{6.120}$$

그런데 이미 설명한 바와 같이 $i(_{t=0+})=0$이므로 식 (6.120)에 $t=0$을 대입하면 다음과 같이 된다.

$$i(_{t=0+}) = 0 = e^{-0}(Acos0 + jBsin0) = A \tag{6.121}$$

그리고 $di(_{t=0+})/dt = E/L$이므로 식 6.121)에 $t=0$을 대입하면 다음과 같이 된다.

$$\frac{di(_{t=0+})}{dt} = B(\beta e^{-0}\cos 0 - \sin 0 e^{-0}) = B\beta = \frac{E}{L} \tag{6.122}$$

$$\therefore B = \frac{E}{\beta L}$$

따라서 식 (6.1204)에 적분상수 A, B를 대입하면 다음과 같이 된다.

$$i(t) = \frac{E}{\beta L} e^{-\alpha t}\sin\beta t \tag{6.123}$$

한편 전하 $q(t)$는 다음과 같이 나타낼 수 있다.

$$q(t) = CE\left\{1 - e^{\alpha t}(\cos\beta t + \frac{\alpha}{\beta}sin\beta t)\right\} \tag{6.124}$$

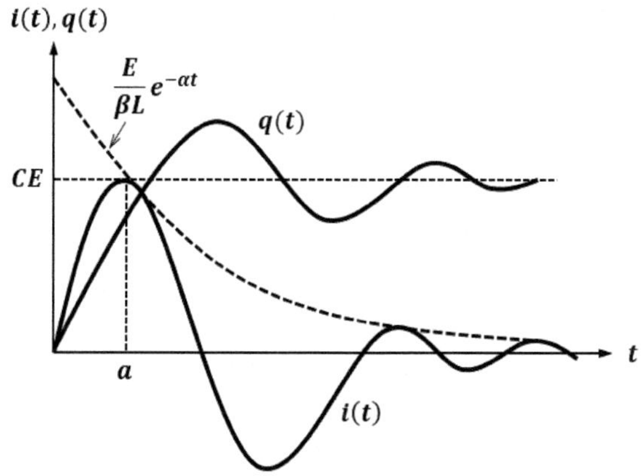

그림 6.28 $R < 2\sqrt{L/C}$의 과도현상

식 (6.123)과 식 (6.124)의 관계를 시간에 대한 변화로 그리면 그림 6.28과 같이 된다.

그림 6.28에서 보는 바와 같이 전류 $i(t)$는 β란 각속도로 $e^{-\alpha t}$의 비율로 감쇠진동을 하게 된다. 이와 같은 관계를 흔히 **자유진동** 또는 **부족제동**(under damping)이라고도 한다.

또한 $f = \beta/2\pi$가 주파수를 고유 진동주파수라 하면 이는 다음과 같이 된다.

$$f = \frac{\beta}{2\pi} = \frac{1}{2\pi}\sqrt{\frac{1}{LC} - \left(\frac{R}{2L}\right)^2} \tag{6.125}$$

6.3.5 R-L 직렬의 교류 전압에 대한 과도현상

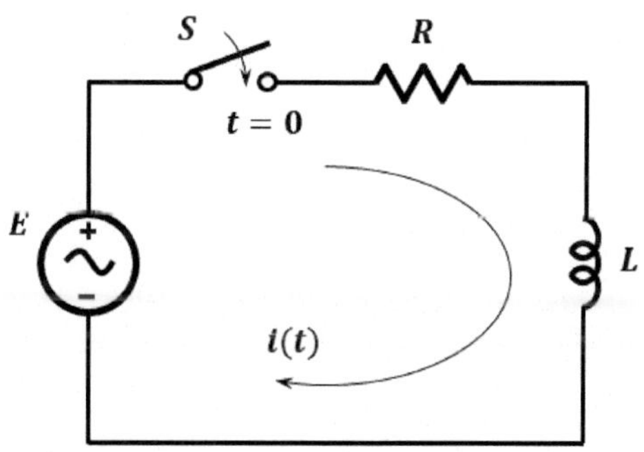

그림 6.29 R-L 직렬 회로

그림 6.29와 같이 R-L 직렬 회로에 $E = E_m sin(\omega t + \theta)$의 교류전압을 가한 경우를 생각해 보자. 식 (6.91)과 마찬가지로 $i(t)$에 관한 미분방정식을 세우면 다음과 같이 된다.

$$L\frac{di(t)}{dt}+Ri(t)=E_m\sin(\omega t+\theta) \tag{6.126}$$

여기서 전류 $i(t)$는 이미 설명한 바와 같이 과도해 $q_t(t)$와 정상해 $q_s(t)$의 합, 즉 $i(t)=q_t(t)+q_s(t)$이고, $i_t(t)$는 식 (6.109)의 우변을 0으로 놓은 경우의 일반해이므로 식 (6.67)과 마찬가지로 다음과 같다.

$$i_t(t)=Ke^{-\frac{R}{L}t} \tag{6.127}$$

$$\begin{aligned} i_s(t)&=\frac{V}{Z}=\frac{E_m}{\sqrt{R^2+\omega^2L^2}}sin\left(\omega t+\theta-\tan^{-1}\frac{\omega L}{R}\right) \\ &=I_m\sin(\omega t+\theta-\phi)[\text{A}] \\ &\left(\text{단}, I_m=\frac{E_m}{\sqrt{R^2+\omega^2L^2}}, \phi=tan^{-1}\frac{\omega L}{R}\right) \end{aligned} \tag{6.128}$$

따라서 식 (6.128)의 해는 다음과 같이 된다.

$$i(t)=I_m\sin(\omega t+\theta-\phi)+Ke^{-\frac{R}{L}t}[\text{A}] \tag{6.129}$$

그런데 스위치 S를 닫는 순간, 즉 $t=0$에서 L은 개방된 것 $i(t)|_{t=0}=0$과 같으므로 이로부터 적분상수 K를 구하면 다음과 같이 된다.

$$\begin{aligned} 0&=I_m\sin(\theta-\phi)+K \\ \therefore K&=-I_m\sin(\theta-\phi) \end{aligned} \tag{6.130}$$

따라서 식 (6.129)은 다음과 같이 된다.

$$i(t)=I_m sin(\omega t+\theta-\phi)-sin(\theta-\phi)e^{-\frac{R}{L}t}[\text{A}] \tag{6.131}$$

식 (6.127), 식 (6.128) 그리고 식 (6.131)을 시간에 대한 변화로 그리면 그림 6.30과 같이 된다.

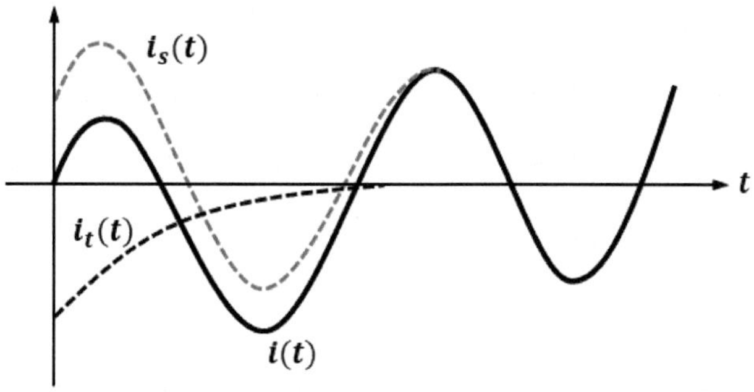

그림 6.30 R-L 직렬 교류 전압 회로의 과도현상

6.3.6 R-C 직렬의 교류 전압에 대한 과도현상

그림 6.31과 같이 직렬회로에 $t=0$에서 교류전압 $E=E_m sin(\omega t+\theta)$의 교류전압을 가한 경우를 생각하자. 키르히호프의 전압법칙에 의해 다음과 같이 된다.

$$Ri(t)+\frac{1}{C}\int i(t)dt=E_m \sin(\omega t+\theta) \tag{6.132}$$

그러므로 이 식의 양변을 t에 대해 미분하여 미분방정식을 세우면 다음과 같이 된다.

$$R\frac{di(t)}{dt}+\frac{1}{C}i(t)=\omega E_m \cos(\omega t+\theta) \tag{6.133}$$

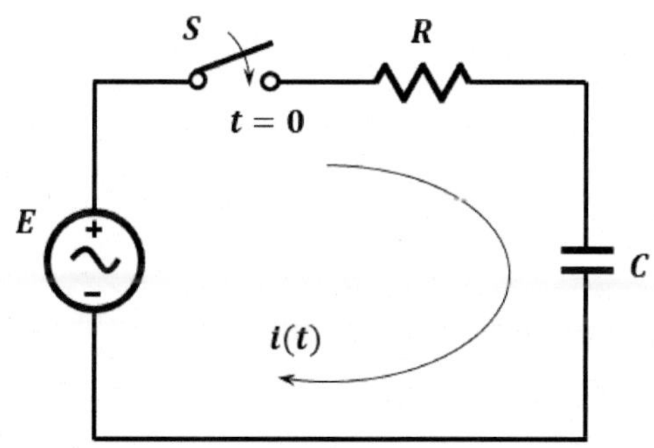

그림 6.31 R-C 직렬 교류 전압 회로

이 경우 과도해 $i_t(t)$는 우변을 0으로 놓았을 때의 해이므로 다음과 같이 된다.

$$i_t(t) = Ke^{-\frac{1}{RC}} \text{[A]} \tag{6.134}$$

그리고 정상해 $i_s(t)$는 앞에서와 마찬가지로

$$i_s(t) = \frac{E_m \sin(\omega t + \theta)}{R - j\frac{1}{\omega C}} = \frac{E_m}{\sqrt{R^2 + \frac{1}{\omega^2 C^2}}} sin\left(\omega t + \theta + \tan^{-1}\frac{1}{\omega CR}\right) \tag{6.135}$$

$$= I_m sin(\omega t + \theta + \phi) \text{[A]}$$

$$\left(\text{단}, I_m = \frac{E_m}{\sqrt{R^2 + \frac{1}{\omega^2 C^2}}}, \phi = tan^{-1}\frac{1}{\omega CR}\right)$$

따라서 식 (6.135)의 일반해 $i(t)$는 다음과 같이 된다.

$$i(t) = i_t(t) + i_s(t) = I_m \sin(\omega t + \theta + \phi) + Ke^{-\frac{1}{RC}} \text{[A]} \tag{6.136}$$

그런데 스위치 S를 닫는 순간, 즉 $t = 0$에서 C은 단락된 것과 같으므로 이로부터 적분상수 K를 구하면 다음과 같이 된다.

$$i(t)|_{t=0} = \frac{E_m \sin\theta}{R} = I_m \sin(\theta + \phi) + K \tag{6.137}$$

$$\therefore K = -\frac{I_m}{\omega CR} cos(\theta + \phi) \tag{6.138}$$

따라서 식 (6.138)은 다음과 같이 된다.

$$i(t) = I_m sin(\omega t + \theta + \phi) - \frac{I_m}{\omega CR} cos(\theta + \phi) e^{-\frac{t}{RC}} \text{[A]} \tag{6.139}$$

이 관계를 시간에 대한 변화로 표시하면 그림 6.32와 같이 된다.

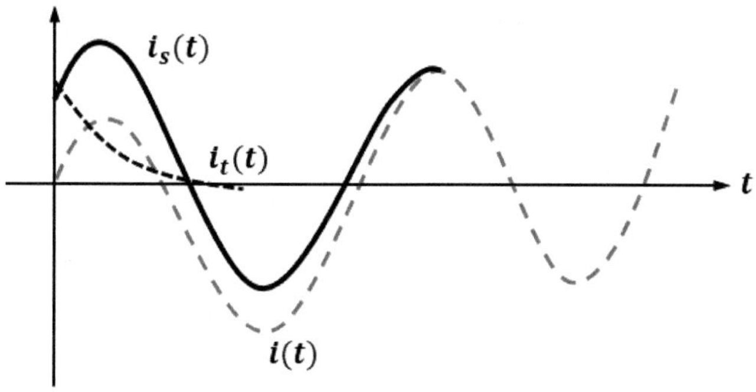

그림 6.32 R-C 직렬 교류 전압 회로의 과도현상

그리고 $\cos(\theta+\phi)=0$일 때 과도현상은 발생되지 않으므로 다음의 관계가 성립한다.

$$\theta+\phi=n\pi+\frac{\pi}{2}\ (n=0,1,2,\ \cdots) \tag{6.140}$$

$n=0$이면 다음에서 과도현상은 발생되지 않는다.

$$\theta=\frac{\pi}{2}-\phi=\frac{\pi}{2}-\tan^{-1}\frac{1}{\omega CR} \tag{6.141}$$

6.3.7 펄스

앞에서 배운 과도현상을 바탕으로 펄스에 대해 알아보기로 한다. 이 펄스는 컴퓨터 및 각종 전자 응용 기기에 꼭 필요한 것이다.

지속되는 시간이 매우 짧고 일정한 주기로 반복되는 전압이나 전류를 펄스파(pulse wave)라고 한다. 이 펄스파에는 그림 6.33과 같이 전류의 성분이 양(+)의 방향인 양(+) 펄스와 음(-)의 방향인 음(-) 펄스가 있다.

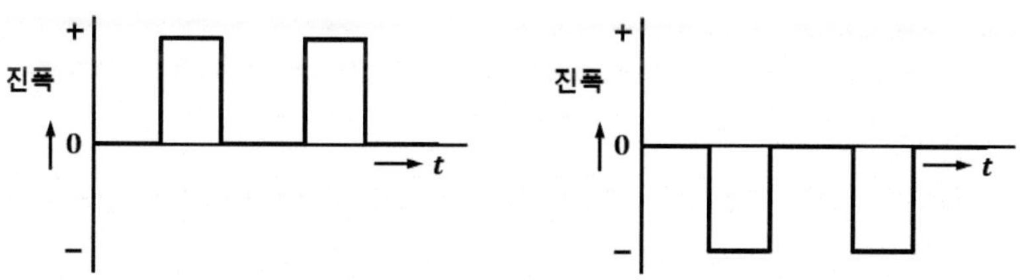

그림 6.33 펄스 성분

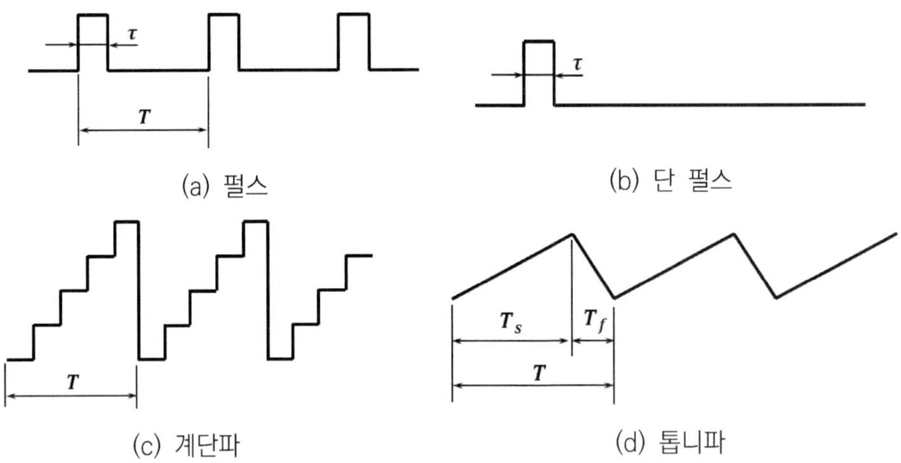

그림 6.34 여러 가지 파형

또한 펄스의 파형에는 여러 가지가 있는데 이를 그림 6.34에 나타내었다.

그림 6.34 (a)는 일정한 시간 폭 τ인 일정 크기의 직류 전압이 T[s]마다 주기적으로 나타나는 파형으로 이를 펄스라 한다. 이때 τ는 펄스 폭, T는 펄스 반복 주기, $(1/T)$은 펄스 반복 주파수, (τ/T)를 **충격 계수**(duty factor)라 한다.

그림 6.34 (b)는 펄스가 1개로서 **단펄스**라고 한다. 그림 6.34 (c)는 계단식으로 전압이 높아지고 주기 T후에는 처음의 상태로 돌아가는 파형으로 **계단파**(step form case wave)라고 한다. 그림 6.34 (d)는 시간과 함께 전압이 증가하고 주기 T후에는 처음의 상태로 돌아가는 파형으로 **톱니파**(sawtooth wave)라고 한다. 이때 T_s는 **소인 시간**(sweep time), T_f는 **귀선 시간**(fly-back time), $T = T_s + T_f$를 **반복 주기**라 한다.

6.3.8 미분 회로

그림 6.35와 같은 RC 직렬 회로에서 a, b단자를 입력 단자, c, d단자를 출력 단자라 하고 이것에 대해 알아보자.

스위치 SW를 펄스폭 τ 기간 동안 ②쪽에 접속하고 $T-\tau$ 기간 동안 ①쪽에 접속하는 동작을 되풀이 할 때 출력 파형을 알아보기로 한다.

입력 전압 v_i는 그림 6.36 (a)와 같은 펄스로 생각한다. 펄스의 A와 C의 순간에는 저항 R에 충전 전류가 흐르고 펄스의 B 순간에는 저항 R에 방전 전류가 흐르게 된다. 따라서 이를 파형으로 나타내면 그림 6.36 (b)와 같이 된다. 이때 RC직렬 회로의 시상수 RC 값에 의하여 파형의 넓이가 다르게 된다.

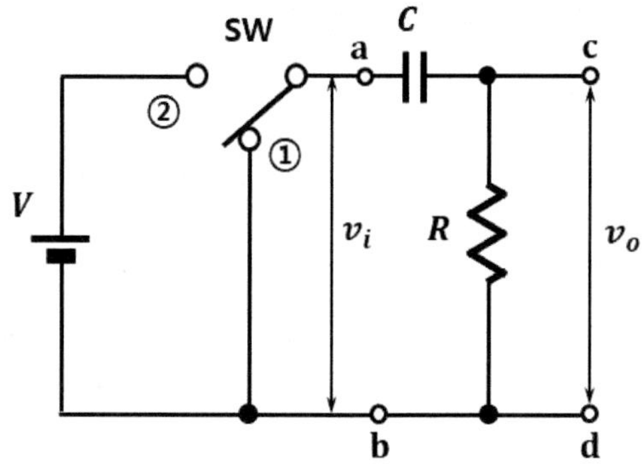

그림 6.35 미분 회로

특히 시상수 RC값을 펄스폭 τ보다 매우 작게($RC \ll \tau$) 잡으면 출력 전압 v_0는 그림 6.36 (c)와 같은 파형이 된다. 이 그림 (b)와 (c)와 같이 입력 전압 v_i에 변화가 있는 만큼 출력 측에 전압이 나타나고 있는 것을 알 수 있다.

이와 같이 콘덴서의 충전과 방전, 즉 RC직렬 회로의 과도현상을 이용하여 출력단에서 입력 전압의 미분 파형을 얻을 수 있으므로 이를 **미분 회로**(differentiation circuit)라고 한다.

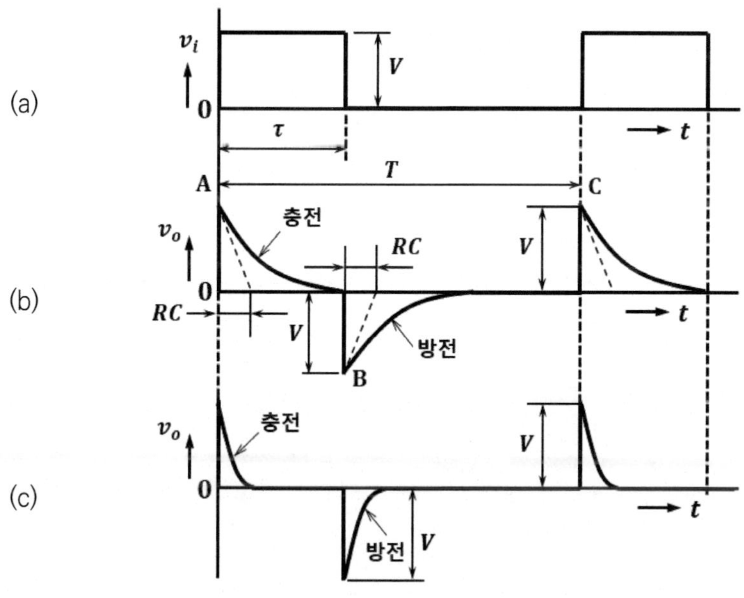

그림 6.36 미분 회로의 동작

실제로는 입력측에 스위치를 사용하지 않고 펄스를 가하는데 그림 6.37 (a)와 같이 일정한 폭을 가진 입력 펄스 v_i에 대해 출력 파형을 알아보기로 한다.

회로의 시상수 RC를 세 가지 경우로 바꾸었을 때의 출력 파형이 그림 6.37 (b)이다. 즉, $RC \ll \tau$일 때의 출력 파형 v_o는 입력 펄스 파형을 미분하였을 때 얻어지는 파형이 되고 $RC = \tau$일 때에는 그림 6.37 (b)의 두 번째 파형이 얻어지며 $RC \gg \tau$일 때에는 그림 6.37 (b)의 세 번째 파형이 얻어진다. 이와 같이 펄스폭 τ와 시상수 RC값은 미분회로에서 출력 파형과 밀접한 관계가 있으므로 고역 필터의 동작을 하게 된다.

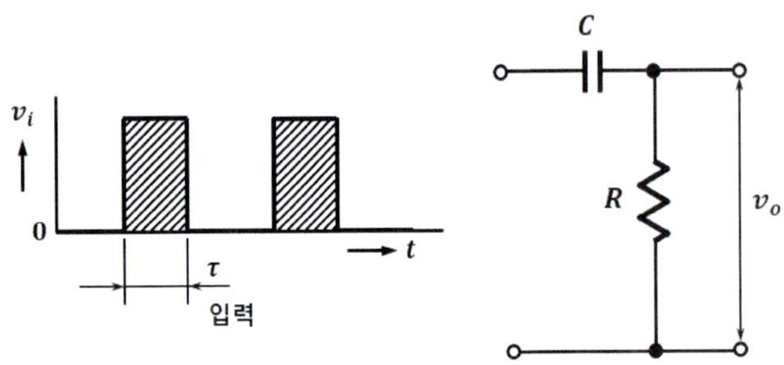

(a)

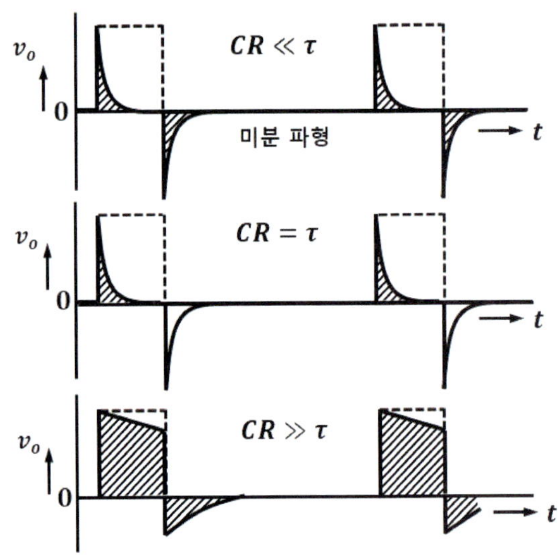

(b)

그림 6.37 시상수에 따른 미분회로의 파형

6.3.9 적분 회로

그림 6.38과 같은 RC 직렬 회로에서 콘덴서 C를 출력 단자로 한다. 이때 미분회로의 동작에서처럼 스위치 SW를 펄스폭 τ 기간 동안 ②쪽에 접속하면 저항 R을 통하여 콘덴서 C가 충전된다. 스위치 SW를 $T-\tau$ 기간 동안 ①쪽에 접속하는 동작을 되풀이 할 때 출력 파형을 알아보기로 한다.

입력 전압 v_i를 그림 6.39 (a)와 같은 펄스라고 할 때 콘덴서 C의 단자에는 출력 전압 v_o가 그림 6.39 (b)와 같은 충전 곡선, 방전 곡선으로 나타나게 된다.

이와 같이 콘덴서 C를 출력 단자로 하는 회로를 **적분회로**(integration circuit)라고 한다. 실제의 경우에는 그림 6.40과 같이 입력 단자에 펄스를 가하는데 이때 펄스폭을 일정하게 하고 시상수 RC값을 변화시킨다. 만일 시상수가 매우 작아 $RC \ll \tau$인 경우에는 입력 파형과 거의 같은 크기로 출력 파형이 얻어지며 이를 그림 6.40 (b)의 맨 위에 나타낸다.

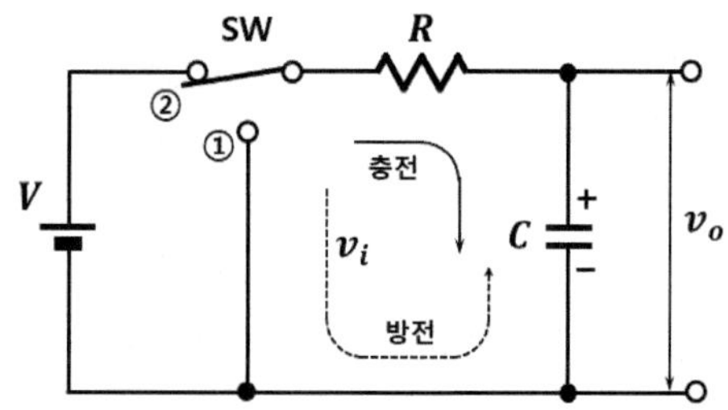

그림 6.38 적분 회로

(a)

(b)

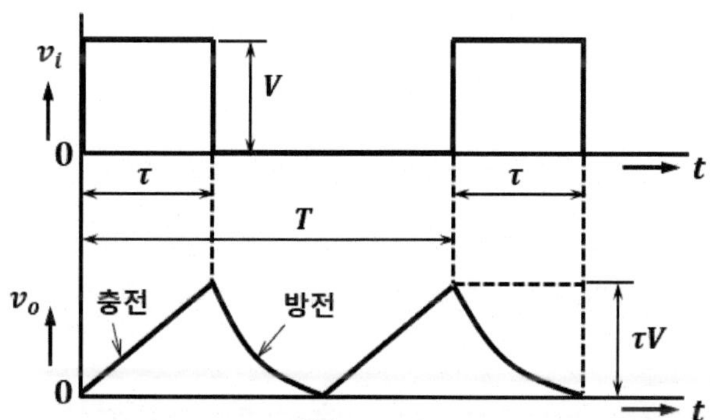

그림 6.39 적분 회로의 동작

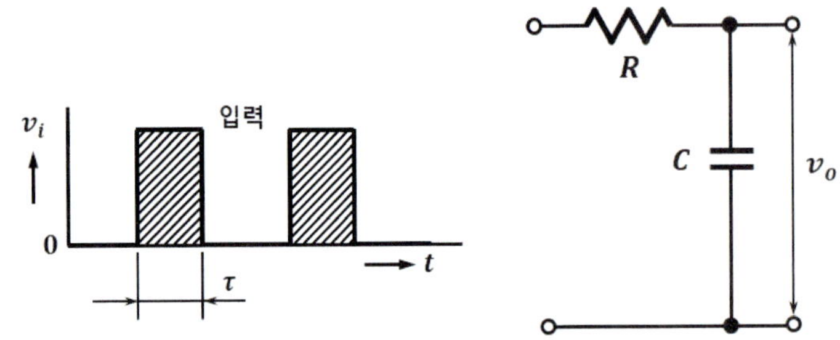

(a)

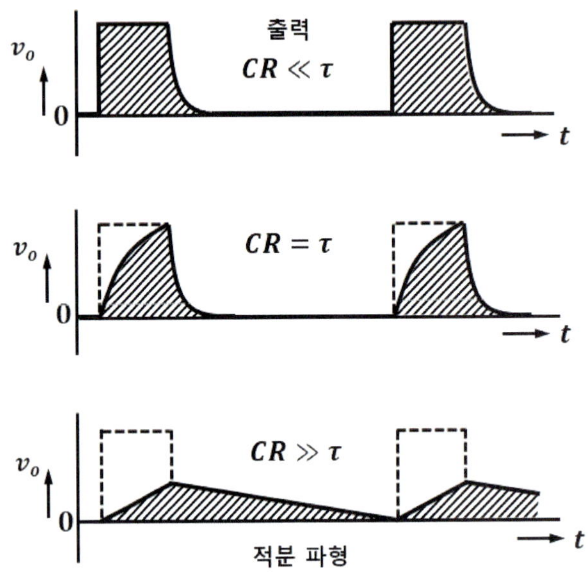

(b)

그림 6.40 시상수에 따른 적분회로의 파형

그러나 시상수가 매우 커서 $RC \gg \tau$인 경우에는 출력 파형은 입력 파형을 적분하였을 때와 같은 파형이 얻어진다.

이와 같이 적분회로에서 펄스폭 τ와 시상수 RC값은 출력 파형과 밀접한 관계가 있으므로 저역 필터로 동작한다.

7장

연산 증폭기의 기초와 응용

연산 증폭기는 단일 실리콘 웨이퍼에 많은 개별적인 전자 회로를 집적시켜 놓은 집적 회로이다. 연산 증폭기는 이상적인 증폭기와 이상적인 회로 소자의 특성에 기초한 가산, 필터링, 적분 등 많은 작업을 수행할 수 있다.

본 장에서는 이상 증폭기의 특성을 이해하고 연산 증폭기를 이용한 연산 회로 및 응용 회로에 대해 알아본다. 그리고 연산 증폭기의 비이상적인 성질이나 설계상의 주의 사항에 대해서도 알아본다.

7.1 연산 증폭기의 기초

7.1.1 연산 증폭기의 개론

(1) 정의 및 특징

연산 증폭기는 OP AMP(operational amplifier)라고도 하며 입력 받은 아날로그 신호(전압)를 증폭하기 위한 기본적인 IC이다. 즉, 연산증폭기는 증폭기를 IC(integrated circuit, 집적회로)로 꾸민 것으로 입력 임피던스가 크고, 출력 임피던스가 작으며, 증폭률이 아주 큰 특징을 가지는 증폭기로 집적된 것이다.

초기에는 아날로그 계산이나, 계측회로 분야에서 사용되었으며 개별 소자로 구성(진공관, transistor, 저항)하여 고가이었다. 1960 년대 중반에 IC연산증폭기(μA 709) 처음 등장한 이후, 값싸고 고성능인 IC 연산증폭기가 많이 출현하였다.

연산증폭기는 그 기원이 선형, 비선형, 주파수 의존 회로에 쓰이던 아날로그 컴퓨터에 있다. 이득과 같은 최종 요소의 특성이, 온도 변화와 연산증폭기 자체의 불균일한 제조 상태에 거의 의존하지 않고, 외부 부품(component)에 의해서 설정되기 때문에 회로 설계에서 인기가 있다.

연산증폭기는 오늘날 가장 널리 쓰이는 전자 부품 중의 하나이며, 소비자 디바이스, 산업용 디바이스, 공학용 디바이스로 다양하게 쓰이고 있다.

연산증폭기의 가장 특징적인 능력은 작은 전압을 높은 전압으로 증폭시킬 수 있다는 점이다. 트랜지스터도 마찬가지로 증폭의 역할을 수행할 수 있으며 이는 트랜지스터의 매우 효과적인 특징이지만 여러 단점을 가진다.

- 트랜지스터는 소자 하나로는 증폭의 비를 조절할 수 없으며
- 증폭이 되는 전압이 선형적으로 증가하지 않는다.

연산증폭기는 이러한 트랜지스터의 증폭 단점을 보완한 이상적인 수준에 가까운 증폭기라고 이해하면 된다. 연산증폭기는 입력전압에 따라 선형적으로 증폭되어 전압이 나오며 거의 이상적인 수준으로 전압이 얻어지는 특징을 가진다. 즉, 100배 증폭되는 전압을 설정한다면 0.01 V가 1 V가 되어 나오며 전압이 0.05 V가 되더라도 그대로 100배 증폭되어 5 V가 된다는 것이다.

그림 7.1 일반적인 연산증폭기 외형

이러한 IC 연산증폭기가 많이 사용되는 이유를 정리하면 다음과 같다.

- 다기능성을 들 수 있다. 즉, 연산증폭기로 거의 모든 기능의 회로 구현 가능하다.
- 특성이 이상적인 상태에 가깝다. 즉, IC 연산증폭기를 이용한 회로 설계가 아주 쉽다.

일반적인 연산증폭기는 8pin으로 구성된 경우가 많고 경우에 따라 12pin, 5pin 또한 존재한다. 보통 그림 7.1처럼 생겼으며 각 칩마다 핀 구성이 다른 경우가 많아 조심해야 한다. 요즘에는 소형 기판용 SMD칩으로 제공되는 경우가 많아서 용도에 따라 잘 선택해야 한다.

(2) 구성과 기호

전기회로에서는 연산 증폭기를 그림 7.2 (b)와 같은 기호로 나타낸다. 실제로는 그림 7.2 (a)와 같이 여러 가지 소자(트랜지스터, 저항, 축전기 등)들이 복잡하게 얽혀있지만 필수 요소들만 간추려 단순하게 표현한 것이다.

연산 증폭기의 기본적인 동작은 앞에서도 언급했지만 두 입력 단자 간 전압의 차이를 증폭하여 출력하는 것이다.

차동입력($V_{IN+} - V_{IN-}$)의 V_{IN+}입력 전압이 높으면 출력도 +로 되고 V_{IN-}입력 전압이 높으면 출력은 -로 된다. 그러나 이렇게 하면 증폭도가 무한대에 가까운 크기가 되기 때문에 차동입력 전압이 있으면 출력은 + 또는 -의 최대치로 되어 실용적으로 사용할 수 있는 증폭기로 작동하지 않는다.

그러나 증폭도가 무한대에 가깝다는 것이 큰 이점이며 이것은 음의 피드백을 걸어주면 실용적인 증폭기로 된다.

연산 증폭기는 V_{IN}단자로부터 입력받은 전압을 증폭하여 V_{OUT}단자로 출력해 준다.

이때 잘 보면 IN 단자가 두 개 있는데 연산 증폭기는 둘 중 하나의 전압을 증폭시켜 주는 것이 아니라 두 단자에 걸린 전압 값의 차이를 증폭시켜주는 것이다. +에 해당되는 IN단자를

비반전 입력(non-inverting input)**단자**라 하며, −에 해당되는 IN단자를 **반전 입력**(inverting input)**단자**라고 한다.

그럼 V_{CC}, V_{EE}는 어디에 쓰는 것이냐면 이 두 전압은 **바이어스 전압**(bias voltage)라고 하는데, 연산 증폭기가 제대로 동작하기 위한 전원 같은 것이라고 생각하면 된다. CC가 +를, EE가 −를 맡고 있다.

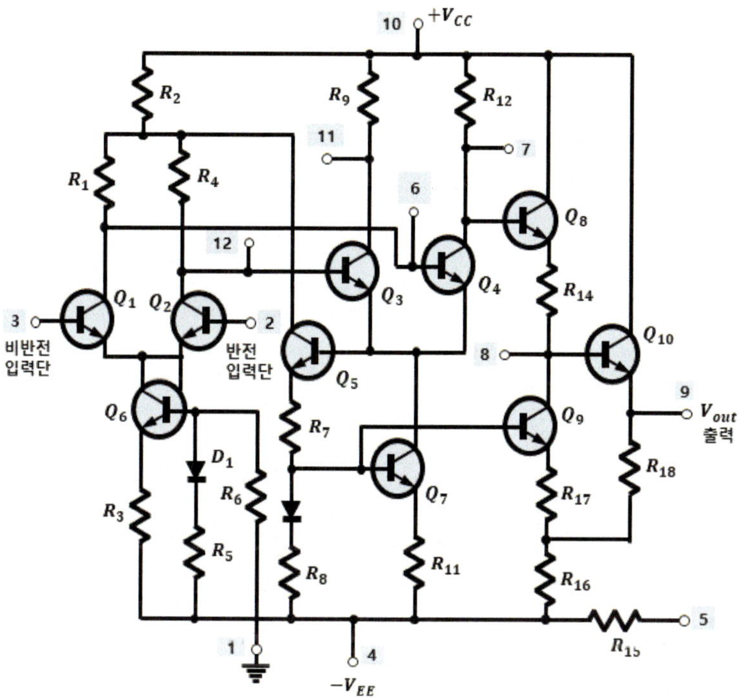

(a) 구성(12핀) 예

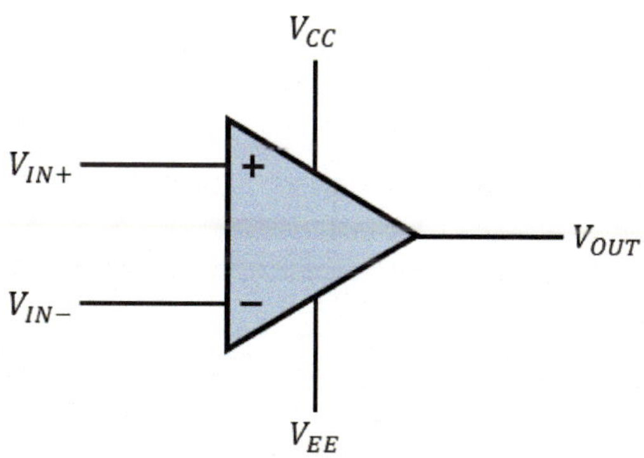

(b) 기호

그림 7.2 연산 증폭기의 구성 예와 기호

(3) 기능 및 특징

1) 전압이득

연산 증폭기가 전압을 증폭시켜준다는 건 알겠는데, 얼마나 증폭시켜주는지에 대해서는 아직 설명하지 않았다. 우선 전압이득(gain)이라는 개념에 대해서 알아야 한다.

만약 2 V를 넣었더니 6 V가 되어 나오고, 3 V를 넣었더니 9 V가 되어 나온다면 그 연산 증폭기의 전압이득은 3이다. 따라서 전압이득을 식으로 표현하면 다음과 같이 나타낼 수 있다.

$$GAIN = \frac{V_{OUT}}{V_{IN}} \tag{7.1}$$

2) 피드백

이제부터가 중요한데 연산 증폭기의 전압이득은 연결 상태에 따라 달라진다. 이것이 무슨 의미인지 그림 7.3을 보면서 설명하기로 한다.

회로의 출력 단자에서 나오는 선이 다시 - 입력 단자로 들어가는데 이런 식으로 출력이 다시 입력으로 들어가는 것을 **피드백**(feedback)이라고 한다. - 입력단자로 들어가면 **음의 피드백**(negative feedback), + 입력단자로 들어가면 **양의 피드백**(positive feedback)이라고 한다. 그림의 경우는 - 입력단자로 들어가므로 음의 피드백이 된다.

그런데 음의 피드백이 있을 때와 없을 때 연산 증폭기의 전압이득은 천지차이며 위에서 언급했던 연산 증폭기의 전압이득이 연결 상태에 따라 달라진다는 말은 이것을 의미한다.

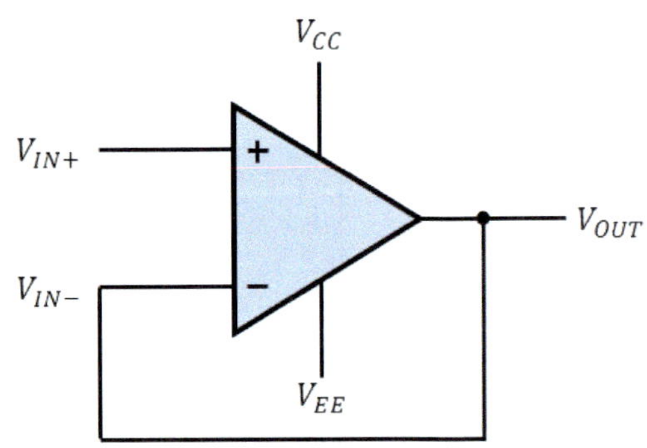

그림 7.3 피드백이 있는 연산 증폭기

3) 개방루프 전압이득

그림 7.4는 가장 처음에 보여주었던 어떠한 피드백도 존재하지 않는 기본적인 상황이다. 이상적인(ideal) 연산 증폭기는 이러한 상태에서 ∞의 전압이득 값을 가져야 하지만 실제로는 구현이 불가능하기 때문에 대부분의 실제 연산 증폭기들은 충분히 큰 값(수만~수십만)의 전압이득을 가진다.

그런데 앞에서 말했듯이 음의 피드백이 있을 때와 없을 때 연산 증폭기의 전압이득은 천지차이이기 때문에 두 경우에 차별을 둘 필요가 있었고, 그렇게 나온 것이 개방루프(open loop) 전압이득[A_o]이다.

위와 같은 상황, 즉 피드백이 없는 구성에서의 전압이득을 **개방루프 전압이득**이라고 하며 보통 A_o로 많이 표시한다. 즉, 이상적인 연산 증폭기의 출력 전압은 그림 7.4와 같이 차동 입력 v_d를 $v_2 - v_1$로 하면 $v_0 = A_0(v_2 - v_1) = A_0 v_d$이다.

문제를 풀 때는 보통 이상적인 연산 증폭기에 대해서만 다루게 되므로 개방루프 전압이득이 무엇인지와 매우 큰 값을 가진다는 것만 알아 두어도 된다.

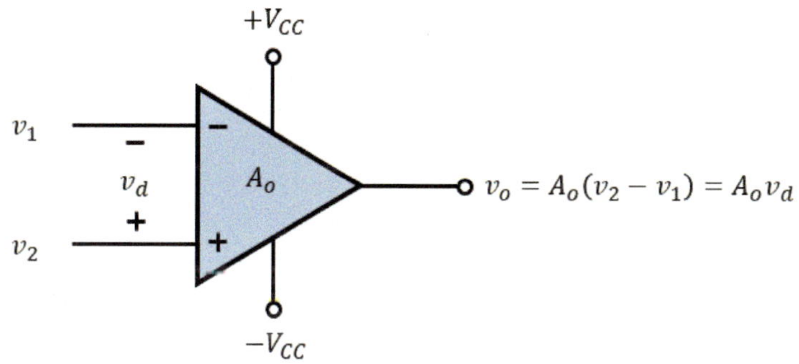

그림 7.4 연산 증폭기의 기능

4) 음의 피드백을 쓰는 이유

그렇다면 그림 7.5와 같이 음의 피드백이 존재하는 경우는 어떻게 될까?

지금 단계에서 구체적으로 말할 수는 없지만 전압이득이 쓸 만한 값이 된다. 피드백이 없는 경우의 전압이득, 즉 개방루프 전압이득은 매우 큰 값을 가지기 때문에 미세한 입력도 매우 크게 증폭이 되어 출력에 큰 영향을 미치게 된다. 그리고 2배, 3배 정도의 증폭만을 원하는데 전압이득이 쓸데없이 크기만 하다면 원하는 출력값을 얻는 과정이 매우 힘들어진다. 결국 피드백이 없는 상태의 연산 증폭기는 전압이득이 너무 크기 때문에 우리가 원하는 증폭기의 기능을 제대로 수행할 수 없는 것이다.

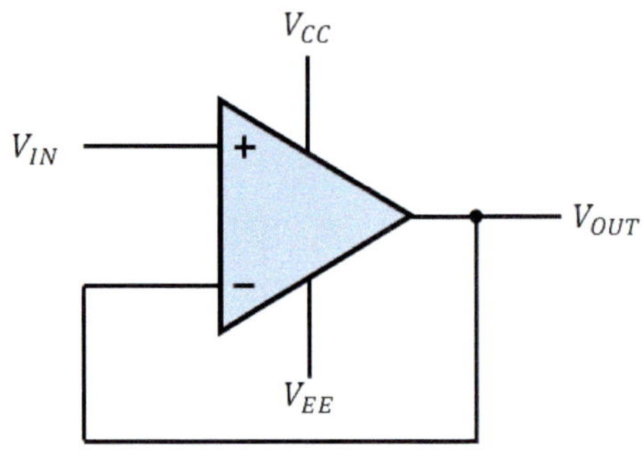

그림 7.5 음의 피드백 회로

이러한 문제를 해결해주는 것이 바로 음의 피드백이며 이렇게 함으로써 전압이득을 사용 가능한 범위 내에 들어오게 할 수 있다는 것이다. 이에 대해서는 뒤에서 더욱 상세하게 설명하기로 하고 정리하자면 음의 피드백은 전압이득을 사용 가능한 범위 내에 들어오게 함으로써 증폭기를 제어 가능한 상태로 만들기 위해 사용되는 것이다.

따라서 우리가 흔히 사용할 법한 의미 있는 증폭기능은 대부분 음의 피드백을 통해 구현된다고 할 수 있다.

또한, 같은 피드백이지만 양의 피드백의 경우 너무 극단적으로 증폭되기 때문에 자주 사용되지 않는다.

5) 포화

위에서 개방루프 전압이득은 매우 큰 값을 가지기 때문에 피드백이 없는 상황에서는 미세한 입력도 매우 증폭이 되어 출력에 큰 영향을 미치게 된다고 말했다. 그렇다면 만약 입력 전압을 충분히 크게 준다면 어마무시하게 큰 값의 전압을 출력해낼 수 있을까? 이에 대한 답은 아니오이다. 그 이유는 바로 연산 증폭기의 **포화**(saturation)라는 특별한 성질 때문이다.

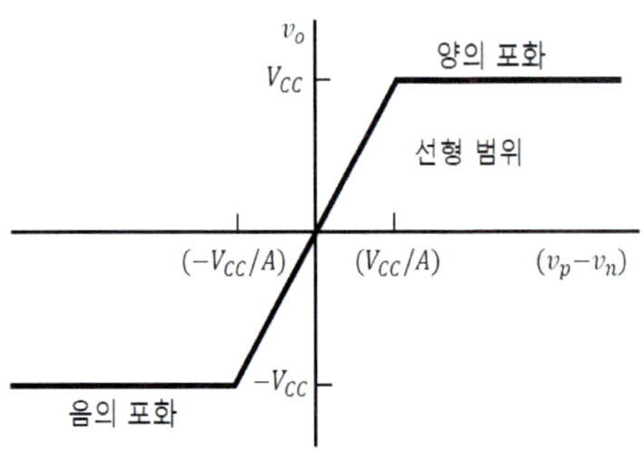

그림 7.6 연산증폭기의 전압 특성

그림 7.6은 연산 증폭기의 특성을 나타낸 것으로 출력 전압은 피드백이 있든 없든 상관없이 바이어스 전압(bias voltage) V_{CC}~ V_{EE} 범위를 벗어나지 못한다. 예를 들어 개방루프 전압이득이 1000인 어떤 연산 증폭기가 있는데, 피드백이 없는 상황에서 + 입력단자와 - 입력단자의 전압차이가 3 V가 되도록 입력을 주었다고 해보자. 이때 V_{CC}에는 +15 V, V_{EE}에는 -15 V의 전압이 인가되었다고 가정한다. 단순 계산으로 따지면 출력 전압은 입력 전압의 1000배인 3000 V가 되어야 할 것이다. 그러나 포화에 의해 실제로는 15 V가 출력된다. 범위를 벗어나지 못한다는 것은 이러한 것을 의미한다. 음의 피드백의 경우도 예외는 아니다.

만약 계산을 통해 도출된 출력 전압이 V_{EE} 아래로 내려간다면 V_{EE}가 출력되고 V_{CC} 위로 올라간다면 V_{CC}가 출력된다.

양의 피드백의 경우는 조금 특별하게 항상 포화된 결과만을 출력한다. V_{CC}와 V_{EE}의 중간 값을 기준으로 조금이라도 크면 V_{CC}를 출력하고, 조금이라도 작으면 V_{EE}를 출력한다.

이와 같이 연산 증폭기를 개방루프로 사용하면 매우 작은 입력전압에 대해 출력이 포화되어 선형동작을 상실하므로 비교기 이외에는 개방루프로 사용하지 않는다.

보통은 연산 증폭기의 출력에서 그림 7.7 (a)의 네모 칸에 반전단자로 저항, 커패시터, 인덕터, 다이오드, 트랜지스터 등의 소자가 연결된 음의 피드백을 걸어 사용한다.

음의 피드백을 걸면 폐루프(closed-loop) 이득이 그림 7.7 (b)와 같이 작아지는 대신에 선형동작 범위가 넓어져 출력이 포화되지 않고 선형으로 동작하게 된다.

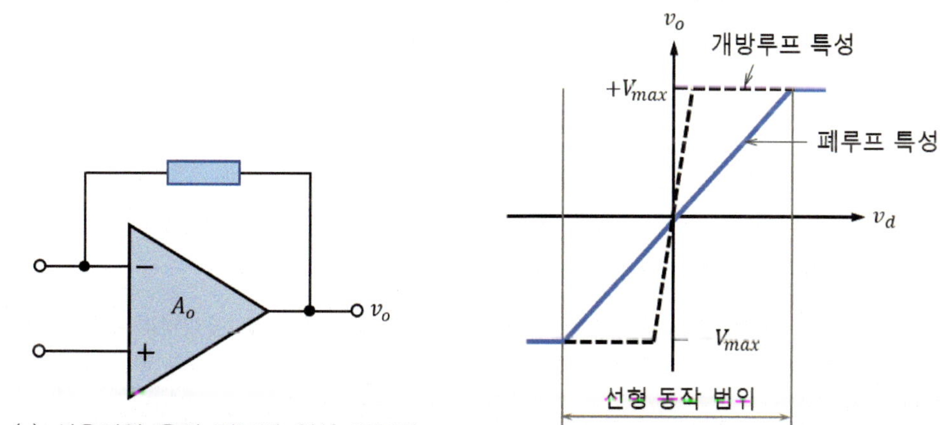

(a) 실용적인 음의 피드백 연산 증폭기

(b) 입출력 전달 특성

그림 7.7 연산 증폭기가 음의 피드백을 갖는 경우

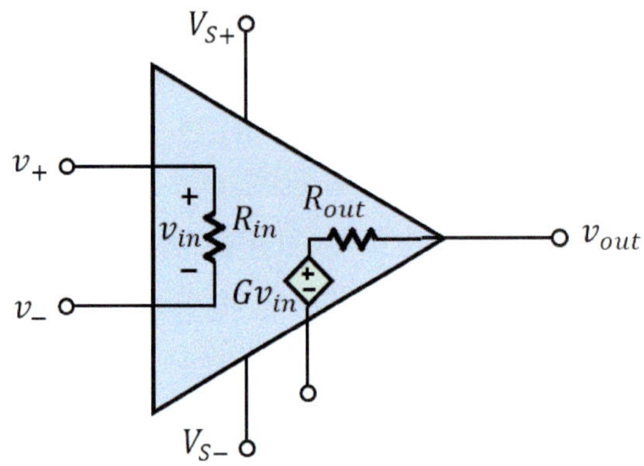

그림 7.8 연산 증폭기의 등가회로

그림 7.8은 복잡한 연산 증폭기 내부를 아주 단순하게 표현한 것이다. 포화이고 뭐고 증폭의 기능에만 집중하여 표현된 것이기 때문에 바이어스 전압에 대한 것은 무시해도 된다.

우선 동작 과정은 아래와 같다.

① 두 입력 단자의 전압차이 만큼의 전압 V_{in}이 입력저항 R_{in}에 걸린다.

② 무언가의 원리로 전압이득만큼 증폭된 입력전압 GV_{in}이 출력단자로 나간다.

③ 증폭된 전압이 출력단자로 나가는 과정에서 출력저항 R_{out}으로 인한 전압 강하가 발생하게 되고 그만큼 감소된 전압이 출력전압 V_{out}이 된다.

회로가 이어져 있고 안 이어져 있고는 신경 쓰지 않고 그대로 입력저항에 전압이 걸리고 무언가의 원리로 증폭된 전압이 종속전압원에서 나온다는 사실에만 주목하기로 한다.

입력과 출력 사이의 증폭 과정을 종속 전압원 하나로 주고받을 것이 없기 때문에 사이에 연결이 없을 수 있는 것이다.

여기서 눈여겨볼 것은 입력저항에 걸리는 전압을 입력전압으로 인식하여 증폭시킨다는 것이다. 정확한 동작을 위해서는 두 입력단자 사이의 전압이 완전히, 모두 입력저항 R_{in}에 걸려야 한다. 따라서 일반적으로 입력저항 R_{in}은 주변의 다른 저항에 영향을 받지 않도록 큰 저항값을 가진다. 이 때문에 이상적인 연산 증폭기에는 ∞의 입력 저항값을 가진다는 조건이 붙는다.

한편 출력저항 R_{out}의 경우에는 반대가 된다. 증폭된 전압 GV_{in}이 출력저항 R_{out}을 지나면서 일어나는 전압 강하를 최소화해야 하므로 일반적으로 매우 작은 크기의 저항값을 갖는다. 역시 이상적인 연산 증폭기는 0의 출력 저항값, 즉 출력저항이 없다는 조건이 붙게 된다.

7.1.2 이상적인 연산 증폭기

(1) 연산 증폭기 단자

신호 관련 단자는 그림 7.9 (a)와 같이 2개의 입력 단자와 1개의 출력 단자가 있다. 그리고 IC 연산 증폭기는 보통 2개의 직류 전원 전압을 사용한다. 즉, 표 7.1과 같이 바이폴라 타입의 IC 연산 증폭기는 양의 전압 단자(V_{CC})와 음의 전압 단자(V_{EE})가 있으며, CMOS 타입의 IC 연산 증폭기는 양의 전압 단자(V_{DD})와 음의 전압 단자(V_{SS})가 있다. 따라서 연산 증폭기는 그림 7.9 (b)와 같이 총 5개의 단자가 있다.

그리고 연산 증폭기 자체의 접지(ground) 단자는 없으며 그림 7.9 (c)와 같이 외부에서 설정해야 한다. 이외에 주파수 보상이나 offset 제거용 단자가 있을 수 있다.

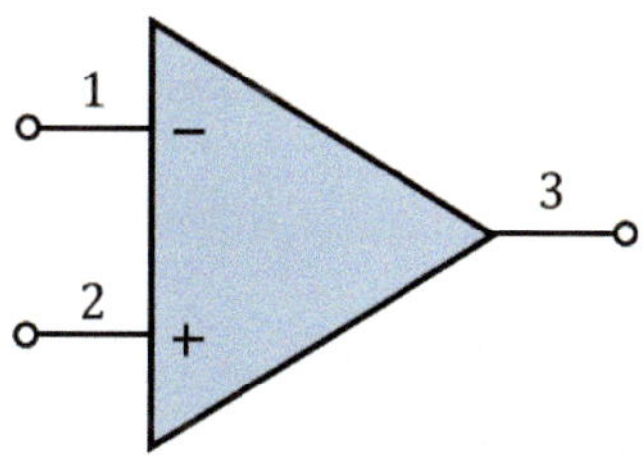

(a) 입력 및 출력 단자

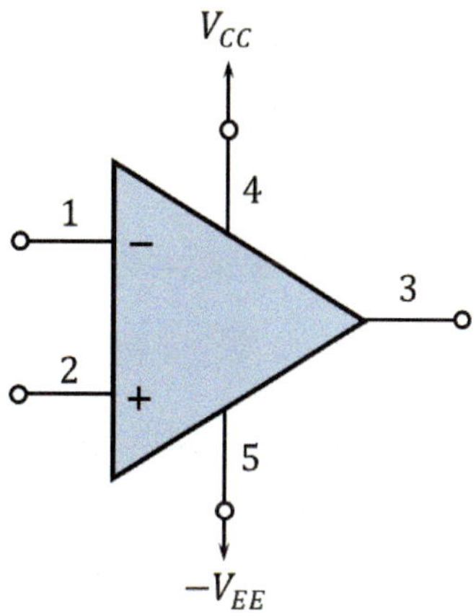

(b) 신호관련 단자

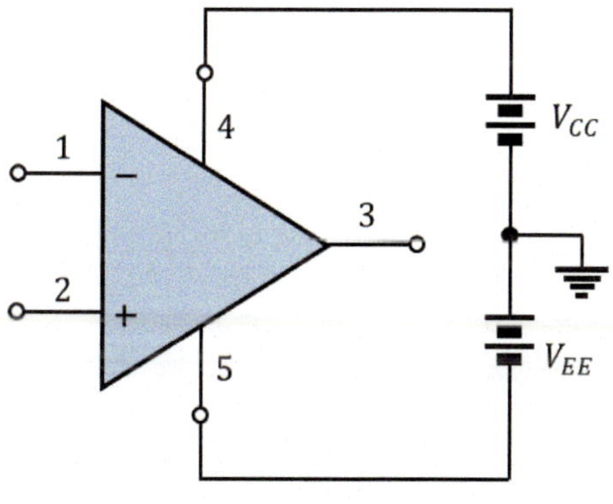

(c) 외부 접지 단자

그림 7.9 연산 증폭기의 단자

표 7.1 연산 증폭기 전원 단자명의 예

	Bipolar Type	CMOS Type
+측 전원 단자	V_{CC}	V_{DD}
−측 전원 단자	V_{EE}	V_{SS}

(2) 이상적인 연산 증폭기의 특성

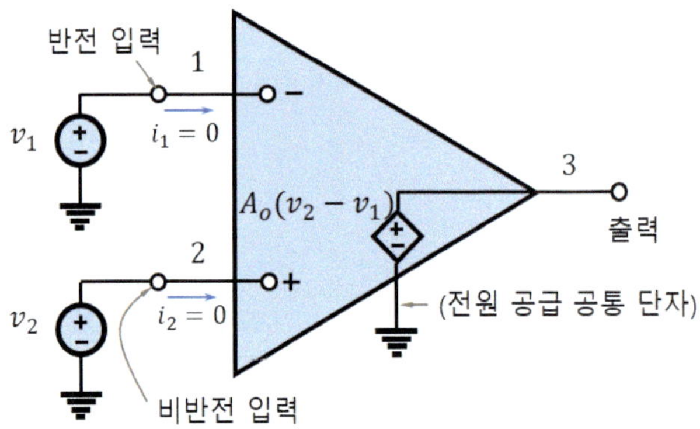

그림 7.10 이상적인 연산 증폭기의 등가회로

앞에서 연산증폭기의 기능과 특징에 대해 간단히 설명하였다. 그림 7.10의 연산증폭기의 등가회로와 관련하여 좀 더 구체적으로 서술하기로 한다.

① 연산증폭기는 무한대의 전압이득(개방루프 전압이득)이다. 이것은 두 입력단자에 들어가는 입력의 차이가 아무리 작다고 할지라도 출력은 포화(전원의 전압)됨을 나타낸다. 출력은 어떻게 해서든지 두 입력사이의 전압차를 없애려 하는 경향이 있기 때문에 두 입력사이에는 전압 차이가 존재하지 않는다는 것이다.

② 입력 임피던스가 무한대이다. 이것은 입력단자를 통해 연산증폭기 안으로 흘러들어가는 전류는 없다는 것이다.

③ 출력 임피던스는 0이다. 이것은 출력 부분에 연결하는 부하(load)를 조절함으로써 전류 제어가 가능하다는 것이다.

④ 진동수 폭(frequency response)이 무한대이다. 이것은 어떠한 진동수의 신호라도 동일한 전압이득(무한대)으로 증폭한다는 것이다.

⑤ 오프셋(offset) 전압이 0이다. 이것은 두 입력단자에 연결되는 신호의 전압차이가 없을 경우 출력은 0이라는 것이다.

한편 회로의 해석과 관련하여 전압과 전류에 관한 두 가지의 규칙이 있다. 하나는 전류의 규칙인데 이것은 연산증폭기 안으로 흘러들어가는 전류는 없다는 것이다. 또 하나는 전압의 규칙인데 오프셋 전압은 0이다. 즉, 두 입력에서의 전압이 동일하다. 다시 말해서 두 입력단자의 신호를 각각 v_1, v_2라고 두면 출력은 $v_o = A(v_2 - v_1)$와 같이 표현된다. 이것은 $(v_2 - v_1) = v_0/A$로 고쳐 쓸 수 있고, 증폭률 A가 무한대이므로 $v_2 = v_1$가 된다.

연산 증폭기의 회로 기능은 두 개의 입력 단자에 인가된 전압의 차이$(v_2 - v_1)$를 탐지하고, 이것을 증폭하여(전압이득=A) 출력 단자(단자 3)에 이 전압 $A(v_2 - v_1)$가 나타나게 하는 것이다.

이상적인 연산 증폭기는 입력전류가 0으로 간주된다. 즉, 입력단자 1, 2에 흐르는 전류는 모두 0이고, 이것은 이상적인 연산 증폭기의 입력 임피던스(impedance)가 무한대로 설정됨을 의미한다.

출력 단자(단자 3)는 이상적인 전압원의 출력 단자로 간주된다. 즉, 출력 단자에서 부하로 흐르는 전류의 크기에 상관없이 출력 전압은 항상 $A(v_2 - v_1)$가 된다. 이것은 이상적인 연산 증폭기의 출력 임피던스가 0으로 간주됨을 의미한다.

상용 연산 증폭기(예를 들어 LM741)와 이상적인 연산 증폭기의 특성 파라미터를 비교한 것이 표 7.2이다.

표 7.2 연산 증폭기의 특성 파라미터

파라미터	LM741	이상적인 경우
개방루프 이득	200,000	∞
입력 저항	2 MΩ	∞
입력 바이어스 전류	80 nA	0
출력 저항	75 Ω	0
공통 모드 제거지	90 dB	∞
단위 이득 대역폭	1 MHz	∞

(3) 가상 단락과 가상 접지

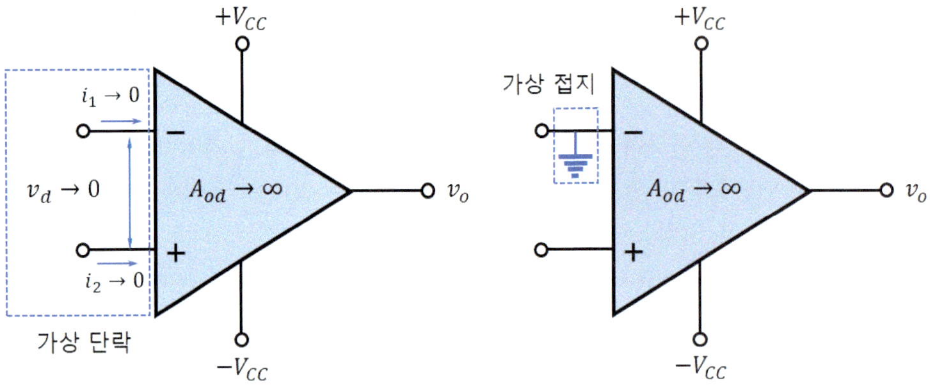

(a) 가상 단락 (b) 가상 접지

그림 7.11 가상 단락과 가상 접지의 개념

그림 7.11 (a)는 **가상단락**(virtual short)을 나타낸 것으로 이것은 두 입력단자 사이의 전압이 0에 가까워 두 단자가 난락(short)된 것처럼 보이지만, 두 단자의 전류가 0인 특성을 갖는다는 것이다.

그림 7.11 (b)는 **가상접지**(virtual ground)를 나타낸 것으로 이것은 연산 증폭기의 비반전 단자를 접지시키고 반전 단자에 음의 피드백을 걸면, 연산 증폭기 입력단자 사이의 가상단락 현상에 의해 반전 단자가 접지된 것처럼 보이는 특성을 갖는다는 것이다.

7.2 비반전 및 반전 증폭기

7.2.1 비반전 증폭기

그림 7.12 (a)와 같이 입력과 출력이 동일한 극성이 되도록 음의 피드백 회로를 구성하면 비반전 증폭회로가 된다. 이때는 입력과 출력이 동일한 극성으로 되기 때문에 실제로 사용하기 쉬운 회로가 된다.

그림 7.12 (a)의 비반적 증폭회로는 동일 극성이기 때문에 사용하기 편리하다.

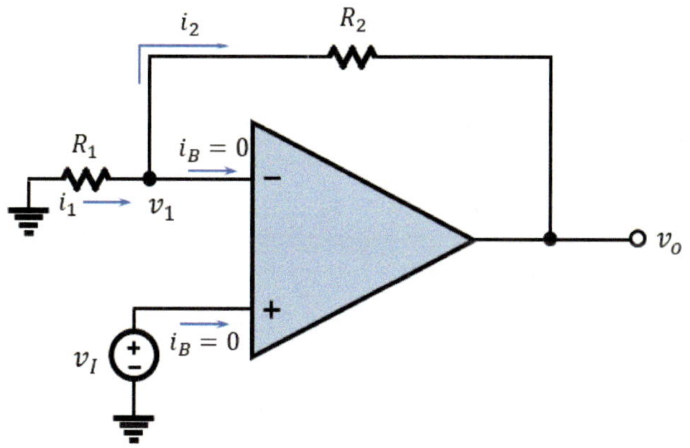

(a) 기본 증폭회로

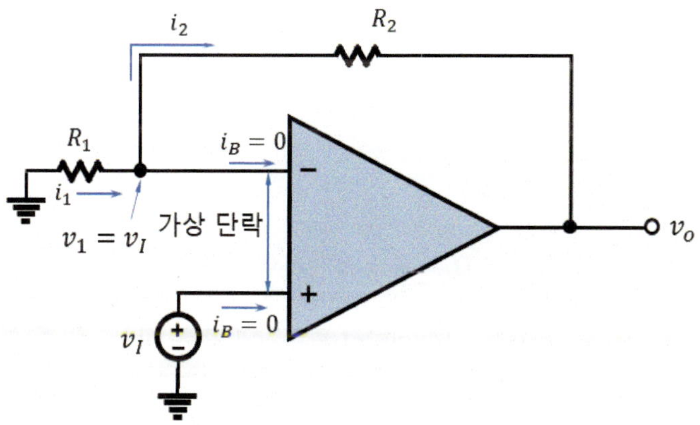

(b) 가상단락이 고려된 비반전 증폭회로

그림 7.12 기본 증폭회로와 가상단락이 고려된 비반전 증폭 회로

이 회로를 가상 단락 특성을 이용하여 회로를 간략화하면 그림 7.13 (a)와 같이 생각할 수 있다. 그림 7.13 (a)을 보면 동작 특성을 쉽게 이해 할 수 있다. 이것은 가상 단락 특성과 무한대의 이득을 가정한 것이다. 그림 7.13 (b)에서 보듯이 V_o를 R_1과 R_2로 분압 한 것으로 되어 이 회로의 증폭도(A)는 $A = 1 + R_2/R_1$이 된다.

따라서 그림 7.13 (b)에서 R_1을 5㏀이라 하고, R_2를 5㏀이라 하면 증폭도(A)는 $A = 1 + R_2/R_1$로부터 2가 되어 이것을 실제 오실로스코프에 나타내면 그림 7.14와 같이 위상이 동일한 2배의 출력 신호가 얻어진다.

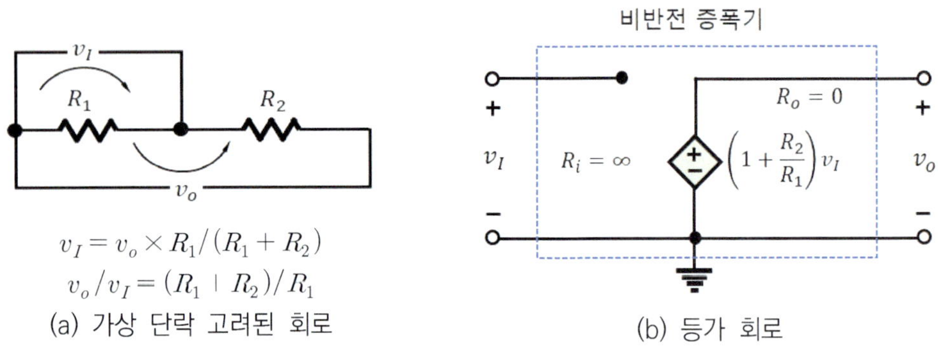

(a) 가상 단락 고려된 회로

(b) 등가 회로

그림 7.13 비반전 증폭기의 등가 회로

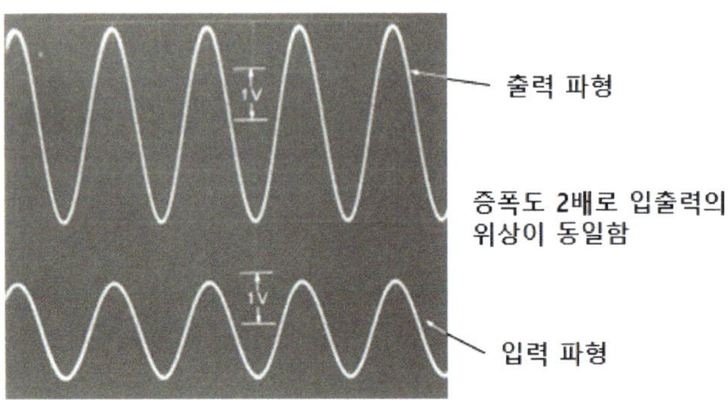

그림 7.14 비반전 증폭기의 증폭 파형

7.2.2 반전 증폭기

반전 증폭회로는 기본적인 음의 피드백 회로를 실현한 회로이며 그림 7.15 (a)와 같다. 이것은 입력에 비하여 극성이 바뀌어 출력되기 때문에 **반전 증폭회로**라 부른다.

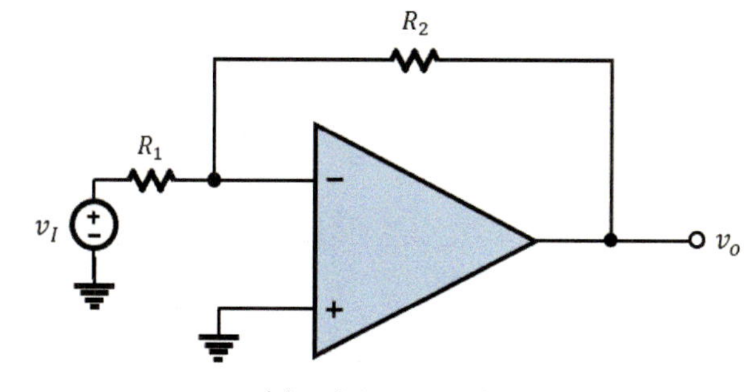

(a) 기본 증폭 회로

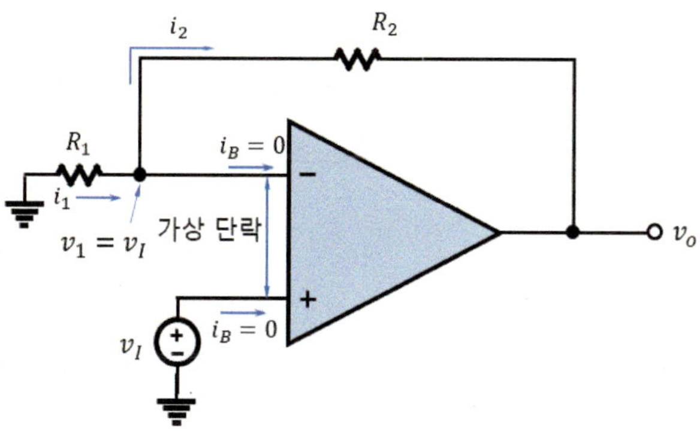

(b) 기상접지가 고려된 반전 증폭회로

그림 7.15 기본 증폭회로와 가상접지가 고려된 반전 증폭회로

비반전 증폭회로는 동일 극성이기 때문에 사용하기 편리하지만 반전 증폭회로는 차동 입력의 극성이 반대인 것에 주의해야 한다. 그림 7.15 (a)는 음의 피드백을 실현한 기본회로로서 **반전 증폭회로**라 하며 R_2를 이용하여 음의 피드백을 걸고 있다. 이 회로에서는 출력으로부터 저항 R_2를 통하여 -입력 쪽으로 신호가 돌아오도록 되고 있으며 이것을 피드백이라고 말한다. 또한 돌아오는 전압의 극성이 반대가 되어 있기 때문에 **음의 피드백**이라고 부른다.

연산 증폭기의 증폭도는 무한 대에 가깝기 때문에 차동입력에 조금이라도 차이가 있으면 출력으로 나타나게 된다. 그러나 출력은 -입력 쪽으로 피드백 되기 때문에 출력이 나오지 않게 된다. 즉, 음의 피드백은 차동입력의 전압차이를 상쇄시키는 작용을 하여 결과적으로 연산 증폭기의 차동 입력을 항상 동일한 전압이 되도록 동작 하는 것이며 이것을 **가상 단락**이라 하여 연산증폭기를 이해하는데 기본이 되는 특성이다.

이 가상 단락은 두 입력이 실제로 접속되어 있지 않지만 두 입력 단자 간 전위차가 없기 때문에 접속되어 있다고 가정하고 회로를 간략화 하면 그림 7.16 (a)와 같이 되어 저항의 비만으로 증폭도가 결정되는 것이다.

A점에 가상 접속되어 있다고 하면 양방향 전류의 합은 0이 되기 때문에 그림 7.16 (a)에서 표시한 식과 같이 되고 연산 증폭기의 증폭도(A)는 $A = -(R_2/R_1)$가 되는 것이다. 이러한 반전 증폭기 회로를 등가회로로 나타내면 그림 7.16 (b)와 같이 된다.

따라서 그림 7.16 (b)에서 R_1을 5㏀이라 하고, R_2를 10㏀이라 하면 증폭도(A)는 $A = -(R_2/R_1)$로부터 2가 되어 이것을 실제 오실로스코프에 나타내면 그림 7.17과 같이 위상이 반대인 2배의 출력 신호가 얻어진다.

이것이 연산 증폭기의 최대 장점으로 증폭도가 저항의 비만으로 정해지기 때문에 설계하기가 상당히 쉬워지는 것이다.

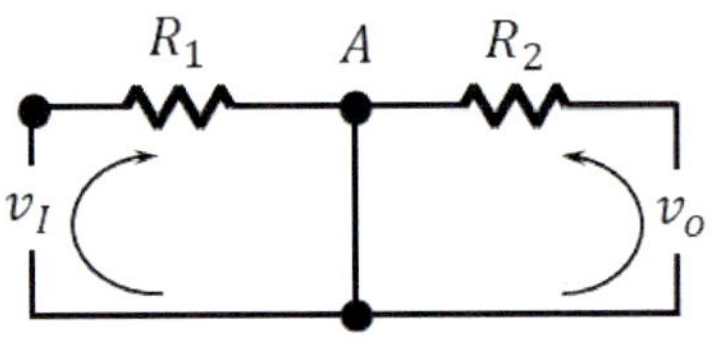

$$v_I/R_1 = v_o/R_2$$
$$v_o/v_I = R_2/R_1$$

(a) A점에 가상 접속된 회로

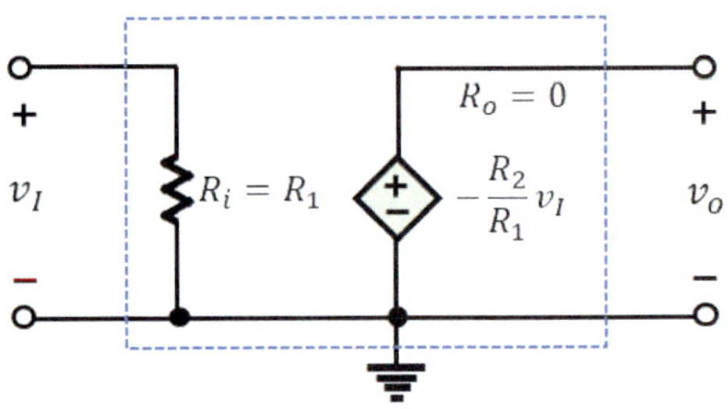

(b) 등가 회로

그림 7.16 반전 증폭기의 등가 회로

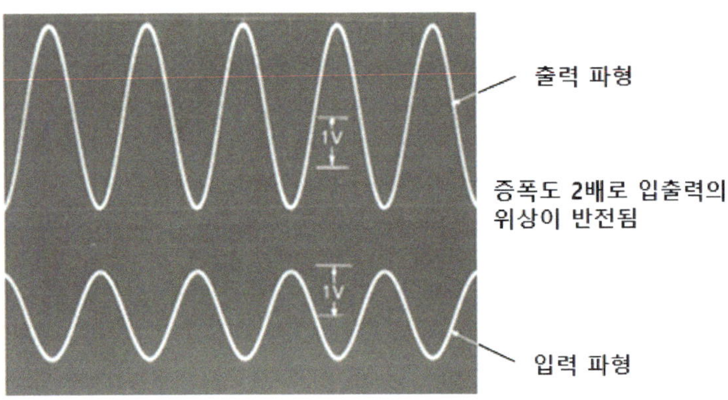

그림 7.17 반전 증폭기의 증폭 파형

7.2.3 전압 폴로어

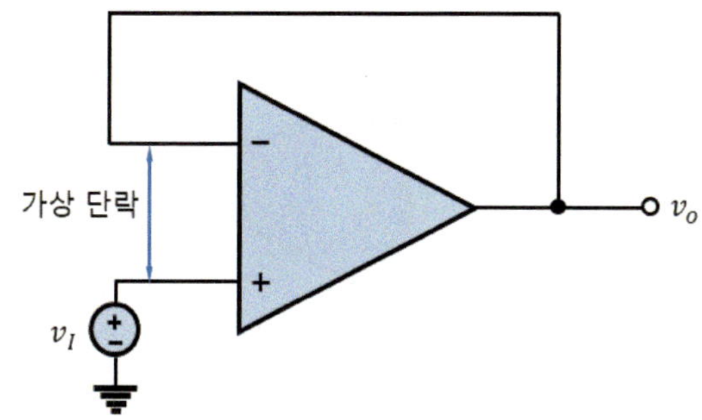

그림 7.18 전압 폴로어

그림 7.18의 회로는 전압 폴로어(voltage follower)라 하는 것이다. 이 회로는 그림 7.12의 비반전 증폭 회로에 있어서 $R_1=\infty$, $R_2=0$으로 한 경우에 대응하므로 입출력의 관계는 다음과 같이 된다.

$$\frac{v_O}{v_I}=1 \tag{7.2}$$

입력을 그대로 출력할 뿐이므로 언뜻 의미가 없는 듯이 생각하지만 이 회로는 입력 저항이 크고 출력 저항이 작으므로 전단(previous portion)의 회로에 주는 충분한 전류를 줄 수 있다. 그러므로 이와 같은 회로는 출력 저항이 큰 회로의 후단이나 입력 저항이 작은 회로의 전단에 삽입하여 버퍼로서 사용하는 경우가 많다.

7.2.4 비반전 가산기

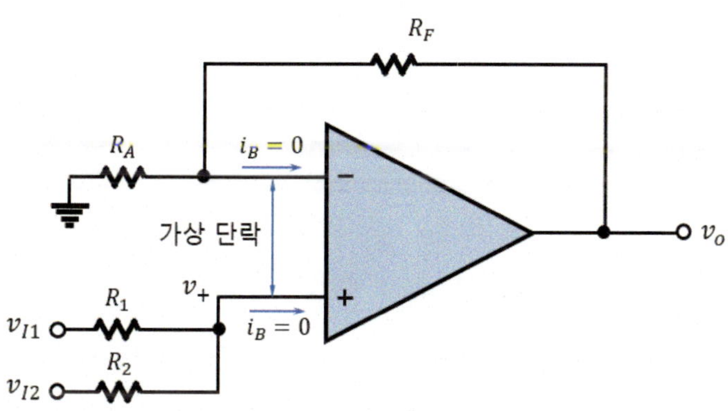

그림 7.19 비반전 가산기

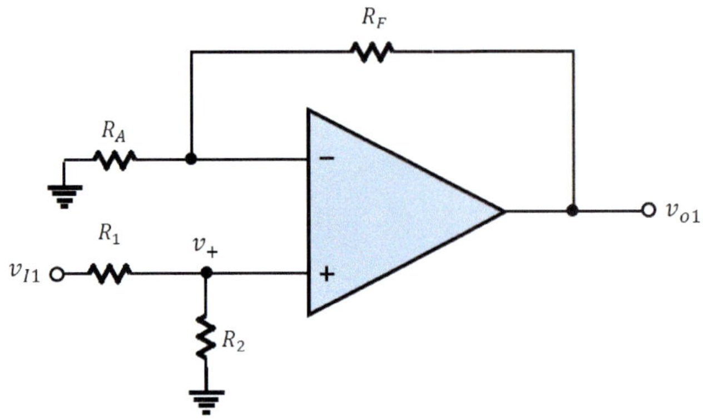

(a) 입력 v_{I1}에 대한 출력 회로

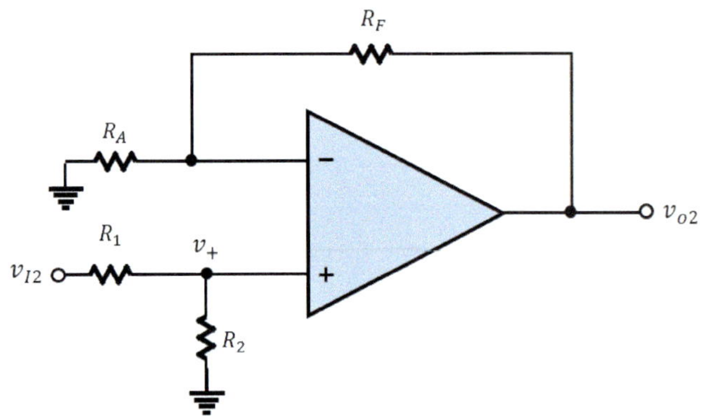

(b) 입력 v_{I2}에 대한 출력 회로

그림 7.20 그림 7.19의 비반전 가산기에 대한 부분 회로

그림 7.19에서 v_{I1}만을 고려할 때 출력 회로는 그림 7.20 (a)와 같이 나타낼 수 있으며 이때 $v_{I2}=0$이므로 출력은 다음과 같이 된다.

$$v_I = \left(\frac{R_2}{R_1+R_2}\right)v_{I1} \tag{7.3}$$

$$v_{o1} = \left(1+\frac{R_F}{R_A}\right)v_I = \left(1+\frac{R_F}{R_A}\right)\left(\frac{R_2}{R_1+R_2}\right)v_{I1} \tag{7.4}$$

그림 7.19에서 v_{I2}만을 고려할 때 출력 회로는 그림 7.20 (b)와 같이 나타낼 수 있으며 이때 $v_{I1}=0$이므로 출력은 다음과 같이 된다.

$$v_{o2} = \left(1 + \frac{R_F}{R_A}\right) v_I = \left(1 + \frac{R_F}{R_A}\right)\left(\frac{R_2}{R_1 + R_2}\right) v_{I2} \tag{7.5}$$

따라서 그림 7.19의 출력 $v_o = v_{o1} + v_{o2}$이므로 출력 v_o는 다음과 같이 된다.

$$v_o = \left(1 + \frac{R_F}{R_A}\right)\left[\left(\frac{R_2}{R_1 + R_2}\right) v_I + \left(\frac{R_1}{R_1 + R_2}\right) v_{I2}\right] \tag{7.6}$$

7.2.5 반전 가산기

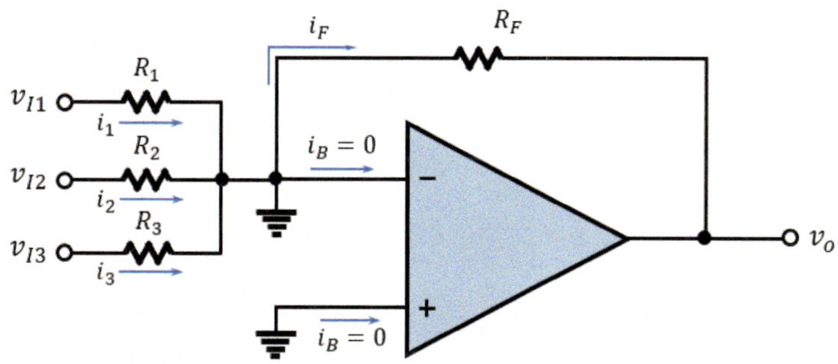

그림 7.21 반전 가산기

그림 7.21에서 3개의 입력 전압에 대한 각각의 R_1, R_2, R_3에 흐르는 전류는 다음과 같다.

$$i_1 = \frac{v_{I1}}{R_1} \tag{7.7}$$

$$i_2 = \frac{v_{I2}}{R_2} \tag{7.8}$$

$$i_3 = \frac{v_{I3}}{R_3} \tag{7.9}$$

따라서 $i_F = i_1 + i_2 + i_3$이므로 다음과 같이 나타낼 수 있다.

$$i_F = i_1 + i_2 + i_3 = \frac{v_{I1}}{R_1} + \frac{v_{I2}}{R_2} + \frac{v_{I3}}{R_3} \tag{7.10}$$

결국 v_o는 다음과 같이 나타낼 수 있다.

$$v_o = -R_F i_F = -\left(\frac{R_F}{R_1}v_{I1} + \frac{R_F}{R_2}v_{I2} + \frac{R_F}{R_3}v_{I3}\right) \tag{7.11}$$

그런데 $R_1 = R_2 = R_3$이라면 다음과 같이 간단히 나타낼 수 있다.

$$v_o = -\frac{R_F}{R_1}(v_{I1} + v_{I2} + v_{I3}) \tag{7.12}$$

7.3 연산증폭기를 이용한 연산회로

7.3.1 적분기 회로

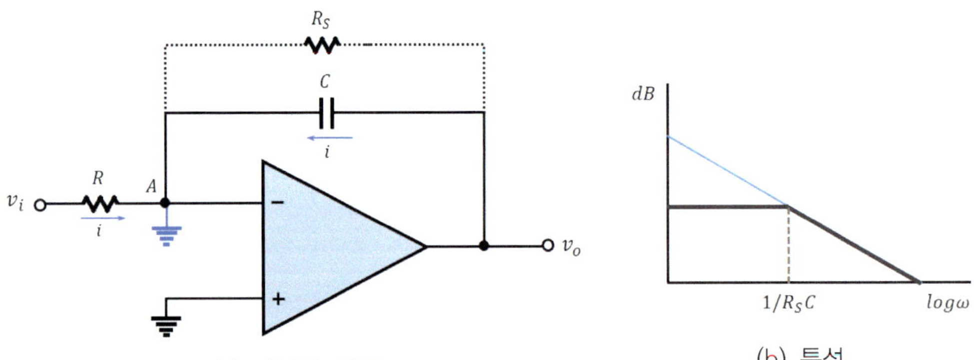

(a) 적분기 회로 (b) 특성

그림 7.22 적분기 회로와 회로 특성

전압의 규칙에서 A지점은 가상접지이며 전류의 규칙에서 R과 C를 흐르는 전류는 동일하다. R을 흐르는 전류는 v_i/R이고 C를 흐르는 전류는 $i = -dq/dt = -Cdv_o/dt$이므로 두 전류를 같게 두면 출력은 다음과 같이 된다.

$$v_o = -\frac{1}{RC}\int_0^t v_i dt \tag{7.13}$$

식 (7.13)을 보면 출력은 입력을 적분한 것과 동일하다.

입력이 저주파인 경우 축전기의 임피던스가 아주 커지므로 $(1/2\pi fC)$는 증폭률이 크게 증가할 수 있다. 이를 방지하기 위해 축전기에 저항 R_s를 병렬로 연결하기도 한다.

입력파의 진동수가 $f \gg f_C$인 경우 적분기로 작동되고, $f \ll f_C$인 경우 $A = -R/R_s$인 증폭기로 작용한다. 이때 $f_C = 1/(2\pi R_s C)$이다.

저항 R_s를 그림 7.22 (a)의 점선과 같이 병렬로 연결하는 경우 저역통과필터(low pass filter)가 된다.

7.3.2 미분기 회로

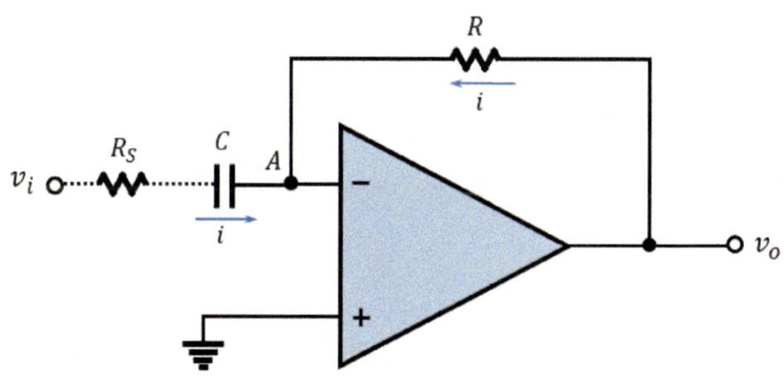

(a) 미분기 회로

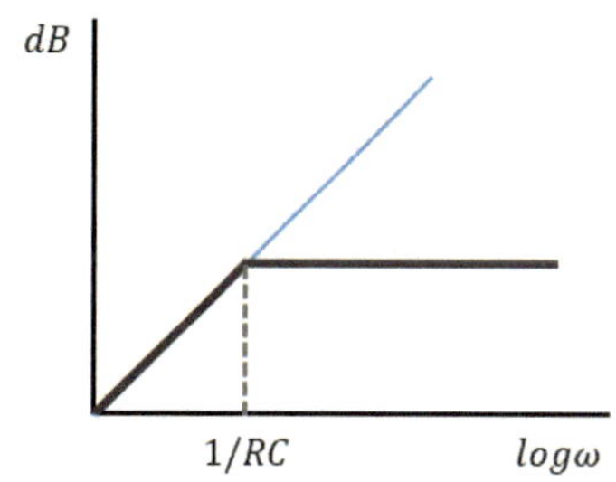

(b) 특성

그림 7.23 미분기 회로와 회로 특성

전압의 규칙에서 A지점은 가상접지이며 전류의 규칙에서 R과 C를 흐르는 전류는 동일하다는 것을 적용하면 R을 흐르는 전류는 $-v_o/R$이고 C를 흐르는 전류는 $i = dq/dt = Cdv_i/dt$이므로 두 전류를 같게 두면 출력은 다음과 같이 된다.

$$v_o = -RC\frac{dv_i}{dt} \tag{7.14}$$

위 식을 보면 출력은 입력을 미분한 것과 동일하다.

증폭기의 증폭률은 $A_v = R/Z_C$이며 이때 $Z_C = 1/2\pi fC$이므로 출력 전압은 입력 진동수가 커질수록 커진다. 높은 진동수의 잡음 신호가 크게 증폭할 수 있다. 이를 방지하기 위해 축전기에 저항 R_s를 직렬로 연결하기도 한다.

높은 진동수의 입력일 때에 Z_C는 0에 가까워지며 증폭률은 $-R/R_s$로 제한된다.

입력파의 진동수가 $f \gg f_C$인 경우 증폭률이 $A=-R/R_s$인 단순한 증폭기로 작용하고, $f \ll f_C$인 경우 미분기로 작동한다.

저항 R_s를 그림 7.23 (a)의 점선과 같이 직렬로 연결하는 경우 고역통과필터(high pass filter)의 역할을 한다.

7.3.3 차동 증폭기

이것은 비반전 증폭기와 반전 증폭기 회로의 혼합이다. v_1은 - 입력에 v_2는 + 입력에 그림 7.24와 같이 연결한다. 두 입력 v_1과 v_2의 차이가 증폭되어 v_o에 나타난다.

전압 규칙에서 A점과 B점의 전압은 같다. A점의 전압은 R_1과 R_2가 전압나누기 회로로 하면 다음과 같이 된다.

$$v_A = \frac{R_2}{R_1+R_2} v_2 = v_B \tag{7.15}$$

전류의 규칙에서 R_1과 R_2를 흐르는 전류는 동일하며 R_1에 흐르는 전류는 $(v_1 - v_B)/R_1$이고, R_2에 흐르는 전류는 $-(v_o - v_B)/R_2$이므로 두 전류를 같게 놓고 식 (7.15)를 적용하면 출력 v_o는 다음과 같이 된다.

$$v_o = -\frac{R_2}{R_1}(v_1 - v_2) \tag{7.16}$$

따라서 차동 증폭기는 두 신호의 차이 $v_1 - v_2$를 증폭률 $A=-R_1/R_2$로 증폭한 것이다.

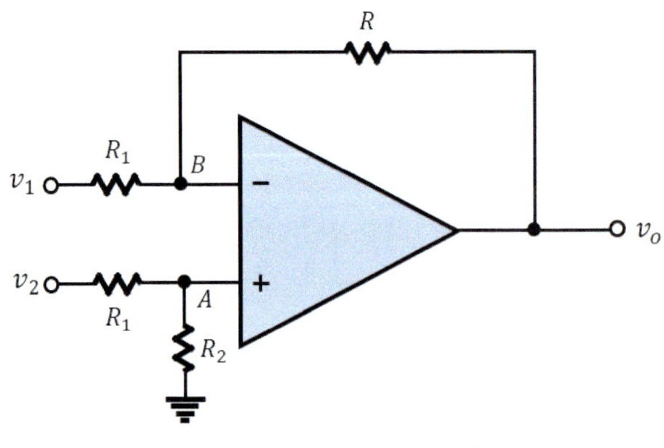

그림 7.24 차동 증폭기

7.3.4 로그 증폭기

그림 7.25는 로그 증폭기를 나타낸 것이다. 그림에서 보면 알 수 있듯이 되먹임회로로 양극 접합트랜지스터를 사용한다. 점 A는 가상접지이며 전류의 규칙에서 R을 흐르는 전류 i와 콜렉터 전류 i_c는 동일하다.

그림 7.25에서 $i = v_i / R$이고 $i_c \equiv I_{c0}\left(e^{ev_o/kT} - 1\right) \simeq - I_{c0}e^{ev_o/kT}$이므로 출력은 다음과 같이 된다.

$$v_o = -\frac{kT}{e} ln \frac{v_i}{I_{c0}R} \tag{7.17}$$

식 (7.17)에서 알 수 있듯이 출력은 입력의 로그로 표현된다.

로그 증폭기는 입력신호가 크게 변하는 경우에 유용하며 약한 신호는 크게 증폭되고 큰 신호는 로그로 표현되므로 출력의 크기가 줄어들어 관찰된다.

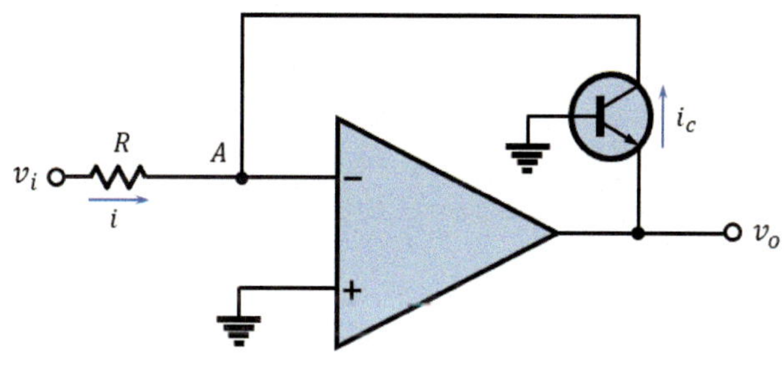

그림 7.25 로그 증폭기

7.4 연산증폭기의 응용회로

7.4.1 능동필터 회로

필터회로는 저항, 축전기, 인덕터 등 수동소자(passive device)를 이용하여 구성할 수 있다. 수동소자라는 것은 외부 전원에만 의존하는 소자이다. 외부전원에만 의존하지 않는 트랜지스터, 연산증폭기 등을 능동소자(active device)라고 부른다. 인덕터 대신에 능동소자를 이용하여 필터회로를 구성할 수 있다.

(1) 저역통과필터회로

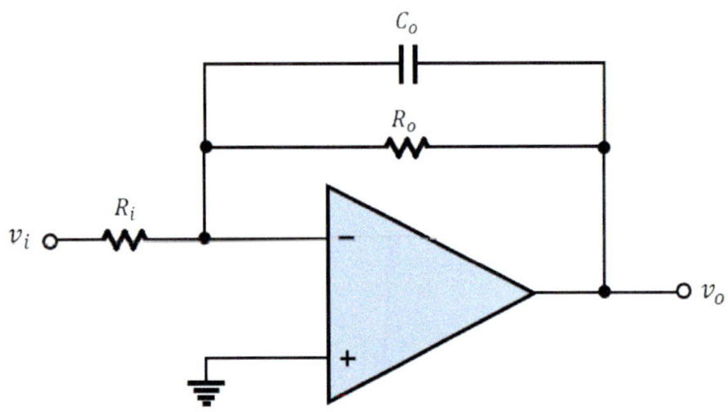

(a) 저역통과 필터 회로

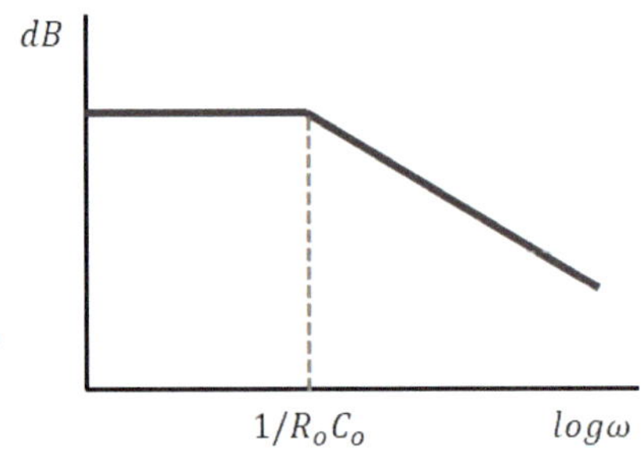

(b) 특성

그림 7.26 저역통과 필터 회로와 특성

그림 7.26은 저역통과 필터 회로와 특성을 나타낸 것이다. 이것은 낮은 진동수 영역에서는 축전기의 임피던스가 아주 크므로 병렬 임피던스는 R_o가 되어 증폭률 $-R_o/R_i$인 반전증폭기와 동일하다.

신호의 진동수가 커짐에 따라 축전기의 임피던스가 감소하여 병렬 임피던스가 줄어듦으로써 증폭률이 감소하게 된다. 반전증폭기이므로 증폭률은 다음과 같이 된다.

$$\frac{v_o}{v_i} = -\frac{Z_o}{Z_i} = -\frac{(1/j\omega C_o \parallel R_o)}{R_i} = -\frac{R_o}{R_i}\frac{1}{1+j\omega R_o C_o} \tag{7.18}$$

한편 진동수에 따른 증폭률의 크기는 다음과 같이 된다.

$$\left|\frac{v_o}{v_i}\right| = \left|\frac{R_o + 1/j\omega C_o}{R_i}\right| = \frac{R_o}{R_i}\frac{1}{\sqrt{1+\omega^2 R_o^2 C_o^2}} \tag{7.19}$$

입력파의 진동수가 $\omega \ll 1/R_oC_o$인 경우 증폭률 $A = R_o/R_i$로 작용하고 $\omega \gg 1/R_oC_o$인 경우 증폭률은 0에 접근한다. 이때 진동수가 $\omega_C = 1/R_oC_o$보다 작은 신호는 통과, 이보다 큰 진동수의 신호는 차단하는 저역통과 필터이다.

(2) 고역통과필터회로

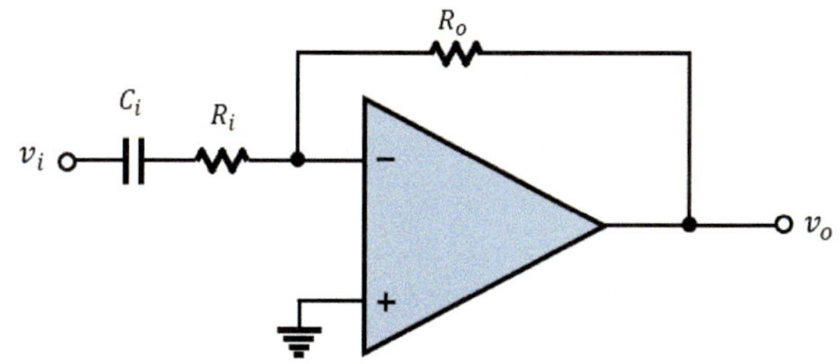

(a) 고역통과 필터 회로

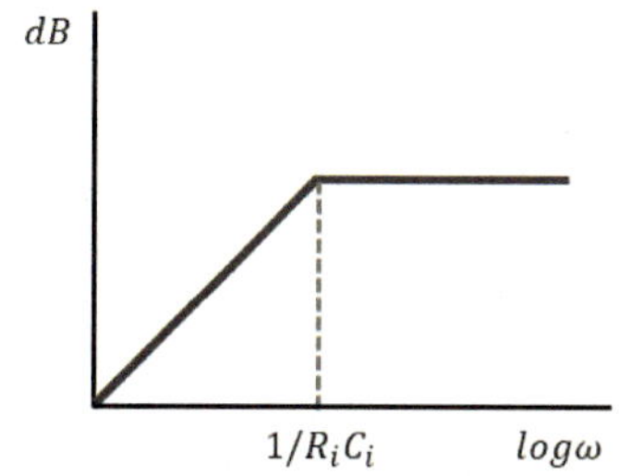

(b) 특성

그림 7.27 고역통과 필터 회로와 특성

그림 7.27은 고역통과필터회로를 나타낸 것이다. 직렬 임피던스는 $X_C + R_i$이며 높은 진동수영역에서는 축전기의 임피던스가 아주 작아진다. 직렬 임피던스는 R_i가 되므로 회로의 증폭률은 $-R_o/R_i$로 일정하다. 진동수가 작아지게 되면 축전기의 임피던스 X_C가 커짐으로써 축전기와 저항의 직렬임피던스가 증가하여 증폭률이 감소한다.

반전증폭기의 증폭률은 다음과 같이 된다.

$$\frac{v_o}{v_i} = -\frac{Z_o}{Z_i} = -\frac{R_o}{R_i + 1/j\omega C_i} \tag{7.20}$$

한편 진동수에 따른 증폭률의 크기는 다음과 같이 된다.

$$\left|\frac{v_o}{v_i}\right| = \left|\frac{R_o}{R_i + 1/j\omega C_i}\right| = \frac{R_o}{R_i}\frac{1}{\sqrt{1 + 1/(\omega^2 {R_i}^2 {C_i}^2)}} \tag{7.21}$$

입력파의 진동수가 $\omega \gg 1/R_iC_i$인 경우 증폭률 $A = R_o/R_i$로 작용하고 $\omega \ll 1/R_iC_i$인 경우 증폭률은 0에 접근한다. 이때 진동수가 $\omega_C = 1/R_iC_i$보다 큰 신호는 통과, 이보다 작은 진동수의 신호는 차단하는 고역통과 필터이다.

(3) 대역통과필터회로

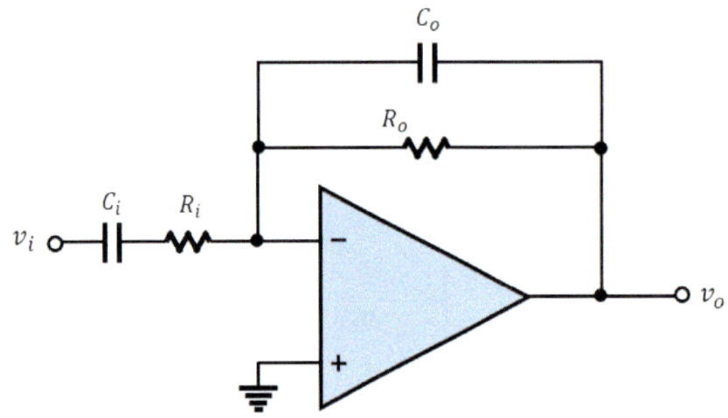

(a) 대역통과 필터 회로

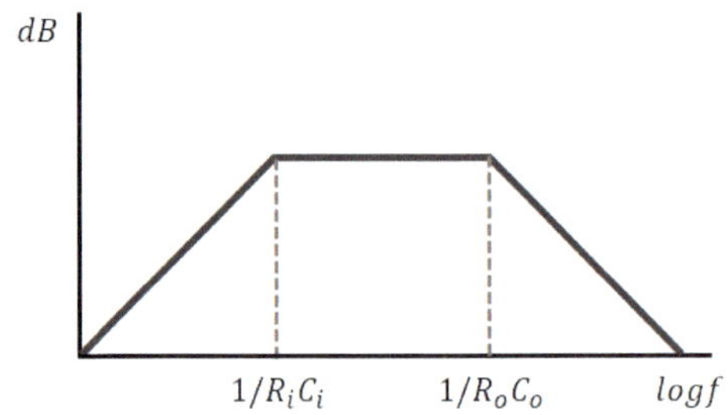

(b) 특성

그림 7.28 대역통과 필터 회로와 특성

그림 7.28은 대역통과 필터 회로를 나타낸 것이다. 저역통과필터와 고역필터회로의 조합이다. 즉, 진동수가 $1/R_iC_i < \omega < 1/R_oC_o$ 사이의 진동수를 가진 신호를 통과한다.

2차 이상의 필터 회로는 대역통과 필터 회로를 여러 개 직렬로 연결하여 사용하며 필터의 특성은 그림 7.29 (b)와 같이 1차 필터에 비해 큰(steeper roll-off) 기울기를 나타난다. 저역통과 필터 회로에서 기울기가 −20 dB/dec이면 두 개의 저역통과 필터 회로를 직렬로 연결하면 기울기를 −40 dB/dec로 할 수 있다. 위에서 -20 dB/dec의 의미는 진동수가 10배 증가할 때 증폭률이 10배 감소한다는 것을 뜻한다.

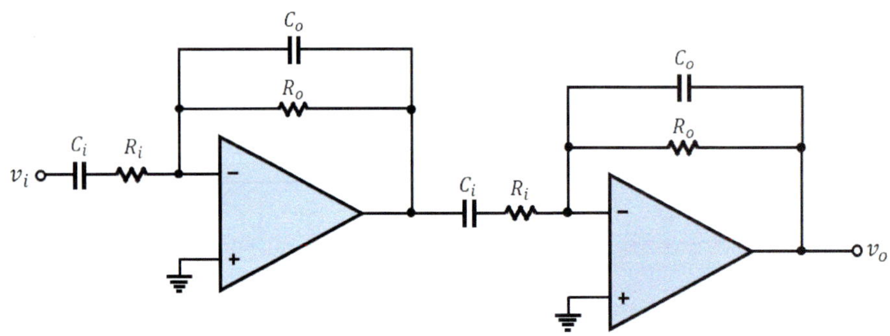

(a) 2개의 직렬 대역통과 필터 회로

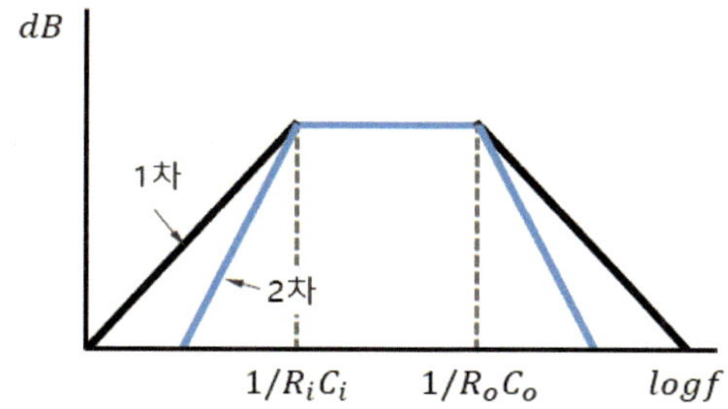

(b) 특성

그림 7.29 2차 대역통과 필터 회로와 특성

(4) 진동 회로

피드백 회로에서 $\beta A_o = 0$인 경우 증폭률이 무한대이며 입력이 존재하지 않는 경우에도 출력이 발생한다. 양의 피드백을 통해 진동을 발생한다.

1) 위상이동 진동 회로(phase-shift oscillator)

그림 7.30은 위상 이동 진동 회로(phase-shift oscillator)를 나타낸 것이다. 이 증폭기의 증폭률은 $A_o = - R_2/R_1$이다. 피드백이 연산증폭기의 반전입력으로 들어가므로(증폭률이 -임) $\beta A_o = 1$을 만족하기 위해서는 β가 음이어야 한다. v_x과 v_o사이에 180°의 위상차이가 나야 함을 뜻한다. 세 개의 저항 R과 축전기 C에 의해 전제적으로 v_x과 v_o사이에 180°의 위상 차이가 나게 만든다. 즉, $v_x = - i_1 R$이 되도록 한다.

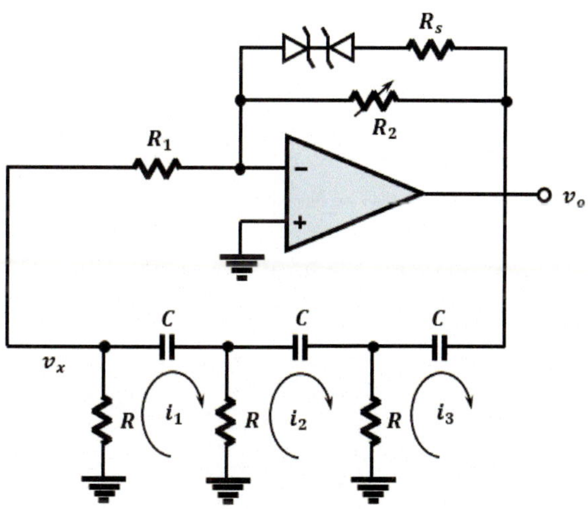

그림 7.30 위상 이동 진동 회로

그림 7.30의 3개의 폐회로에 Kirchhoff 법칙을 적용하면 다음과 같다.

$$i_1 R + i_1 X_C + (i_1 - i_2)R = 0 \tag{7.22}$$

$$(i_2 - i_1)R + i_2 X_C + (i_2 - i_3)R = 0 \tag{7.23}$$

$$(i_2 - i_2)R + i_3 X_C + v_o = 0 \tag{7.24}$$

식 (7.22)에서 i_2를 구하여 식 (7.23)에 대입하면 i_3를 구할 수 있다.

$$i_2 = \frac{i_1}{R}(2R + X_C) = -\frac{v_x}{R^2}(2R + X_C) \tag{7.25}$$

$$i_3 = -\left(\frac{3R^2 + X_C^{\,2} + 4RX_C}{R^3}\right)v_x \tag{7.26}$$

식 (7.25)와 식 (7.26)을 식 (7.24)에 넣으면 다음과 같이 된다.

$$v_o = (R + X_C)\left(\frac{3R^2 + X_C^{\,2} + 4RX_C}{R^3}\right)v_x - \frac{v_x}{R^2}(2R + X_C) \tag{7.27}$$

따라서 v_x과 v_o의 비는 다음과 같다.

$$\frac{v_x}{v_o} = \frac{R^3}{R^3 + 5RX_C^{\,2} + 6R^2 X_C + X_C^{\,3}} = \frac{R^3}{R^3 - \dfrac{5R}{\omega^2 C^2} - j\left(\dfrac{6R^2}{\omega C} - \dfrac{1}{\omega^3 C^3}\right)} \tag{7.28}$$

식 (7.28)에서 v_x과 v_o의 위상이 180°가 되기 위해서는 허수 항이 0이 되어야 한다. 따라서 진동수 f는 다음과 같이 나타낼 수 있다.

$$f = \frac{\omega}{2\pi} = \frac{1}{2\pi\sqrt{6}\,RC} \tag{7.29}$$

식 (7.29)의 진동수가 진동회로가 진동하는 진동수에 해당한다.

이때 v_x과 v_o의 비는 다음과 같다.

$$\frac{v_x}{v_o} = -\frac{1}{29} \equiv \beta \tag{7.30}$$

증폭기의 증폭률이 계속적으로(연산증폭기의 비선형지역으로 증가) 증가하는 것을 방지하기 위해 제너 다이오드 두 개를 직렬로 연결한다. 양의 신호에서 앞쪽 제너 다이오드는 전도되고 뒤쪽 다이오드는 거꾸로 연결되어 있으므로 특정 전압이상(zener voltage) 올라가면 전도되어 R_s와 R_2가 병렬로 연결되어 증폭률$(-(R_2 \parallel R_s)/R_1)$이 떨어뜨려 증폭률을 안정시킨다.

마찬가지로 음의 신호에서는 뒤 쪽 다이오드가 전도되고 앞쪽 다이오드는 거꾸로 연결되어 있으므로 특정 전압이하(-값)로 내려가지 않도록 방지한다. R_2를 변화시켜 진동조건을 맞춘다.

2) Wien Bridge 진동회로

저항 R과 축전기 C의 직렬회로와 병렬회로에 의해 출력이 입력으로 피드백 된다.

-직렬회로의 임피던스는 $Z_1 = R + X_C$이고 병렬회로의 임피던스는 $Z_2 = RX_C/(R + X_C)$이다. Z_1과 Z_2가 전압나누기 구조를 하고 있으므로 v_x는 다음과 같다.

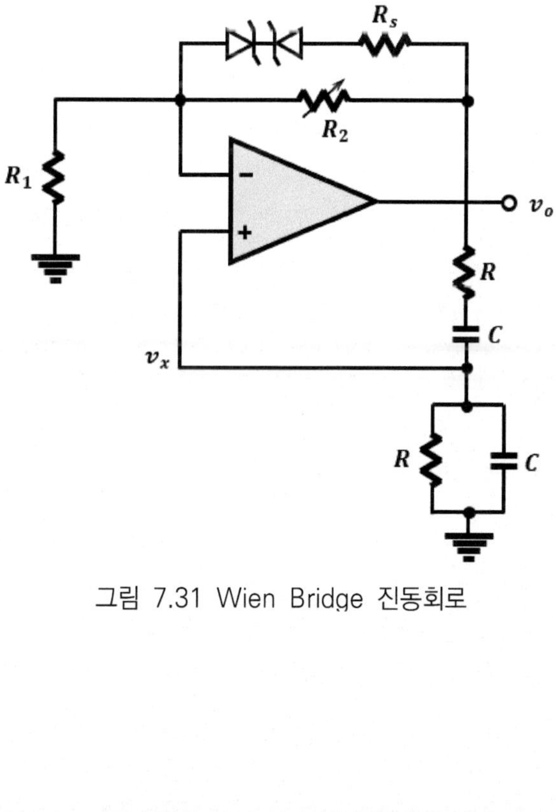

그림 7.31 Wien Bridge 진동회로

$$v_x = \frac{Z_2 v_o}{Z_1 + Z_2} \tag{7.31}$$

따라서 v_x과 v_o의 비는 다음과 같다.

$$\frac{v_x}{v_o} = \frac{Z_2}{Z_1 + Z_2} = \frac{1}{3 + j\left(\omega RC - \frac{1}{\omega RC}\right)} \tag{7.32}$$

식 (7.32)는 피드백률 β를 나타낸다. 진동조건을 만족시키기 위해서는 허수부분이 0이 되어야 한다. 진동은 $f = 1/2\pi RC$에서 발생한다. 그리고 이때 $v_x/v_o = 1/3$이 된다. $\beta A_o = 1$을 만족하기 위해서는 $A_o = -R_2/R_1 = 3$이 되어야 한다.

위상진동 회로에서와 같이 일정한 진폭의 진동을 얻기 위해서 제너 다이오드를 연결한다.

(5) 저주파 증폭회로의 설계

직류에서부터 10㎑ 이하의 신호를 증폭하는 회로를 말하며 이러한 회로는 A/D 변환을 위해 센서 신호 등 미소한 전압을 증폭하거나 디지털 회로에서 검출 가능한 전압으로 증폭하는데 사용된다.

위에서 설명 한 것처럼 두 종류의 기본 회로가 있지만 디지털 회로의 입력으로는 통상 비반전 증폭회로를 많이 사용한다.

또한 디지털 회로와 전원을 공용할 수 있도록 하면 전체 회로가 간단해 지기 때문에 5V 단일 전원용 연산 증폭기를 사용한다. 이러한 것들은 Rail-to-Rail이라 해서 출력 전압도 거의 전원 전압 근처까지 출력된다. 수 10㎑ 이하에서 사용하는 저주파 증폭기라면 주파수특성은 별로 신경 쓰지 않아도 될 것이다.

그림 7.32의 회로가 기본적인 회로이며 R_1과 R_2는 차동입력이 균형이 잡히도록 동일한 값을 사용하며 증폭도(A)를 조정 할 수 있도록 가변저항 R_4를 사용했다.

각 저항의 결정 방법은 먼저 R_1과 R_2를 정하며 R_2는 단지 균형을 잡기 위한 것으로 증폭도에는 영향을 주지 않는다. R_1과 R_2는 입력에 사용하는 센서 등이 요구하는 부하저항으로 정해야 하지만 대체로 수㏀이 일반적인 값이다. 일반적인 연산증폭기의 입력 임피던스는 상당히 큰 값(10의 12승 정도)이므로 무시할 수 있다.

다음은 필요한 증폭도(A)에 따라 $(R_3 + R_4)$을 결정한다. R_3과 R_4의 비율은 증폭도의 조정범위를 어느 정도로 할 것인가에 따라 결정하면 되지만 너무 넓은 조정범위로 하면 가변저항을 정확하게 조정하기 어려워지기 때문에 보통 10%~30% 정도의 범위로 하는 것이 좋다.

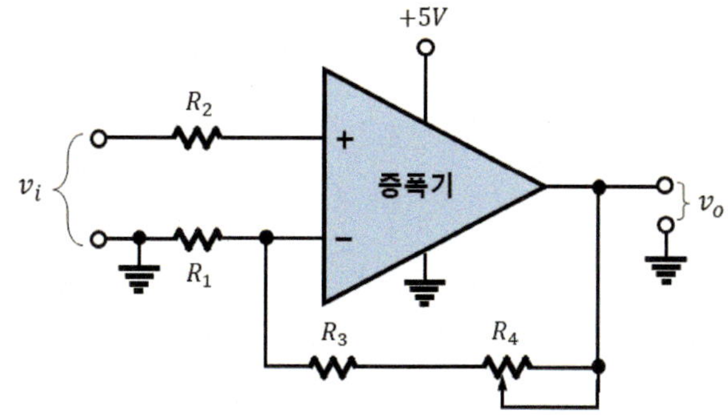

$R_1 = R_2 \qquad A = 1 + (R_3 + R_4)/R_1$

그림 7.32 5V 단일 전원용 연산 증폭기

(6) 비교회로의 설계

직류에서부터 저주파 신호의 크기를 비교하여 그에 따른 신호를 디지털 회로에 전달하기 위한 회로를 **비교기** 또는 **콤퍼레이터**(comparator)라 한다.

연산 증폭기를 최대 증폭도로 사용하여 차동입력의 차이를 증폭하는 것에 불과 하지만 증폭도를 적당한 감도로 하는 것이 필요하며 이러한 기술이 필요하며 그것이 정궤환(positive feedback)을 이용하는 방법이다.

이 회로는 **슈밋 트리거 회로** 또는 **히스테리시스 회로**라고도 불리고 있으며 기본적인 회로 구성은 그림 7.33과 같다.

이 회로에서 기준전압 v_t가 비교의 기준이 되며 출력전압을 R_2와 R_3로 분압 한 전압이 히스테리시스 전압이 되어 출력을 반전시키기 위한 입력전압은 기준전압보다 히스테리시스 전압만큼 크거나 작아야 하며 히스테리시스 전압(v_h)는 $v_h = (v_o - v_t) \times R_3/(R_2 + R_3)$로 되며 이것은 노이즈에 의한 오동작이나 미세한 전압차로 비교회로가 동작하여 불안정하게 되는 것을 방지 할 수 있다.

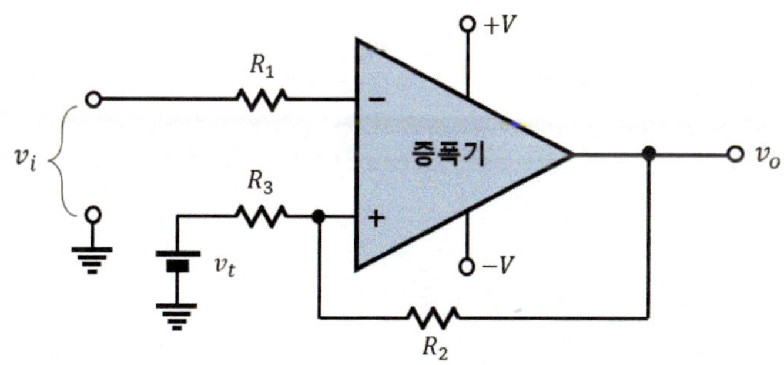

그림 7.33 슈밋 트리거 회로의 기본적인 구성

실제의 R_1, R_2, R_3값의 결정 방법은 R_1과 R_3은 균형을 맞추기 위해 동일한 값으로 하며 통상 수 ㏀을 사용하고 히스테리시스를 어느 정도로 할 것인가에 따라 R_2를 정하지만 보통 히스테리시스는 수 10㎷ 이하로 하는 것이 좋다.

(7) 비교기의 실제회로

실례로 5V 단일 전원을 사용하여 입력 전압을 1V와 비교하는 회로를 생각해 본다. 먼저 기준 전압인 1V는 전원전압을 저항으로 분압 해 만드는 것으로 하겠다.

사용할 IC는 「LM393」로서 이 IC의 출력은 오픈 컬렉터로 되어 있고 출력의 풀업 저항이 필요해지지만 비교 회로를 5V보다 높은 전압에서 동작 시키고도 다음 단에 디지털 IC를 전압을 맞출 필요 없이 바로 사용할 수 있어서 편리하다. 실용 회로는 그림 7.34와 같이 할 수 있다.

회로를 보면 12 ㏀과 3 ㏀의 저항으로 5 V를 분압하여 1 V를 만들어서 기준 전압으로 사용하고 있다. 보다 정밀한 기준 전압을 만들려면 제너다이오드나 기준 전압 발생기를 사용해야 하겠지만 여기서는 저항을 이용하였으나 전원 전압만 안정되어 있으면 별 무리 없이 사용할 수 있다. 여기에서 히스테리시스는 출력 전압이 5 V일 때 수 10 ㎷ 정도가 되도록 10 ㏀과 1 ㏀으로 1/100으로 하고 있다. 결과로서 출력이 1→0이 될 때는 약 40 ㎷, 0→1이 될 때는 약 10 ㎷의 히스테리시스로 된다.

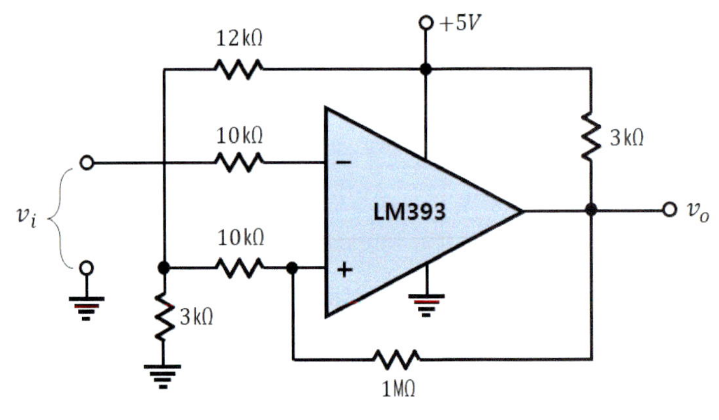

그림 7.34 실용 비교회로

7.5 연산 증폭기의 비이상적인(nonideal) 성질

7.5.1 DC offset 전압

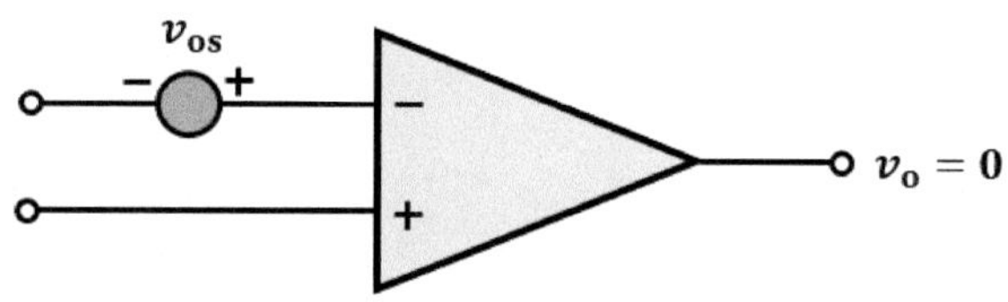

그림 7.35 offset 전압

이상적인 연산증폭기에서는 두 입력이 동일할 경우 출력이 없다. 연산증폭기에서는 두 입력이 동일하더라도 출력이 0이 되지 않는다. 연산증폭기의 출력을 0으로 만드는 입력 차이 v_{os}를 **오프셋(offset) 전압**이라 한다.

오프셋 전압이 발생하는 이유는 두 입력을 이루는 소자들이 정확히 일치하는 특성을 가지고 있지 않기 때문이다. 오프셋 전압은 대체로 2 ㎷이지만 최대 6 ㎷가 될 수도 있다. 작은 입력 신호에 대해서는 오프셋 전압을 고려하여야 한다. 오프셋 전압은 1과 5번 사이에 가변저항을 연결하여 제거할 수 있다.

7.5.2 입력바이어스 전류

이상적인 연산증폭기의 경우 입력임피던스가 무한대이므로 입력으로 흐르는 전류는 없다. 연산증폭기에서는 작은 전류가 두 입력 안으로 흘러들어 갈 수 있다. 이 전류가 전압으로 전환되어 연산증폭기에 의해 증폭될 수 있다. 두 입력 단자의 입력바이어스 전류는 다를 수 있다. 입력바이어스 전류의 차이를 입력 **오프셋 전류**라고 부른다.

연산증폭기 741의 경우 입력바이어스 전류는 80 ㎁ 정도이다. 입력단자를 FET를 사용하는 연산증폭기의 경우 이 값은 수 ㎀이다. 입력단자에 MOSFET를 사용하는 연산증폭기에서는 입력바이어스 전류가 0.01 ㎀인 것도 있다.

7.5.3 입력 및 출력 임피던스

입력임피던스는 이상적인 경우 무한대이다. 연산증폭기의 입력임피던스는 741의 경우 2 ㏁이며 입력단자에 FET를 사용한 연산증폭기의 경우 이 값은 1012 Ω이다.

입력임피던스는 음의 피드백 회로에 의해서 높아지지만 큰 문제는 아니다. 출력임피던스도 0이 아닌 값을 가진다. 741의 경우 출력임피던스는 대략 75 Ω이다.

7.5.4 유한한 대역폭 및 슬루율

이상적인 연산증폭기에서 모든 진동수의 신호에 대한 증폭률이 같다. 연산증폭기는 유한한 **대역폭**(bandwidth)을 가진다. 741의 경우 진동수 100 ㎑에서부터 6 ㏈/octave로 증폭률이 감소한다. 1 ㎒에서 증폭률이 1이 된다. 연산증폭기의 대역폭은 1 ㎒이다.

슬루율(slew rate)는 입력신호의 변화에 대한 증폭기의 반응속도를 나타낸다(그림 7.36). 계단모양의 입력신호에 대해 출력신호가 동일한 계단 모양으로 나온다면 슬루율은 ∞가 된다. 슬루율은 $\Delta V/\Delta t$로 주어진다.

그림 7.37과 같이 슬루율은 741의 경우 대략 0.4 V/㎲인데 356의 경우는 대략 10 V/㎲이다. 이와 같이 연산 증폭기의 종류에 따라 슬루율이 다름을 알아야 한다.

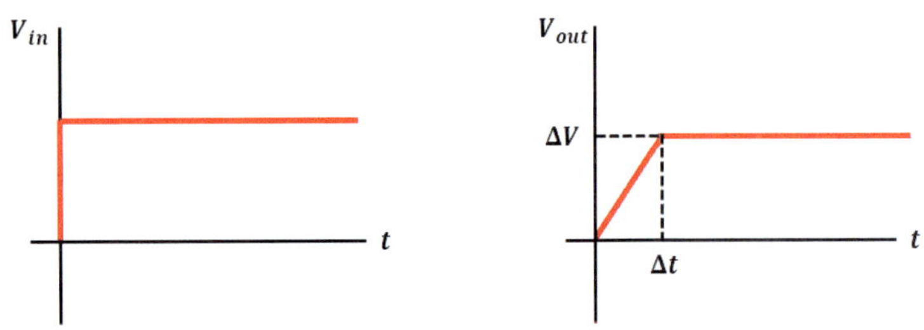

(a) 입력 신호 (b) 증폭기의 반응속도

그림 7.36 연산 증폭기의 슬루율

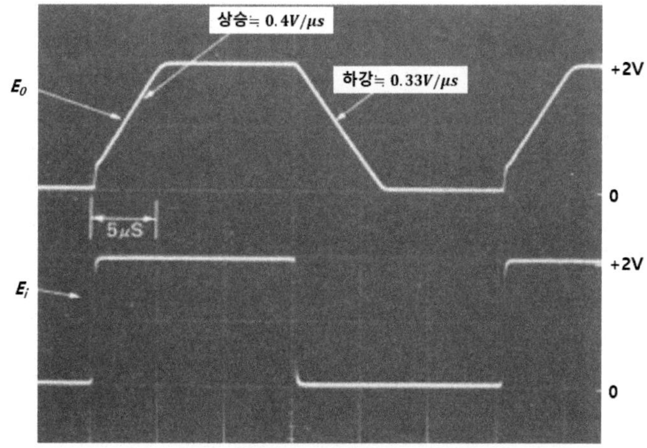

(a) 741에 의한 슬루율 실측 결과

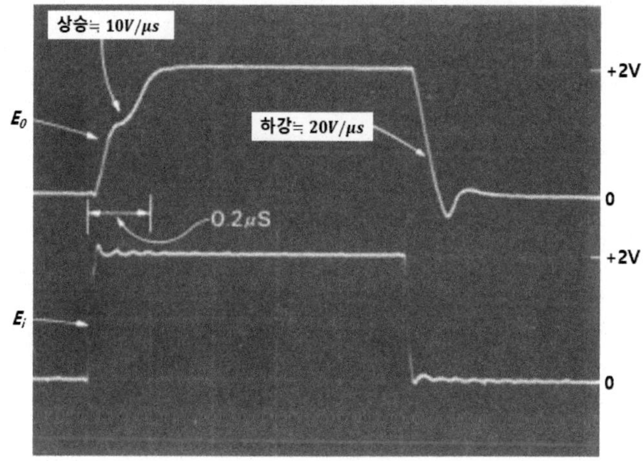

(b) 356에 의한 슬루율 실측 결과

그림 7.37 연산 증폭기에 따른 슬루율의 차이

8장

다이오드와 전원장치

반도체에 대해서는 1장에서 언급했으며 반도체 소자에는 다이오드와 트랜지스터가 대표적이라 할 수 있다. 다이오드란 전류를 한쪽 방향으로만 흘리는 반도체 부품이다. 반도체란 원래 이러한 성질을 가지고 있기 때문에 반도체라 부르는 것이다. 트랜지스터도 반도체이지만, 다이오드는 특히 이와 같은 한쪽 방향으로만 전류가 흐르도록 하는 것을 목적으로 하고 있다.

본 장에서는 이러한 다이오드의 구조와 동작, 선형 모델 및 전원 장치, 그리고 기타 다이오드에 대해 다루기로 한다.

8.1 다이오드의 구조와 동작

8.1.1 다이오드의 구조

다이오드는 원래 2단자 소자를 의미하는 di-electrode에서 유래한 언어이며 반도체 2단자 소자를 지칭하는 것이 보통이다. 반도체의 재료는 실리콘(규소)이 많지만 그 외에 게르마늄, 셀렌 등이 있다.

그림 8.1과 같이 p형 반도체와 n형 반도체를 접합하여 단자를 설치하면 다이오드로 된다. 이와 같은 다이오드는 **pn 접합 다이오드**라고 한다. 이와 다른 구조로는 **PIN 다이오드** 등이 있다. 그림 6.1은 다이오드에 전압이 가해지지 않았을 때의 상태로서 P영역에는 양(+)전하의 성질을 가진 정공(hole)들이 분포되어 있고 N영역에는 음(-)전하의 성질을 가진 전자(electron)들로 분포되어 있다.

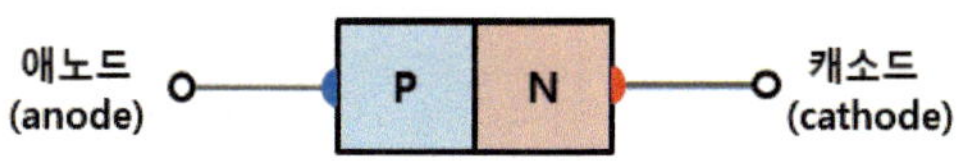

(a) 구조

(b) 기호

그림 8.1 PN 접합 다이오드 구조와 기호

8.1.2 다이오드의 동작

그림 8.2 (a)와 같이 전압을 걸면 각 영역에 전자장이 형성되어 디바이스 내에 전계가 발생하고 그 결과 다수 캐리어(정공과 전자)들이 PN접합부를 향해 이동한다. 그러나 P영역 쪽과 N영역 쪽에서는 각각 새로운 정공과 전자가 계속해서 생성되어 접합부로 이동하게 되므로 결국 P영역 쪽과 N영역 쪽 사이에는 전류가 흐르게 된다. 이와 같이 되는 것을 순방향 바이어스를 건다고 한다. 한편 같은 그림 8.2 (b)와 같이 역방향 전압을 가하면 P영역 쪽에는 음극의 전압이 가해져 양전하의 성질을 띤 정공들이 모이게 되며 N영역 쪽에는 양극의 전압이 가해져 음전하의 성질을 띤 전자가 모이게 된다. 결국 P영역 쪽과 N영역 쪽 사이에는 전하의 양극화 현상이 나타나며 전류의 흐름이 차단되게 된다. 단지 소수 캐리어에 의해 약간의 전류가 흐른다. 이 전류를 **포화 전류**라고 한다. 즉, PN접합 다이오드는 순방향으로 전류를 흐르게

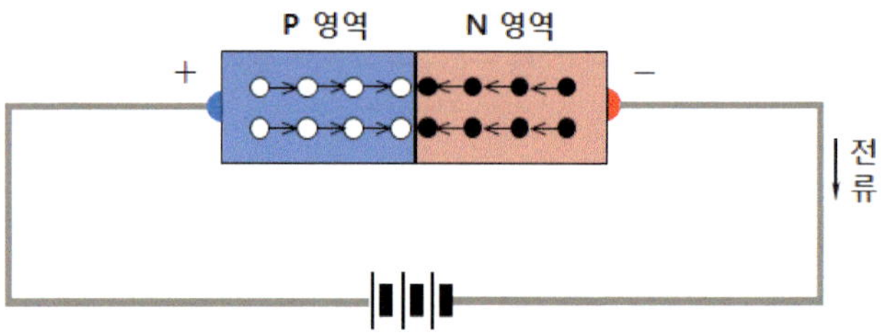

(a) 순방향 접속

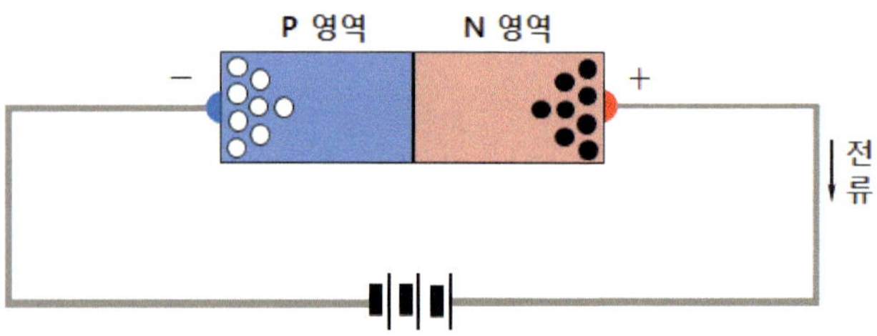

(b) 역방향 접속

그림 8.2 정류기로 동작하는 PN접합의 동작 특성

하고 역방향으로 전류의 흐름을 차단하는 정류기의 역할을 한다. 그러므로 다이오드는 PN접합을 이용한 정류형 반도체 소자를 의미한다.

그림 8.3 (a)와 같이 다이오드에는 어느 한 쪽의 리드 선에 띠 모양의 마크가 붙어 있다. 이 표시가 캐소드 쪽을 나타내고 있으며 반대쪽이 애노드를 나타낸다. 즉, 오른쪽에서 왼쪽으로는 전류가 흐르고, 왼쪽에서 오른쪽으로는 전류가 흐르지 않게 된다.

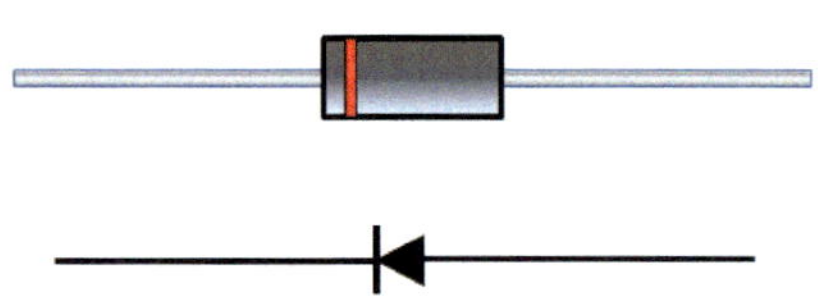

(a) 다이오드 띠 모양과 기호

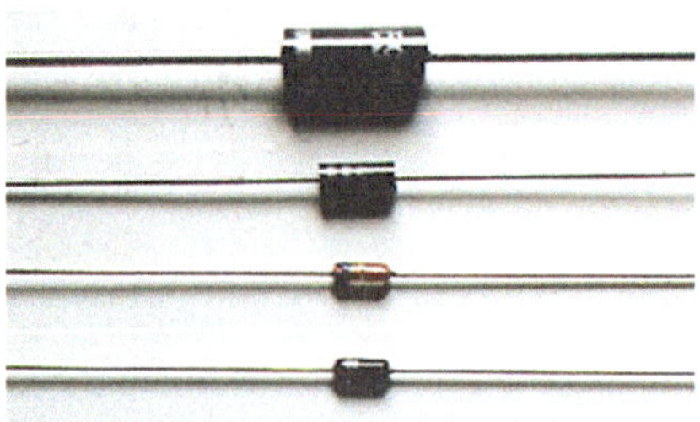

(b) 실제 다이오드의 띠 모양

그림 8.3 다이오드의 띠 모양의 마크

그림 8.3 (b)의 맨 위에 있는 것과 두 번째의 것은 전류의 정류용이며 맨 위의 것이 6A의 전류가 흘릴 수 있는 것이고, 그 밑에 있는 것이 1 A의 전류를 흘릴 수 있는 것이다. 이 전류값은 최대 정격이므로 실제 사용할 때에는 최대라도 70% 정도 사용하는 편이 무난하다.

세 번째의 적색을 띠고 있는 것은 1S1588이라 부르는 스위칭용 다이오드이다. 최대전류는 120 mA이지만, ON/OFF의 전환을 고속으로 할 수 있기 때문에 스위칭용으로 사용되며 디지털 회로에서 흔히 사용한다. 역방향 전압의 최대값은 30 V로 되어 있다.

맨 아래에 있는 것은 뒤에서 다룰 제너 다이오드로 6 V의 것이다. 역방향으로 전압을 가했을 경우 약 6 V에서 일정하게 되며 입력전압을 더욱 높이려고 하면 다이오드를 흐르는 전류가 증가하고 전압은 변하지 않는다(약간 변한다). 그러나 흘릴 수 있는 전류는 30 mA 정도에서 파괴되므로 너무 흐르지 않도록 전류의 보호를 생각하지 않으면 안 된다.

전원의 안정화에는 통상 3단자 레귤레이터를 사용하기 때문에 이 다이오드의 용도는 순간적인 과전압(너무 높지 않은 경우)으로부터 회로를 보호하는 용도 등에 사용한다. 3단자 레귤레이터는 내부에서 제너 다이오드를 사용하고 있다.

8.1.3 다이오드의 전압-전류 특성

그림 8.4에 실리콘(Si) 다이오드의 특성을 나타내고 있다. 그림에서 알 수 있듯이 다이오드에 순방향으로 전압을 인가했을 때는 0.6 V 이상에서 전류가 흐르기 시작하며 역방향으로 전압을 인가했을 때는 전압의 크기를 어느 정도 증가시켜도 누설 전류만 흐르게 되어 OFF상태가 된디.

다이오드의 전압과 전류의 관계를 식으로 나타내면 다음과 같으며 이는 다이오드 방정식(diode equation)으로 알려져 있다.

$$i_D = I_S\left[\exp\left(\frac{v_D}{kT/q}\right)\right]-1 \tag{8.1}$$

여기서 v_D는 다이오드 양단의 전압, i_D는 다이오드 전류, k는 볼츠만 상수($k = 1.381 \times 10^{-23}$ J/K), q는 전자 하나의 질량, T는 물체의 절대 온도(°K), I_S는 역포화 전류이다.

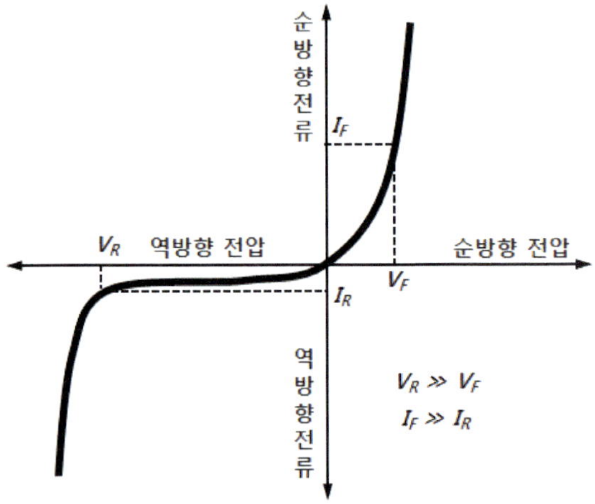

그림 8.4 실리콘 다이오드의 특성 곡선

특히 상온(25℃)에서는

$$\frac{kT}{q} \cong 26\text{mV} \tag{8.2}$$

이므로 다이오드 전압 v_D가 십 분의 수 볼트만 넘어도 식 (8.1)은 다음과 같이 표현해도 무방하다.

$$i_D \cong I_S \exp\left(\frac{v_D}{kT/q}\right) \tag{8.3}$$

실제로 실리콘 다이오드는 그림 8.4에서 보듯이 약 0.7 V의 다이오드 전압을 전후해서 전류가 급격히 증가하기 시작하며 이 전압을 **문턱 전압**, **도통 전압** 또는 **무릎 전압** 등 여러 이름으로 부른다. 여기서는 도통 전압으로 통일해서 언급하기로 한다. 기호는 V_T로 하며 특별한 조건이 없는 한 상온에서는 $V_T = 0.7$ V로 한다. 식 (8.1)에서 다이오드 전압이 상온에서 $-V_R$과 같이 약간의 음의 값만 되어도 다음과 같이 유지된다.

$$i_D = I_S\left[\exp\left(\frac{v_D}{kT/q}\right) - 1\right] \cong -I_S \tag{8.4}$$

즉, 다이오드 전류는 $-I_S$로 거의 일정하게 유지된다. 따라서 식 (8.3)과 (8.4)로부터 다이오드의 전형적인 특성 곡선은 그림 8.4와 같은 형태임을 알 수 있다.

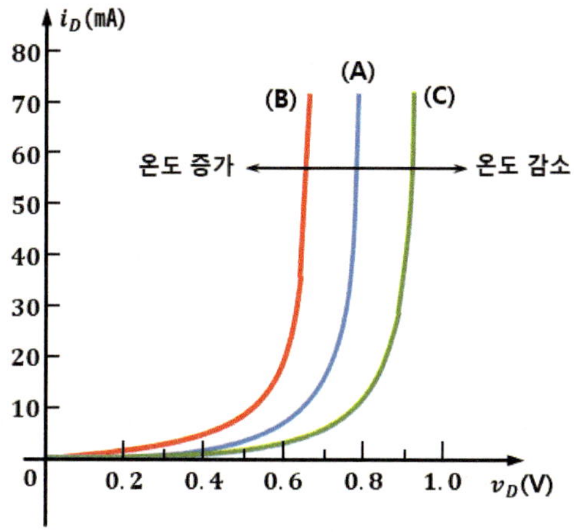

그림 8.5 온도에 따른 다이오드의 특성 곡선 변동

그림 8.4와 식 (8.3)에서 알 수 있듯이 도통 전압을 넘어서 다이오드가 도통하기 시작하면 작은 전압의 변화에도 전류는 급격하게 변한다. 예를 들어 전압이 0.8 V만 되어도 다이오드는 예측할 수 없는 과도한 전류가 흐르게 된다. 이와 같이 다이오드의 순방향 전류는 전압에 대단히 민감할 뿐만 아니라 온도의 변화에도 민감하며 그림 8.5가 이를 보여준다.

그림 8.5와 같이 상온에서는 다이오드 도통 전압이 약 0.7 V이지만 주변 온도가 감소하면 도통 전압이 상승하며 반대로 온도가 증가하면 도통 전압이 낮아진다. 예를 들어 그림 8.6 (a)와 같이 다이오드 양단에 전압 $V_D = 0.7$ V를 바로 인가한다면 온도에 따른 다이오드 전류 i_D는 그림 8.6 (b)와 같이 대단히 심하게 변동한다. 특히 온도가 상승하는 (B)의 경우는 예측할 수 없는 과도한 전류가 흘러 다이오드가 파괴될 수 있다. 이러한 위험을 방지하기 위해 실제 회로에서는 그림 8.7 (a)와 같이 저항을 다이오드와 직렬로 결합하여 사용하는 것이 상식이다. 그림 8.7 (a)에서 KVL에 의해 다음과 같이 된다.

$$v_D + i_D R = V_D \tag{8.5}$$

그러므로 이 식은 그림 8.7 (b)의 그래프 상에서 기울기가 $-1/R$인 직선으로 표시되며 전압 축과 만나는 값은 V_D이다. 그림과 같이 이 직선과 다이오드의 특성 곡선이 만나는 점이 다이오드 전압과 전류로 결정된다. 그 결과 그림 8.7 (b)에서 다이오드 특성 곡선이 변하더라도 다이오드 전류 변화는 그림 8.6의 경우에 비해 훨씬 작다는 것을 알 수 있다. 따라서 그림 8.7 (b)와 같이 다이오드와 직렬도 저항을 결합하여 사용하면 다이오드 전류가 매우 안정되므로 대부분의 다이오드 회로에는 전류를 안정시키는 저항을 다이오드와 직렬로 결합하여 사용하는 것이 상식이다.

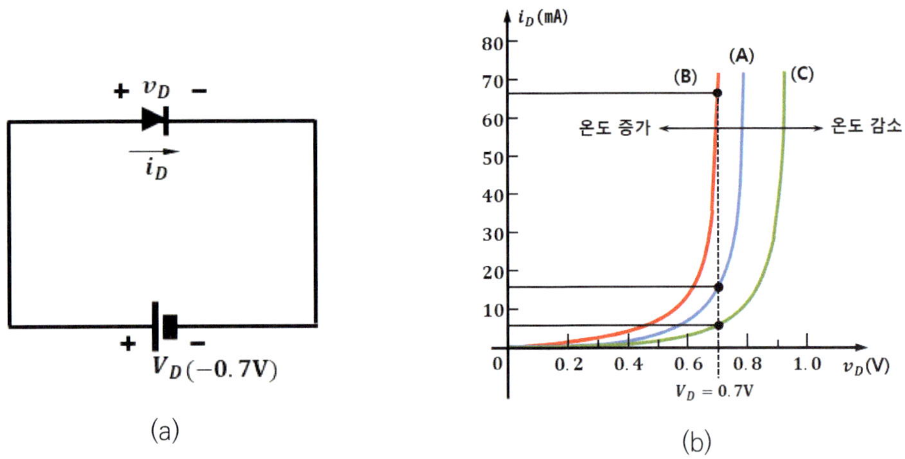

그림 8.6 다이오드 회로와 온도에 따른 전류의 변화

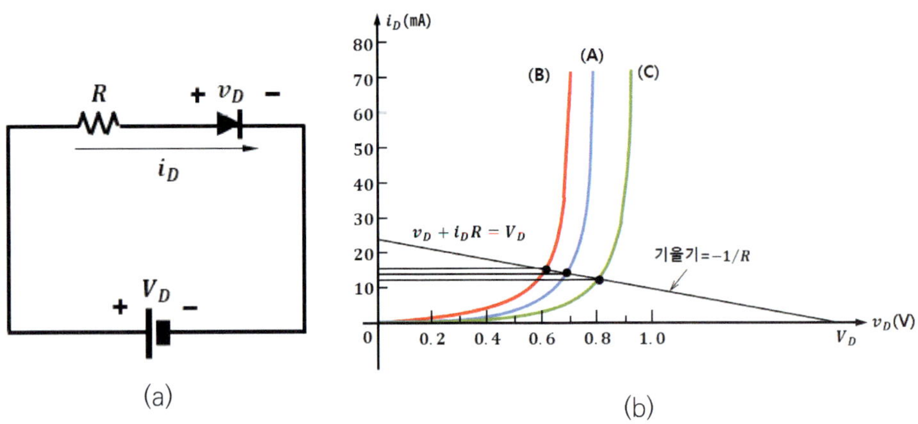

그림 8.7 저항과 연결한 다이오드 회로와 온도에 따른 전류의 변화

8.2 다이오드의 선형 모델

다이오드는 전압-전류 특성이 선형적이지 않은 비선형 소자이며 비선형 소자를 포함한 회로는 일반적으로 해석이 복잡해진다. 따라서 회로를 효과적으로 해석하기 위해 비선형 소자를 선형적인 모델로 근사화 하면 매우 편리하며 이를 간단히 **등가 회로**라 한다. 다이오드는 직류와 교류에 대한 등가 회로가 다르므로 다이오드에 대한 직류 등가 회로와 교류 등가 회로를 분리하여 설명하기로 한다.

8.2.1 직류 등가 회로

다이오드의 직류 등가회로는 그림 8.8과 같이 두 가지가 주로 사용된다. 다이오드가 회로의 한 부분으로 연결되어 사용될 경우로 도통 전압 0.7 V는 주위 소자들의 동작 전압에 비해 무시할 수 있는 경우가 많다. 그리고 도통 전압을 넘어선 순방향에서는 특성 곡선이 거의 수직에 가까운 특성을 보인다. 따라서 도통 전압을 0으로 무시하고 순방향에서의 특성 곡선을 수직으로 근사한 결과가 그림 8.8 (a)이며 이상적인 다이오드의 특성과 같다. 그리고 다이오드의 도통 전압 V_T를 고려하면 등가 회로는 그림 8.8 (b)와 같으며 스위치 S의 왼쪽 단자 전압이 V_T일 때 스위치는 닫힌다.

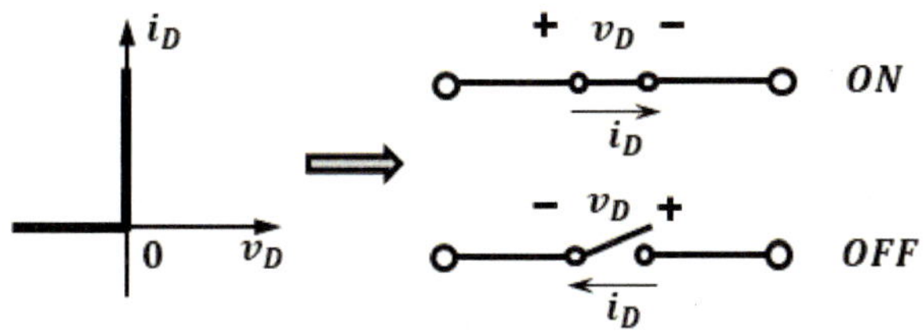

(a) 이상적 스위치

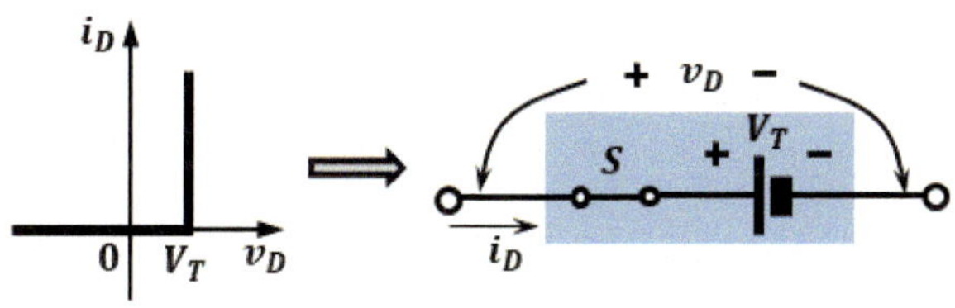

(b) 이상적 스위치와 전압원의 직렬 결합

그림 8.8 다이오드의 직류 등가회로

예제 8.1 그림 8.9의 회로에서 다이오드에 전류가 흐르는지 알아보아라. 단, 다이오드는 이상적인 것으로 간주한다.

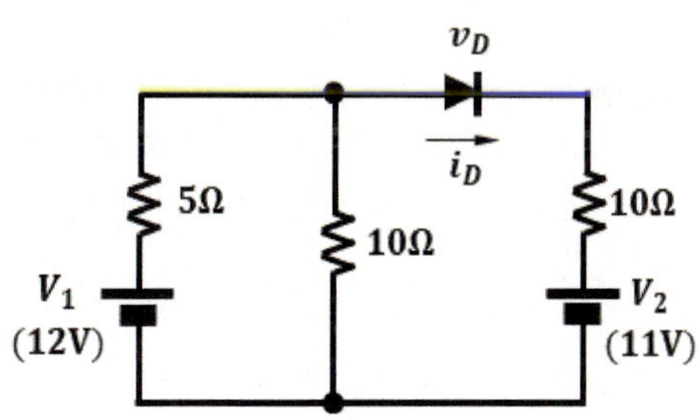

그림 8.9 예제 8.1의 그림

풀이

다이오드에 전류가 흐르는지 흐르지 않는지는 판단할 수 없으므로 가정을 해야 한다. 그림 8.9에서 다이오드에 전류가 흐르지 않는다고 가정하면 그림 8.10 (a)로 등가화 할 수 있으며 흐른다고 가정하면 등가회로는 그림 8.10 (b)와 같다.

먼저 그림 (a)에서 11 V와 직렬로 결합된 저항 10 Ω에는 전류가 흐르지 않으므로 또 다른 10 Ω에 걸리는 전압은 다음과 같이 된다.

$$\frac{10}{5+10}\times 12 = 8[\mathrm{V}]$$

따라서 다이오드 양단에 걸리는 v_D는 다음과 같다.

$$v_D = 8 - 11 = -3[\mathrm{V}]$$

그러므로 전류가 흐르지 않는다는 가정이 맞다. 따라서 다이오드에는 전류가 흐르지 않는다.

다음으로 그림 (b)에서 루프 전류 i_1, i_2를 이용하여 KVL을 적용하면 다음과 같다.

$$(10+5)i_1 + (-10)i_2 = 12$$
$$(-10)i_1 + (10+10)i_2 = -11$$

그러므로 다음과 같다.

$$i_2 = -0.225[\mathrm{A}]$$

여기서 다이오드에 흐르는 전류 i_D는 i_2와 같기 때문에 다이오드에는 역방향 전류가 흐르는 결과가 된다. 따라서 다이오드에는 전류가 흐르지 않으며 이는 전류가 흐른다는 가정과 맞지 않게 된다. 결과적으로 다이오드는 전류가 흐르지 않는다.

이상과 같이 다이오드 회로를 해석할 때에는 R, L, C의 선형소자와는 달리 가정을 통한 풀이가 필요하며 이는 다이오드가 비선형 소자이기 때문이다.

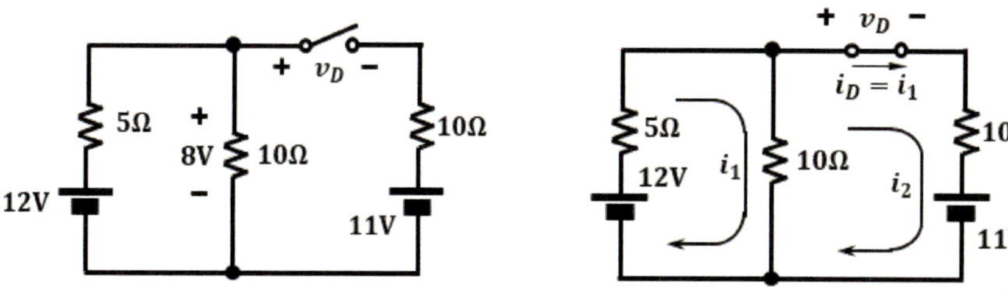

(a) 흐르지 않는 전류의 등가회로　　　(b) 흐르는 전류의 등가회로

그림 8.10 그림 8.7의 다이오드 등가 회로

8.2.2 교류 등가 회로

그림 8.11은 교류에 대한 다이오드의 특성을 알아보기 위해 직류 전압 V_D와 교류전압 v_d의 합을 다이오드 양단에 인가한 회로이다. 여기서 교류전압 v_d의 진폭은 직류 전압 V_D에 비해 매우 작다고 가정하면 이러한 교류를 **소신호**(small signal)라 한다.

그림 8.11에서 교류와 직류를 합한 $v_D = V_D + v_d$가 다이오드의 양단 전압이며 다이오드 전류 역시 교류와 직류를 합한 $i_D = I_D + i_d$의 두 성분이 있다. 그림 8.11 (a)는 v_D와 i_D의 관계를 다이오드 특성 곡선 상에서 알아보는 것이며 특히 직류 전압 V_D와 직류 전류 I_D를 나타내는 점을 ***Q*점**(quiescent point)이라 한다. Q점을 중심으로 한 소신호 전압 v_d는 그림과 같이 Q점을 중심으로 소신호 전류 i_d를 일으킨다. 그러나 특성 곡선의 기울기가 직선적이지 않기 때문에 Q점의 위치에 따라 소신호 전류의 진폭이 달라짐을 알 수 있다. 따라서 다이오드의 교류 특성은 직류의 영향을 받는다는 것을 알 수 있다.

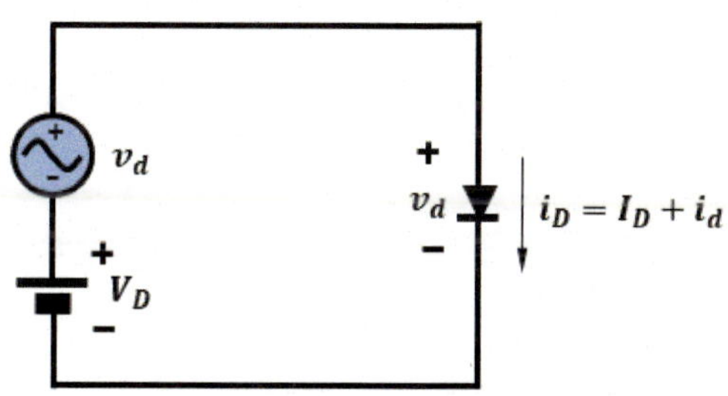

그림 8.11 직류 전압과 교류 전압을 인가한 다이오드 회로

그림 8.12 (a)에서 Q점 부근을 확대하여 그려보면 (b)와 같다. 여기서 Q점을 중심으로 한 전압과 전류의 미소 변화 Δv_D와 Δi_D의 폭이 매우 좁은 경우 이 구간에서 다이오드 특성 곡선을 하나의 직선으로 근사화 할 수 있으며 그 기울기는 Q점에서의 접선 기울기와 같다. 따라서 Q점에서의 접선 기울기를 g_m이라 하면 다음과 같이 된다.

$$g_m = \frac{di_D}{dv_D} \cong \frac{\Delta i_D}{\Delta v_D} \cong \frac{i_d}{v_d} \tag{8.6}$$

그러므로 소신호 전압과 전류의 관계는 다음과 같다.

$$i_d = g_m v_d \tag{8.7}$$

식 (8.4)의 다이오드 방정식으로부터 순방향 바이어스에서는 다음과 같이 나타낼 수 있다.

$$i_D = I_S\left[\exp\left(\frac{v_D}{kT/q}\right) - 1\right] \cong I_S \exp\left(\frac{v_D}{kT/q}\right) \tag{8.8}$$

그러므로 g_m은 다음과 같이 표현할 수 있다.

$$g_m = \left[\frac{di_D}{dv_D}\right]_Q = \left[\frac{i_D}{kT/q}\right]_Q = \frac{I_D}{kT/q} \tag{8.9}$$

특히 상온에서는 kT/q가 약 26 ㎷이므로 다음과 같다.

$$g_m = \frac{I_D}{26} \text{(상온에서)} \tag{8.10}$$

여기서 g_m의 역을 r_d라 하면 다음과 같다.

$$r_d = \frac{1}{g_m} = \frac{26}{I_D} \text{(상온에서)} \tag{8.11}$$

이 r_d를 **다이오드의 동저항**(dynamic resistance)라 한다. 따라서 식 (8.6)과 (8.11)로부터 교류(소신호)에 대한 다이오드의 특성은 다음과 같이 주어진다.

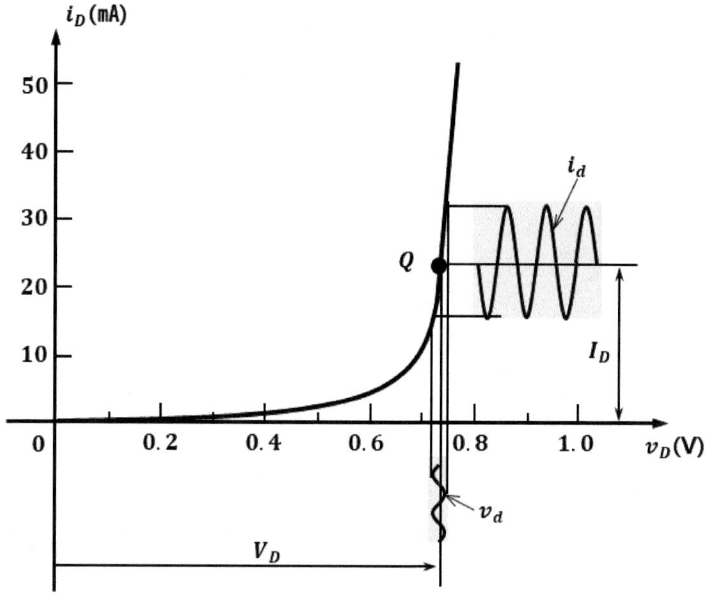

(a)

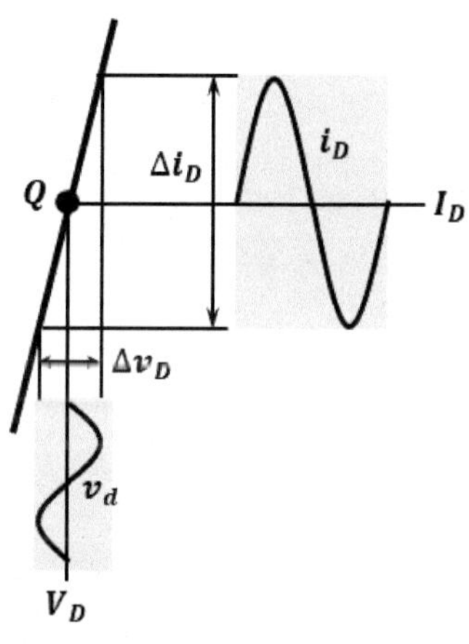

(b)

그림 8.12 다이오드의 교류에 대한 특성

$$\frac{v_d}{i_d} = r_d = \frac{26}{I_D} \quad \text{(상온에서)} \tag{8.12}$$

다이오드의 직류 전류에 의해 영향을 받는다. 이상으로부터 다이오드의 직류 및 교류 등가 회로를 정리하면 그림 8.13과 같다.

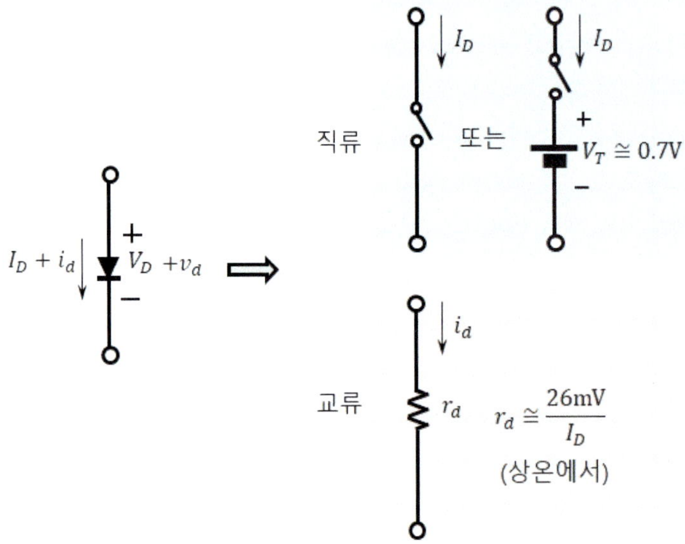

그림 8.13 다이오드의 등가회로

예제 8.2	상온에서 다이오드에 흐르는 전류가 5.2㎃일 때 다이오드의 동저항을 구하라.
풀이	식 (8.11)로부터 $$r_d = \frac{26}{I_D} = \frac{26}{5.2} = 5[\Omega]$$

8.3 전원 장치

대부분의 전자 장치는 에너지원으로 직류 전압과 직류 전류를 필요로 하며 이들을 전원 장치(power supply)라 한다. 몇몇 시스템에서는 단순히 건전지를 전원으로 사용하지만 TV나 컴퓨터 등은 가정으로 공급되는 220 V, 60 ㎐의 교류 전원을 직류로 변환시켜 사용하며 이것을 **어댑터**(adapter)라 한다.

다이오드의 중요한 응용 가운데 하나가 교류를 직류로 변환시키는 전원 공급기이다(10장에서 자세히 언급). 이는 다이오드의 한 방향성을 바탕으로 이루어진다. 교류를 직류로 변환시키는 작용을 정류(rectification)라 하며 여기에는 **반파 정류**(half-wave rectification)와 **전파 정류**(full-wave rectification)가 있다.

8.3.1 반파 정류 회로

반파 정류 회로에는 여러 가지 종류가 있지만, 여기서는 브리지형 전파 정류 회로와 전파 배전압 정류 회로의 동작에 대하여 알아본다.

(1) 기본 반파 정류 회로

그림 8.14는 교류의 양의 반주기만 이용하여 정류하여 사용하므로 반파 정류 회로라 한다. 즉, 그림 8.15의 (a)와 같이 다이오드의 P형 측이 양의 전압이 인가될 때에만 전류가 흐르므로 다이오드(D)를 거친 파형은 양의 반파만 나타나며 출력 전압은 입력 전압과 같다. 그러나 음의 반주기 동안에는 그림 8.15 (b)와 같이 다이오드는 역방향으로 바이어스 되어 열린 스위치와 같으므로 출력 전압은 없다.

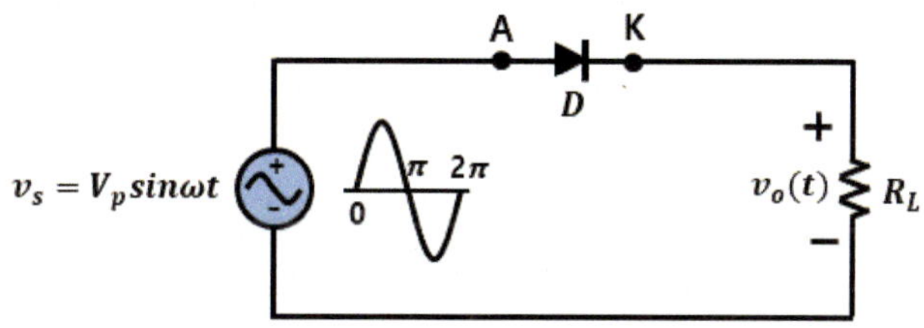

그림 8.14 기본 반파 정류 회로

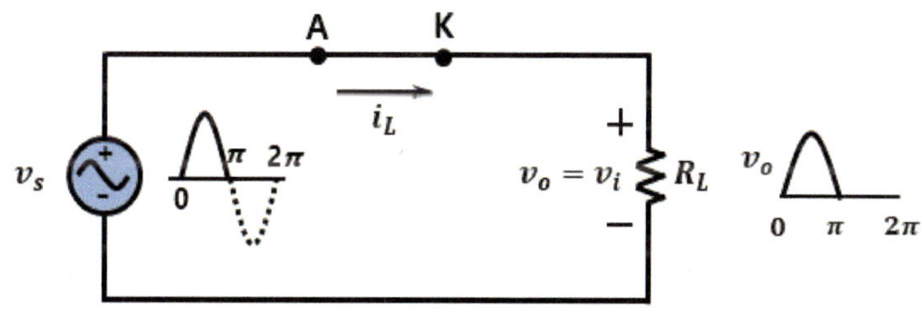

(a) 양의 반주기 동작

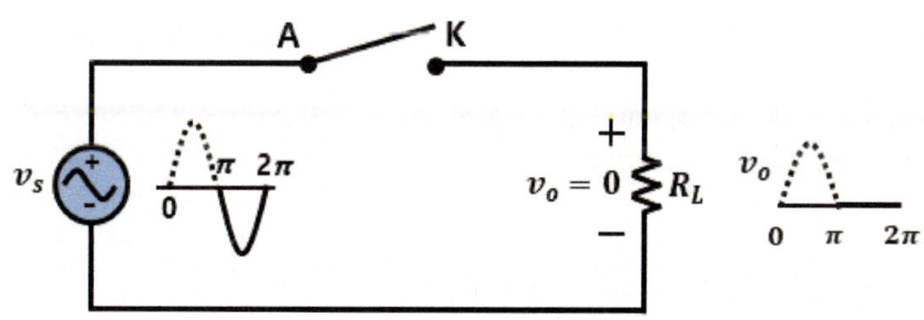

(b) 음의 반주기 동작

그림 8.15 기본 반파 정류 회로의 동작상태

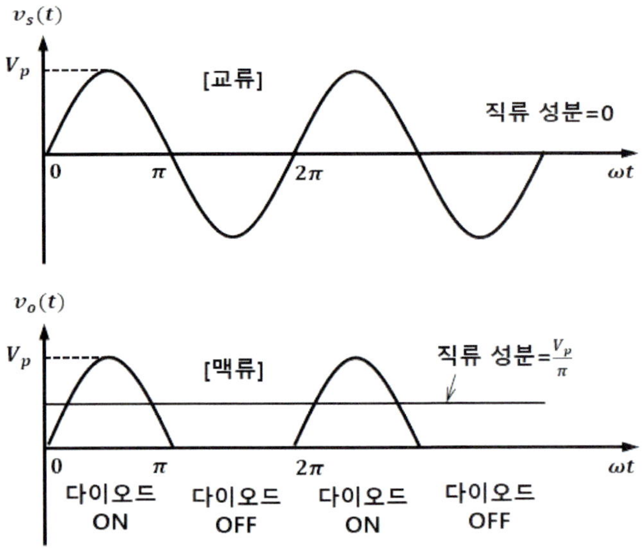

그림 8.16 기본 반파 정류 회로의 입력과 출력 파형

따라서 반파 정류 회로의 입력과 출력 피형은 그림 8.16의 맥류(리플)가 된다. 교류는 평균이 0이지만 맥류의 평균은 0이 아니다. 그림 8.16의 출력 $v_o(t)=0,\ \pi \le \omega t \le 2\pi$이므로 평균은 다음과 같다.

$$V_{DC} = \frac{1}{2\pi}\int_0^{2\pi} v_{out}(t)d(\omega t) = \frac{1}{2\pi}\int_0^{\pi} V_p \sin\omega t d(\omega t) \tag{8.13}$$

즉, 다음과 같이 주어진다.

$$V_{DC} = \frac{V_p}{\pi}(\text{반파 정류}) \tag{8.14}$$

(2) 평활 회로를 가진 반파 정류 회로

기본 반파 정류 회로의 파형은 완전한 직류가 되지 못하므로, 그림 8.17과 같이 콘덴서 C를 접속하면 정류 출력이 상승하는 동안 콘덴서는 충전되고, 하강하는 동안 콘덴서에 충전된 전류는 저항을 통해 흐르게 되므로 직류에 가까운 파형을 얻을 수 있다. 여기서, 콘덴서의 용량값을 알맞게 조정하면 비교적 안정된 직류 출력을 얻을 수 있다.

그림 8.17은 간단한 평활 회로를 나타낸 것으로 일반적으로 그림과 같은 회로를 많이 사용하며 직류 파형의 맥동률을 줄이기 위해 코일과 콘덴서를 사용한다. 코일의 역할은 파형의 교류 성분을 억제하고 직류 성분만 통과시키며, 콘덴서의 역할은 교류 성분은 통과(bypass)시키고

직류 성분만을 남겨 맥동을 줄이게 된다. 이와 같은 동작으로 평활한 직류를 얻을 수 있다. 보다 더 고품질의 직류를 얻기 위해 이 회로에 정전압 IC를 연결하여 주면 매우 안정된 파형의 직류 전압을 얻을 수 있다.

그러면 지금부터 그림 8.17의 평활회로를 가진 반파 정류회로의 동작 상태를 살펴보기로 한다.

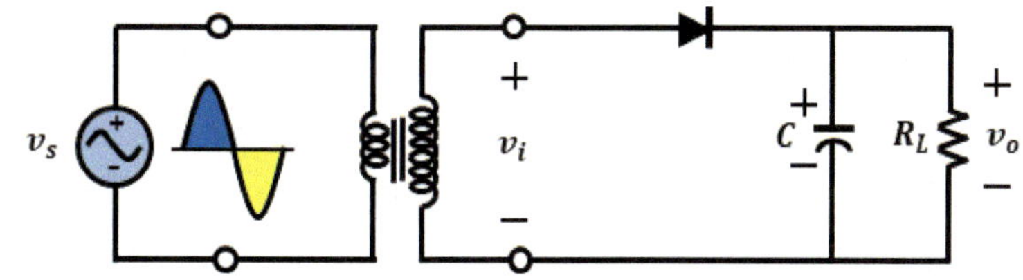

그림 8.17 평활회로를 가진 반파 정류회로

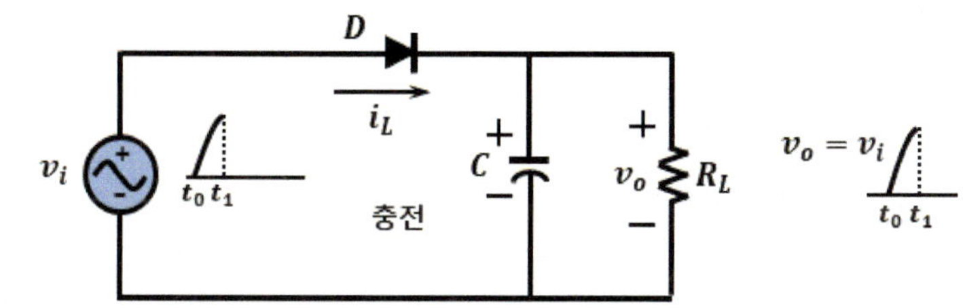

(a) 커패시터 충전구간($t_1 < t < t_2$)

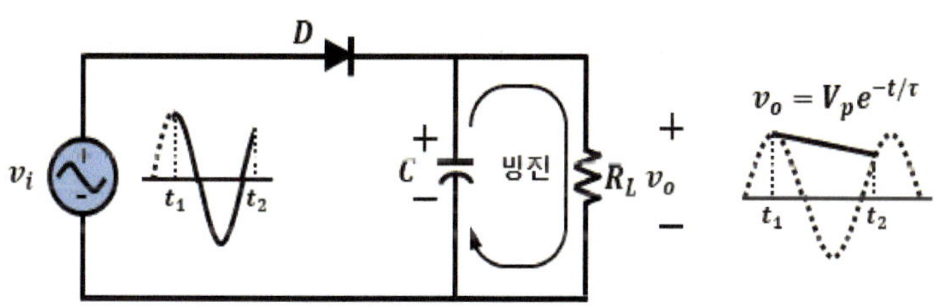

(b) 커패시터 방전구간($t_0 < t < t_1$)

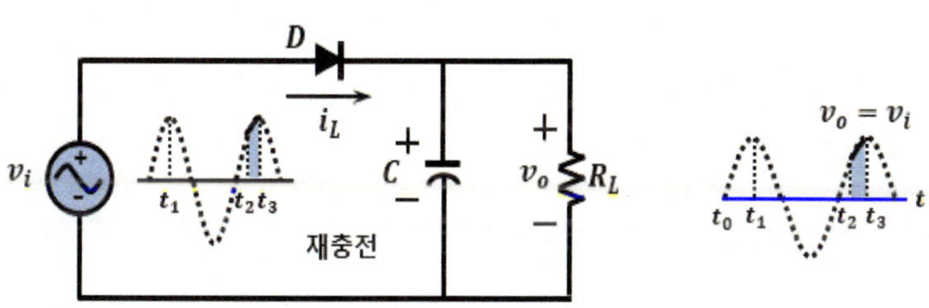

(c) 커패시터 재충전구간($t_2 < t < t_3$)

그림 8.18 평활회로를 가진 반파정류 배전압 회로의 동작 상태

그림 8.18에서 입력을 $v_i = V_p \sin\omega t$로 가정하고 $t = 0$으로부터 시작하여 출력 파형을 단계적으로 살펴보자. 단, $t < 0$에서 커패시터의 충전 전압은 없는 것으로 한다. 다이오드의 애노드 전압은 v_i이며 캐소드 전압은 출력인 커패시터 양단의 전압 v_0이다. 따라서 $t = 0$부터 입력 전압이 증가하기 시작하면 애노드 전압이 증가하므로 다이오드는 도통하여 그림 8.18 (a)는 입력 전압의 1/4 주기 동안 다이오드가 순방향으로 바이어스 되기 때문에 입력 전압의 피크값 V_p을 향해 커패시터가 순간적으로 충전된다. 왜냐하면 다이오드의 순방향 저항은 대단히 작으므로 다이오드와 커패시터로 이루어지는 회로의 시정수가 매우 작기 때문이다. 그림 8.18 (b)는 입력 전압의 1/4 주기를 지나게 되면 커패시터는 이미 입력 전압의 피크값 V_p로 충전되어 있는 상태이므로 다이오드의 음극이 $+V_p$로 바이어스 되기 때문에 다이오드는 역방향 바이어스가 된다. 따라서 다이오드가 차단되므로 커패시터는 부하저항 R_L과 결합되어 방전을 시작하게 되며 방전 시정수는 $R_L C$에 의해 결정된다. 그림 8.18 (c)는 커패시터가 방전을 함에 따라 서서히 커패시터 전압이 떨어지기 시작한다. 결국 입력 전압이 커패시터 전압과 같아지는 순간($t = t_2$ 순간)에 다이오드는 순방향으로 바이어스 되기 때문에 다시 ON상태로 되어 또 다시 커패시터가 입력 전압의 피크값을 향해 순간적으로 충전되기 시작한다. 커패시터가 입력전압의 피크값 V_p까지 충전되면 앞에서 설명한 것과 같은 동작을 계속 반복하게 된다.

이상으로 출력 v_o의 파형은 그림 8.19와 같이 맥동이 훨씬 줄어든 모습이며 $R_L C$(시상수; τ)를 크게 할수록 더욱 직류에 가까운 파형이 된다는 것을 알 수 있다.

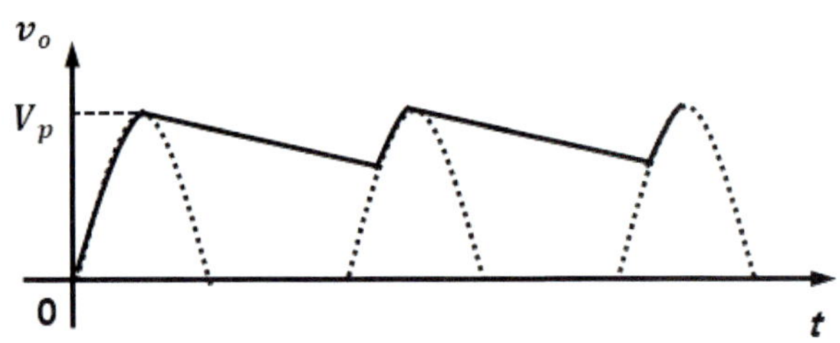

그림 8.19 그림 8.17 회로의 출력 파형

(3) 반파정류 배전압 회로

그림 8.20은 2배의 전압을 얻기 위한 반파 정류회로이다.

그림 8.21은 반파정류 배전압 회로의 동작 상태를 나타낸 것이다.

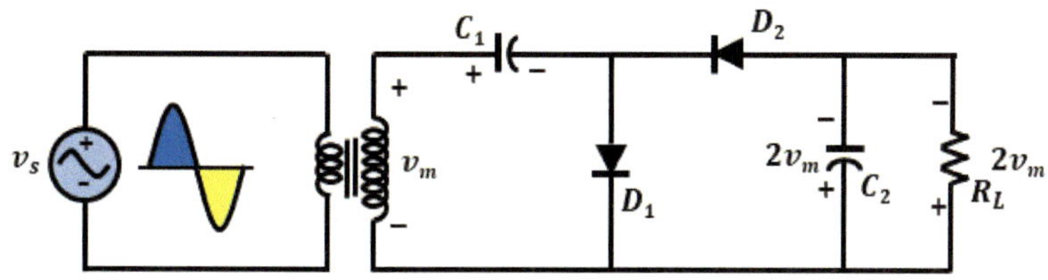

그림 8.20 반파정류 배전압 회로

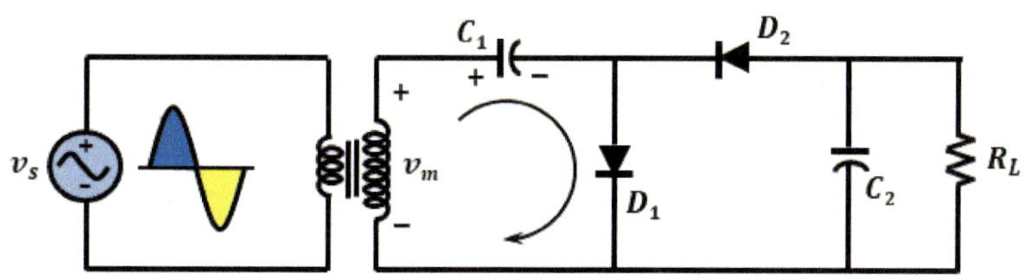

(a) 양의 반주기에 대한 동작

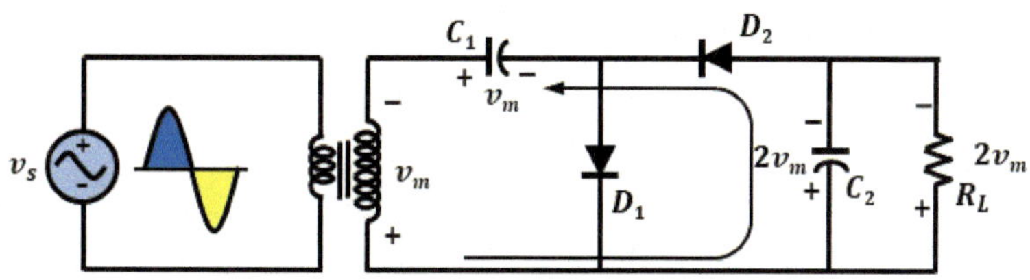

(b) 음의 반주기에 대한 동작

그림 8.21 반파정류 배전압 회로의 동작상태

변압기의 2차 코일에 유기되는 전압을 기준으로 양의 반주기 동안이면 D_1은 도통되고(D_2는 차단) C_1을 정류파형의 최대값 v_m까지 충전한다. 이 반주기 동안 다이오드 D_1은 이상적으로 단락되고 입력전압은 커패시터 C_1을 그림 8.21 (a)에 표시한 극성을 가진 v_m까지 충전한다. 2차 전압의 음의 반주기 동안에는 D_1이 차단되고, D_2가 도통되며 이 동안에 C_2가 충전된다. 음의 반주기동안 다이오드 D_2는 단락(D_1은 개방)되므로 C_2가 충전되는 전압을 계산하기 위해서 그림 8.21 (b)와 같이 폐회로방정식으로 구하면 다음과 같이 된다.

$$-v_{C_2}+v_{C_1}+v_m=0 \tag{8.15}$$
$$-v_{C_2}+v_m+v_m=0$$

식 (8.15)에서 $v_{C_2}=2v_m$을 얻는다.

그 다음 양의 반주기 동안에는 D_2는 차단상태가 되고, C_2는 부하를 통하여 방전하게 될 것이다. 만일 이 회로에 부하가 연결되지 않으면 C_1은 v_m을 유지하고, C_2는 $2v_m$을 유지할 것이다. 실제회로에서는 부하가 연결되어 있으므로 C_2는 양의 반주기 동안부하를 통하여 방전하므로 전압이 낮아지고, 음의 반주기 동안에 다시 $2v_m$으로 충전된다. C_2의 전압파형은 반파 정류기와 커패시터 필터가 연결된 회로의 출력 파형과 같은 모양이다. 배전압 정류회로의 각 다이오드에 나타나는 역방향 전압의 최대값은 $2v_m$이다.

8.3.2 전파 정류 회로

반파 정류 회로에서는 양의 반파만이 출력으로 나오는 데 비해, 전파 정류 회로에서는 양의 반파, 음의 반파 모두가 정류되어 반파 정류 회로보다 양질의 직류를 얻을 수가 있다.

전파 정류 회로에는 여러 가지 종류가 있지만, 여기서는 브리지형 전파 정류 회로와 전파 배전압 정류 회로의 동작에 대하여 알아본다.

(1) 브리지형 전파 정류 회로

브리지형 전파 정류 회로는 그림 8.22와 같으며, 양의 반주기 동안에 그림 8.23 (a)의 경로를 따라 부하 저항 RL에 흐르며 음의 반주기 동안에 그림 8.23 (b)의 경로를 따라 부하 저항 R_1에 흐르게 된다. 이 결과 부하저항 RL에는 같은 방향의 전류가 연속적으로 흐르게 된다.

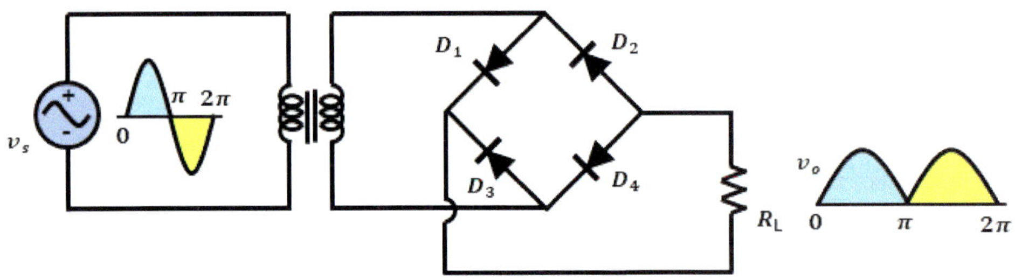

그림 8.22 브리지형 전파 정류회로

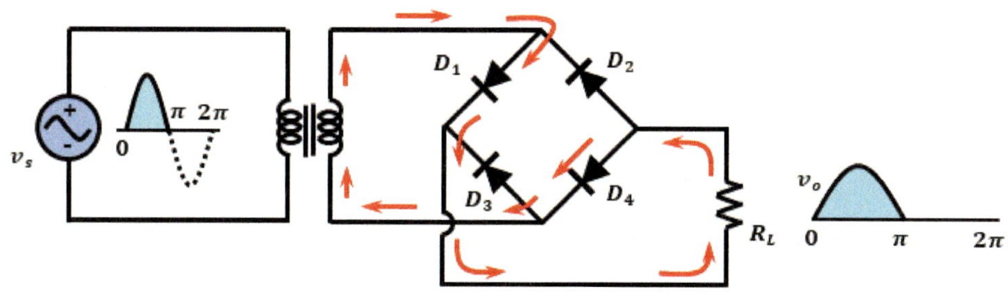

(a) 양의 반주기 동작

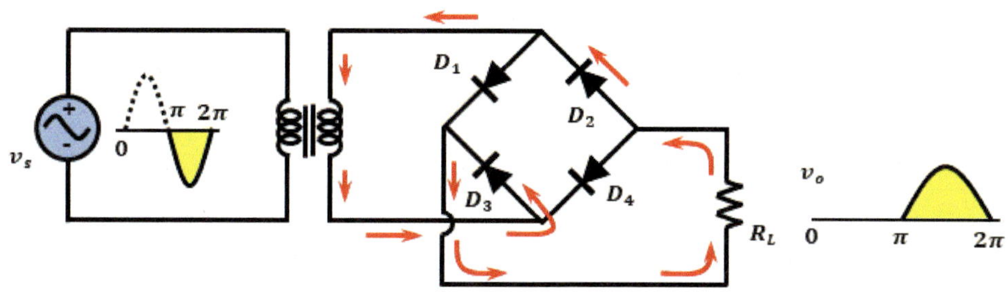

(b) 음의 반주기 동작

그림 8.23 브리지형 전파 정류회로의 동작 상태

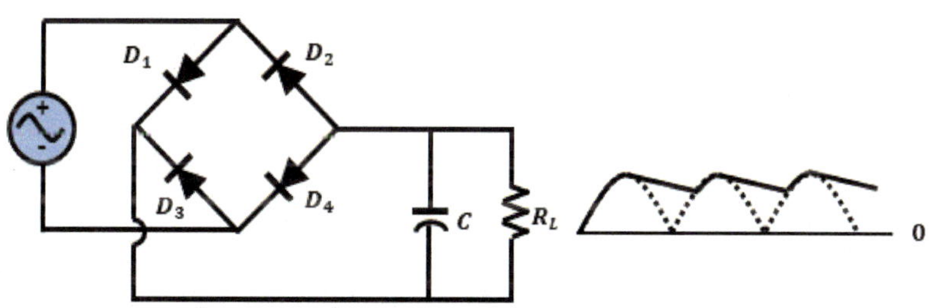

그림 8.24 평활회로가 있는 브리지형 전파 정류회로

브리지형 전파 정류 회로에 평활 회로를 추가하면 그림 8.24와 같이 맥동이 반파 정류에 비해 훨씬 적은 안정된 직류를 얻을 수 있다.

(2) 전파정류 배전압 회로

전파 배전압 정류 회로는 그림 8.25와 같으며, 양의 반주기 동안에 다이오드 D_1은 통전되고, 다이오드 D_2가 차단되므로 그림 8.26 (a)와 같이 콘덴서 C_1에는 전압이 충전된다. 음의 반주기 동안에 다이오드 D_1이 차단되고 D_2는 통전되므로 그림 8.26 (b)와 같이 콘덴서 C_2

에 전압 V가 충전된다. 결국, 부하저항 R_L에서는 2[V]의 전압을 얻을 수 있는 전파 배전압 정류 회로가 된다.

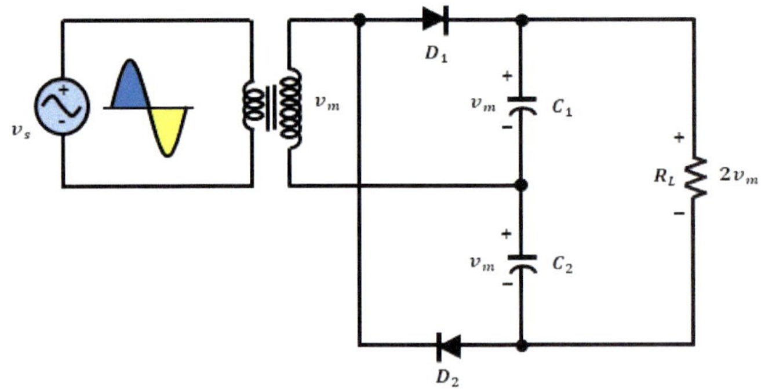

그림 8.25 전파정류 배전압 회로

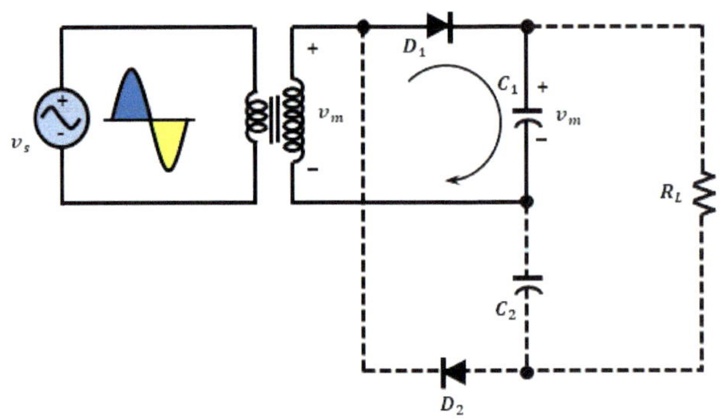

(a) 양의 반주기 동안 동작 상태

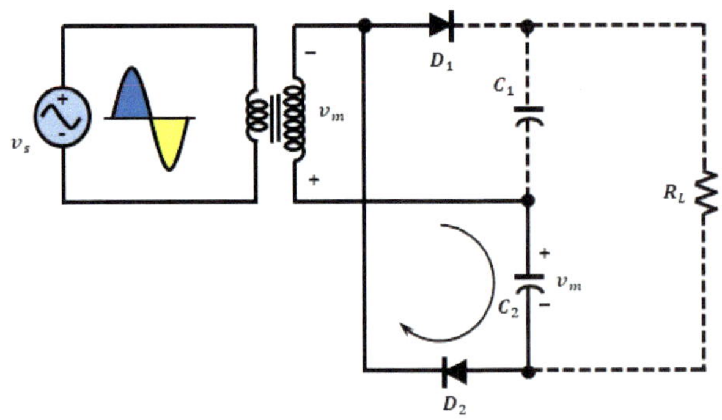

(b) 음의 반주기 동안 동작 상태

그림 8.26 전파정류 배전압 회로의 동작상태

8.3.3 맥동률

정류 회로의 출력 전압은 우리가 원하는 순수한 직류 성분 이외에도 맥동 성분을 포함한다. 맥동 성분은 그 모양새에 따라 잔물결을 의미하는 **리플**(ripple)이라 하며 리플이 작을수록 안정된 전원 장치가 됨은 물론이다. 그림 8.27 (a)의 평활 회로는 반파 및 전파 정류 회로의 그림 8.27 (b)의 출력 전압 속에 포함되어 있는 맥동을 작게 하기 위해 쓰이는 일종의 LPF, 적분회로이다.

I는 정류 소자에 흐르는 전류 파형(펄스 파형)이고, C의 용량을 크게 할수록 정류용 다이오드에 흐르는 전류 기간이 짧아지고, 펄스의 크기는 증대하고 C와 R_L을 크게 할수록 출력 전압의 맥동률(ripple factor)은 작아진다.

즉, C를 크게 하면(시정수 $\tau = R_L C$가 커짐) 출력 전압은 더욱 직류에 가깝게 되며, 평활회로의 정수는 시정수로서 클수록 좋다.

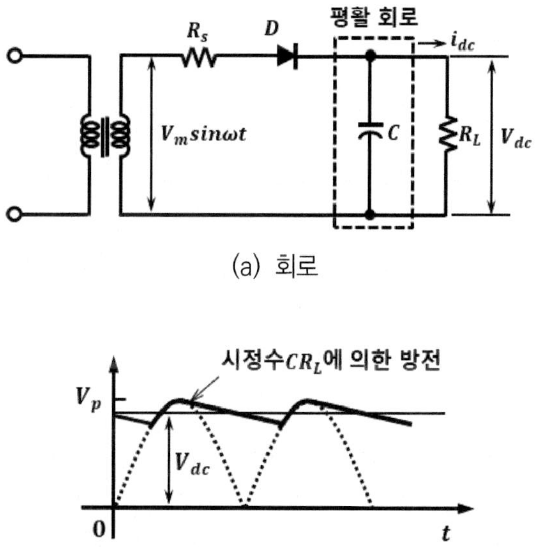

그림 8.27 평활회로 전파 정류 회로와 출력 전압

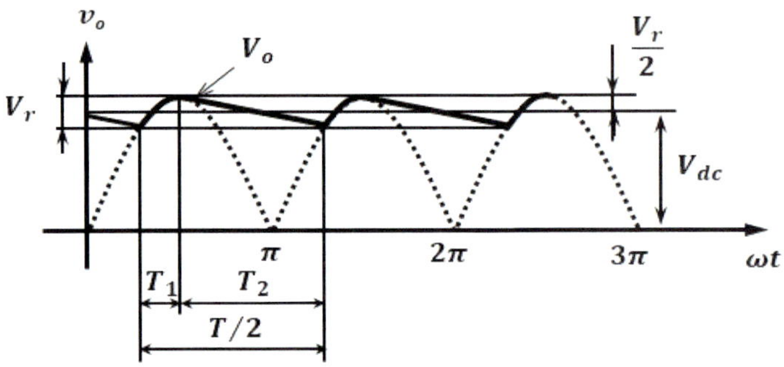

(a) 맥동 전압의 파형

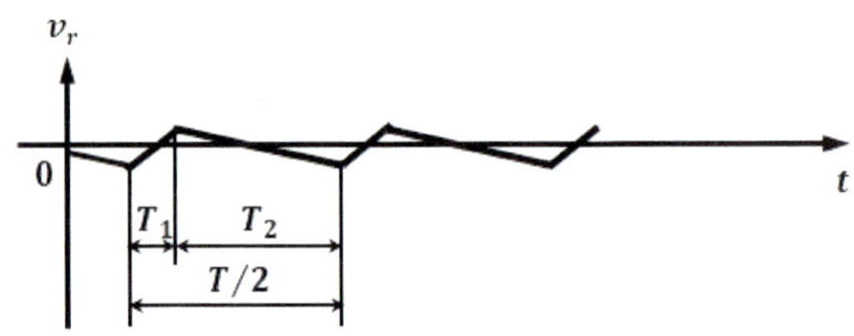

(b) 삼각파로 근사한 그림

그림 8.28 평활회로 출력 전압 파형

직류 성분 V_{dc}에 대한 리플 실효값 $V_{r(\mathrm{rms})}$의 비를 맥동률이라 하며 다음과 같이 정의한다.

$$r \equiv \frac{V_{r(rms)}}{V_{dc}} \times 100\% \tag{8.16}$$

해석을 간단히 하기 위해서 그림 8.28 (a)와 같은 평활 회로의 출력파를 근사 삼각파로 간주하면 간단한 수학적 계산으로 맥동률을 구할 수 있다. 그림에서 v_r은 리플 전압으로 그 폭은 V_r이며 V_{dc}는 직류 성분으로 다음과 같다.

$$V_{dc} = V_p - \frac{V_r}{2} \tag{8.17}$$

그리고 커패시터가 방전하는 기간인 T_2동안에는 커패시터 C의 양단 전압 변화인 V_r은 다음과 같이 주어진다.

$$V_r = \frac{i_{dc} T_2}{C} \tag{8.18}$$

단 i_{dc}는 커패시터를 흐르는 전류의 직류 성분이다.

그리고 그림 8.28 (b)에서 리플 v_r의 실효값 $V_{r(\mathrm{rms})}$은 다음과 같이 된다.

$$V_{r(\mathrm{rms})} = \frac{V_r}{2\sqrt{3}} \tag{8.19}$$

그리고 V_r과 V_p 사이에는 다음의 관계를 갖는다.

$$\frac{V_r}{T_1} = \frac{V_p}{T/4} \tag{8.20}$$

그러므로 다이오드 도통 기간이 T_1과 교류의 주기 T와의 관계는 다음과 같다.

$$T_1 = \left(\frac{V_r}{4V_p}\right)T \tag{8.21}$$

따라서 다이오드가 차단되는 기간인 T_2는 식 (8.20)과 (8.21)을 이용하면 다음과 같이 표현할 수 있다.

$$T_2 = \frac{T}{2} - T_1 = \frac{T}{2} - \left(\frac{V_r}{4V_p}\right)T = \left(\frac{2V_p - V_r}{V_p}\right)\frac{T}{4} \tag{8.22}$$

식 (8.17)와 (8.22)을 결합하면 다이오드가 차단되는 기간인 T_2는 최종적으로 다음과 같이 주어진다.

$$T_2 = \left(\frac{V_{dc}}{V_p}\right)\frac{T}{2} \tag{8.23}$$

다시 위의 식 (8.23)을 식 (8.18)에 대입하면 다음과 같이 된다.

$$V_r = \frac{i_{dc} T}{2C} \times \frac{V_{dc}}{V_p} = \frac{i_{dc}}{2fC} \times \frac{V_{dc}}{V_p} \tag{8.24}$$

여기서 f는 교류의 주파수이다. 식 (8.19)와 식 (8.24)로부터 리플 v_r의 실효값 $V_{r(rms)}$은 다음과 같이 표현할 수 있다.

$$V_{r(rms)} = \frac{V_r}{2\sqrt{3}} = \frac{i_{dc}}{4\sqrt{3}\,fC} \times \frac{V_{dc}}{V_p} \tag{8.25}$$

일반적으로 V_{dc}는 거의 V_p와 같다. 따라서 $V_{dc} = R_L i_{dc}$의 관계를 이용하면 다음과 같이 근사할 수 있다.

$$V_r \cong \frac{i_{dc}}{2fC} = \frac{V_{dc}}{2fR_L C} \tag{8.26}$$

$$V_{r(rms)} \cong \frac{i_{dc}}{4\sqrt{3}\,fC} = \frac{V_{dc}}{4\sqrt{3}\,fR_L C} \tag{8.27}$$

이상으로부터 식 (8.16)의 맥농률은 식 (8.27)로부터 다음과 같이 된다.

$$r = \frac{1}{4\sqrt{3}\,fR_L C} \times 100\% \tag{8.28}$$

그리고 직류 전압 성분 V_{dc}와 교류의 최대값 V_p의 관계는 식 (8.17)에 식 (8.26)의 관계를 대입하면 다음과 같이 된다.

$$V_{dc} = \left(\frac{4fR_L C}{4fR_L C + 1}\right) V_p \tag{8.29}$$

반면에 반파 정류형 평활회로인 경우 직류 전압 성분 V_{dc}와 교류의 최대값 V_p의 관계는 다음과 같이 된다.

$$V_{dc} = \frac{V_m}{1 + \frac{1}{2fCR_L}} \tag{8.30}$$

다음은 리플률 r에 대해서 정리해 본다.

반파 정류 회로의 리플률 r은 다음과 같이 된다.

$$r = \frac{1}{2\sqrt{3} f C R_L} = \frac{T}{2\sqrt{3}\, C R_L} \tag{8.31}$$

전파 정류 회로의 리플률 r은 다음과 같이 된다.

$$r = \frac{I_{dc}}{4\sqrt{3} f C V_{dc}} = \frac{1}{4\sqrt{3}\, C R_L} = \frac{T}{4\sqrt{3}\, C R_L} \tag{8.32}$$

즉, 콘덴서 평활회로의 맥동률은 부하저항 및 용량에 반비례한다는 것을 알 수 있다.

입력 전압이 220[V](실효값)일 때 정류 다이오드의 최대 역전압(PRV: Peak Reverse Voltage)은 다이오드가 차단 상태에 있을 때의 음극과 양극 사이의 최대전압이다. 콘덴서 입력형 평활회로를 사용하고 있으므로 최대 역전압은 다이오드에 의해서 평활콘덴서에 충전된 최대전압과 입력전압의 최대값 간의 전위차가 된다. 즉, 다음과 같다.

$$PRV = 2\sqrt{2}\, V = 2 \times 1.414 \times 220 \fallingdotseq 622[\mathrm{V}]$$

정류회로의 평활정수는 평활회로에 인가된 교류성분에 대한 부하에 나타나는 동일한 주파수의 리플 전압의 비례상수이다. 따라서 정류회로의 평활정수는 50으로 본다.

RC 평활회로를 사용한 정류회로는 다음과 같은 특징을 갖는다.

① 출력전류가 비교적 적을 때 적당하다.
② 용량 C가 클수록 출력전압 맥동률은 작아진다.
③ 용량 C가 클수록 정류기에 흐르는 전류의 기간은 짧아진다.
④ 다이오드에 흐르는 전류파형은 펄스파형이 된다.

평활회로를 사용했을 때 정류회로의 출력된 콘덴서와는 나음과 같이 관련이 많다.

① 평활회로의 구성소자인 콘덴서는 정류된 출력전압을 최대값까지 충전시키고, 부하저항 R_L을 통하여 방전시켜 출력파형을 평탄하게 한다.
② 콘덴서는 부하에 대한 리액턴스가 작다. 교류분을 통과시켜 출력전압의 맥동을 작게 하기 때문이다.

8.3.4 기타 다이오드

(1) 제너 다이오드

일반 다이오드는 앞에서도 언급했지만 순방향에 대해서는 작은 입력으로도 전류가 급격히 흐르지만 역방향에 대해서는 작은 누설 전류 외에는 전류가 흐르지 않는다고 했다. 그러나 역방향에 대해서도 어느 전도 이상의 전압에 그림 8.29와 같이 갑자기 역방향 전류가 크게 흐르게 되는데 이것을 **항복**(breakdown)이라 한다. 항복 영역에서는 역방향의 큰 전압과 전류에 의해 다이오드가 손상될 수 있다. 그러나 다이오드를 손상시키지 않는 범위 내에서 항복 현상을 의도적으로 이용한 것이 **제너 다이오드**(zener diode)라 한다.

그림 8.29에서 보는 바와 같이 순방향 바이어스에서는 제너 다이오드도 일반 다이오드와 마찬가지로 동작하지만 역방향 바이어스에서도 일정 전압에 도달하기 전 까지는 일반 다이오드와 마찬가지로 누설 전류 외에 흐르지 않지만 어느 한도에 이르면 갑자기 튼 역방향 전류가 흐르기 시작한다. 이 전압을 제너 전압이라 하며 V_L로 표현한다. 제너 영역에서는 전류의 변화 폭이 매우 클지라도 제너 전압은 거의 일정하게 유지되는 점이 제너 다이오드의 큰 특징이라 할 수 있다.

그림 8.29에서는 제너 전압이 약 15V이다. 그리고 $I_{Z(\mathrm{min})}$은 제너 영역에서 동작하기 위한, 즉 항복이 일어나기 위한 최소 전류이며 항복이 일어나는 순간에는 전압-전류 특성 곡선이 마치 무릎과 같이 꺾이므로 이 점을 **제너 무릎**(zener knee)이라 한다. 그리고 $I_{Z(\mathrm{max})}$는 제너 다이오드의 전력 정격을 넘지 않는 최대 전류를 말한다.

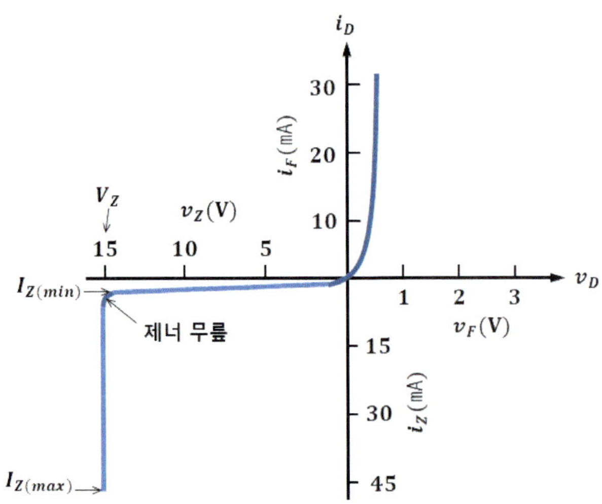

그림 8.29 제너 다이오드의 전압-전류 특성

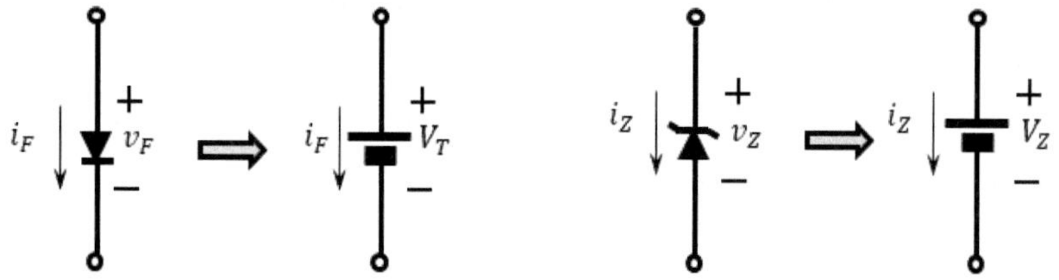

(a) 일반 다이오드(순방향) (b) 제너 다이오드(역방향)

그림 8.30 다이오드의 등가 회로

이상으로 제너 다이오드는 $I_{Z(\min)}$과 $I_{Z(\max)}$ 사이의 역방향 전류에서는 양단 전압이 V_Z로 거의 일정하므로 직류 전압원과 같은 성질이 있다. 따라서 일반 다이오드와 제너 다이오드는 각각 그림 8.30의 (a) 및 (b)와 같이 등가화 할 수 있다. 다만 여기서 유의할 점은 제너 다이오드 역방향, 그 가운데에서도 제너 영역에서만 동작한다는 것이다. 일반 다이오드에서는 도통 전압 V_T가 거의 0.7 V로 고정된다. 그러나 제너 다이오드는 제너 전압 V_Z가 매우 다양한 값으로 제조되고 있으므로 선택할 때 잘 고려해야 하며 그 범위는 1.4 V에서 2000 V에 이르고 있다. 그리고 오차는 1%에서 20% 사이에 있다. 제너 다이오드는 전압을 일정하게 유지하는데 사용되며 이러한 기능을 **전압 조정**이라 한다.

그림 8.31은 제너 다이오드를 이용하여 전원 장치의 출력 전압을 조정하는 예이며 직류 전원의 출력 전압은 25 V이다. 이 전압에는 리플이 섞여 있을 뿐만 아니라 출력의 최대치가 교류 입력 전압의 최대치와 같으므로 교류의 변동에 따라 출력 전압이 변하게 된다.

저항 R_s와 제너 다이오드 D_Z는 조정기로서 부하 전압이 항상 V_Z로 일정하게 유지되도록 하며 그림 상에서는 15 V이다. 저항 R_s는 제너 전압을 유지하면서 한편으로는 필요한 부하 전류를 공급하기 위해 항상 충분한 전류가 흐를 수 있도록 정확히 선택하여야 한다.

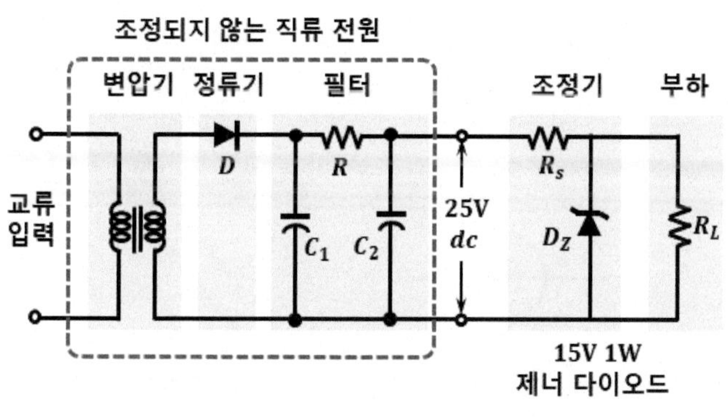

그림 8.31 제너 다이오드 전압 조정기를 이용한 전원 장치

전원 장치의 출력 전압이 25 V일 경우 저항 R_s의 양단 전압은 25 V-15 V=10 V이고 출력인 제너 전압은 15 V이다. 만일 교류의 변동으로 전원 장치의 출력 전압이 30 V로 증가했다고 가정하면 R_s 양단 저압은 30 V-15 V=15 V가 되어 R_s의 전류가 증가한다. 그러나 이 전류 증가분은 모두 제너 다이오드가 흡수해 버림으로써 부하 전압은 여전히 15 V로 유지되는 것이다. 물론 제너 다이오드는 전류가 증가해도 전압은 변하지 않는다. 역으로 전원 장치의 출력 전압이 20 V로 떨어졌다고 가정하면 R_s의 양단 전압은 5 V로 떨어지면서 흐르는 전류도 감소한다. 그러나 이 전류 감소분 역시 모두 제너 다이오드가 보충해 주기 때문에 부하 전압은 여전히 15 V로 유지될 수 있는 것이다. 즉, 전원 공급이 25 V를 중심으로 ±5 V의 변동을 보여도 부하 전압은 15 V로 일정하다. 이와 같이 제너 다이오드에 의한 전압 조정은 전자 회로의 전원 공급에서 중요한 역할을 한다.

(2) 발광 다이오드

발광 다이오드(light-emitting diode; LED)는 PN접합 다이오드로서 순방향으로 동작할 때 특정한 파장의 빛을 방출하며 그 기호와 외형 모습은 그림 8.32와 같다. LED는 그림 8.32 (b)와 같이 투명한 렌즈를 가지고 있으며 빛을 효율적으로 방출하기 위해 빛이 발생하는 PN 접합부에 초점이 맞추어져 있다.

LED의 보다 자세한 구조와 동작 원리는 그림 8.33에 설명한다. 그림에서와 같이 LED에 순방향 바이어스가 걸리면 N 영역의 전자가 접합부를 통과하여 P 영역에 주입되며 이 과정에서 P 영역의 홀과 재결합하게 된다. 전자가 홀과 재결합한다는 것은 높은 에너지의 전도대에 있던 전자가 에너지를 방출하면서 낮은 에너지의 가전자대로 떨어진다는 것으로 이 때 전자가 방출하는 에너지가 열 또는 빛 에너지 형태로 나타난 것이다. GaAs(갈륨 아시나이드)나 GaP(갈륨 포스파이드)와 같은 특수한 물질을 접합 다이오드로 사용하면 전자가 재결합하면서 에너지가 빛으로 나타난다. GaAs는 적외선 빛을 방출하며 GaAsP는 적색이나 황색의 가시광선을 방출한다. GaP는 적색이나 녹색의 가시광선을 방출하며 적색이 보통이다. 이외에도 반도체 도핑과정에서 다양한 불순물을 첨가함으로써 방출되는 빛의 색상을 조절할 수 있다. 다만

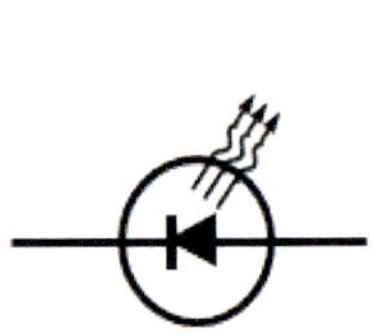

(a) 기호

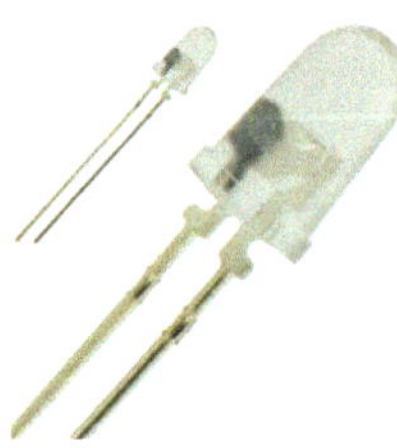

(b) 외형 모습

그림 8.32 LED의 기호 및 외형 모습

LED에서는 실리콘이나 게르마늄을 사용하지 않는다. 그 이유는 실리콘이나 게르마늄은 원천적으로 열을 방출하는 소자이므로 빛을 방출하는 데는 매우 비효율적이기 때문이다.

LED의 순방향 바이어스 전압은 실리콘 다이오드에 비해 상당히 크며 소자에 따라 차이는 있지만 전형적인 LED의 경우는 최대 순방향 전압이 약 1.2 V에서 3.2 V에 이른다. 대신에 역방향에서의 항복 전압은 3 V에서 10 V가 전형적인 실리콘 정류용 다이오드에 비해 매우 작다.

LED는 그림 8.34 (a)와 같이 충분한 순방향 전류 I_F에 반응하여 빛을 방출하며 그림 (b)와 같이 출력의 빛 에너지는 순방향 전류에 직접 비례한다. 따라서 I_F가 클수록 빛의 출력도 증가한다.

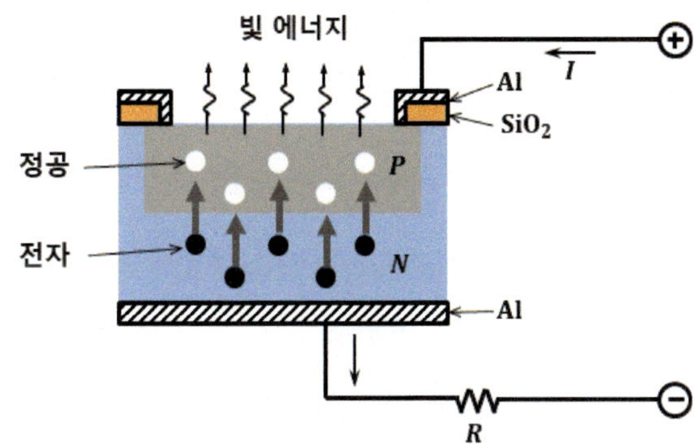

그림 8.33 순방향 바이어스 된 LED의 빛 방출

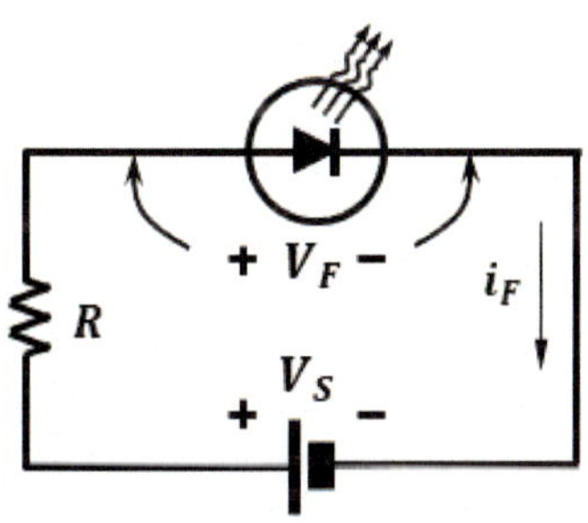

(a) 순방향 동작

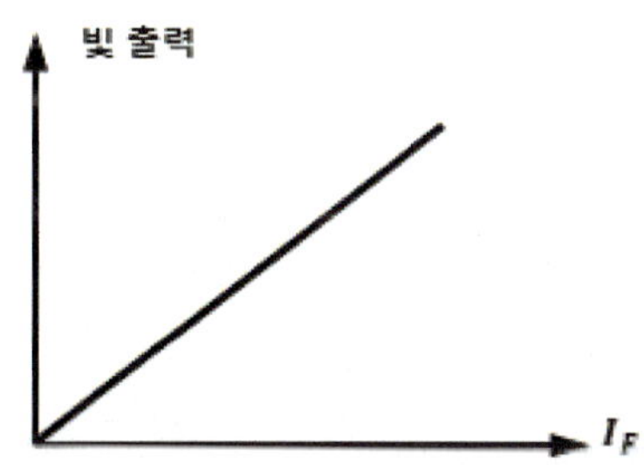

(b) 순방향 전류 대 빛 방출의 관계

그림 8.34 LED의 기본 동작

(3) 광 다이오드

광 다이오드(photodiode)는 역방향 바이어스로 동작하는 PN접합 다이오드로서 빛 에너지를 받으면 전류가 흐르는 소자이다. 따라서 이 소자는 역방향으로 동작하기 위해 외부로부터 전원을 필요로 한다. 광 다이오드의 구조는 그림 8.35 (a)와 같으며 그림 (b)는 기호를 나타낸 것이다.

역방향 동작에서는 다이오드에 매우 작은 누설 전류만 흐르며 이 누설 전류는 온도에 따라 증가한다. 온도, 즉 열에너지 대신에 빛에너지를 가해도 누설 전류가 증가하는 효과를 얻을 수 있으며 이 점이 광 다이오드의 기본 원리이다. 그림 8.36 (a)는 광 다이오드의 기본 동작을 나타내며 역방향 바이어스 된 다이오드에 빛을 가하면 그림 (b)와 같이 빛의 세기에 비례하여 누설 전류가 증가한다. 그림 (b)에는 표시되어 있지 않지만 누설 전류는 수 ㎂ 수준이므로 실제로는 누설 전류를 증폭하여 사용한다.

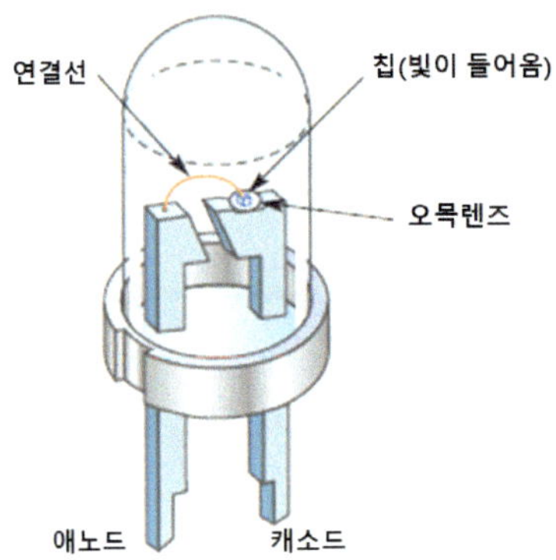

(a) 구조

(b) 기호

그림 8.35 광 다이오드의 구조와 기호

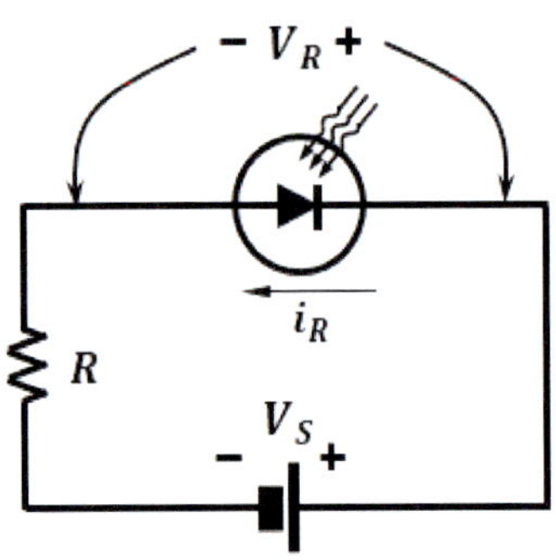

(a) 역방향 동작

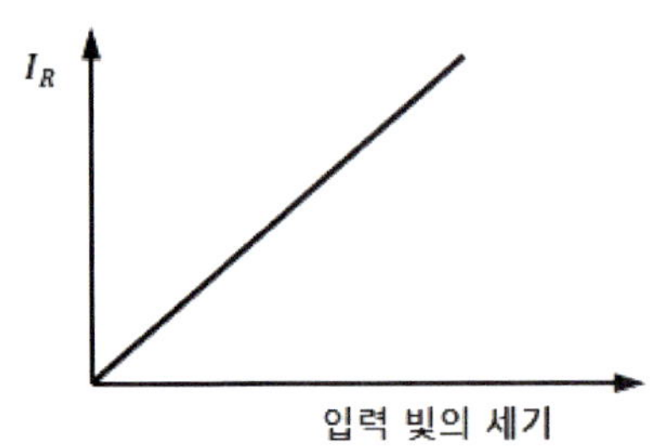

(b) 입사된 빛의 세기 대 누설 전류의 관계

그림 8.36 광 다이오드의 기본 동작

(4) 태양 전지

태양 전지(solar cell)는 전기 에너지를 빛의 에너지로 변환시켜 주는 LED의 기능과 반대로 빛의 에너지를 전기 에너지로 변환시키는 소자이다. 이는 외부의 전원 없이 전원을 흘려 줄 수 있으므로 전원으로 사용된다. 이는 자연의 빛의 에너지로부터 전기 에너지를 얻을 수 있으므로 상당한 가치가 있으며 개발의 소지는 대단하다고 할 수 있다. 특히 인공위성에서와 같이 전원을 교체하거나 재충전시키기 어려운 환경에서는 태양 전지의 가치는 더욱 높다.

그림 8.37은 태양 전지의 결정 구조와 동작 원리를 나타내며 기본 구조는 PN 접합 다이오드와 같다. 다이오드는 외부 전원에 의해 적절히 순방향 바이어스 되어 있지 않으므로 빛이 가해지지 않으면 전류가 흐르지 않는다. 그러나 빛이 PN 접합부에 입사되면 접합부 양단에 전압(V_{PH})이 형성된다. 그 이유는 빛 에너지가 결핍층에 있는 이온들의 공유 결합을 파괴함으로써 새로운 전자와 홀 쌍들이 생성되기 때문이다. 그리고 생성된 전자와 홀들은 결핍층의 내부 전장의 방향에 따라 홀은 P 영역으로 전자는 N 영역으로 이끌려 간다. 따라서 N 영역의 결핍층에는 음의 캐리어가 축적되고 P 영역의 결핍층에서는 양의 캐리어가 축적되어 PN 접합부는 결과적으로 하나의 축전지와 같은 역할을 하게 된다. 빛이 입사되는 한 축전기의 기능은 계속되므로 다이오드 양단 사이에 부하를 결합하면 전류가 계속적으로 흐르게 된다. 따라서 태양 전지는 빛 에너지를 전기 에너지로 변환하며 그 효율은 현재 약 10%에서 15% 정도이다. 그림 8.37 (a)에서 렌즈의 역할은 빛 에너지를 PN 접합부에 집중시키기 위한 것이다. 태양 전지는 그림 8.37 (b)와 같은 기호로 나타낸다.

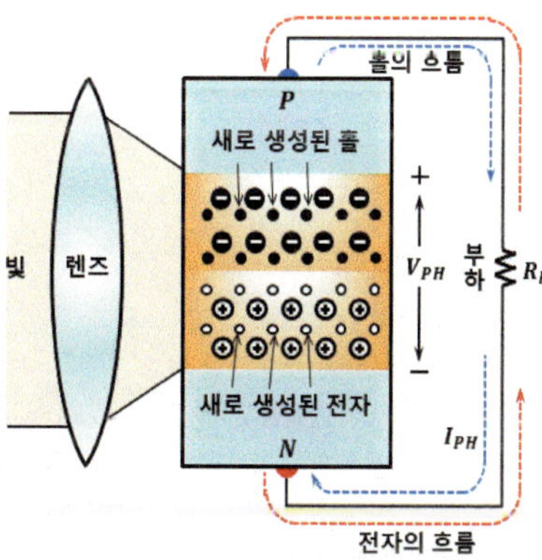

(a) 결정 구조와 동작 원리

(b) 기호

그림 8.37 태양 전지의 결정 구조와 동작 원리와 기호

9장

트랜지스터 증폭기와 스위치

트랜지스터의 발명은 전자공학의 새로운 장을 열게 하였다. 트랜지스터는 낮은 전압원으로 신호의 증폭이 가능하게 하였고 집적 회로의 기술로 마이크로프로세서나 개인용 컴퓨터 등을 가능하게 하였다. 이처럼 트랜지스터는 하나의 소자가 전자 공학뿐만 아니라 사회 전반에 걸쳐 지대한 영향을 미쳤다.

이러한 트랜지스터의 동작은 크게 증폭 동작과 스위칭 동작으로 구분할 수 있다. 증폭 회로는 작은 입력 신호를 큰 출력 신호로 증폭해 주는 회로로서 확성기, 라디오, 텔레비전 등에 이용되고, 스위칭 회로는 논리 회로, 전동기의 속도 제어, 계전기(relay) 등의 ON/OFF 제어에 주로 쓰인다.

이 장에서는 트랜지스터의 바이어스 회로와 증폭 회로 및 스위칭 회로에 대하여 알아보고 특히 트랜지스터를 이용한 증폭 회로 전반에 대하여 알아보기로 한다.

9.1 트랜지스터의 개요

9.1.1 트랜지스터의 정의

트랜지스터는 구조적으로 제 1장에서 언급한 N형 반도체와 P형 반도체를 PNP/NPN 형태로 접합한 구조로 이것은 전류의 흐름 등을 조절할 수 있도록 하여 만든 회로구성에서 중요한 **반도체 소자**이다. 트랜지스터는 기본적으로는 전류를 증폭할 수 있는 부품이지만 그 외에 스위칭, 검파용으로써 모든 전자 시스템에 한 가지 또는 여러 가지 형태로 사용된다. 아날로그 회로에서는 매우 많은 종류의 트랜지스터가 사용되지만 디지털 회로에서는 그다지 많은 종류는 사용하지 않는다.

디지털 회로에서는 ON 아니면 OFF의 2치 신호를 취급하기 때문에 트랜지스터의 증폭 특성에 대한 차이는 별로 문제가 되지 않는다. 회로 기능은 대부분이 IC로 처리하는 경우가 많다. 디지털 회로에서 트랜지스터를 사용하는 경우는 릴레이라고 하는 전자석 스위치를 동작시킬 때(릴레이는 구동전류를 많이 필요로 하므로 IC만으로는 감당하기 어려운 경우가 있다)나 발광 다이오드를 제어하는 경우 등이다.

1948년에 3명의 물리학자 (W. Shockley, J. Bardeen, W. Brattain)에 의해 트랜지스터가 발명되었으며 당시 전자 공업계에 상당한 충격을 주었다. 그로부터 전자 산업은 빠르게 발전하기 시작했으며 오늘날 일렉트로닉스 시대의 개막에 시초가 되었다. 그 후의 컴퓨터를 시작으로 전자공학의 급속한 발전은 우리의 생활을 편리하고 풍부하게 해 주었다.

트랜지스터는 당초 게르마늄이라는 반도체로 만들어졌으나 게르마늄은 약 80℃정도의 온도밖에 견디지 못하는 결점이 있었다. 이 때문에 지금에 와서는 거의 실리콘을 이용하고 있으며 실리콘은 약 180℃ 이상의 온도에도 견딜 수 있는 물질이다.

그림 9.1에 PNP 트랜지스터와 NPN형 트랜지스터 구조의 모형을 나타내고 있다. 이들은 P형 반도체와 N형 반도체를 PNP 혹은 NPN 순으로 접속하여 만든다. 그 때문에 접합형 트랜지스터 혹은 전류가 소수 캐리어와 다수 캐리어의 쌍방에 의해 운반되는 것으로부터 **바이폴라 트랜지스터**라 부른다. 3개의 전극은 각각 이미터(emitter), 베이스(base), 컬렉터(collector)라 명명되어 있다. 이들의 트랜지스터로는 이미터로부터 베이스에 주입된 소수 캐리어의 대부분이 컬렉터에 도달될 수 있도록 베이스의 폭은 충분히 좁게 되어 있다.

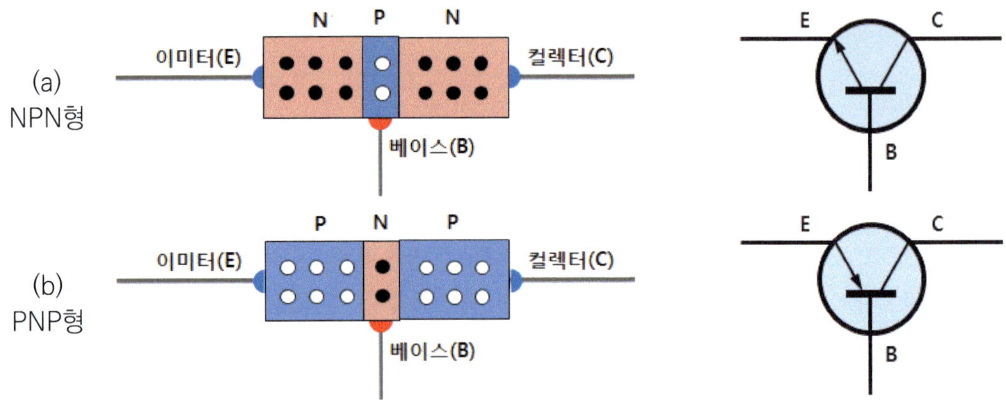

그림 9.1 트랜지스터의 2가지 유형

9.1.2 트랜지스터의 기본 동작

PNP형 트랜지스터와 NPN형 트랜지스터를 작동시키기 위해서는 먼저 PN접합의 이미터와 베이스 사이에 순방향의 직류 전압을 가하고 베이스와 컬렉터 사이에는 역방향의 직류 전압을 가해야 한다. 이와 같이 트랜지스터에 직류 전압을 가하는 것을 바이어스 전압(바이어스)을 가한다고 한다.

바이어스 전압을 가하면 트랜지스터의 결정 속에서는 어떤 현상이 일어나고 또 캐리어의 작용은 어떻게 되는지 트랜지스터의 성질에 대해 알아본다.

(1) 트랜지스터의 성질

1) PNP형 트랜지스터의 경우

먼저 PNP형 트랜지스터에 대해 알아본다. 그림 3.12 (a)의 경우 베이스와 컬렉터 사이에 역방향의 전압 V_{CB}가 가해져 있으므로 PN접합에서는 전위 장벽이 높아져 베이스와 컬렉터 사이에는 전류가 흐르지 않는다.

다음에 그림 3.12 (b)의 경우 베이스와 컬렉터 사이에 순방향의 전압이 V_{BE}가 가해져 있으므로 PN접합에서는 전위 장벽이 낮아지고 이미터의 P형 쪽에서는 불순물의 농도를 높게 했으므로 정공이 다수 발생하고 있다. 베이스의 N형 쪽은 매우 얇고 불순물의 농도는 더 낮게 되므로 전자는 극히 적어진다. 따라서 이미터 안의 정공이 전위장벽을 뛰어 넘어 확산에 의해 베이스 쪽으로 들어가며 그 일부분의 베이스 전자와 결합하여 소멸한다. 이러한 소수의 전자는 전원의 음극이 보급을 계속하므로 이것이 약간의 베이스 전류 I_B로 된다.

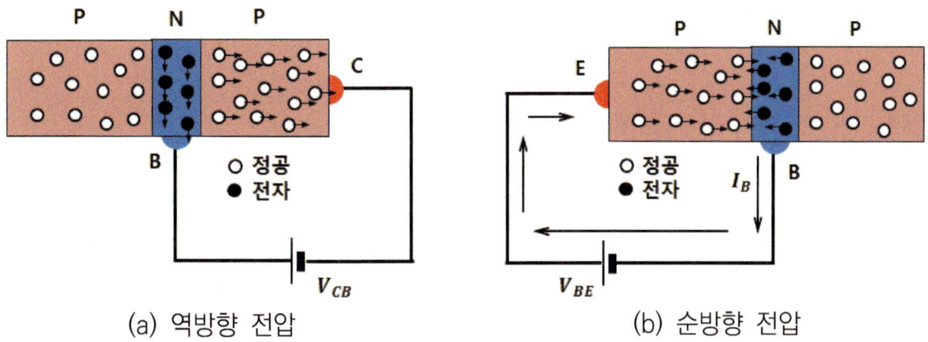

그림 9.2 바이어스 전압을 가했을 때의 PNP형 트랜지스터의 기본 동작

이 때 그림 9.2 (a)의 역방향 전압과 그림 9.2 (b)의 순방향 전압을 결합하여 그림 9.3과 같이 결합하고 특히 컬렉터와 베이스 사이에 역방향으로 더 높은 전압 V_{CE}를 공급하면 이미터에서 베이스 측으로 들어가던 정공의 대부분이 컬렉터 측의 높은 전압에 끌려 컬렉터 측으로 이동하며 이것이 컬렉터 전류 I_C가 된다. 그리고 소수의 정공만이 베이스 측으로 이동한다. 즉, 대부분의 전류는 컬렉터 측으로 흐르고 작은 전류가 베이스 측으로 흐르게 된다.

순방향 전압 V_{BE}에 의하여 이미터 측의 정공이 이동 할 때는 원래 베이스 측으로 이동하기 위하여 베이스의 영역내로 들어가서 이미터 전류 I_E가 되지만 정공이 베이스의 영역에 일단 들어가면 훨씬 높은 전압이 걸려있는 컬렉터에 가까워졌으므로 정공은 대부분 컬렉터에 끌려가고 소수의 정공이 베이스 측으로 이동하게 되는 것이다.

그러므로 순방향 전압 V_{BE}를 높여서 이미터로부터 베이스 측으로 들어가는 정공의 수를 많아지게 하면 거기에 비례하여 컬렉터 측으로 끌려가는 정공의 수도 자연히 많아지게 된다.

따라서 트랜지스터는 순방향 전압 V_{BE}에 의하여 베이스 전류(I_b)를 증가시키면 컬렉터 전류(I_C)는 자연히 증가하게 되는 것이다.

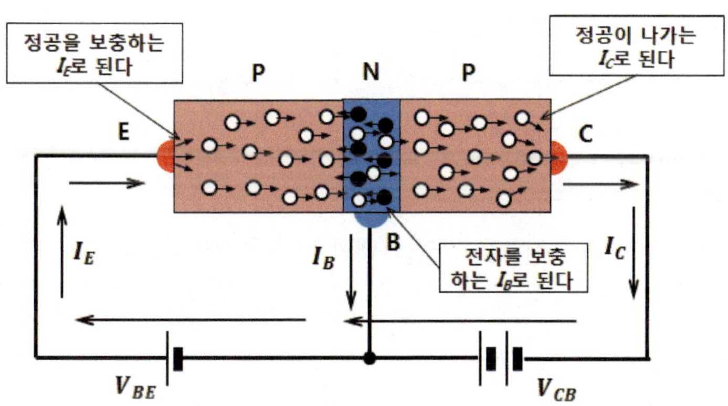

그림 9.3 이미터 전류 I_E에서 컬렉터 전류 I_C가 생기는 원리

2) NPN형 트랜지스터의 경우

NPN형 트랜지스터의 기존 동작은 PNP형과 다르지 않다. 다만 다른 점은 전원의 극성을 반대로 접속하는 것이다. 따라서 PNP형에서는 정공이 캐리어이었지만 NPN형에서는 전자가 캐리어이다.

그럼 그림 9.4를 보면서 설명하도록 한다. 그림 9.4 (a)에서 컬렉터와 베이스 사이에 역방향의 전압이 V_{CB}가 가해져 있으므로 PN접합에서는 전위 장벽이 높아져 베이스와 컬렉터 사이에는 전류가 흐르지 않는다.

다음에 그림 9.4 (b)의 경우 베이스와 컬렉터 사이에 순방향의 전압이 V_{BE}가 가해져 있으므로 PN접합에서는 전위 장벽이 낮아지고 이미터의 N형 쪽에서는 불순물의 농도를 높게 했으므로 전자가 다수 발생하고 있다. 베이스의 P형 쪽은 매우 얇고 불순물의 농도는 더 낮게 되므로 정공은 극히 적어진다. 따라서 이미터 안의 전자는 전위장벽을 뛰어 넘어 확산에 의해 베이스 쪽으로 들어가며 그 일부분의 베이스 정공과 결합하여 소멸한다. 이러한 소수의 정공은 전원의 양극이 보급을 계속하므로 이것이 약간의 베이스 전류 I_B로 된다.

그런데 이 때 그림 9.5와 같이 컬렉터-베이스 사이에 역방향으로 더 높은 전압 V_{CB}를 공급하면 이미터에서 베이스 측으로 들어가던 전자의 대부분이 컬렉터 측의 높은 전압에 끌려 컬렉터 측으로 이동하게 되는 것이다. 여기에서도 I_b가 흐르면 I_c가 흐르고 I_b가 증가하면 I_c가 수배 내지 수십 배 정도로 크게 증폭되어 흐른다.

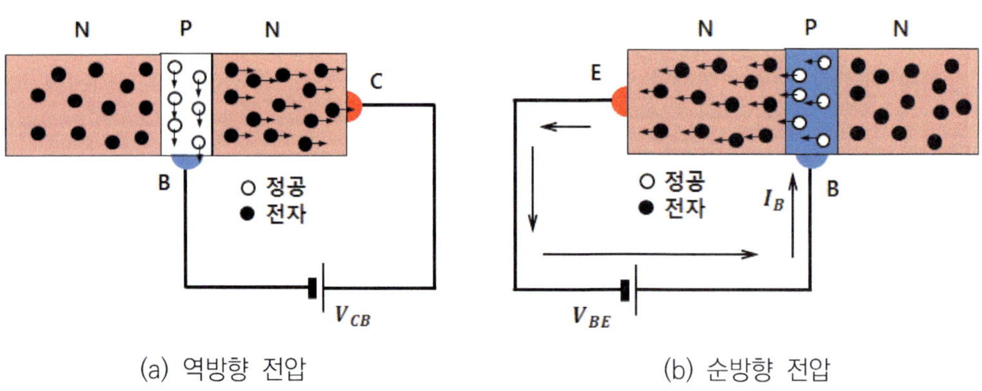

그림 9.4 바이어스 전압을 가했을 때의 NPN형 트랜지스터의 기본 동작

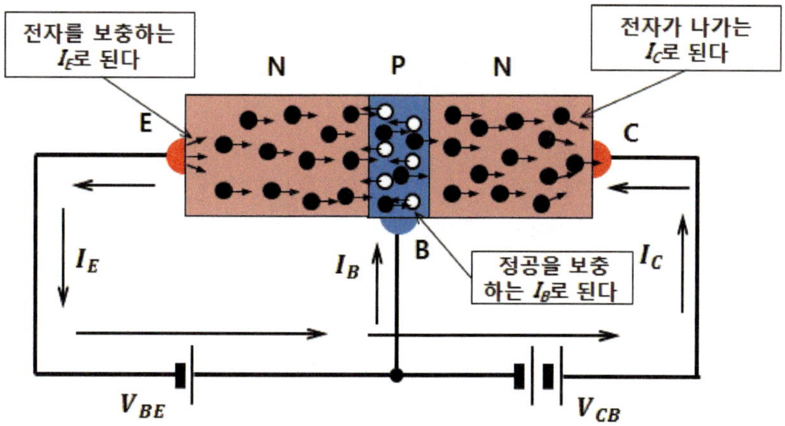

그림 9.5 컬렉터 전류 I_c에서 이미터 전류 I_E가 생기는 원리

트랜지스터의 기능을 수도에 비유해 보면 이해가 쉽다. 베이스는 수도의 밸브, 컬렉터는 수도꼭지 그리고 이미터는 수도 배관에 비유할 수 있다. 수도 밸브를 작은 힘(베이스의 입력신호)으로 제어하여 수도꼭지에서 많은 물이 나오도록 물의 양(컬렉터 흐르는 전류)을 조절한다고 생각하면 정확하다.

(2) 트랜지스터의 스위칭 작용

트랜지스터의 또 하나의 대표적인 작용인 스위칭 작용에 대해 설명한다.

증폭 작용의 설명에서 트랜지스터의 이미터와 컬렉터 사이를 도통하는 상태로 하기 위해서는 베이스 전류를 흐르게 하면 된다고 설명하였다. 이것을 거꾸로 생각하면 베이스 전류를 ON, OFF함으로써 이미터와 컬렉터 사이의 도통을 ON, OFF할 수 있다는 것을 의미한다. 이것을 트랜지스터의 증폭 작용 가운데 하나로서 **트랜지스터의 스위칭 작용**이라 한다.

이 트랜지스터의 스위칭 작용을 이용하면 트랜지스터가 릴레이와 같은 작용을 하게 할 수 있다.

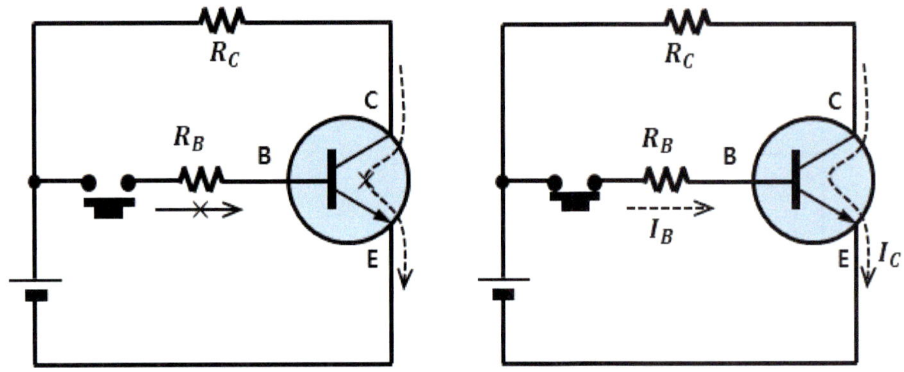

그림 9.6 트랜지스터의 스위칭 작용

그림 9.6과 같은 NPN형 트랜지스터에 대해 설명하기로 한다. 릴레이는 여자코일에 흐르는 전류를 ON, OFF함으로써 접점을 ON, OFF시킨다. 그러나 트랜지스터에서는 베이스 전류를 ON(그림 9.6 (a)), OFF(그림 9.6 (b))함으로써 컬렉터 전류를 ON, OFF할 수 있다.

릴레이의 여자 전류에 해당하는 것이 트랜지스터의 베이스 전류이며 트랜지스터는 릴레이와 접점과 같은 기계 접점을 사용하지 않고 릴레이와 같은 작용을 할 수 있다. 이와 같은 트랜지스터의 스위칭 작용은 릴레이와 비교하여 다음과 같은 이점이 있다.

① 스위칭 동작의 ON, OFF가 빠르다. 1초간에 1000회 이상 반복 동작이 가능하여 릴레이의 100 내지 200회에 비하면 동작이 압도적으로 빠르다.

② 기계 접점이 없기 때문에 릴레이와 같은 접점의 개폐시 탁탁 소리를 내며 진동(채터링)이 없고 동작이 안정되어 있다.

③ 베이스 전류를 가감하여 컬렉터 전류를 제어할 수 있다.

9.1.3 트랜지스터의 종류

(1) 구조에 따른 분류

트랜지스터의 동작구조상 차이에 따라 그림 9.7과 같이 바이폴라(bipolar) 트랜지스터와 유니폴라(unipolar) 트랜지스터로 분류 할 수 있다.

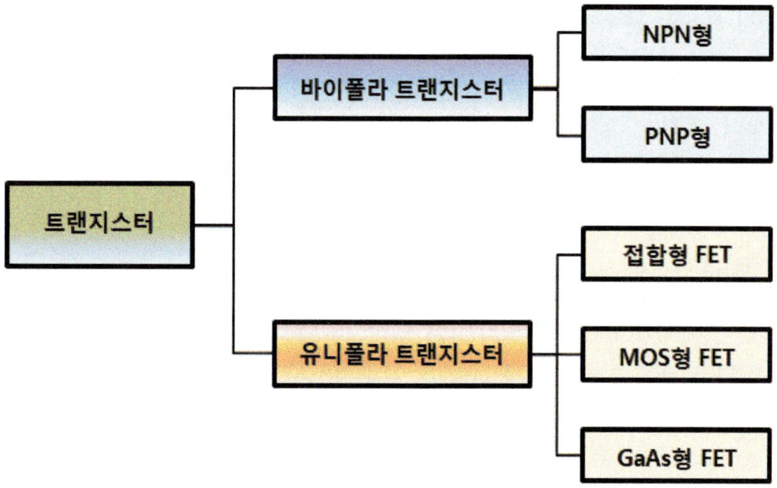

그림 9.7 트랜지스터의 구조에 따른 분류

1) 바이폴라 트랜지스터

Bi(2개) Polar(극성)의 의미로서 트랜지스터를 구성하는 반도체에 정공(플러스극성)과 전자(마이너스극성)에 의해 전류가 흐르게 되어 있는 것을 **바이폴라 트랜지스터**라고 한다. 일반적인 트랜지스터는 실리콘으로 되어 있는 바이폴라 트랜지스터를 가리킨다.

2) 유니폴라 트랜지스터

유니폴라 트랜지스터는 **FET**(field effect transistor; 전계 효과 트랜지스터)라 하며 접합형 FET와 MOS형 FET 및 GaAs형 FET가 있다. 접합형 FET는 오디오 기기 등 아날로그 회로에 많이 이용되며 MOS형 FET는 주로 마이크로컴퓨터 등의 디지털 IC에 사용되고 있다. GaAs형 FET는 위성방송 수신 등의 마이크로파의 증폭에 사용된다.

MOS는 Metal Oxide Semiconductor의 약어로 그 구조가 금속(metal), 실리콘 산화막(oxide), 반도체(semiconductor)의 순으로 되어 있어서 MOS로 불리고 있다. MOS에는 P형과 N형, C형이 있으며 소비 전류를 작게 할 수 있기 때문에 마이크로컴퓨터 등 집적도가 높은 IC에 사용된다.

(2) 허용전력에 따른 분류

주로 최대 정격의 컬렉터 손실 Pc(collector power dissipation)에 따라 분류하는 방법이다. 크게 나누어 소신호 트랜지스터와 파워 트랜지스터로 분류하며 일반적으로 파워 트랜지스터라 하면 1 W이상의 것을 가리킨다.

1) 소신호 트랜지스터

최대 컬렉터 전류(Icmax)가 500 mA 이하, 최대 컬렉터 손실(Pcmax) 1 W미만의 트랜지스터를 파워 트랜지스터에 비해 **소신호 트랜지스터**로 부르며 일반적으로 수지몰드 타입이 많은 것이 특색이다. 그림 9.8은 소신호 트랜지스터의 사진을 나타내고 있다.

그림 9.8 소신호 트랜지스터

2) 파워 트랜지스터

일반적으로 **파워 트랜지스터**라고 할 때는 Pc 1 W 이상의 것을 가리킨다. 소신호 트랜지스터에 비해 최대 컬렉터 전류와 최대 컬렉터 손실이 크고 발열에 대비하여 형상도 크고 금속으로 쉴드 되어 있거나 방열핀이 첨부되기도 한다. 그림 9.9는 파워 트랜지스터의 사진을 나타내고 있다.

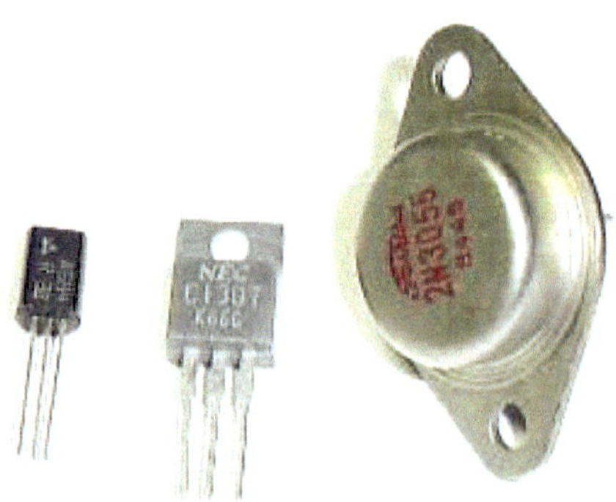

그림 9.9 파워 트랜지스터

(3) 트랜지스터의 데이터시트 보는법

트랜지스터의 특성은 컬렉터 전압, 이미터 전류(혹은 컬렉터 전류), 주위 온도 등에 따라서 크게 달라진다. 따라서 트랜지스터의 특성을 나타낼 때는 위의 조건을 고려하고 일정한 기준을 정할 필요가 있는데 일반적으로 소출력 트랜지스터일 경우에는 컬렉터 전압 6 V, 이미터 전류 1 mA, 주위온도 25도의 조건 하에서 측정한 결과를 나타내고 있다. 수 mW이하의 출력을 낼 수 있는 트랜지스터는 소출력 트랜지스터라고 하고 수십mW ~ 수백mW의 출력을 낼 수 있는 트랜지스터는 중출력, 수W 이상의 출력을 낼 수 있는 트랜지스터는 대출력 트랜지스터라고 한다.

트랜지스터는 종류가 많기 때문에 특성을 일일히 기억해 두었다가 이용하는 것은 현실적으로 거의 불가능하다. 그러므로 트랜지스터를 이용할 때는 각종 트랜지스터의 여러 가지 특성을 수록한 트랜지스터의 데이터시트를 이용하지 않으면 안 된다.

1) 형명

형명은 트랜지스터 고유의 명칭이다. 즉, 2SA12, 2SA49, 2SC42A 등의 이름을 말한다. 그림 9.10에 이에 대해 설명한다.

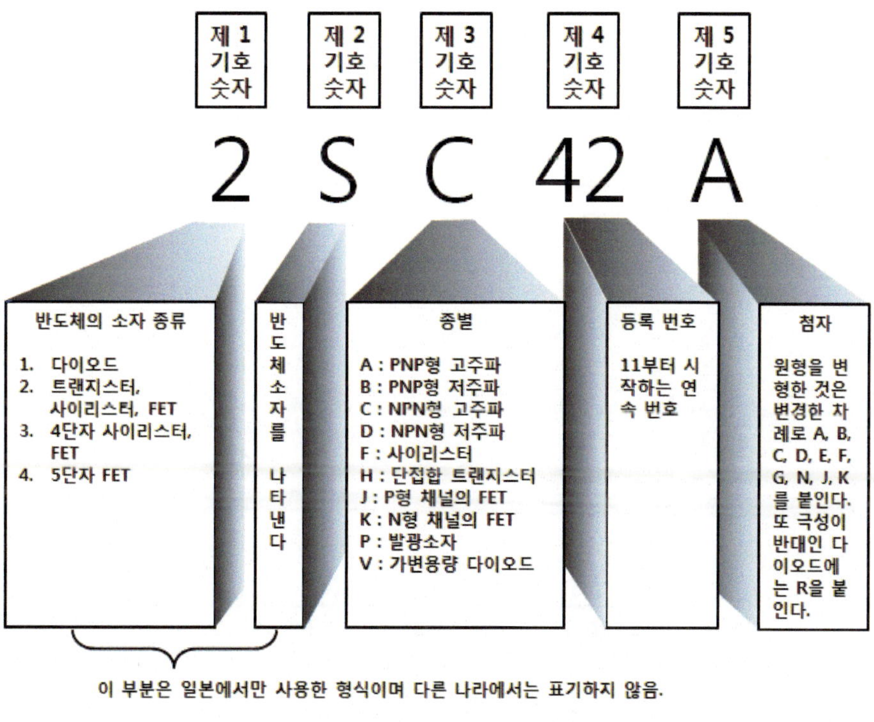

그림 9.10 반도체 소자의 형식명

2) 최대정격

트랜지스터를 사용할 수 있는 최고 한도의 값을 나타낸다. T_a=25도인 경우 주위 온도가 25도 일 때 트랜지스터가 정상 작동 할 수 있는 최고의 한계 값을 나타낸다. 만약 최대정격 이상으로 동작하게 되면 트랜지스터의 특성이 변하거나 수명이 짧아지며 너무 지나치게 되면 트랜지스터가 파손될 수 있다.

① 최대 V_{CBO}

이미터를 개방했을 때 베이스와 컬렉터 사이의 걸리는 최대전압을 나타내며 V_{CBO}로 표기한다. V_{cmax}라고도 표기하는 경우도 있다. 이는 다음과 같은 뜻을 가지고 있다.

그림 9.11에서 컬렉터와 베이스 사이에 역방향 전압 V_{CB}를 공급하고 이 전압을 점점 높여가면 컬렉터와 베이스 사이에 흐르는 전류 I_{CB}는 그림 9.12와 같이 극히 적은 값으로 거의 일정하게 흐르다가 어느 한계점에 도달하면 역방향 전류가 급격히 증가하는 지점이 있다.

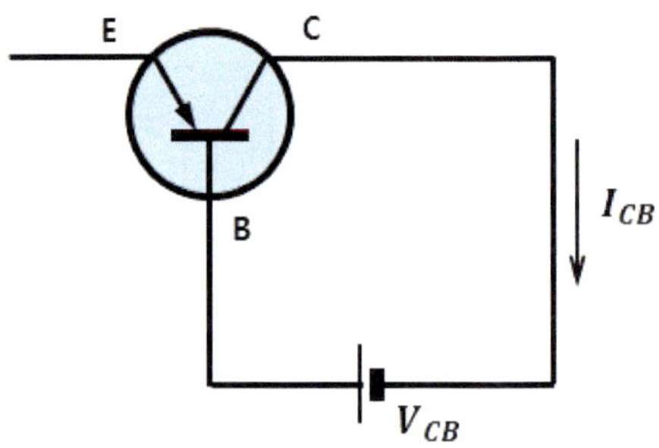

그림 9.11 컬렉터-베이스 전압

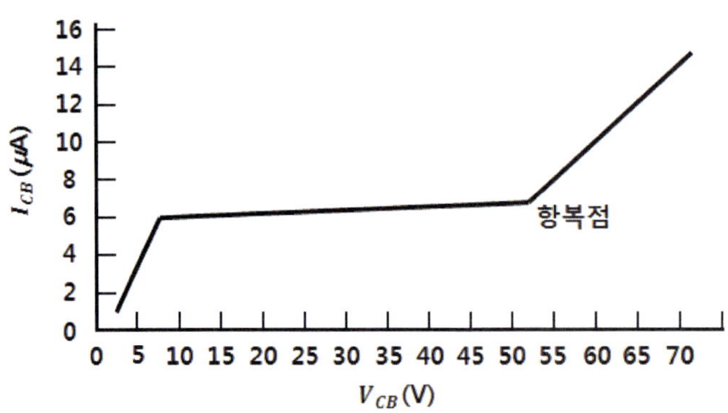

그림 9.12 컬렉터와 베이스 사이의 전압과 전류 특성

이 때 전류가 급격히 증가하기 시작하는 것은 PN접합부에 역방향 전압이 정도 이상으로 너무 높게 걸려서 강전계의 의하여 반도체 내에 공유결합을 하고 있던 전자가 튀어나와 전원의 −측으로부터 +측으로 이동하므로 역방향 특성을 읽기 때문이다. 이때 역방향 특성을 잃어버리기 시작하는 한계점의 전압을 컬렉터와 베이스 사이의 **항복전압**이라고 한다. 이와 같은 항복전압이 걸려있는 상태에서는 트랜지스터가 트랜지스터로서의 정상적인 동작을 할 수 없다. 따라서 트랜지스터가 정상적으로 동작할 수 있으려면 컬렉터에는 항상 항복전압보다 낮은 전압을 공급하지 않으면 안 된다.

② **최대** V_{EBO}

그림 9.13과 같이 컬렉터를 차단시킨 상태에서 이미터와 베이스 사이에 역방향으로 공급할 수 있는 최대 전압을 나타낸다.

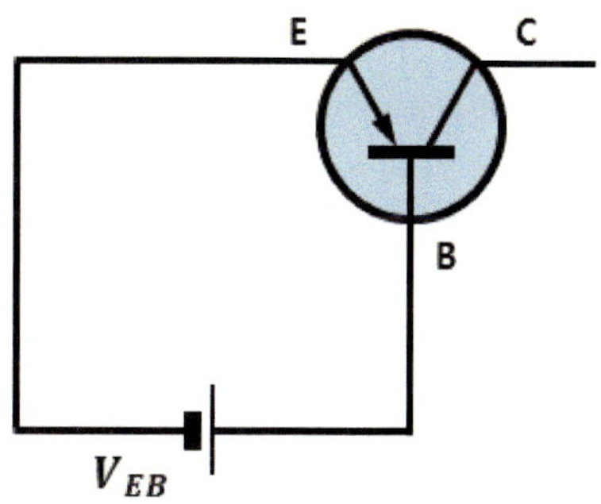

그림 9.13 이미터-베이스 전압

이것은 위에서 설명한 것과 같이 컬렉터를 차단시킨 상태에서 이미터와 베이스간 역방향의 항복전압보다 약간 낮은 전입이다. 만약 최대 V_{EBO} 이상의 전압이 공급되면 역방향 특성이 없어지고 심하면 트랜지스터의 특성이 변하거나 파손된다.

③ **최대** I_C

I_{cmax}라고도 표시하기도 한다. 이는 컬렉터에 흘릴 수 있는 최고 한도의 전류를 나타낸 것이다. 그 이상으로 전류를 흘리면 특성이 변화되거나 수명이 짧아지고 심하면 파손될 수도 있다.

④ **최대** P_c

P_{cmax}라고도 표시하기도 한다. 이것은 컬렉터의 최대 허용 전력손실을 나타낸다. 트랜지스터를 동작시킬 때는 컬렉터에 전압을 공급하고 컬렉터 전류를 흘리기 때문에 컬렉터

에서는 상당한 전력이 소비된다. 이 때 소비되는 전력은 컬렉터 측 PN접합부의 온도를 높이므로 소비전력이 어느 정도 이상으로 증가하면 트랜지스터가 과열되어 파손되는 것이다. 이와 같이 트랜지스터는 전력소비에 한도가 있는데 이것이 컬렉터의 최대 허용 전력 손실이다.

데이터 시트에 나와 있는 최대 정격 P_c는 주위온도가 25℃일 때 컬렉터의 최대 허용 손실전력이다. 이와 같은 컬렉터의 최대 허용 손실전력은 같은 트랜지스터일지라도 주위의 온도가 높을 때는 트랜지스터가 쉽게 과열되므로 컬렉터의 호용 손실적력이 감소되는데 일반적으로 주위온도가 1도 상승하는데 약 2% 정도의 비율로 허용 손실전력이 감소된다.

수 십㎽ ~ 수 백㎽의 출력을 낼 수 있는 중출력용 트랜지스터나 수W 이상의 출력을 낼 수 있는 대출력 트랜지스터가 각각 최대의 출력을 낼 때는 주위온도가 50~60℃까지 상승하므로 중출력 트랜지스터나 대출력 트랜지스터를 사용할 때는 주위 온도를 50~60℃로 간주하고 허용 손실 전력을 환산해야 한다.

⑤ I_{CBO}

이것은 그림 9.14와 같이 이미터 측을 차단하고 컬렉터와 베이스 사이에 역방향전압 V_{CB}를 공급했을 때 컬렉터에 흐르는 전류의 크기를 나타내는 것인데 이것을 **컬렉터 차단전류**라고 한다. 차단전류는 동형의 트랜지스터일 때 작은 것일수록 성능이 좋은 것이다.

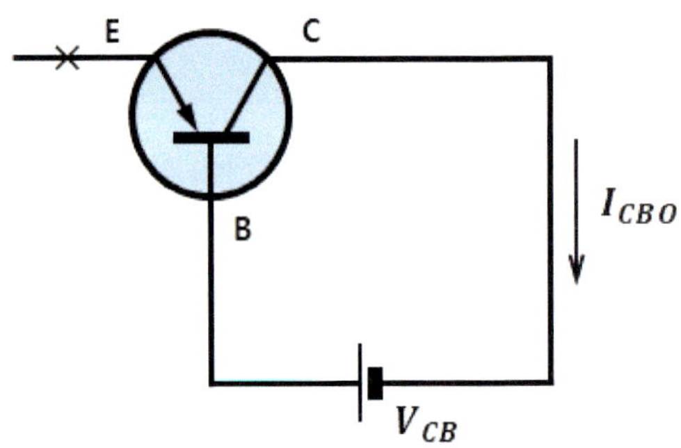

그림 9.14 컬렉터 차단 전류

⑥ h_{fe}

h_{fe}는 그림 9.15와 같이 이미터 공통 접속(또는 이미터접지라고도 함) 회로에서 베이스에 펄스 전류 I_b를 흘릴 때 컬렉터 측에 증폭된 펄스전류 I_c를 측정하여 I_b로 I_c를 나누어 얻은 값을 나타낸다.

따라서 이 값을 이미터접지 때의 펄스 전류 증폭율 또는 직류 전류 증폭율이라고 한다. 여러 개의 트랜지스터를 이용하여 다단으로 증폭을 할 경우에 마지막단의 트랜지스터에는 앞에서 증폭된 큰 신호 전력이 공급되므로 마지막단의 트랜지스터, 즉 출력단의 트랜지스터는 큰 신호 전력이 공급될 때의 전류 증폭율을 사용하는 것이 정확하다. 따라서 마지막단에 많이 이용하는 중출력 트랜지스터나 대출력 트랜지스터는 대부분 충분히 큰 펄스 전류를 베이스에 흘리고 그때 흐르는 컬렉터의 펄스 전류를 측정하여 증폭율을 구하고 이것을 데이터시트에 h_{fe}로 나타내는 것이다. 그러므로 이것을 **대신호 증폭율**이라고도 한다.

트랜지스터의 증폭율을 측정할 때는 그림 9.16에서 I_b=2 mA 일때 I_c=100 mA가 흐르고 전류를 증가시켜서 I_b=3 mA가 흐를 때 I_c=150 mA가 흐른다고 가정하면 h_{fe}=컬렉터 전류의 변화량/베이스전류의 변화량=(150-100)/(3-2)=50/1=50이 된다.

따라서 이때 이미터 접지 때의 전류 증폭율은 50이라고 한다. 여기서 변화시킨 베이스 전류가 측정하는 트랜지스터의 베이스 전류로서 충분히 큰 편일 때는 **대신호 증폭율** (h_{FE})이라고 하고 작은 편이면 **소신호 증폭율**(h_{fe})이라고 한다.

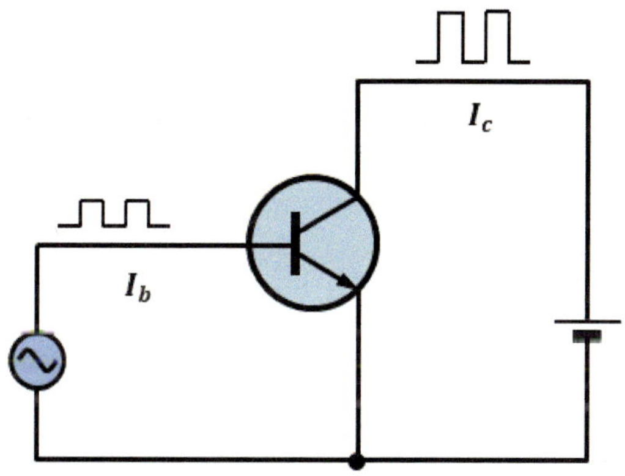

그림 9.15 컬렉터 직류전류 증폭

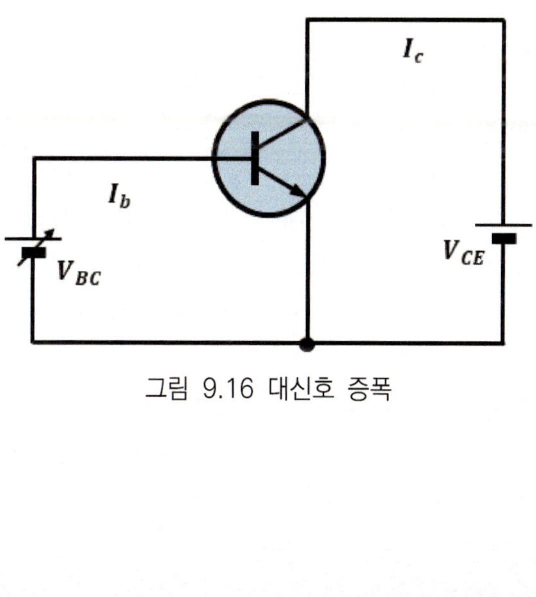

그림 9.16 대신호 증폭

⑦ f_T(트랜지션 주파수)

증폭하는 신호의 주파수가 높아지면 전류 증폭율이 점점 저하되는데 이미터 접지 때에 주파수가 높아져서 증폭율이 1이 되는 때의 주파수를 트랜지션 주파수라고 한다.

높은 주파수에서의 h_{fe}는 주파수가 2배로 높아지면 증폭율은 1/2로 저하되므로 고주파에서의 $f_T = h_{fe} \times$(측정 주파수)의 관계가 성립된다. 즉, 측정주파수가 높을 때는 대신 증폭율이 저하되어 측정주파수와 증폭율의 곱은 항상 f_T로서 일정하다.

따라서 f_T는 증폭율과 측정 주파수를 곱한 것과 같기 때문에 **이득대역폭**이라고도 한다. f_T값이 높은 것일수록 높은 주파수를 증폭할 수 있는 트랜지스터이다.

⑧ θ

이것은 열 저항이라 하는 것으로 트랜지스터의 전력손실에 의한 온도 상승율을 나타내는 것이다. 예를 들어서 컬렉터 손실전력이 1 W 증가하는데 따라 컬렉터 접합부의 온도가 3℃ 높아진다면 그 트랜지스터의 열 저항(θ)은 3℃/W라 한다.

이와 같이 열 저항이 표시되어 있을 때는 컬렉터의 최대 허용 손실전력 (P_c)도 다음과 같이 계산하여 알 수 있다.

$$P_c = (T_j - T_a)/\theta$$

(P_c=최대허용 손실 전력, T_j= 접합부 온도, T_a= 주위 온도, θ = 열저항)

⑨ PG

트랜지스터의 베이스와 이미터사이(입력)에 신호 전력을 공급하면 컬렉터와 이미터(출력)사이에는 증폭된 전력이 나온다. 만약 트랜지스터입력 측에 2 W의 전력을 공급하였을 때 전력이 증폭되어 출력측에 100W의 전력이 나온다면 그 트랜지스터의 전력증폭도는 100/2=50이 된다고 한다.

이와 같이 입력측에 공급된 신호전력으로 출력측에 증폭되어 나오는 신호전력을 나누어 얻은 값을 전력 증폭도라 한다. 전력 증폭도는 편의상 데시벨(db)라는 단위로 환산하여 나타내며 이것을 **전력이득**(PG : power gain)이라고 한다.

전력 증폭도를 db로 환산하여 나타내면 음성 증폭기일 경우 귀에 느껴지는 정도를 곧 알 수 있으며 종합증폭도 계산이 간편해 진다는 장점이 있다.

9.2 트랜지스터의 등가 회로

바이폴라 트랜지스터는 베이스 전류에 의한 전류 제어 소자라 할 수 있다. 한편 FET는 게이트 전압에 의한 전압 제어 소자이다. 그러나 이것들을 취급하는 데에는 개개의 내부를 상세하게 표현하는 것이 아니고 외부에서 본 등가적인 내부 상태를 표현하는 방법, 즉 등가 회로를 사용하여 해석하는 것이 적당하다.

트랜지스터는 전류 입력이기 때문에 입력 임피던스가 낮게 출력 단자에서는 내부 저항이 낮은 정 전류원이라 볼 수 있다. 이것보다 매우 간단화한 트랜지스터의 등가 회로를 그리면 그림 9.17과 같이 된다.

여기서 r_{be}는 실효적인 베이스-이미터 사이 저항뿐만 아니라 컬렉터 측에서의 귀환에 의한 변화분도 포함한 내부 저항이다.

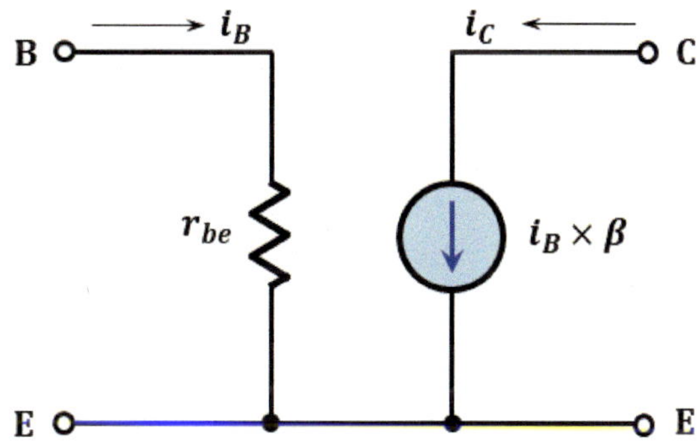

그림 9.17 트랜지스터의 등가 회로

9.3 트랜지스터의 도식 해법

9.3.1 직류 동작점

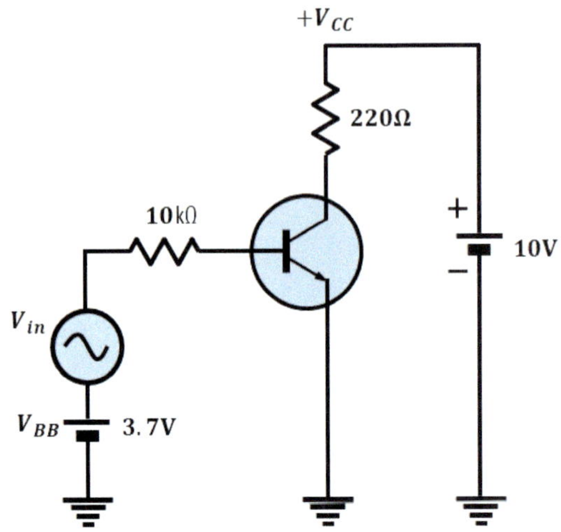

$$i_B = \frac{3.7 - 0.7}{10 \times 1000} = 0.0003\text{A} = 0.3\mu\text{A}$$

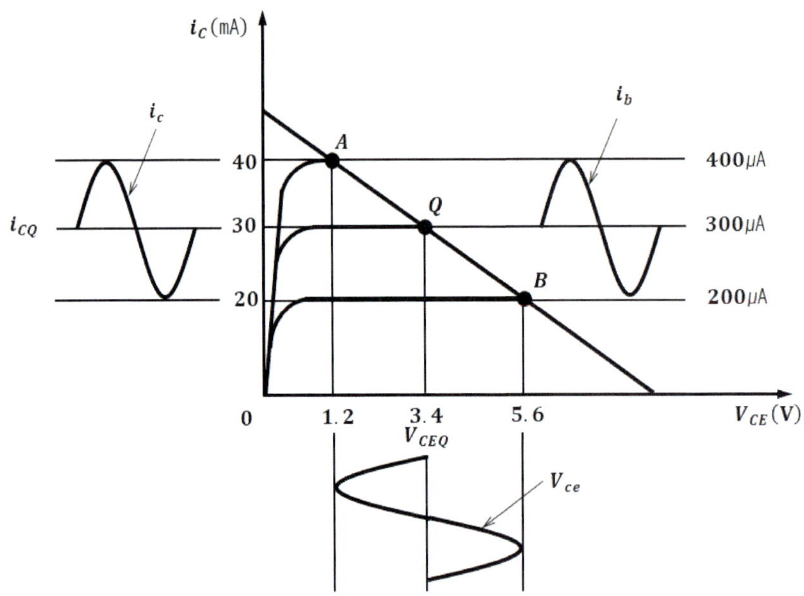

그림 9.18 베이스 전류 변화에 따른 출력

그림 9.18과 같은 이미터 접지회로에서 베이스 전류가 변하면 부하선을 따라 컬렉터 전류와 C-E 전압이 변한다. 입력 신호가 없을 때에 V_{BB}를 사용하여 일정한 베이스 전류를 흘려 컬렉터 전류와 V_{CE}를 정해둔다. 이 점을 **직류 동작점**(Q점; Quiescent point, Q point)이라고 한다. 입력 신호가 들어가면 V_{BB}에 입력 신호가 더해져서 컬렉터 전류와 V_{CE}가 정해지므로, 신호의 +, - 부호와 크기에 따라 i_C, V_{CE}의 값은 Q점을 기준으로 부하선을 따라 왼쪽, 오른쪽으로 옮겨간다.

그림 9.19와 같이 동작점이 어디에 있느냐에 따라 증폭의 형태가 다르게 된다. 동작점이 온도 등 환경에 따라 변하지 않고 얼마나 안정한가는 증폭기 사용에 매우 중요하다. 예를 들어 그림 9.19 (a)와 같이 동작점이 너무 왼쪽으로 치우쳐져 있으면(i_C가 큰 쪽) 베이스 전류가 큰 신호는 증폭 영역 밖에 있으므로 신호가 일그러진다.

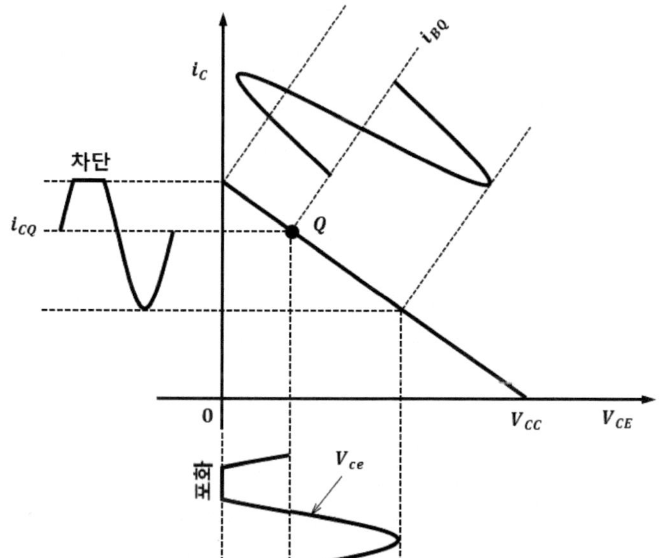

(a) 트랜지스터가 포화로 구동

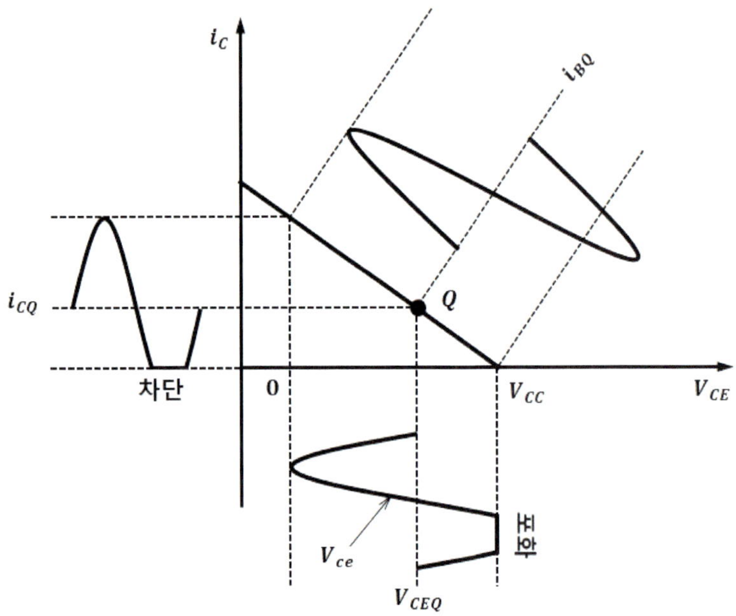

(b) 트랜지스터가 차단으로 구동

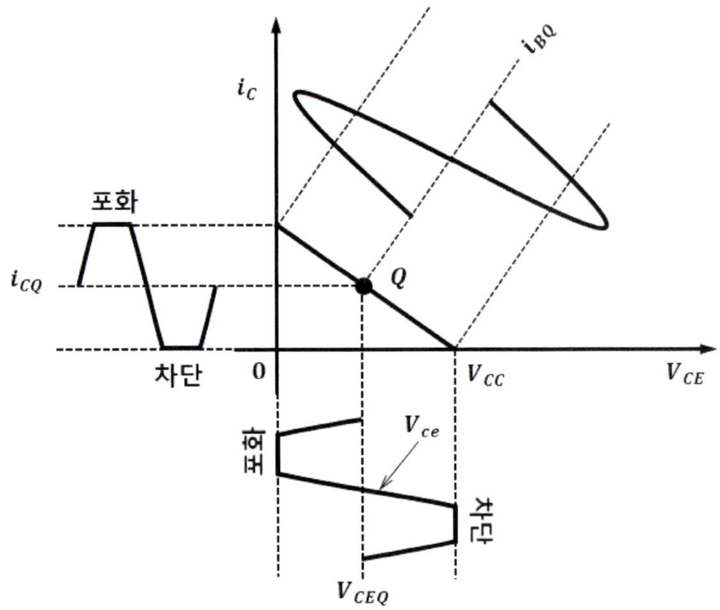

(c) 트랜지스터가 차단과 포화로 구동

그림 9.19 동작점의 위치에 따른 증폭의 형태

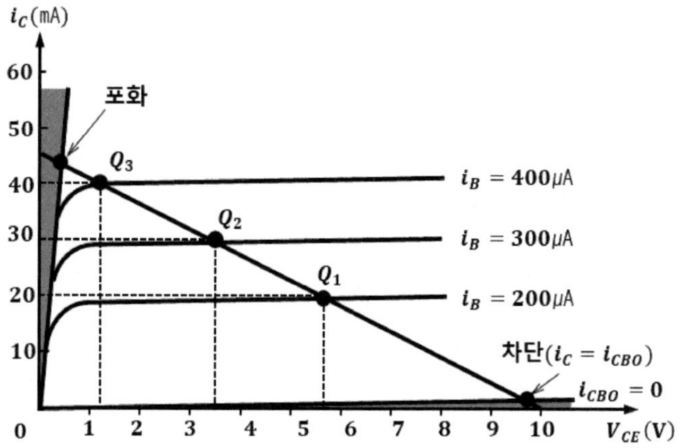

그림 9.20 베이스 전류에 따른 동작점의 위치

그림 9.20과 같이 입력 신호가 없을 때 V_{BB}를 바꾸어 세 Q점을 아래와 같이 정하는 경우에 다음과 같다.

$$I_B = (V_{BB} - V_{BE})/R_B, \quad V_{BE} = 0.7[\text{V}], \quad b_{DC} = 100 \tag{9.1}$$

그러므로 컬렉터 폐회로에 키르히호프 법칙을 적용하여 부하선의 식을 구하면 다음과 같다.

$$I_C = -\frac{V_{CE}}{R_C} + \frac{V_{CC}}{R_C} \tag{9.2}$$

여기서 부하선의 기울기는 $-1/R_C$이고 y축 절편은 V_{CC}/R_C이다.

그림 9.20에서 동작점 Q_3는 너무 왼쪽으로 치우쳐 있어 베이스 전류가 작은 신호를 증폭할 수 있는 오른 쪽의 영역은 넓은 대신 베이스 전류가 큰 신호를 증폭할 수 있는 왼쪽의 영역은 거의 없다.

9.3.2 도식 해법

9.2절에서 서술한 등가회로를 사용한 해석이 정확할 것 같지만 실제로 시도하면 매우 복잡하여 보다 정확한 등가 회로를 얻는 것도 대단히 곤란한 경우가 많다. 따라서 보다 쉬운 회로 설계에 있어서는 아래에 서술하는 도식 해법(그래프 설계)을 사용하는 경우가 많다.

그림 9.21 (a)에 나타낸 트랜지스터 증폭 회로의 한 예에 대해 생각해 보기로 한다. 트랜지스터의 정 특성은 같은 그림 (b)와 같이 주어져 있다고 하면 우선 전원 전압 V_{CC}의 점부터 부하 저항 R_L의 역수의 기울기를 가진 부하선을 긋는다. 트랜지스터가 완전히 도통 상태가 되었을 때 흐르는 전류는 V_{CC}/R_L이므로 같은 그림 (b)와 같은 부하선이 된다. 이 증폭 회로가 스트레인 없이 최대 진폭을 끌어내는 데는 정상 동작점(일반적으로 단순히 동작점이라고 한다)는 컬렉터 전압이 $V_{CC}/2$가 되는 점이고 그 때의 컬렉터 전류 i_{CQ}는 다음과 같이 된다.

$$i_{CQ} = \frac{V_{CC}}{2R_L} \tag{9.3}$$

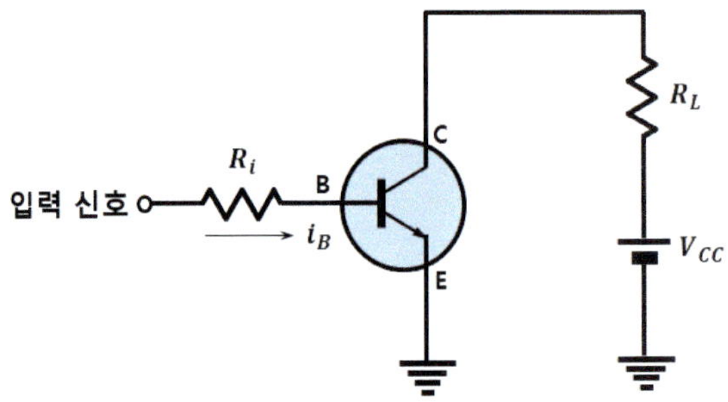

(a)

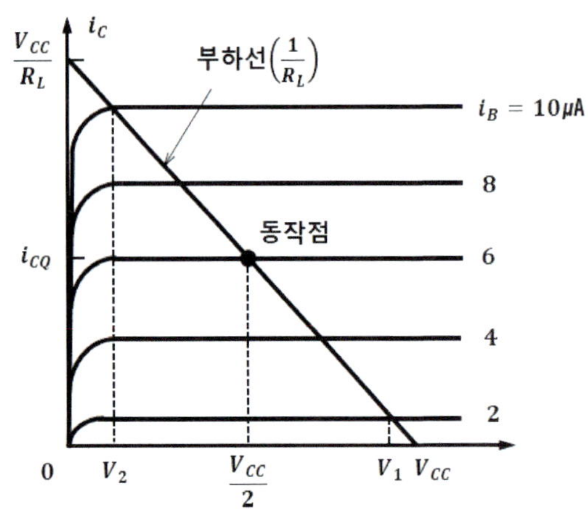

(b)

그림 9.21 트랜지스터의 도식 해법

이때의 입력 신호에 대한 베이스 바이어스 전류 i_B는 그림에서의 6 ㎂가 된다. 입력 신호에 의해 부하 저항 R_L의 양단에서 얻어지는 신호 진폭을 V_1부터 V_2로 변화시키는 데에는 같은 그림에서 베이스 전류가 10 ㎂로부터 2 ㎂까지 변화시키면 된다(Δi_B). 즉, 베이스 회로가 1㏀ (R_i를 포함한다)의 임피던스를 통해서 중심이 6 ㎂의 베이스 전류에 설정되어 있는 경우에는 다음과 같이 된다.

$$R_i \times \Delta i_B = 1 \times 10^3 \times 8 \times 10^{-6} = 8 \times 10^{-3} [\text{V}] \tag{9.4}$$

즉, 8㎷의 전압 변화를 주면 된다.

이상과 같이 도식 해법은 사용하는 트랜지스터의 정특성이 주어지면 그것에 따라서 회로의 설계가 가능하게 되는 것이고 간편한 방법으로서 자주 사용된다.

9.4 바이어스 회로

9.4.1 트랜지스터 바이어스 회로

이미터 접지 회로에서는 입력을 베이스와 이미터 사이에 가하는데 교류 신호의 경우 베이스와 이미터가 다이오드와 같은 동작을 하기 때문에 신호의 음의 반파를 흘릴 수 없다. 그래서 직류 전압을 가해 신호의 음의 반파를 0[V] 이상의 전위로 끌어올려서 증폭해야 한다. 즉, 트랜지스터의 Q점을 정하기 위해 V_{BB}를 공급하는 것을 바이어스를 준다고 한다.

그림 9.22는 바이어스 전압을 나타낸 것인데, 신호 V_S를 베이스에 가할 때 이는 바이어스 전압 V_{BB}의 증감분이라 생각할 수 있다. 그래서 실제 입력은 $V_i + V_{\text{BB}}$가 되어 베이스와 이미터에 가해진다.

트랜지스터 바이어스에는 몇 가지 방법이 있고 각 방법마다 장단점이 있다.

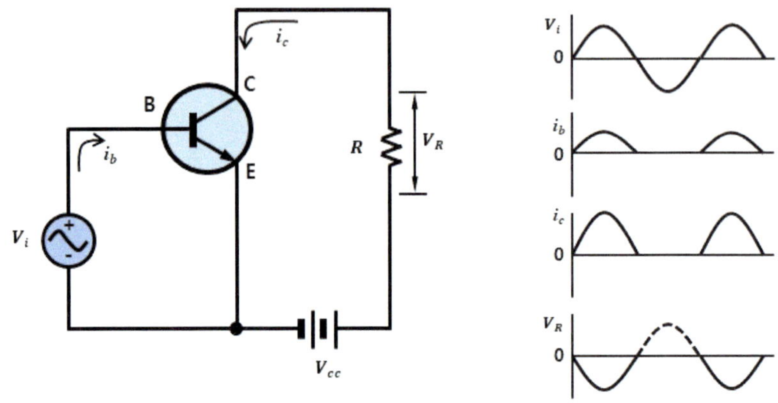

(a) 바이어스가 없을 경우

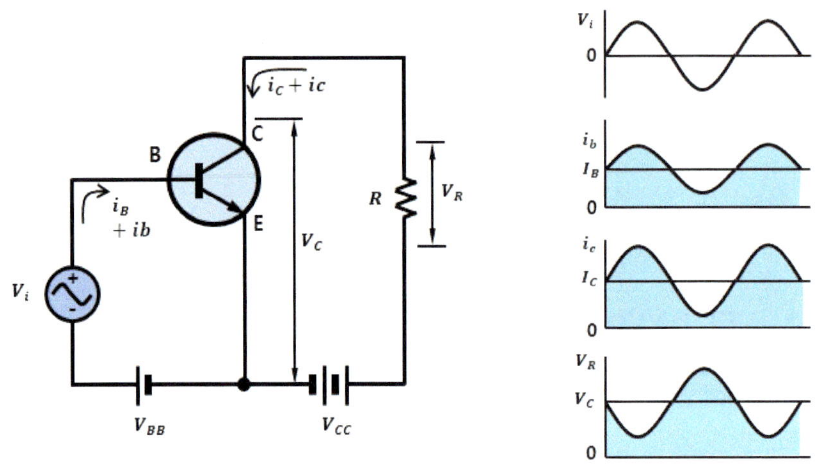

(b) 바이어스가 있을 경우

그림 9.22 트랜지스터의 바이어스

(1) 베이스 바이어스

지금까지 회로에서는 V_{CC}와 독립인 별도의 V_{BB} 전원을 사용하였으나 실용적인 방법은 1개의 전원을 이용하여 V_{CC}와 V_{BB}를 동시에 공급하는 것이다.

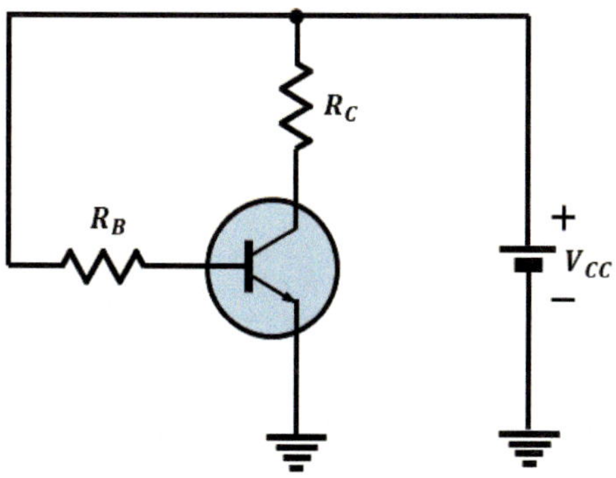

(a) 실제 회로

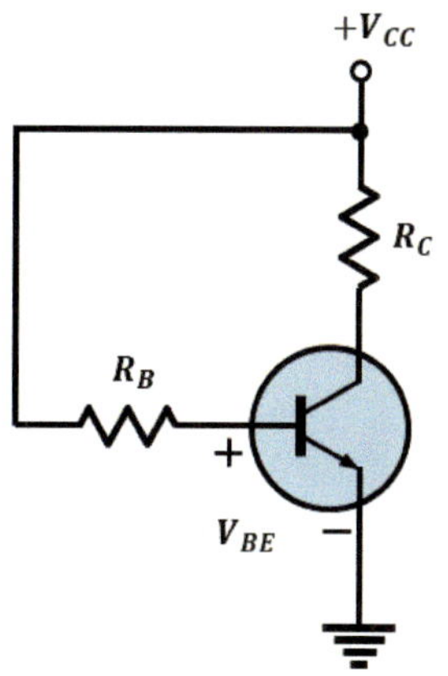

(b) 회로 표시

그림 9.23 베이스 바이어스 회로

그림 9.23의 베이스 바이어스회로에서 $I_B = (V_{CC} - V_{BE})/R_B$, $V_{CE} = V_{CC} - I_C R_C$, $I_C = \beta_{DC} \times I_B$이므로 Q점에서 I_C를 구하면 다음과 같이 된다.

$$I_C = \beta_{DC}\left(\frac{V_{CC} - V_{BE}}{R_B}\right) \tag{9.5}$$

따라서 입력 신호가 없을 때 Q점의 컬렉터 전류는 직류 전류 증폭율 β_{DC}(직류 베타라고도 부름)에 비례한다. 직류 베타는 외부 온도에 따라 민감하게 변한다(이것은 전에 말한 대로 온도가 변하면 반도체의 전도 전자와 정공의 수가 달리지기 때문이다. 예를 들어 온도가 25°C에서 75°C로 올라가면 β_{DC}가 50% 정도 증가한다). 그러므로 베이스 바이어스 방법은 회로가 간단한 대신, 입력 신호가 없을 때도 주위 환경 변화에 따라 I_C가 크게 변하는 단점이 있다. 다시 말해 베이스 바이어스는 매우 불안정하다.

그러므로 베이스 바이어스는 입력 신호를 일그러짐이 없이 성빌하게 증폭해야 하는(신호의 파형은 그대로 유지하고 세기만 크게 해야 하는) 경우에는 사용하지 않고, 주로 트랜지스터 온-오프 스위치에 사용한다.

(2) 이미터 바이어스

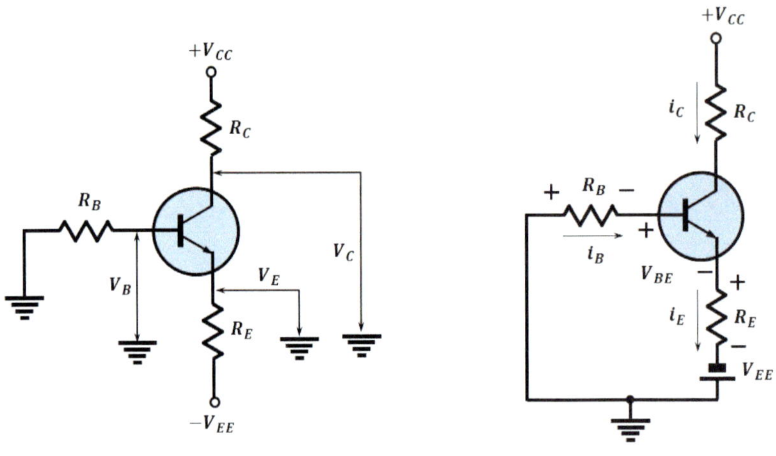

(a) 회로(NPN) (b) 분석

그림 9.24 이미터 바이어스 회로

그림 9.24의 이미터 바이어스 회로로부터 키르히호프의 전압 법칙에 의해 다음과 같이 된다.

$$V_{EE} - i_B R_B - V_{BE} - i_E R_E = 0 \tag{9.6}$$
$$V_{EE} = i_B R_B + V_{BE} + i_E R_E$$

트랜지스터의 직류 벡터값이 매우 크므로 $i_C \cong i_E$이며 $i_C = \beta_{DC} \times i_B$이므로 $i_B \cong i_E / \beta_{DC}$가 되며 이것을 식 (9.6)에 대입하면 이미터 전류 i_E는 다음과 같이 된다.

$$i_E = \frac{V_{EE} - V_{BE}}{R_E + \dfrac{R_B}{\beta_{DC}}} \tag{9.7}$$

따라서 컬렉터 전류 i_C는 다음과 같이 된다.

$$i_C \cong \frac{V_{EE} - V_{BE}}{R_E + \dfrac{R_B}{\beta_{DC}}} \tag{9.8}$$

이미터 전압 $V_E = - V_{EE} + i_E R_E$이고 베이스 전압 $V_B = V_E + V_{BE}$이며 컬렉터 전압 $V_C = V_{CE} - i_C R_C$ 그리고 $V_{CE} = V_C - V_E$이므로 V_{CE}는 다음과 같이 된다.

$$V_{CE} \cong V_{CC} + V_{EE} - i_C(R_C + R_E) \tag{9.9}$$

주위 환경에 민감하게 변하는 것은 V_{BE}와 β_{DC}이다. 위 식 (9.8)에서 $R_E \gg R_B/b_{DC}$이면 다음과 같이 된다.

$$i_C = \frac{V_{EE} - V_{BE}}{R_E} \tag{9.10}$$

또한 $V_{EE} \gg V_{BE}$이면 $i_C \cong V_{EE}/R_E$이다. 따라서 Q점의 컬렉터 전류는 β_{DC}에 무관하게 된다. 따라서 이런 조건을 만들어 주면 Q점이 안정하게 된다.

PNP의 경우에는 V_{CC}가 음 전압, V_{EE}가 양 전압이 되어야 한다.

(3) 전압 분배 바이어스

그림 9.25 전압 분배 바이어스 회로에서는 한 개의 바이어스 전압(V_{CC}) 사용하며 R_1, R_2로 만든 전압 분배 회로로 베이스에 바이어스 전압을 인가한다.

베이스 전압(V_B)과 베이스에서 본 입력 저항 $R_{IN(BASE)}$은 부하가 없으면 그림 9.26에서와 같이 되며 A점의 전압(V_B)은 $V_{CC}R_2/(R_1+R_2)$로 정해지지만 트랜지스터가 연결되면 A점에서 베이스-이미터를 지나 접지까지 가는 회로가 R_2와 병렬로 만들어지므로 두 병렬 저항의 등가 저항을 고려해야 한다.

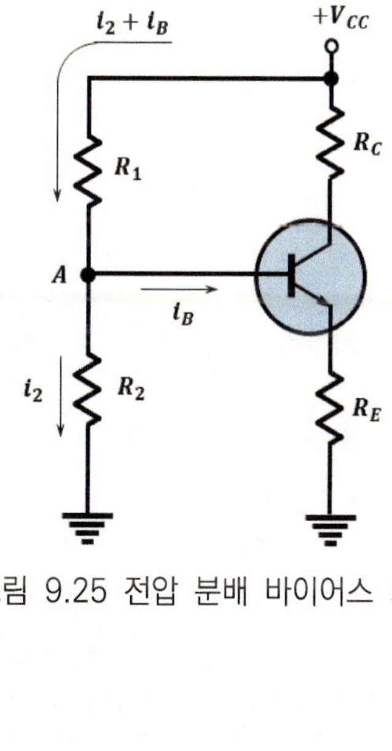

그림 9.25 전압 분배 바이어스 회로

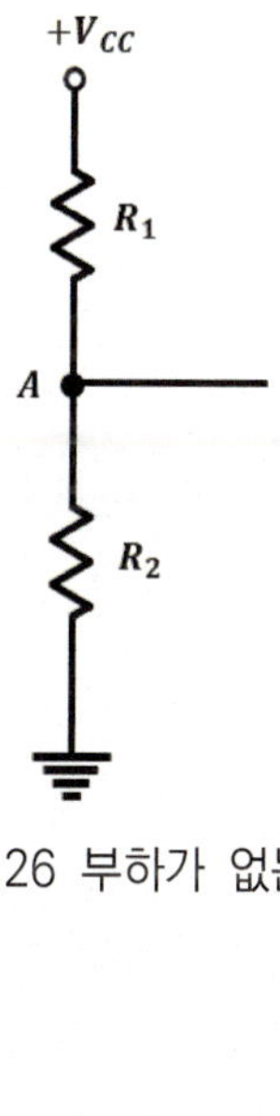

그림 9.26 부하가 없는 회로

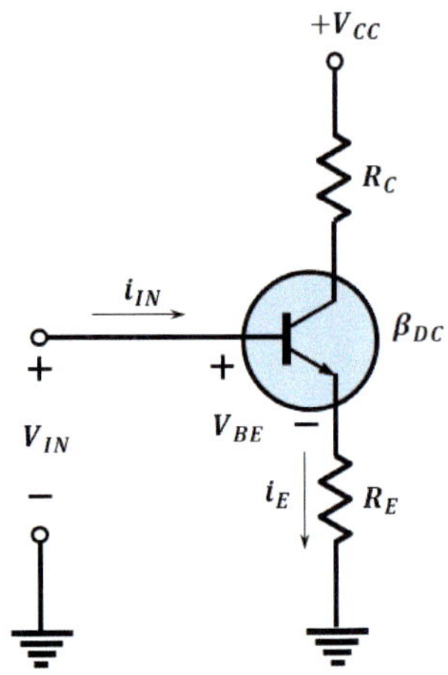

그림 9.27 베이스에서 본 입출력 회로

그림 9.27에서 트랜지스터의 등가저항은 다음과 같이 된다.

$$R_{ep} = \beta_{DC} R_E // R_2 = \frac{\beta_{DC} R_E R_2}{\beta_{DC} R_E + R_2} \tag{9.11}$$

따라서 베이스에 가해지는 전압은 다음과 같이 된다.

$$V_B = \frac{\beta_{DC} R_E // R_2}{R_1 + \beta_{DC} R_E // R_2} V_{CC} \tag{9.12}$$

베이스에서 본 입력 저항(A점에서 트랜지스터를 지나 접지로 가는 회로의 저항)은 다음과 같이 된다.

$$R_{IN(BASE)} = \frac{V_{IN}}{i_{IN}} = \frac{V_{IN}}{i_B} = \frac{V_{BE} + i_E R_E}{i_B} \tag{9.13}$$

또한 $i_E \cong i_C = \beta_{DC} i_E$이므로

$$V_{IN} \cong \beta_{DC} i_B R_E \tag{9.14}$$

따라서

$$R_{IN(BASE)} \cong \frac{\beta_{DC} i_B R_E}{i_B} \cong \beta_{DC} R_E \tag{9.15}$$

베이스에서 보았을 때는 $R_{IN(BASE)}$와 R_2가 병렬로 있으므로 등가저항은

$$R_{ep} \cong \frac{\beta_{DC} R_E R_2}{\beta_{DC} R_E} \cong R_2 \tag{9.16}$$

이 식에 의하면 Q점의 V_B는 β_{DC}의 영향을 받는다.

그러나 만일 $\beta_{DC} R_E \gg R_2$이면

$$V_B \cong \frac{R_2}{R_1 + R_2} V_{CC} \tag{9.17}$$

그러므로 이 조건에서는 Q점의 V_B가 외부 저항 R_1, R_2에 의해 결정된다.

실제 응용에서는 $\beta_{DC} R_E$를 R_2의 10배 정도로 하여 Q점의 V_B에 β_{DC}의 영향이 거의 없도록 한다.

전압분배 바이어스는 한 개의 전원으로 V_{CC}와 V_{BB}를 모두 공급하므로 많이 이용한다.

예제 9.1 그림 9.28에서 i_C와 V_{CE}를 구하라. 여기서 $\beta_{DC} = 100$이다.

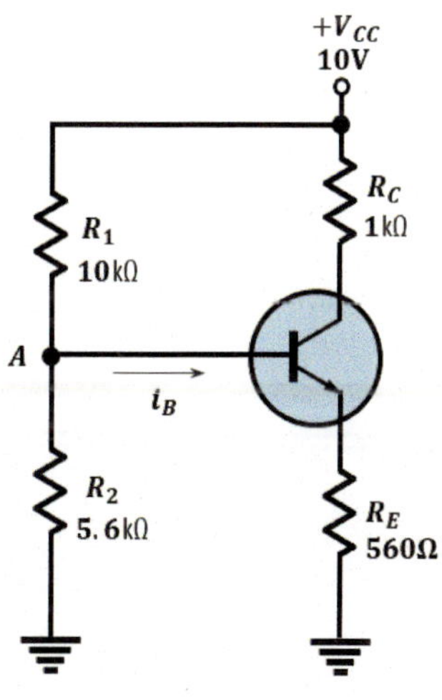

그림 9.28 전압 분배 바이어스 회로의 예

풀이 먼저 베이스의 입력 직류 저항을 구하여 그것을 무시할 수 있는지 알아본다.

$$R_{IN(BASE)} = \beta_{DC} R_E = 100 \times 560 = 56[\text{k}\Omega]$$

두 저항이 병렬 접속된 경우 만일 한 저항이 다른 저항보다 10배 이상 적다면 전 저항은 항상 적은 저항값과 같거나 약간 적어진다.
그러므로 $R_{IN(BASE)} = 10R_2$이므로 $R_{IN(BASE)}$를 무시할 수 있다.
그림 9.28 전압 분배 바이어스 회로에서 $R_{IN(BASE)}$을 고려하여 예를 풀어보고 차이를 비교해 보기로 한다.
베이스 전압을 구하면 다음과 같다.

$$V_B \cong \frac{R_2}{R_1 + R_2} V_{CC} = \frac{5.6}{15.6} \times 10 = 3.59[\text{V}]$$

그래서

$$V_E = V_B - V_{BE} = 3.59 - 0.7 = 2.89[\text{V}]$$

그러므로

$$i_C \cong 5.16[\text{mA}]$$

그리고

$$V_{CE} \cong V_{CC} - i_C(R_C + R_E) = 10 - 5.16 \times 1.56 = 1.95[\text{V}]$$

$V_{CE} > 0[\text{V}]$이기 때문에 트랜지스터는 포화 상태에 있지 않음을 알 수 있다.

(4) 컬렉터 귀환 바이어스

그림 9.29는 컬렉터 귀환 바이어스(collector feedback bias)를 나타낸 것이다.
그림에서 베이스 전류는 다음과 같이 된다.

$$i_B = \frac{V_C - V_{BE}}{R_B} \tag{9.18}$$

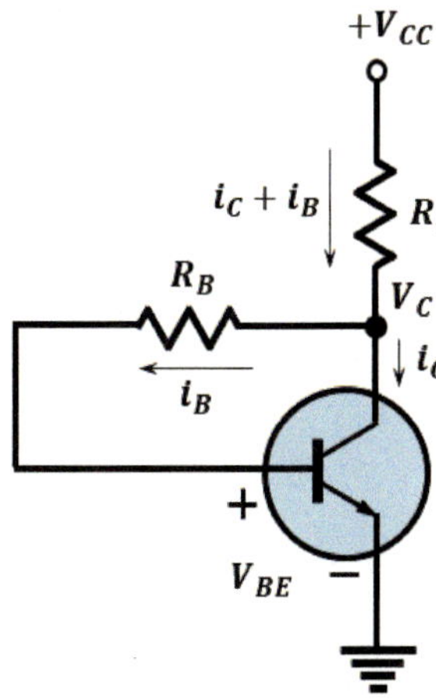

그림 9.29 컬렉터 귀환 바이어스 회로

만일 $i_C \gg i_B$이면 컬렉터 전압은 다음과 같이 된다.

$$V_C = V_{CC} - (i_C + i_B)R_C \cong V_{CC} - i_C R_C \tag{9.19}$$

$i_B = i_C/\beta_{DC}$를 식 (9.18)에 대입하면 다음과 같이 된다.

$$\frac{i_C}{\beta_{DC}} = \frac{V_{CC} - i_C R_C - V_{BE}}{R_B} \tag{9.20}$$

한편 컬렉터 전류는 다음과 같이 된다.

$$i_C = \frac{V_{CC} - V_{BE}}{R_C + R_B/\beta_{DC}} \tag{9.21}$$

컬렉터와 이미터에 걸리는 전압은 다음과 같다.

$$V_{CE} = V_{CC} - i_C R_C \tag{9.22}$$

식 (9.21)에 의하면 i_C는 β_{DC}의 영향을 받는다.

만일 온도가 올라가 β_{DC}가 증가하면 위 식 (9.21)에서 i_C가 증가한다. 그러나 i_C가 증가하면 R_C에서 떨어지는 전압 $V_{R_C} = (i_C + i_B)R_C$가 커지므로 컬렉터 전압 V_C가 감소하게 된다.

베이스 전류는 $i_B=(V_C-V_{BE})/R_E$이므로 베이스 전류가 작아지고, 이것은 다시 i_C를 감소시킨다. 이와 같은 피이드백 반응이 계속 일어나므로 온도 변화에 대해 i_C가 안정을 유지한다.

9.5 증폭 회로

트랜지스터, FET 등의 능동 소자의 대표적인 3작용은 증폭 작용, 발진 작용, 검파 작용이다. 이 중 증폭 작용이 가장 중요하고, 또한 많은 버라이어티가 풍부한 회로도 개발되고 있다.

증폭회로의 가장 기본은 RC 결합형 증폭 회로이다. 이것은 9.3절에서 언급했는데 간단한 도식 해법으로 거의 만족할 수 있는 설계가 가능하다. 본 절에서 제시하고 있는 예제는 매우 일반적인 설계 예이고, 그 수치와 파라미터를 기억하여 두면 금후 다방면으로의 응용에 도움이 될 것이다.

또한 트랜지스터가 개발된 초기에 있어서는 베이스 전류의 안정화에 의한 증폭회로의 안정화 설계가 매우 중요시되어 안정계수인 파라미터를 사용한 설계법 등도 이용되었다. 그런데 최근의 트랜지스터는 그 소재가 게르마늄에서 실리콘으로 변하고, 열에 의한 불안정성이 매우 개선되어 이전의 안정계수 설계는 불필요하게 되었다. 이렇게 반도체 소자를 사용한 제품으로 수명이라고 하는 것을 없애고, 반영구적으로 사용할 수 있는 것을 가능케 하였다.

다음으로 현재의 IC, LSI 시대에 있어서도 3개의 기본이 되는 대표적인 트랜지스터 회로 예를 서술한다. 각각 직결형 증폭 회로, 차동형 증폭회로와 이미터 플로어 회로이다. 이들 회로는 모두 트랜지스터의 기본 회로 예인데 트랜지스터를 FET로 치환하더라도 아주 동일하다는 것을 말할 수 있다. FET의 경우, 최후의 3개째의 회로는 당연히 소스 플로어라고 불려진다.

또한 뒤에 서술하는 잡음 특성에 대해서는 증폭 회로에 있어서는 특유의 저잡음 증폭이라고 하는 것이 어떻게 해서 가능한가 하는 관점에서 나타내고 있다. 일반적으로 일컬어지고 있는 SN비라는 것은 절대 비교가 아니라 상대 비교이기 때문에 매우 저잡음 특성이 요구되는, 예를 들면 위성 통신회선 등의 증폭 회로의 파라미터로서는 이용할 수 없다. 이것에 대해서 잡음 지수(noise figure)는 매우 유효한 파라미터이고, 그 회로 고유의 특성을 나타낸다고 하는 이점이 있다. 이 설명과 측정법에 대해서도 알아 둘 필요가 있을 것이다.

트랜지스터에 의한 전력증폭도 그 소비전력과 이용가능 출력전력의 비(比), 즉 전력 이용 효율에 있어서 매우 흥미 깊다. PNP형과 NPN형의 트랜지스터를 훌륭하게 조합하여 이용하는 콤플리멘터리 전력증폭 회로와 마찬가지로 P채널과 N채널의 FET를 이용하는 CMOS형 회로는 저소비 전력회로로서 빠질 수 없는 것이고, 전자식 탁상계산기, 시계, 포터블(lap top)형 컴퓨터 등에 사용되고 있다.

9.5.1 RC 결합형 증폭회로

RC 결합형 증폭회로는 가청 주파수대역의 증폭에 사용되는 일반형 증폭 회로로서 그 기본 구성은 그림 9.30이다.

입력 신호는 결합 콘덴서 C_{C1}을 톤해서 트랜지스터의 베이스 B에 가해진다. 트랜지스터는 앞 절에서 나타낸 것처럼 공급 전원 V_{CC}의 약 절반의 전압·전류점이 동작점이 되도록, 베이스 바이어스 저항 R_B에 의해서 바이어스 된다. 출력 신호는 컬렉터 부하저항 R_C의 양단으로부터 결합 콘덴서 C_{C2}를 통해서 꺼내어진다. 이들 결합 콘덴서 C_{C1}과 C_{C2}의 작용은 교류 신호만을 통과시켜 직류 전압을 차단하기 위함이다. 이해를 돕기 위해서 이 수치의 예를 그림 9.31에 나타낸다.

그림 9.31 (a)는 특성도를 사용한 도식 설계이고 컬렉터의 부하 저항을 예로 들면 1㏀으로 하면 그림과 같이 부하선이 기록되고 동작점은 $V_{CE} = 6[V]$, $i_C = 6[mA]$의 점이 된다. 이 때 베이스 바이어스 전류는 50㎂이기 때문에 $V_{BE} ≒ 1.2[V]$를 사용하면 베이스 바이어스 저항 R_B는 다음과 같이 된다.

$$R_B = \frac{V_{CC} - V_{BE}}{i_B} = \frac{12 - V_{BE}}{5 \times 10^{-5}} ≒ 220k\Omega$$

이 트랜지스터의 전류 증폭률 β는 그림 9.31 (a)에서 베이스 전류 i_B와 컬렉터 전류 i_C의 비(比)로서 다음과 같이 구해진다.

$$\beta = \frac{i_C}{i_B} = \frac{6 \times 10^{-3}}{5 \times 10^{-5}} = 120$$

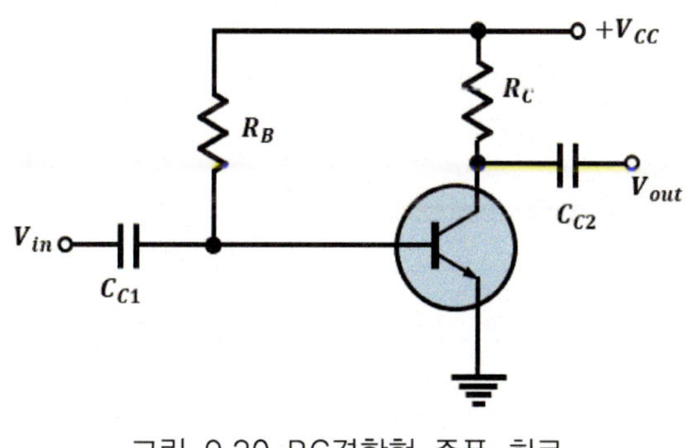

그림 9.30 RC결합형 증폭 회로

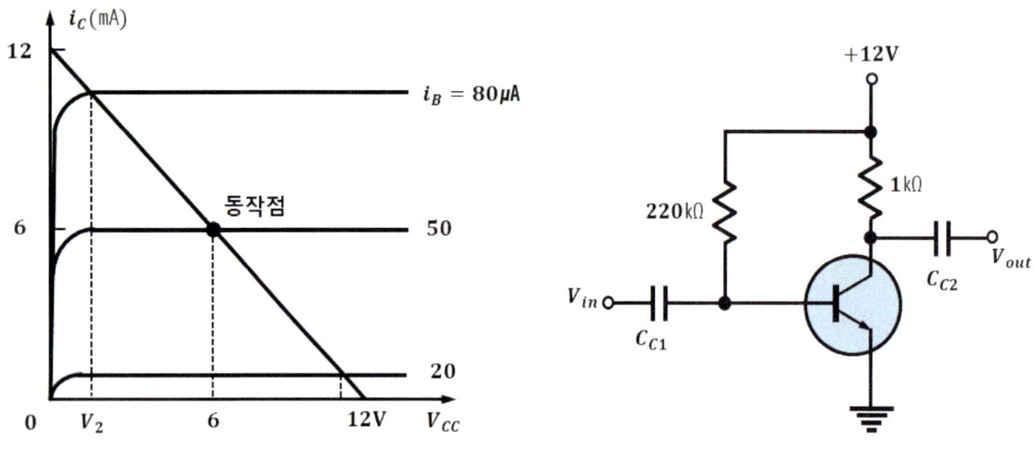

그림 9.31 도식해법에 의한 증폭 회로

신호의 정적인 입력 임피던스 Z_{in}은 $i_{\text{B}} = 50[\mu\text{A}]$, $V_{\text{BE}} = 1.2[\text{V}]$에서 다음과 같이 된다.

$$Z_{in} = \frac{V_{BE}}{i_B} = \frac{1.2}{5 \times 10^{-5}} \fallingdotseq 24k\Omega$$

또한 똑같이 정적인 출력 임피던스 Z_{out}은, $V_{\text{CE}}/i_{\text{C}} = Z_{\text{out}}$로 하면 다음과 같이 된다.

$$Z_{out} = \frac{R_L \times Z_i}{R_L + Z_i} = \frac{\dfrac{6}{6 \times 10^{-3}} \times 10^3}{10^3 + \dfrac{6}{6 \times 10^{-3}}} = 500\Omega$$

트랜지스터의 입력부에 있어서는 입력 임피던스 Z_{in}과 결합 콘덴서 C_{C1}과의 미분 회로(고역 통과형 필터: 하이 패스 필터)가 형성되어 있기 때문에 그 차단 주파수 f_L은 그림 9.32와 같이 되고 다음과 같이 표현된다.

$$f_L \fallingdotseq \frac{1}{2\pi Z_{in} C_{C1}} \tag{9.23}$$

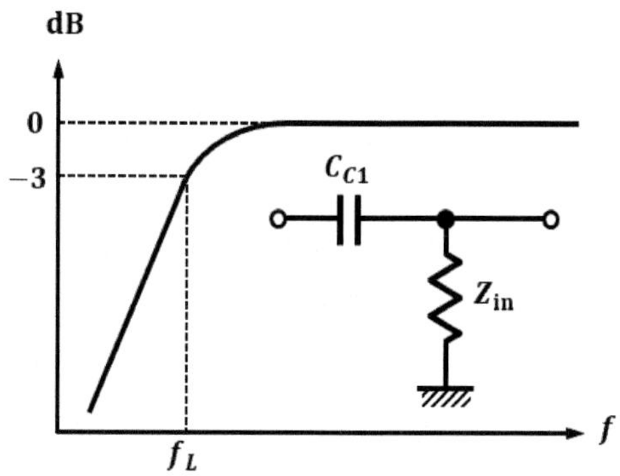

그림 9.32 결합 콘덴서에 의한 고역통과 필터

지금 $C_{C1} = 1[\mu F]$로 하면 식 (9.29)에서 이 입력 회로에 있어서 차단 주파수는 다음과 같이 계산할 수 있다(다만, 베이스 바이어스 저항 220 KΩ은 무시하고 고려했다).

$$f_L = \frac{1}{2\pi \times 22 \times 10^3 \times 10^{-6}} \fallingdotseq 7.2Hz$$

다음으로 증폭도를 구한다. 입력 신호 진폭 $V_{\rm in}$은 베이스 전류의 변화분을 $\Delta i_{\rm B}$로 하면 다음과 같이 된다.

$$V_{in} = Z_{in} \times \Delta i_B = 22 \times 10^3 \times (80 - 20) \times 10^{-6} \fallingdotseq 1.3\,V$$

출력 신호 진폭 $V_{\rm out}$은 컬렉터 전류의 변화분 $\Delta i_{\rm c} = \beta \times \Delta i_{\rm B}$이기 때문에 다음과 같이 된다.

$$V_{out} = 1 \times 10^3 \times 120 \times (80 - 20) \times 10^{-6} \fallingdotseq 7.2\,V$$

그러므로 전압 증폭도 A는 다음과 같이 된다.

$$A = \frac{V_{out}}{V_{in}} = \frac{7.2}{1.3} \fallingdotseq 5.5$$

즉, 이 회로에서는 약 5.5배(15dB)의 증폭도를 얻을 수 있게 된다.

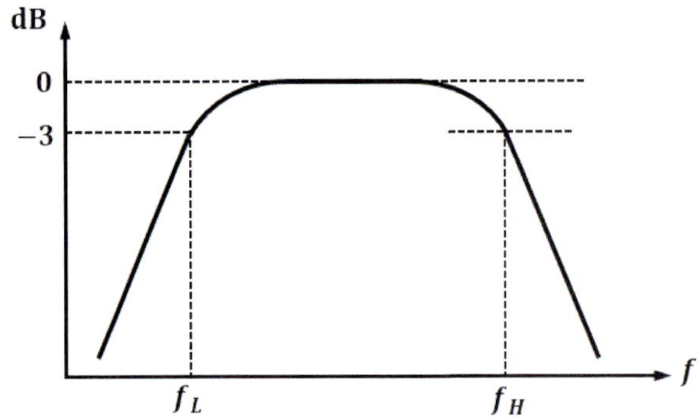

그림 9.33 RC결합 증폭 회로의 주파수 특성

또한 이 회로에서는 고역 주파수에 대해서는 차단 특성이 없다고 하지만 일반적으로는 기생 용량과 트랜지스터의 전류 증폭률 β의 높은 영역에서의 저하 등에 의해 로우 패스 필터 특성을 가지게 된다. 즉, 이 증폭 회로 자체로 밴드 패스 필터 부착 증폭기를 구성하게 된다. 이것을 정리하면 RC결합형 증폭회로의 주파수 특성은 그림 9.33과 같이 된다. 그림에서 f_L은 식(9.29)과 같이 정의할 수 있는데 f_H(고역 차단 주파수)에 대해서는 기생 용량, 입력 인피던스, 전류 증폭률 등의 파라미터에 의해 변화하기 때문에 여기서는 명확하게 정의할 수 없다.

여기서 그림 9.31의 회로 설계에 대해서 온도 안정도에 대하여 검토한다. 베이스 바이어스 저항 R_B의 결정에 대해서는 트랜지스터의 베이스-이미터간 전압 V_{BE}를 파라미터로 하고 있다. 이 전압 V_{BE}가 온도에 의해 변화되었다고 하면 그 결과 베이스 전류 i_B가 변화하고, 당연히, 동작점이 변화한다. 이것이 극단적으로 되면 증폭기에서는 뒤틀림이 증가할 뿐만 아니라 경우에 따라서는 열 폭주라고 하는 트랜지스터의 파괴를 초래하는 경우가 있다.

이것을 방지하기 위해 일반적으로는 베이스 바이어스 회로에 대해 고정 바이어스 회로, 자체 바이어스 회로, 전류 되먹임 바이어스 회로, 전압 되먹임 바이어스 회로라는 바이어스법이 있다.

(1) 고정 바이어스 회로

고정 바이어스 회로는 동작점을 정하는 바이어스 전류 i_B가 한 개의 저항 R_A만으로 정해지는 아주 간단한 회로이다. 그림 9.34는 고정 바이어스 회로를 나타낸 것이다. 그림에서 베이스 전류 i_B는 다음과 같이 나타낼 수 있다.

$$i_B = \frac{V_{CC} - V_{BE}}{R_A} \tag{9.24}$$

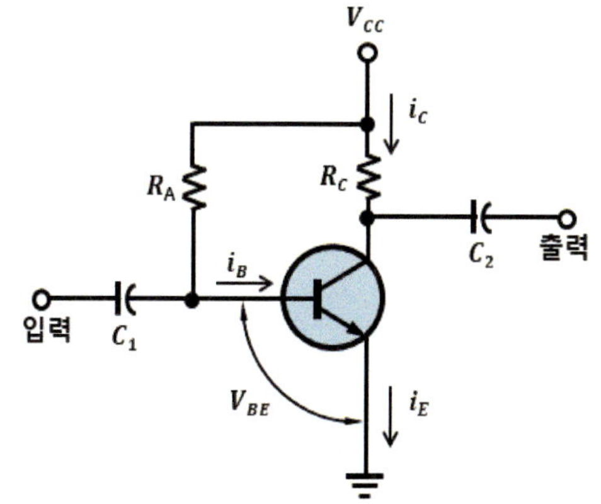

그림 9.34 고정 바이어스 회로

여기서 $i_C \fallingdotseq \beta \times i_B$인 관계를 이용하여 바이어스 저항 R_A의 값을 정할 수 있다.

이 때, C_1과 C_2는 직류 성분 제거를 위한 결합용 콘덴서이다. 고정 바이어스는 회로가 간단하나 온도나 전압 등의 변화에 의한 오차의 영향을 받기 쉽다.

그림 9.35의 회로는 고정 바이어스에 의한 소신호 증폭 회로의 예를 나타낸 것이다. 입력이 없을 때 바이어스에 의한 출력 전압 V_{CE}는 전원 전압의 1/2인 5[V]가 나오도록 바이어스 회로를 구성해야 한다. 만약, 트랜지스터의 전류 증폭률 β가 50이고, 저항 R_C가 1[kΩ]이라 할 때 저항 R_C에 걸리는 전압은 5[V]가 되고, 여기서 컬렉터 전류는 다음과 같이 된다.

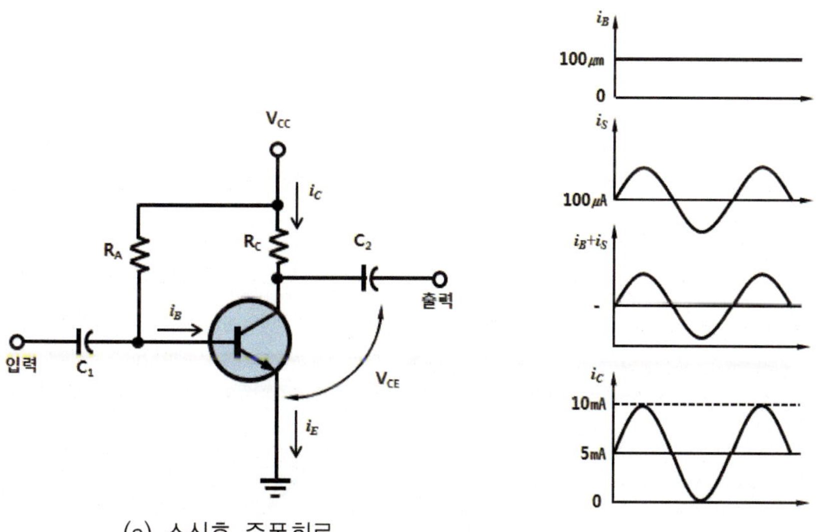

(a) 소신호 증폭회로 (b) 출력 파형

그림 9.35 고정 바이어스 소신호 증폭회로

$$i_c = \frac{V_{CC}}{R_C} = \frac{5[V]}{1k\Omega} = \frac{5}{1000} = 5[mA]$$

또한 베이스 전류는 $i_C = \beta \cdot i_B$인 관계에서 다음과 같이 된다.

$$i_B = \frac{i_C}{\beta} = \frac{5[mA]}{50} = 100[\mu A]$$

여기서 i_B에 100[μA]를 흘리기 위한 바이어스 저항 R_A값을 정하기 위하여 $V_{BE} = 0.6[V]$ 다음과 같이 된다.

$$R_A = \frac{V_{CC} - V_{BE}}{i_B} = \frac{10[V] - 0.6[V]}{100[\mu A]} = 94[k\Omega]$$

이 회로에 신호 입력을 인가하면 신호와 바이어스 전압이 함께 증폭된다.

그림 9.35 (b)는 소신호 증폭 회로와 출력 파형을 나타낸 것이다. 위의 증폭 회로의 부하선은 그림 9.36과 같다.

최대 출력 전압은 트랜지스터가 차단되었을 때 10[V]의 전압이 나오고 트랜지스터가 ON 되었을 때의 최대 출력 전류는 $i_{cmax} = V_{CC}/R_C = 10[mA]$가 되는데 이를 직선으로 연결한 것을 **부하선**이라 한다.

그림 9.36의 소신호 증폭 회로에서는 직류 부하선과 교류 부하선이 같으나 전류 되먹임 바이어스 회로와 같이 교류의 증폭을 크게 하는 회로에서는 직류 부하선과 교류 부하선이 다르게 된다.

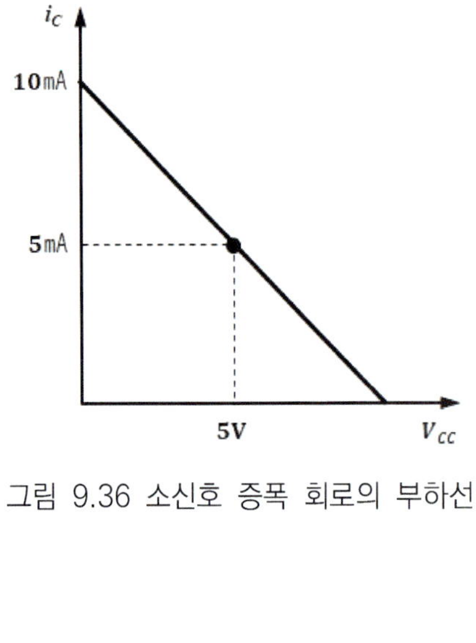

그림 9.36 소신호 증폭 회로의 부하선

그림 9.35의 회로에서는 입력이 없을 때 컬렉터 전류는 5[mA], 출력 전압은 5[V]를 항상 유지하므로 이 점을 동작점이라 하고, 동작점을 기준으로 하여 출력이 나오게 된다.

(2) 자체 바이어스 회로

그림 9.37은 자체 바이어스 회로이며, 직렬 저항 R_A를 통한 바이어스 전류 i_B가 컬렉터로부터 흐르도록 한 것이다. 자체 바이어스 회로는 고정 바이어스에 비해 온도의 변화에 대한 안정도가 높다.

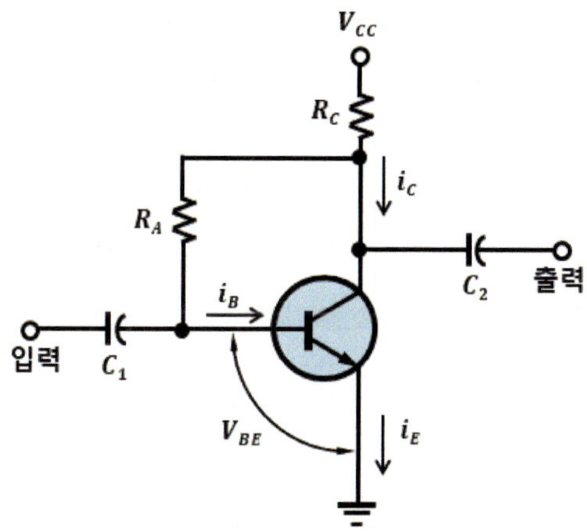

그림 9.37 자체 바이어스 회로

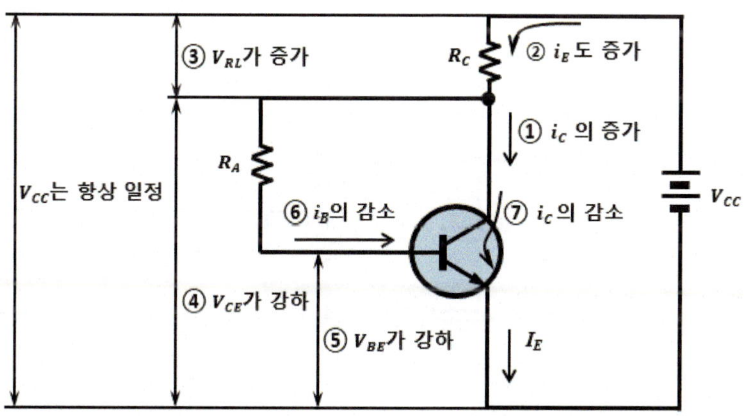

그림 9.38 자체 바이어스 회로의 온도 변화에 대한 동작 변화

그림 9.38은 자체 바이어스 회로의 동작을 나타낸 것으로, 트랜지스터의 온도가 증가해서 컬렉터 전류 i_C가 증가하면 이에 따라 이미터 전류 i_E도 증가하게 되고 부하 저항 R_L에 걸리는 전압도 증가하게 된다. 이에 따라 트랜지스터 양단에 걸리는 전압 V_{CE}는 전압이 강하하게 되므로 트랜지스터의 베이스 전압도 강하하게 되고, 결국 베이스 전류 i_B가 줄어들게 되어 컬렉터 전류가 감소하는 되먹임 현상이 일어나 온도의 변화에도 비교적 안정한 동작을 하게 된다.

(3) 전류 되먹임 바이어스 회로

그림 9.39는 전류 되먹임 바이어스 회로로서 저항 R_A와 R_E를 접속하여 바이어스를 거는 회로이며, 바이패스 콘덴서 C_E는 직류 신호 증폭은 억제하면서 교류 신호의 증폭은 증가시키는 역할을 한다.

그림 9.40은 전류 되먹임 바이어스 회로의 온도 변화에 대한 동작 변화로서 어떤 원인에 의해 컬렉터 전류 i_C가 증가하면 이미터 전류 i_E가 증가하고, 이로 인해 저항 R_E에 강하되는 전압 V_{RE}의 값이 증가하면 트랜지스터의 베이스 전압 V_{BE}의 값은 떨어지게 되어 베이스 전류가 감소하므로, 결국 컬렉터 전류 i_C의 값이 증가된 만큼 i_C값이 다시 줄어들게 되어 온도 변화에 대해 매우 안정한 회로가 된다.

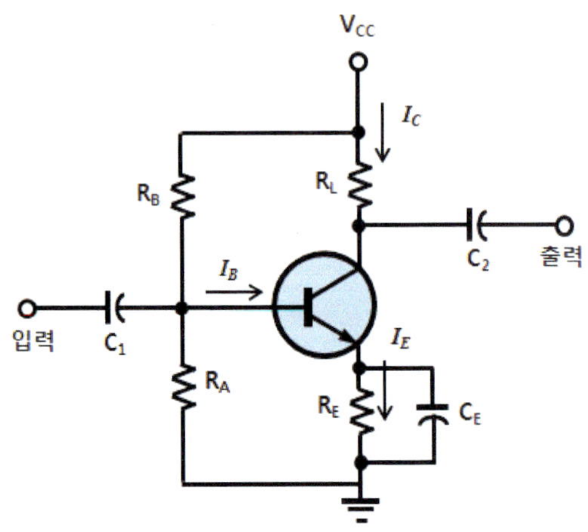

그림 9.39 전류 되먹임 바이어스 회로

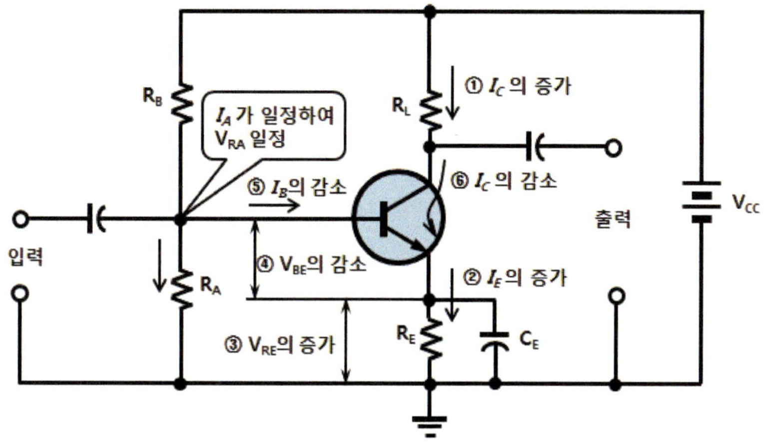

그림 9.40 전류 되먹임 바이어스 회로의 온도 변화에 대한 동작 변화

(4) 전압 되먹임형 바이어스 회로

자체 바이어스 회로와 전류 되먹임 바이어스 회로를 조합한 전압 되먹임 바이어스 회로는 그림 9.41과 같다. 전압 되먹임 바이어스 회로는 자체 바이어스 회로와 같은 전류 전압 되먹임을 시행함과 동시에 R_E에 의한 직류 전류 되먹임도 시행하고 있다. 이 때문에 회로는 복잡하지만 지금까지의 바이어스법 중에서 가장 안정된 바이어스법이다.

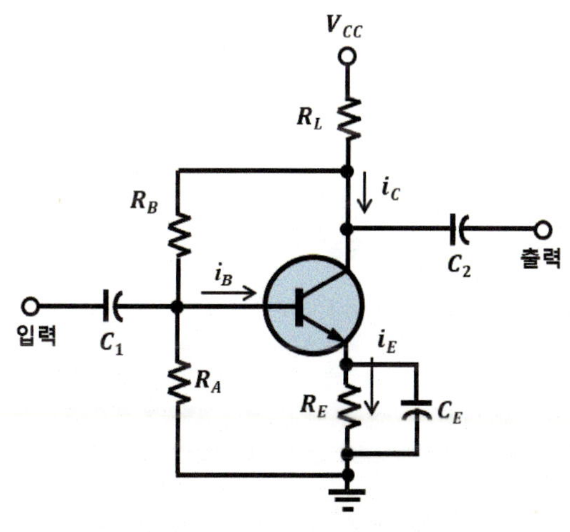

그림 9.41 전압 되먹임 바이어스 회로

이상을 종합한 일반적인 RC결합형 증폭 회로는 그림 9.42와 같이 쓰여 진다. 베이스 바이어스는 고정 바이어스법이고, R_{B1}과 R_{B2}의 분압에 의해 주어지고, 또한 이미터 저항 R_E에 의해 피드백 안정화가 도모되고 있다. 각 콘덴서 C_{C1}, C_{C2}, C_E는 신호주파수 역에 있어서 충분히 낮은 임피던스를 가지게끔 충분히 큰 값이 요망된다. 일반적으로는 결합 콘덴서 C_{C1}은 그림 9.43의 등가 회로 계산으로 구하여진다. 바이패스 콘덴서 C_E는 저역한 신호 주파수(예를 들어 f_L)에 있어서 이미터 저항 R_E에 대해서 충분히 낮은 임피던스(예를 들어 1/10)를 가지도록 한다($C_E = 2\pi f_L \times R_E \times 10$).

마지막으로 트랜지스터에 있어서는 $i_B \fallingdotseq i_C$이라고 하는 것을 고려하여 트랜지스터의 내부 저항을 r_e로 하면 그림 9.42의 회로에서는 바로 증폭도 A는 개략 다음과 같은 계산을 할 수 있다.

$$A \fallingdotseq \frac{-R_C}{r_e} \tag{9.25}$$

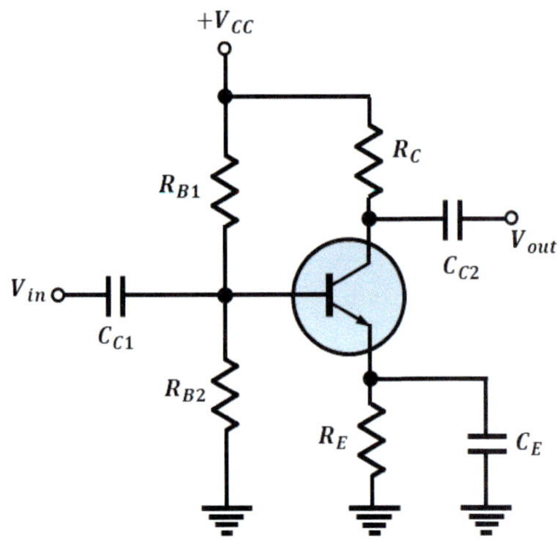

그림 9.42 RC결합형의 예

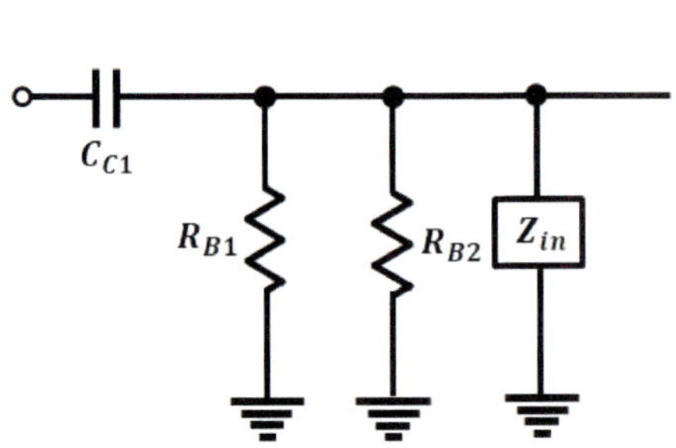

그림 9.43 입력 회로의 등가도

다만, 바이패스 콘덴서 C_E의 영향이 있기 때문에 식 (9.22)은 어디까지나 개략적인 것이며 음부호는 위상차를 나타낸다. 여기서 신호 입력과 신호 출력과의 관계는 트랜지스터의 베이스 전류와 컬렉터 전류의 관계로부터 추찰할 수 있듯이 상반하고 있다. 즉, 입력 신호와 출력 신호는 위상이 반전(180° 위상차)한다고 하는 것이다. 이것은 가청 주파수역에서는 언제나 일반적으로 말할 수 있는 것이고, 베이스와 컬렉터는 역 위상, 베이스와 이미터는 동 위상으로 취급하면 편리하다.

9.5.2 변압기 결합형 증폭 회로

RC결합형 증폭 회로는 신호(교류분)와 바이어스(직류분)을 분리하기 위해서 결합 콘덴서를 사용하였다. 즉, 결합 콘덴서의 양측에서는 아주 별개로 아이어스 회로의 설계를 할 수 있고 개개의 회로 설계를 한 위에서 종속하는 경우에는 편리하다. 물론 이 결합 콘덴서에는 양단의 직류 바이어스에 상당하는 직류 전압과 신호 변화에 대응하는 교류 전압이 가해지기 때문에 콘덴서의 내전압을 충분하게 고려한 설계가 필요하게 된다.

한편 직류분은 차단하고 교류분 만을 통과시키는 것으로서 변압기(트랜스)가 있다. 따라서 결합 콘덴서 대신에 변압기를 사용한 변압기 결합형 증폭 회로를 구성하는 것이 가능하고, 그림 9.44와 같은 증폭 회로를 설계할 수 있다.

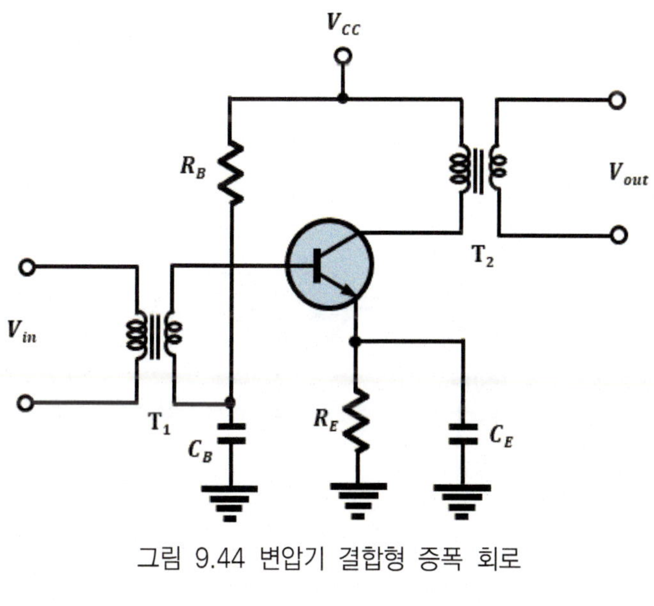

그림 9.44 변압기 결합형 증폭 회로

T_1은 입력 결합용 변압기(입력 변압기)이고, T_2는 출력 결합용 변압기(출력 변압기)이다. 바이어스용 베이스 저항 RB, 이미터 저항 R_E, 바이패스 콘덴서 C_E는 각각 앞서의 RC 결합형의 경우와 동일하다. 콘덴서 C_B는 입력 변압기 T_1의 2차측 출력이 트랜지스터의 패스 B에 옳게 입력될 수 있도록 다른 단을 교류적으로 접지하기 위한 것이고, 이것도 마찬가지로 **바이패스 콘덴서**라고 불리고 있다.

신호 출력은 출력 변압기의 1차 측에서 2차 측에 전달되고 출력 V_{out}이 되는데 이 경우 RC형에서는 컬렉터 저항 R_C에 의한 전압 강하가 문제가 되므로 동작점이 $V_{CC}/2$가 되지 않을 수 없었지만 이 변압기 결합형에서는 출력 변압기의 1차 측 코일 저항과 이미터 저항 R_E의 전압 강하만 되어, 공급 전압이 충분히 사용할 수 있다고 하는 이점이 있다. 또한 물론, 입출력 양변압기에 있어서 변압기의 권선비를 선택하는 것에 의해 보다 큰 전압 진폭을 이끌어 낼 수도 있다.

그림 9.45는 변압기 결합형 증폭 회로의 도식 설계도이다. 그림 가운데 직류 부하선으로 나타내고 있는 것은 공급 전압 V_{CC}를 기점으로 하여 출력 변압기의 1차 코일 저항과 이미터 저항 R_E의 합을 역수로 하는 검사를 갖는다. 베이스 바이어스에 의해 동작점이 설정되면, 출력 변압기를 통한 교류적인 부하가 정해지고, 교류 부하선을 그림 9.36과 같이 그을 수 있다. 여기에서 주의를 요하는 것은 교류 부하선의 기점이 $2V_{CC}$라는 점이다. 즉, 능숙히 설계하면 공급 전압의 2배의 진폭을 얻을 수 있는 것이다. 이것은 물론 출력 변압기의 코일 비에 의해서도 영향을 받는다.

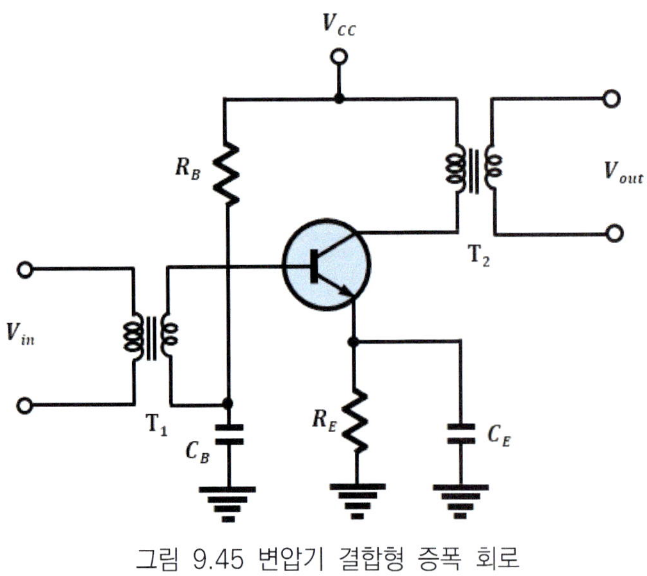

그림 9.45 변압기 결합형 증폭 회로

이상과 같은 이점이 있는데 반하여 변압기는 일반적으로 소형화에 대해서는 맞지 않고, 단선 등의 장애를 고려하면 그다지 다용할 수 없지만 전기의 이점을 살린 소전력용 증폭기라든가 임피던스 변환을 겸한 증폭기 등에 이용되고 있다.

변압기 결합형 증폭회로의 주파수 특성은 그 대부분이 사용 변압기의 특성에 의존한다. 바이패스 회로 등의 영향은 앞의 RC형과 동일하다. 변압기는 일반적으로 밴드 패스 특성을 갖기 때문에 역시 변압기 결합형 증폭 회로는 밴드패스 증폭기이다. 다른 특색으로는 입출력 사이가 완전하게 분리할 수 있다고 하는 점도 무시할 수 없다. 특히 평형 회로망(유선 통신계)와 불평형 회로망(무선 통신계)가 혼재하는 곳 등에는 매우 유용하다.

또한 변압기의 코일의 극성을 선택하는 것으로 입력 신호와 출력 신호와의 위상 관계를 동상, 역상으로 자유롭게 선택할 수 있는 점도, 이 변압기 결합형 증폭기의 이점이다.

9.5.3 직결형 증폭 회로

전기 2개의 증폭 회로는 모두 입력 신호를 교류 신호로 하고, 직류 바이어스와 분리를 고려하여 결합 콘덴서와 결합용 변압기를 사용하여 증폭 회로를 구성하였다. 그렇지만 이와 같은 회로에서는 신호 입력이 매우 낮은 주파수를 갖는 교류 신호이기도 하고 또는 완전한 직류 신호였던 경우에는 전혀 사용할 수 없다. 본 항에서는 주로 직류로부터 고주파수 대역까지의 넓은 범위에 걸친 신호의 증폭을 목적으로 하여 구성되고 있는 직결형 증폭 회로에 대해서 서술한다.

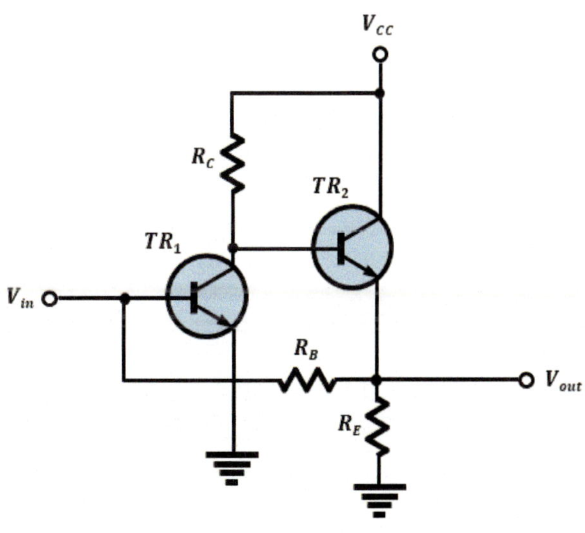

그림 9.46 직결형 증폭 회로

그림 9.46은 직결형 증폭 회로의 일례이다. 결합용의 콘덴서, 변압기류는 전혀없고 트랜지스터와 저항만으로 구성되어 있다. 두 개의 트랜지스터 TR_1, TR_2가 사용되고, TR_1은 증폭용으로 TR_2는 입피던스 변환(후술)용으로 사용되고 있다. 입력 신호 V_{in}은 TR_1의 베이스에 가하여지고, 증폭된 신호는 컬렉터 저항 RC로 얻어진다. 컬렉터 저항 RC는 TR_1의 부하 저항임과 동시에 TR_2가 베이스 바이어스 저항이고, TR_2는 이 출력 신호를 능률적으로 끌어내기 위해 구성되어 있고, 신호 출력은 TR_2의 이미터 저항 R_E의 양단으로부터 이끌어 나온다. TR_1의 베이스 바이어스는 앞에 서술한 안정화를 고려하여 TR_2의 이미터 전압으로부터 주어지고 음피드백 형식으로 안정화되고 있다. 공급 전압이 V_{CC}이면 입력 신호 V_{in}과 출력 신호 V_{out}은 함께 $V_{CC}/2$의 직류 바이어스가 첨가된 형태로 얻을 수 있다. 지금 만약 입력 신호가 0V 중심에서 주어지고, 출력 신호도 동일하게 0V 중심에서 얻고 싶으면, 동 그림에 있어서 V_{CC}를 $V_{CC}/2$로 하고, 접지점을 $-V_{CC}/2$로 하면 가능하게 된다. 전자의 방식을 단일 전원 방식이라 하며 후자의 방식을 음양 양전원 방식이라고 한다.

이 설명은 직류 신호 증폭을 대상으로 하고 있는데 회로 속에는 콘덴서 등의 주파수 특성을 가지는 소자를 포함하고 있지 않으므로 실제로는 트랜지스터의 주파수 특성 그 자체를 얻을 수 있게 되고 매우 고주파까지 편리하게 사용된다. 또한 동일한 의미로 회로의 집적회로(IC)화에 적당하여 다음 절의 차동 증폭 회로와 함께 자주 사용되고 있다.

회로 설계에 있어서는 우선 이미터 저항 R_E를 출력 회로 임피던스로부터 결정하고, 그 후 TR_2의 이미터 전압을 $V_{CC}/2$로 하는 것으로 이미터 전류를 구하고 거기에 대한 TR_2의 베이스 전류에서 TR_1의 동작점을 결정하고 컬렉터 저항 R_C를 정한다. 이 TR_1의 동작점에 대한 베이스 바이어스를 결정하고 베이스 저항 R_B를 최후에 결정함으로써 완성된다.

이상과 같이 이 직결형 증폭 회로는 매우 간단하고 넓은 주파수 특성을 가진 증폭기로서 중요한 것이다.

9.5.4 차동형 증폭회로

트랜지스터 증폭 회로에 있어서는 전술과 같이 주위 온도에 의한 특성의 변화가 중요한 문제가 된다. 이것에 대해서 전술과 같이 여러 가지 안정화가 시도되고 있지만, 보다 완전을 기하기 위해 완전히 동일한 소자를 역특성으로 동작시킴으로서 회로 동작의 안정화를 꾀하는 것이 여기에 서술하는 차동형 증폭 회로이다. 일반적으로 아주 동일한 특성을 갖는 소자를 입수하는 것은 곤란하다. 또한 트랜지스터 두 개를 동일한 기관 상에 분리하여 제조하는 기술의 도입에 의한 쌍 트랜지스터(pair transistor)의 개발, 소자화에 의해 더욱 차동형 증폭 회로에 대한 요구가 강해졌다.

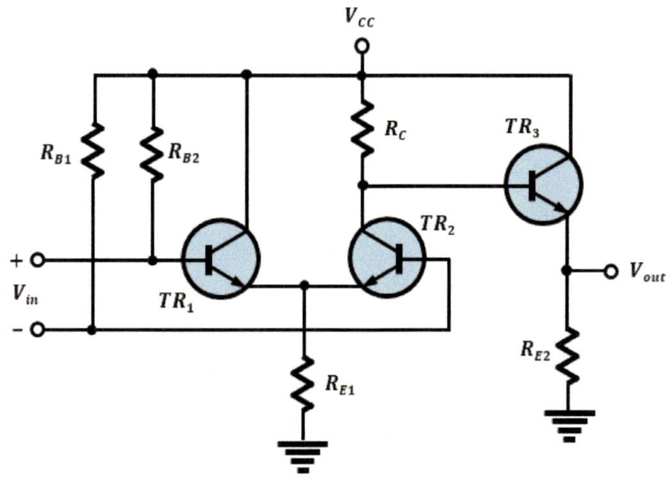

그림 9.47 차동형 증폭 회로

그림 9.47은 이 차동형 증폭 회로의 일례이다. 트랜지스터는 TR_1~TR_3개이고 다른 것은 저항이다. 이것은 전절의 직결형과 마찬가지로 콘덴서를 포함하지 않기 때문에 동일한 광역 특성을 보유하고 있다.

트랜지스터 TR_1과 TR_2의 이미터가 공통되며 공통의 이미터 저항 R_{E1}을 갖고, 소위 차동형 증폭 회로를 구성하고 있다. 트랜지스터 TR_3은 전절과 마찬가지로 임피던스 변환(후술)용이다. 일반적으로는 차동형 회로에서는 평형 입력의 평형 출력이라고 하는 형태로 TR_1과 TR_2라는 것은 아주 동일한 구성으로 되어 있지만 동 그림에서는 평형 입력으로 불평형 출력이라고 하는 것이고, 출력용 부하 저항은 TR_2의 콘덴서 저항 R_C만으로 하고 있다. 베이스 바이어스는 R_{B1}과 R_{B2}에 의해 아주 동일한 전압이 주어지고 있다. 지금, 그림과 같이 V_{in}으로서 ⊕⊖의 평형 입력이 주어졌다고 하면 TR_1은 전류 증가, TR_2는 전류 감소가 된다. 이 변동분이 TR_2의 컬렉터 저항 R_C의 양단으로 출현, TR_3에 의해 꺼내어진다. 그런데 지금 입력 신호가 그림 중의 ⊕뿐으로, TR_2의 베이스 단자에는 신호가 주어지지 않았다고 한 경우, TR_2은 전류 증가가 되고, 이 증가 전류에 의해 공통 이미터 저항 R_{E1}의 단자 전압은 상승한다. 그 결과 TR_2의 베이스-이미터간 전압이 감소하고 TR_2의 이미터 전류도 감소한다. 이것은 앞의 양 베이스에 신호를 가한 경우와 동일하며 증폭된 신호가 TR_2의 컬렉터로부터 꺼내어지는 것도 동일하다.

이 회로에서 주목할 것은 앞서 서술한 공통 이미터 저항의 역할이고 차동 동작을 확실하게 하는 데는 이미터 저항 R_{E1}은 정전류 특성을 가질 필요가 있다. IC에서는 이 이미터 저항 R_{E1} 대신에 1개의 트랜지스터를 추가하여서 정전류 특성을 개량하고 있어 좋은 결과를 얻고 있다.

트랜지스터 TR_1과 TR_2는 아주 동일한 특성을 가지고 있으며 동일한 동작점에 바이어스되고 있다고 하면, 온도 변화에 대해서는 완전히 역동작이 되기 때문에 영향은 받지 않는다. 또한, 차동 동작이기 때문에, 공급 전원의 변동에 대해서도 동작이 비교적 안정된다고 하는 이점도 겸비하고 있다.

이 차동형 증폭 회로는 앞의 직결형 증폭 회로와 마찬가지로 주파수 특성은 트랜지스터 그 자체로 특성이 되고, 아주 넓은 주파수에 걸쳐서 똑같은 특성을 가진다. 또한 이것도 앞의 직결형과 마찬가지인데 입출력 신호가 0 V 중심에서 주어지는 경우에는 공급 전압을 $V_{CC}/2$로 하고, 접지점에 $-V_{CC}/2$의 전압을 가함으로서 회로의 사용이 가능하게 된다.

입력 회로는 TR_1과 TR_2의 베이스 이미터-다이오드를 통해서 접속된 형태로 되어 있고 읍양 입력 간에는 다이오드가 서로 역방향(서로 등지고 다른 방향으로 향함)으로 접속된 관계에서는 입력 임피던스가 매우 높아진다. 그림 9.36의 회로에서는 수 10 kΩ~1 MΩ 정도의 값이 되는 것도 이점의 하나이다.

9.5.5 저주파 증폭기

여기에서는 비교적 낮은 주파수, 일반적으로 오디오(가청)주파수 영역의 증폭기에 대해서 서술한다. 전절까지는 개별 회로(1단 증폭 회로)에 대해서 서술하였는데 여기에서는 이것들을 다단으로 종속하는 경우에 대해서 서술하기로 한다.

그림 9.48은 RC형의 2단 증폭기이다. 회로 설계는 9.4절의 RC형에 있어서의 설계를 2단 종속한 것으로서 행할 수 있는데 주의할 점으로서 다음 사항이 있고, 이것들을 고려하여 각 소자의 값을 결정하지 않으면 안 된다.

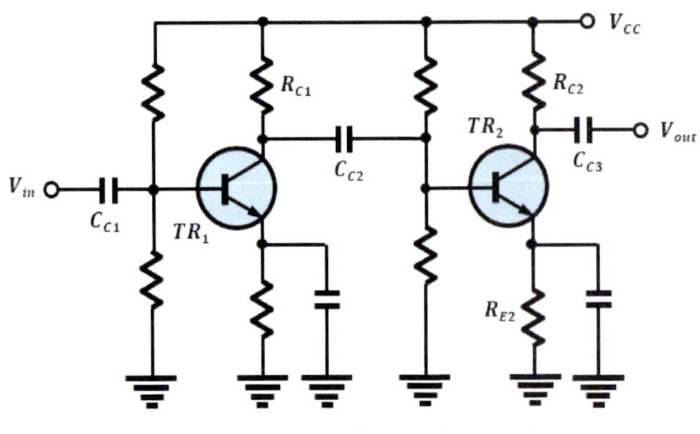

그림 9.48 RC형의 2단 증폭기

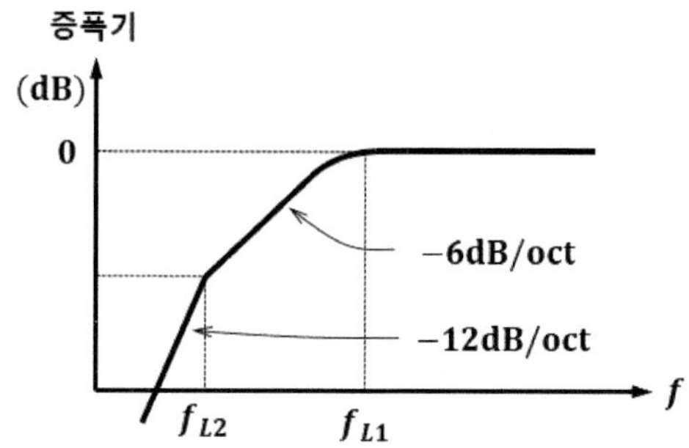

그림 9.49 2단 RC형의 저역 주파 특성

우선 첫 번째 점은 2단 째 트랜지스터 TR_2의 컬렉터에 있어서 포화(클리프)현상이 일어나지 않도록 부하 저항 R_{C2}를 결정하는 것이다. 물론 이것에는 출력 단자에 접속되는 부하가 결합 콘덴서 C_{C3}에 의해 병렬 부하로 되어 TR_2의 컬렉터 회로로 들어가는 것이다. 도식 해법에 있어서 교류 부하선과 직류 부하선을 잘 고려한 설계가 필요하게 된다.

다음으로 포인트가 되는 점은 종합의 주파수 특성이다. 결합 콘덴서와 입력 임피던스에 의한 저역의 감소(하이 패스 필터 특성)는 2단 종속하는 것이 되고, 저역의 패임이 깊어지기 때문에 사용 주파수 역보다 충분하게 넓게 설계하여 두지 않으면 예기치 못한 미스를 일으키는 것이 된다. 또한 RC형 1단에서는 그 감소 특성이 −6 dB/oct이다. 즉, 주파수가 절반이 되면 이득도 절반이 되는 특성인데 이것이 2단 종속하면 배인 −12 dB/oct가 되어 험준해진다. 따라서 일반적으로는 1단 째와 2단 째의 RC형 필터의 시간상수(따라서 차단 주파수)를 벗어나 우선은 −6 dB/oct로 감소하고 그 후 −12 dB/oct이 되도록 설계한다. 이 모양을 그림 9.49에 나타낸다.

또 하나 주의할 점은 회로 제작에 있어서의 안정 동작이다. 2단 증폭되고 있기 때문에 입력 V_{in}과 출력 V_{out}은 동위상이 된다. 따라서 어떤 영향으로 출력의 일부가 입력으로 피드백 했다고 하면 이것은 동위상의 신호이기 때문에 정피드백이 되고 회로는 발진한다.

9.5.6 고주파 증폭기

본 절에서는 비교적 높은 주파수(무선 주파수 영역: RF라고 부른다)에 있어서의 협대역 폭의 증폭에 대해서 서술한다. 다음절에서는 저주파 영역에서 고주파 영역까지의 광대역증폭을 다룰 예정이므로 본 절에서는 RF대에 있어서의 특성 주파수의 증폭이라고 말하는 것이다. 따라서 본질적으로 주파수 선택특성을 가진 증폭기이고 주파수 선택요소(예를 들면, 공진기)와 증폭 회로와의 조합이 된다.

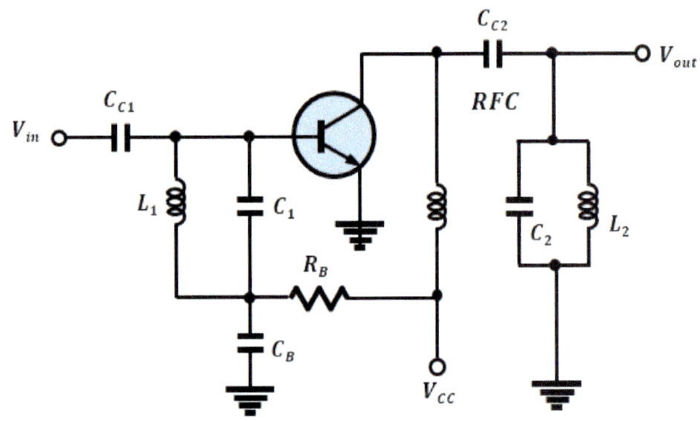

그림 9.50 LC 결합형 RF 증폭 회로

그림 9.50은 공진기로서 코일(L)와 콘덴서(C)에 의한 병렬 공진 회로를 사용한 예이다. 입력 신호 V_{in}는 직류분이 차단되고, 트랜지스터의 입력측 공진 회로 L_1C_1에 들어간다. L_1C_1은 입력 신호 주파수 f_0라는 것은 다음 관계로 공진이 취해진다.

$$f_0 \fallingdotseq \frac{1}{2\pi\sqrt{L_1C_1}} \tag{9.26}$$

트랜지스터의 베이스 바이어스에 대해서는 전술의 경우와 아주 동일하고, 저항 R_B에 의해 동작점이 정해지고, 콘덴서 C_B에 의해 바이패스 된다. 증폭된 신호는 컬렉터의 결합 콘덴서 C_{C2}에 의해 출력 V_{out}으로서 꺼내어지고 출력 측의 공진 회로는 L_2C_2에 의해 선발된다. 트랜지스터의 컬렉터로는 공급 전압 V_{CC}가 고주파 신호 저지용 코일(RFC 또는 초크 코일이라고 부름)을 통해서 주어졌다.

이 예에서는 트랜지스터 증폭기의 입출력 양측으로 공진 회로를 두 개 갖기 때문에 2주파수에 대해서 선택 특성을 가진 증폭기로 하는 것이 가능하다. 일반적으로는 입출력과 함께 동일한 공진 주파수로 하고, 보다 선택성을 갖게 할 수 있도록 구성한다. 공진 특성의 예를 그림 9.51에 나타낸다.

그림 9.52는 변압기 결합형을 사용한 RF 증폭기의 예이다. 입력신호 V_{in}은 입력 변압기 T1에 의해 전자 결합되어서 트랜지스터의 베이스에 주어진다. 주파수 선택 특성은 입력 변압기의 2차측 코일과 콘덴서 C_1과의 공진으로 얻을 수 있고, 또한 출력 측에서는 출력 변압기 T2의 1차 측 코일과 콘덴서 C_2와의 공진으로 얻을 수 있다. 입출력 모두에 변압기 코일에 의한 분리인 것 이외는 앞에서 서술한 LC형과 동일하다.

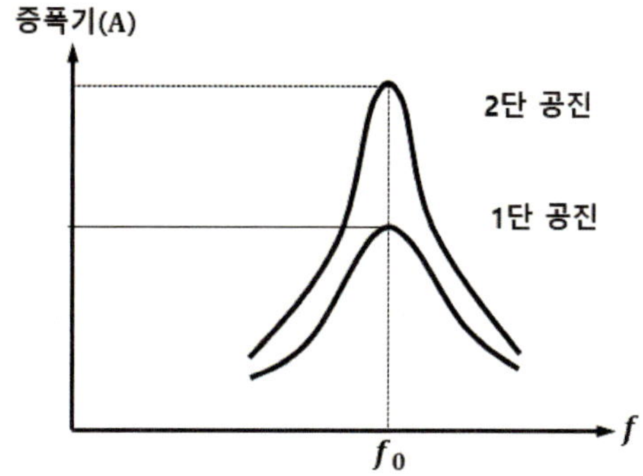

그림 9.51 공진 특성

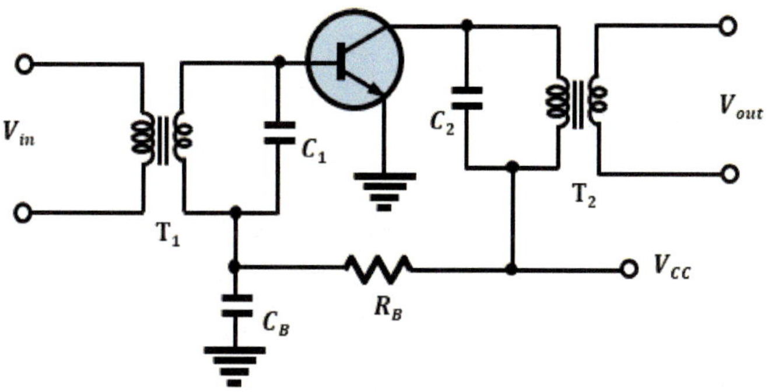

그림 9.52 변압기 결합형 RF 증폭기

LC 공진에 의한 주파수 선택 특성도 변압기와 콘덴서에 의한 공진을 사용한 주파수 선택특성도 앞에서 서술한 예에서는 모두 독립적으로 동작하고 공진 주파수도 독립적으로 설정할 수 있는 것으로 그림 9.50과 같은 특성에 대해 서술하였는데 실제의 회로에 있어서는 두 개 내지 여러 개의 공진 회로를 각각 관련시켜서 조정하고 원하는 특성을 얻는 것이 있다. 이를 위해서는 공진 회로 간의 결합이 중요하며 예를 들어 그림 9.53과 같은 복동조 증폭기라고 불리는 회로를 구성하는 것이 있다. 이것은 입출력 측에 각각 T_1, T_2라고 하는 공진 변압기를 사용한 것이고 콘덴서 C_1, C_2가 입력측 변압기 T_1의 1차 측 공진, 2차 측 공진에 C_3, C_4가 출력측 변압기 T_2의 1차측 공진과 2차측 공진에 각각 공헌하고 있다. 또한 동 그림에서는 공진시의 회로 임피던스가 높으므로 트랜지스터와 외부 회로와의 접속에 의한 공진 특성의 열화를 방지할 목적으로 변압기에 중간 탭을 마련하여 인출 측과의 임피던스 정합을 이루고 있다. 이것은 보다 실제적인 회로이며 라디오, TV 등의 RF 증폭과 중간 주파(IF) 증폭에 사용된다.

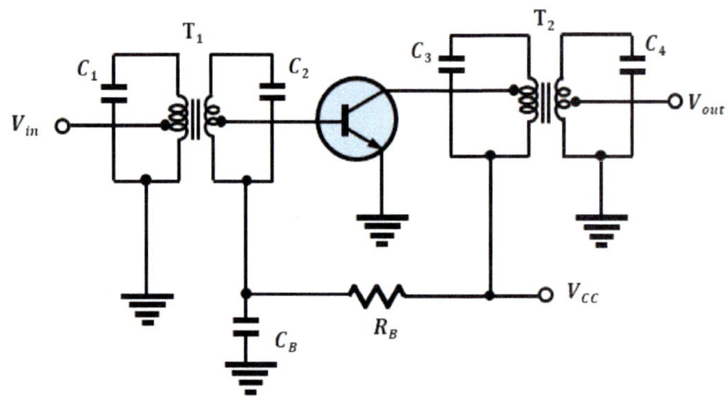

그림 9.53 복동조 RF 증폭기

변압기 T_1, T_2에 있어서는 1차 측과 2차 측과의 결합도에 의해 그 특성을 가변 할 수 있으므로 그림 9.54에 나타낸 것처럼 목적으로 하는 특성을 얻기 위하여 조정이 가능하다.

또한 그림 9.52에 나타낸 회로에 있어서 4개의 공진 주파수를 적당하게 분리하면 그림 9.55와 같은 비교적 광대역폭을 가진 RF 증폭기를 구성할 수 있다. 이것은 일반적으로 **스태거 동조증폭기**라고 불려지고 TV의 IF 회로 등에 자주 사용된다.

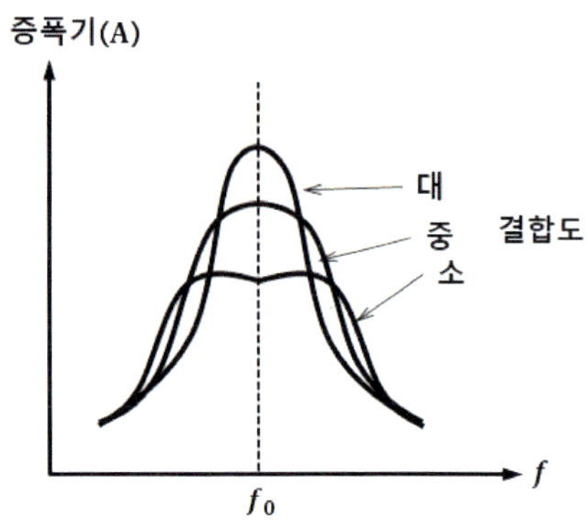

그림 9.54 복동조 특성

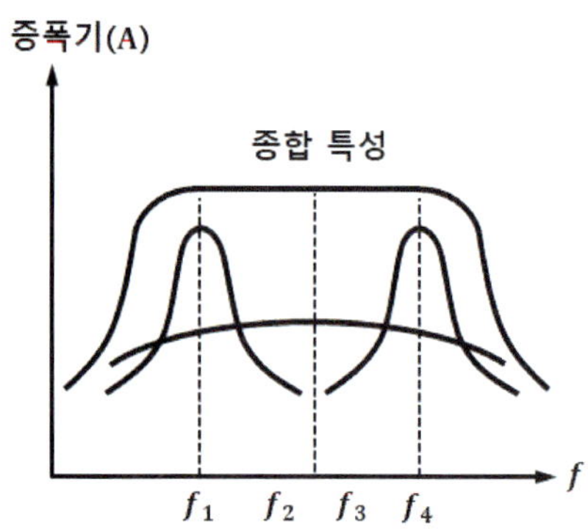

그림 9.55 스태거 동조 특성

9.5.7 잡음 특성

증폭기는 입력 신호를 목적으로 하는 출력 신호에 증폭하기 위한 것인데, 당연한 것이지만 입력에 혼입한 잡음도 신호와 동일하게 증폭하여 출력이 되어 버린다. 또한 이 증폭기 내에서 발생하는 잡음도 출력되는 것이므로 입력에 있어서의 신호와 잡음의 정도보다, 출력에 있어서의 신호와 잡음의 정도 쪽이 크다. 일반적으로, 이것들은 입력에 있어서의 신호전력 대 잡음전력의 비를 따서 입력 SN비 또한 출력에 있어서의 동일한 값을 출력 SN비라고 부르고 있다. 여기에서는 우선 반도체 소자가 발생하는 고유한 잡음 특성에 대해 서술하고 그 후 증폭기로서의 잡음 특성과 그 평가 방법에 대해서 서술한다.

트랜지스터에 있어서의 잡음 발생은 다음 3가지로 나눠서 생각할 수 있다.

① PN 접합에 있어서의 플리커 잡음($1/f$ 잡음)

② 유입 전류에 의한 쇼트 잡음(전류 잡음)

③ 베이스 내부 저항에 의한 열잡음(임피던스 잡음)

이것들이 삼가 트랜지스터의 잡음이 되는데, 사용 주파수 역에 의해 지배적인 잡음의 종류가 다르다. 일반적으로는 ②의 쇼트 잡음이 지배적이고, 고이득 증폭에 있어서는 충분한 주의가 필요하다.

한편 FET에 있어서는 전류로인 채널부의 열잡음만이 지배적이고 비교적 저잡음 소자라고 할 수 있다.

또한 증폭 회로에 사용하는 소자인 자항체의 열잡음은 그 저항값에 비례하여 발생 전력이 증가하므로 사용 임피던스로서는 낮은 쪽이 바람직하고 이 점에서는 FET 보다 트랜지스터 쪽이 저잡음 회로를 구성할 수 있는 가능성이 있다.

그림 9.56은 트랜지스터와 FET의 주파수에 대한 잡음 특성의 한 예이다. 트랜지스터는 저주파 영역에 있어서 플리커 잡음이 지배적인 것에 대해서 FET에서는 그것 없이 사용하기 쉽다는 것을 알 수 있다.

이외에 광 검출에 사용하는 애벌런시 다이오드(APD)로는 광전자에 의한 증배 효과의 흔들림에 의한 과잉 잡음이 추가되고 회로 설계에는 충분한 배려가 필요하다.

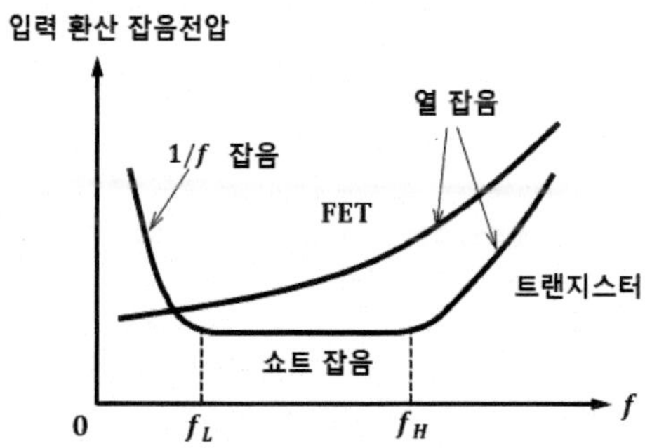

그림 9.56 잡음 특성

다음으로 증폭기의 잡음 특성과 그 평가 방법에 대해서 서술한다.

일반적으로 잡음의 취급은 앞서 서술한 SN비에서 표현되는 경우가 많지만 SN비라는 것은 어떤 특정한 점에 있어서의 신호 대 잡음의 전력비이고 증폭기 등의 회로가 삽입된 것에 의한 잡음의 증가를 표현하는데 적당하지 않다. 따라서 여기에서는 그 회로가 삽입된 것에 의한 SN 비의 열화를 들어 이것을 평가 방법으로 하는 잘 알려진 잡음 지수(NF)에 대해서 서술한다.

NF의 간략화 표현은 입출력의 SN비를 각각 S_i/N_i, S_0/N_0로 하면 다음과 같이 표현할 수 있다.

$$NF = \frac{S_i/N_i}{S_0/N_0} \tag{9.27}$$

이상 증폭기에서는 $NF=1$이 되고 일반적으로는 $NF>1$이 된다. 또한, 식 (9.27)의 로그를 취하고 다음을 dB를 표시하여 부르는 경우가 많다.

$$NF(\mathrm{dB}) = 10\log NF \tag{9.28}$$

SN비는 전력비인데 일반 잡음 특성에 있어서는 실효값 전압을 구하는 경우가 많기 때문에 식 (9.28)을 고쳐 쓴다.

$$\text{전력 : } NF(\mathrm{dB}) = 10\log\frac{S_i/N_i}{S_o/N_o} \tag{9.29}$$

$$\text{전압 : } NF(\mathrm{dB}) = 20\log\frac{S_i}{N_i} - 20\log\frac{S_o}{N_o}$$

즉, 입력 측의 전압 SN비로부터 출력 측의 전압 SN비를 빼는 것으로 NF가 구해진다. 또한 한편 식 (9.29)을 다음과 같이 고친다.

$$NF(dB) = 20\log\frac{N_0}{AN_i} \tag{9.30}$$

여기에서 A는 증폭기의 전압 이득이다.

따라서 증폭기의 잡음 지수 측정에 있어서는 그림 9.57과 같은 블록 다이어그램을 구성하고 입력 잡음 Ni가 아래와 같이 이미 알고 있다고 한다면 식 (9.30)으로부터 NF가 구해진다.

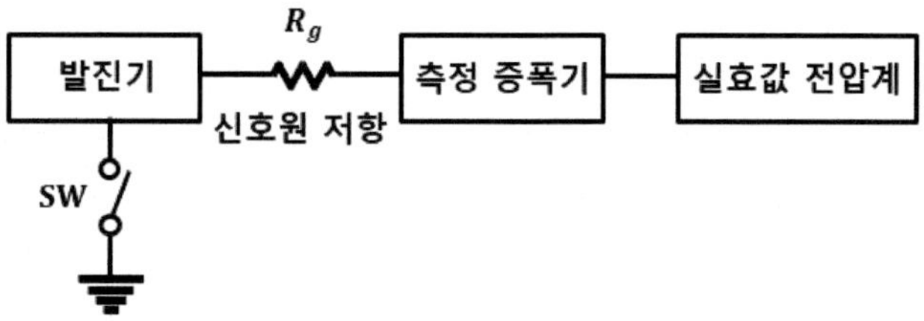

그림 9.57 잡음 지수 측정 블록 다이어그램

그 계측 방법에 대해서 서술하면 다음과 같다.

① 신호원 저항 R_g에서 입력 잡음을 계산한다.

$$N_i(\mathrm{V}) = \sqrt{4kT\Delta f R_g} \tag{9.31}$$

다만, $k = 1.38 \times 10^{-23}$(볼쯔만 상수), T: 절대온도, $\triangle f$: 주파수 밴드위드스

② 스위치 SW를 ON으로 해서 신호 입력과 신호 출력에 의해 증폭기의 이득 A를 계산한다(입력 잡음도 무시할 수 있을 정도로 큰 입력 신호를 사용한다).

③ 스위치 SW를 OFF로 하여서 출력 잡음 전압을 구한다.

④ 이상의 각 값을 식 (9.30)에 대입하면 NF가 구해진다.

증폭 회로가 종속되는 경우의 잡음 지수는 일반적으로 다음과 같이 쓸 수 있다.

$$NF = NF_1 + \frac{NF_2 - 1}{A_1} + \frac{NF_3 - 1}{A_1 A_2} + \cdots \tag{9.32}$$

다만 여기에서 NF_1, A_1은 초단의 증폭 회로에 있어서의 잡음 지수로 이득을 나타내고, NF_2, A_2는 2단 째, NF_3, A_3은 3단 째라고 하는 순으로 표기한 것이다. 이득 A_i, A_2, ⋯은 보통 충분히 큰 값($A_1 \gg 1$, $A_2 \gg 1$ ⋯)이므로 식 (9.32)의 값은 거의 NF_1, 즉 초단 증폭기의 잡음 지수에 의존하게 된다. 이것은 매우 중요한 것으로 얼마나 증폭기의 초단이 중요한가를 의미하고 있다.

9.5.8 전력 증폭기

증폭기로 전력의 증폭을 취급하는 데는 고려하지 않으면 안 되는 점이 많이 있다. 그것은 끌어낼 수 있는 전력에 상응하여 증폭용 소자의 내부 손실이 증가하는 것과 전력의 이용 효율을 고려하지 않으면 안 되는 점 등이다. 앞서 서술한 각종 증폭 회로에 있어서 적당하게 전력을 끌어내는 것도 가능하지만 그것들은 거의 모두 전압 또는 전류의 증폭을 목적으로 한 것이고 앞에서 서술한 것과 같은 전력 증폭기에 대한 고려는 이루어지고 있지 않다. 우선 여기에서는 동작점의 차이에 의한 전력 증폭의 차이에 관해서 서술하고, 뒤에 각종 목적에 적합한 전력 증폭기에 대해서 서술한다.

일반적으로 반도체 소자의 전달 특성은 그림 9.58과 같이 나타낼 수 있다. 이 특성은 트랜지스터에서는 베이스 전류대 컬렉터 전류 특성이고 FET에서는 게이트 전압대 드레인 전류 특성이다. 그림 가운데 A점은 입출력 특성이 선형 중앙부이고 B점은 입력에 대한 출력이 차단(커트오프)하는 점 근처이고 C점은 커트 오프보다 충분히 깊은 바이어스 점이다. 이 각각을 바이어스 점으로서 동작시키고 전력을 끌어내려고 하는 것이 각각 A급 증폭기, B급 증폭기, C급 증폭기이다.

그림 9.59와 같은 부하선에서 동작점을 부하선의 중심점 a에 설정하여 입력파의 전 파형을 증폭하는 것을 **A급 증폭기**라 한다. 그림 9.35의 소신호 증폭기는 A급으로 동작시키는 증폭기이다. 라디오, 텔레비전, 오디오 등에서는 입력 파형과 출력 파형이 가능한 같을 필요가 있으므로 A급 증폭기를 주로 사용한다. A급 증폭기는 신호의 세기가 작은 곳에 주로 사용한다.

B급 증폭기는 그림 9.59와 같은 부하선에서 동작점을 트랜지스터의 차단 영역인 점 b에 두고 입력 신호의 반주기만을 증폭하는 회로이다. 즉, 무신호시에는 전류가 흐르지 않도록 바이어스를 정하고 입력 신호의 반주기만을 증폭하는 데 반주기만 증폭하면 증폭기로서의 역할을 하지 못하므로 나머지 반주기를 증폭하는 트랜지스터를 조합해서 그림 9.60과 같이 푸시풀 회로를 구성해서 사용한다.

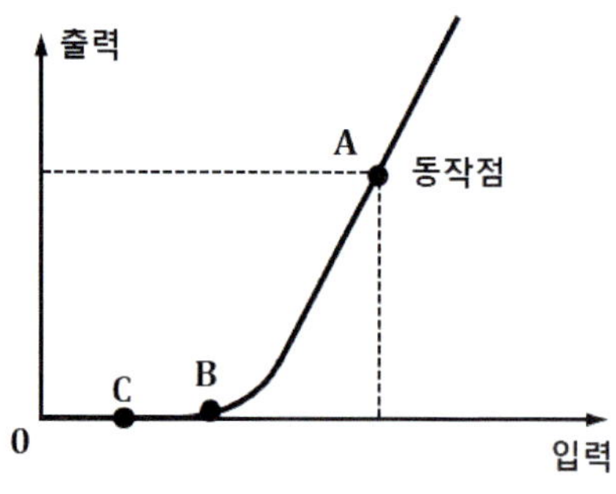

그림 9.58 전달 특성

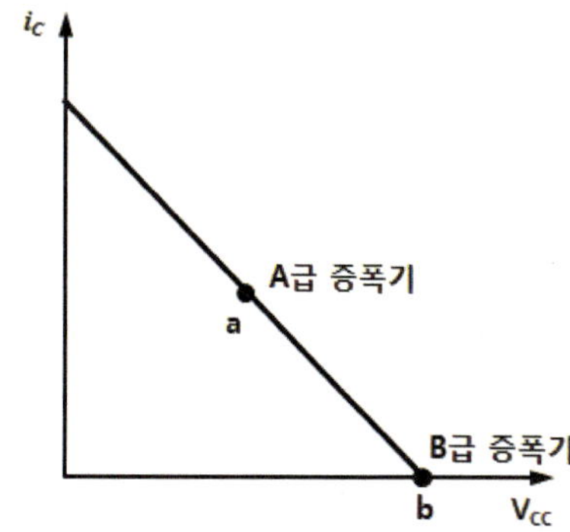

그림 9.59 전력 증폭기 회로의 동작점

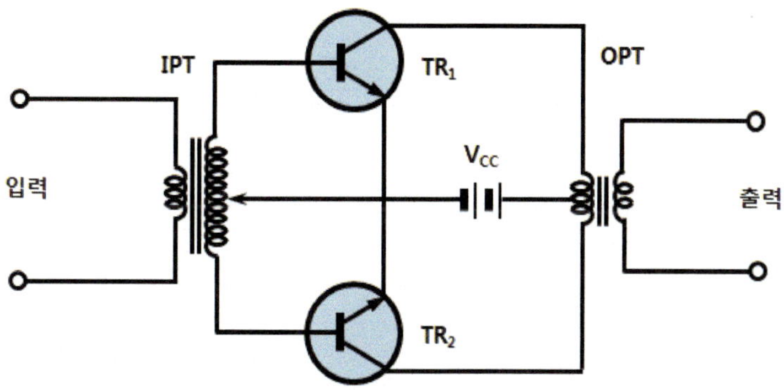

그림 9.60 푸시풀 회로

B급 증폭기는 증폭 효율은 좋으나 크로스오버 일그러짐 현상이 있으므로, 이를 방지하기 위해 동작점을 A급과 B급 사이에 두는 증폭기를 **AB급 증폭기**라 한다. 일반적으로 AB급 증폭기가 가장 많이 쓰인다.

그림 9.59와 같은 부하선에서 동작점이 차단 영역 밑에 오게 바이어스를 설정한 증폭기이다. 이 바이어스 방식은 전력 효율이 좋은 반면 파형이 일그러지기 때문에 무전 송·수신기의 신호파나 FM파의 증폭용 등 특수한 고주파 증폭기에만 사용한다.

다음으로 회로 구성에 의한 전력 증폭기에 대해서 서술한다.

(1) 저항 부하의 경우

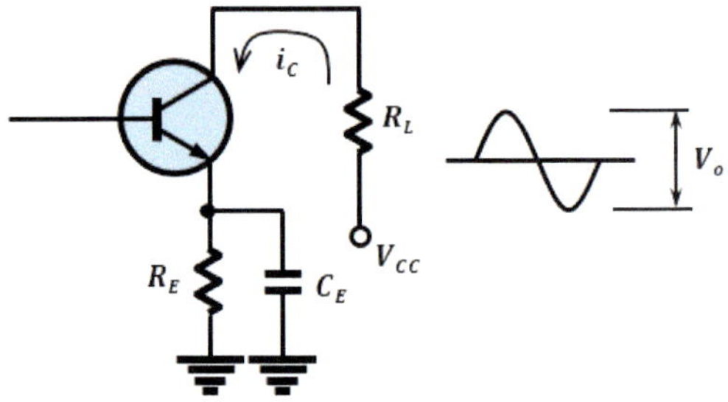

그림 9.61 저항 부하 전력 증폭기

그림 9.61의 회로에 있어서 부하 저항 R_L의 양단 전력에 대해서 고려한다. 얻어지는 신호 출력의 최대 진폭 V_o은 트랜지스터의 포화 전압 V_C와 이미터 전압 V_E에서 다음의 식이 된다.

$$V_0 = V_{CC} - V_C - V_E \tag{9.33}$$

따라서 R_L에 주어지는 전력 P_o은 다음의 식이 된다.

$$P_0 = \frac{V_0}{2\sqrt{2^2}} / R_L = \frac{V_0^2}{8R_L} \tag{9.34}$$

최대 출력을 얻는 데는 동작점이 $V_{CC}/2$가 되는 것이고, 이때의 컬렉터 전류 i_C는 다음과 같다.

$$i_C = \frac{V_0}{2R_L} \tag{9.35}$$

이것으로부터 공급 전력 P_i는 다음과 같이 된다.

$$P_i = \frac{V_0^2}{2R_L} \tag{9.36}$$

전력 이용 효율 η는 다음과 같다.

$$\eta = \frac{P_0}{P_i} = \frac{1}{4} \tag{9.37}$$

즉, 최대로 약 25%의 전력 이용 효율이 되는 것을 알 수 있다.

(2) 변압기 결합형의 경우

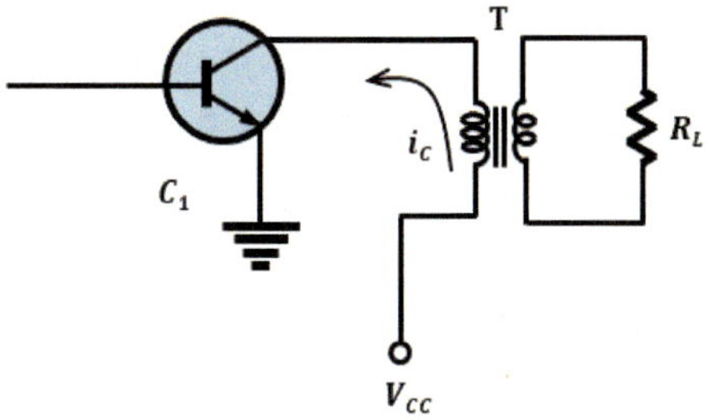

그림 9.62 변압기 결합형 전력 증폭기

앞에서 서술한 것과 같이 변압기 결합형의 경우는 공급 전압 V_{CC}의 약 2배의 전압 진폭을 얻을 수 있기 때문에 그림 9.62에 있어서 부하 저항 R_L로 얻어지는 전력 P_0는 다음과 같다.

$$P_0 = \frac{2V_0}{2\sqrt{2}}/R_L = \frac{V_0^2}{2R_L} \tag{9.38}$$

다만 변압기 T의 코일은 컬렉터와 부하 저항 R_L에 바르게 정립되어 있는 것으로 한다. 공급 전력 P_i는 다음과 같다.

$$P_i = \frac{V_0}{2} \times \frac{2V_0}{R_L} = \frac{V_0^2}{R_L} \tag{9.39}$$

따라서 전력 이용 효율 η는 다음과 같다.

$$\eta = \frac{P_0}{P_i} = \frac{1}{2} \tag{9.40}$$

즉, 최대로 약 50%의 전력 이용 효율을 얻을 수가 있다.

9.5.9 임피던스 변환기

신호 추출부의 출력 임피던스가 높고, 저 임피던스 부하로는 충분한 전압을 얻을 수 없는 경우에는 임피던스 변환기를 필요로 한다. 일반적으로는 변압기 결합을 사용하여서 1차 코일과 2차 코일의 비를 적당하게 선택하는 것으로 목적을 달성하는 경우도 있다. 그러나 변압기로는 취급하는 주파수, 전력 등에 의해 형상 등의 제한이 생긴다.

트랜지스터를 사용한 이런 종류의 회로는 일반적으로 **이미터 플로어**(컬렉터 접지)라고 불리는 것으로 그림 9.63이 회로 예이다. 입력 신호 V_{in}은 결합 콘덴서에 의해 트랜지스터의 베이스에 가하여진다. 베이스-이미터 사이는 동위상이기 때문에 이미터 저항 R_E의 양단으로부터는 입력 신호 V_{in}과 동위상의 출력 신호 V_{out}을 얻을 수 있다. 그림 9.64는 이 등가 회로이다. 입력 전압 V_{in}은 다음과 같다.

$$V_{in} = r_{BE}\, i_B + R_E(i_B + i_C) = [r_{BE} + (1+\beta)R_E]\, i_B \tag{9.41}$$

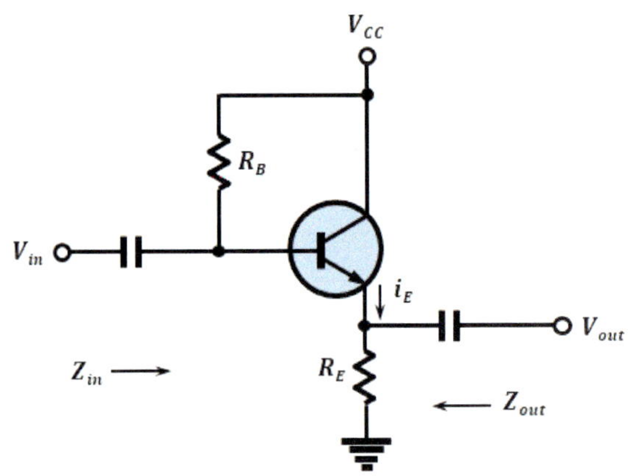

그림 9.63 이미터 플로어

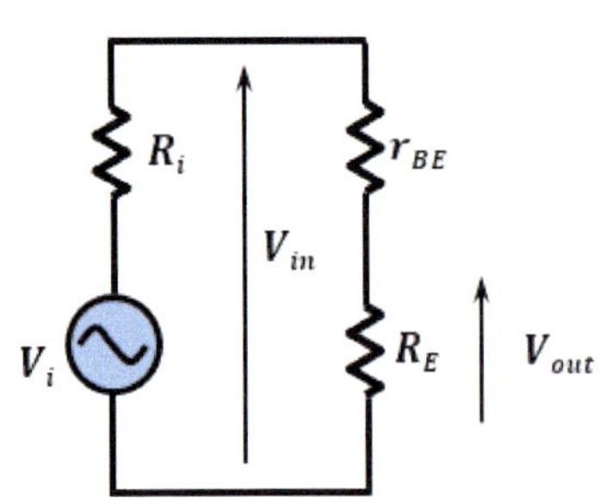

그림 9.64 이미터 플로어의 등가 회로

이것으로부터 입력 임피던스 Z_{in}는 다음과 같이 된다.

$$Z_{in} = \frac{V_{in}}{i_B} = r_{BE} + (1+\beta)R_E \tag{9.42}$$

예를 들어 $R_E = 1$ ㏀, $\beta = 100$, $r_{BE} = 1$ ㏀으로 하면 $Z_{in} = 102$ ㏀이 되며 충분히 높은 입력 임피던스를 얻을 수 있다(베이스 바이어스 저항 RB는 일반적으로 Z_{in}의 수배 이상이기 때문에 무시하고 있다).

다음으로 이 이미터 플로어에 의한 전압 이득 A를 구한다. 그림 9.63에서 $V_{out} = i_E \times R_E$를 이용하여 다음과 같은 전압이득을 구한다.

$$A = \frac{V_{out}}{V_{in}} = \frac{(i+\beta)R_E}{r_{BE} + (1+\beta)R_E} \tag{9.43}$$

전기의 각 값을 대입하면 $A \fallingdotseq 0.98$, 즉 출력의 전압 진폭은 입력의 0.98배가 되어 증폭하고 있지 않다. 그림 9.64의 등가 회로에서 출력 임피던스 Z_{out}은 다음과 같다.

$$Z_{out} \fallingdotseq \frac{R_i R_E}{R_i + (1+\beta)R_E} \tag{9.44}$$

$R_i = 10$ ㏀으로 하여 동일하게 수치 계산을 하면 다음과 같다.

$$Z_{out} \fallingdotseq \frac{10 \times 1}{10 + (1+100) \times 1} \fallingdotseq 0.91 \times 10^2 \tag{9.45}$$

즉, 약 91 Ω이 된다. 이것은 충분히 낮은 값이고, 식 (9.42) 및 식 (9.45)로 표현된 Z_{in}과 Z_{out}을 비교하면 약 1,000배의 임피던스 변환이 이루어졌다는 것을 알 수 있다.

이상의 수치계산 예로도 알 수 있듯이 사용하는 트랜지스터의 전류 증폭을 β가 중요한 파라미터로서 작용하고 있게 되고 회로설계에 있어서는 사용하는 트랜지스터의 선택이 중요하다.

전기의 각 수치에서 $V_{CC} = 12$ V로 하였을 때의 베이스 저항 R_B는 동작점이 $V_{CC}/2 = 6$ V이며 이미터 전류 $i_E = V_{CC}/(2R_E)$로부터 6㎃가 되므로 $V_{BE} \fallingdotseq 1.2$ V로 하면 다음과 같이 된다.

$$R_B = \frac{V_{CC} - V_B}{i_E/\beta} = \frac{4.8}{6 \times 10^{-5}} \fallingdotseq 8 \times 10^4$$

$$(V_E = 6\text{V},\ V_B = 7.2\text{V},\ i_B = 60\text{mA})$$

즉, 약 80 kΩ이 된다. 이것은 약간 낮은 값일지도 모르겠으나 β를 크게 함으로서 좀 더 고저항이 되므로 전기의 가정에는 모순하지 않는다. 이 설계 예를 그림 9.65에 나타낸다.

트랜지스터 대신에 FET를 사용한 것은 소스 플로어라고 불려지고 마찬가지로 임피던스 변환에 사용된다. FET의 경우 소자 고유한 입력 임피던스가 충분히 높기(수10 kΩ~10 MΩ정도) 때문에 소스 플로어의 필요가 그다지 없지만 보다 높은 입력 임피던스가 필요한 경우에는 사용된다. 예를 들어 접합형 FET의 소스 플로어는 1~1,000 MΩ정도의 입력 임피던스를 얻을 수 있고, MOS형 FET의 소스 플로어로는 10^9~10^{15} Ω정도의 입력 임피던스를 얻을 수 있다. 이것들은 뇌파계, 심전계, 근전계 등의 미소 전압-전류의 추출에 사용되고, 의료용 전자 기기의 회로로서 사용되고 있다.

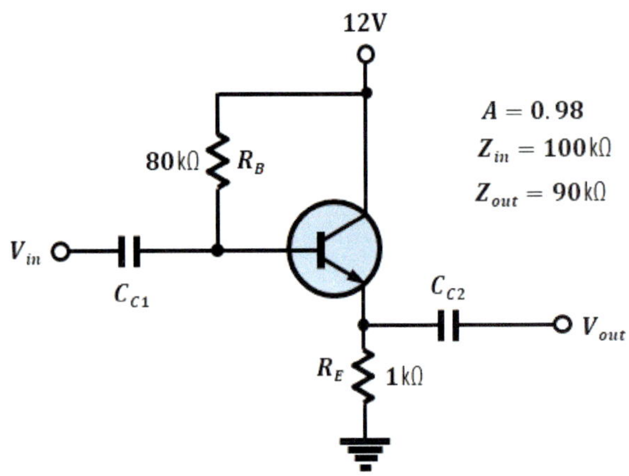

그림 9.65 이미터 플로어의 설계 예

9.6 스위칭 회로

트랜지스터의 작용에는 증폭 작용 이외에 스위칭 작용이 있다. 스위칭 작용이란 기계적 스위치 대신 트랜지스터를 사용한 것으로 저주파에서 고주파까지 사용할 수 있으며 소형이면서 큰 전력까지 제어할 수 있는 장점이 있다.

트랜지스터의 베이스와 이미터 사이에 전압을 가하면 베이스 전류가 흘러 컬렉터 전류 i_C가 흐르게 된다.

그림 9.66과 같이 베이스 전압 V_{BE}는 입력으로서 장벽 전압인 0.7[V] 이상의 전압을 가하면 컬렉터 전류는 포화 상태가 되어 최대 전류가 흐르게 된다. 이것은 마치 스위치가 ON된 것으로 생각할 수 있다. 실제로 트랜지스터의 베이스와 이미터 사이에 0.7[V] 이상의 전압을 가하면 스위치가 ON된 것으로 생각하면 되고 0.6[V] 이하의 전압을 가하면 스위치가 OFF된 것으로 생각하면 된다. 증폭 작용은 0.6[V]와 0.7[V] 사이에 일어나며 이 구간을 이용해 증폭하는 것이다.

디지털 회로에서는 스위칭 작용이 이용되며 PC이나 PLC 등과 같은 제어 회로의 계전기나 솔레노이드 등의 구동 회로, 전원 회로 및 각종 전동기의 구동 회로나 속도 제어 회로 등에 이용된다.

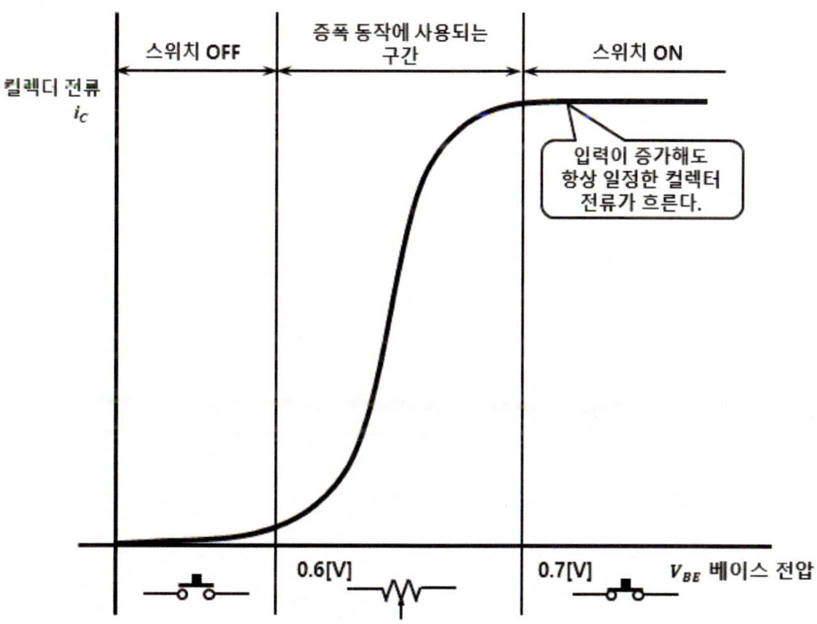

그림 9.66 트랜지스터의 동작 구간

그림 9.67 (a)는 트랜지스터가 스위칭 동작에 사용되는 예인데 0[V]의 입력을 가하면 트랜지스터는 차단 상태가 되고, 5[V]를 가하면 포화 상태가 되어 최대 컬렉터 전류가 흐르게 된다. 그림의 콘덴서 C는 입력 펄스의 상승 때에 R_B를 바이 패스하여 보다 큰 베이스 전류를 흘림으로써 빠른 시간 내에 포화 상태에 이르도록 도와주는 스피드 업(speed up) 콘덴서로, 스위칭 시간을 단축시키는 역할을 한다.

그림 9.67 (b)는 PC 등의 출력 회로로서 계전기(relay)나 솔레노이드 등을 구동하기 위한 스위칭 회로이다. 그림의 다이오드 D는 트랜지스터 ON/OFF시 코일에 발생하는 역기전력을 소모하여 트랜지스터가 파손되는 것을 방지하는 회로 보호용 다이오드이다.

전동기의 속도 제어를 위해 교류 전동기에는 주파수를 변화시키고, 직류 전동기에는 평균 전류를 변화시키게 되는데 그림 9.68은 가장 기본적인 속도 제어용 브리지 회로를 나타낸 것이다.

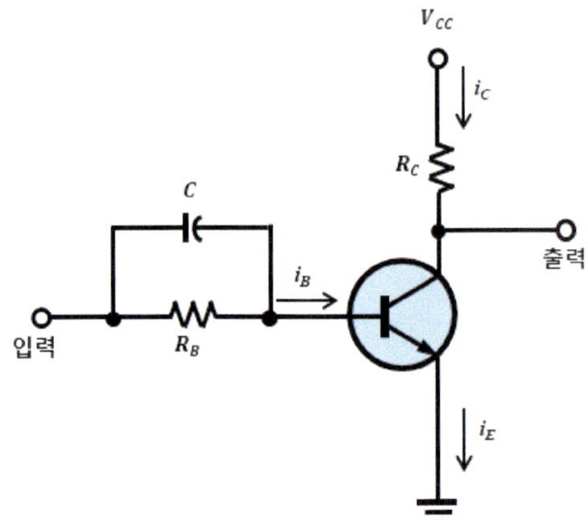

(a) TTL IC 내에서 스위칭 동작

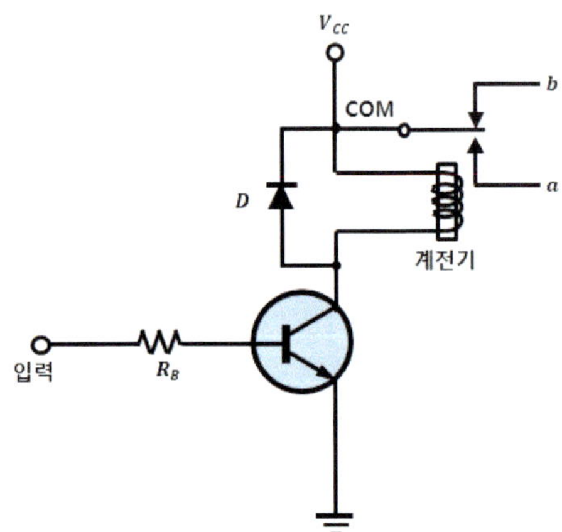

(b) 계전기 구동 회로

그림 9.67 트랜지스터의 스위칭 동작 응용 회로

그림 9.68의 (a)와 같이 교류 전동기를 연결하고 A와 A', B와 B'에 번갈아 입력 신호를 가해주면 전동기에는 교류 파형이 가해지고, 스위칭 속도를 빠르게 또는 느리게 하면서 바꾸어 주면 주파수가 바뀌게 되므로 전동기의 속도가 주파수에 따라 변하게 된다.

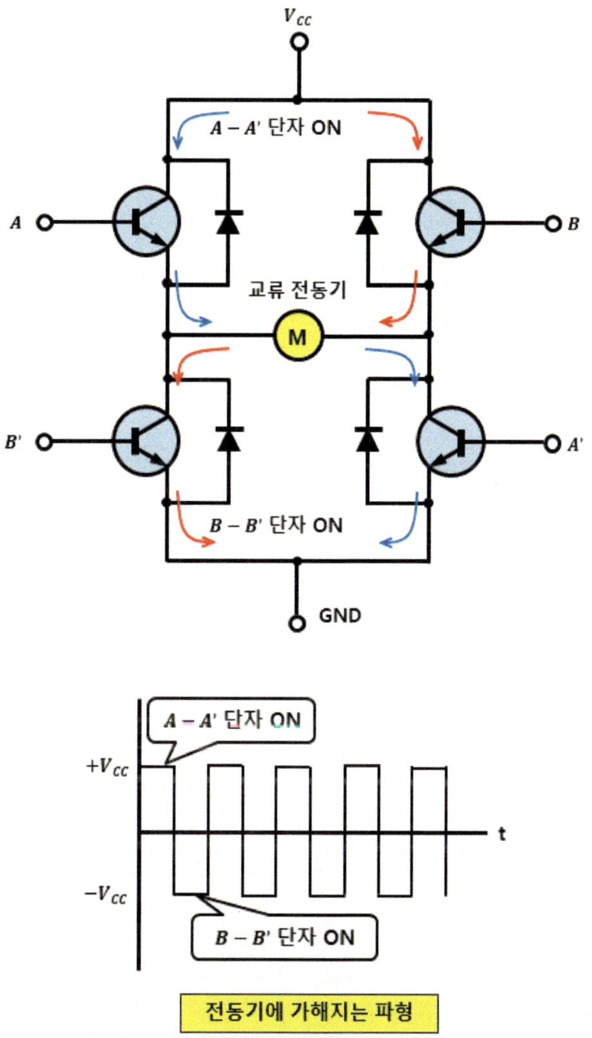

(a) AC 전동기의 속도 제어 회로

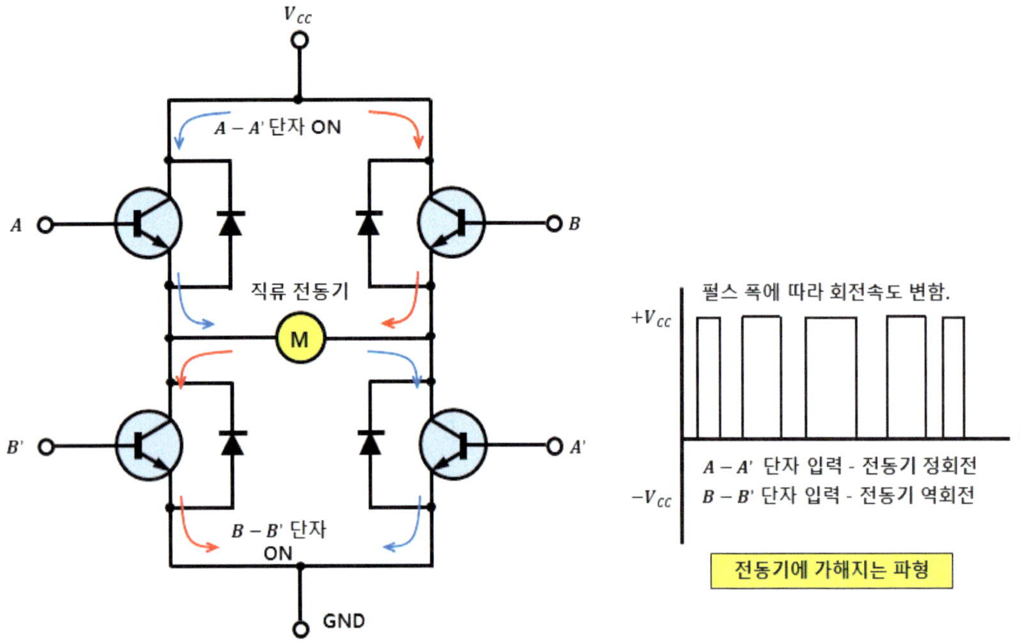

(b) DC 전동기의 정역 회전 및 속도 제어 회로

그림 9.68 스위칭 동작을 이용한 전동기의 속도 제어 회로

그림 9.68 (b)와 같이 직류 전동기를 연결했을 때 A와 A'의 단자에만 입력 신호를 가하면 전동기가 정회전하고, 반대로 B와 B'의 단자에만 입력 신호를 가해주면 역회전하게 된다. 직류 전동기에서 신호를 ON하는 시간을 길게 하고 OFF하는 시간을 짧게 하면 전동기에 가해지는 평균 전류의 양이 많게 되어 고속으로 회전하고 신호를 ON하는 시간을 짧게 하고 OFF하는 시간을 길게 하면 평균 전류의 양이 적게 되어 저속으로 회전하게 된다.

이와 같이 트랜지스터의 스위칭 작용을 이용해서 입력의 펄스폭으로 회전 속도 등을 제어하는 방식을 펄스폭 변조(PWM ; pulse width modulation) 제어 방식이라 한다.

스위칭 작용은 그 외 전원 회로에 쓰이는 초퍼(chopper) 회로를 비롯하여 다양한 형태로 응용되며 산업 현장에서 트랜지스터는 증폭의 용도보다 스위칭의 용도로 많이 사용되고 있다.

10장

전력전자의 기초

10.1 전력 전자의 개요
10.2 AC/DC 변환
10.3 DC/DC 변환
10.4 DC/AC 변환
10.5 AC/AC 변환

대부분의 전기기계식 시스템에서는 전력 전자 장치는 사람에 있어서 근육에 해당하는 역할을 수행한다. 이러한 전력 전자 장치는 산업용 기계, 특히 모터와 관련된 장치 등에서 쉽게 찾아 볼 수 있는데 이것은 모터에서 요구되는 전류와 전압을 공급하고 제어하는 것이기 때문이다.

전력 전자 소자는 큰 전류와 높은 전압을 처리하는 능력을 가지도록 특별히 설계된 다이오드와 트랜지스터이므로 8장과 9장에서 다루었던 다이오드와 트랜지스터에 대한 내용이 본 장의 기초가 되며 그 밖에 FET와 사이리스터가 있다.

본 장에서는 여러 형태의 전력 전자 소자의 기본적인 성질과 여러 전력 변환 방식에 대해 알아보도록 한다.

10.1 전력전자의 개요

10.1.1 전력전자의 정의

전력전자공학(power electrics)은 전력 반도체 스위치를 사용한 스위치 모드 전력 변환기의 회로 구성을 하며 제어, 응용 및 그와 관련된 여러 전기 전자적 기술을 연구하는 학문이다. 전력 반도체 스위치에는 그림 10.1과 같이 여러 가지가 있으며 이것은 전력전자의 핵심 소자이다.

전력 변환의 방식에는 직접 변환 방식과 간접 변환 방식이 있지만 메카트로닉스에서 사용되는 것은 직접 변환 방식이므로 직접 변환 방식에 대해서만 다루기로 한다.

직접 변환 방식은 그림 10.2와 같이 AC-DC 변환, DC-DC 변환, DC-AC 변환, AC-AC 변환으로 나눌 수 있다.

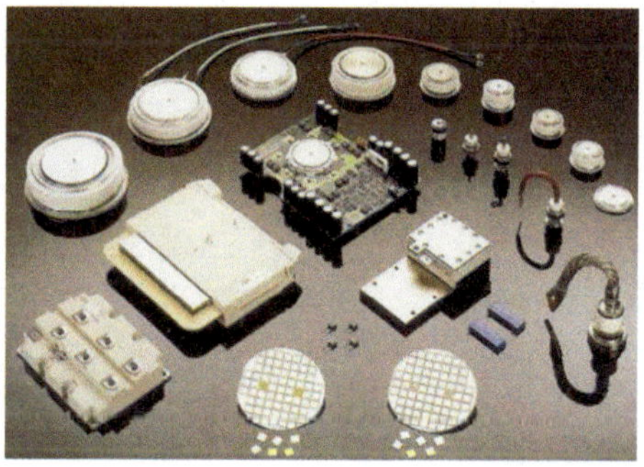

그림 10.1 여러 전력 반도체 스위치

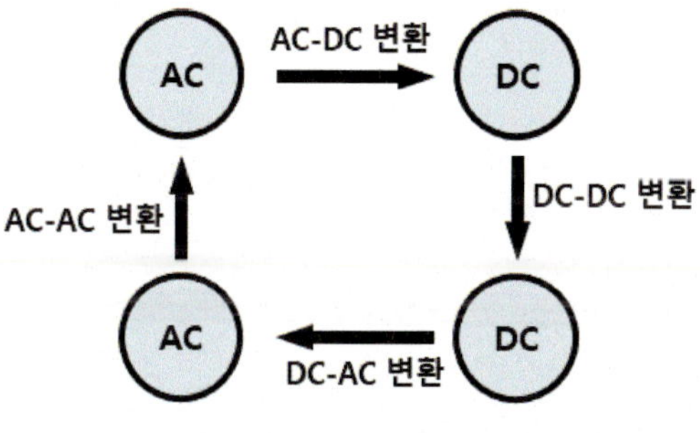

그림 10.2 전력변환 방식

AC/DC 변환은 교류전력을 직류전력으로 변환하는 방식으로 이를 수행하는 전력 장치를 **정류기**라 한다. AC/DC 변환을 대표하는 전력변환 장치는 다이오드 정류기가 있다. 실생활에 사용되는 모든 전기기기(에어컨, TV, 선풍기 등)는 DC 전력을 사용하므로 전력회사에서 보내는 AC 전력을 DC 전력으로 만들기 위해 정류기를 사용한다.

DC/DC 변환은 직류전력을 사용자가 원하는 크기의 직류전력으로 변환하는 방식으로 **직류변환**이라 하며 이를 수행하는 전력변환 장치를 **DC/DC 컨버터**(초퍼)라 한다. DC/DC 컨버터는 여러 전자기기 안에서 AC/DC 정류기를 통해 전류된 직류 전력을 각 부하에 맞는 직류전력으로 변환하여 전력을 공급하기 위해 많이 사용되고 있다. DC-DC 변환을 하는 대표적인 전력 변환장치로서는 강압형 초퍼와 승압형 초퍼가 있으며 이에 대해서는 초퍼에서 상세히 다루기로 한다.

DC/AC 변환은 직류전력을 원하는 크기의 교류전력으로 변환하는 방식으로 이를 수행하는 전력 변환 장치를 **인버터**라 한다. 전기 자동차의 교류 전동기와 인버터를 연결하여 구동하는데 사용되고 있다. DC-AC 변환을 대표하는 전력변환 장치는 단상 인버터가 있으며 현재는 3상 인버터가 많이 사용되고 있다.

교류전력의 형태는 전압과 전류, 주파수, 위상, 상수 등으로 결정된다. 이와 같은 여러 변수 중에서 하나 또는 여러 가지 변수를 조정하여 변환하는 것을 **AC/AC 변환** 또는 **교류변환**이라 하며 이를 수행하는 전력변환 장치를 **AC/AC 컨버터**라 한다. 대표적인 전력 변환 장치로는 사이클로 컨버터와 매트릭스 컨버터가 있으며 이에 대해서는 뒤에서 다루기로 한다.

10.1.2 전력전자 소자의 종류

전력전자분야에서 주로 사용되는 반도체 소자에는 다음과 같은 종류가 있으며 그림 10.3은 반도체 소자들에 대한 기호를 나타내고 있다.

① 다이오드(diode)

② 트랜지스터(transistor)

③ FET(field effect transistor)

④ 사이리스터(thyristor)

- SCR(silicon controlled rectifier)
- GTO사이리스터(gate turn-off thyristor)
- 트라이액(triac or AC thyristor)

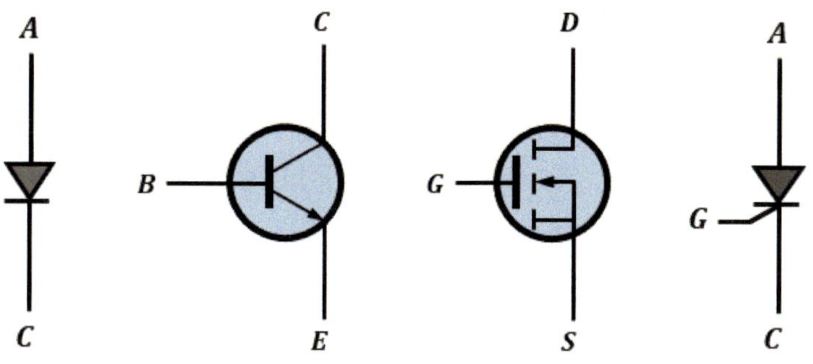

(a) 다이오드 (b) 트랜지스터 (c) FET (d) 사이리스터

그림 10.3 반도체 소자의 기호

최근에는 SIT(static induction transistor), SI 사이리스터, IGBT(insulated gate bipolar transistor) 등과 같은 새로운 형태의 소자가 개발되어 있다.

전력 전자 소자 가운데 다이오드와 트랜지스터는 앞 장에서 이미 다루었으므로 여기서는 생략하고 FET, 사이리스터, IGBT에 대해 설명하기로 한다.

(1) FET

1) 구조

FET란 전계효과트랜지스터(field effect transistor)를 가리키는 말인데 FET는 일반적인 접합트랜지스터와 외관은 거의 유사하지만 내부구조와 동작원리는 전혀 다른 것이다. FET는 각종 고급 전자 기계와 측정 장비, 자동제어 회로 등에 이용되고 있다.

FET는 구조에 의해 분류하면 그림 10.4와 같이 접합FET(J-FET)와 MOS FET의 두 종류가 있으며 이것들은 각각 전류의 통로가 P형 반도체로 된 P채널형과 전류의 통로가 N형 반도체로 된 N채널 형이 있다. P채널형은 정공이 전류를 운반하는 것으로 PNP형 트랜지스터와 비슷하고 N채널형은 전자가 전류를 운반하는 것으로 NPN형의 트랜지스터와 비슷하다.

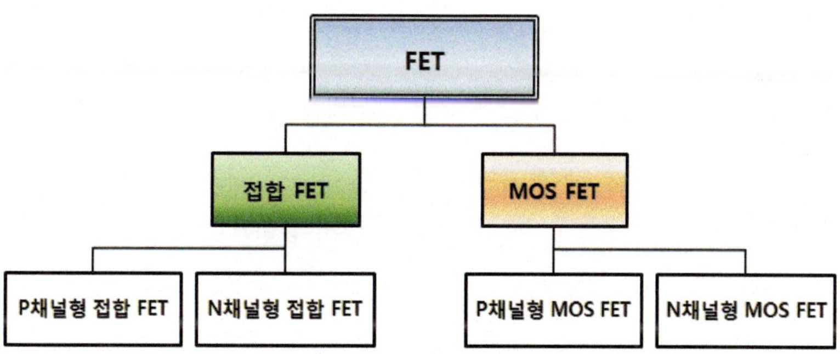

그림 10.4 FET의 구조에 의한 분류

① P채널형 접합 FET

그림 10.5 (a)는 P채널 접합 FET의 구조이다. 이것은 P형 반도체의 측면에 N형 반도체를 접합하고 P형 반도체의 양단과 측면에 부착된 N형 반도체로부터 각각 리드를 내놓은 것인데 측면에 나온 리드는 게이트(G: gate)이고 P형 반도체의 양단에서 나온 두개의 리드중 한쪽은 소스(S: source)라 하며 다른 한쪽은 드레인(D : drain)이라고 한다.

그림 10.5 (b)는 P채널 접합 FET를 나타내는 기호이다. 게이트에 표시된 화살표는 게이트 접합부의 순방향을 나타낸 것으로 P채널 형임을 알려 주는 것이다. 화살표가 트랜지스터에서 밖으로 나오는 방향으로 있을 때는 P채널 형이고, 밖에서 트랜지스터쪽으로 들어가는 방향일 때는 N채널 형이다.

FET가 동작할 때는 드레인과 소스 간에 전류가 흐르는데 위의 그림에서는 전류가 흐르는 통로가 P형 반도체로 되어 있기 때문에 P채널 형이라고 한다. FET의 명칭 가운데서 2SJ11, 3SJ11 등과 같이 J형으로 되어 있는 트랜지스터는 P채널 형의 FET이다.

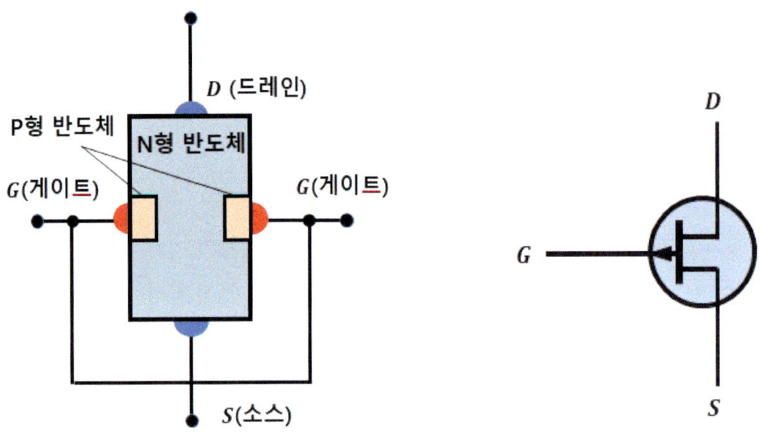

(a) 구조 (b) 기호

그림 10.5 P채널형 접합 FET

② N채널형 접합 FET

그림 10.6은 N형 반도체의 측면에 P형 반도체를 접합하고 N형 반도체의 양단과 측면에 있는 P형 반도체로부터 각각 리드를 내놓은 것인데 이것은 N채널 접합 FET이다.

FET의 명칭 가운데서 2SK11, 3SK14등과 같이 K형으로 되어 있는 트랜지스터는 N채널 형의 FET이다.

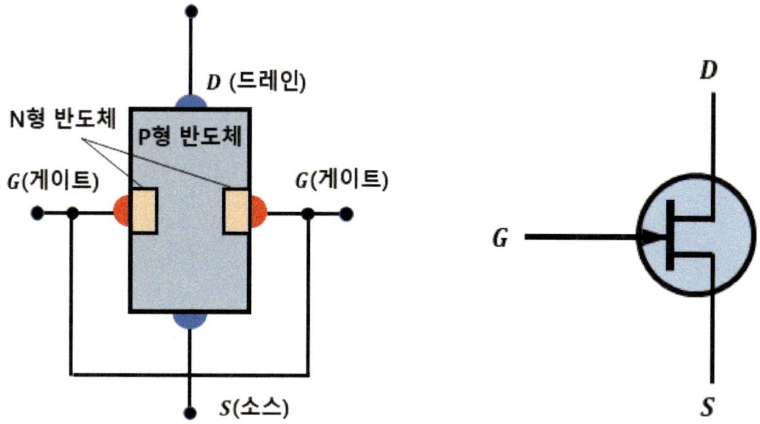

(a) 구조 (b) 기호

그림 10.6 N채널 접합 FET

③ MOS FET

그림 10.7은 MOS(metal oxide semiconductor)형 FET의 구조 및 회로도 기호이다. P형 반도체의 기판에 N형 반도체를 만들고 N형 반도체의 표면에 알루미늄으로 된 게이트를 부착시킨 것인데 N형 반도체와 게이트사이에는 산화 실리콘의 엷은 막을 형성시켜서 절연도가 매우 높게 하였다.

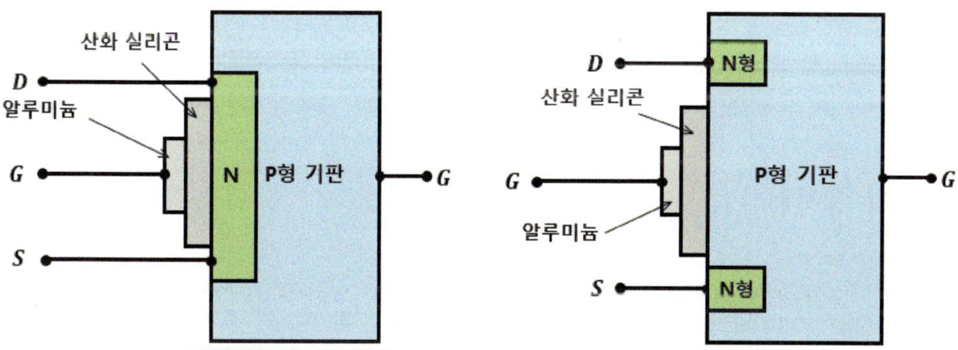

(a) Depletion 형 (b) Enhancement 형

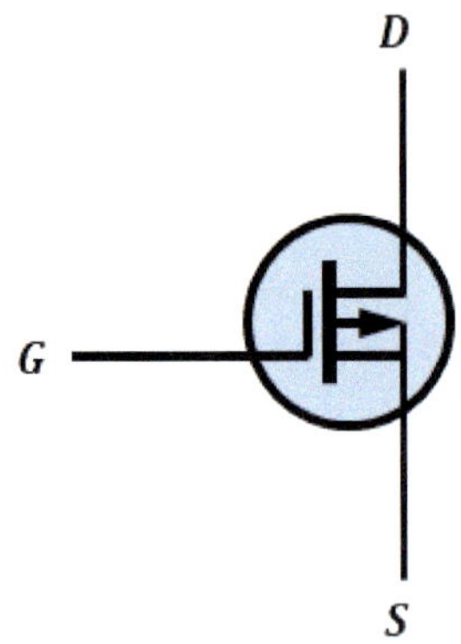

(c) 회로도 기호

그림 10.7 MOS FET 구조와 기호

그림 10.7 (a)에는 N형 반도체 양단에서 나온 두개의 리드 중 한 쪽은 드레인이고 다른 한쪽은 소스인데 이와 같은 구조로 된 것을 디플레이션(depletion)형 MOS FET이라고 한다. 그림 10.7 (b)는 인핸스먼트(enhancement)형 MOS FET라고 하는 것의 구조도로 이것은 N채널이 없는 것으로 되어있으나 동작 시에는 실리콘산화물의 엷은 막 옆에 N채널이 형성된다. 그림 10.7 (c)는 MOS FET 기호를 나타내고 있다.

FET와 접합 트랜지스터를 비교하면 FET의 드레인은 트랜지스터의 컬렉터와 같고 소스는 이미터와 같으며 게이트는 베이스와 같다. 그리고 P채널형은 PNP형과 비슷하고 N채널형은 NPN형 트랜지스터와 비슷하기 때문에 PNP형 트랜지스터의 컬렉터에 -전압을 공급하는 것과 마찬가지로 P채널 FET의 드레인에는 -전압을 공급하고, NPN형 트랜지스터의 컬렉터에 +전압을 공급하는 것처럼 N채널 FET의 드레인에는 +전압을 공급해야 한다.

2) FET의 동작원리

① 접합형 FET

그림 10.8 (a)와 같이 N채널 접합 FET의 드레인과 소스에 드레인이 +가 되는 방향으로 전압을 공급하면(이것을 드레인 전압이라고 함) N형 반도체 내에 산재하여 있는 과잉 전자가 소스 전극에서 드레인 전극 측으로 이동하여 드레인 전류 i_D가 흐른다.

이 때 그림 10.8 (b)와 같이 게이트와 소스 간에 역방향 전압을 공급하면(이것을 게이트전압이라고 함) 게이트의 -전압에 의해 N채널 내에 전자가 반발당하여 공핍층이 생긴다. 이때 생긴 공핍층은 전자가 없는 부분으로 절연 영역이므로 전자가 이동할 수 있는 통로(채널)가 좁아져서 드레인 전류 i_D는 감소한다. 여기에서 만약 역방향 전압을 더욱 증가시킨다면 통로는 더욱 좁아져서 i_D는 더욱 감소하게 된다.

이와 같이 공핍층의 두께를 게이트 전압에 의해 바꾸어 소스에서 드레인으로 흐르는 자유 전자 수를 제어하여 드레인에서 소스로 흐르는 전류를 제어한다.

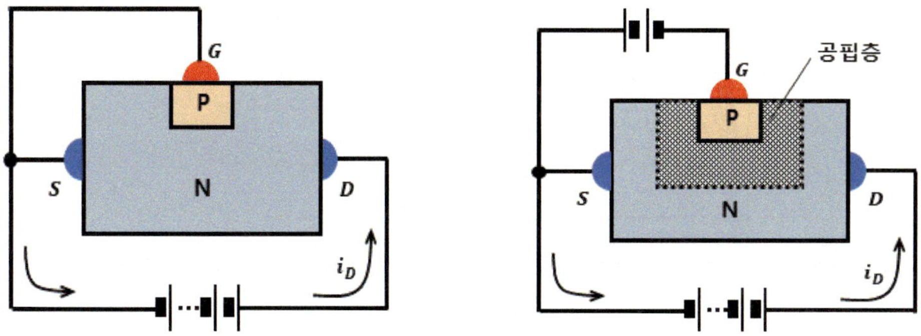

(a) 기본 전압 인가 (b) 역방향 전압 인가

그림 10.8 접합형 FET에서 공핍층의 너비 변화

② MOS형 FET

MOS-FET(metal-oxide-slicon field effect transistor)는 전력전자 회로에서 주로 사용되는 스위칭 소자로서, 게이트 단자에 가해지는 전압에 의해서 전력을 제어하게 된다. 또한 게이트 단자는 절연필름에 의해서 소스 단자와 드레인 단자로부터 절연되어 있다.

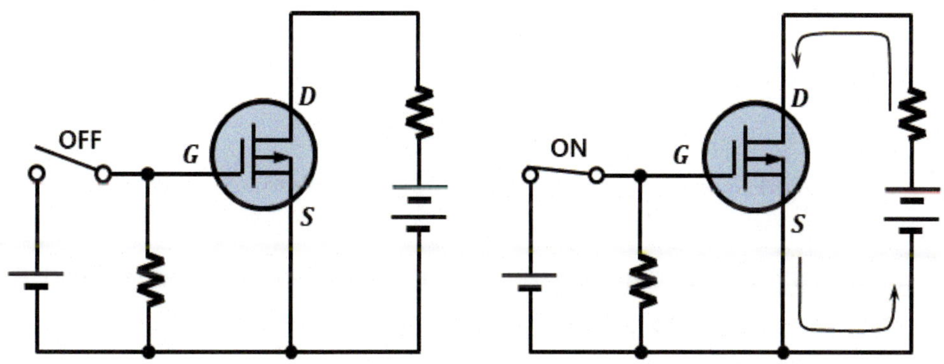

(a) OFF상태 (b) ON상태

그림 10.9 MOS-FET의 동작 특성

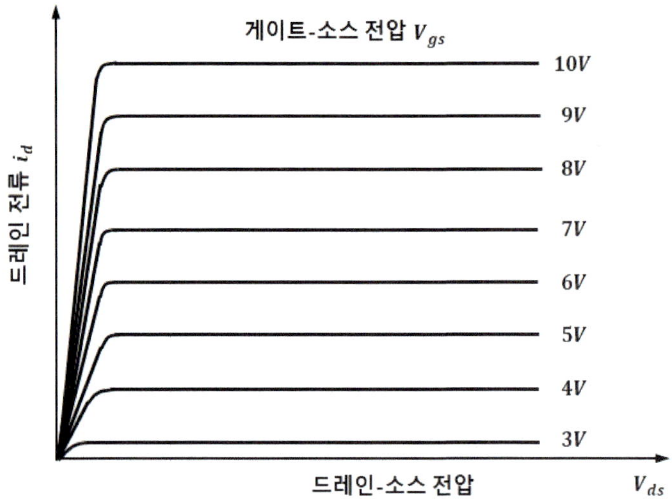

그림 10.10 MOS-FET의 특성 그래프

그림 10.10은 MOS-FET의 동작 특성을 나타내고 있다. 그림 10.10 (a)의 경우 게이트 단자와 소스 단자 사이에 전압이 인가되지 않으면 MOS-FET에는 전류가 흐르지 않음을 나타내며, 그림 10.10 (b)의 경우 게이트 단자와 소스 단자 사이에 전압이 인가되면 드레인 단자와 소스 단자가 통전되어 회로에 전류가 흐르게 된다. 이와 같이 MOS-FET의 게이트 단자에 인가되는 전압에 의해서 주회로의 전류를 제어하게 되는 것이다.

그림 10.10은 게이트 전압(V)을 변수로 해서 드레인 전류(i_d)와 드레인-소스간 전압(V_{ds})의 관계를 나타내고 있다.

바이폴라 트랜지스터의 포화영역에 상응하는 영역으로서 MOS-FET에서 는 "일정 저항 영역(constant resistance region)"이 있다. 이 영역에서는 전압이 거의 전류에 비례하여 증가한다. 그러나 전류가 증가함에 따라 저항이 증가하게 되어 MOS-FET는 "일정 전류 영역(constant current region)"에서 동작하게 된다.

"ON 상태 저항(on-resistance)"또는 "일정저항 영역에서의 저항"이 중요한 변수의 역할을 한다. 왜냐하면, MOS-FET는 일정저항 영역에서 스위칭 소자로 동작하면, 이때 ON 상태 저항이 주어진 방열조건 하에서 드레인 전류(drain current)를 결정하기 때문이다.

MOS-FET는 바이폴라 트랜지스터보다 스위칭 타임이 짧으며, MOS-FET의 응답시간은 게이트와 소스간의 정전용량에 의해서 결정된다.

3) FET 회로

접합형 트랜지스터로 구성된 회로는 약간만 수정하면 전기장 효과 트랜지스터로 대체할 수 있다. 따라서 바이어스 등의 기본 개념은 거의 같다고 볼 수 있다. 여기서는 J FET와 MOS FET의 바이어스에 대하여 간단히 알아본다.

① J FET의 자기 바이어스 회로

FET는 접합형 트랜지스터와 달리 전기장으로 드레인 전류를 제어하는 소자이므로, 바이어스 전류를 계산하는 것이 아니라 바이어스 전압을 계산한다는 차이점 이외에는 접합형 트랜지스터와 유사하다.

J FET의 바이어스 회로에는 크게 자기 바이어스, 전압 분배 바이어스로 나눌 수 있다. J FET가 동작하기 위해서는 게이트와 소스 사이에 항상 역방향으로 바이어스가 되어야 한다. 이에 따라 n채널 J FET는 음의 바이어스가 필요하고, p채널 J FET는 양의 바이어스가 필요하게 된다. 이러한 조건은 그림 10.11의 회로에서 J FET의 자기 바이어스 회로로 얻을 수 있는데 게이트는 접지에 연결된 저항 R_G에 의해 0[V]로 바이어스 된다. 역방향 누설 전류 i_{GSS}는 저항 R_G 양단에 작은 전압 강하를 발생시키지만, 이는 무시해도 좋을 만큼 작은 값이다.

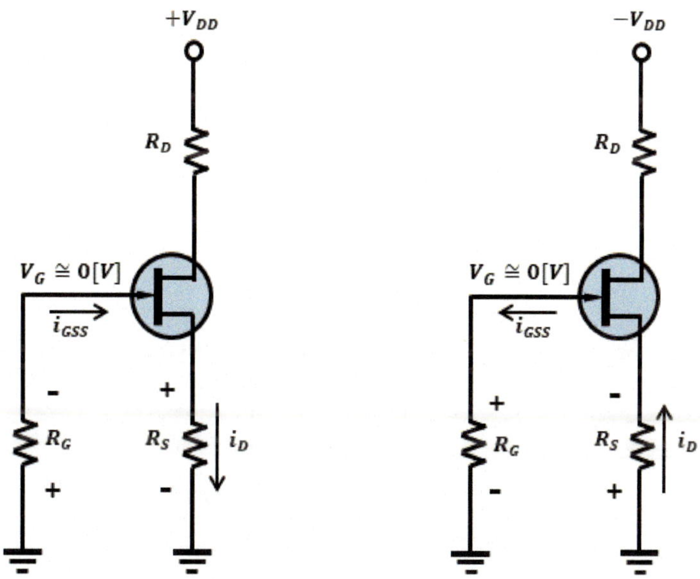

(a) n채널 바이어스　　(b) p채널 바이어스

그림 10.11 J FET의 바이어스

그림 10.11 (a)에서 i_D는 R_S 양단에 전압 강하를 발생시켜 소스가 양의 전압이 되게 한다. $V_G = 0[\mathrm{V}]$, $V_S = i_D R_S$이므로 게이트와 소스 간의 전압은 다음과 같이 음의 전압이 생기게 된다.

$$V_{GS} = V_G - V_s = 0 - i_D R_S \tag{10.1}$$

그러므로 $V_{GS} = -i_D R_S$인 음의 바이어스를 얻을 수 있다. 접지에 대한 드레인 전압 V_D는 다음과 같이 구할 수 있다.

$$V_{DS} = V_D - V_S \tag{10.2}$$

또한 드레인 소스 사이의 전압 $V_S = i_D R_S$이므로 다음과 같이 구할 수 있다.

$$V_{DS} = V_{DD} - i_D (R_D + R_S) \tag{10.3}$$

그림 10.11 (b)의 p채널 J FET의 경우 n 채널과 극성만 반대로 된다.

예제 10.1 그림 10.12의 자기 바이어스 회로에서 $i_D = 5[\mathrm{mA}]$일 때 V_{DS}와 V_{GS}를 구하여라.

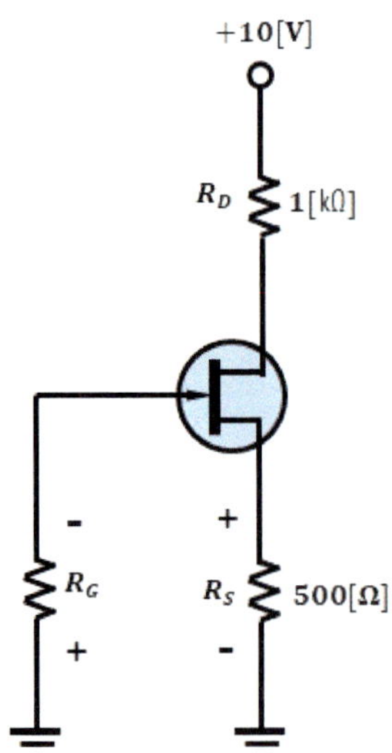

그림 10.12 예제 10.1의 회로

풀이 식 (9.23)에서

$$V_G = I_D R_S = 5[mA] \times 500[\Omega] = 2.5[V]$$
$$V_D = V_{DD} - I_D R_D = 10[V] - 5[mA] \times 1[k\Omega]$$
$$= 10[V] - 5[V] = 5[V]$$

그러므로

$$V_{DS} = V_D - V_S = 5[V] - 2.5[V] = 2.5[V]$$

여기서 $V_G = 0[V]$이므로

$$V_{GS} = V_G - V_S = -2.5[V]$$

② J FET의 전압 분배 바이어스 회로

n채널 J FET에서 음의 바이어스를 만들기 위해서는 소스의 전압이 게이트의 전압보다 커야 한다. 그림 10.13과 같은 전압 분배 바이어스 회로를 살펴보자.

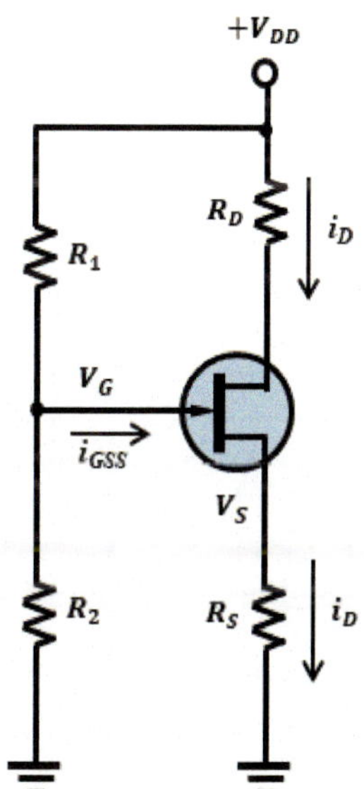

그림 10.13 전압 분배 바이어스 회로

회로에서 소스 전압은 $V_S = i_D R_S$이고, 게이트 전압 V_G는 다음과 같이 저항 R_1과 R_2로 결정할 수 있다.

$$V_G = (\frac{R_2}{R_1 + R_2}) V_{DD} \tag{10.4}$$

이 때 게이트와 소스 사이의 전압은 $V_{GS} = V_G - V_S$이고 소스 전압은 $V_S = V_G - V_{GS}$이다. 따라서 드레인 전류는 다음 식으로 나타낼 수 있다.

$$i_D = \frac{V_S}{R_S} = \frac{V_G - V_{GS}}{R_S} \tag{10.5}$$

③ 공핍형 MOS FET의 자기 바이어스 회로

공핍형 MOS FET는 양 또는 음의 전압으로 동작되는 소자이므로, 사용하고자 하는 용도에 따라 회로의 바이어스를 양이나 음의 전압으로 정하여 사용한다. 그림 10.14는 게이트와 소스 사이의 전압 $V_{GS} = 0$[V]로 하여 게이트의 교류 신호가 이 바이어스 점에 대해 상하로 변동하게 되는 간단한 바이어스 회로를 나타낸 것이다.

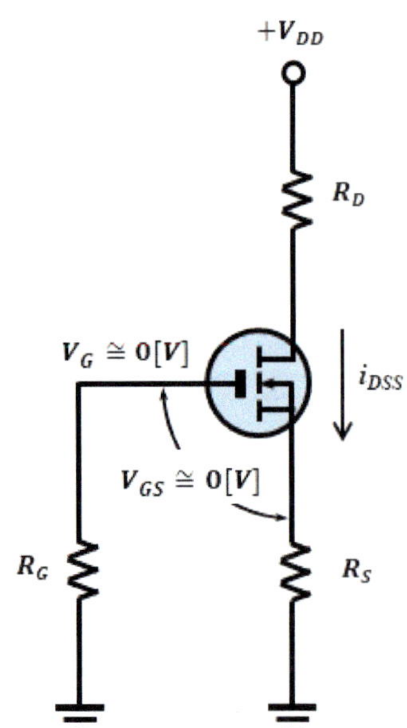

그림 10.14 공핍형 MOS FET의 바이어스 회로

회로에서 $V_{GS}=0[V]$, $i_D = i_{DSS}$라면 드레인과 소스 사이의 전압은 다음과 같이 구할 수 있다.

$$V_{DS} = V_{DD} - i_{DSS} R_D \tag{10.6}$$

공핍형 MOS FET나 증가형 MOS FET의 바이어스 회로에는 J FET의 경우와 같이 자기 바이어스 회로, 전압 분배 바이어스 회로, 드레인 되먹임 바이어스 회로 등 다양한 바이어스 회로가 있어 접합형 트랜지스터와 같이 신호의 증폭을 용이하게 해주는 역할을 한다.

(2) 사이리스터

사이리스터에는 다음과 같은 3가지 종류의 소자가 있다.

- reverse-blocking thyristor 또는 SCR
- GTO thyristor(gate turn- off thyristor)
- triacs(AC thyristor)

1) 역저지형 사이리스터

사이리스터의 일반형인 "역저지형 사이리스터(reverse-blocking thyristor)"는 내부적으로 3개의 PN 접합으로 구성되어 있으며 외부적으로 양극(anode, A), 음극(cathode, C), 게이트(gate, G)단자들로 구성되어 있다. 이와 같은 형태의 사이리스터는 전류제어 방식에 있어서 바이폴라 트랜지스터나 MOSFET와는 전혀 다른 특성을 갖고 있다. 그림 2.96은 사이리스터의 기호와 동작 특성을 나타내고 있다.

사이리스터는 게이트(G) 단자에서 음극(C) 단자로 흐르는 통전 전류(trigger current)에 의해서 턴온(turn-On)된다. 사이리스터의 게이트 단자에 통전 신호가 가해지기 전에는 양극 단자에 성방향 선압이 가해져도 사이리스터는 턴온되지 않는다. 그러므로 사이리스터를 "실리콘으로 만들어진 제어용 정류기"라고 하여 SCR이라고 한다.

사이리스터의 기능 중 주요한 사항은 게이트 단자에 의해서 양극 전류를 차단할 수 없다는 점이다. 그림 10.15에서 보듯이 사이리스터는 양극과 음극 사이에 역방향 전압을 인가하여 양극 전류가 제로가 되었을 때 비로소 턴오프(turn-off)된다.

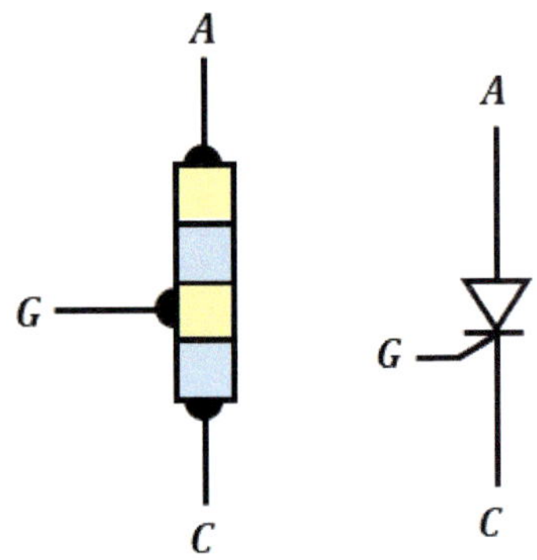

(a) 기호

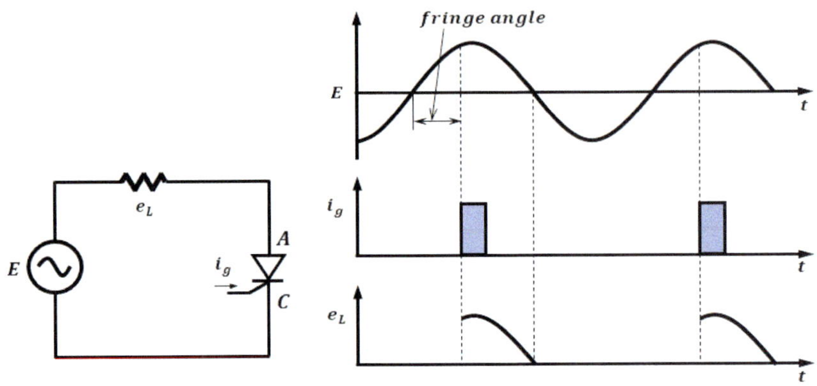

(b) 동작 특성

그림 10.15 사이리스터의 기호와 동작 특성

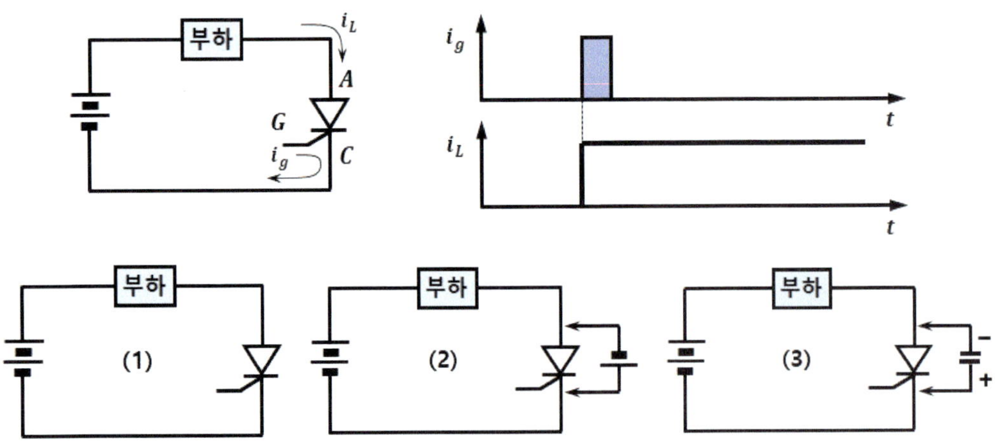

그림 10.16 직류회로에서 사이리스터를 턴-오프 시키는 방법

직류회로에서 사이리스터를 사용하는 경우에 사이리스터를 턴-오프 시키는 방법이 중요하다. 그림 10.16은 직류회로에서 사이리스터를 턴-오프 시키는 방법을 나타내고 있다. 그림 10.16의 윗부분에서 보듯이 게이트 단자에 통전 전류를 흘려주면 사이리스터가 통전되어 폐루프의 회로가 형성된다. 그러나 어떠한 보조적인 방법을 사용하지 않는 이상은 회로에 흐르는 전류를 차단할 수 없다. 그림 10.16의 아랫부분은 사이리스터를 턴-오프 시키는 몇 가지 방법을 제시하고 있다. (1)의 경우는 기계적 스위치를 부착하는 방법이며 (2)의 경우는 예를 들어 건전지를 사용하여 양극과 음극 사이에 역전압을 인가하는 방법이다. 이와 같은 방법은 현실적으로 사용되지 않고 (3)의 경우와 같이 충전된 콘덴서를 이용하는 방법이 실제로 사용되고 있다. (3)의 경우 충전된 콘덴서를 이용하여 최소한 10[㎲]동안 양극과 음극 사이에 역전압을 인가하여 사이리스터를 턴-오프 시키게 된다.

2) GTO

GTO 사이리스터는 게이트 단자에 흐르는 전류를 제어함으로써 양극 전류를 턴-온 뿐만 아니라 턴-오프 할 수 있는 사이리스터이다. 그림 10.17은 GTO 사이리스터의 동작 특성을 나타내고 있다.

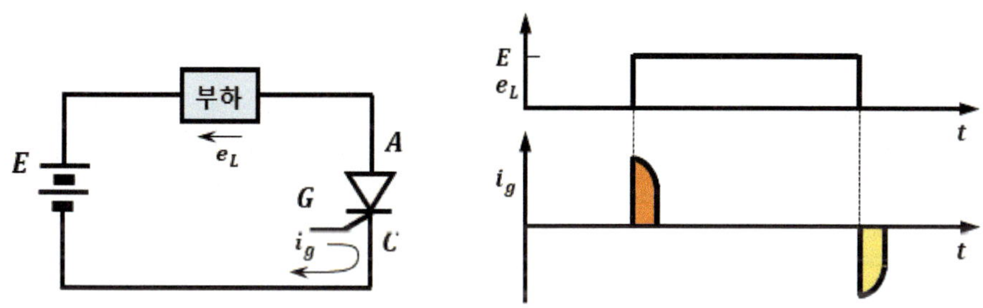

그림 10.17 GTO 사이리스터의 동작 특성

3) 트라이액

트라이액(triacs)은 양방향성 사이리스터라고 한다. 또한 이 소자는 주로 AC 회로에 사용되기 때문에 **AC 사이리스터**라고 한다. 그림 10.18은 트라이액의 동작 특성을 나타내고 있다.

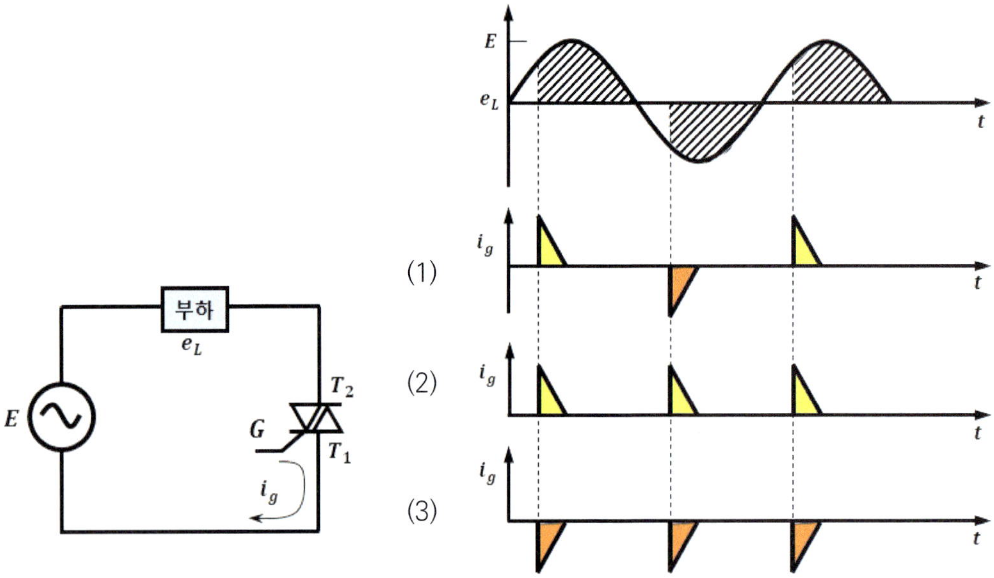

그림 10.18 트라이액의 동작 특성

그림 10.18에서 보듯이 단자1과 단자2 사이에 정방향 혹은 역방향으로 전압이 가해졌을 때 게이트 단자에 정방향 혹은 역방향으로 전류를 흘려주면 트라이액은 턴 온 된다. 그림에서 (1), (2), (3)은 사이리스터를 턴-온 시키는데 필요한 구동펄스의 3가지 경우를 나타내고 있다. 게이트 단자에 가해지는 구동펄스의 타임을 조절함으로써 부하에 흐르는 AC전류를 제어하게 된다. 만약 부하가 백열등이면 이 소자를 이용하여 밝기를 조절할 수 있으며 단상 AC모터라면 속도를 제어할 수 있다.

(3) IGBT

바이폴라 트랜지스터(BJT)와 MOSFET는 여러 가지 관점에서 서로 보완적인 특성을 갖고 있다. 바이폴라 트랜지스터는 전류 제어형 소자로서 ON 상태에서 전력손실이 낮은 장점이 있지만 스위칭 타임, 특히 턴-오프 타임이 긴 단점을 갖고 있다. 반면에 MOSFET는 전압 제어형 소자로서 스위칭 타임이 짧은 장점이 있지만 전력손실이 크다는 단점을 갖고 있다.

IGBT(insulated-gate bipolar transistor)는 이와 같은 바이폴라 트랜지스터와 MOSFET의 특징을 결합시킨 새로운 형태의 소자로서 다음과 같은 특징을 갖고 있다.

IGBT는 그림 10.19와 같이 등가적으로 PNP형 바이폴라 트랜지스터와 전력용 MOSFET를 달링턴 접속한 구조의 형태로 표현될 수 있다.

그림에서 게이트와 이미터 단자 사이에 정방향 전압을 인가하면 MOSFET가 턴온되고 또한 바이폴라 트랜지스터의 베이스와 컬렉터 단자 사이의 저항이 작아져 결국 컬렉터와 이미터 단

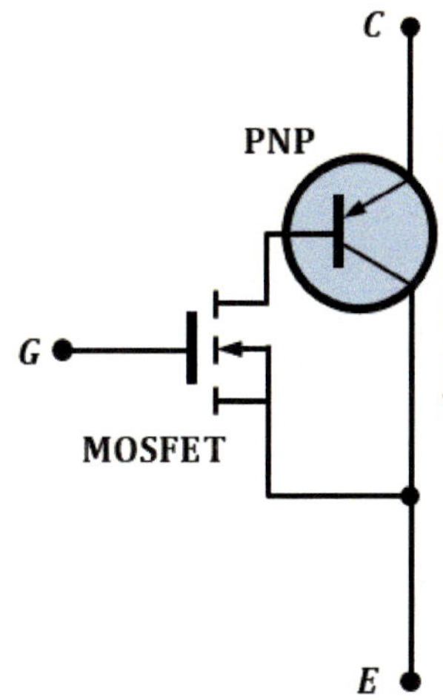

그림 10.19 IGBT에 대한 등가회로

자간이 통전된다. 한편 게이트와 이미터 단자 사이의 전압이 제로가 되면 MOSFET가 턴-오프 되고 바이폴라 트랜지스터의 베이스 단자에 전류가 차단되어 결국 컬렉터와 이미터 단자 사이가 전기적으로 차단되는 것이다.

턴-온 시 매우 낮은 내부저항을 갖고 있으므로 전력용 MOSFET보다는 높은 스위칭 용량을 갖게 된다.

내부적으로 다수 캐리어를 갖고 있는 소자로서, 그림 10.20과 같이 바이폴라 트랜스터보다 스위칭 시간이 짧다. 특히 턴-오프 타임(t_{off})에 있어서는 바이폴라 트랜지스터에 비해서 10배 이상 짧음을 알 수 있다.

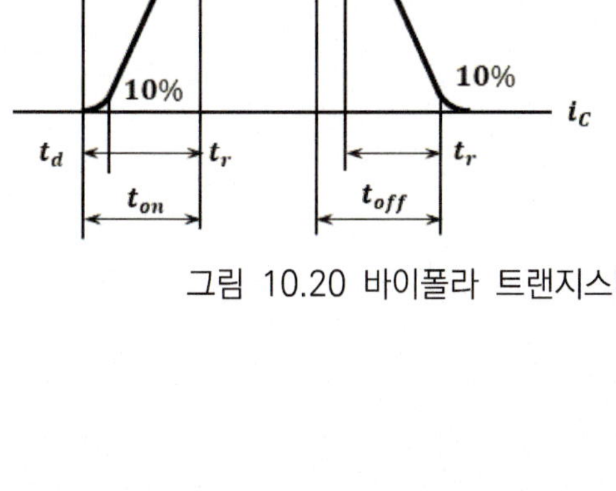

Item	BJT	IGBT
t_{on}	1㎲	0.7㎲
t_{off}	12㎲	0.8㎲

그림 10.20 바이폴라 트랜지스터(BJT)와 IGBT의 스위칭 타임

10.2 AC/DC 변환

10.2.1 AC/DC 변환의 기본

AC(교류)에서 DC(직류)로 변환하는 기본적인 방법에는 트랜스 방식과 스위칭 방법이 있다.

정류는 AC/DC 변환의 근본이다. 이에 대해서는 다이오드에서 이미 설명했으므로 간단히 정리하는 차원에서 설명하도록 한다.

그림 10.21은 정류의 기본이 되는 전파 정류와 반파 정류 회로를 나타낸 것이다. 양쪽 모두 다이오드를 사용하며 입력 AC 전원의 마이너스 측 진폭을 클램프 한다.

정류에 의해 DC화 된 파형은 DC라고 해도 맥류(ripple; 리플)가 크므로 콘덴서를 사용하여 평활화 한다. 그러나 평활 후에도 리플은 남고 그 진폭인 리플 전압은 콘덴서 용량과 부하가 동일한 경우 전파 정류와 반파 정류 중 전파 정류 쪽의 리플 전압이 작아진다.

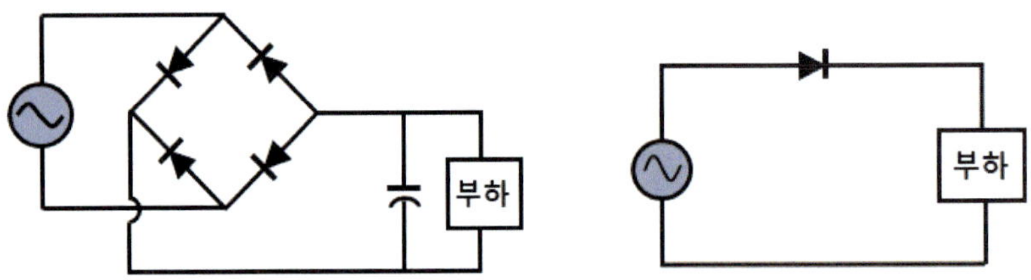

(a) 전파 정류 (b) 반파 정류

그림 10.21 전파 정류와 반파 정류 회로

10.2.2 AC/DC 변환 방식

(1) 트랜스 방식

AC/DC 변환 방법 가운데 트랜스포머(트랜스 또는 변압기)를 메인으로 사용한 방식에 대해 설명한다.

트랜스 방식은 기존에 가장 많이 사용하는 방식이다. 그림 10.22는 트랜스 방식의 일반적인 회로 구성과 각 부분의 파형이다.

예를 들어 입력 전압을 220VAC라고 가정하고 이 220VAC를 트랜스를 통해 낮은 전압으로 변환(강압)하는 AC/AC 변환을 한다. AC 전압의 강압치는 정류 후에 원하는 DC 전압이 되는

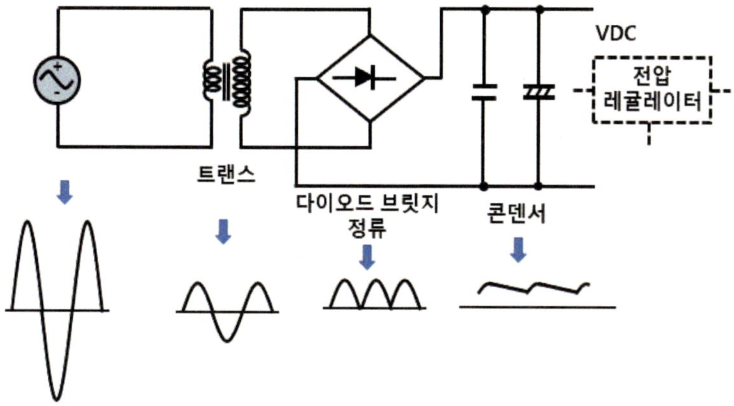

그림 10.22 트랜스 방식 AC/AC 변환 회로와 각 부분의 파형

전압치로 설정한다. 전압 설정은 1차 측과 2차 측의 권선비에 따라 간단히 설정할 수 있다. 만약 입출력간 절연이 필요한 경우에는 트랜스를 이용하여 절연할 수 있다.

강압된 AC 전압은 브릿지 다이오드를 통해 DC로 변환되고 콘덴서로 평활하여 리플이 작은 DC 전압으로 변환한다. 전류된 DC 전압은 AC의 피크 전압(AC$\times\sqrt{2}$)에서 다이오드의 순방향 전압을 뺀 값이 된다.

출력 안정화가 필요하지 않은 경우는 DC 전압을 그대로 전원으로 사용할 수 있다. 전압의 초기치는 트랜스의 권선비에 의해 결정되며 부하 전류가 증가하면 전압은 저하한다.

안정화가 필요하다면 전압 레귤레이터를 사용하여 안정화 시킨다. 이 때 트랜스 1차 측 전압은 레귤레이터의 변환에 적합한 전압으로 설정한다. 예를 들어 12 VDC를 만들기 위해서는 정류 후의 전압을 18 VDC 정도로 한다. 동작을 위해 너무 낮지 않게 손실을 억제하기 위해 너무 높지 않게 설정하는 것이 일반적이다.

(2) 스위칭 방식

그림 10.23은 스위칭 소자를 사용하는 AC/DC 변환 방식의 모식도와 파형이다.

스위칭 방식은 먼저 220 VAC를 브릿지 다이오드로 정류한다. 트랜스 방식에서는 먼저 트랜스를 통해 AC/AC 강압을 하지만 스위칭 방식은 높은 상태의 AC 전압을 그대로 정류한다. 220 VAC의 피크치는 300 V이므로 브릿지 다이오드는 고전압에 견딜 수 있는 사양의 제품이 필요하다.

다음으로 콘덴서를 사용하여 평활화 한다. 이 역시 고전압 사양의 제품을 사용한다.

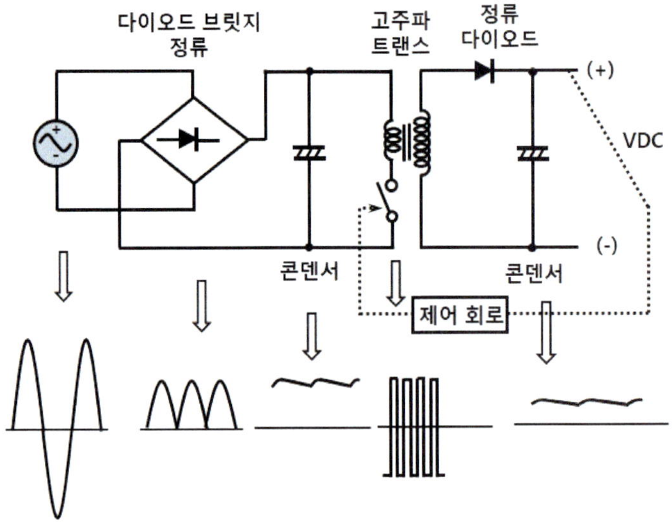

그림 10.23 스위칭 방식 AC/DC 변환 회로와 파형

그 다음 스위칭 소자를 ON/OFF 시킴으로써 높은 DC 전압을 초핑(chopping)하고 고주파 트랜스를 통해 2차 측으로 전달한다. 이때의 ON/OFF 주파수 즉, 스위칭 주파수는 입력 AC의 주파수인 60 ㎐에 비해 매우 높은 주파수(예를 들어 수십 ㎑)를 사용하여 방형파의 고주파 AC로 변환한다.

이 방형파 AC 전압은 2차 측의 정류 다이오드로 정류된 후에 콘덴서에서 평활되어 설정된 DC 출력 전압으로 변환된다. 그림 10.24는 정류 후의 스위칭 DC/DC 변환 원리를 나타낸 것이다.

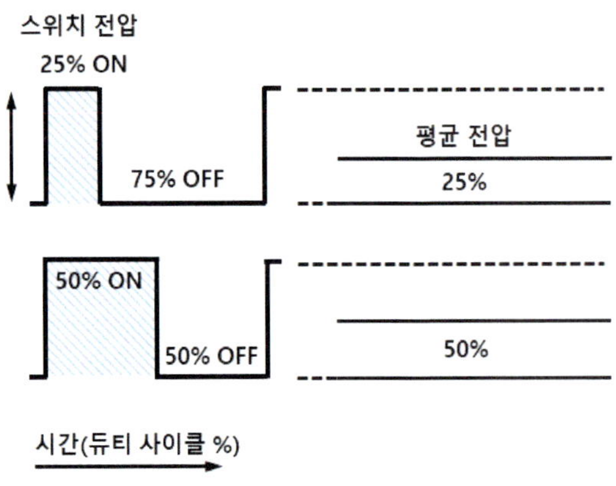

그림 10.24 스위칭 DC/DC 변환의 원리(PWM의 예)

그림 10.24는 대표적인 제어 방식인 PWM(pulse width modulation; 펄스폭 변조) 방식에 의한 강압의 원리를 나타낸 것이다. PWM은 주기(주파수)를 일정하게 하여 ON과 OFF의 시간비, 즉 듀티 사이클(duty cycle)을 조정하는 제어 방법으로 폭 넓게 사용되고 있다. PWM은 DC 전압을 스위칭을 통해 필요한 듀티 사이클의 AC로 변환하고 다시 정류하여 DC로 변환함으로써 원하는 DC 전압을 얻을 수 있다.

예를 들어 220 VAC를 그림 10.24와 같이 주기의 25%는 ON, 나머지는 OFF하는 25:75의 AC로 변환한다. 이 AC를 정류-평활 즉, 평균화 하여 DC로 변환하면 전압은 25%에 해당하는 55 VDC가 된다. 실제로는 변환 손실로 인해 그림과 같지는 않지만 이와 같은 원리에 기초한다.

본래 스위칭 DC/DC 변환은 전력 변환이다. 실제 PWM 제어의 경우 출력 부하 전류가 증가하면 출력 전압은 강하하고 제어 회로는 듀티비를 증가시켜 출력 전압을 설정치로 되돌리기 위해 전력을 공급하는 피드백 제어를 실행한다. 따라서 부하 전류에 따라 ON의 펄스폭이 변화한다.

(3) 트랜스 방식과 스위칭 방식의 비교

트랜스 방식과 스위칭 방식의 장점과 단점을 통해 비교해 보도록 한다. 그림 10.22와 그림 10.23을 참조하기 바란다.

회로 구성을 비교하면 스위칭 방식 회로가 조금 복잡하다. 그리고 스위칭 방식은 반드시 제어 회로가 필요하다.

사용하는 부품은 비슷하지만 스위칭 방식이 고내압 부품을 많이 사용하고 이는 비용에도 영향을 준다.

그러나 스위칭 방식의 가장 큰 장점은 변환 효율이 높다는 것이며 소형 경량화에 대해서도 트랜스 방식보다 유리하다.

예를 들어 최근 휴대기기의 충전용 AC 어댑터는 작고 가볍다. 그림 10.25는 주변에서 자주 볼 수 있는 AC 어댑터이다. 왼쪽은 트랜스 방식이고 오른 쪽은 스위칭 방식이다. 스위칭 방식이 확실히 작고 가벼워 보이는 것을 확인할 수 있다.

그림 10.25 AC 어댑터의 예.
왼쪽 트랜스 방식, 오른 쪽 스위칭 방식

표 10.1 AC/DC 변환 방식에 따른 장점과 단점

트랜스 방식	스위칭 방식
• 회로가 비교적 간단함 • 노이즈가 적음(회로에 따라 다름) • 저렴함 • 제적, 중량이 증가함 • 발열이 큼 • 효율이 나쁨	• 회로가 복잡함(제어 IC 필요) • 고내압 부품이 많음 • 스위칭 노이즈가 있음 • 소형 경량화가 가능함 • 발열이 적음 • 효율이 좋음

스위칭 방식은 AC 입력을 DC화 한 후에 다시 고주파 AC로 변환함으로써 트랜스 및 출력 콘덴서를 작은 제품으로 사용할 수 있게 된다. 따라서 폼 팩터(form factor)를 대폭 소형활할 수 있다.

효율 면에서도 트랜스를 통해 강압하는 트랜스 방식보다 스위칭을 통해 필요한 전력만을 출력하는 스위칭 방식이 고효율이며 발열도 억제할 수 있다.

설계 시에는 효율, 사이즈, 비용을 모두 고려하여야 하므로 방식에 따른 장단점을 잘 이해하면 최적의 선택을 할 수 있다. 표 10.1은 각각의 장단점을 정리한 것이다.

10.3 DC/DC 변환

10.3.1 DC/DC 변환의 원리

DC(직류)를 DC(직류)로 변환하는 기기이다. 즉, DC(직류)로 전압을 변환하는 장치를 뜻한다. IC 등의 전자기기는 각각 동작 가능한 전압 범위가 다르므로 각각에 적합한 전압을 생성할 필요가 있다. 즉, 일정의 직류전압을 임의의 크기의 직류로 변환하기 위해 **DC/DC 컨버터**(보통 **초퍼**라고 함)라는 변환장치를 사용하여야 한다. 여기서는 초퍼라는 용어를 사용하기로 하고 아래에 그에 대한 설명을 한다.

초퍼란 스위칭소자를 이용하여 고속적이며 연속적으로 스위칭을 행하여 ON시간 T_{on}, OFF 시간 T_{off}의 비, $T_{on}/(T_{on}+T_{off})$를 제어하고 부하에 걸리는 평균 전압, 평균 전력을 제어하는 것이다. 이 비를 **듀티 팩터**(duty factor)라 한다. 초퍼 회로의 원리를 그림 10.26에 나타낸다.

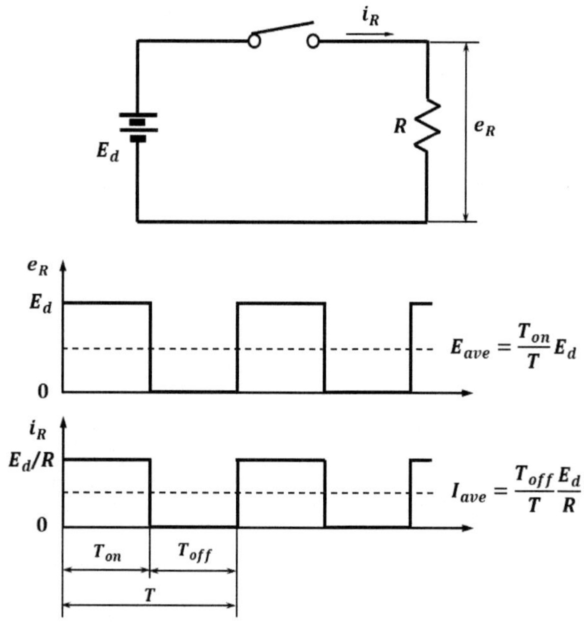

그림 10.26 초퍼 회로 : 저항 부하

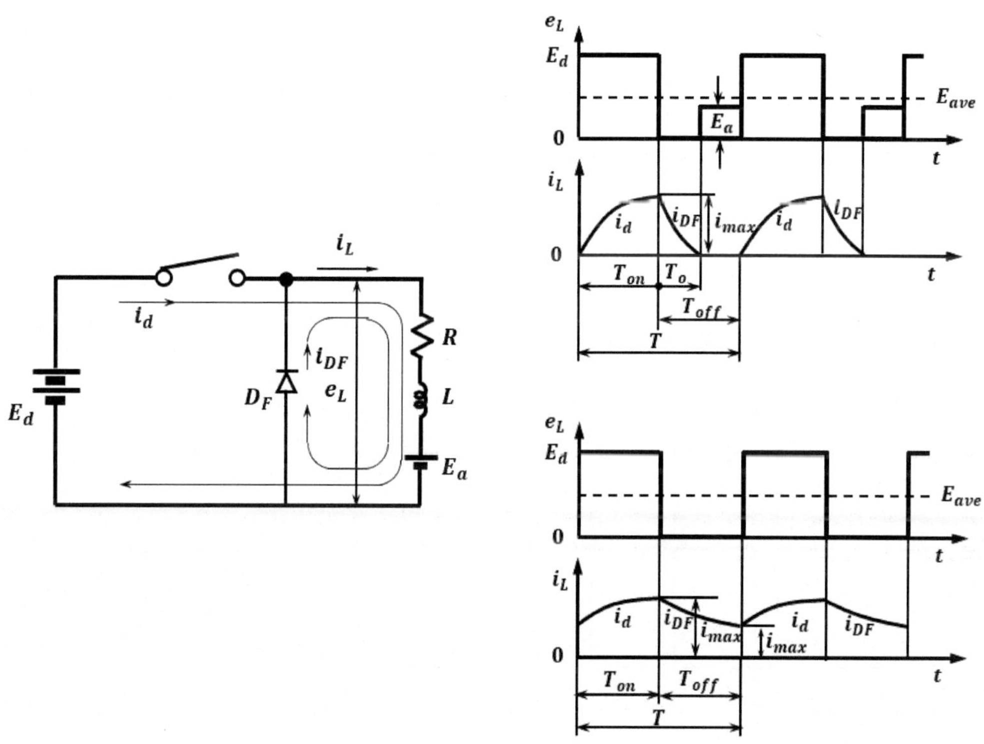

그림 10.27 초퍼 회로 : 유도 부하

10.3.2 DC/DC 변환의 종류

(1) 강압형 초퍼

T_{on}, T_{off}의 시간 비를 제어하고 초퍼의 출력전압의 평균값을 0전압으로부터 전원 전압과 같은 전압까지 연속적으로 변화할 수 있도록 한 것이다. 다음에 나타낸 그림 10.27에서 스위칭소자를 ON, OFF함으로써 평균전압을 임의로 얻을 수 있다.

$$E_{ave} = \frac{T_{on}}{T_{on} + T_{off}} E_d = \frac{T_{on}}{T} E_d \tag{10.7}$$

부하로서 서보 모터와 같은 유도성(인덕턴스를 주로 포함한 것) 부하가 연결될 경우는 그림 10.27과 같은 회로가 대표적인 것이다. 그림에서의 다이오드를 **귀환 다이오드**라 부르며 메인 스위치가 OFF인 경우에 부하의 전류가 연속적으로 흐르게 하는 회로이다.

(2) 승압형 초퍼

인덕턴스를 이용하고 인덕턴스에 축적된 에너지를 스위칭 동작의 적절한 방법에 의해 축적과 방출을 반복함으로써 승압하는 것이다.

그림 10.28에서 스위치가 ON일 때, 즉 T_{on}일 때는 전류 i_1이 흐르며 인덕턴스 L에 에너지가 축적된다. 스위치가 OFF일 때, 즉 T_{off} 사이는 축적된 에너지가 부하측에 방출된다. 이 때의 전류는 감쇠전류이기 때문에 인덕턴스에는 전원전압과 같은 극성의 유도 기전력이 발생하여 전원전압과 서로 합해져 전류 i_2를 흐르게 하고 콘덴서 C를 충전하여 콘덴서의 전압이 높아지게 되고 부하 전압도 높아지게 된다. 이 때 L이 충분히 크면 i_1, i_2는 일정값 I_1이 된다고 생각할 수 있다.

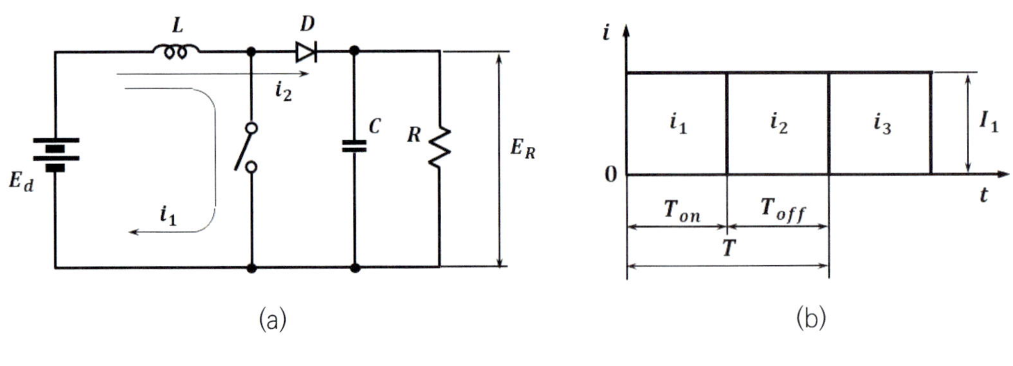

그림 10.28 승압 회로의 원리

$$T_{on}\text{ 기간에 }L\text{에 축적된 에너지 : }E_d I_1 T_{on}$$
$$T_{off}\text{ 기간에 부하에 방출된 에너지 : }(E_R - E_d) I_1 T_{off}$$

이들을 같다고 놓으면 다음과 같다.

$$E_d I_1 T_{on} = (E_R - E_d) I_1 T_{off} \tag{10.8}$$

이것에 의해 다음의 관계를 얻는다.

$$E_R = \frac{T_{on} + T_{off}}{T_{off}} E_d = \frac{T}{T_{off}} E_d \tag{10.9}$$

즉, 출력전압은 전원전압보다 크게 하는 것이 가능하다는 것을 알 수 있다. 또한 부하 전류 i_2의 평균값 I_2는 I_1이 T_{off} 기간만큼 부하회로에 흐르므로 다음의 관계를 얻는다.

$$I_2 = \frac{T_{off}}{T} I_1 \tag{10.10}$$

이것으로부터 다음과 같은 관계가 도출된다.

$$\frac{E_R}{E_d} = \frac{I_1}{I_2} = \frac{T}{T_{off}} \tag{10.11}$$

10.4 DC/AC 변환

10.1절에서도 언급했듯이 직류(DC) 전력을 교류(AC) 전력으로 변화하는 전력변환기를 인버터(inverter)라 한다. 즉, 인버터는 직류(DC)로부터 원하는 크기의 전압 및 주파수를 갖는 교류(AC)를 발생한다. 이러한 인버터는 출력의 상수, 입력 전원의 형태, 출력 파형의 형태, PWM 방식에 따라서 표 10.2와 같이 여러 가지의 형태로 구분될 수 있다.

표 10.2 인버터의 형태에 따른 종류

형태	종류
출력의 상수	• 단상 인버터 (single-phase inverter) • 3상 인버터(3-phase inverter)
입력 전원의 형태	• 전압원 인버터(voltage-source inverter) • 전류원 인버터(current-source inverter)
출력 파형의 형태	• 구형파 인버터(square-wave inverter) • PWM 인버터(pulse width modulation inverter)
PWM 방식	• 사인파 PWM 인버터(sinusoidal PWM inverter) • 히스테리시스 PWM 인버터(hystesis PWM inverter) • 공간벡터 PWM 인버터(space-vector PWM inverter)

10.4.1 단상 인버터

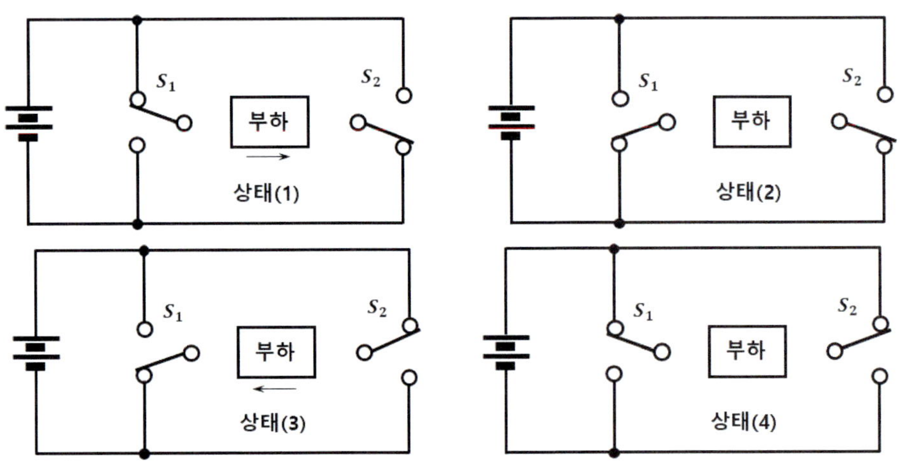

그림 10.29 단상 브리지 회로의 기본 동작 원리

그림 10.29는 H형 브리지 회로를 이용하여 직류전원으로부터 단상 교류전압을 발생시키는 단상 인버터(single phase inverter)의 원리를 설명하고 있다. 그림에서 보듯이 두 개의 스위치 S_1, S_2를 통해서 직류전원으로부터 부하로 전류가 공급된다. 이들 스위치의 (+)단자와 (-)단자를 조합함으로써 다음과 같이 4가지의 경우가 나타나게 된다.

- 상태 1. S_1 (+), S_2(-) : 부하에 정방향 전압이 걸린다.
- 상태 2. S_1 (-), S_2(-) : 부하에 전압이 걸리지 않는다.
- 상태 3. S_1 (-), S_2(+) : 부하에 역방향 전압이 걸린다.
- 상태 4. S_1 (+), S_2(+) : 부하에 전압이 걸리지 않는다.

이와 같은 4가지의 상태에서 상태(1)과 상태(4)만을 반복하게 되면 그림 10.30 (a)와 같은 구형파 전압이 부하에 인가된다. 반면에 그림 10.30 (b)와 같이 4가지의 상태를 순차적으로 반복하게 되면 그림과 같은 스텝 구형파의 전압이 부하에 인가된다. 이와 같은 두 가지 형태의 파형(구형파, 스텝 구형파)을 비교했을 때, 가장 큰 차이점은 각 파형에 포함된 고조파 성분(harmonic components)의 차이점에 있다. 두 파형의 고조파 성분을 비교하면 표 10.3과 같다. 표에서 보듯이 스텝 구형파에서는 3차와 9차 고조파가 나타나지 않음을 알 수 있다. 즉, 스텝 구형파가 구형파보다는 더 사인파에 가깝다는 것을 의미한다.

표 10.3 고조파 성분의 비교

고조파 성분	구형파	스텝 구형파
기본파	1	1
3차고조파	1/3	0
5차고조파	1/5	1/5
7차고조파	1/7	1/7
9차고조파	1/9	0
11차고조파	1/11	1/11
13차고조파	1/13	1/13

	1	2	3	4	5	…
S_1	E	0	E	0	E	…
S_2	0	E	0	E	0	…

Tr_1	1	0	1	0	1	…
Tr_2	0	1	0	1	0	…
Tr_3	0	1	0	1	0	
Tr_4	1	0	1	0	1	…

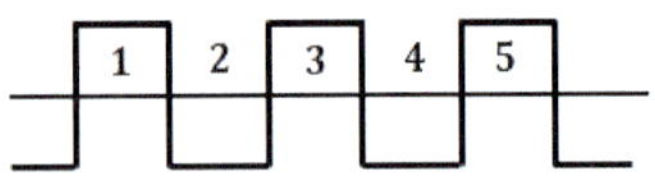

(a)

	1	2	3	4	5	6	7	8	9	…
S_1	E	E	E	0	0	0	E	E	E	…
S_2	0	0	E	E	E	0	0	0	E	…

Tr_1	1	1	1	0	0	0	1	1	1	…
Tr_2	0	0	0	1	1	1	0	0	0	…
Tr_3	0	0	1	1	1	0	0	0	1	
Tr_4	1	1	0	0	0	1	1	1	0	…

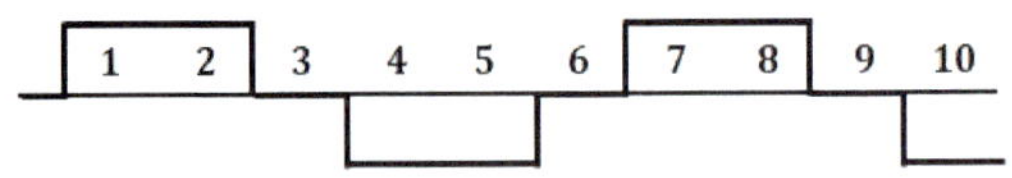

(b)

그림 10.30 단상 브리지 회로의 출력파형

그림 10.29에서 두 개의 스위치 대신에 4개의 트랜지스터를 사용하고 각 트랜지스터와 역병렬로 다이오드를 연결하면 그림 3.31과 같은 기본적인 단상 브리지 인버터가 된다.

그림 10.31에서 Tr_1이 ON, Tr_2가 OFF이면 A단자의 전위는 전원전압 E가 되고 Tr_1이 OFF, Tr_2가 ON이면 A 단자의 전위는 GND전위가 된다. 마찬가지로 Tr_3이 ON, Tr_4가 OFF이면 B단자의 전위는 전원전압 E가 되고 Tr_3이 OFF, Tr_4가 ON이면 B단자의 전위는 GND전위가 된다.

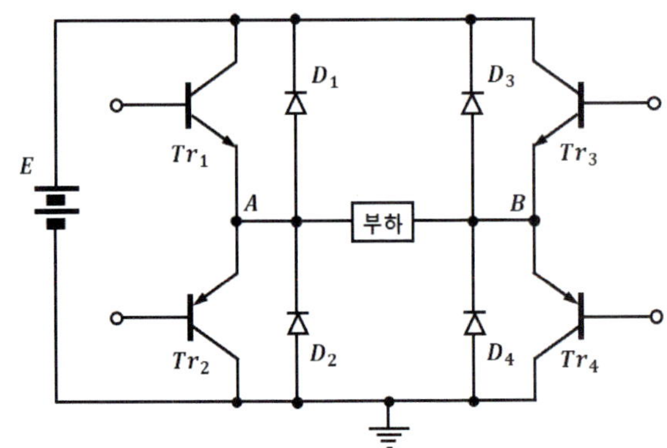

그림 10.31 단상 브리지 인버터

(1) 데드 타임보상

그림 10.31에서 쌍을 이루고 있는 두개의 트랜지스터(Tr_1과 Tr_2, 혹은 Tr_3과 Tr_4) 사이에 스위칭 상태의 전환이 일어날 때마다 짧은 시간 동안은 두 개의 스위치를 모두 OFF시켜야 한다. 이것을 **데드 타임(dead-time) 보상**이라고 한다.

이와 같이 데드 타임 보상을 행하는 이유는 쌍을 이루고 있는 두 개의 트랜지스터가 스위칭 동작이 전환될 때 동시에 ON 상태가 되는 과도구간이 발생하여 인버터 회로는 단락상태(short-circuit)가 되고, 결국 회로가 파괴되는 현상이 발생하는데 이와 같은 단락 현상을 방지하기 위함이다.

데드 타임을 보상하는 방법으로는 쌍을 이루고 있는 두 개의 트랜지스터 중에서 ON 상태에서 OFF 상태로 전환하는 소자의 스위칭 타임은 빠르게 하고, 반면에 OFF 상태에서 ON 상태로의 전환은 일정한 시간지연을 가짐으로써 회로의 단락 현상을 방지할 수 있는 것이다.

이와 같은 데드 타임 보상 방법을 그림 10.32에 나타내고 있다.

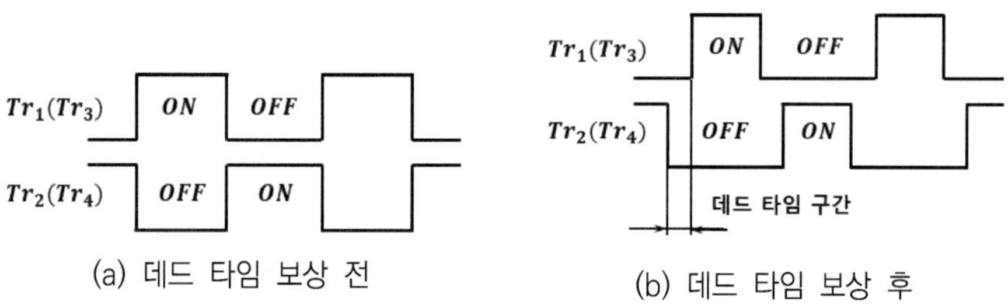

그림 10.32 데드 타임(Dead-Time) 보상

(2) 단상 PWM 인버터

그림 10.30 (a)에 나타난 구형파 펄스 방식과는 달리 PWM 방식에 의한 단상 인버터의 출력 파형이 그림 10.33에 나타나 있다. 그림 10.33 (a)는 그림 10.31에서 A점에 인가되는 전압파형을 나타내며 그림 10.33 (b)는 B점에 나타는 전압파형을, 그림 10.33 (c)는 부하 양난에 걸리는 전압파형으로서 (a)파형과 (b)파형을 합친 파형이 된다. 그림에서 보듯이 PWM 파형의 평균값이 사인파 형태로 나타나고 있다. 결국, 구형과 펄스에 의한 구동보다는 PWM 펄스에 의한 구동방식이 보다 더 사인파에 가까운 전압파형을 얻을 수 있음을 알 수 있다. 여기에서 사인파에 가깝다는 것은 그 만큼 고조파 성분이 적은 양호한 파형임을 의미한다. PWM 방식에 관한 자세한 내용은 뒤에서 설명한다.

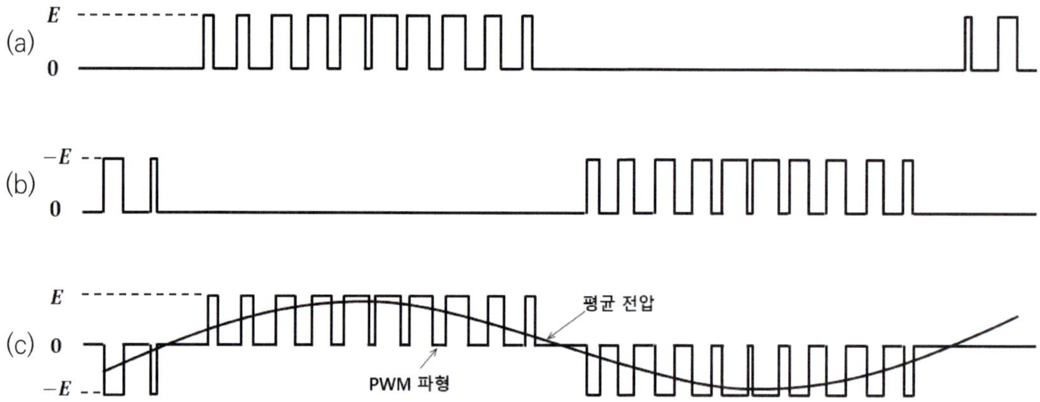

그림 10.33 PWM 방식에 의한 단상 인버터의 출력파형

10.4.2 3상 인버터

3상 AC 모터에 3상전류를 공급하기 위한 기본적인 회로의 구성이 그림 10.34에 나타나 있다. 그림 10.34 (a)에서 모터는 스타결선(Star-connection)된 3상 코일로 표시하였으며 각 상에는 1개의 스위치가 연결되어 있다. 여기에서 각 상의 스위치(S_1, S_2, S_3)는 일정한 순서대로 스위칭 동작을 함으로써 DC 입력전원으로부터 3상 AC 전류를 발생하게 된다. 여기에서 각 상에 연결된 3개의 스위치가 3상전류를 발생하기 위한 스위칭 시퀀스에는 기본적으로 **120도 통전 타입**과 **180도 통전 타입**이 있다. 그림 10.34 (b)는 각 상에 연결된 스위치(S_1, S_2, S_3)를 트랜지스터와 다이오드로 대체한 형태로서, 이와 같은 형태가 **3상 인버터**(three phase inverter)의 기본적인 형태이다.

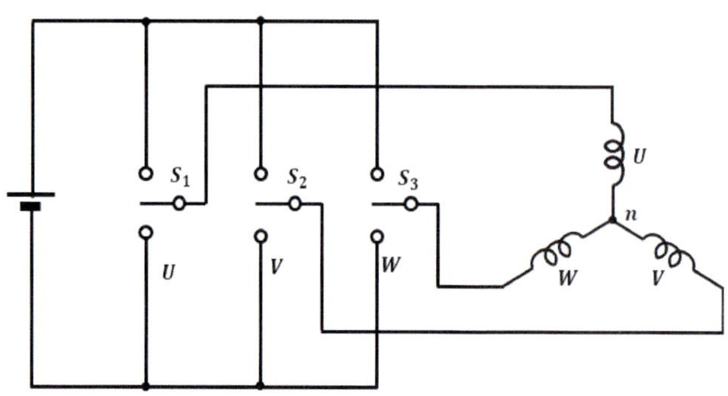

(a) 3개의 스위치에 의한 등가회로

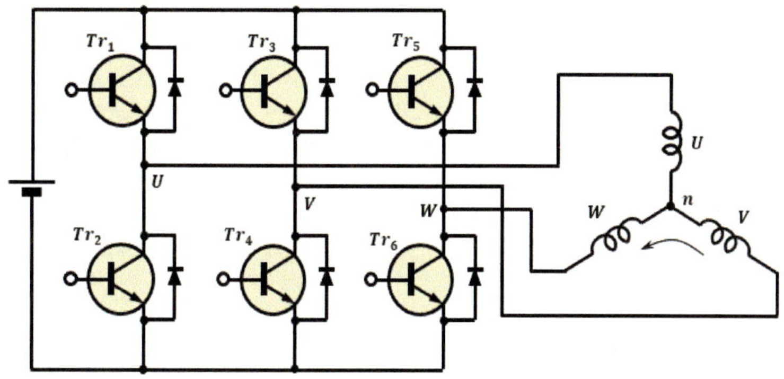

(b) 3상 인버터회로

그림 10.34 3상 인버터에 대한 기본 회로

(1) 120도 통전형 3상 인버터

120도 통전형 3상 인버터의 스위칭 시퀀스가 그림 10.35에 나타나 있다.

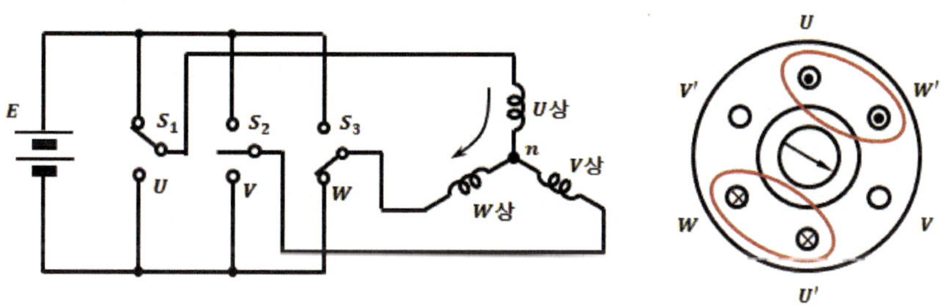

(a) 1스텝

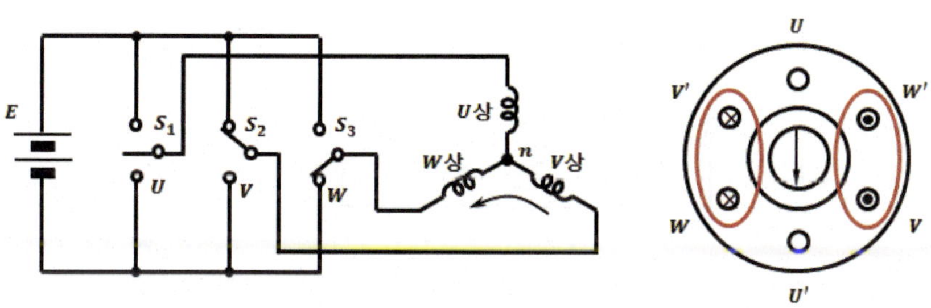

(b) 2스텝

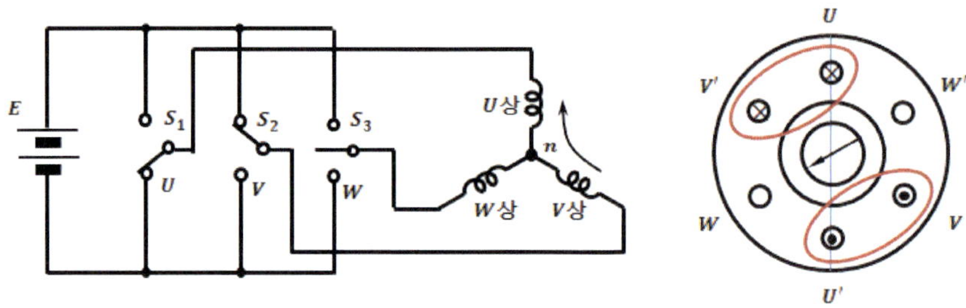

(c) 3스텝

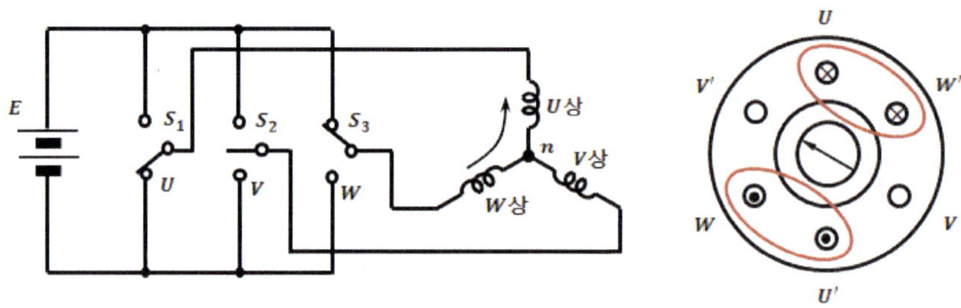

(d) 4스텝

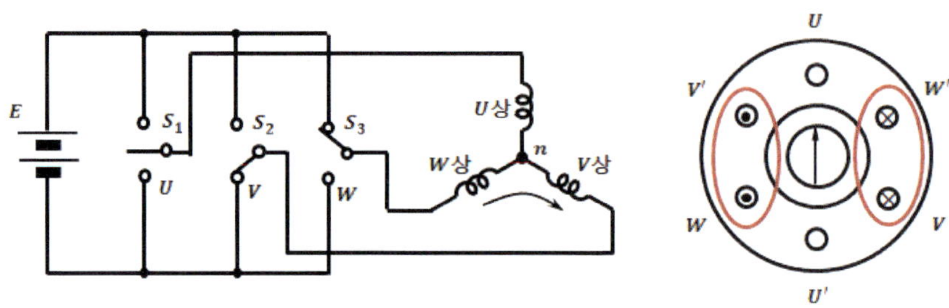

(e) 5스텝

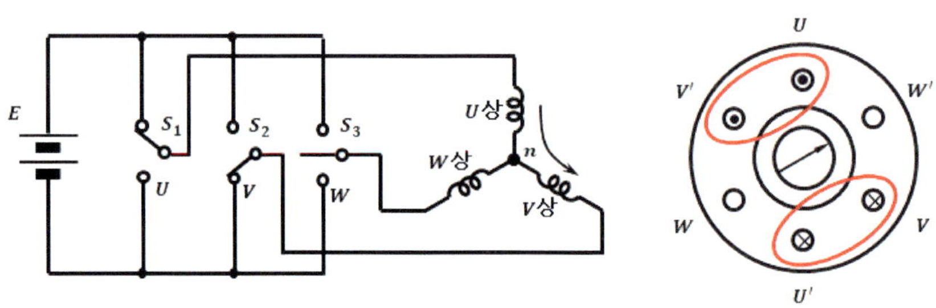

(f) 6스텝

그림 10.35 120도 통전형 3상 인버터의 스위칭 시퀀스

그림 10.35에서 보듯이 1사이클이 6스텝으로 나누어져 있으며 각 스텝은 전기적으로 60도의 간격을 형성하고 있다. 각 상에 연결된 스위치의 상태를 살펴보면 하나의 스위치는 ON 상태에, 다른 하나는 OFF 상태에, 그리고 나머지 하나는 OPEN 상태에 있음을 알 수 있다. 또한 모터 내에서 발생되는 회전자계를 설명하기 위해서 전류의 분포와 이에 따른 자장의 분포가 그림에 나타나 있다. 이와 같은 자장 내에 위치한 회전자는 자장의 회전방향으로 회전하게 된다. 만약 그림 10.35에 나타난 시퀀스에 대해서 역방향으로 스위칭을 하게 되면 회전자계의 회전방향과 이에 따른 회전자의 회전방향이 역방향으로 바뀌게 된다. 다시 그림 10.35를 주목해 보면 1사이클 동안 각 상의 스위치가 연속해서 ON상태에 있는 구간은 항상 2스텝 즉, 전기적으로 120도를 유지하고 있음을 알 수 있다. 이와 같은 이유에서 그림 10.35와 같은 스위칭 시퀀스를 갖는 3상 인버터를 **120도 통전형 3상 인버터**라고 한다.

(2) 180도 통전형 3상 인버터

180도 통전형 3상 인버터의 스위칭 시퀀스가 그림 10.36에 나타나 있다. 각 상에 연결된 스위치는 120도 타입과는 달리 OPEN된 상태가 없고, ON 상태 또는 OFF 상태에 있다. 그리고 1 사이클 내에서 각 스위치가 ON 또는 OFF 상태를 유지하는 구간이 3스텝 즉, 전기적으로 180도를 유지하고 있다. 또한 그림 상에는 전류의 분포와 이에 따른 자장의 변화가 나타나 있다.

120도 통전형이나 180도 통전형 모두 전기적으로 60도의 간격을 갖고 자장이 회전하게 된다. 그러나 모터의 상에 인가되는 전압파형에 있어서는 차이가 있다.

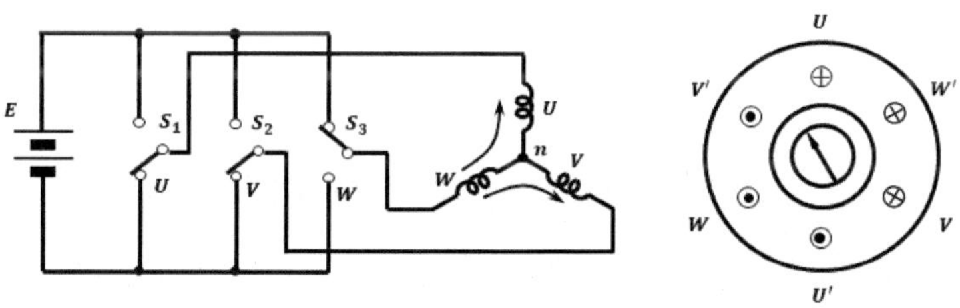

(a) 1스텝

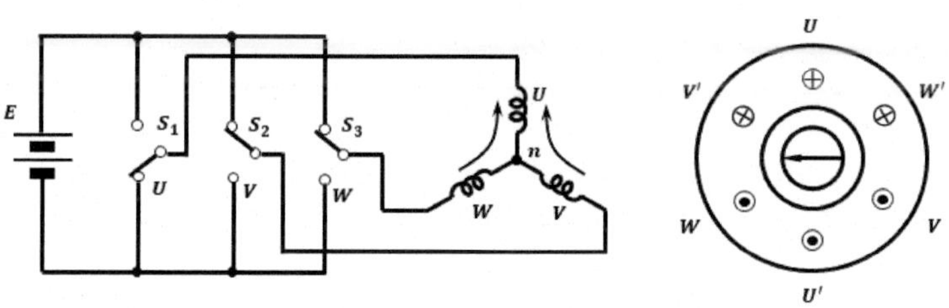

(b) 2스텝

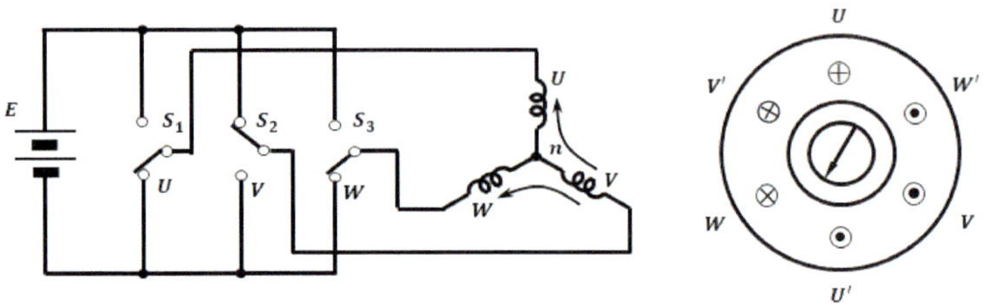

(c) 3스텝

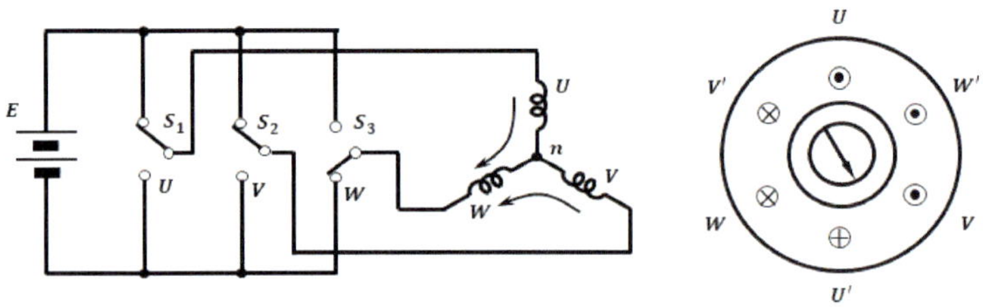

(d) 4스텝

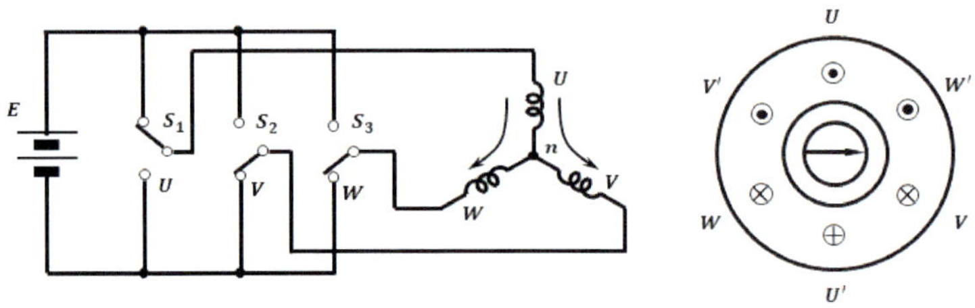

(e) 5스텝

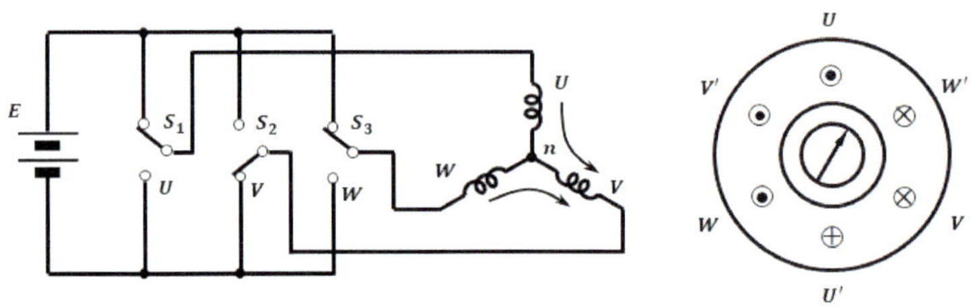

(f) 6스텝

그림 10.36 180도 통전형 3상 인버터의 스위칭 스퀀스

그림 10.37은 스타결선(Y 결선)된 3상 저항 부하가 인버터의 출력단에 연결되어 있는 상태에서 120도 통전형 스위칭 시퀀스에 의해서 부하에 인가되는 **상전압**(phase voltage)과 **선간전압**(line-to-line voltage) 파형을 나타내고 있다.

그림 10.37 (a)는 매 스텝마다 각 상에 인가되는 상전압을 나타내고 있으며, 그림 10.37 (b)는 상 사이에 인가되는 선간전압을 나타내고 있다. 그림 10.37을 이해하기 위해서 스텝1인 경우에 회로를 간단히 표현하면 그림 10.38과 같다.

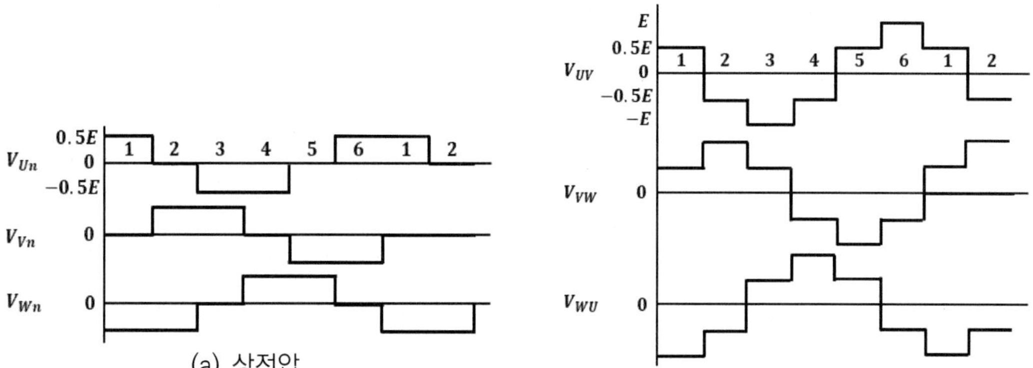

(a) 상전압 (b) 선간전압

그림 10.37 120도 통전형 3상 인버터의 상전압과 선간전압

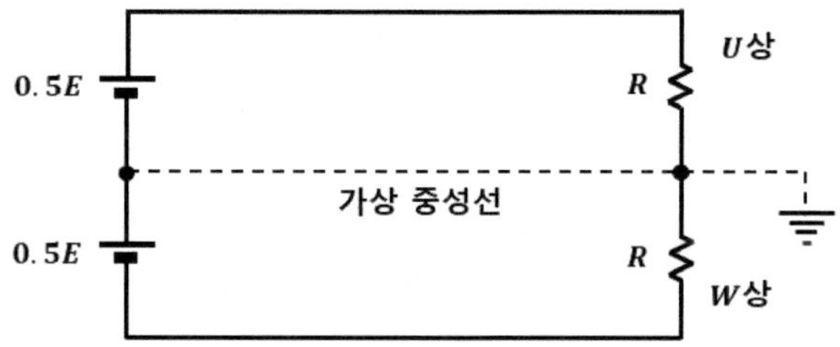

그림 10.38 스텝1에서의 등가회로(120도 통전형)

그림 10.38을 통해서 스텝1에서 각 상에 연결된 스위치의 상태와 인가전압을 정리하여 보기로 한다. 먼저 U상 스위치가 ON 상태이면 U상 인가전압(상전압)은 $V_{Un} = 0.5E$이고, V상 스위치가 OPEN 상태이면 V상 인가전압(상전압)은 $V_{Vn} = 0E$이다. 또한 W상 스위치가 OFF 상태이면 W상 인가전압(상전압)은 $V_{Wn} = -0.5E$이다. 이 때 각각의 선간전압을 계산하면 U-V간 선간전압은 $V_{UV} = V_{Un} - V_{Vn} = 0.5E - 0E = 0.5E$이고, V-W간 선간전압은 $V_{VW} = V_{Vn} - V_{Wn} = 0E - (-0.5E) = 0.5E$이다. 또한 W-U간 선간전압은 $V_{WU} = V_{Wn} - V_{Un} = -0.5E - 0.5E = -1E$이다.

이와 같은 관계를 통해서 6스텝을 한 주기로 하는 전압파형이 그림 10.39와 같이 나타난다.

그림 10.39는 스타결선(Y결선)된 3상 저항부하가 인버터의 출력단에 연결되어 있는 상태에서 180도 통전형 스위칭 시퀀스에 의해서 부하에 인가되는 상전압과 선간전압 파형을 나타내고 있다. 또한 그림 10.40은 180도 통전형 스위칭 시퀀스 중에서 스텝1과 스텝2의 경우에 등가회로를 나타내고 있으며 이를 통해서 매 스텝마다 각 상의 상 전압과 선간 전압을 쉽게 계산할 수 있다.

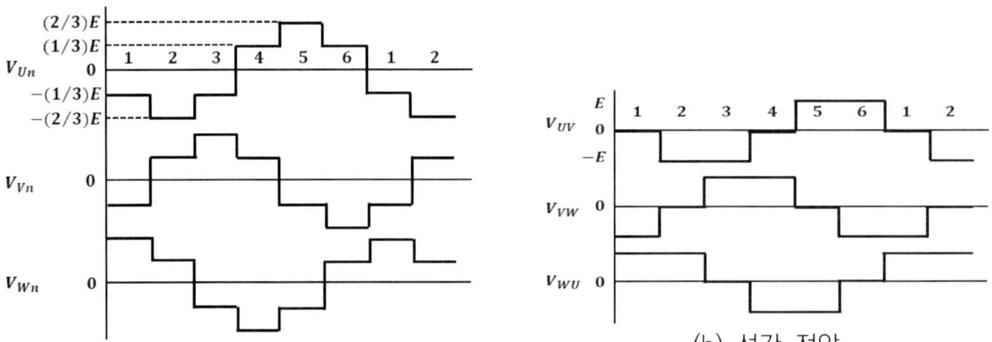

(a) 상 전압 (b) 선간 전압

그림 10.39 180도 통전형 3상 인버터의 상전압과 선간전압과 선간전압

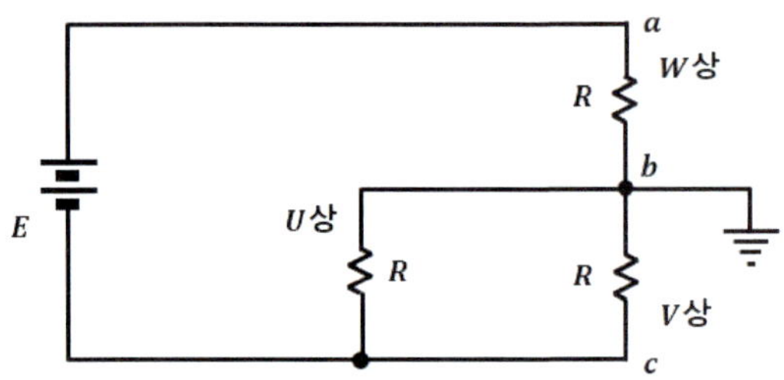

(a) 스텝1에서 등가회로

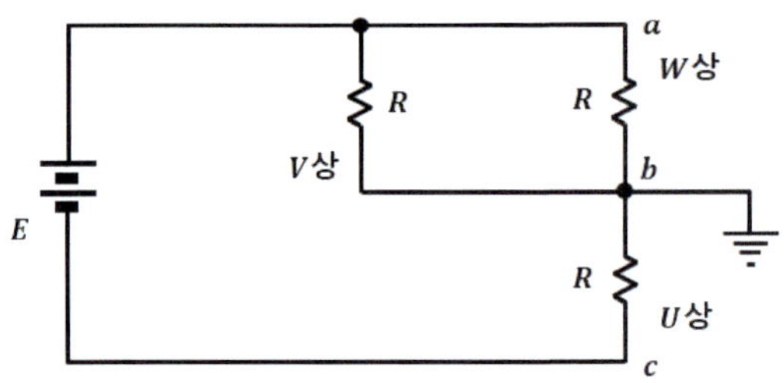

(b) 스텝2에서 등가회로

그림 10.40 스텝1과 스텝2에서 3상 인버터의 등가회로(180도 통전형)

180도 통전형에서 스텝1(그림 10.36 (a) 참조)의 경우 각 상의 스위칭 상태를 보면 U상 스위치가 OFF 상태, V상 스위치가 OFF 상태, W상 스위치가 ON 상태이다. 이때의 등가회로가 그림 10.40 (a)에 나타나 있으며, 이를 통해 상 전압에 대해 알아본다.

W 상의 상전압을 계산하면 다음과 같다.

$$V_{Wn} = \frac{R}{R+\frac{1}{2}R}E = \frac{R}{\frac{3}{2}R}E = \frac{2}{3}E \tag{10.12}$$

U상의 상전압을 계산하면 다음과 같다.

$$V_{Un} = -(1-\frac{2}{3})E = -\frac{1}{3}E \tag{10.13}$$

V상의 상전압을 계산하면 다음과 같다.

$$V_{Vn} = -(1-\frac{2}{3})E = -\frac{1}{3}E \tag{10.14}$$

또한 U상과 V상과의 선간전압을 계산하면 다음과 같다.

$$V_{UV} = V_{Un} - V_{Vn} = -\frac{1}{3}E - (-\frac{1}{3}E) = 0 \tag{10.15}$$

V상과 W상과의 선간전압을 계산하면 다음과 같다.

$$V_{VW} = V_{Vn} - V_{Wn} = -\frac{1}{3}E - \frac{2}{3}E = -E \tag{10.16}$$

W상과 U상과의 선간전압을 계산하면 다음과 같다.

$$V_{WU} = V_{Wn} - V_{Un} = +\frac{2}{3}E - (-\frac{1}{3}E) = E \tag{10.17}$$

이와 같이 계산된 스텝1의 각 상전압과 선간전압을 그림 10.41과 비교했을 경우 일치함을 알 수 있다.

180도 통전형에서 스텝2 (그림 10.36 (b) 참조)의 경우 각 상의 스위칭 상태를 보면 U상 스위치는 OFF 상태, V상 스위치는 ON 상태, W상 스위치는 ON 상태이다. 이때의 등가회로가 그림 10.40 (b)에 나타나 있으며 이를 통해 상전압을 알아본다.

V상의 상전압을 계산하면 다음과 같다.

$$V_{Vn} = \frac{\frac{1}{2}R}{R+\frac{1}{2}R}E = \frac{\frac{1}{2}R}{\frac{3}{2}R}E = \frac{1}{3}E \tag{10.18}$$

W상의 상전압을 계산하면 다음과 같다.

$$V_{Wn} = V_{Vn} = +\frac{1}{3}E \tag{10.19}$$

U상의 상전압을 계산하면 다음과 같다.

$$V_{Un} = -(1-\frac{1}{3})E = -\frac{2}{3}E \tag{10.20}$$

또한 U상과 V상과의 선간전압을 계산하면 다음과 같다.

$$V_{UV} = V_{Un} - V_{Vn} = -\frac{2}{3}E - (+\frac{1}{3}E) = -E \tag{10.21}$$

V상과 W상과의 선간전압을 계산하면 다음과 같다.

$$V_{VW} = V_{Vn} - V_{Wn} = +\frac{1}{3}E - \frac{1}{3}E = 0 \tag{10.22}$$

W상과 U상과의 선간전압을 계산하면 다음과 같다.

$$V_{WU} = V_{Wn} - V_{Un} = \frac{1}{3}E - (-\frac{2}{3}E) = E \tag{10.23}$$

이와 같이 계산된 스텝2의 각 상 전압과 선간 전압을 그림 10.39와 비교했을 경우 일치함을 알 수 있다.

10.4.3 PWM 인버터

앞에서 서술한 구형파 인버터는 제어로직이 다소 간단하며 기본 주파수의 한 주기 내에서 스위칭수가 적기 때문에 스위칭 손실이 적다. 그러나 모터에 흐르는 전류에는 $(6n \pm 1)$차 고조파 성분들이 나타나며, 특히 6스텝 구형파 인버터에서 저속의 속도제어를 할 경우 고조파 전류가 심해져서 부하측 모터에서 열이 심하게 발생하고 토크 맥동이 나타나는 문제점이 있다. 또한 저속영역에서는 DC 링크단의 LC 필터에 의해서 시스템 안정도에 나쁜 영향을 미치게 된다.

이와 같은 문제점은 펄스폭 변조방식(PWM 방식)에 의한 인버터 제어를 통해서 해결될 수 있다. 이러한 인버터를 일반적으로 **PWM 인버터**라고 한다. 좀 더 구체적으로 설명하면 기본적인 3상 인버터의 회로구조는 같으며, 이를 제어하는 게이트 신호의 패턴이 구형파가 아닌 PWM 파형이 되는 것이다. PWM 파형은 구형파에 비해서 주파수가 높음을 알 수 있다. 이는 결과적으로 스위칭 주파수가 높아지게 되는데 이에 따라 흐르게 되는 모터의 전류에는 고조파 성분이 적게 포함되어 있다. 이러한 PWM 파형을 발생하는 방법에는 여러 가지가 있으나 여기서는 가장 일반적인 방법 중에서 **사인파 PWM 방식**(sinusoidal PWM method)과 **히스테리시스 PWM 방식**(hysteresis PWM method)을 서술한다.

(1) 사인파 PWM 인버터

사인파 PWM 방식은 실제 산업현장에서도 많이 적용되고 있으며 그림 10.41은 사인파 PWM 방식의 기본원리를 나타내고 있다.

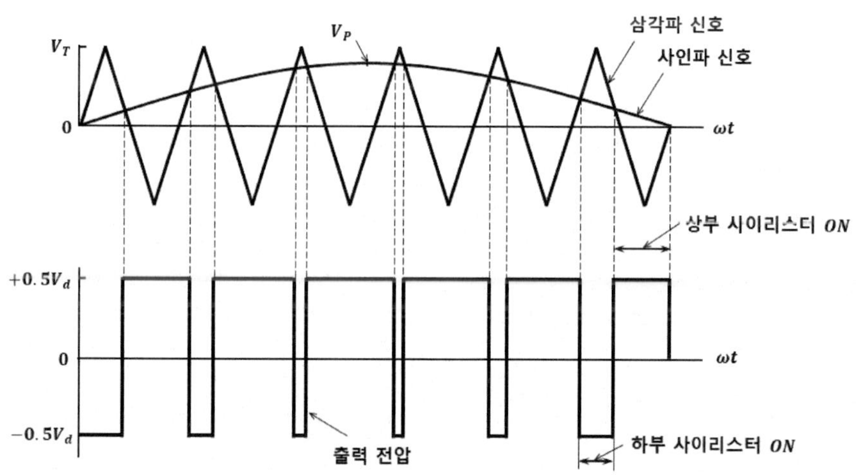

그림 10.41 사인파 PWM 방식의 기본원리

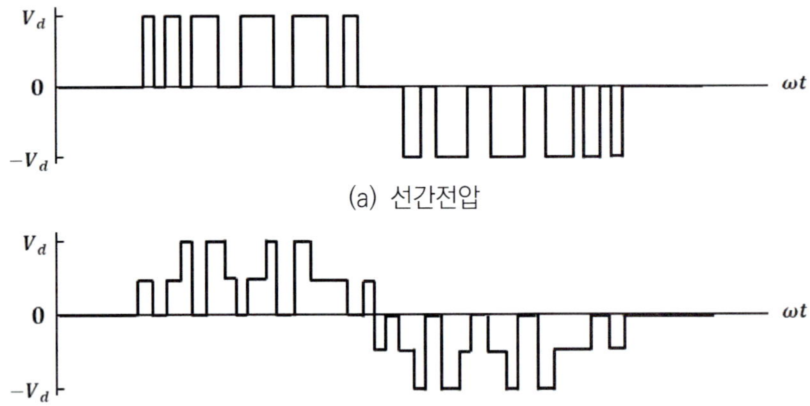

그림 10.42 사인파 PWM 인버터의 선간전압과 상전압

그림 10.41에서 특정한 주파수의 삼각파와 사인파가 비교되고 이들 두 파형의 교점이 스위칭 소자의 스위칭 타임을 결정하게 된다. 즉, 이들 두 파형은 비교기에 입력되고 비교기에서는 이들 두 파형의 크기를 비교하여 최종적으로 PWM 파형을 출력하게 된다. 그림에서 보면 사인파의 크기가 삼각파보다 큰 지점에서 특정한 폭을 갖는 펄스가 나타나고 있음을 알 수 있다. 이와 같은 PWM 방식을 **삼각파 방식**(triangular method), **고조파 저감 방식**(subharmonic method), **진동 저감 방식**(suboscillation method)이라고도 한다.

그림 10.42는 사인파 PWM 방식에 의해서 나타나는 전형적인 선간전압과 상전압을 중성점을 기준으로 해서 나타내고 있다.

그림 10.42와 같이 인버터의 출력전압 파형이 사인파와 비슷한 형태로 나타나고 있음을 알 수 있다. 이와 같은 파형의 기본파 성분은 삼각파와 비교되는 기본 사인파의 주파수와 크기에 따라 가변될 수 있다. 인버터의 출력전압 파형을 푸리에 해석(fourier analysis)으로 분석해 보면 다음과 같은 형태의 수식으로 표현된다.

$$v(t) = m\frac{V_d}{2}\sin(\omega_s t + \Phi) + \text{고조파 성분} \tag{10.24}$$

여기서, m : 변조지수(modulation index)
ω_s : 기본파 주파수(fundamental frequency)
Φ : 사인파에 대한 출력파형의 위상각

위 식의 우변과 같이 출력파형을 푸리에 해석하게 되면 기본파(사인파) 성분과 고조파 성분으로 분리되어 나타난다. 기본파 성분에서 변조지수 m은 다음과 같이 정의한다.

$$m = \frac{V_P}{V_T} \tag{10.25}$$

여기서 V_P는 기본 사인파의 최대값이고 V_T는 삼각파의 최대값이다.

이러한 변조지수 m을 조정함으로써 기본파의 크기를 조종하게 된다. 일반적으로 V_T를 일정하게 유지하면서 V_P를 가변시키게 된다. 이 때 $m < 1$인 경우를 **선형변조(linear modulation)**라고 하며, $m > 1$인 경우를 **과변조(over modulation)**라고 한다.

인버터 출력파형의 고조파 성분은 삼각파의 주파수와 깊은 연관성이 있다. 이와 같은 이유로 인해서 제어변수인 주파수비(carrier-to-modulating frequency ratio, P)를 다음과 같이 정의한다.

$$P = \frac{F_c}{F_m} \tag{10.26}$$

여기서, F_c : 삼각파(carrier wave)의 주파수, F_m : 사인파(modulation wave)의 주파수

이와 같은 주파수비 P를 제어함으로써 인버터의 출력파형에 나타나는 고조파 성분을 어느 정도는 제거할 수 있다. 일반적으로 P는 3의 배수로 하며 사이리스터 인버터의 경우 F_c를 700에서 1,000[㎐]로 설정하게 되는데 이 때 P는 168(F_m 〈 6[㎐]인 경우)이거나 15(F_m 〉 50[㎐]인 경우)로 설정되어 진다.

정리하면 사인파 PWM 방식에 있어서는 출력파형을 제어하는 변수로서 변조지수(modulation index, m)와 주파수비(carrier-to-modulating frequency ratio, P)가 있는데 변조지수 m을 제어하여 기본 출력파형의 크기를 조절할 수 있으며 주파수비 P를 제어하여 출력파형에 포함된 고조파 성분을 어느 정도 제거할 수 있다.

(2) 히스테리시스 PWM 인버터

사인파 PWM 방식에서 언급되었던 출력파형의 고조파 성분은 DC 링크단의 전압이 이상적인 직류값임을 가정한 상태에서 설명되었다. 하지만 실제에 있어서는 3상 정류회로와 LC필터를 거친 파형이 이상적인 직류값이 될 수 없고 그 자체에 고조파 성분이 포함되어 있다. 그 결과 사인파 PWM 인버터의 출력파형에는 이론적인 고조파 성분보다 더 많은 고조파가 포함되어 있는데 이러한 문제점을 극복하기 위한 PWM 방식을 히스테리시스 PWM 방식(hysteresis PWM inverter) 혹은 **적응제어 PWM 방식**이라고 한다.

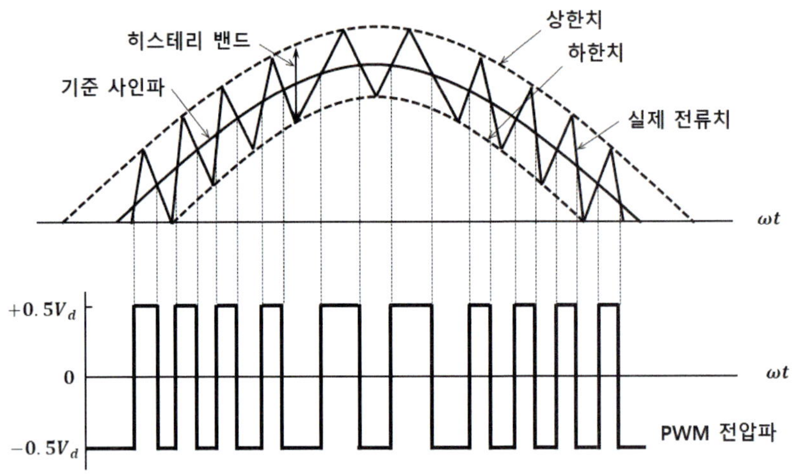

그림 10.43 히스테리시스 PWM 방식

그림 10.43은 히스테리시스 PWM 인버터의 기본원리를 나타내고 있으며, 이와 같은 방식은 사인파 PWM 방식과 같은 전압 제어식과는 상반된 전류 제어식임을 알 수 있다.

그림 10.43에서 임의의 주파수와 크기를 갖는 기준 사인파는 제어 회로에 의해서 발생한다. 이와 같은 기준 사인파는 귀환된 모터의 실제 전류와 비교되어 PWM 파형을 발생하게 된다. 모터에 흐르는 실제 전류와 상한선과 하한선 사이의 간격을 **히스테리스 밴드**라고 하며 모터의 각 상에 흐르는 실제 전류는 히스테리시스 밴드 내에서 진동하도록 제어된다.

히스테리시스 PWM 방식의 제어논리를 설명하면 다음과 같다.

- 실제 전류치 ≥ 히스테리시스 밴드의 상한치
  → Upper Tr : turn-off, Low Tr : turn-on
- 실제 전류치 ≤ 히스테리시스 밴드의 하한치
  → Upper Tr : turn-on, Low Tr : turn-off

이와 같은 논리에 의해서 그림 10.45와 같은 PWM 파형이 발생되는 것이다. 그 결과 모터의 상전류는 히스테리시스 밴드 사이를 진동하면서 기준 사인파의 형태를 나타낸다. 그러므로 모터에 흐르는 전류는 기준 사인파의 주파수와 크기를 변화시킴으로써 제어될 수 있음을 알 수 있다. 또한 전류 리플의 최대치는 히스테리시스 밴드 폭을 조정함으로써 제어될 수 있다. 히스테리시 밴드 폭을 줄이게 되면 전류 리플이 감소되어 바람직하지만 반면에 스위칭 주파수가 높아져 이에 따른 전력 손실을 유발하게 된다. 그러므로 전류 리플과 스위칭 주파수를 고려한 히스테리시스 밴드 폭을 결정하는 것이 핵심적인 내용이 된다.

10.5 AC/AC 변환

교류전력의 형태는 전압과 전류, 주파수, 위상, 상수 등으로 결정된다. 앞에서도 서술했지만 이와 같은 여러 변수 중에서 하나 또는 여러 가지 변수를 조정하여 변환하는 것을 **AC/AC 변환** 또는 **교류변환**이라 하며 이를 수행하는 전력변환 장치를 AC/AC **컨버터**라 한다. 대표적인 전력 변환 장치로는 사이클로 컨버터와 매트릭스 컨버터가 있다.

10.5.1 사이클로 컨버터

싸이클로 컨버터는 교류출력의 주파수를 변화시키기 위해 주기적인 운전을 하며 교류전원의 주파수보다 낮은 교류로 변환시키는 주파수 변환장치이다.

(1) 싸이클로 컨버터 회로

단상에서 단상으로 변환하는 싸이클로 컨버터는 2개의 전파 정류기를 그림 10.44처럼 구성한 형태이다. 이때 입력 교류 전압 v_s의 주파수가 f_i이고 출력 교류 전압의 주파수는 입력 주파수의 1/4이다. 처음 v_s의 두 사이클 동안에는 P컨버터가 부하에 전류를 공급하고 다음 두 사이클에서는 N컨버터가 역방향으로 부하에 전류를 공급하며 동작한다.

교류 초퍼 또는 전압조정기는 단순히 전압의 크기를 제어하는 반면 싸이클로 컨버터(cycloconverter)는 주파수 변환을 위한 장치이다. 싸이클로 컨버터는 주로 저속 대용량 교류 전동기의 구동시스템에 사용되며 출력 주파수는 보통 전원주파수의 1/3 이내에서 조정된다.

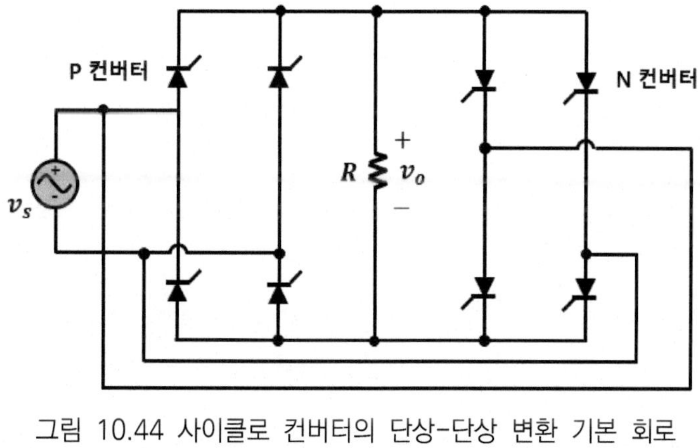

그림 10.44 사이클로 컨버터의 단상-단상 변환 기본 회로

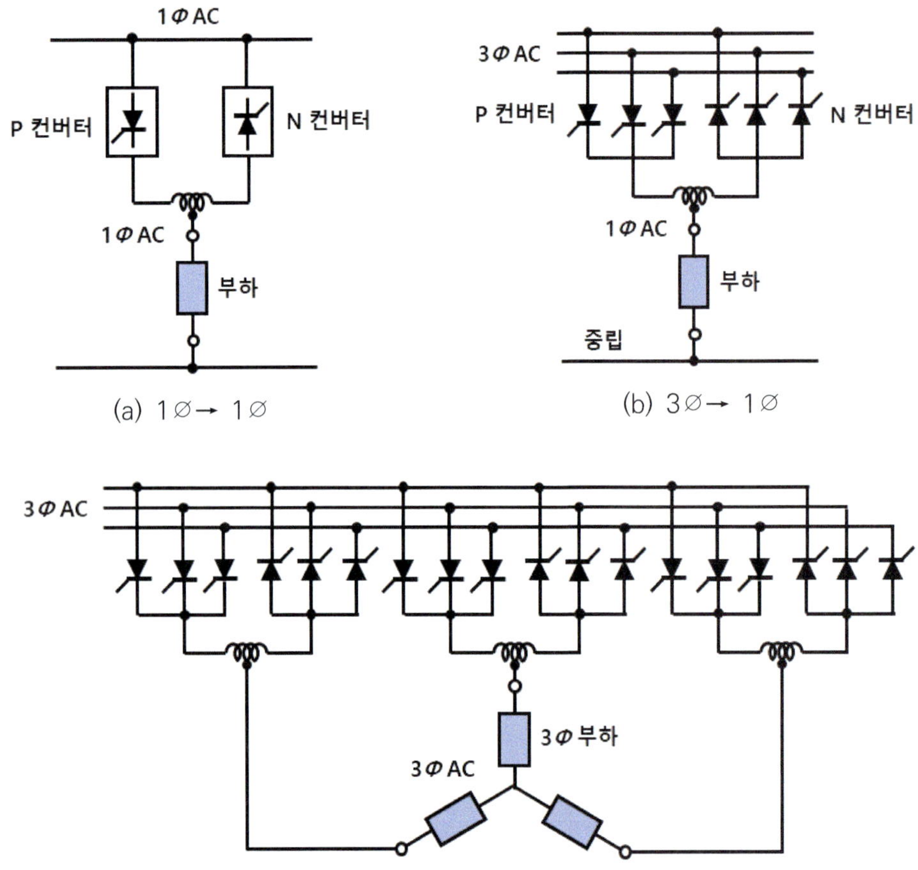

(c) 3∅→ 3∅

그림 10.45 싸이클로 컨버터의 출력

싸이클로 컨버터의 출력은 단상 및 3상 교류의 두 경우가 있으며 특히 단상 출력 시 입력은 그림 (a)의 단상전원 또는 (b)의 3상 전원이 될 수 있다. (c)는 3상 입력으로부터 3상 출력을 얻으며 각 컨버터는 3상 반파 회로로 되어 있으며 상수가 높아질수록 매우 많은 개수의 SCR이 필요하게 된다.

(2) 3상 전파 제어정류 회로

싸이클로 컨버터의 출력 주파수는 정류 회로의 상수 q에 의해 좌우되며, 출력의 최대 주파수 f_{OMAX}는 전원주파수 f_S에 대해 일반적으로 다음의 관계로 표현된다.

$$q = 3\text{의 경우는 } f_{OMAX} = \frac{3}{12} f_S = 0.25 f_S$$

$$q = 6\text{의 경우는 } f_{OMAX} = \frac{6}{17} f_S \fallingdotseq 0.35 f_S$$

$$q = 12\text{의 경우는 } f_{OMAX} = \frac{12}{19} f_S \fallingdotseq 0.63 f_S$$

위의 관계로부터 최대주파수는 출력상수가 커질수록 증대됨을 알 수 있고 일반적인 최대주파수가 낮을수록 출력의 파형률이 좋아진다. 최대주파수를 전원주파수의 50[%]까지 올릴 수 있지만 보통 입력주파수의 1/3 이내로 하는 것이 강압 싸이클로 컨버터의 경우 일반적이다.

싸이클로 컨버터와 DC-AC 인버터는 주어진 전원에 무관하게 교류출력의 주파수를 변화시킬 수 있는 특징을 갖고 있으며 특히 전동기의 구동 시 단순히 제어 신호의 상수(phase sequence)만을 변경시켜 전동기를 역회전시킬 수 있다. 싸이클로 컨버터와 인버터는 입출력 관계에서 보면 원리상 유사성을 가지지만 실제 응용분야를 보면 싸이클로 컨버터는 저속, 대용량, 가역운전에 적합하고 인버터는 소용량, 고속운전의 경우 더욱 유리하다.

10.5.2 매트릭스 컨버터

(1) 매트릭스 컨버터의 정의

매트릭스 컨버터는 반도체 스위치 매트릭스를 사용하여 AC 전력을 한 주파수에서 다른 주파수로, 한 전압 레벨에서 다른 전압 레벨로 변환할 수 있는 전사 전력 변환기이다. 정류기와 인버터를 사용하는 기존 컨버터와 달리 매트릭스 컨버터는 DC 링크 커패시터나 중간 DC 버스가 필요하지 않으므로 크기와 무게가 줄어든다.

매트릭스 컨버터에서 입력과 출력 사이의 전력 흐름은 매트릭스 패턴으로 배열된 일련의 양방향 스위치에 의해 제어된다. 반도체 스위치의 스위칭 시퀀스는 원하는 출력 전압과 주파수를 생성하기 위해 제어 알고리즘에 의해 제어된다. 따라서 매트릭스 컨버터는 광범위한 입력 및 출력 전압과 주파수 범위에서 작동할 수 있다.

매트릭스 컨버터는 기존 컨버터에 비해 더 높은 효율, 더 낮은 비용, 더 작은 크기 및 무게 감소 등 여러 가지 장점이 있다. 풍력 터빈, 태양광 인버터, 모터 드라이브 등 다양한 애플리케이션에 사용된다.

(2) 매트릭스 컨버터의 기본 원리

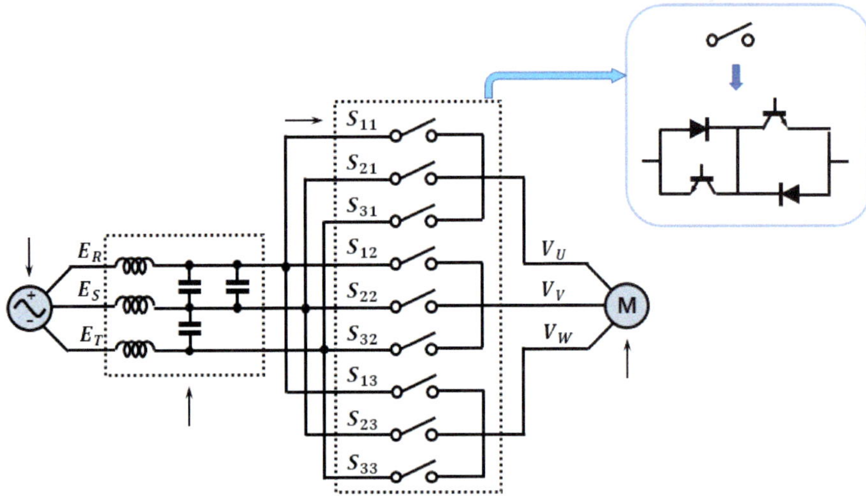

그림 10.46 매트릭스 컨버터의 기본 회로

대표적인 매트릭스 컨버터의 주회로 구성을 그림 10.46에 나타냈다. 주회로부는 소형의 입력 필터와 9개의 양방향 스위치로 구성된다. 양방향 스위치는 확대한 그림과 같이 IGBT와 다이오드의 조합으로 구성된다.

(3) 매트릭스 컨버터의 종류

매트릭스 변환기에는 크게 두 가지 유형, 즉 다이렉트 매트릭스 컨버터(DMC)와 간접 매트릭스 컨버터(IMC)가 있다.

1) 다이렉트 매트릭스 컨버터(DMC)

다이렉트 AC-AC 컨버터라고도 하는 디렉트 매트릭스 컨버터는 DC 링크 없이 입력 AC 전압을 출력 AC 전압으로 직접 변환하는 매트릭스 컨버터이다. 이 유형의 컨버터는 양방향 스위치 매트릭스를 사용하여 입력 전압을 출력 전압에 직접 연결한다. DMC는 단순성, 높은 신뢰성, 고효율로 잘 알려져 있다.

2) 간접 매트릭스 컨버터(IMC)

간접 AC-AC 컨버터라고도 하는 간접 매트릭스 컨버터는 중간 DC 링크를 사용하여 입력 AC 전압을 중간 DC 전압으로 변환한 다음 다른 매트릭스 컨버터를 사용하여 출력 AC

전압으로 다시 변환한다. IMC는 DMC보다 복잡하지만 출력 전압 및 전류 파형을 더 잘 제어할 수 있으므로 모터 드라이브와 같은 애플리케이션에 적합하다.

DMC와 IMC 모두 장단점이 있으며 매트릭스 컨버터의 선택은 특정 애플리케이션 요구사항에 따라 달라진다.

(4) 실제 매트릭스 컨버터의 활용

매트릭스 컨버터는 재생 에너지 시스템, 전기 운송, 산업 자동화 등 다양한 산업 및 상업용 애플리케이션에 사용된다. 다음은 매트릭스 컨버터의 실제 활용 사례이다.

1) 풍력 터빈

매트릭스 컨버터는 일반적으로 풍력 터빈에서 발전기의 가변 주파수 AC 출력을 그리드에 필요한 정주파수 AC로 변환하는 데 사용된다. 매트릭스 컨버터는 부피가 큰 DC 링크가 필요하지 않으므로 풍력 터빈의 크기와 무게를 줄여준다.

2) 전기 자동차

매트릭스 컨버터는 전기 자동차에서 배터리의 DC 전압을 모터에 필요한 AC 전압으로 변환하는 데 사용할 수 있다. 매트릭스 컨버터는 전기 자동차 파워트레인을 위한 콤팩트하고 효율적인 솔루션을 제공한다.

(3) 산업 자동화

매트릭스 컨버터는 산업 자동화 시스템에서 전기 모터의 속도와 토크를 제어하는 데 사용할 수 있다. 출력 전압과 주파수를 직접 제어하여 모터를 정밀하게 제어할 수 있으므로 에너지 소비를 줄이고 시스템 효율을 개선할 수 있다.

(4) 태양광 인버터

매트릭스 컨버터는 태양광 인버터에서 태양광 패널의 DC 전압을 그리드에 필요한 AC 전압으로 변환하는 데 사용할 수 있다. 매트릭스 컨버터는 더 높은 효율을 달성하고 태양광 발전 시스템의 비용을 절감할 수 있다.

(5) HVAC 시스템

매트릭스 컨버터는 난방, 환기 및 공조(HVAC) 시스템에서 컴프레서 모터의 속도를 제어하는 데 사용할 수 있다. 매트릭스 컨버터는 출력의 주파수와 전압을 조정하여 HVAC 시스템의 효율을 개선하고 에너지 소비를 줄일 수 있다.

11장

전기기계-모터

보통 우리들은 원동기에 의해 공급된 기계적 에너지를 전기 에너지로 변환하는 것이 발전기이며 전기적 에너지를 전동기에 가해 기계적 에너지를 발생시키는 것이 **전동기**라 한다. 즉, 발전기는 기계적 동력을 전력으로, 전동기는 전력을 기계적인 동력으로 변환하는 전기 기기이다. 이처럼 전력과 동력의 상호 변환을 위해서는 대부분의 경우 회전운동을 하므로 이들을 **회전기**라고 한다. 이에 비해 교류를 직류로 변환시킬 수 있는 정류기, 직류를 교류로 변환시킬 수 있는 인버터 등은 **정지기**라고 한다.

본 장에서는 전기 기기 가운데 회전기(모터), 즉 직류기(직류 모터)와 교류기(교류 모터)에 대해 알아보도록 한다.

11.1 모터의 기초

11.1.1 모터의 정의와 원리

(1) 모터의 정의

전기식 모터(일반적으로 그냥 모터라고 함)는 기기가 어떤 일을 할 때 그 기기의 구동원이 되는 것이다. 모터는 전원을 넣으면 전기 작용에서 발생되는 회전력을 축으로 꺼내어 벨트 또는 기어를 다른 기계로 힘을 전달시키는 작용을 하거나 회전축과 직결시켜 어떤 구체적인 작용을 한다.

이 모터는 모든 기기의 심장과 같은 중요한 역할을 하는 것이다. 한마디로 정의하면 모터란 전기 에너지를 기계 에너지(회전 에너지)로 변환하는 장치이다.

(2) 모터의 원리

전기 모터의 발명은 영국 물리학자 마이켈 패러데이(1791~1876)인데 전자기유도의 발견이 그 계기이다. 전자기 유도에 의하여 변압기를 만들고 더 발전하여 발전기를 만들었으며, 발전기의 반대개념이 모터이며 유도모터가 모터의 원형이다.

그러면 모터의 원리를 자세하게 설명하기로 한다. 지금 자기력선이 왼쪽에서부터 오른쪽을 향해 그림 11.1과 같이 균일한 밀도로 평행하게 배열해 있다고 하자. 자력선에 수직으로 앞쪽을 향해 도선을 관통시키고 여기에 그림 11.1과 같은 방향으로 전류를 흘려보낸다고 하자.

이때 도선의 주위에는 도선을 둘러싸고 전류가 나오는 쪽에 대해 반시계방향으로 도는 원형의 자기력선이 몇 개나 생긴다. 도선의 위쪽과 아래쪽에서는 자기력선의 방향이 반대로 되며 도선의 아래쪽에서는 처음부터 있었던 자기력선 방향과 같은 자기력선이 새로 더해져서 증가하고, 도선의 위쪽에서는 반대로 전부터 있던 자기력선 방향과 반대인 자기력선이 생성되어 줄어들게 된다. 즉, 도선의 아래쪽에서는 자기력선의 밀도가 증대하고 위쪽에서는 밀도가 줄어들게 된다. 그러면 자기력선이 빽빽하게 밀집해 있는 곳에서는 이웃끼리의 반발력이 강하게 작용될 것이며 또한 자기 자신이 수축하려는 힘은 자기력선이 벋어있는 곳에서 강해질 것이다. 이 힘은 그림 11.1과 같이 위쪽으로 밀어내려 한다. 이와 같은 현상을 「자계와 전류가 서로 작용하여 전자기력이 발생했다」고 말한다.

이 경우는 전자기유도에 의한 전류의 발생과 반대 개념으로 힘의 방향은 **플레밍의 왼손 법칙**을 적용할 수 있다. 즉, 제 3장의 그림 3.60과 같이 왼손의 세 손가락을 앞처럼 서로 직각으로 벌리고, 인지를 자기력선, 중지를 전류의 방향으로 돌리면 엄지가 운동의 방향을 가리켜 준다.

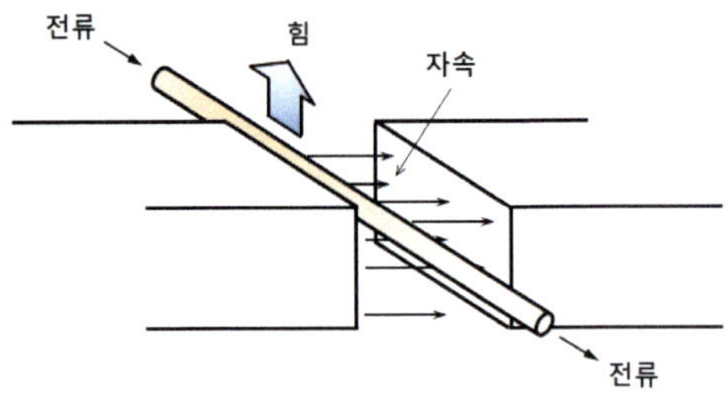

그림 11.1 균일한 자계 속의 도선에 전류를 흘렸을 때 모습

전류를 흘리면 운동이 일어나기 때문에 이것은 전기에너지를 회전이라고 하는 운동에너지로 바꾸는 모터의 원리에 해당한다.

(3) 모터의 토크 발생 원리

일반적으로 모터의 발생 토크는 **전자 토크**와 **자기저항**(reluctance) **토크**로 분류된다.

$$\text{전자 토크} \quad : T = \frac{dM}{d\theta} I_1 I_2 \tag{11.1}$$

$$\text{자기저항 토크} : T = \frac{1}{2}\frac{dL}{d\theta} I \tag{11.2}$$

I_1: 1차회로의 전류, I_2: 2차회로의 전류, M: 상호 인덕턴스,
I: 전류, L: 자기 인덕턴스, θ: 각도 위치

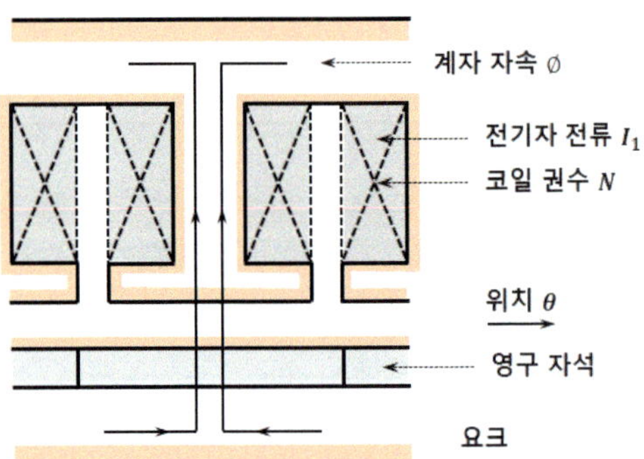

1차측 회로 : 전기자 코일 회로
2차측 회로 : 영구 자석 계자와 등가인 코일 회로
계자 자속 ϕ를 발생하기 위한 등가 전류 I_2가 흐르는 코일로 한다. 자기 발생원은 모두 전류이기 때문에 영구 자석을 코일로 바꾸어도 지장이 없다. 영구 자석에서는 그것을 구성하는 원자에 있어서 전자가 궤도 운동 및 자전 운동 하는 것(전류 작용)으로 자속을 발생한다.

그림 11.2 영구 자석형 AC, DC 서보 모터(직선계로 전계)

예를 들어 그림 11.2와 같은 영구 자석형 DC, AC 서보 모터에서는 식 (11.1)의 전자 토크를 이용하고 있다. I_1이 전자기 전류, MI_2가 코일 권수 N, 영구자석에 의한 계자 자속수 ϕ의 곱 $N\phi$로 코일의 쇄교 자속 수를 나타낸다. 더구나 I_2는 계자 자속 ϕ를 발생하기 위해 필요한 등가 전류이다.

식 (11.1)을 변형하면 아래와 같이 된다.

$$T = \frac{dM}{d\theta} I_1 I_2 = N \frac{d\phi}{d\theta} I_1 \tag{11.3}$$

식 (11.3)에 있어서 $N \cdot d\phi/d\theta$는 토크 정수에 해당하며 모터 고유의 값이다.

한편 모터를 외부 구동할 때에 코일 사이에 발생하는 유기전압은 $e = -N \cdot d\phi/dt$이며 단위 회전 속도당 유기 전압, 즉 유기 전압 정수에 상당하는 값은 아래와 같이 된다.

$$\frac{e}{(d\theta/dt)} = -N \cdot d\phi/d\theta \tag{11.4}$$

식 (11.3), (11.4)로부터 토크 정수와 유기전압 정수는 같은 물리량이고 단위가 다르다는 것뿐인 것을 알 수 있다. 더구나 토크는 전류에, 유기 전압은 회전 속도에 비례하는 것이 포인트이다. 다만 전류 토크에 대해서는 식으로서는 비례관계에 있지만 대전류가 흘렀을 때는 전기자 반작용에 의해 토크 정수가 저하하여 이 관계가 포화하는 경우가 있다.

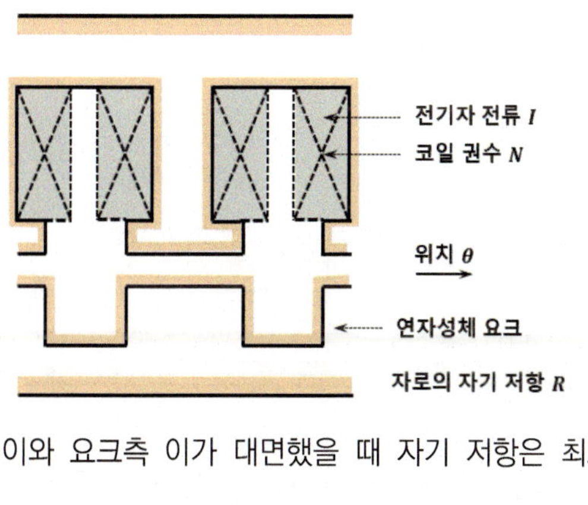

(전기자 이와 요크측 이가 대면했을 때 자기 저항은 최소로 됨)

그림 11.3 VR형 스테핑 모터(직선계로 전개)

한편 그림 11.3과 같은 VR(Variable Reluctance; 가변 자기 저항)형 스테핑 모터에서는 요크측 이(teeth)의 위치에 따라 자기 저항 R이 변화함으로써 식 (11.2)의 자기 저항 토크를 발생한다. 자기 인덕턴스는 $L = N^2/R$의 관계에 있으며 전류(I)가 일정하면 $dL/d\theta$에 비례한 토크가 발생한다. 또한 같은 스테핑 모터라도 영구 자석을 사용한 HB(Hybrid)형 등은 자기 토크를 이용하고 있다.

11.2 직류 모터

(1) 직류 모터의 기본구조와 원리

직류(DC) 모터는 큰 기동 토크, 입력전압의 변화에 대한 직선적인 회전특성, 입력전류에 대한 출력 토크의 직선성, 출력 효율이 높음, 가격이 저렴하다는 장점을 가지고 있다. 그러나 브러시(brush)나 정류자(commutator) 등 기계적 접점을 가지기 때문에 소음이나 수명 등의 문제가 있다.

직류 모터의 기본 구조는 그림 11.4와 같이 크게 고정자(스테이터), 회전자(로터), 정류자 그리고 브러시로 구성되어 있다. **고정자**란 모터의 내부에 일정한 자계를 만드는 것으로서, 자력선을 통과하는 요크(계철)와 마그넷으로 구성되어 있다. 또한 **회전자**는 외부에서 전류를 공급하여 회전자석을 만드는 것으로서 여기에서는 구동 권선이 사용되고 있다. 이 경우 로터는 연속적으로 회전해야 하므로 정류기가 부가되고 있다. **정류기**의 역할은 브러시를 통하여 공급되는 전류를 차례로 전환시켜 로터가 어디에 있어도 일정한 방향으로 회전을 계속하는 것이다.

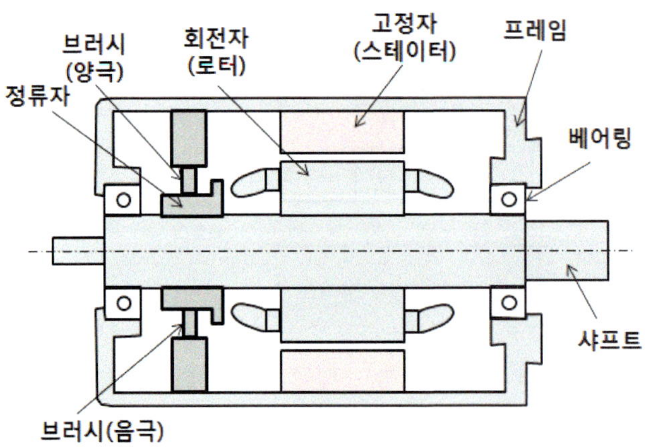

그림 11.4 직류 모터의 구조

(2) 직류 모터의 회전 원리

그림 11.5와 같이 자계 속의 코일에 전류 i를 흘리면 코일에는 3.3.3항에서 설명한 플레밍의 왼손 법칙에 의해 힘 F(전자력)이 발생한다. 힘 F는 다음과 같이 주어진다.

$$F = Bli\,[\mathrm{N}] \tag{11.5}$$

다만 B는 자속 밀도이며 l은 코일의 유효 길이이다.

그림 11.5와 같이 전류 i의 방향이 항상 한 방향이기 때문에 코일은 그림의 상태로는 시계 방향으로 90°만 회전하지만 계속해서 회전력(토크)을 얻을 수 없다.

전원으로서 직류를 사용할 수 있는 직류 모터의 경우 연속한 회전력을 얻기 위해서는 코일의 회전각에 따라 전류의 방향이 바뀌도록 한 기구(정류 기구: commutation mechanism)를 필요로 한다. 이를 위해 그림 11.5와 같이 전원 회로 중에 브러시와 정류자를 부가한다.

실제의 직류 모터에서는 그림 가운데 1회 감은 코일에 대신하여 철심(전기자 철심)의 주위에 수백회의 감긴 코일이 사용되고 있으며 이것은 전기자 코일이라 하고 있다. 더구나 자속을 발생하기 위한 자석으로서는 영구 자석 외에 전자석이 이용되는 경우도 있다.

도시한 것과 같이 전기자 코일은 전기자 코일과 축심을 같게 하는 정류자에 연결되고 거듭 브러시와의 접촉부를 거쳐 전원에 접속된다. 이와 같은 기구를 갖춤으로써 그림 11.5의 전기자 코일을 연속적으로 회전시킬 수 있다.

도시의 상태로부터 시계 방향에 90°회전할 때까지의 과정은 정류자 (a, b)와 브러시 (A, B)의 접속이 A-a 및 B-b로 되는 것으로부터 이루어진다. 90°를 지나면 정류자와 브러시의 접촉이 바뀌고 A-b 및 B-a의 접속이 된다. 그 결과 코일 전류의 방향이 앞에서와 역방향으로 되며 연속해서 전기자 코일을 시계 방향으로 회전시키는 토크가 발생한다. 이와 같은 (A, B)와 (a, b)의 접속은 이후 180°마다 바뀌고 전기자 코일을 일정 방향으로 회전시킬 수 있다.

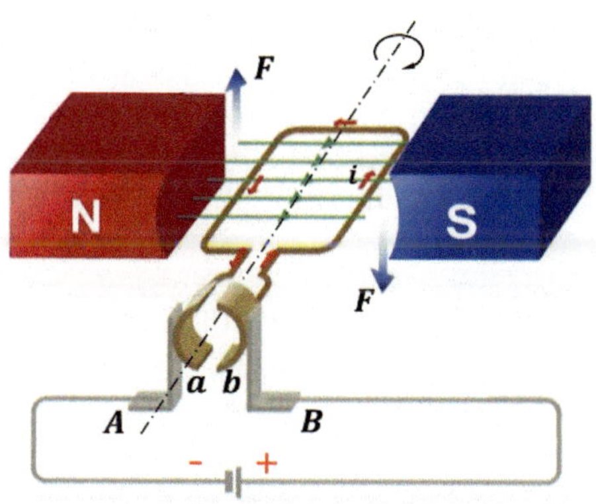

그림 11.5 직류 모터의 회전 원리

(3) 역기전력

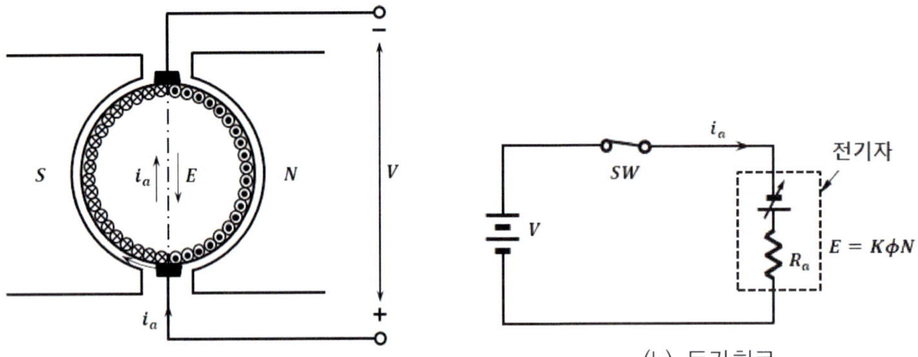

(a) 역기전력의 발생

(b) 등가회로

그림 11.6 직류 모터의 역기전력과 등가회로

그림 11.6 (a)에서 좌측 도선에는 ⊗(지면에서 흘러들어가는 방향) 방향의 전류가 흐르고 있고 자계는 중심으로 향하고 있기 때문에 이 경우는 시계 방향으로 힘이 작용한다. 반면에 우측 도선에는 ⊙(지면으로 흘러나오는 방향) 방향의 전류가 흐르고 있고 자계는 바깥쪽으로 향하고 있기 때문에 이 경우는 반시계 방향으로 힘이 작용한다.

그림 (a)와 같이 시계방향으로 전기자가 회전하게 되면 도체들이 자속을 끊고 있으므로 마치 발전기와 같이 기전력이 유도된다. 유도된 기전력 E의 방향은 플레밍의 오른손 법칙에 따라 모터에 가해진 단자 전압 V와 반대 방향이 되므로 이를 **역기전력**(counter electromotive force)이라고 한다.

역기전력의 크기에 대해 알아보기로 한다. 직류 모터에 발생되는 역기전력의 크기 E는 직류 발전기의 경우와 같다. 즉, 모터의 자극수를 p, 1극당의 자속을 ϕ[Wb], 도체수를 Z, 병렬 회로수를 a, 매분당 회전수를 N[rpm]이라 하면 역기전력 E의 크기는 다음과 같다.

$$E = \frac{pZ}{60a}\phi N = k\phi N[\text{V}] \tag{11.6}$$

따라서 그림 11.6 (b)와 같이 전기자 권선의 저항을 R_a[Ω]라고 할 때 직류 모터의 단자 전압 V는 다음과 같이 된다.

$$V = E + i_a R_a[\text{V}] \tag{11.7}$$

그러므로 전기자 전류 i_a의 크기는 다음과 같이 된다.

$$i_a = \frac{V - E}{R_a} \tag{11.8}$$

결국 역기전력 E는 전기자의 회전 속도 N에 비례하므로 모터의 기계적 부하가 증가하여 모터의 회전속도가 감소하면 역기전력 E도 감소한다. 이때 윗 식에서 알 수 있는 바와 같이 역기전력 E가 감소하면 전기자 전류 i_a가 증가하여 직류 모터의 입력이 자동적으로 증가하므로 기계적 부하의 증가에 대응할 수 있게 되는 것이다. 반대로 만일 기계적 부하가 감소하여 회전 속도 N이 증가하게 되면 역기전력 E도 증가하므로 전기자 전류 i_a는 감소하여 직류 모터의 입력이 자동적으로 감소하므로 기계적 부하의 감소에 대응할 수 있게 되는 것이다.

(4) 회전 속도와 토크

1) 회전 속도

직류 모터에 관한 식 (11.6)과 식 (11.7)을 조합시켜 정리하면 모터의 회전속도는 다음과 같이 된다.

$$N = \frac{E}{k\phi} = \frac{V - i_a R_a}{k\phi} = k_1 \frac{V - i_a R_a}{k\phi} \text{ [rpm]} \tag{11.9}$$

즉, 직류 모터의 회전속도 N은 역기전력 E에 비례하고 매극당의 자속 ϕ에 반비례하는 것을 알 수 있다. 이때 전기자 전류 i_a의 변화에 대한 회전속도 N의 변화를 나타낸 그림을 **속도 특성 곡선**(speed characteristic curve)이라 한다.

2) 토크

그림 11.6 (a)와 같이 전기자 회로에 직류 전압을 가하면 전기자 권선에 전기자 전류 i_a가 흐르므로 전자력이 발생하여 회전 토크 T가 발생한다. 이때 발생하는 토크 T[N · m]의 크기는 다음과 같이 된다.

$$T = \frac{pZ}{2\pi a}\phi i_a = k_2 \phi i_a \text{ [N · m]} \tag{11.10}$$

즉, 직류모터의 발생 토크 T는 매극당의 자속 ϕ와 전기자 도체에 흐르는 전류 i_a에 비례하는 것을 알 수 있다. 이때 전기자 전류 i_a의 변화에 대한 토크 T의 변화를 나타낸 그림을 **토크 특성 곡선**(torque characteristic curve)이라 한다.

3) 출력

모터의 출력 P를 구하기 위해 식 (11.7)의 양변에 i_a를 곱하면 다음과 같이 된다.

$$Vi_a = Ei_a + i_a^2 R_a [\mathrm{W}] \tag{11.11}$$

그런데 이 식에서 Vi_a는 전기자 회로의 입력이고 $i_a^2 R_a$는 전기자 회로의 동손이 된다. 이 식을 다시 쓰면 다음과 같이 된다.

$$Ei_a = Vi_a - i_a^2 R_a [\mathrm{W}] \tag{11.12}$$

그런데 Ei_a는 모터에서 기계적인 동력으로 변환되는 직류 전력으로서 이것을 P_m이라 하면 식 (11.6)과 식 (11.10)을 이용하여 다음과 같이 나타낼 수 있다.

$$P_m = Ei_a = \frac{pZ}{60a}\phi N i_a = \frac{2\pi NT}{60} [\mathrm{W}] \tag{11.13}$$

따라서 모터의 기계적 동력으로 변환되는 전력 P_m은 역기전력 E와 전기자 전류 i_a의 곱과 같고 또는 회전수 N과 토크 T의 곱에 비례함을 알 수 있다. 결국 모터의 출력 P는 기계적 동력 P_m에서 전기자의 철손과 기계손을 뺀 것으로 다음과 같이 나타낼 수 있다.

$$P = P_m - (\text{철손} + \text{기계손}) [\mathrm{W}] \tag{11.14}$$

(5) 직류 모터의 종류와 특성

직류 모터는 계자코일과 전기자 코일의 접속방법에 따라 구분하고 있다. 그림 11.7은 직류 모터의 종류를 계자코일과 전기자 코일의 접속방법에 따라 구분한 것이다. 그림 11.7 (a)~(c)는 자여자식 모터이며 그림 11.7 (d)는 타여자식 모터이다.

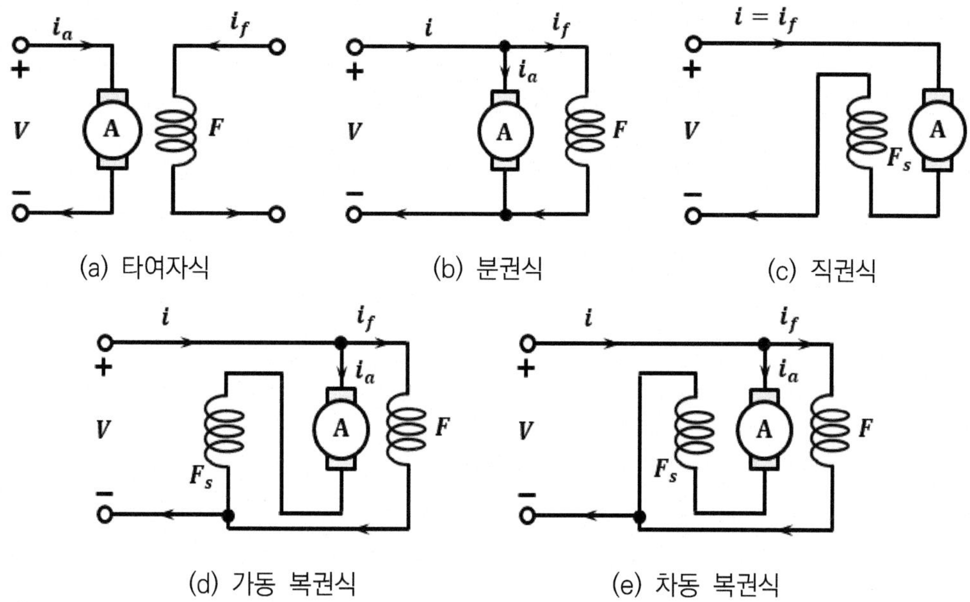

A : 모터, F: 계자코일, F_s: 직권계자코일,
i: 전동기 전류, i_a: 전기자 전류, i_f: 계자전류

그림 11.7 직류모터의 접속방법에 따른 종류

1) 타여자식 모터

타여자식 모터(separately exited motor)는 계자 전류 i_f를 별도의 여자 전원에서 흘릴 수 있도록 접속하는 방식으로 접속도는 그림 11.7 (a)에 나타낸다. 직류모터의 속도 N [rpm]은 다음과 같이 나타냈다.

$$N = k_1 \frac{V - i_a R_a}{\phi} \text{[rpm]} \tag{11.15}$$

타여자식 모터에서는 여자전류 i_f, 즉 자속 ϕ는 일정하므로 회전속도 N은 $V - i_a R_a$에 거의 비례한다.

타여자식 모터는 전기자 전압의 변화에 의해서 정-역회전으로 속도를 광범위하게 제어할 수 있으므로 대형 압연기, 엘리베이터 등에 사용되고 있다.

2) 자여자식 모터

① 분권식 모터

분권식 모터(shunt motor)는 그림 11.7 (b)와 식 (11.9)에서 단자 전압 V와 계자 전류 i_f를 일정하게 유지하면 자속 ϕ도 일정하고 부하가 증가하면 $i_a R_a$가 증가하여 속도 N은 감소한다. 따라서 부하 전류 i는 $i = i_a + i_f \fallingdotseq i_f$의 관계가 되므로 타여자 모터와 비슷한 속도 특성을 나타낸다. 이를 그림 11.8의 ③에 나타낸다.

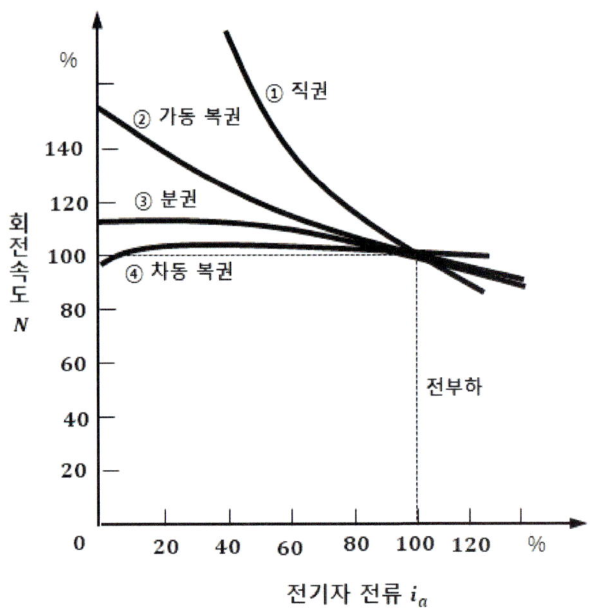

그림 11.8 자여식 모터의 속도 특성 곡선

분권식 모터는 계자 저항기 FR을 쉽게 속도제어할 수 있으므로 정속도 및 가감속도 모터로 사용된다. 이러한 특성상 공작기계, 압연기, 펌프 등에 사용되지만 거의 같은 특성의 3상 유도 전동기가 있으므로 현재는 적게 사용되고 있다.

② 직권식 모터

직권식 모터(series motor)는 그림 11.7 (c)와 같이 계자 권선과 전기자 권선이 직렬로 접속되어 있으므로 부하 전류 i와 전기자 전류 i_a 및 계자 전류 i_f가 $i = i_a = i_f$ 모두 같다. i가 작은 부분에서는 i와 ϕ가 거의 비례하지만 i가 커지면 자기 포화로 인해 ϕ의 증가는 둔화한다. 따라서 직권 모터의 속도 특성은 전류가 작은 범위에서 쌍곡선이 되며 전류가 큰 범위에서는 쌍곡선이 아닌 직선 형태가 된다. 이것을 그림 11.8의 ①에 나타낸다.

이와 같이 직권식 모터는 부하가 증가함에 따라 속도가 현저하게 감소하는 가변 속도 모터(variable speed motor)이다. 직권식 모터는 부하가 감소하면 속도가 갑자기 상승하고 무부하가 되면 속도가 매우 높아져서 무구속 속도(run away speed)가 되므로 매우 위험하다. 따라서 직권식 모터로 다른 기계를 운전하려면 반드시 축을 적재하거나 기어를 이동해야 하며 벨트는 벗겨질 위험이 있으므로 사용해서는 안 된다. 부하에 따라 자동적으로 속도가 증감되므로 전기 철도, 크레인, 권상기 등에 사용된다.

③ 가동 복권식 모터

가동 복권식 모터(cumulative compound motor)는 그림 11.7 (d)와 같이 직권 계자 자속과 분권 계자 자속이 합해지도록 접속되어 있다. 가동 복권식 모터의 속도 특성은 그림 11.8 ②와 같이 분권식 모터와 직권식 모터의 중간 특성이 된다. 이와 같은 특징이 있으므로 공작기계, 권상기, 압연 보조용 등의 모터로서 사용된다.

④ 차동 복권식 모터

차동 복권식 모터(differential compound motor)는 그림 11.7 (e)와 같이 직권 계자 기자력이 분권 계자 기자력을 상쇄하도록 접속되어 있으므로 부하 전류가 증가함에 따라 자속이 감소하여 속도를 상승시키는 작용을 하여 속도 저하를 보상해 준다. 그리고 차동 복권식 모터의 속도 특성은 그림 11.8 ④와 같이 된다.

(6) 직류 모터의 기동 및 속도 제어

1) 기동

정지된 상태에 있는 모터가 운전하여 움직이기 시작하는 것을 **기동**(starting)이라고 한다. 직류 모터가 운전 중에 전기자에 흐르는 전류 i_a는 식 (11.8)에 의해 다음과 같이 나타낸다.

$$i_a = \frac{V-E}{R_a} = \frac{V-k\phi N}{R_a} \text{[A]} \tag{11.16}$$

여기서 전기자 저항 R_a는 매우 작은 값이지만 운전 중에는 전기자에 역기전력 E가 발생하므로 전기자 전류 i_a값은 적당히 흐른다. 그러나 모터가 기동되는 순간에는 역기전력 $E=0$이기 때문에 전원 전압 V가 전기자에 모두 가해져서 전기자 전류 i_a는 다음과 같이 큰 전류가 흐른다.

$$i_a = \frac{V}{R_a}\text{[A]} \tag{11.17}$$

따라서 큰 기동 전류 때문에 전기자 권선, 브러시, 정류자 등이 손상될 수 있으므로 기동 전류를 정격 전류의 100~150% 정도로 제한 하고자 전기자 회로에 적당한 저항을 직렬로 접속하게 된다. 이와 같은 목적으로 사용하는 가감 저항기를 **기동 저항**(starting rheostat)이라 하고 이 기동 저항과 손잡이 등의 부속품을 조립한 기구를 **기동기**(starter)라 한다.

2) 속도 제어

회전 중인 직류 모터의 회전 방향을 반대로 전환시키기 위해서는 전기자 회로의 도체에 흐르는 전류 i_a의 방향이 바뀌거나 계자 회로에서 발생되는 자속의 방향이 바뀌게 되기 때문이다. 직류 모터의 경우 일반적으로 그림 11.9 (b)와 같이 전기자 회로의 단자를 반대로 접속하면 된다.

한편 직류 모터는 사용하는 곳에 따라 회전 속도를 변화시킬 필요가 있는데 이를 **속도 제어**(speed control)라고 한다. 직류 모터의 회전 속도 N은 식 (11.9)에서 이미 설명했듯이 다음과 같다.

$$N = k\frac{V - i_a R_a}{\phi}\text{[rpm]} \tag{11.18}$$

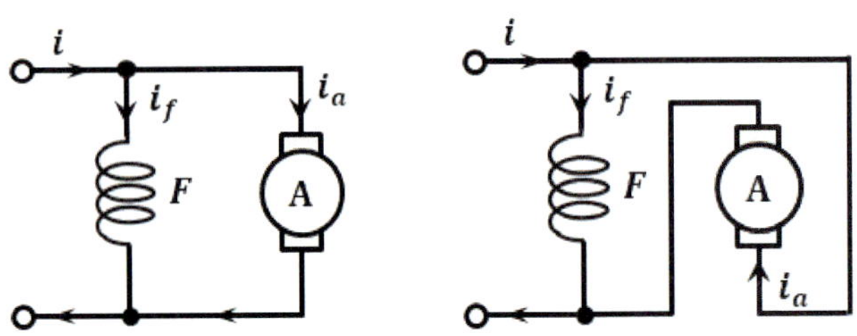

(a) 정전 (b) 역전

그림 11.9 직류 모터의 회전 방향 전환

회전 속도 N을 변화시키기 위해서는 다음과 같은 3가지의 속도 제어법이 있다.

① 계자 제어법(field control) : 이 방법은 분권이나 복권 모터의 분권 계자 권선에 직렬로 저항을 삽입하여 계자 전류 i_f를 조정함으로써 자속 ϕ가 바뀌게 하여 모터의 속도를 제어하는 방법이다.

② 저항 제어법(rheostatic control) : 전기자 회로에 직렬로 가변 저항을 접속하여 저항 R_a 값의 변화 조정에 의하여 전압 강하 i_aR_a 값을 변화시킴으로써 모터의 속도를 제어하는 방법이다.

③ 전압 제어법(voltage control) : 전기자 회로에 가하는 전압 V를 변화시키는 방법이다.

(7) 직류 모터의 정격과 손실

직류 모터는 다른 전기 기기와 마찬가지로 정격이 정해져 있으며 기기 사용 시 발생되는 손실과 효율에 대해서 알아보기로 한다.

1) 직류 모터의 정격

직류 모터는 모터의 전압, 전류, 속도 등에는 일정한 한도가 있다. 이러한 한도를 넘어서면 손실이 증가하거나 효율이 나빠지는 등의 좋지 않은 현상이 생긴다. 그래서 이들의 제한 범위 내에서 낼 수 있는 최대 출력에 적당한 여유를 두고 또한 효율도 고려해 넣어서 정한 출력, 전압, 전류, 속도, 온도 등을 그 기계의 **정격**(rating)이라 하고 보통 이것들을 기재한 판을 명판(name plate)이라 한다. 정격에는 연속적으로 사용하는 데 적합한 연속 정격과 짧은 시간 동안만 사용할 때 적용되는 단시간 정격이 있다. 보통 기계는 연속 정격으로 하지만 기중기용이나 전차용 모터에는 단시간 정격의 것이 많다.

2) 직류 모터의 손실

모든 전기 기기는 기계적 에너지와 전기적 에너지 사이에 변환이 일어날 때 일부 에너지는 손실이 되는데 이를 크게 나누면 그림 11.10과 같다.

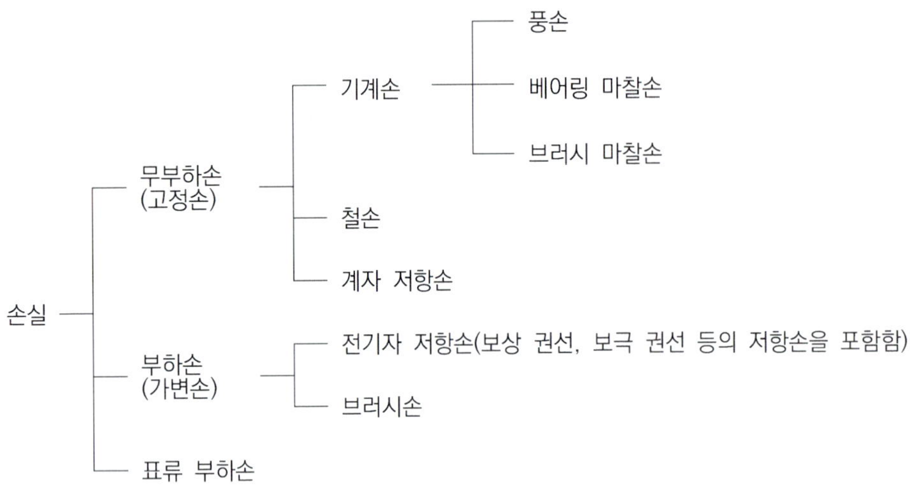

그림 11.10 직류 모터의 손실

무부하손(no load loss)은 부하의 변화에 관계없이 거의 일정한 손실로서 고정손(constant loss)이라고도 하는데 기계손, 철손 등이 해당된다. 부하손(load loss)은 모터 부하의 크기에 따라 변화하므로 가변손(variable loss)이라고도 하며 동손 등이 해당된다.

3) 직류 모터의 효율

전기 기기에 공급되는 전력 또는 기계적 동력을 입력이라 하고 전기 기기에서 인출되는 전력 또는 기계적 동력을 출력이라고 한다. 입력에 대한 출력의 비를 효율이라 하고 일반적으로 이것을 다음과 같이 백분율로 표시한다.

$$\text{효율}\,\eta = \frac{\text{출력}}{\text{입력}} \times 100[\%] \tag{11.19}$$

기기에 실제로 부하를 걸어 입력 및 출력을 실측하여 구한 효율을 **실측 효율**(measured efficiency)이라 하며 어느 출력에 대한 각종 손실을 규격 등으로 미리 정해진 방법에 의해 측정 또는 산정하여 다음 식에 의해 구한 효율을 **규약 효율**(conventional efficiency)이라 한다.

$$\eta = \frac{\text{출력}}{\text{출력} + \text{손실}} \times 100[\%] \tag{11.20}$$

$$\eta = \frac{\text{입력} - \text{손실}}{\text{입력}} \times 100[\%]$$

실측에 의해 효율을 구하는 경우에 기계적인 입력과 출력을 정확히 측정하는 것이 곤란하며 대용량의 기계에서는 실부하를 거는 것을 실현하기 어려우므로 실부하를 거는 일이 없이 정확히 효율을 산정할 수 있는 규약 효율이 일반적으로 자주 사용되고 있다.

11.3 교류 모터

11.3.1 교류 모터의 구조와 특징

교류(AC) 모터는 교류 전원으로 운전되며, 생활 주변에서 가장 널리 쓰이는 모터이다. 교류 모터의 회전 원리는 아라고의 회전을 이용한 것이다. 교류전류를 고정자 권선에 공급하여 전자기유도에 의해 자기장을 변화시키고 회전자에 의해 유도전류를 발생시켜 토크에 의해 회전자에 있는 축에서 회전력이 발생하게 된다.

그림 11.11은 교류 모터의 구조를 나타낸 것이다. 고정자에 코일이 감겨져 있어 코일에 교류 전류가 흐르면 고정자의 코일에 세기와 방향이 변하는 자기장이 형성된다. 고정자의 코일에서 자기장의 변화에 의해 회전자에 전류가 유도된다. 유도전류는 렌츠의 법칙에 따라 자기장의 변화를 방해하는 방향으로 흐르므로 고정자와 회전자 사이에 자기력이 작용하여 회전자가 회전한다. 즉, 고정자의 변하는 자기장이 자석을 돌려주는 것과 같은 역할을 하며 자기장의 변화(아라고의 원판에서 자석의 회전)에 따라 아라고의 회전과 같이 회전자가 회전하는 것이다.

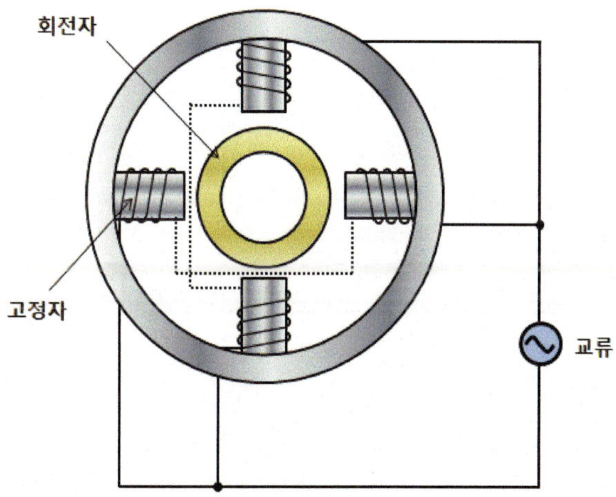

그림 11.11 교류 모터의 구조

이러한 회전자에는 영구 자석을 사용하기도 하고 전자석을 사용하기도 한다. 전자를 **동기 모터**라 하고 후자를 **유도 모터**라 한다.

그림 11.12는 교류 모터와 직류 모터를 구분하여 나타낸 것이다. 교류 모터는 크게 단상식과 3상식으로 구분한다. 교류 모터의 장점은 구조가 간단하고 브러시나 정류자와 같은 기계 소모부가 없고, 고속에서 순간 최대 토크를 출력할 수 있어 응답특성이 빠르며 무게 당 토크가 크므로 소형 경량화 할 수 있다. 교류 모터의 단점은 직류모터에 비해 제어 방법이 복잡하다는 것이다.

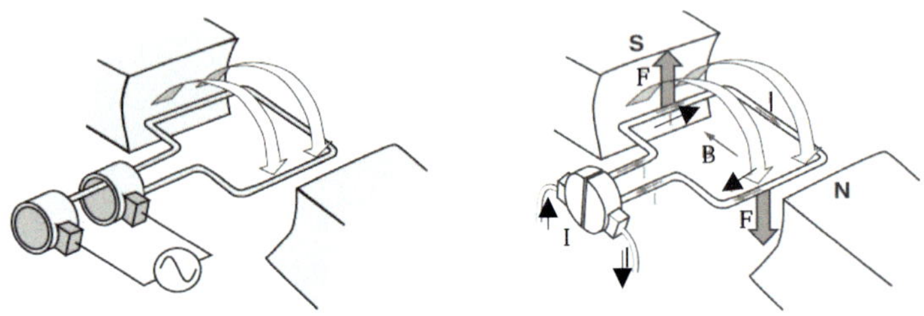

(a) AC모터 (b) DC모터

그림 11.12 모터의 구분

11.3.2 유도 모터

(1) 회전 원리

1) 아라고 원판

유도 모터(induction motor)는 고정자 권선에 흐르는 교번 전류에 의해 회전자계를 만들고 그 회전 자계와 회전자에 발생하는 유도전류의 상호 작용에 의한 토크를 이용한 모터이다. 서보용의 유도 모터로서는 농형 유도 모터(squirrel-cage induction motor)가 주로 사용되고 있으며 이것은 1891년 유럽의 A.E,G 회사의 M.D Dobrowisky에 의해 발명되었다. 이 모터의 장점은 구조가 간단하고 취급이 용이하며 값이 싸고 보수가 거의 필요 없다. 또한 정전압 정주파수의 상용 전원으로 거의 정속 운전이 되는 특징을 갖고 있다.

유도 모터의 회전 원리는 그림 11.13과 같은 아라고의 원판에 근거하고 있다. 1820년 D.F Arago에 의해 실험된 것으로 동 혹은 알루미늄으로 만든 원판을 그림 11.13처럼 축으로 지지하고 회전할 수 있게 하고 U자형 자석을 화살표 방향으로 급속히 움직이면 원판은 자석보다 느린 속도로 같은 방향으로 움직인다는 것을 발견하였다.

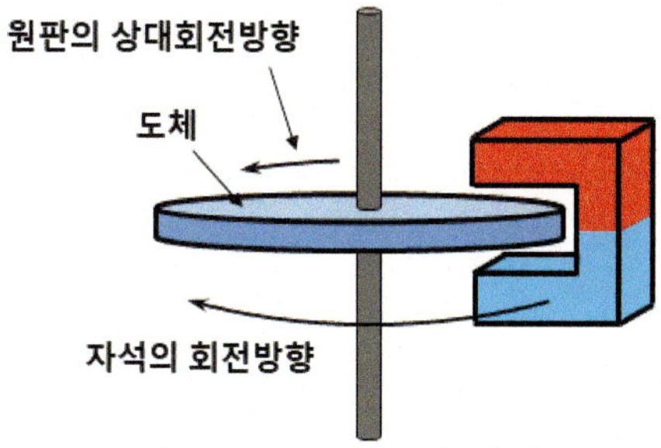

그림 11.13 아라고의 원판

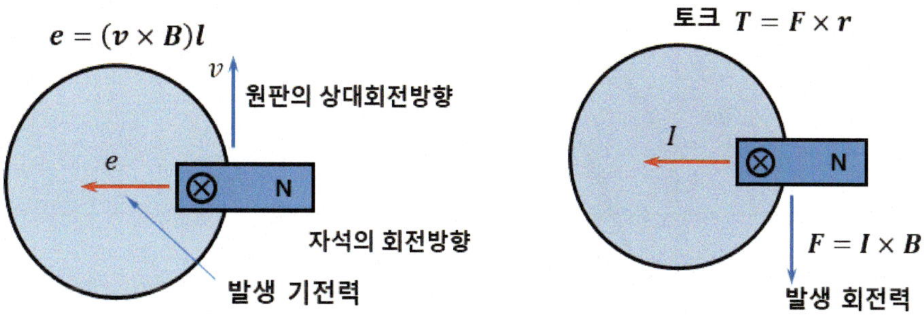

(a) 플레밍의 오른손 법칙

(b) 플레밍의 왼손 법칙

그림 11.14 아라고의 원판 회전 원리

이것은 자석의 위를 N극, 밑을 S극으로 하고 플레밍의 오른손 법칙을 적용하면 그림 11.14 (a)와 같이 원판 중에 생기는 전류의 방향은 원판 중심에서 원판 주변으로 흐르는 것을 알 수 있다. 자석이 시계 방향으로 움직인다는 것은 상대적으로 자석이 정지하고 원판이 반시계 방향으로 움직인다는 것과 같으므로 전류의 방향은 자극 간에 원판 주변에서 중심 방향으로 된다. 이 와전류와 자석이 만드는 자력선 간에 발생하는 힘은 그림 11.14 (b)와 같이 플레밍의 왼손 법칙에 의해 자성이 움직이는 방향과 같은 방향으로 움직이는 것을 알 수 있다.

2) 회전자계

유도 모터는 회전자계의 발생이 없으면 회전력은 생기지 않으므로 회전자계가 생명이라고 할 수 있다. 적당한 고정자 권선에 전원으로부터 교류 전압을 공급하면 회전자계가 생긴다. 교류 전압을 2상으로 공급하면 2상유도(two-phase induction)모터, 3상으로 공급하면 3상유도((three-phase induction) 모터라 한다.

가정에서 사용하는 모터는 그 자체만으로 회전자계를 만들 수 없으므로 모터 내에 2상이 되도록 결선하고 회전 후에는 단상으로 운전하므로 이것을 단상 유도 모터(single-phase induction motor)라고 한다.

① 단상 유도 모터의 회전자계

그림 11.15와 같이 크기가 같고 90°의 위상차를 가진 2개의 교류 전류 i_A와 i_B가 있을 때 이 2개의 교류를 **2상 교류**라 한다.

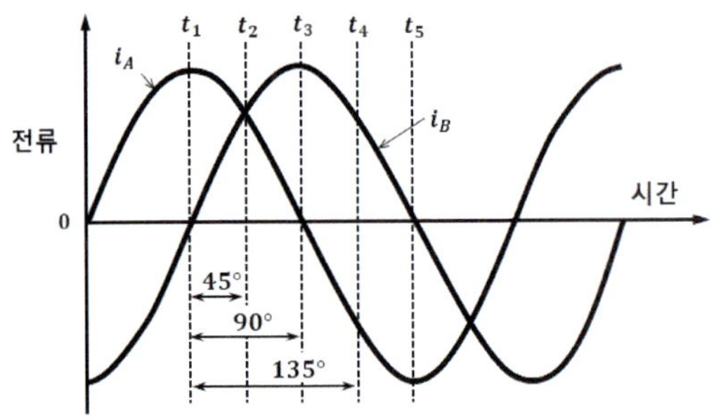

그림 11.15 2상 전류 파형

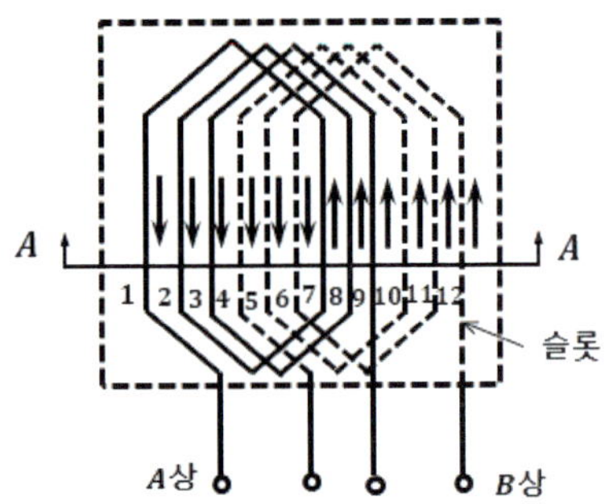

그림 11.16 고정자 권선

고정자의 슬롯에 A상, B상의 2권선을 중심이 전기적으로 90° 되도록 그림 11.16과 같이 삽입하여 각각 A상, B상의 전류를 흘리면 시간에 대한 전류와 자계와의 관계는 다음과 같다.

a) t_1 순간

전류는 A상이 +방향이고 최대이며, B상은 0이다. 그림 11.17 (a)와 같으며 자력선을 합성한 자계의 방향은 위쪽이 된다.

b) t_2 순간(t_1 에서 45° 경과)

전류는 A상, B상 모두 +방향이고 크기는 같다. 이 때 자계의 방향은 t_1보다 45° 오른쪽으로 회전한 그림 11.17 (b)와 같다.

c) t_3 순간(t_1 에서 90° 경과)

전류는 A상이 0이고, B상은 +방향이며 최대이다. 이 때 자계의 방향은 t_2보다 45° 오른쪽으로 회전한 그림 11.17 (c)와 같다.

d) t_4 순간(t_1 에서 135° 경과)

전류는 A상, B상 모두 크기는 같고 방향은 반대이다. 이 때 자계의 방향은 t_3보다 45° 오른쪽으로 회전한 그림 11.17 (d)와 같다.

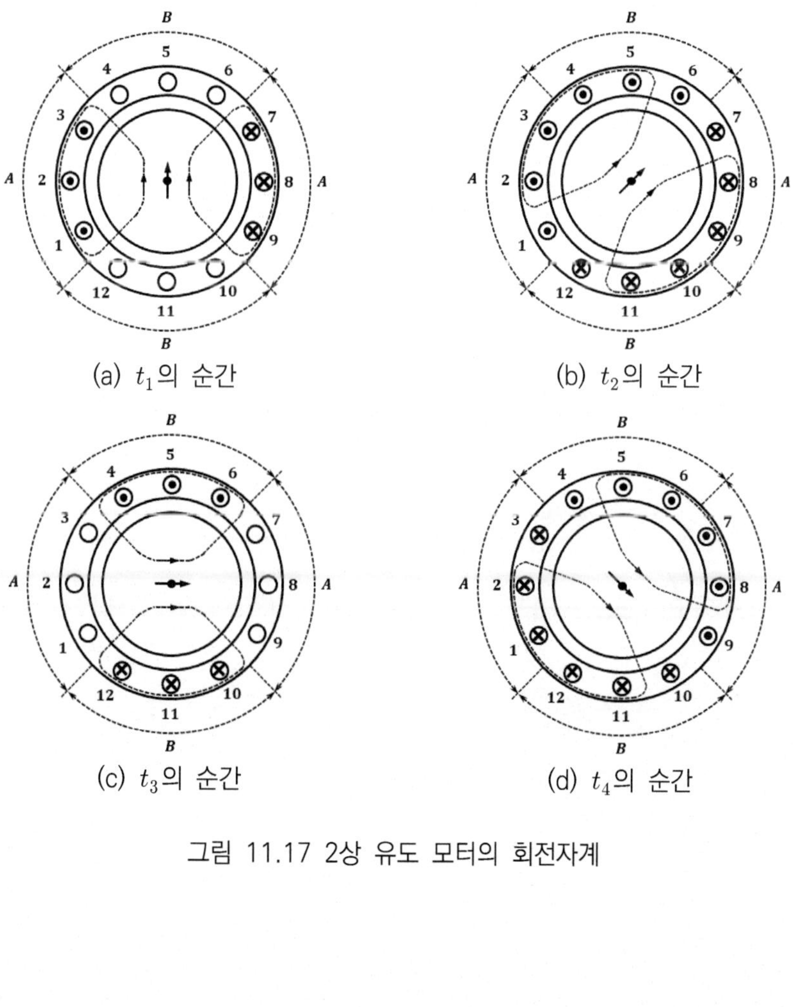

(a) t_1의 순간 (b) t_2의 순간

(c) t_3의 순간 (d) t_4의 순간

그림 11.17 2상 유도 모터의 회전자계

위와 같이 자계는 오른쪽으로 전류의 1주기마다 1회전한다. 전기각으로 90°의 위상차를 갖는 교류를 흘릴 때 시간적으로 90°, 전기적으로 90° 떨어진 2개의 자계가 존재한다. 이 두 자계는 회전자에 제각기 작용하는 것이 아니고 합성되어 크기가 일정한 회전자계가 되며 위상이 빠른 전류가 흐르는 코일에서 위상이 늦은 전류가 흐르는 코일 쪽으로 회전자계가 발생한다. 이 속에 농형 회전자를 놓으면 회전자계와 같은 방향으로 회전자계보다 늦은 속도로 회전을 한다. 즉, 2상 권선의 고정자는 기계적으로 정지되어 있어도 2상 전류를 흘리면 회전자계가 만들어지고 자석을 손으로 회전하는 것과 동일한 효과가 나타나는 것이다.

② 3상 유도 모터의 회전자계

3상 권선은 그림 11.18과 같이 원통형의 철심 내면, 즉 공극면의 주변에 3조의 코일을 분포시켜 슬롯에 배치하고 각 조의 권선축을 전기적으로 120°가 되도록 했을 때 각 권선을 U상 권선, V상 권선, W상 권선이라고 한다. 3상 교류를 흘리면 코일은 정지해 있지만 자계는 회전하여 회전자계를 발생한다. 2상과 같이 3상 전류를 흘리면 시간에 대한 전류와 자계의 관계는 다음과 같다.

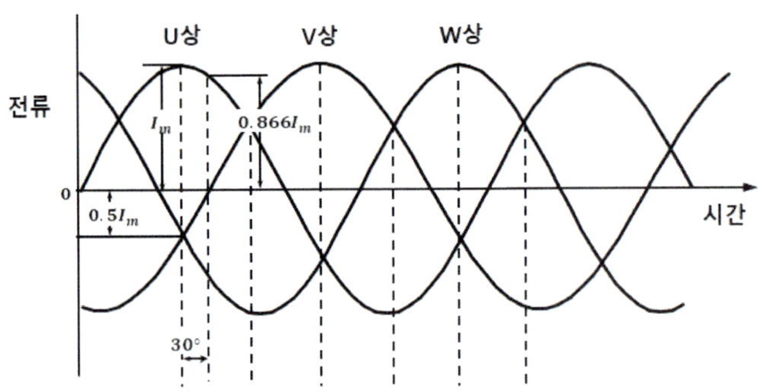

그림 11.18 3상 교류 전류

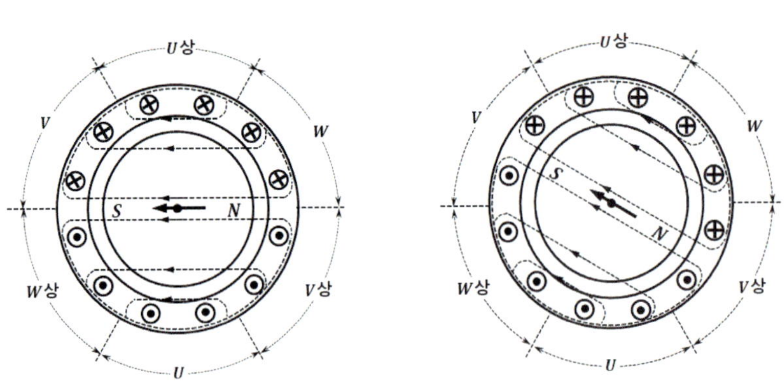

(a) t_1의 순간 (b) t_1'의 순간

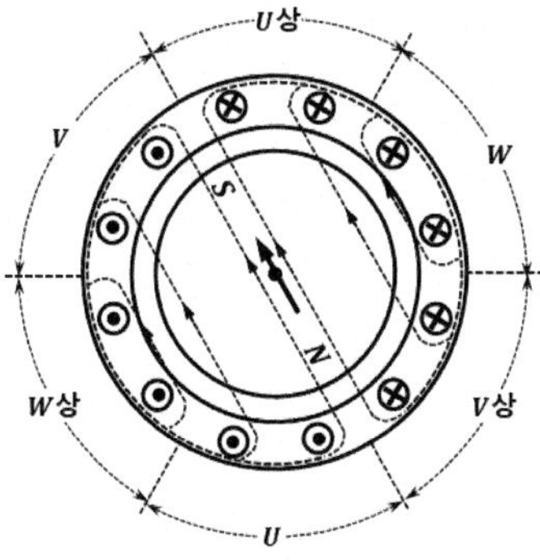

(c) t_2의 순간

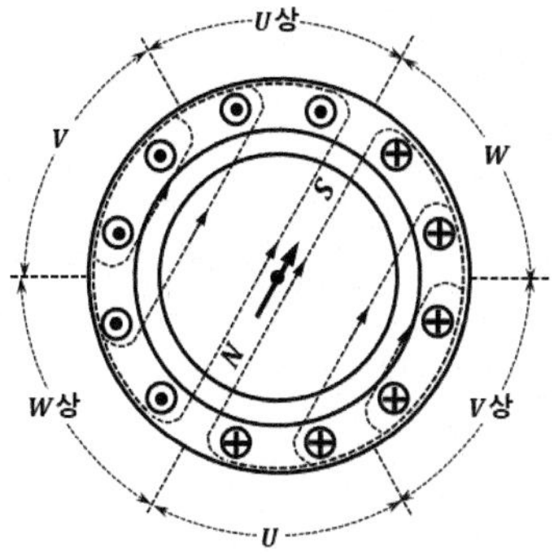

(d) t_3의 순간

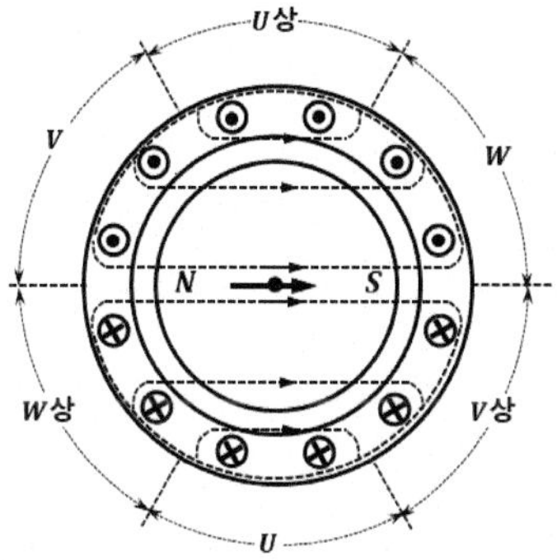

(e) t_4의 순간

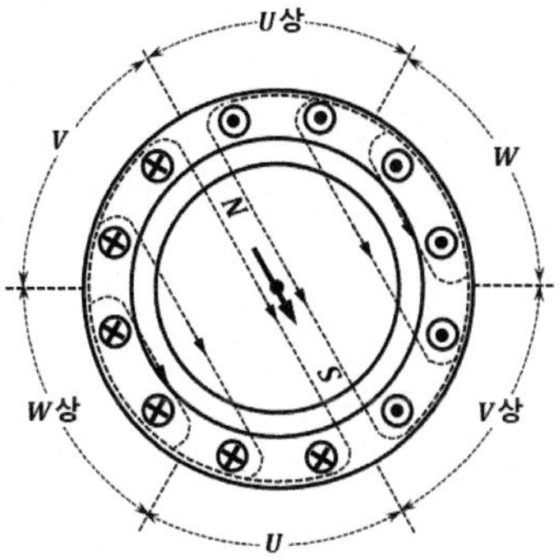

(f) t_5의 순간

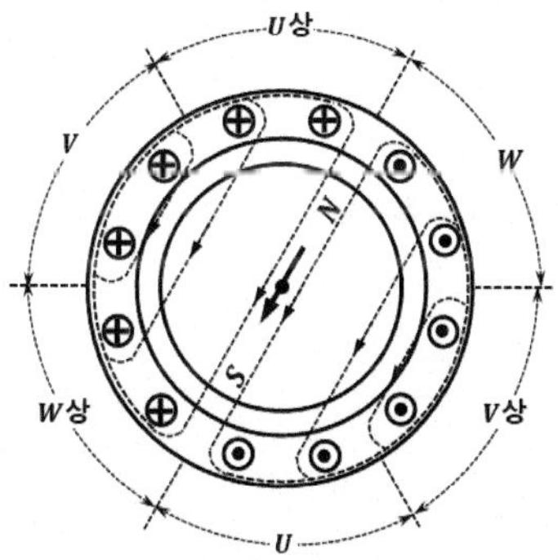

(g) t_6의 순간

그림 11.19 3상 교류 전류

a) t_1 순간

U상의 전류가 최대값 I_m이 되고 V상과 W상의 전류는 $0.5I_m$이 되며 U상의 전류와 방향이 반대가 된다. 이 전류에 의해 생기는 자력선은 그림 11.19 (a)와 같이 자계의 방향은 9시 방향이 된다.

b) t_1' 순간(t_1에서 30° 경과)

V상의 전류는 0이 되고 U상의 전류가 $0.866I_m$이 되며 W상의 전류는 $-0.866I_m$이 된다. 전류의 분포는 그림 11.19 (b)와 같이 되어 자력선이 생기므로 자계의 방향은 t_1보다 30° 회전한 방향이 된다.

c) t_2순간(t_1에서 60° 경과)

W상의 전류는 $-I_m$이고 U상과 V상의 전류는 $0.5I_m$이 되어 그림 11.19 (c)와 같이 합성 자계의 방향은 t_1보다 60° 회전한 방향이 된다.

상기와 같이 t_3~t_6의 순간에 자계의 방향은 그림 11.19 (d)~(g)와 같이 회전하며 1주기의 전류가 변화하면 1회전하는 회전자계가 발생한다.

(2) 구조와 특성

1) 구조

2상 유도 모터는 고정자에 규소 강판을 적층한 코어를 사용하고 이것에 회전자계 발생용의 코일을 2상으로 감은 것이다. 그림 11.20은 그 구조를 그림 11.21은 회전자 구조를 나타낸 것이다.

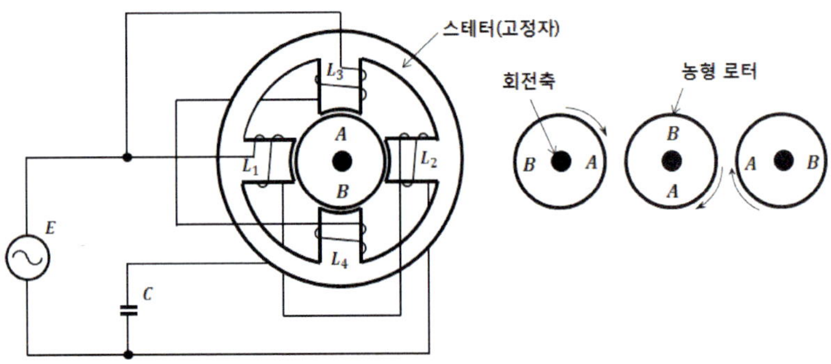

그림 11.20 유도 모터의 구조와 회로도

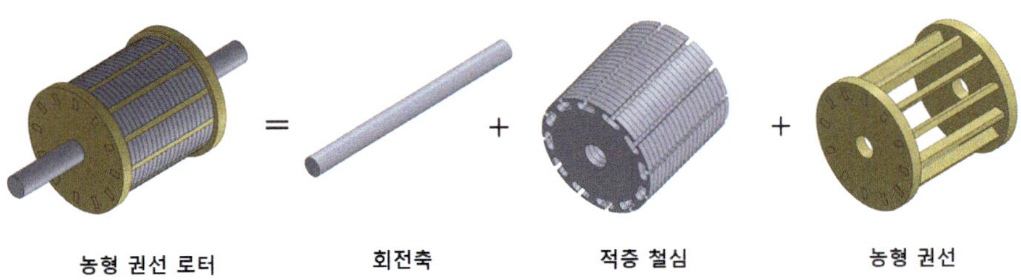

그림 11.21 2상 유도 모터의 회전자 구조

2) 동기 속도와 슬립

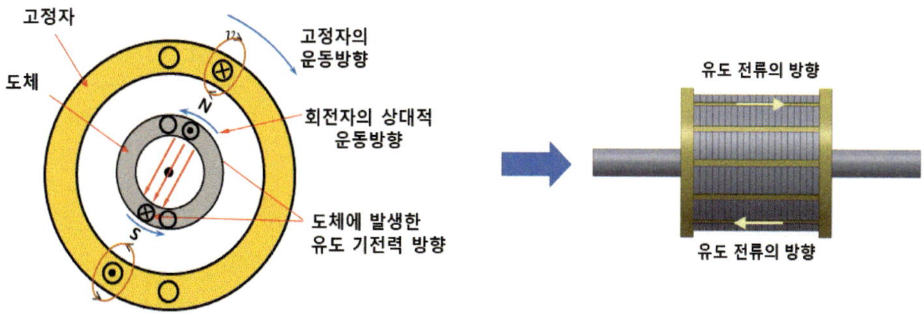

그림 11.22 플레밍의 오른손 법칙에 의한 회전자의 유도 기전력 방향

그림 11.22는 농형 유도 모터의 회전자에서 플레밍의 오른손 법칙에 의해 흐르는 유도 기전력의 방향을 나타낸 것이다.

농형 유도 모터의 극수는 N극과 S극을 한 쌍으로 하여 2배수이며 회전 속도는 극수(P)와 주파수(f)에 의해 결정된다.

동기속도(N_S)란 모터 회전자계의 회전속도로 1분당 회전수[rpm]으로 나타낸다. 결국, 전원 주파수에 동기하는 속도는 다음과 같이 된다.

$$N_S = \frac{f}{P/2} \times 60 = \frac{120f}{P} \tag{11.21}$$

회전자가 회전자계와 동일한 속도로 회전한다면 회전자 도체와 쇄교하는 자속의 시간당 변화량은 0이 되어 전압을 유기하지 못하고 회전력은 발생하지 않는다. 따라서 회전력을 발생하기 위해 회전자의 속도는 회전자계의 속도보다 늦어야 한다.

매분당 회전자계의 속도를 N_S, 회전자의 속도를 N이라 하면 자속을 끊는 속도는 $N_S - N$이 되고 N_S에 대한 비를 **슬립**이라 한다.

슬립 S는 다음과 같으며 이 슬립은 부하의 크기에 따라 변하며 무부하에서 거의 0이며 부하에서는 5~10%이다.

$$S = \frac{N_S - N}{N_S} \tag{11.22}$$

예제 11.1	4극의 유도형 교류 모터가 60 Hz의 전원에 의해 구동될 때 슬립 S가 5%라면 모터의 회전자의 속도 N[rpm]을 구하라.

풀이	식 (11.26)와 (11.27)로부터 $$N=\frac{120f(1-S)}{P}=\frac{120\times 60(1-0.05)}{2}=1710[\text{rpm}]$$

3) 회전력

힘은 직선 운동에 회전력은 회전 운동에 사용되는 일의 양이다. 모터에서 회전력이란 회전자를 회전 시키는 힘으로 회전자의 반경 r[m]와 회전자의 바깥지름에 작용하는 접선 방향의 힘 F[N] 즉, $T=F\times r$이다. T의 회전력을 내면서 모터가 1회전한다면 반경 1 m인 점에서는 T[N]의 힘으로 2π 움직인 것이고 $2\pi T$[J]의 일을 하게 된 것이다.

모터의 회전수가 n이면 1초당 $n/60$회전하며 1초당 일의 양, 즉 출력은 다음과 같이 된다.

$$P=2\pi T\frac{n}{60}[J/s]=\frac{2\pi}{60}Tn=0.1047\,Tn\,[\text{W}] \tag{11.23}$$

$$T=\frac{60}{2\pi}\cdot\frac{P}{n}=9.54\frac{P}{n}[\text{N}\cdot\text{m}]$$

1㎏은 9.8[N · m]이므로 토크를 ㎏ · m단위로 나타내면 다음과 같이 된다.

$$T=\frac{P}{1.026n}\,[\text{kg}\cdot\text{m}] \tag{11.24}$$

① 기동 회전력

기동 회전력(starting torque)은 모터가 기동할 때 발생하는 회전력으로 **회전자 구속 회전력**(locked rotor torque) 또는 **출발 회전력**(breakaway torque)이라 한다. 그림 11.23의 ①에 해당한다.

② 풀업 회전력

풀업 회전력(pull-up torque)은 모터가 기동할 때 나타나는 최소 회전력으로 정상적인 경우에는 이 회전력은 발생하지 않는다. 그림 11.23의 ②에 해당한다.

③ 최대 회전력

최대 회전력(breakdown, maximum torque)은 모터가 낼 수 있는 회전력의 최대값으로 **탈출 회전력**(pull-out torque)이라 한다. 통상 동기속도의 80~90%에서 발생한다. 그림 11.23의 ③에 해당한다.

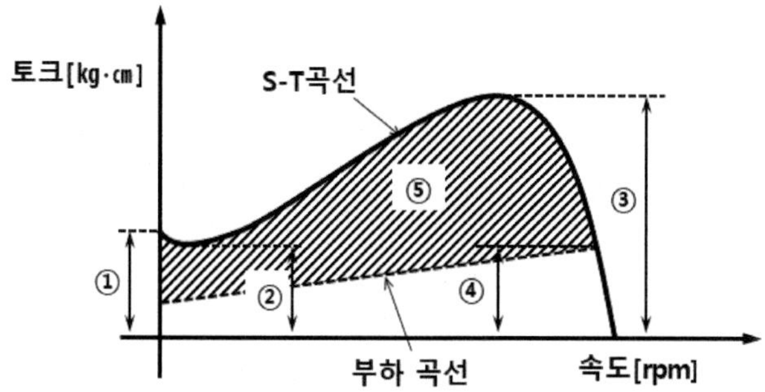

그림 11.23 유도 모터의 속도-회전력 특성

④ 전부하 회전력

전부하 회전력(full-load torque)은 정격 속도에서의 회전력으로 **정격 회전력**이라고도 한다. 그림 11.23의 ④에 해당한다.

⑤ 가속 회전력

가속 회전력(accelerating torque)은 각 회전수에서 모터의 회전력과 부하에 필요한 회전력의 차를 **가속 회전력**이라 하며 가속 회전력이 크면 기동이 빨라진다. 그림 11.23의 ⑤(빗금친 부분)에 해당하며 모터의 회전력과 부하의 회전력이 같아져 일정 속도로 회전하게 된다.

4) 기동

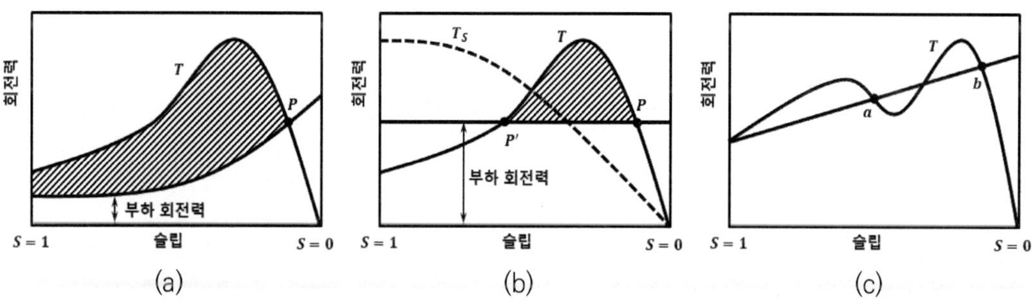

그림 11.24 유도 모터의 운전 특성

그림 11.24 (a)에서 모터의 회전력이 부하 회전력보다 빗금친 부분만큼 크므로 빗금친 부분이 가속 회전력이 되고 회전 속도가 상승하여 P점에 도달한다. 회전속도가 P점에 도달하면 모터의 회전력과 부하의 회전력이 같아져 일정 속도로 회전하게 된다.

그림 11.24 (b)처럼 모터의 기동 회전력이 부하 회전력보다 작으면 기동되지 않으므로 T_S처럼 기동 회전력을 부하 회전력보다 크게 해야 한다. 또한 P'점에서도 운전이 가능할 것 같지만 P'점에서는 안정된 운전을 할 수 없다. P'점에서 운전되고 있을 때 모터의 회전 속도가 떨어지면 부하 회전력은 모터의 회전력보다 크므로 정지하고 모터의 회전 속도가 상승하면 가속 회전력이 작용하여 P점에 도달하게 된다. 그러나 P점에서는 회전 속도가 떨어지면 가속 회전력이 생겨 P점으로 되돌아오고 회전 속도가 상승하면 부하 회전력이 모터의 회전력보다 크므로 회전속도가 떨어져 P점으로 되돌아오게 된다.

회전자 저항이나 슬롯 수에 이상이 있으면 그림 11.24 (c)와 같이 회전력 곡선에 이상이 생긴다. 직선으로 표시된 부하에 대해 운전점은 a, b 2점이 되고 기동되면 정격 속도인 b점에 도달하지 못하고 a점에서 안정된다. 이 경우 모터는 가속되지 못하므로 과열되어 소손될 것이다. 이런 현상을 **이상 기동 현상** 또는 **크롤링**(crawling)이라 한다. 이러한 현상은 공극의 자속 밀도가 정현파 현상으로 분포하지 않는 경우에 발생되며 원인으로서는 다음과 같다.

권선이 슬롯의 형상에 따라 되어 있으므로 기자력의 분포가 계단 형상이고 시간적으로 변한다.

슬롯 부분과 이 부분의 자기 저항이 다르므로 공극의 퍼미언스(permeance)가 일정하지 않고 위치에 따라 변화한다.

위와 같은 이유로 공극의 자속 분포에는 많은 고조파 회전자계가 포함되어 기동할 때 기동 회전력이 발생되거나 운전 진동 및 소음을 발생시킨다. 이런 현상을 발생하지 않기 위해 슬롯 수를 적절히 선택하거나 회전자 슬롯에 경사(skew)를 두고 있다.

5) 최대 출력

회전수와 회전력의 곱에 비례하므로 최대 회전력이 발생하는 회전수 부근에서 최대 출력이 발생한다.

6) 손실과 효율

모터의 손실은 그림 11.25와 같이 분류한다.

이들 손실은 열, 진동, 소음으로 변하고 모터의 온도 상승 원인이 된다.

출력은 입력에서 손실을 뺀 것으로 출력의 입력에 대한 비율을 **효율**이라 한다.

$$\text{효율}\,[\%] = \frac{\text{출력}}{\text{입력}} \times 100 = \frac{\text{입력} - \text{손실}}{\text{입력}} \times 100 = \frac{\text{출력}}{\text{출력} + \text{손실}} \times 100 \qquad (11.25)$$

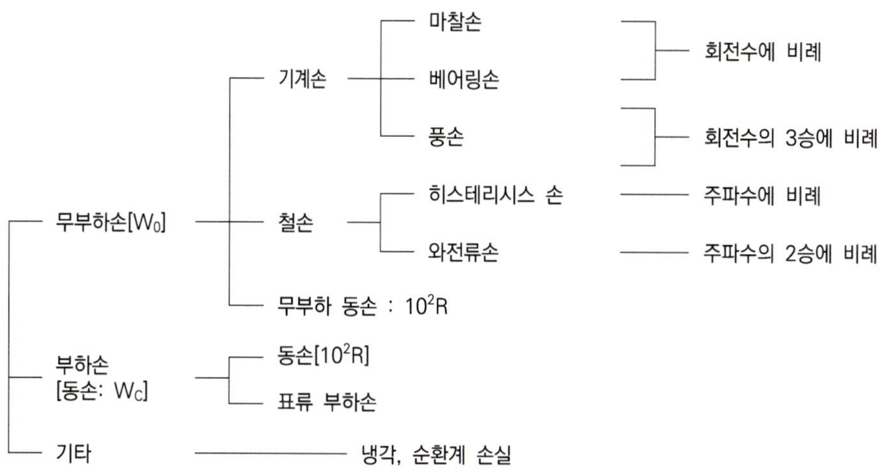

그림 11.25 유도 모터의 손실

(3) 3상 유도 모터

3상 유도 모터(three phase induction motor)은 같은 마력수의 단상 유도 모터에 비해서 구조가 간단하고 더 소형이다. 회전자의 구조에 의해서 농형(squirrel cage induction motor)과 권선형(star winding induction motor)으로 나누어진다. 고정자의 권선법에는 성형결선(star winding or Y winding)법과 델타결선(delta winding)법이 있다. 대부분 공장용으로 사용되며 1마력 이상에서 수 천 마력까지 다양한 크기가 생산된다.

표 11.1 3상 유도 모터

종류	특 징
농형 (squirrel cage induction motor)	• 회전자는 구리나 알루미늄 환봉을 도체 철심 속에 넣어서 그 양쪽 끝을 원형 측판(shorting ring)에 의해서 단락시킨 것으로, 그 모양이 마치 다람쥐 쳇바퀴처럼 생겼다하여 squirrel cage라고 함 • 회전자의 구조가 간단하고 튼튼하며 운전 성능이 좋으므로 건축설비에 쓰이는 대부분의 3상 모터는 농형임 • 권선이 타기 쉽고 공급전원에 나쁜 영향을 끼침 • 기동 토크는 전부하 토크의 100~150% 정도
권선형 (wound-rotor induction motor)	• 회전자에도 3상의 권선을 감고(대개 wye 결선), 각각의 단자를 Slip Ring을 통해서 저항기에 연결하며 저항기의 저항치를 가감하여 광범위하게 기동특성을 바꿀 수 있음 • 회전자 권선으로 인하여 농형보다 구조가 복잡함 • 상대적으로 적은 전원 용량에서 큰 기동 토크를 얻을 수 있음 • 기동이 빈번하여 농형으로는 열적으로 부적합한 경우 및 대용량에 많이 사용

(4) 농형 유도 모터의 기동방법

전전압 기동기(full voltage starter)와 감압 기동기(reduced voltage starter)방법으로 구분한다. 전전압 기동법이나 감압 기동법의 선택 시 고려할 사항은 다음과 같다.

① 감압 기동시의 기동전류와 기동토크
② 모터의 용량
③ 비용
④ 전력공급회사의 규정 등이다.

농형유도모터의 기동기를 세분하면 표 11.2와 같다.

표 11.2 농형 유도모터의 기동 방법

종류	특 징		
전전압 기동	전전압 기동기	across-the-line starter(미국) 또는 direct-on-line starter(영국)	
감압 기동	기동보상 기동기 (단권변압기식 기동기)	auto-transformer starter- compensator	어느 모터나 적용 가능
	저항(삽입) 기동기	primary-resistor starter	
	리액터(삽입)기동기	primary reactor starter	
	스타-델타 기동기	star-delta starter 또는 wye-delta starter	특별한 모터에만 적용 가능

11.3.3 동기 모터

(1) 동작 원리

영구 자석형 동기 모터(synchronous motor)는 영구 자석을 회전자에 부착하며 한편 회전 자계를 발생하기 위한 코일이 고정자에 부착되어 있다. 이 모터는 소형의 제품화가 가능하기 때문에 고속 응답용 및 소, 중형 파워용 서보시스템에 적용하고 있다.

영구 자석형 동기 모터가 회전하는 원리는 다음과 같다. 우선 고정자 코일에 교류 전류를 주어 회전 자계(영구 자석을 회전시킬 때와 같은 효과)를 만들고 이것과의 사이에 움직이는 전기적 흡입력에 의해 회전자(영구자석)가 끌어 당겨져 회전하게 된다. 따라서 회전자는 회전 자계와 같은 속도로 회전한다.

동기 모터는 인버터를 통해 전류를 조절한다. 전류가 급격히 변하여 동기가 끊어지면 모터가 감속하거나 정지해 버리기 때문이다. 따라서 회전자의 영구 자석 위치를 그림 11.26과 같이 위치 센서(홀 센서)로 지속해서 검출해서 전류의 양과 주파수를 제어하여 동기 상태를 유지한다.

그림 11.27은 단상의 교류 동기 모터의 동작 원리를 나타낸 것이다.

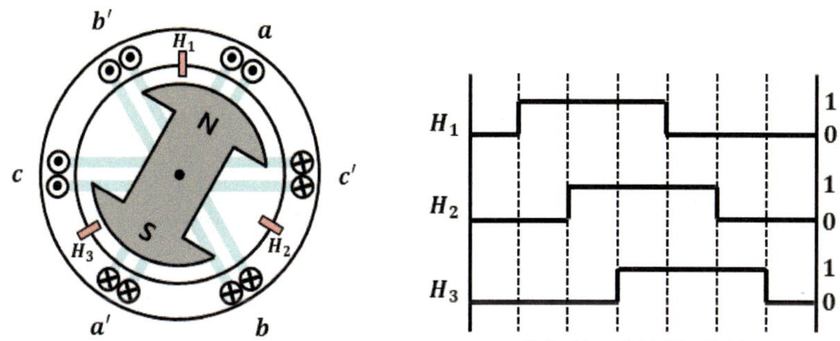

(a) 홀 센서 (b) 홀 센서의 출력

그림 11.26 홀 센서의 자석 위치 신호 출력

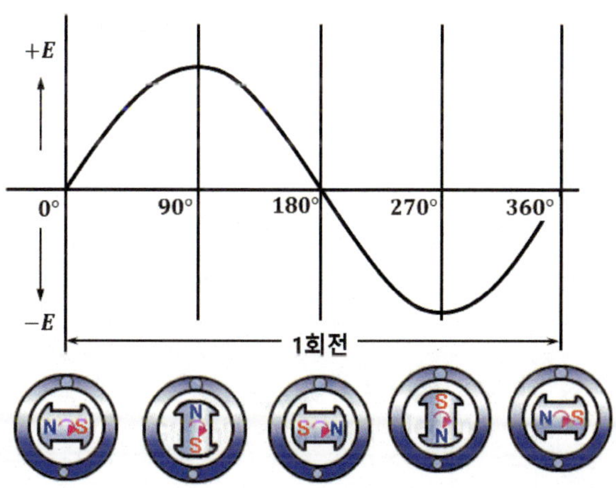

그림 11.27 단상 교류 동기모터의 동작 원리

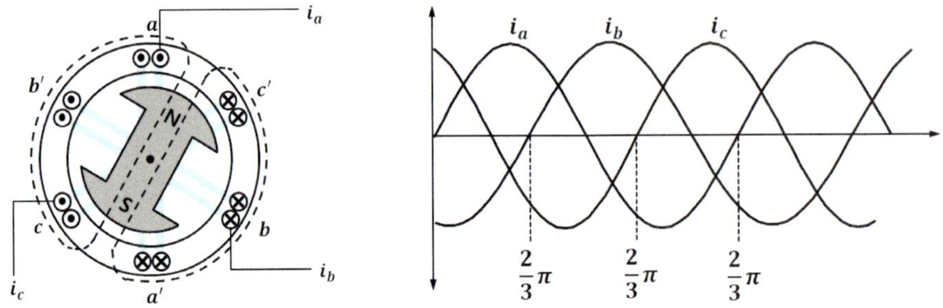

(a) 3상 코일　　　　(b) 3상 입력 전류

그림 11.28 3상 교류 동기 모터의 입력 전류

3상 교류에 의해 발생하는 회전 자계를 생각할 때 고정자 코일은 3상 코일에 의해 구성되며 그림 11.28 (a)에 나타냈듯이 3개의 코일 a, b, c로 되어 있고 그들이 공간적으로 120°씩 배열되어 있다. 또한 3상 교류는 서로 시간적으로 위상이 $2\pi/3$(120°)씩 어긋난 그림 11.28 (b)와 같은 전류 i_a, i_b, i_c에 의해 표현된다.

이와 같은 3상 교류는 위상이 120°씩 어긋난 그림 11.29 (a)와 같은 전류 i_a, i_b, i_c에 의해 입력된 코일에 발생하는 자속은 전류와 비례 관계에 있다. 이제 a상 코일에 있어서의 $t=0$의 시점에서 자속의 크기를 1로 하고 각 상의 코일에 발생하는 자속을 살펴본다.

예를 들어 a상 코일만 보면 t_1의 시점에서는 1/2, t_2의 시점에서는 -1/2(부의 부호는 역방향의 자속으로 된다), t_3의 시점에서는 -1의 자속이 발생한다. 마찬가지로 a, b, c의 각 상 코일에는 t_1의 시점에서는 각각 1/2, 1/2, -1의 자속이 발생한다.

이들 관계를 공간 벡터에 의해 표현하면 그림 11.29 (b)와 같은 자속 벡터 선도가 얻어진다. 그림 11.29 (c)는 그림 11.29 (b)의 자속 벡터를 합성한 것이며 그림에 의하면 합성 자속은 시간 경과와 함께 60°씩 회전 하는 것을 알 수 있다. 즉, 공간적으로 120°씩 어긋난 코일에 대해 시간적으로 120° 어긋난 전류를 흘리면 회전 자속이 발생하는 것이다.

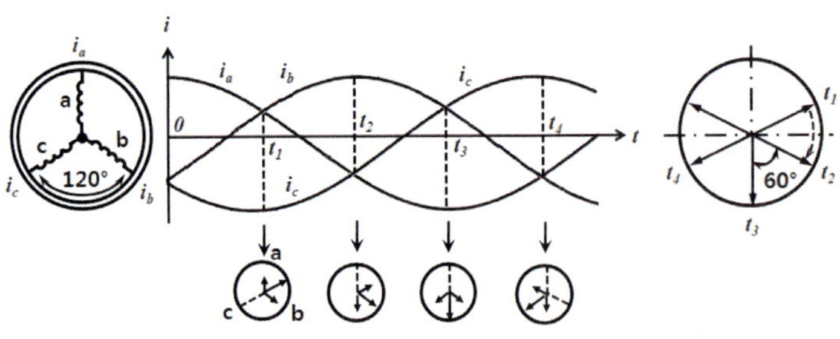

(a)　　　　(b)　　　　(c)

그림 11.29 3상 교류에 의한 회전 자계의 발생

(2) 발생 토크

3상 교류의 회전 자계에 의한 회전자의 회전수는 입력 전류의 주파수 f_{in}[Hz]와 같으므로 회전 각속도 ω_r[rad/s]은 다음과 같이 표현된다.

$$\omega_r = 2\pi f_{in} \tag{11.26}$$

식 (11.26)은 한 쌍의 3상 교류에 의해 이루어지는 한 쌍의 회전 자계에 대한 관계식, 즉 2극 모터에 대한 관계식이다. 일반적으로 3상 코일을 p조 배치한 다극 모터가 이용된다. 극수가 $2p$일 때 회전 자계는 전원의 1주기에 대해 공간적으로 $1/p$회전하므로 동기 속도 ω_r은 다음과 같이 주어진다.

$$\omega_r = \frac{2\pi f_{in}}{p} \tag{11.27}$$

이와 같이 동기형 서보 모터에서는 그 회전수가 외부 신호인 전원의 주파수 f_{in}에 지배되는 외부형식으로 되어 있다. 따라서 주파수 f_{in}을 제어하는 것에 의해 회전 속도의 제어를 행할 수 있다. 주파수 f_{in}을 임의로 제어하는 데는 인버터를 이용한다. 인버터는 10.4절에서 언급했듯이 직류를 교류로 변환하는 기기이지만 PWM 제어 방식 등의 인버터에 의하면 변환된 교류 전압의 크기와 함께 주파수도 제어할 수 있다.

무부하의 상태에서는 회전 자계와 회전자의 자기 축은 일치하면서 회전 하지만 회전자에 부하가 걸리면 그림 11.30에 나타냈듯이 θ가 증가하며 토크가 발생한다. 이 각도는 **위상차각** 또는 **토크각**이라 한다. 부하가 증대해서 $\theta = 90^\circ$를 넘으면 역으로 토크가 감소하며 회전이 추종할 수 없어 정지하고 만다.

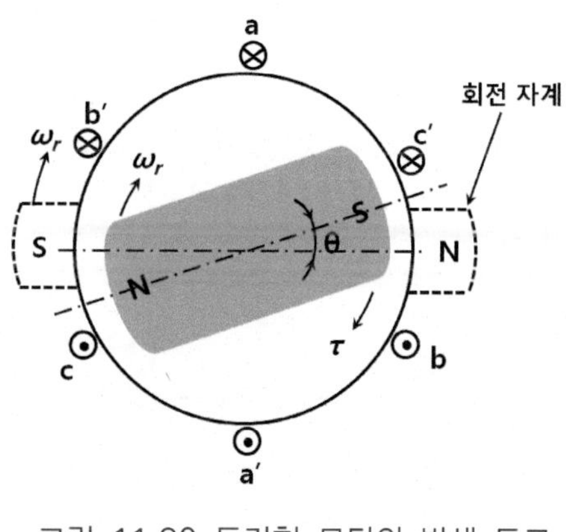

그림 11.30 동기형 모터의 발생 토크

이와 같이 동기형 모터의 발생 토크는 θ와 함께 정현적으로 변화하며 다음과 같이 표현된다.

$$\tau = k_t i \sin\theta \tag{11.28}$$

예제 11.2	6극의 동기형 교류모터를 입력 주파수 $f_{in} = 60$Hz로 구동할 때의 회전수 N [rpm]을 구하라.
풀이	식 (11.32)로부터 $$\omega_r = \frac{2\pi f_{in}}{p} = \frac{2\pi \times 60}{3} = 40\pi\,[\text{rad/s}]$$ $$\therefore N = \frac{60\omega_r}{2\pi} = \frac{60 \times 40\pi}{2\pi} = 1200\,[\text{rpm}]$$

(3) 동기 이탈-탈출 토크

그림 11.31에 동기 모터의 속도-토크 특성 곡선을 나타낸다.

그림 11.31에서 모터의 회전 속도가 a점에 도달하면 동기 인입되어 토크가 a~b인 동안은 동기 속도로 운전된다. 토크가 증가하여 b점에 도달하면 모터는 동기 속도에서 이탈되어(동기 이탈, 탈조) 원래 유도 모터의 속도-토크 점에서 운전하게 되나 이때의 부하 전류는 매우 크므로 계속 운전할 수는 없다. 동기 인입 토크는 부하의 관성모멘트(GD2)에 따라 달라지므로 부하의 관성모멘트에 주의할 필요가 있으며 일반적으로 모터 회전자 관성모멘트의 5~6배로 제한하는 것이 일반적이다.

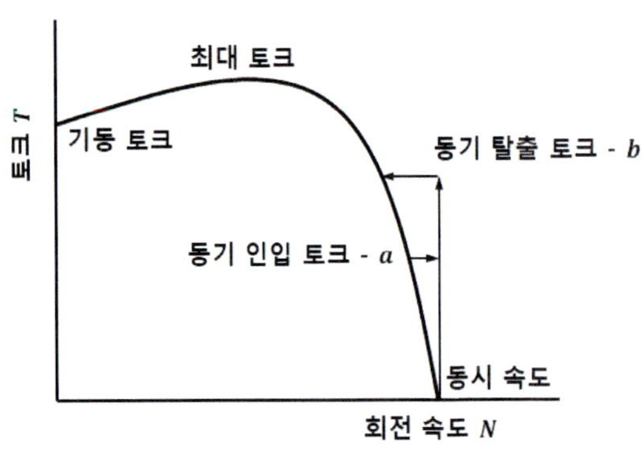

그림 11.31 동기 모터의 특성 곡선

(4) V-곡선

동기 모터를 일정한 전압에서 일정한 출력으로 운전하면서 계자 전류 I_f를 줄여나가면 필요한 자속을 더 발생시키기기 위하여 전기자 전류 중 지상분의 여자 전류가 더 흘러들어간다. 반대로 계자 전류를 차츰 증가시키면 일정한 자속을 유지하기 위하여 전기자 권선에 유입되는 전류 중 여자 전류는 점차 감소되고 계자 전류만으로 자속이 유지되는 점에 도달하면 전기자의 여자 전류는 0이 되어 역률은 100%가 된다. 이 점을 지나 다시 계자 전류를 증가시키면 전기자 권선에는 반대로 진상의 전류가 흘러 들어가게 된다. 이와 같이 계자 전류 I_f에 대해 전기자 전류 I_a가 증감하는 모양은 그림 11.32와 같이 V자 모양이 되어 **V-곡선**이라고 한다.

동기 모터가 일정한 출력으로 운전하고 있는 상태에서 계자의 직류 여자를 증감함에 따라 전기자 전류의 지상분과 진상분을 취할 수 있게 되는데 이것은 역률을 조정할 수 있다는 것이 되고 동기 모터의 정속도 특성과 더불어 중요한 특성 중의 하나이다.

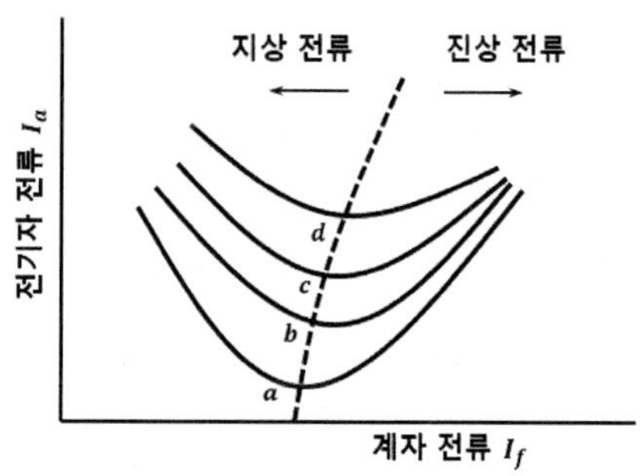

그림 11.32 V-곡선

11.3.4 유도 모터와 동기 모터의 비교

유도 모터과 동기 모터의 특징을 비교한 것이 표 11.3이다.

표 11.3 유도 모터과 동기 모터의 특징 비교

종류	특 징
유도 모터 (induction motor)	• 고정자 : 교류 공급(주파수에 비례 전류흐름 변화) • 회전자 : 고정자의 자장변화에 의해 전류 유도(전자유도 작용/회전자에서 역기전력발생) → 회전력 발생 • 고정자와 회전자로 구성되어 있으며, 고정자 권선이 3상인 것과 단상인 것이 있다. 3상 고정자 권선에 교류가 흐를 때 발생하는 회전자기장에 의해서 회전자에 토크가 발생하여 모터가 회전하게 됨

	• 직류 모터가 브러시를 필요로 하는 것과 달리 대부분의 유도 모터는 Brush 가 필요 없음 • 세계에서 가장 많이 사용되는 모터 • 구조가 간단하고 튼튼하며 염가이고 취급이 용이함 • 원래 정속도 모터이지만 가변속으로도 사용되고 있음 • 슬립이 있음
동기 모터 (synchronous motor)	• 고정자 : 전류공급 • 회전자 : 영구자석 • 구동 시스템이 복잡하다 • 큰 힘을 낼 수 있음(세탁기) • 방열특성이 좋음 • 수명이 긺(브러시와 정류자가 없음) • 고정자와 회전자로 구성되어 있으며 고정자는 유도모터의 고정자 같으나, 회전자는 자극과 여자 권선으로 되어있으며 이 권선에 브러시와 슬립링을 통하여 직류 전류를 공급하여 자극을 여자하게 됨 • 전원주파수와 극수로 결정되는 속도로 완전 동기 되어 정확히 일정한 속도로 회전함 • 부하의 증감으로 회전속도가 변화하지 않음(슬립이 없음) • 여자용 직류 전원이 필요함 • 컨베이어 벨트용 모터, 소형 시계 또는 타이밍 모터에 사용함

찾아보기

ㅈ

본 교재는 2021년도 정부(산업통상자원부)의 재원으로 한국에너지기술평가원의 지원(20214000000090, 수소에너지산업 고도화 인력양성)과 2024년도 정부(산업통상자원부)의 재원으로 수소융합얼라이언스의 지원(지역연계형 수소산업 혁신인재양성사업)을 받아 수행된 결과물임

수정판 전기전자의 기초

2024년 7월 31일 인쇄 발행
2025년 8월 5일 2쇄 발행

저 자	홍준희, 이경민
발 행 인	송기수
발 행 처	도서출판 GS인터비전
편 집 처	도서출판 GS인터비전
편 집 인	공예서
표지디자인	디자인붐
인 쇄 처	트윈벨미디어
등록번호	제 25100-2016-000050호
I S B N	979-11-5576-476-3(93560)

주 소	서울 은평구 증산로 15길 69, 2층
전 화	02-976-7898, 02-3272-7898.
팩 스	02-6468-7898
홈페이지	gsintervision.kr
E-Mail	gsinter7@gmail.com

정 가 40,000원